Découvrez l'histoire par les archives de presse

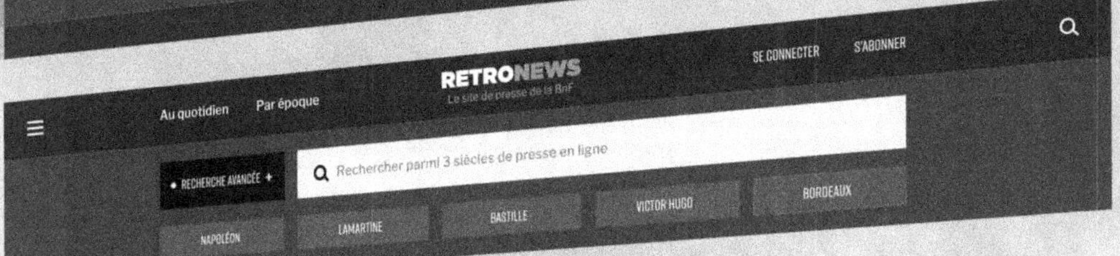

RETRONEWS

Le site de presse de la BnF

www.retronews.fr

LE

MONITEUR SCIENTIFIQUE

Du Docteur QUESNEVILLE

JOURNAL

DES SCIENCES PURES ET APPLIQUÉES

Comptes rendus des Académies et Sociétés savantes
et Revues des progrès accomplis dans les Sciences physiques
chimiques et naturelles

DIRECTEUR
G. QUESNEVILLE

DOCTEUR ÈS SCIENCES, DOCTEUR EN MÉDECINE
Professeur agrégé à l'École de pharmacie

PRINCIPAUX COLLABORATEURS :

ABT (Cernay).
AUZENAT (Paris).
BACH (Genève).
BOISTESSELIN (de) (Rouen).
BOURGEREL (Bollène).
BREMONT (Sèvres).
BREUIL (Couillé).
BUNGENER (Sèvres).
CAFFIN (A.) (Paris).
CAMPAGNE (Paris).
CAMPREDON (St-Nazaire).
CAZENEUVE (Lyon).
CHABANIER (Paris).
CHARABOT (Paris).
CHRISSEMENT (Paris).
CLÉMENT (Paris).

COPPET (de) (Paris).
DAUM (Nancy).
DELACRE (Gand).
EFFRONT (Bruxelles).
ELIASBERG (Minsk).
FRIDERICH (Paris).
GEORGE (H.) (Paris).
GLOESS (P.) (Paris).
GOURWITSH (L.) (Thann).
GUILLET (L.) (Paris).
GRANDMOUGIN (Paris).
GRANGER (Paris).
GUNTZ (Nancy).
HUBERT (Dʳ) (Béziers).
HUTIN (A.) (Paris).
JANDRIER (Cap Martin).

KERSHAW Liverpool
KOPACZEWSKI (de) (Paris).
KORDA (Paris).
LOOS (Bernay).
MARCH (Bourg-en-Bresse).
MARCHAL (G.) Mᵐᵉ (Paris)
MARTIN (E.) (Aix-en-Provence).
MEUSS (de) (New-York).
MICHEL (Mulhouse).
NAMIAS (Rod.) (Milan).
NUTH (Dʳ) (Paris).
PETIT (Nancy).
PFISTER (Lyon).
PRUD'HOMME (Paris).
REPITON (Valence).
REVERDIN (Genève).

RICHE (Paris).
RIVIÈRE (Paris).
RUGGIERI (Gênes).
SALLES (Paris).
SCHELL (Paris).
SEYEWETZ (Lyon).
SUAIS (Paris).
TÉTRY (Nancy).
THABUIS (Paris).
TIFFENEAU (Paris).
TIXIER (Paris).
TORTELLI (Gênes).
TRAUTMAN (Mulhouse).
VÈZES (Bordeaux).
WAHL (Saint-Denis)
WILD (Mulhouse).

TOME QUATRE-VINGT-DOUZIÈME DE LA COLLECTION

FORMANT

L'ANNÉE 1925

CINQUIÈME SÉRIE. — TOME XVᵉ

PARIS
CHEZ M. LE Dʳ G. QUESNEVILLE
12, RUE DE BUCI, 12

ANGERS. — IMPRIMERIE CENTRALE

LE MONITEUR SCIENTIFIQUE-QUESNEVILLE

JOURNAL DES SCIENCES PURES ET APPLIQUÉES

TRAVAUX PUBLIÉS A L'ÉTRANGER

COMPTES RENDUS DES ACADÉMIES ET SOCIÉTÉS SAVANTES

SOIXANTE-NEUVIÈME ANNÉE

CINQUIÈME SÉRIE. — TOME XV

Livraison 994   **JANVIER**   Année 1925

LES ATOMES DE MONSIEUR PERRIN

Par M. Maurice DELACRE

Rendant compte d'un petit ouvrage didactique, M. Fourneau parlait récemment de « l'ornière où la chimie est embourbée » (1). Bien qu'il n'y eût là, et pour cause, de la part de ce chimiste distingué aucune accusation ni aucun reproche envers ceux qui furent les professeurs de la génération dont il est sorti, cette franche déclaration nous a semblé intéressante à relever, non pour la critiquer, mais au contraire pour en faire notre profit.

Je ne dirai pas que je suis en communion d'idée avec son auteur au sujet du livre qu'il examine. Ce livre me semble trop peu philosophique. On ne nous y dit rien des lois fondamentales. Si l'auteur nous parle de la valence pour en tirer des moyens mnémotechniques dont nous ne contestons pas d'ailleurs l'intérêt, il ne nous dit, de cette notion à tout prendre artificielle, ni d'où elle vient, ni où elle nous conduit. S'il nous parle de la théorie de l'ionisation, il se garde bien d'accuser les contradictions qui peuvent naître entre ses résultats et ceux de l'étude expérimentale des constitutions organiques.

Notre avis est que, pour intéresser le débutant, il faut au contraire s'appliquer à faire sortir de faits positifs et indiscutables des notions générales et philosophiques. Et aucun professeur, voyant ainsi clair dans la philosophie de la science qu'il enseigne, n'acceptera l'aphorisme de M. Fourneau nous déclarant que « tout le monde est d'accord pour admettre que la Chimie est une science très fastidieuse à apprendre ».

L'ennui et le bourbier, voilà plus qu'il n'en faut pour encourager les jeunes générations à cultiver une science qui, si nous n'y prenons garde, nous étranglera tous !

Mais une science, une science expérimentale, peut-elle être embourbée ? Fussions-nous contraints à le déclarer, nous ajouterions que, pour sûr, elle ne s'est pas embourbée elle-même ; que c'est nous, et nous seuls, qui l'avons ainsi enlisée malgré elle.

Et, incontestablement, la faute en est, non pas aux savants et aux chercheurs, mais aux professeurs. Il est curieux de voir combien l'enseignement retarde sur la recherche, et combien les professeurs de chimie, entraînés souvent par des recherches personnelles, donnent peu de soin au lien logique des notions fondamentales. C'est ainsi que je crois pouvoir diagnostiquer l'origine des deux pavés que M. Fourneau envoie à une science qui nous est chère. Si elle est embourbée, c'est qu'on a prétendu qu'elle était basée sur des conceptions, et que, depuis 50 ans, nous avons vu peu à peu s'évanouir tous les espoirs que nos maîtres avaient fondés sur ces chimères. Si elle est fastidieuse, c'est qu'il y a des obscurités et des contradictions aux premières pages de ce que nous enseignons au débutant.

Chose curieuse, personne n'aurait été fondé à dire autant de mal de la chimie du temps de ces bons équivalentistes. Il y a 47 ans que nous fîmes avec eux, comme préparateur, nos premières armes. Ils ne disaient pas tout assurément ; mais dans ce qu'ils nous disaient, ils étaient clairs. Nous n'avons jamais constaté que nos maîtres fussent fastidieux, ni que la science fût embourbée.

L'obscurité est venue du jour où l'on voulut adhérer à la notation dite « atomique ». Et Berthelot, qui est resté si obstinément fidèle à la première, est mort sans nous avoir dit nettement pourquoi il l'avait abandonnée sur le tard (1). Simplement, il n'avait pas lu

---

(1) *Bull. de la Société Chimique* 1922, p. 2219.

(1) Berthelot, équivalentiste, écrivait encore vers 1890 l'alcool $C^2H^4.H^2O$. M. Lespieau (*La Molécule Chimique*, p. 247) dit que c'est du « roman ». C'est encore un euphémisme. Cette formule crée,

WILLIAMSON ; ou bien n'avait-il pas tiré de ses magnifiques travaux les conséquences philosophiques qu'ils comportent.

WURTZ, lui, nous a donné toute une philosophie de la chimie. Mais en même temps il a voulu imposer à notre esprit, cette affirmation énorme que, dans les sciences expérimentales, l'hypothèse doit précéder le fait. C'est un système philosophique subversif.

Mais l'idéologie chimique a amené une autre conséquence simplement curieuse. WURTZ avait invoqué, d'ailleurs tout à fait à tort, des lois physiques pour établir ce que l'on appelait avec prétention la « théorie atomique ». Les physiciens se crurent mieux qualifiés pour parler chimie que les chimistes. On voit aujourd'hui des professeurs de chimie déclarer que ce qu'il y a de plus certain dans la chimie c'est la physique. Et nous avons eu l'esprit tellement faussé à l'école, que ces écarts ne soulèvent guère de protestations (1).

Aussi, nous a-t-il paru intéressant d'examiner comment un physicien peut parler de chimie, quelle logique il peut apporter dans sa discipline. Celle-ci, quoi qu'on en dise, ne doit rien à la physique, et ce sera encore démontrer de quelque manière l'indépendance doctrinale de la chimie, que de faire voir que les physiciens réputés tels parlent de chimie au rebours de notre bon sens technique et de notre positivisme expérimental.

Nous avons pensé que rien ne pouvait être plus instructif à cet égard que l'examen du livre « Les Atomes » de M. J. PERRIN (2) ; son titre répond à un désir de connaître. L'étudiant a entendu parler des atomes. Hélas ! il n'a pas toujours compris. Il voudrait bien comprendre. Il s'offre le livre de M. PERRIN. Comprendra-t-il ? Est-il possible qu'il comprenne ? Telle est la question.

Si les 13.000 lecteurs qui ont passés par là jusqu'aujourd'hui ne comprenaient pas avant d'ouvrir le livre, il est malheureusement tout à fait certain qu'ils auront compris beaucoup moins encore en le refermant.

Je voudrais montrer aujourd'hui à quelques-uns de ces 13.000 malheureux en proie à la pire des tortures, celles de ne pas comprendre, que ce n'est pas la faute de la science, de cette belle science lumineuse et claire, mais qu'il faut s'en prendre seulement à l'auteur qui ne s'est pas compris lui-même.

*
**

On nous permettra de revenir sur quelques données fondamentales connues de nous tous, à seule fin d'en montrer la trame expérimentale.

L'atome chimique est pour nous une notion d'une réalité brutale. Ce mot atome a été longtemps réprouvé par les savants positivistes ; il les effrayait à tort. Mais pour tout chimiste actuel, à moins qu'il ait pu être dévoyé par des livres du genre de celui dont nous devons faire le procès aujourd'hui, la notion de l'atome n'a rien à voir avec les hypothèses des physiciens ni les élucubrations de certains philosophes.

Dalton, fondateur des lois de poids, a découvert le symbole chimique. Considérant comme éléments les corps irréductibles par les méthodes actuelles de l'analyse, nous les représentons par un symbole. L'hydrogène est figuré par H, l'oxygène par O.

Vous me direz que les chimistes du moyen-âge n'avaient pas fait moins bien. Mais ce qui est nouveau et génial, c'est que chaque symbole signifie un poids. Le symbole d'un élément représente le poids rigoureusement constant, suivant lequel il se combine avec les autres.

On convient de prendre pour unité l'hydrogène $H = 1$. L'oxygène O devient égal à 8. Partant, l'eau se représente par la formule HO, qui suffit à nous rappeler la composition exacte et précise donnée par l'analyse.

Pour éviter une confusion, on a donné à ces poids que Dalton appelait « poids atomiques », les termes « équivalents » ou « proportions chimiques ».

Cependant, on conçoit que ces chiffres soient susceptibles de rectifications. L'eau, au lieu d'être HO, pourrait être représentée par une formule moins simple, par exemple H^2O. Il faudrait alors prendre $O = 16$. Cette simple modification entraînerait, pour des raisons que nous connaissons, un bouleversement complet de la table des proportions chimiques. Cependant, il y a des faits qui nous engagent, même nous obligent à adopter H^2O plutôt que HO.

La table des poids équivalents ou proportions chimiques prenait $O = 8$; la seconde, uni-

<hr>

notamment entre l'eau et l'alcool, des analogies qui sont inexistantes en fait ; et la distinction était péremptoirement établie depuis 1857 !

(1) « La Chimie à elle seule ne nous permet pas de fixer les poids relatifs des atomes ». C'est un professeur de chimie à la Sorbonne, membre de l'Institut, qui profère cette hérésie. (URBAIN, *Les Disciplines d'une science*, Paris, Doin 1921, p. 47).

(2) Paris, Alcan 1921.

versellement adoptée, la table des « Poids atomiques », prend comme poids indivisible $O = 16$.

Etendant notre terminologie, nous appelons « molécule » le résultat de la combinaison des atomes ; H^2O représente une molécule d'eau de poids moléculaire 18. Dans l'idée première de Dalton, le poids moléculaire de l'eau eût été 9. Pour nous il est égal à 18. De même, pour des raisons très logiques, nous considérons la molécule de l'hydrogène comme étant H.H, ou H^2. L'atome de l'hydrogène pèse 1 ; sa molécule pèse 2.

Il y a peut-être dans ces notions fondamentales de la chimie, des conventions ; il n'y a pas d'hypothèses. Il y a un fait, l'un des plus importants de la philosophie naturelle, la constance des proportions chimiques. Le terme « atome » a la même signification philosophique que le terme « équivalent », qui est la base expérimentale, solide, précise, actuellement indiscutable, et admirablement terre à terre de toute la science chimique.

*
**

« Classer c'est formuler des analogies ». Toutes les sciences qui s'occupent du classement des choses, des êtres ou des phénomènes adoptent pour ce classement une convention d'après laquelle tel caractère constitue la norme.

On sait que dans les sciences naturelles, où la classification est le but principal, tel caractère considéré d'abord comme primordial a été souvent remplacé par la suite par un autre auquel on semblait devoir attribuer une plus grande valeur philosophique ; on évoluait ainsi vers une classification de plus en plus « naturelle ».

On conçoit d'ailleurs que ce terme « naturelle » ne soit que relatif. Une classification, fût-elle considérée comme parfaite, n'est guère qu'un système. Qui peut se vanter en cette matière d'avoir dit le dernier mot ?

Il est cependant un principe que les naturalistes ont toujours respecté ; c'est l'indépendance mutuelle des diverses classifications. Ils se sont interdit de jamais faire concourir deux principes différents dans un même système scientifique.

La chimie, sans être à proprement parler une science descriptive, a cependant besoin d'un principe de classification, et l'on conçoit que le classement des combinaisons oxygénées puisse être considéré comme plus rationnel ou plus facile avec $O = 16$ qu'avec $O = 8$, ou inversement. Le système chimique des équivalentistes était basé sur $O = 8$; celui des atomistes sur $O = 16$. Il n'y a pas d'autre différence fondamentale entr'eux. On peut être, et même on doit être convaincu de l'excellence actuelle du système atomique ; mais on peut n'ajouter aucune créance à l'existence des atomes et des molécules. Dalton a donné au symbole une signification pondérale. Son système, notre système, le seul qui nous permette d'établir nos assises sur le roc des faits, est le système pondéral.

Mais, après lui, BERZELIUS a cru devoir créer la « théorie » des volumes. L'eau, disait-il, est H^2O parce qu'il y entre deux volumes d'hydrogène et un volume d'oxygène. Et il ajoutait une théorie est bonne si « elle donne de simples explications » (1).

BERZELIUS aurait fait une chose excellente s'il n'avait pas ainsi mélangé deux principes de classification. Cette intrusion d'un principe nouveau dans le système pondéral n'a pas rencontré l'adhésion des chimistes positivistes de son temps ; ni de Dalton, fondateur des lois de poids, ni de Gay-Lussac qui avait découvert les lois des volumes.

BERZELIUS écrivait H^2O ; Dalton et Gay-Lussac écrivaient HO. Aujourd'hui, tout le monde admet la première formule. Pourquoi ? Pourquoi les successeurs de Dalton et de Gay-Lussac ont-ils résisté jusqu'en 1860 avant de se ranger du côté de Berzelius ? Peut-on leur faire la gratuite injure d'avoir mal raisonné pendant 50 ans ? N'est-il pas intervenu dans l'histoire un fait expérimental, non discerné par nos professeurs, capable de convaincre, différent de l'argument général (théorie des volumes) de Berzélius, ou complémentaire de ses arguments isolés, et qui aurait complété le système pondéral, pour le conduire, sans aucune intervention volumétrique, à la formule H^2O ?

Ce fait existe ; c'est la grande et féconde notion de la substitution de Laurent, à laquelle Berzélius a fermé si obstinément les yeux. C'est elle qui, fusionnée avec la notion des acides polybasiques de Graham, a conduit aux magnifiques travaux de WILLIAMSON.

D'après eux, nous devons regarder un acide comme de l'eau substituée. Il y a dans un acide un « résidu » de l'eau. L'analyse nous montre que le résidu contient de l'oxygène et de l'hydrogène. L'acide acétique est de l'eau monosubstituée, l'anhydride acétique est de l'eau bisubstituée. L'alcool est de l'eau monosubstituée, l'éther est de l'eau bisubstituée. L'alcool et l'acide acétique contiennent un résidu de l'eau ; ils donnent certaines réactions de l'eau, ils participent des propriétés de l'eau. L'éther et l'anhydride acé-

---

(1) M. DELACRE, *Histoire de la Chimie*, p. 323.

tique ne présentent plus aucun de ces caractères. Par conséquent, nous devons regarder l'eau comme contenant deux atomes chimiques d'hydrogène. Le système pondéral est donc homogène et complet, en ce sens qu'il suffit à établir toutes les formules actuelles dites formules brutes, moléculaires ou de constitution, qui ont la prétention de représenter les combinaisons.

Tant que nos professeurs fermeront les yeux à ces grandes vérités sorties de la chimie du carbone, tant qu'ils s'obstineront à dresser une barrière entre la chimie organique et la chimie minérale, tant qu'ils méconnaîtront le développement historique de la science basée sur des faits et non sur des systèmes, leur enseignement sera boiteux.

Auprès du système pondéral, le système des volumes ne peut être qu'adventice, car il lui est impossible d'être autre chose qu'un système détourné pour représenter les poids. Il a le tort d'introduire des conceptions sur les atomes et les molécules, alors que nous avons l'obligation d'éviter dans toute la mesure possible l'intrusion d'hypothèses de ce genre.

Cela ne veut pas dire que les considérations volumétriques, auxquelles on peut mêler des aperçus curieux, mnémotechniques, et souvent intéressants, sur les atomes des physiciens et des philosophes, n'aient pas leur place discrète dans un exposé de chimie. Mais il devrait être interdit au nom du positivisme scientifique, seule philosophie de l'expérimentateur, de venir nous parler à propos de la « molécule » des côtes de Bretagne (1), et de mêler à des prétentions du dénombrement expérimental des atômes, les faits solides et indiscutables qui sont la base de la plus positive des sciences.

*
**

En science expérimentale, comprendre c'est constater le lien expérimental des idées avec les faits. Impossible pour un expérimentateur de comprendre la déduction abusive d'un fait exact. Impossible d'adhérer à une déduction logique d'une fausse donnée expérimentale. Et à ce point de vue, le livre de M. PERRIN est totalement incompréhensible, au moins dans toute la première partie de son livre où il prétend parler de chimie. Il nous sera facile de montrer que tout son échafaudage ne s'appuie sur aucun fait précis.

Les chimistes parlent de l'atome chimique, fait expérimental. M. PERRIN a l'idée bizarre de prendre pour base la molécule. Pourquoi les corps sont-ils formés de molécules ? Mais, mon Dieu, c'est qu'il faut bien qu'ils le soient! Voilà tout! L'auteur, on le voit, n'est pas exigeant sur le chapitre de la certitude.

« Les parcelles des corps pourraient être de dimensions diverses... C'est là un genre d'indétermination qui se rencontre souvent en physique lorsqu'on est conduit à préciser une hypothèse d'abord présentée de façon vague. On poursuit alors, aussi loin que possible, les conséquences de chacune des précisions particulières qui se présentent à l'esprit. La nécessité de rester en accord avec l'expérience, ou simplement une évidente stérilité font bientôt renoncer à la plupart de ces tentatives, que l'on ne songe même plus à mentionner (1).

Principe digne de figurer comme exemple de méthode scientifique! Evidemment de petits procédés de ce genre peuvent nous aider dans nos recherches journalières. Mais cela ne veut pas dire qu'ils doivent être vantés comme principe de logique générale. Pour M. PERRIN, plus une hypothèse nous conduira loin avant de nous amener à un cul-de-sac, meilleure elle sera. Pour nous, plus elle nous entraînera loin, plus détestable nous la jugerons, car plus d'illusions elle nous aura procurées, plus elle aura faussé notre esprit et plus elle nous aura fait perdre de temps. Pour un encouragement à la recherche, en voilà un assurément!

M. PERRIN conclut.

« On a supposé que les molécules dont se compose un corps pur sont rigoureusement identiques (2) ».

Sa base est une supposition, et c'est de cette pure supposition qu'il va déduire la notion d'atome.

« Dans l'infinité des substances réalisables (qui sont généralement des mélanges à proportions variables), les espèces chimiques servent de repères comme les 4 sommets d'un tétraèdre de référence pour les points intérieurs au tétraèdre. Mais leur multiplicité est encore immense. On sait comment,

---

(1) PERRIN, *Les atomes*, p. VIII, Paris, Alcan 1921.
(1) PERRIN, *Les atomes*, p. 3.
(2) PERRIN, *Les atomes*, p. 3.

depuis Lavoisier, l'étude et la classification de toutes ces espèces ont été facilitées par la découverte *des corps simples*, substances indestructibles qu'on obtient en poussant aussi loin qu'on le peut, la « décomposition » des diverses matières (1) ».

Je ne sais si vous avez compris. Moi, pas du tout. De plus, je me demande ce que vient faire dans cette galère Lavoisier, à qui l'on dénie même souvent la découverte de l'oxygène.

Vous comprendrez peut-être mieux ce qui suit, puisque l'auteur a mis ce texte en italique, signifiant ainsi qu'il doit être à ses yeux important et clair :

« Un système matériel quelconque peut se décomposer en masses constituées chacune par l'un de ces corps simples, masses absolument indépendantes, en qualité et en nature, des opérations que fait subir au système » (2).

Autant que je puisse comprendre, je crois que l'auteur a voulu nous définir par là l'atome chimique.

Et les lois si simples des proportions chimiques, qui se réduisent pour nous d'une manière si claire et si expérimentale du symbole de Dalton, deviennent les « lois de discontinuité chimique » ! (3). On est surpris de voir mêlé à tout cela le nom de STAS, dont l'auteur mentionne les « mesures ».

Et si M. PERRIN prononce le nom de DALTON, on se demande pourquoi il appelle « grand Dalton » celui qui, d'après lui, « supposa » que les « substances élémentaires » sont formées par « une sorte déterminée » de particules, et pourquoi il s'obstine à taire tout ce qui fait la gloire positiviste du grand chimiste anglais (4). C'est que, pour ces Messieurs les physiciens qui prétendent nous enseigner la Chimie, sans en connaître les éléments, ils se laissent le plus souvent éblouir par les hypothèses creuses (5).

Mais quelles embûches n'attendent pas un physicien au paragraphe « Nombres proportionnels et formules chimiques ». Voici comment débute M. PERRIN :

« Malheureusement, l'analyse pondérale, qui, en prouvant la discontinuité chimique a conduit à imaginer l'hypothèse atomique, ne donne pas le moyen de résoudre le problème qui vient de se poser (6).

Autant que de mots, il y a là de défis au bon sens chimique et à la logique expérimentale. Dire que le système pondéral ne peut se suffire à lui-même est une hérésie que chaque page de l'histoire se charge de rétorquer.

D'après M. PERRIN, le système pondéral ne peut se suffire ; et évidemment comme WURTZ, il invoque AVOGADRO. Il défend beaucoup moins bien que l'apologiste de la « théorie atomique » cette thèse usée, sans voir, lui physicien cependant, que les arguments de 1860 ont perdu totalement, aux yeux de la plupart des chimistes, la valeur que WURTZ leur attribuait.

Il prétend (7) que GERHARDT et ses continuateurs ont choisi nos nombres actuels, pour, comme il le dit, « les raisons que nous allons voir ». M. PERRIN va donc puiser aux enseignements de l'Histoire. Ecoutons : rien ne sera plus instructif s'il le fait judicieusement. Il nous dit :

---

(1) PERRIN, *Les atomes*, p. 10.
(2) *Ibid.*, p. 11.
(3) Quel lien logique le lecteur parviendra-t-il à établir entre ce que nous appelons « constance des poids », « loi des proportions définies » ou « loi du symbole », et cette appellation bizarre « loi de discontinuité » ? Quel lien dans notre esprit entre constance et discontinuité ? Lamentable terminologie ! Conception d'une science d'idéologue qui n'a aucune attache avec la réalité chimique !
(4) Voir notre *Essai de philosophie chimique*, Paris, PAYOT, p. 57, 1923.
(5) Jugez de l'idéologie de l'auteur : « On conçoit d'ailleurs que des molécules très compliquées, puissent être plus fragiles que les molécules faites de peu d'atomes, et par suite puissent avoir moins de chances de se présenter à l'observation ; on conçoit aussi que si une molécule est énorme (albumines), l'entrée ou la sortie de peu d'atomes ne modifie pas énormément ses propriétés, et que la séparation de corps purs correspondant à des molécules, somme toute peu différentes, puisse devenir inextricables. Et celà encore accroît les chances pour qu'un corps pur, facile à préparer, soit de molécules formées de peu d'atomes » *Ibid.*, p. 16. LOTHAR MEYER n'aurait pas dit mieux, lui qui a empoisonné nos belles années avec ce livre absurde vanté par nos maîtres : *Die modernen theorien der Chemie.*
(6) *Ibid.*, p. 18.
(7) *Ibid.*, p. 24.

« L'hypothèse d'Avogadro... accompagnée de considérations inexactes... fut accueillie avec beaucoup de réserve. On doit à Gerhardt d'avoir compris toute son importance et d'avoir prouvé dans le détail... la supériorité de la notation qu'il déduisait de la théorie » (2).

L'auteur a la malencontreuse idée de faire figurer en note auprès du nom de GERHARDT la mention « Précis de Chimie organique ». C'est tout ; pas de pagination, rien pour justifier l'idée qu'il se fait de l'auteur de la loi des séries homologues.

Cela lui eût été peut-être difficile puisqu'il n'a vraisemblablement jamais vu que la couverture du livre. S'il l'avait ouvert, il aurait pu lire ceci à la page 54 du tome I :

« Les procédés pour déterminer les équivalents peuvent se réduire aux quatre chefs suivants:
a) Remplacement d'un des éléments de la substance organique par un élément;
b) Combinaison de la substance avec une autre dont l'équivalent est connu;
c) Détermination de la densité de la substance à l'état de vapeur;
d) Décomposition de la substance en plusieurs produits dont l'équivalent est connu ou qui offrent une relation simple avec la matière primitive. »

Sur quatre méthodes que GERHARDT nous recommande, trois sont purement chimiques. GERHARDT ne serait pas chimiste, s'il pouvait en être autrement. M. PERRIN cite bien son collègue M. URBAIN qui lui aussi prétend que ce qu'il y a de meilleur dans la chimie c'est la physique, mais nous espérons pour la chimie française que M. URBAIN est seul de cet avis. Tous les grands chimistes ont employé d'abord et avant tout les méthodes chimiques. La citation de M. PERRIN est particulièrement malencontreuse puisque nous voyons GERHARDT citer en premier une méthode exclusivement chimique, la substitution, notion neuve et française qui devait amener dans le domaine organique au prodigieux développement qu'elle a acquis.

L'étude des réactions a été toujours la cheville ouvrière de la science pour tous les grands chimistes. M. LESPIEAU, dans un livre excellent, nous le déclare judicieusement pour BERZELIUS (2). *Mais de cette méthode fondamentale, M. PERRIN ne nous dit pas un mot.*

*
**

Bien peu de chimistes, croyons-nous, attachent encore une grande importance chimique à la « Loi de Mitscherlich ». M. LESPIEAU nous dit que BERZELIUS a pu s'en servir parce qu'il était bon chimiste. Voyons comment va en user M. PERRIN qui, hélas! ne l'est guère.

Nous savons tous comment les éléments dits halogènes sont venus se classer d'euxmêmes l'un près de l'autre, puisqu'ils sont seuls de leur espèce. DAVY a découvert la nature élémentaire du chlore, et lorsqu'il a fait l'étude de l'iode de Courtois, il n'aurait pas pu penser à le classer ailleurs qu'à côté du chlore. Pour M. PERRIN, c'est l'isomorphisme qui a réalisé ce classement. La logique chimique est trop simple et trop expérimentale pour son esprit nébuleux et compliqué.

*
**

Tout ce que M. PERRIN nous dit touchant « Nombres proportionnels et formules chimiques » est indéfendable ; toutes les raisons « qu'il nous a fait voir », les attribuant à GERHARDT sont fausses.

Pourtant, en fin de chapitre, il consent à nous dire un mot de la substitution, laquelle, nous l'avons vu, était la première préoccupation de GERHARDT, au début de sa carrière, alors même qu'il n'était pas encore lié d'amitié à Laurent.

« L'importance de la notation atomique imposée » (1) « par l'hypothèse d'Avogadro se marque particulièrement dans le pouvoir immense qu'elle nous apporte pour la représentation ou la prévision des réactions. La notion de substitution chimique, si importante en chimie organique, est, en particulier, directement suggérée par cette notation » (3).

Vous entendez ? Voilà la substitution, fait expérimental, suggérée par une notation et par la notation atomique! Il se contredit lui-même. La notation atomique a été d'après lui (4) « proposée » par GERHARDT vers 1840. Or, nous savons tous que les premières

---

(1) *Ibid.*, p. 27.
(2) *La molécule chimique* p. 122.
« Parmi les procédés envisagés par BERZELIUS, étude des réactions et des compositions chimiques, emploi des densités de vapeur, des chaleurs spécifiques, de l'isomorphisme, le premier lui a beaucoup servi, le second très peu, le troisième pas du tout. Le quatrième lui a été utile, mais parce qu'il était bon chimiste. »
(3) *Ibid.* p. 24.
(4) *Ibid.*, p. 40.

notions de substitution remontent à Gay-Lussac et que le magnifique essor de cette notion féconde a été donnée par LAURENT, le frère aîné de GERHARDT.

Cette notion de substitution, nous pouvons dire ce fait, M. PERRIN le qualifie d'hypothèse. Il se croit autorisé à dire que ce n'est qu'une hypothèse :

> « Un bouleversement pourrait se produire dans la situation et le genre de liaison des atomes » (1).

C'est juger d'une manière bien puérile. Nous savons tous que c'est précisément ce bouleversement, toujours possible et même souvent réalisé, qui tient notre observation en éveil. C'est que, pour un bon chimiste, il n'y a pas de principe intangible puisque ce sont ces mêmes principes qu'il s'attache tous les jours à soumettre à l'expérimentation.

C'est là une chose que notre auteur ne peut comprendre et si vous voulez vous en assurer, lisez le simple paragraphe qu'il intitule d'une manière tout à fait cocasse « Dislocation minimum des molécules réagissantes » (2). Ce qu'il nous dit de la constitution de l'alcool méthylique est de la caricature chimique. Et la formule de constitution ?

> « Quand on connaît les conditions de formation d'un composé on peut souvent, en admettant que la dislocation est restée minimum, déterminer d'une façon complète quels atomes sont liés dans la molécule de ce composé, et par combien de valences ils sont reliés. C'est ce qu'on appelle établir la constitution du composé » (3).

C'est de la chimie comme en ferait un docteur en philosophie. Une « constitution » est pour nous une expression condensée de faits expérimentaux. Si nous disons que l'acide acétique se représente par $CH^3CO\,(OH)$, cela veut dire qu'il y a deux carbones séparés, que trois hydrogènes ont un même caractère analytiquement déterminé, tandis que le quatrième a des propriétés chimiques différentes ; que l'acide acétique contient un résidu de l'eau (OH) ; qu'un oxygène a des attaches avec la fonction cétonique, CO ; que les trois premiers atomes sont liés à l'un des carbones, l'oxygène et (OH) à l'autre carbone. Tout cela est net et précis, mais il n'est pas un seul chimiste digne de ce nom qui regarde cela comme un principe. Tout cela est le résultat d'expériences, l'expérimentation se perfectionne tous les jours, et partant, nos idées sur la constitution sont toujours perfectibles.

*
**

Dans les lignes qui précèdent, nous n'avons eu en vue que l'examen critique de la partie chimique du livre de M. PERRIN. Cette chimie occupe le premier quart de son volume et partant en constitue la base.

Je me déclare totalement incompétent à examiner ce qui suit, tout ce qui a trait à l'atome physique ou philosophique, notions dont le chimiste n'a pas à connaître, tout au moins en ce qui regarde les fondements de la science.

A vrai dire, pour étudier des sujets du genre de ceux auxquels l'auteur cherche à nous initier, pour le suivre dans des expériences sans contrôle sur le dénombrement des atomes et dans des déductions au cours desquelles force nous est de nous en rapporter à son autorité de physicien, il faudrait qu'il nous donne d'abord la preuve de sa logique expérimentale dans l'étude qu'il fait de la chimie. Et, s'il ne parvient pas à nous faire comprendre des questions que nous connaissons, comment pourrait-il nous initier à des sujets nouveaux pour nous ?

Quel est le lecteur qui, n'ayant pas compris les 75 premières pages, aura le courage de chercher à comprendre les 225 pages qu'il a encore devant lui ? Et c'est ainsi que je pense toujours à ces 13.000 malheureux.

Je pense aussi à ceux qui ont comme nous des fils sur les bancs de l'Université, des fils que l'on veut instruire et que l'on assomme. On parle de leur faire aimer la science, et on les éloigne. Au lieu de concentrer en des notions claires, on dilue dans un ensemble diffus. On allonge les études sans aucune raison autre que celle de créer des chaires pour des nouveaux venus qui embrouilleront plus encore.

On nous dira que M. PERRIN n'est pas chimiste. Mais alors pourquoi prétend-il enseigner la chimie ? Il a seulement répété ce qu'il a appris dans les cours de chimie universitaires : son seul tort est de n'avoir pas vu le bourbier, comme M. FOURNEAU, et de prétendre nous enseigner des choses qu'il ne voit pas.

La clarté est la caractéristique de la vraie science. Rien n'est incompréhensible dans les sciences. Il en est qui nécessitent une préparation spéciale. La pratique mathématique,

---

(1) *Ibid.*, p. 41. M. PERRIN raisonne ici sur un lamentable exemple, le méthane.

(2) *Ibid.*, p. 45.

(3) *Ibid.*, p. 18.

les conventions et la terminologie chimiques, le vocabulaire philosophique ne sont que des outils que l'on doit savoir manier. Mais il n'y a rien d'incompréhensible. Il n'y a pas de science obscure, il n'y a que d'obscurs professeurs.

Un professeur devrait bien se garder d'écrire sur les sujets qui ne sont pas d'une limpidité absolue dans son esprit. S'il ne comprend pas, il faut qu'il ait le courage de dire : « je ne comprends pas ». Quant à ceux qui ne comprennent pas et qui croient comprendre, ils devraient être mis en interdit. Cet assainissement intellectuel, quelle grande mission pour les Sorbonnes et les Instituts! Il y a si longtemps que nous subissons leur tyrannie, qu'une petite réparation ne serait que justice.

En 1830, J.-B. Dumas, cette grande intelligence si indignement jugée par quelques universitaires de marque, prévoyait déjà que la chimie générale puiserait un jour dans la science du carbone ses plus clairs enseignements. Il pressentait sans doute l'importance énorme des idées géniales de son élève Laurent.

Les paroles prophétiques de Dumas sont devenues des réalités. Il y a de cela plus de 70 ans. L'Université n'a pas bougé. Son enseignement est resté tel qu'il était, cristallisé. Et il est tellement précaire que je défie M. Perrin, qui a tout l'air de la représenter, puisqu'il nous offre une monographie des atomes, de me donner une réponse minérale de la base de notre système chimique H^2O et non HO (1).

Tous ces beaux messieurs pourraient trouver dans la chimie organique une réponse positiviste, pondérale , conforme à l'histoire et à la vérité. Mais il leur faudrait opérer une refonte des programmes universitaires. Y pensez-vous ? L'Université est faite pour les professeurs et non pour les élèves.

Pour leur fermer la bouche, pour montrer que ce sont les professeurs qui sont embourbés et non pas la science, comme le dit M. Fourneau, il suffirait d'un modeste élève interpellant le professeur dans sa chaire pour lui dire : « Pardon, moi je ne crois ni aux atomes, ni aux molécules. Veuillez nous donner des raisons positives ».

LA CATALYSE ET L'INVERSION DU SACCHAROSE
PAR L'ACIDE ACÉTIQUE
ET LA THÉORIE DES IONS

Par **M. Émile SAILLARD**
Directeur du Laboratoire du Comité Central des Fabricants du sucre de France (Paris)

La théorie des ions a permis de réaliser de grands progrès dans les sciences physico-chimiques ; elle a donné l'explication de beaucoup de phénomènes qui étaient restés inexpliqués. On y fait très rarement appel dans la chimie sucrière et cependant beaucoup de faits intéressant les laboratoires de sucrerie s'y rapportent.

Avec un acide moins ionisé, l'hydrolyse du sucre, par exemple, se produit moins rapidement.

Sous concentration moléculaire égale, l'acide acétique est moins ionisé que l'acide chlorhydrique, c'est-à-dire contient moins d'ions-grammes d'hydrogène par litre de solution. Voilà pourquoi son pouvoir inversif est plus faible que celui de l'acide chlorhydrique.

Si on ajoute un sel organique neutre à la solution acétique, on diminue le nombre d'ions-grammes par litre, et par conséquent l'action catalytique ou puissance invertive de l'acide. Par contre, si on ajoute un chlorure soluble à la solution acide (acide acétique ou acide chlorhydrique, on augmente le nombre d'ions-grammes d'hydrogène par litre et l'action catalytique de l'acide s'en trouve accrue.

Les résultats suivants montrent comment la théorie des ions trouve des applications dans l'extraction du sucre des mélasses par l'acide acétique.

---

(1) Tous les lecteurs du *Moniteur* savent, par expérience peut-être, que M. Perrin n'est pas l'exemplaire unique de cet enseignement subversif. J'ai pris celui du savant professeur de la Sorbonne parce que son livre est très répandu; et aussi parce que ce livre, avec l'admiration que tous les universitaires belges professent pour la science française, contribue à empêcher notre enseignement de sortir de l'ornière. On trouvera dans ma brochure « *l'Enseignement de la Chimie à l'Université de Gand* » un type plus réjouissant de ce genre de professeurs incompréhensibles. Ils se hissent au rang d'éducateurs de la jeunesse et ils sont tout aussi privés de méthode que de philosophie!

Dans une note précédente (1), en m'inspirant des résultats de nos essais, j'ai mis en lumière des actions de catalyse se rapportant à l'oxydation de l'acide sulfureux et des sulfites.

Dans la présente note, il s'agit d'action de catalyse dans l'hydrolyse du saccharose.

Théoriquement, la mélasse (produit résiduaire de l'industrie sucrière), est une solution de sucre et de matières minérales et organiques dont on ne peut extraire de sucre par les moyens physiques : (évaporation, refroidissement, agitation). Le sucre et les impuretés s'y maintiennent mutuellement en dissolution.

Pratiquement, et pour des raisons de prix de revient, ce résultat n'est jamais atteint et les mélasses contiennent toujours un peu de sucre précipitable (par les moyens précités), mais en faible quantité.

Au sortir des turbines d'essorage, la mélasse de betterave contient 50 à 53 0/0 de sucre, 30 à 33 0/0 de matières minérales et organiques et 16 à 18 0/0 d'eau, soit 60 à 63 de sucre pour 100 de matière sèche.

On propose un procédé (2) d'extraction du sucre des mélasses consistant à ajouter une forte proportion (60 0/0) d'acide acétique cristallisable à la mélasse préalablement concentrée par l'évaporation jusqu'à 9 à 10 0/0 d'eau.

Nos essais montrent qu'on peut précipiter ainsi 70 à 80 0/0 du sucre de la mélasse. Ils montrent également que pendant le contact entre l'acide acétique et la mélasse, contact qui a duré environ trois jours, il n'y a pas eu de saccharose inverti, malgré la forte acidité du mélange.

Par contre, si on applique le même mode de traitement aux sirops d'usine contenant 50 à 55 0/0 de sucre et 93 de sucre pour 100 de matière sèche, il y a inversion de 1,5 à 2 0/0 de saccharose au bout de trois heures.

Comment expliquer cette différence ?

Pour étudier la question, nous sommes partis de solutions de saccharose pures à 8 ou 10 0/0 de sucre auxquelles on a ajouté, soit de l'acide acétique seul, soit de l'acide chlorhydrique seul, soit de l'acide acétique et des sels minéraux ou organiques.

1re série d'essais : Inversion par HCl ou $C^2H^4O^2$

Les solutions sucrées (mises en ballon), contenant pour 100 c/m³, soit 2 gr. 2 de HCl pur, soit 3 gr. 6 (quantité équivalentaire) d'acide acétique et 10 gr. 27 de sucre ont été abandonnées à la température ordinaire ou mises dans un bain préalablement chauffé à 70°.

A la température ordinaire, la solution sucrée, avec HCl était complètement invertie au bout de 22 heures, tandis que dans les solutions sucrées (avec acide acétique), il n'y avait, après le même temps, que 0,15 de saccharose inverti, soit 68 fois moins.

A la température de 70°, le sucre de la solution sucrée (avec HCl) s'invertit complètement en 5 minutes. Pendant le même temps, il y a, dans la solution sucrée (avec $C^2H^4O^2$) 0,60 de saccharose qui s'invertissent, c'est-à-dire environ 17 fois moins.

(A cause du temps qu'il faut pour chauffer les solutions jusqu'à 70° puis pour les refroidir jusqu'à 20°, le chiffre qui précède n'est qu'approximatif) :

2e série d'essais : Inversion en présence de sels

a) *Sels organiques*. — A une solution contenant 8 à 10 0/0 de sucre et 15 c/m³ d'acide acétique pour 100 c/m³, on a ajouté de l'acétate de potasse ou du formiate de soude.

Les solutions passées au polarimètre-saccharimètre, après des temps variables ont donné les lectures suivantes :

	Sans sel	Solution sucrée avec 12 gr. d'acétate de potasse pour 100 cc.
Au départ...............	32,8	32,3
Après 65 heures.........	27,3	32,3

Avec le formiate de soude, les résultats ont été du même ordre.

Des essais ont été faits avec des quantités équivalentaires de sels minéraux dont 5 gr. 85 de NaCl, 7 gr. 1 de SO^4Na^2 par 100 c/m³, etc., en partant d'une solution sucrée ayant reçu 15 c/m³ d'acide acétique pour 100 c/m³.

---

(1) Voir Comptes rendus de l'Académie des Sciences, t. 160, p. 360.
(2) Procédé FRIEDRICH et RAJTORA (Tchécoslovaquie).

Voici les lectures faites au saccharimètre-polarimètre :

	Sans sel	Na Cl	Solutions sucrées acid s, avec :			
			Mg Cl²	AzO³Na	SO⁴Mg	SO⁴Na²
Au départ........	32,8	32,4	32,4	32,42	32,45	32,4
Après 88 heures..	25,4	18,4	17	19,6	24,5	26,6

b) Mélange de sels minéraux et organiques. — Aux solutions sucrées acides, toujours les mêmes, on a ajouté un mélange, en proportions variables, de chlorure de sodium et d'acétate de soude.

Voici quelques résultats obtenus :

	Sans sel	5 gr. NaCl	Solutions sucrées acides avec, pour 100 cc.	
			12 gr. acétale de potasse	12 gr. acétale de potasse 6 gr. NaCl
Au départ............	32,8	32,45	32,30	31,95
Après 144 heures.....	17,5	6,5	32,15	, 31,75

	Sans sel	12 gr. NaCl	Solutions sucrées acides avec, pour 100 cc.	
			5 gr. d'acétate de potasse	5 gr. d'acétale de potasse 12 gr. NaCl
Au départ............	32,85	31,9	32,6	31, 6
Après 125 heures.....	19,0	3,7	32,4	31,3

Conclusions

1o La chaleur (70°) a plus augmenté le pouvoir inversif de $C^2H^4O^2$ que celui de HCl (*voir première série d'essais*) ;

2o Les sels organiques (acétate de potasse, formiate de soude), ont paralysé, voire même annihilé le pouvoir inversif de l'acide acétique.

Les sels minéraux (NaCl, AzO³Na, MgCl²) (sels à acide monovalent), et surtout le chlorure de magnésium l'ont augmenté ; le sulfate de soude (sel à acide divalent), l'a diminué, sans qu'il y ait égalité d'action pour des quantités équivalentaires (*voir deuxième série d'essais*).

Le chlorure de sodium active le pouvoir inversif de HCl ;

3o Si on ajoute à la solution sucrée acide un sel minéral (NaCl) et un sel organique (l'acétate de potasse), celui-ci continue à retarder ou à empêcher l'inversion du saccharose et cela malgré l'action, en sens inverse, exercée par le chlorure de sodium (*voir deuxième série d'essais*).

Il y a une limite de quantités relatives de sels à partir de laquelle le chlorure de sodium reprend le dessus et active l'inversion ;

4o L'acide acétique mélangé à de la mélasse (60 d'acide acétique cristallisable pour 100 de mélasse à 10 0/0 d'eau), n'a pu, en trois jours, invertir de saccharose (résultat intéressant au point de vue industriel), mais mélangé, dans la même proportion, à du sirop d'usine, il a inverti 1,5 à 2 0/0 de saccharose en trois heures, ce qui montre que le sirop ne contenait pas assez de sels organiques ou autres catalyseurs, à action analogue, pour annihiler le pouvoir inversif du saccharose (*voir plus haut*).

Le présent travail apporte une contribution à la théorie de la dissociation électrolytique et du rôle des ions.

Il a été fait avec la collaboration de MM. Wehrung et Pradic.

E. Saillard.

CIMENT

Ciment à l'oxychlorure de magnésium
Par J. H. PATERSON

(Journal of the Society of Chemical Industry 1924, XLIII, 215)*

Découvert en 1868 par le chimiste français Sorel, l'oxychlorure de magnésium a été reconnu depuis longtemps, comme étant un ciment de propriétés spéciales très avantageuses. C'est, il est vrai, le meilleur ciment, pratique, car il est assez bon marché pour pouvoir être employé même en grande quantité. Il est même curieux qu'il se trouve si peu employé, ou que l'on ait si peu parlé d'une matière aussi utile, et cet article sera l'occasion de présenter quelques-unes de ses applications les plus particulières et des plus importantes.

Si l'oxyde de magnésium de propriétés physiques spéciales, se trouve mélangé avec une quantité suffisante d'une solution diluée de chlorure de magnésium de façon à produire une masse plastique, le tout se prend en quelques heures, en une masse dure analogue à de la pierre. Le produit ainsi obtenu est composé de l'union des deux éléments avec l'eau, soit de l'oxychlorure de magnésium. Il n'est pas possible de représenter, avec l'aide d'une formule la composition exacte de ce produit, mais il est probable qu'elle se trouve principalement composée du produit $3MgOMgCl^2 10H^2O$ mélangé de produits plus basiques. On verra que ce ciment diffère du ciment de Portland généralement employé et du plâtre de Paris, en ce qu'il est nécessaire d'avoir un composé chloré, permettant avec l'eau ordinaire, de parfaire son apposition.

Le ciment Sorel ainsi qu'il se trouve souvent dénommé, a des propriétés toutes remarquables. Le ciment simple est presque deux fois aussi robuste que le ciment Portland et son adhérence ou son pouvoir d'assemblage et si grande, qu'il peut réunir ensemble l'un contre l'autre de grandes quantités d'éléments de remplissage, tels que le sable ou des pierres quelconques, et même si cela est nécessaire, la sciure, la poudre de liège, et autres matériaux légers. De plus, aussi bien qu'avec la sciure, par exemple, il peut se relier en une masse forte, solide, sur de grandes surfaces de recouvrement, donc remplacer en partie le bois, en ce qu'il n'est pas trop froids aux pieds, qu'il peut supporter dans sa masse, sans inconvénient, les clous ou du liège.

En ce pays, l'emploi de ce substitut du bois fut exclusivement réservé même immédiatement avant la guerre, à l'industrie des constructions maritimes. De grandes surfaces dans les œuvres vives des bateaux de commerce furent recouvertes de produits tels que le « Litosilo », le « Veitchii et le « Dextou » qui sont les appellations commerciales de variétés diverses de poudre de ciment Sorel. La poudre une fois terminée était généralement teintée avec une couleur rouge sombre, et très souvent était même vernissée de façon à produire un enduit brillant.

Pendant la guerre, l'absence de bois de construction développa l'extension de ces produits ou de préparations similaires, et par suite de la reconstruction des habitations, son application reçut un grand essor, surtout pour les planchers des maisons et la construction des ateliers. En Amérique, en Allemagne et en France, une grande partie du travail extérieur en stuc est fait avec ce produit, mais jusqu'ici, pour cet emploi, il n'a pas rencontrer, en Grande-Bretagne beaucoup de faveur.

La magnésie employée dans la fabrication de ce ciment est faite en calcinant le minerai, la magnésite, à une température soigneusement contrôlée. Avant la guerre, toute la magnésie employée dans ce pays, se trouvait importée de Hambourg et était produite au moyen de la magnésite, importée de Eubocia, une île grecque. Pendant la guerre, une grande quantité de magnésite fut importée, par bateaux, des Indes, mais calcinée en Angleterre et elle ne donnait pas un produit bien satisfaisant et le prix élevé de son transport, rendit jusqu'à maintenant son emploi prohibitif. Actuellement, une certaine quantité de magnésite grecque se trouve traitée en Ecosse, mais, de nouveau, la marchandise allemande s'affirme en quantités de plus en plus considérables.

Une bonne qualité de magnésie exige d'être fabriquée avec un minerai sérieusement sélectionné. Celui-ci, après avoir été cassé est soigneusement trié à la main, pour éliminer toutes les impuretés, puis se trouve calciné dans un four spécial à une température que l'on règle entre 750° C et 950° C. Le produit calciné est à nouveau trié, pour en retirer les parties surcalcinées, puis pulvérisé dans un moulin cylindrique ou sphérique, de façon à l'amener au degré de finesse exigé.

En ce pays, le produit est vendu sur le marché sous la forme de magnésite calcinée, et en poudre fine, tandis qu'en Amérique, il est vendu en pâte.

Si la température de calcination atteint 100° C, le produit obtenu avec la magnésite ne réagit plus sur le chlorure de magnésium de sorte que l'on peut obtenir une distinction très nette dans la fabrication du ciment, entre la magnésite calcinée, et celle employée pour la fabrication des produits réfractaires.

Une longue expérience de la magnésite calcinée commerciale a amené à conclure qu'un grand nombre des défauts qui se produisent de temps à autre dans les ciments à l'oxychlorure, sont dûs à la mauvaise calcination de la matière première. Les fours, principalement du type surélevé, sont construits de telle manière qu'il est impossible de produire, à la température relativement basse indispensable, une distribution régulière de la température, et une proportion relativement considérable de la charge se trouve trop calcinée, tandis que l'autre partie l'est insuffisamment. Dans certains fours, les espaces de charge, ou les conduits verticaux, à l'intérieur du four, sont tout entiers construits en fragments de magnésite brute, qui est rapidement surcalcinée et donc dès lors impropre à faire un ciment.

Il est donc d'usage d'éliminer les éléments surcalcinés avant qu'ils ne tombent en poussière, mais ce n'est pas une opération facile, malgré toute l'expérience que peut avoir l'ouvrier. La présence de magnésite surcalcinée ne peut être déterminée par l'analyse chimique proprement dite, donc un produit donnant même toute satisfaction d'après sa composition chimique, peut se trouver pour ainsi dire inutilisable dans la fabrication d'un ciment.

Le chlorure de magnésium que l'on emploie provient presqu'exclusivement de Stassfurt ou des dépôts alsaciens et se trouve importé sous une forme solide de formule $MgCl^2$, $6H^2O$ généralement contenu dans des tonneaux de tôle mince. Il atteint généralement une pureté de 98 0/0, et on peut facilement en déterminer le titre par l'analyse.

Les solutions aqueuses ayant une densité d'environ 22° B sont employées à tous usages mais l'un des inconvénients de l'extension de l'emploi de ce ciment, est le prix de transport et le travail nécessité pour la répartition de cette solution, qui doit être stable et installée avec de grands réservoirs, pouvant assurer la distribution dans les cuves.

Les diverses applications de ce ciment exigent une grande expérience et de l'adresse, et beaucoup de fabricants conservent une certaine discrétion au sujet des détails qui concernent son emploi. Ainsi qu'on le constate, il se trouve surtout employé pour la fabrication de compositions pulvérulentes et les méthodes employées sont toutes des variantes du procédé suivant :

La magnésite calcinée est mélangée avec de la sciure d'un bois dur, dans la proportion de une partie de magnésite pour 3 1/2 parties de sciure en volume. Ce mélange est peu à peu arrosé d'une solution de chlorure de magnésium à 22° B jusqu'à ce qu'une poignée serrée dans la main reste bien rassemblée mais cependant ne laisse pas suinter de liquide. La matière humectée est étendue aussi régulièrement que possible sur une aire, à l'aide d'un outil en bois léger. Puis la surface est finalement travaillée avec une truelle en fer et toute la masse est abandonnée au durcissement l'espace de deux ou trois jours. Si on désire une masse colorée, la quantité de terre colorée nécessaire est ajoutée (le rouge Indien, la terre de Sienne ou le jaune d'ocre sont généralement employés) à la magnésite avant de commencer l'opération.

Malgré l'usage considérable qu'a obtenu ce ciment, il semble que l'on ne connaît que fort peu de choses sur le mécanisme de son action et sur les moyens de la contrôler ou sur les facteurs en présence, et il n'a été publié aucune donnée, permettant de prévoir au moment de l'achat de la matière, un jugement sur sa valeur. Une note, très documentée a été publiée par M. M. Y. Seaton devant la Société Américaine d'essai des matériaux en juin 1921. (*Chemical and. met. Eng.* août 1921). Cette note contient un grand nombre de suggestions intéressantes et de règles physiques, mais l'auteur disant qu'il publie tout ce qu'il en connaît et même surtout toute difficulté en faisant allusion aux effets produits par les conditions de fabrication ayant rapport à la qualité des produits obtenus.

En dépit de ce fait, cependant, la note contient d'excellentes remarques sur le côté pratique de la question et même que tout ce qui a été écrit à ce sujet, jusqu'à ce jour. La difficulté d'obtenir des chiffres absolus dans ces expériences concernant le mécanisme de la prise sont très grands, et celui-ci sera mieux compris en considérant les conditions dans lesquelles se font ses applications en pratique.

La concentration de la solution de chlorure de magnésium doit être déterminée avec un très grand soin, car l'expérience a démontré que vers une certaine densité, soit environ 24°Bé, la couche de ciment se dilate d'une telle quantité qu'elle peut détruire l'enveloppe ou le moule, dans le cas où elle se trouverait employée en masse, ou bien produire un écoulement ou un gonflement, si elle se trouve répandue sur une surface. Le temps de prise est également très rapide si la concentration du chlorure augmente, et l'emploi de solutions relativement diluées est indispensable pour permettre à la masse d'être convenablement travaillée, avant sa prise en masse.

Comme concentration, la force que l'on emploie généralement est d'environ 22°Bé et avec cette concentration, on ne peut ajouter suffisamment de chlorure de magnésium pour que l'on puisse continuer toute la magnésie nécessaire sans produire une masse trop humide. Ainsi avec un mélange contenant 12,5 0/0 en volume de magnésie, le reste étant un agrégat de sable gros et de sable fin, on ajoute 50 0/0 du chlorure nécessaire pour se combiner avec toute la magnésie, on obtient le composé $3\,MgO\,MgCl^2\,10\,H^2O$. On a en vue ainsi avec une grande proportion de magnésie dans un ciment de produire une saturation, car au commencement du traitement, il ne présente qu'une très faible résistance diminuant plutôt qu'elle n'augmente, la résistance du ciment étendu. Avec ce ciment, on peut constater un fait évidemment remarquable ; c'est que des briquettes d'essai faites uniquement avec du ciment, présentent une résistance à la rupture, beaucoup plus faible que celle des briquettes de la même consistance faites avec du ciment et du sable. Au bout de cinq jours, la résistance est sensiblement la même, mais au bout de 15 jours, la différence de résistance est d'environ 12 livres 500 et au bout de vingt-cinq jours, elle atteint 25 livres et augmente aussi d'une manière assez constante pendant trente-cinq jours, au bout desquels elle ne semble plus varier d'une manière très appréciable. Dans ces essais, la résistance maxima était toujours obtenue avec un ciment contenant 12,5 0/0 de magnésie en volume de magnésie, et 87,5 0/0 de silice, tandis que par l'emploi de magnésie seule on obtenait une résistance moindre.

Le changement de volume qui se produit au moment de la prise du ciment, est une source continuelle d'ennuis pour ceux qui se servent de ce produit, surtout lorsqu'il sert à faire des enduits et selon que la quantité de chlorure employé augmente en force, il saute alors aux yeux qu'une variation considérable du volume de la masse puisse se produire, ce dernier se trouvant transformé en oxychlorure de magnésium. Malheureusement, des échantillons de magnésite différents donnent des différences très grandes de volume, se trouvant placés, et il semble qu'il n'existe de ce fait, aucune raison valable, dans l'état actuel de nos connaissances, sauf cependant qu'une magnésite grossièrement pulvérisée peut produire sur couches une dilatation plus considérable que la même magnésite finement pulvérisée.

On sait que si un ciment à la magnésite se trouve avoir absorbé de l'humidité, il perd une grande partie de sa force. De fait, un ciment à la magnésite entièrement imbibé n'a plus pratiquement, aucune résistance et s'il reste encore longtemps dans l'eau, il s'affaisse par dissociation successive de l'oxychlorure de magnésium avec production d'acide chlorhydrique en présence de l'eau.

Par suite, la prise du ciment dépend, en très grande partie, de son état de déshydration, et une des causes principales du soulèvement et du craquement des compositions pour enduits est le manque d'aération, d'air au niveau du plancher devenant si saturé d'humidité, que la dessication du ciment s'arrête pratiquement. Dans ces conditions, une expansion inévitable se produisant dans le ciment, il se forme des plissements ou des craquelures dans toutes les directions, la masse n'ayant pas encore atteint une force suffisante pour pouvoir résister à cette action.

Une surface devant se durcir normalement, doit toujours contenir une quantité suffisante de points d'appui dans l'intérieur de sa masse et ceci explique le cas où des constructions se sont soulevées ou craquelées même au bout de quelques années, donc dûes à un affaiblissement progressif de la masse, sous l'influence ou de la vapeur ou de vibrations excessives. Si l'on désire préserver la couche de toute altération, il faut passer la surface à la truelle, soigneusement, et souvent, toutes fenêtres et portes closes et ainsi on obtient le meilleur résultat.

Il est facile de constater que le mécanisme de l'emploi du ciment à l'oxychlorure est obscur dans beaucoup de ses conditions d'emploi, car cette détermination absolue est difficile à constater et une grande somme de travail indispensable reste encore à faire pour assurer à ce produit de très grande valeur, des résultats constants et homogènes.

Il semble très vrai que les ciments existant actuellement se présentent sous des formes très différentes soit comme humidité, soit comme composition, et leur force ou leur expansibilité se trouvent en étroite relation avec la quantité d'eau contenue dans ces hydrates.

Des cylindres faits exclusivement, depuis déjà plusieurs années, avec de la magnésite pure et du chlorure de magnésium perdaient régulièrement un certain poids dans les premiers quatorze jours de leur formation, puis ensuite ont accusé une variation de poids constante, augmentant toujours, soit en atmosphère humide, soit en atmosphère sèche. La variation atteignait 1 0/0 du poids total du cylindre.

Il est probable, ainsi que cela a lieu avec le ciment Portland, que la matière produisant le cimentage est une très faible partie de la masse et par suite la plus petite est la plus importante et la plus durable du produit. La magnésite calcinée ne peut, par elle-même, être considérée comme un des constituants de l'ensemble actif, car ses particules n'ont aucune action physique, mais d'autres éléments finement pulvérisés, n'agissant pas chimiquement sur le chlorure de magnésium, tels que les grains de silice, par exemple, servent à produire un ciment plus fort et plus résistant. Le produit idéal pour un ciment concret à l'oxychlorure est celui dans lequel la proportion de magnésite est faite pour correspondre exactement à la quantité théorique de chlorure de magnésium nécessaire, le restant de la masse étant de la silice, ou un autre élément inactif aussi fin que la magnésite comme grain, et de plus, intimement mélangé avec lui. C'est ainsi que Seaton trouva que si un ciment est formé d'un mélange de 1 partie de magnésite et de 2 parties de silice, le produit additionné étant formé d'un sable type, il était facile d'obtenir de très forts agglomérés ne contenant pas plus de 4 à 5 0/0 de magnésie.

Ainsi qu'avec le ciment Portland, la qualité des matériaux employés doit être aussi pure que possible, et de façon à pouvoir en être assuré, certaines limites définissant leurs propriétés physiques ou chimiques doivent être abandonnées. En ce pays, malheureusement peu ou aucun essai n'ont été faits, par ceux qui l'emploient d'acheter ces produits au titre, et ceci se présente comme une nécessité de prévoyance, dans un grand nombre de faits.

Une analyse chimique de la magnésite est nécessaire pour connaître son origine probable, ou pour s'assurer qu'elle est exempte de produits frauduleusement ajoutés. Quelques compositions types sont indiquées dans la table I.

TABLE I

De l'article publié par M. Y. Seaton

Magnésite N°ˢ	Perte à la calcination	Composition chimique					Ciments faits avec 1 p. de magnésie, 2 p. de silice et 5 p. de sable ; 22· Bi chlorme				
							Temps de prise en heures et minutes		Poids de rupture en livres par pouce carré		
		CO_2	SiO_2	R_2O_3	CaO	MgO	Commencement	Fin	Sec	Humide	Recouvert
1	9,20	4,05	9,58	0,95	7,50	73,7	2,15	3	1500	828	1218
2	6,05	4 20	17,7	4,50	11,10	60,2	2 ¹	6	1362	654	1374
3	8,35	3,25	5,07	0,80	3,58	82	2,30	4,30	1222	642	977
4	6,98	1,68	7,01	0,42	3,64	82,8	3,45	4,30	1010	618	854
5	10,65	4,07	8,09	1,32	4,34	75,6	2,15	4	1277	594	1188
6	7,91	2,08	1,41	0,59	2,44	87,6	2,15	4	1580	525	967
7	9,09	1,54	2,09	1,20	3,40	85	3,45	6	1486	273	605
8	8,69	3,44	13,34	2,03	4,28	71,6	2,30	3,30	1011	252	810
9	2,95	2,80	3,45	0,88	4,48	88,2	2,30	3,30	1604	132	198
10	6,95	2,54	7,65	1,21	3,75	80,5	2,00	4,00	1378	97	300

Parmi certains qui l'emploient, on se figure rigoureusement que la présence de chaux comme impureté, dans une magnésite calcinée, est d'un très mauvais effet sur la valeur de la résistance d'un ciment, principalement à cause de la réaction de la chaux sur le chlorure de magnésium, qui ne doit pas se présenter dans un ciment affaiblissant naturellement la valeur du produit fabriqué.

MM. Seaton, Hill et Stewart ont fait paraître un long article, très documenté (*Chem. and. met. Eng.* août 17, 1921), dans lequel ils donnent les résultats détaillés de leurs expériences, et indiquent une méthode analytique satisfaisante pour la détermination de la chaux libre en présence dans un échantillon déterminé. Les résultats de leurs essais montrent que l'action la plus sérieuse produite par la chaux est la diminution de la force d'absorption de l'eau par le ciment.

L'expérience a indiqué que l'analyse par elle-même n'est pas un guide sûr dans la détermination de la valeur de ces produits, un facteur beaucoup plus important étant le point auquel se fait la calcination, et sa température, l'âge du produit et la finesse dans sa pulvérisation. Dès l'abord, deux de ces facteurs ne peuvent être déterminés soit par les moyens physiques, soit par les moyens chimiques, il est donc nécessaire de se reporter à un essai physique type afin de pouvoir jauger la proportion de magnésite nécessaire à produire le ciment.

On peut employer dans la pratique des briquettes d'essai faites à l'aide de moules analogues à ceux que l'on emploie pour le ciment Portland, le ciment étant composé seulement de magnésite et de chlorure de magnésium, le corps étant formé de sable de Leighton Buzzard et de terre siliceuse ayant **passé** au tamis 120, Seaton fit l'objection que ces briquettes sont plus épaisses que les matériaux généralement adoptés pour les planchers. Il préconisa des plaques longues, unies de 1/2 pouce d'épaisseur faites et séchées sur un lit de papier huilé, de façon à se rapprocher autant que possible de la dessication des enduits ordinaires. L'absorption de l'eau fut déterminée, ainsi que son humidité. Le temps de prise fut fixé au moyen de l'aiguille de Vicat tout en observant les mêmes précautions que pour le ciment Portland.

L'augmentation du volume du ciment pour enduit est d'une importance considérable, mais malheureusement il n'existe pas de méthode officielle pour le déterminer et donnant des résultats satisfaisants. La meilleure méthode est probablement de laisser reposer une plaque unie de 3/4 de pouce d'épaisseur sur une pièce de verre huilée de faible épaisseur et de mesurer successivement le mouvement de deux points métalliques séparés d'environ 8 pouces. Pour donner une signification à cette suggestion on a obtenu les résultats suivants sur une magnésite fine employée pour enduits.

Finesse. — 80 0/0 de la masse passe à travers un tamis de 200 fils et 99 0/0 à travers un 100 fils.

Force de rupture. — Un mélange consistant en 1 partie de magnésite, 2 parties de terre siliceuse fine et 5 parties de sable type, a été employé dans ces essais. La force de la solution de chlorure était de 22° B°, et le mélange était juste suffisamment mouillé pour pouvoir se mouler de lui-même.

Des briquettes types du genre de celles employées dans les essais ordinaires de ciment avec la machine, ont été faites et brisées au bout de 7 et 18 jours, les pièces d'essai, ayant été exposées à l'air libre, après avoir été retirées du moule au bout de 48 heures. Les moules avaient été très légèrement graissés avant leur emploi.

La force moyenne était d'environ 500 livres par pouce carré au bout de 7 jours et de 850 livres au bout de 28 jours.

Seaton recommande, ainsi qu'on peut le prévoir, une barre unie de 1/2 pouce d'épaisseur, 2 pouces de large et 24 pouces de long. Ces barres, dans l'essai, sont supportées aux deux extrémités et brisées, en chargeant le centre à l'aide d'une charge, de la même façon que l'on opère avec la machine, dans les essais de ciment. D'après ces résultats, on calcule le coefficient de rupture, et il a été trouvé être de 2, 2 fois environ la valeur de la force primitive.

Pouvoir d'absorption de l'eau. — Ce chiffre est important et peut être déterminé en arrosant les briquettes avec de l'eau à trois ou quatre reprises différentes en l'espace de 8 heures et déterminant la quantité contenue selon la manière ordinaire.

La puissance d'absorption d'un bon mortier ne doit pas être inférieur à 30 0/0 de son poids à l'état sec.

Temps de prise. — Le temps de prise des mélanges employés ci-dessus, a été déterminé selon la méthode ordinaire à l'aide de l'aiguille de Vicat. La prise ne se fait pas avant 90 minutes et se trouve déterminée en l'espace de 8 heures.

Dilatation. — On a précédemment établi que la cause produisant le gonflement de la masse n'avait pu être exactement établie. De plus, il peut se présenter sur une surface cimentée, des contractions occasionnelles du volume, les causes produisant ces phénomènes étant inconnues. Il est certain qu'un excès d'eau, ajouté au ciment, produit une contraction identique avec le ciment Portland, mais il doit certainement se présenter d'autres causes. Il faut cependant considérer au point de vue pratique, qu'une expansion ou qu'une contraction de 0,3 0/0 ou plus, au bout de 24 heures de dépôt indique un ciment de qualité douteuse.

V. E.

1.

ACADÉMIE DES SCIENCES

Séance du 6 octobre. — Les effets des dilutions sur les colloïdes. Note de M. W. Kopaczewski. — Il semble qu'il est impossible d'envisager l'union entre les molécules et les ions comme une simple réaction chimique dans les cas précités (sérum normal de cheval, albumine d'œuf, hémoglobine, collargol, etc.). Ceci résulte de la détermination des constantes physico-chimiques; on voit que les colloïdes reviennent plus ionisés par le fait d'une dilution avec l'eau distillée.

L'urine normale se comporte vis-à-vis des dilutions successives comme un électrolyte.

— Sur quelques propriétés du dimolybdate d'ammonium. Note de M. E. Darmois et A. Honnelaitre. — Ce dimolybdate est un réactif des corps susceptibles de se combiner à l'acide molybdique. Ces corps y produisent de fortes variations de pouvoir rotatoire. Les résultats précédents doivent être rapprochés de ceux que Boeseken a établis dans une longue série de recherches où il emploie l'acide borique comme réactif des corps possédant deux groupements OH voisins. Peut-être que moins générale que celle de cet auteur, la méthode précédente est-elle d'un emploi beaucoup plus simple.

— Séparation électrolytique du cuivre, de l'antimoine, du bismuth d'avec le plomb. Note de M. A. Lassieur. — Cette séparation est possible avec un milieu très chlorhydrique et en présence d'un réducteur (chlorhydrate d'hydroxylamine).

— Action de l'acide bromhydrique sur quelques alcools tertiaires. Note de Mme Ramart. — Sous l'action de l'acide bromhydrique en solution acétique les alcools du type: C^6H^5. (Ar) (OH) C. C. (R_2) (R_2) se déshydratent en donnant des carbures avec changement de structure. Tout se passe comme si dans l'éther bromhydrique l'atome de brôme permettait avec un groupe CH^3 comme cela se produit avec le triphényl-1-3-3-méthyl-2-butanol-2.

— Sur une réaction colorée supposée spécifique de l'aldéhyde formique, produite par l'acide glyoxylique. Note de M. Fosse et A. Hieulle. — L'aldéhyde formique n'est pas le seul corps capable de donner la réaction de Schryver. Une coloration se manifeste de même lors du traitement de l'acide précité par le réactif. Cette coloration se manifeste à la dose de 1/1.000.000.

Séance du 13 octobre 1924. — Sur un procédé de récurrence pour la préparation des carbures acétyléniques vrais. Note de M. Bourguel. — On part d'une molécule en C^n et on arrive progressivement aux carbures en $n+1$, $n+2$, etc. en formant un amidure et ensuite en méthylant avec le sulfate diméthylique. On a un rendement qui ne descend pas au-dessous de 80 0/0. L'auteur a appliqué ce mode opératoire au cyclo hexylbutine, puis passe aux cyclopentine et hexine. On peut appliquer la méthode aux carbures toluéniques et naphtaléniques.

— Sur le dosage de l'oxyde de carbone dans les gaz industriels. Note de M. la Condamine. — Le réactif de Damiens (sulfate cuivreux), donne une absorption complète mais avec lenteur.

— Sur la teneur en chlorure de sodium du sang de quelques invertébrés marins. Note de Marcel Duval. — Le sang des crustacés, en particulier possède une teneur en chlorure de sodium plus faible que celle du milieu extérieur.

— Transformation des iodostibinates de bases organiques azotées en iodomercurates cristallisées. Note de MM. E. Caille et Viel. — On fait une solution chlorhydrique d'iodostibinate et on additionne de mercure en excès. On fait bouillir. Après filtration du précipité noir formé la liqueur donne par refroidissement des cristaux d'iodomercurate.

— Loi d'action de la laccase. Note de Paul Fleury. — La laccase fixe des quantités de moins en moins fortes de gaiacol à mesure de l'augmentation de l'alcalinité. La vitesse d'oxydation du gaiacol augmenterait quand l'alcalinité croît.

Séance du 20 octobre. — Sur l'allotropie du verre. Note de H. le Chatelier. — L'auteur invoque l'existence de deux variétés allotropiques du verre pour expliquer certaines discordances.

— Système physique des éléments. Note de C. G. Bedreag. — On fait intervenir la constitution électronique des atomes, en particulier l'émission des lignes X, dans l'établissement d'un nouveau système de nombres atomiques.

— Sur les combinaisons silicatées du cadmium. Note de M. A. Duboin. — En projetant dans du fluorure de potassium fondu de la silice et de l'oxyde de cadmium on a obtenu deux silicates:

$$4.SiO^2. CdO.K^2O \text{ et } SiO^2. 2CdO$$

— Contribution à l'étude des principes immédiats contenus dans les feuilles et l'épiderme des fruits du pommier. Note de Gustave Rivière et Georges Pichard. — Des feuilles fraîches on extrait: une quantité assez importante de phlorizine (1 0/0), de la phlorétine, des matières grasses, un produit très oxydable et de l'acide maloloïque.

— Contribution à l'étude du rôle physiologique des tanins, leur importance dans l'aoutement des sarments de la-vigne. Note de M. F. Picard. — La quantité de tanins ne semble pas en rapport avec le degré d'aoutement. Le degré d'aoutement ne peut-être déterminé d'après les mesures ou les dosages des divers éléments.

— Sur l'hydrolyse fermentaire de la gentiacauline. Obtention d'un xyloglucose, le primevérose. Note de Marc Bridel. — L'hydrolyse de la gentiacauline, fournit un principe cristallisé, insoluble, la gentiacauléine et un xyloglucose.

— Evolution remarquablement régulière de certains rapports physiologiques (chaux, magnésie, potasse) dans les feuilles de la vigne bien alimentée. Note de M. H. Lagatu et L. Maume. — En cueillant chaque mois deux feuilles de la base des sarments fructifères afin d'étudier l'évolution des principes minéraux on voit qu'il y a une étroite solidarité dans les états successifs du chimisme des feuilles en ce qui concerne les trois bases.

Séance du 27 octobre. — La radioactivité des gaz éruptifs du Vésuve et des solfatares de la Campanie et leur influence sur le développement des bactéries et des plantes supérieures. Note de Jules Stoklasa et Jos. Penkava. — Les rayons β et γ des divers corps radioactifs favorisent la photosynthèse de la cellule chlorophyllienne.

— Neutralisation de l'acide chlorique par les alcalis suivie au moyen de la viscosimétrie. Note de L. J. Simon. — La neutralisation de cet acide est mise en évidence par la méthode viscosimétrique en employant la soude aussi bien que la potasse.

— Sur une condition nécessaire de la sécurité du minage en milieu inflammable. Note de E. Audibert. — Le diluage de l'explosif dans une matière inerte ne donne qu'une sécurité apparente.

— Séparation électrolytique du cuivre, de l'antimoine, du plomb, et de l'étain. Note de A. Lassieur. — La séparation du plomb de l'étain peut être effectuée en milieu chlorhydrique et fluorhydrique. On ajoute un réducteur comme précédemment l'a indiqué l'auteur. Une fois le plomb séparé on introduit de l'acide borique et alors l'étain peut être précipité.

— Sur le sous oxyde de tellure. Note de A. Damiens. — Le corps décrit comme tel serait un mélange de tellure et anhydride tellurique.

— Sur la décomposition pyrogénée brusque du formiate de méthyle et sur le principe de la moindre déformation moléculaire. Note de J. A. Muller et Mlle Peytral. — En portant brusquement un système moléculaire à une température élevée où il se décompose en donnant une série de réactions endothermiques ou faiblement exothermiques ce système ne tend vers un état d'équilbre qu'en passant par une suite d'états intermédiaires ou les liaisons atomiques diffèrent le moins possible entre elles.

— Régénération de l'excitabilité amylogène des plantes pendant l'hydrolyse. Note de M. A. Maige. — Les plantes amylifères qui ont perdu leur excitabilité pendant une amylogenèse prolongée la retrouvent pendant l'amylolyse. La régénération est d'autant plus vive que l'action amylolytique a été plus active.

Séance du 3 novembre. — Les colloïdes et les eaux minérales. Note de MM. E. Henrijean et W. Kopaczewski. — La conductibilité électrique, la tension superficielle, la floculation, la pression osmotique dans une eau minérale donnent des renseignements sur son instabilité.

— Sur l'étude de l'anaérobiose dans la terre arable. Note de M. S. Wynogradsky. — Les germes anaérobies inactifs dans une terre modérément humide passent rapidement à l'état actif aussitôt que le taux d'humidité dépasse une certaine limite.

— Précipitation di tantale et du niobium par le cupferron et leur séparation d'avec le fer. Note de M. H. Pied. — On précipite le fer par le sulfure d'ammonium en solution oxalotartrique, puis on fait agir le réactif à froid après destruction du sulfure d'ammonium en excès.

— Transpositions moléculaires, préparation et déshydratation de quelques α-α-diaryléthanols et alcoyldiaryléthanols. Note de Mme Ramart et Mlle Amagat. — On alcoyle l'éther p-tolylphénylacétique par l'amidure de sodium et les halogénures d'alcoyles. Les éthers diaryl et alcoylarylacétiques soumis à l'action du sodium et de l'alcool absolu conduisent aux alcools primaires correspondants. Ces alcools primaires déshydratés subissent des transpositions moléculaires.

— Action des catalyseurs sur l'oxydation de l'acide urique: cuivre et urate cuivreux. Note de Léon Piaux. — Avec 1/450 d'atome de cuivre par molécule l'oxydation est deux fois plus rapide que sans catalyseur.

— Influence de l'urée employée comme engrais. Note de Ch. Brioux. — L'urée agit sur la réaction du sol comme le ferait un alcali par suite de son dédoublement rapide en carbonate d'ammoniaque; mais à mesure que ce dernier nitrifie, son action devient nettement acidifiante comme celle des autres engrais ammoniacaux qui agissent en plus par leur radical acide.

— Présence de l'iode dans le sang veineux. Note de MM. E. Gley et J. Cheymol.

— Etude par l'analyse périodique des feuilles de l'influence des engrais de chaux, de magnésie et de potasse sur la vigne. Note de MM. H. Lagatu et L. Maune. — Ces recherches permettent d'espérer de fonder un contrôle rationnel et pratique des divers principes et une analyse chimique agricole de toute convention arbitraire chimique.

Séance du 10 novembre. — Sur un essai de dosage quantitatif du thorium X. Note de Ferdinando Gazzoni. — Lors de la précipitation du radiothorium par l'eau oxygénée ou l'ammoniaque en présence soit de thorium soit d'aluminium le thorium X est entraîné partiellement. Dans le cas du thorium cet entraînement est maximum.

— Sur la définition et la préparation des hexamétaphosphates. Note de Paul Pascal. — Le sel soluble de Graham se comporte comme un hexamétaphosphate complexe dans lequel le sodium est masqué qui correspond à $[(PO^3)^6Na^4]\,Na^2$. Ce sel est peu stable en solution; il est précipité par les sels de plomb sous forme d'hexamétaphosphate dont on peut faire dériver les sels alcalins correspondants PO^3M.

— Détermination de la force théorique et du covolume des explosifs. Note de M. E. Burlot. — Le désaccord observé entre les nombres observés et les valeurs théoriques provient des valeurs trop fortes admises pour les chaleurs spécifiques (observation de H. Le Chatelier).

— Adsorption comparée de quelques acides organiques et de leurs sels de sodium. Note de Claude Fromageot et René Wurmser. — L'adsorption augmente avec le nombre des carboxyles. Il n'y a pas de relation simple entre l'adsorption des différents radicaux et la constante de dissociation des acides et la constante de dissociation des acides auxquels ils appartiennent. L'adsorption très intense avec l'acide picrique qui est tribasique est moins accentuée pour les acides oxalique et succiniques qui sont bibasiques et assez faible pour les acides acétique et propionique qui sont monobasiques. Les sels sont moins adsorbés que les acides correspondants mais les différences dans l'adsorption, sont moins accentuées. Ainsi les citrates de sodium et de magnésium ne sont pas adsorbés tandis que l'adsorption du pyruvate atteint celle de l'acide pyruvique.

— Sur les conditions d'application de la technique argentosulfochromique de dosage du carbone. Note de L. J. SIMON. — Dans la technique d'oxydation argento-sulfo-chromique on emploiera suivant les cas 4 grammes de bichromate d'argent avec 30 minutes de chauffage ou 12 grammes de bichromate, et seulement 4 minutes de chauffe.

— Isomérisation des oxydes d'éthylène avec migration. Mécanisme des transpositions moléculaires. Note de MM. TIFFENEAU, A. OREKHOFF et Mlle J. LÉVY. — Les oxydes d'éthylènes trisubstitués du type

$$Ar - CH - C \begin{cases} R \\ R^1 \end{cases}$$
$$\diagdown \, / $$
$$O$$

sont susceptibles de s'isomériser sous l'influence de la chaleur en donnant par transposition semihydrobenzoïnique, les aldéhydes correspondants Ar-C (RR^1)-CHO. Contrairement à la théorie de l'échange préalable la migration du radical aromatique ne constitue pas le phénomène initial; cette migration apparaît nettement consécutive à la rupture des liaisons de l'atome d'oxygène. On est ainsi conduit à adopter l'hypothèse d'une structure intermédiaire instable exactement identique à celle que nous avons constamment proposée jusqu'ici pour les transpositions des α-glycols et de leurs chlorhydrines.

— Relations de structure entre les pinènes et les terpinéols ou les limonènes qui en dérivent. Note de Marcel DELÉPINE. — Le noyau tétraméthylènique ne se rompt pas lorsqu'on effectue la synthèse des terpinéols par les pinènes. En considérant les structures du nopinène, du pinène et du méthylnipinol on est amené à conclure que la double liaison change de place quand on passe du pinène au terpinéol.

— Sur l'hydrolyse fermentaire de la monotropitine. Obtention du primevèrose. Note de Marc BRIDEL. — L'hydrolyse fermentaire de la monotropitine, donne du primevèrose. Ce corps est largement répandu dans le règne végétal puisqu'il y a été trouvé jusqu'à présent dans cinq familles.

— Essais d'identification du facteur A. Le facteur A et le phytol. Note de MM. JAVILLIER, P. BAUDE et Mlle S. LÉVY-LAJEUNESSE. — Le phytol, s'il y a quelque relation chimique entre la chlorophylle et le facteur A, doit-être avec la partie non transformable en savon. La substance active des insaponifiables n'est pas le phytol; ceci n'exclut pas l'idée qu'elle puisse avoir quelque rapport d'origine ou de constitution.

Séance du 17 novembre. — Méthode générale de préparation des éthersoxydes. Note de M. J. B. SENDERENS. — Avec l'éthanol et l'acide sulfurique on arrive à de bons rendements en oxyde d'éthyle mais il n'en est pas de même avec les autres alcools. La quantité d'acide sulfurique à mettre en jeu doit être d'autant plus faible que les poids moléculaires sont plus élevés. Pour obtenir l'oxyde de propyle il faut 100 volumes de propanol et 40 volumes d'acide sulfurique. On tombe à 25 à 30 de cet acide pour toujours 100 volumes d'acide d'alcool pour obtenir l'oxyde de butyle. Il suffit de 20 volumes dans la préparation de l'isobutyle. On a recours seulement à 10 volumes pour obtenir l'oxyde d'isoamyle.

Avec les alcools secondaires il faut moins d'acide sulfurique que pour les primaires.

— Conditions du maximum de solubilité: cas du gypse. Note de Albert COLSON. — La chaleur de saturation est nettement positive dans le cas du gypse. La solubilité et la pression osmotique ne croissent donc pas simultanément comme l'exige la définition du coefficient de solubilité.

— Sur l'électrolyse avec la cathode à gouttes de mercure. Note de M. J. HEYROVSKI. — En étudiant certains métaux on a trouvé que dans tous les cas les variations de potentiel de dépôt avec les concentrations sont d'accord avec la formule théorique des piles de concentration. Ceci montre que cette électrolyse est réversible.

— La photovoltaïcite des halogénures d'argent et le mécanisme de formation de l'image latente en photographie. Note de René AUDUBERT. — Les résultats expérimentaux montrent qu'on peut donner une explication simple du mécanisme de formation de l'image latente sans qu'il y ait exclusion de processus photochimiques plus complexes. C'est sans doute par perte d'électrons qu'une électrode d'argent chloruré joue le rôle d'anode sous l'influence des radiations visibles. On doit se représenter l'émulsion de gélatinobromure comme une gelée dont les constituants forment sans doute un complexe d'adsorption où le colloïde hydrophile favorise la formation, autour de la micelle d'une atmosphère d'eau grâce à laquelle les molécules du sel d'argent peuvent se dissoudre et s'ioniser.

— Sur les propriétés photochimiques de l'iodure stanneux. Note de P. FREUNDLER et Mlle Y. LAURENT. — L'action des rayons solaires sur l'iodure stanneux semble jouer un rôle fondamental dans la dissémination de l'iode, constatée aux divers stades de la vie des algues. L'association I-Sn-Na facilite par voie biologique l'évolution de l'iode dans l'algue.

— Sur le rayonnement γ de très grandes énergie des substances actives de la famille du thorium. Note de Jean THIBAUD. — Il existe des groupes β correspondant à des rayons d'énergie plus élevée et qu'on peut obtenir pour divers radiateurs.

— Sur les β amino-alcools primaires répondant à la formule générale R-CH (NH^4))-CR$_1$ (CH^{2}OH) (R$_2$). Note de M. P. BILLON. — On réduit l'oxime du dialcoyl-acéto-acétate d'alcoyle par le sodium. En partant du diéthylacétoacétate d'éthyle on a l'alcool où CH^3 et C^{2}H^5 occupent la place des deux radicaux.

— Sur la transformation du diamant dans le vide à haute température. Note de M. P. LEBEAU et M. PICON. — Dans le vide le diamant ne subit aucun changement à 1.000° en 24 heures.

— Sur la toxicité et la valeur alimentaire de l'acétate d'ammoniaque pour les champignons inférieurs. Note de Denis BACH. — Les sels ammoniacaux des acides gras monobasiques peuvent être de bonnes sources d'azote pour l'Aspergillus repens. Les acides non dissociés sont toxiques et cette toxicité est liée à la concentration du sel ammoniacal et au Ph du milieu. L'alcalinisation la diminue et l'acidification l'exulte.

— Contribution à l'étude des boues activées. Note de Lucien CAVEL. — Il suffit de petites quantités d'acides libres dans une eau d'égout qui empêchent la nitrification et rendent inertes les propriétés épurantes de la boue activée. Si au point de vue pratique de l'épuration par ce procédé un reste d'ammoniaque a peu d'importance il n'en est pas de même des substances organiques putrescibles qui n'étant pas fixées, s'écoulent librement à la rivière. Il convient donc d'éviter absolument l'admission d'eaux d'égout acides même faiblement dans les stations d'épuration par les boues activées.

Séance du 24 novembre. — Accumulateur au plomb insulfatable. Note de M. Ch. FERY. — La cause de la décharge spontanée dans les accumulateurs est due à l'action combinée de l'électrolyte et de l'oxygène sur la plaque négative en donnant du sulfate plombeux ou plombique. Pour éviter cette réaction il faut soustraire la plaque négative à l'action de l'oxygène de l'air. On arrive à réaliser cette condition comme dans la pile du même auteur, en immergeant cette plaque au fond du vase.

— Spectre d'absorption de la vapeur de soufre en rapport avec la constitution des molécules. Note de Victor Henri et M. C. TEVES. — Sous une pression inférieure à 10 m/m on a un mélange de S^6 et S^8 au-dessous de 250°. Entre 250 et 850° la molécule a pour formule S^2 et au-dessus de 850° la molécule se réduit en atome S.

L'analyse spectrale a permis de contrôler la marche de cette transformation.

— Recherche sur la constante d'affinité de quelques bases organiques. Note de M. Bourgeaud et A. Dondelinger. — Le radical indanyl joue toujours le rôle d'un radical négatif, la substitution du radical indanyl dans une famille d'amines isomères ne change pas le classement de ces amines, et la substitution en para d'un radical méthyl n'exerce que très peu d'influence sur la constante d'affinité.

— Sur le spectre magnétique des rayons β de grandes vitesses du mésothorium. Note de D. Yvanovitch et J. D'Espine. — Cette substance donne des rayons de très grande vitesse pouvant traverser très facilement des écrans métalliques tels qu'une feuille de plomb de 0,1 m/m ou une feuille d'aluminium de 0,5 m/m.

— Sur la réduction de l'acide sulfurique en hydrogène sulfuré. Note de A. Vila. — Entre 700 et 900° la vapeur d'acide sulfurique est transformée en hydrogène sulfuré en présence d'un excès d'hydrogène. Le rendement est théorique en opérant avec un catalyseur tel que la silice chauffée; il tombe à 80 0/0 en son absence.

— Sur la lactone 1-arabonique et quelques-uns de ses dérivés. Note de L. J. Simon et V. Hasenfratz. — L'arabinose a été extraite de la gomme de cerisier puis oxydée par le brome pour la transformer en lactone 1-arabonique. De cette lactone on passe à la lactone 1-ribonique par la méthode de Fischer. Le point de fusion a été trouvé de 84-86 et Fischer avait indiqué 72-76°. En dissolvant la lactone dans l'alcool méthylique on obtient directement l'arabonate de méthyle dont l'hydrolyse donne facilement la lactone initiale. Les auteurs ont aussi préparé des dérivés acétylés (tétra), à partir des arabonates de méthyle et d'éthyle F. 129,5-131 et 68°. Par l'action du chlorure de benzoyle en présence de pyridine la lactone arabonique est convertie en dérivés di ou tri benzoylés.

— Halogénures d'indane. Note de Ch. Courtot et A. Dondelinger. — Les hydracides se fixent sur la double liaison indénique. La chaleur scinde les halogénures en indène en polymères et hydracides (HCl,HBr,HI). L'acide fluorhydrique agit tout autrement et polymérise l'indène en para indène.

— Sur la présence de très fortes quantités de maltose libre dans les tubercules de l'Umbilicus pendulinus D. C. Note de Marc Bridel. — Ce corps constitue un aliment de réserve pour la plante en forte quantité et c'est la première fois qu'on a retiré du maltose directement des végétaux.

— Sur l'indol des fleurs du jasmin. Note de R. Cerighelli. — L'indol est un constituant de la fleur du jasmin d'Espagne. L'indol dès que la fleur s'épanouit, se dégage dans l'atmosphère. Il continue de se dégager de la fleur isolée où il ne s'accumule qu'en atmosphère confinée. Traitées après séjour dans une atmosphère confinée les fleurs livrent de l'indol aux procédés d'extraction et de distillation. Les fleurs isolées dégagent 3 à 4 fois plus d'indol qu'elles n'en peuvent accumuler. Par enfleurage on peut donc obtenir une plus grande quantité d'indol que par les autres méthodes d'extraction.

— Etude du milieu soluble et des tissus insolubles au cours du développement du blé; influence d'un engrais, minéral complet. Note de J. Chaussin. — En mesurant la concentration moléculaire dans les tissus végétaux on arrive à suivre la végétation du blé. Il y a un rapport constant entre la matière minérale et l'extrait sec dans la partie soluble de la feuille; ce rapport est plus élevé avec un engrais que sans engrais; la présence de l'engrais augmente la pression osmotique. Le rapport de la matière minérale de la partie soluble de la feuille à l'extrait sec total est notablement plus élevé dans le blé avec engrais.

SOCIÉTÉ INDUSTRIELLE DE MULHOUSE

Rouge et rose d'Alizarine sur tissu non huilé

Pli cacheté n° 1805, déposé le 4 février 1908

Traduction par **M. A. TIGERSTEDT**

Séance du 26 mars 1924

Par ce pli, je tiens à m'assurer la priorité pour un procédé d'impression de rouge et rose d'alizarine sur tissu non huilé. Ce procédé se base sur le fait qu'on ajoute à n'importe quel rouge ou rose d'alizarine un mordant à l'huile. Avec la couleur ainsi préparée, on imprime, et le tissu est traité exactement de la même manière que l'article sur tissu huilé.

Les échantillons montrent que l'on peut produire sur tissu non huilé de bons rouges et d'assez bons roses. Ces essais étaient les premiers, je déposerai après achèvement du procédé un nouveau pli cacheté, ou bien je publierai ce procédé.

Le mordant à l'huile, est un produit d'addition de formaldéhyde et d'acide sulforicinoléique. Il peut être obtenu également par l'action de formaldéhyde sur l'huile de ricin et sulfonation après. Ce dernier semble être le meilleur, les couleurs ne formant pas de laques.

Hydratation du coton blanchi par rapport au même coton débouilli

Par **Ed. JUSTIN-MUELLER**

Séance du 26 mars 1924

Dans une série d'essais faits avec des cotons blanchis et débouillis, j'ai constaté que les cotons blanchis possèdent une turgescence plus prononcée que le même coton débouilli.

Cette particularité m'a frappé et il m'a semblé intéressant d'en déterminer la cause.

Deux cas étaient à envisager, premièrement une pureté plus grande et deuxièmement un état plus hydraté du coton blanchi.

Pour élucider la question, j'ai soumis du coton blanchi comparativement avec du coton débouilli à une déshydratation fractionnée.

Si l'état de pureté, seul, entre en jeu, la fibre blanchie perdra le même pourcentage d'humidité, si, par contre, elle est plus ou moins hydratée, la perte d'humidité sera proportionnellement plus faible que celle de la même fibre simplement débouillie.

Pour les essais en question, j'ai soumis du coton (chaîne 14) débouilli industriellement et le même blanchi, identiquement séché à l'air, à une déshydratation fractionnée dans un dessicateur à acide sulfurique, les chiffres obtenus sont les suivants :

Durée de la désydratation	FIBRE DÉBOUILLIE			FIBRE BLANCHIE		
	Poids trouvé	Perte	Différence par rapport à la fibre blanchie	Poids trouvé	Perte	Différence par rapport à la fibre blanchie
heures						
24	95,55	4,45	0	95,55	4,55	0
48	95,11	4,89	— 0,44	95,55	4,45	+ 0,44
72	94,22	5,78	— 0,89	95,11	4,89	+ 0,89
96	94,22	5,78	— 0,89	95,11	4,89	+ 0,89
144	94,22	5,78	— 0,89	95,11	4,89	+ 0,89

Les poids indiqués se rapportent au poids de départ égal à 100. De ces essais, il résulte nettement que le coton blanchi présente un certain degré d'hydratation, dont l'indice, pour le coton essayé, est de 0,89 par rapport au même coton débouilli.

L'hydratation du coton blanchi n'est toutefois, réellement manifeste qu'après une déshydratation relativement prolongée. Après 24 heures, elle n'est pas encore décelable, par contre elle l'est déjà partiellement après 48 heures et complètement après 72 heures, pour rester ensuite constante.

CHOIX DE BREVETS

PRIS EN FRANCE ET A L'ÉTRANGER

SUR LES ARTS CHIMIQUES

PARUS DANS LE « MONITEUR SCIENTIFIQUE »

PENDANT

L'ANNÉE 1925

BREVETS PRIS A PARIS

COMBUSTIBLES

Procédé de fabrication de coke, par G. CHARPY (France). — (Br. 528464, demandé le 12 juin 1920, délivré le 17 août 1921.)

Objet du brevet. — Procédé consistant à activer la séparation des matières volatiles dans un four spécial où le charbon est porté brusquement à 4.500° puis amené progressivement à 8.900°.

Produit carburant, par G. M. GEROUILLE de Beauvais (France). — (Br. 552236, demande le 25 octobre 1921, délivré le 18 janvier 1923.)

Objet du brevet. — Des hydrocarbures solides tels que le naphtalène anthracène, etc., sont mélangés à une petite quantité d'acide benzoïque et ajoutés à l'essence. Cette addition donnant un meilleur rendement dans son emploi pour moteurs.

Procédé de solubilisation de mélanges carburants à base d'essence et d'alcool, par SOCIÉTÉ RICARD, ALLENET et Cⁱᵉ (France). — (Br. 552927, demandé le 14 juin 1922, délivré le 31 janvier 1923.)

Objet du brevet. — Procédé basé sur l'emploi de l'alcool butyrique normal.

Procédé pour extraire les huiles volatiles du gaz de houille, des gaz naturels ou des gaz analogues, par SOCIÉTÉ dite : ZAIDAN HAJIN RIKAGAKU KENKYUJO (Japon). — (Br. 553490, demandé le 30 juin 1922, délivré le 10 février 1923.)

Objet du brevet. — Procédé caractérisé par l'emploi d'une argile acide comme nature absorbante puis vaporisation des huiles absorbées par chauffage entre 150° et 600°.

Nouveaux procédés de raffinage du naphte, par A. de FEO Y LOPEZ (République Argentine). — (Br. 553095, demandé le 20 juin 1922, délivré le 5 février 1923.)

Objet du brevet. — Procédé consistant à mélanger l'huile de naphte avec 5 à 3 0/0 d'éther ammoniacal ce qui améliorerait le pouvoir de carburation et les rendements thermodynamiques.

Fabrication d'un carburant liquide analogue aux pétroles, par E. A. PRUDHOMME (France). — (Br. 554529, demandé le 28 juillet 1922, délivré le 5 mars 1923.)

Objet du brevet. — On part de substances à bon marché riches en carbone et hydrogène On les transforme en méthane par catalyse en présence de nickel puis on polymérise ce méthane par action catalytique de fluorure de bore ou de chlorure d'antimoine ou d'aluminium et enfin par une série de catalysations en présence de ponce vanadiée de nickel et cobalt on obtient la série des hydrocarbures existant dans le pétrole.

Procédé de préparation de mélanges de combustibles liquides à base d'alcool, par P. LORIETTE (France). — (Br. 554905, demandé le 3 novembre 1921, délivré le 12 mars 1923.)

Objet du brevet. — Procédés consistant à obtenir des solutions homogènes et stables d'hydrocarbures dans les alcools éthyliques par des hydratations complètes de ce dernier en faisant passer les vapeurs d'alcool lors de sa fabrication sur des matières déshydratantes.

Emploi et transformation des ordures ménagères et tous autres détritus en combustible industriel, par E. J. BOROWSKI (France). — (Br. 556101, demandé le 15 septembre 1922, délivré le 6 août 1923.)

Objet du brevet. — Aggloméré fait avec 60 0/0 d'ordures ménagères el 40 0/0 d'un mélange complexe de coke, poussier de houille coaltar, naphe, brai avec un peu de sulfate de fer de sels de soude et de potasse.

PRODUITS MINÉRAUX

Procédé industriel pour la récupération du chrome des eaux résiduaires, par G. CROULARD et H. BRAIDY (France). — (Br. 551624, demandé le 6 septembre 1921, délivré le 11 janvier 1923.)

Objet du brevet. — Les eaux contenant le chrome à l'état de chromates ou de bichromates sont acidifiées et traitées par un sulfite ou un bisulfite. Le sulfite de chrome basique insoluble ainsi formé est lavé et essoré ou est additionné d'une nouvelle portion de liqueur résiduaire pour former de l'hydrate de chrome.

Procédé de préparation de céruse chimiquement pure et de purification des matières zincifères renfermant du sulfate de plomb et de transformation de ce dernier en jaune de chrome, par E. STERKERS (France). — (Br. 554102, demandé le 17 novembre 1921, délivré le 23 février 1923.)

Objet du brevet. — Procédé basé sur la propriété qu'à le sulfate de plomb d'être solide dans l'hyposulfite de soude en donnant un hyposulfite double qui traité par du carbonate de soude donne de la céruse, et traité par un chromate alcalin donne du jaune de chrome. Ce procédé peut également servir à la purification des minerais de zinc contenant du plomb.

Perfectionnement à l'obtention des sels de potasse et d'ammoniaque, par H. Jacob (Erance). — (Br. 554930, demandé le 6 juillet 1922, délivré le 12 mars 1923.)

Objet du brevet. — Procédé consistant à employer un léger excès de carbonate de strontium obtenu à partir du sulfate sur une solution saturée de sulfate de potasse ou d'ammoniaque.

Méthode de préparation d'une masse catalytique pour la synthèse d'ammoniaque, par L. Casale (Italie). — (Br. 553934, demandé le 13 juillet 1922, délivré le 21 février 1923).

Objet du brevet. — Masse obtenue par réduction par l'hydrogène d'oxyde obtenus par action de l'oxygène sous pression sur les métaux du groupe du fer à la température d'une ébullition violente.

Procédé pour la fabrication de l'acide fluorhydrique, par Société dite : The Grasselli Chemical Company (Etats-Unis). — (Br. 555820, demandé le 9 septembre 1922, délivré le 31 mars 1923.)

Objet du brevet. — Les vapeurs d'acide fluorhydrique sont lavées par passage dans une solution chaude de sulfate de potassium qui retient l'acide hydrofluosilicique.

Procédé pour le traitement de solutions nitratées contenant de l'alumine et des alcalis, par Société dite : Norsk Hydro Elektrisk Kvaelstofaktieselskab (Norvège). — (Br. 556765, demandé le 28 février 1922, délivré le 19 avril 1923.)

Objet du brevet. — L'acide nitrique est éliminé par évaporation et chauffage suffisant en ajoutant à un certain moment de l'évaporation un produit tel que l'oxyde de fer permettant d'écarter l'état visqueux de la solution. On ajoute en outre une quantité de sels alcalins telle que l'alumine soit entièrement sous forme d'aluminate. Les produits d'évaporation soumis à la distillation fractionnée permettent une récupération d'acide.

Méthode de traitement de la leucite et autres silicates de soude et de potasse par la chaux, pour en extraire la potasse ou la soude et l'alumine, par Société dite : Société pour l'utilisation des leucites (Belgique). — (Br. 556993, demandé le 4 octobre 1922, délivré le 26 avril 1923).

Objet du brevet. — Le mélange de leucite et de chaux est fondu, refroidi, pulvérisé et lessivé à chaud. On a ainsi une solution d'aluminate alcalin qui traité par de l'acide carbonique donne du carbonate alcalin et de l'alumine pure. Au lieu de chaux on peut employer du carbonate de chaux et utiliser le gaz carbonique dégagé pendant la fusion.

PRODUITS ORGANIQUES

Procédé de distillation des goudrons, par F. Duplan (France). — (Br. 557011, demandé le 29 septembre 1921, délivré le 16 janvier 1923.)

Objet du brevet. — Procédé consistant à mélanger des corps solides et inertes avec le goudron avant sa distillation ce qui permet à celle-ci de s'effectuer sans moussage et en donnant un meilleur fractionnement.

Perfectionnements apportés au procédé réalisant la fabrication industrielle de l'acide sulfonique de l'éthylène, par Société dite : Compagnie de Béthune (France). — (Br. 552651, demandé le 8 juin 1922, délivré le 25 janvier 1923.)

Objet du brevet. — Dans un appareil à circulation continue d'éthylène, on fait agir cet éthylène sur de l'acide sulfurique à 94 0/0 de SO^4H^2 à la température de 90-95°C.

Procédé de dénaturation de l'alcool, par Société dite : Ricard, Allenet et Cie (France). — (Br. 553004, demandé le 17 juin 1922, délivré le 1er février 1923.)

Objet du brevet. — Ce brevet revendique : 1° L'emploi de l'alcool isopropylique comme dénaturant;

2° Recherche et caractérisation de l'alcool isopropylique dans l'alcool ordinaire ;

3° Addition de corps à odeur forte tels que bases pyridiques, huiles empyreumatiques, etc.

Procédé de préparation de la métaldéhyde, par Société dite : Elektrizitätswerck Lonza (Suisse). — (Br. 553158, demandé le 22 juin 1922, délivré le 6 février 1923.)

Objet du brevet. — Action sur l'acétaldéhyde soit de petites quantités de bromure de lithium ou de bromures d'alcalinoterreux, soit de petites quantités d'haloïdes alcalins alcalinoterreux ou terreux et de titane avec les acides, soit ces mêmes haloïdes avec des sels, acides ou composés qui ont des propriétés acides en solution dans l'acétaldéhyde.

Procédé de préparation de nouveaux composés aromatiques carbonylés à arsenic trivalent, par O. Margulies (Autriche). — (Br. 553300, demandé le 15 mars 1922, délivré le 8 février 1923.)

Objet du brevet. — Produits caractérisés par ce fait qu'il sont obtenus par réduction de composés arimiques contenant des groupes carbonyles subissant seul la réduction.

Procédé d'obtention de produits de condensation des phénols et aldéhydes, par C. PETROFF (Russie). — (Br. 553755, demandé le 7 juillet 1922, délivré le 16 février 1923.)

Objet du brevet. — Procédé caractérisé par ce fait que la condensation est produite avec des phénolates ou crésolates de baryum, calcium ou strontium, l'opération se faisant en deux phases, la première avec l'aldéhyde et sous pression réduite, la deuxième avec de l'aldéhyde et des hydrocarbures.

Procédé de fabrication de l'urée, de la thiourée et des urées et thiourées substituées, par K. C. BAULEY (Irlande). — (Br. 554520, demandé le 27 juillet 1922, délivré le 2 mars 1923.)

Objet du brevet. — Procédé consistant à préparer l'urée par union directe de gaz carbonique et ammoniac par chauffage et refroidissement brusque en présence de certains catalyseurs de déshydratants et d'un excès de gaz ammoniac.

Par l'emploi de sulfure de carbone au lieu de gaz carbonique on obtient les thiourées et en remplaçant le gaz ammoniac par des amines on a les urée substituées.

Procédé de production d'urée en partant de la cyanamide, par SOCIÉTÉ dite : WARGONS AKTREBOLAG et M. J. H. LEDHOLM (Suède). — (Br. 555548, demandé le 30 août 1922, délivré le 23 mars 1923).

Objet du brevet. — Procédé caractérisé par l'utilisation de la chaleur dégagée par la transformation de la cyanamide en urée en présence d'acide minéral à l'évaporation de la solution.

MINES ET MÉTALLURGIE

Alliage d'aluminium à haute résistance, par SOCIÉTÉ dite : SOCIÉTÉ ANONYME POUR L'INDUSTRIE DE L'ALUMINIUM (Suisse). — (Br. 554248, demandé le 21 juillet 1922, délivré le 27 février 1923.)

Objet du brevet. — Alliage d'aluminium contenant de 1,75 à 2,75 0/0 de fer et 3,50 à 4,50 0/0 de cuivre.

Procédé pour l'obtention, par des moyens mécaniques d'alliages avec des métaux de dureté différente, par A. ORTIZ RODRIGUEZ (Espagne). — (Br. 553713, demandé le 6 juillet 1922, délivré le 15 février 1923.)

Objet du brevet. — On triture deux métaux à un état divisé proportionnellement à la dureté. Le métal le plus dure pénêtre dans l'autre et il en résulte un alliage se travaillant facilement.

On peut ainsi traiter dans un broyeur à boulets un mélange de limaille de plomb et de poudre de tungstène.

Procédé de préparation de métaux finement divisés ou de combinaisons métalliques à partir de ces métaux, par SOCIÉTÉ dite : USINES SCHLŒSING FRÈRES et Cie (France). — (Br. 554012. demandé le 17 juillet 1922, délivré le 22 février 1923.)

Objet du brevet. — On obtient les métaux en faisant agir un courant de gaz dans le bain des métaux fondus et maintenus à la température d'ébullition. Il se produit une vaporisation de métal très divisé pouvant être employé pour des réactions chimiques.

Procédé de fabrication du fer et de l'acier en traitant directement le minerai débarrassé de sa gangue, par G. CONSTANT et A. BRUZAC (France). — (Br. 554900, demandé le 9 mai 1921, délivré le 12 mars 1923.)

Objet du brevet. — Le minerai sec débarrassé de sa gangue, est réduit en vase clos par du gaz à l'eau et le métal formé passe sans contact avec l'air dans le four de fusion où il subit les traitements habituels.

Procédé pour produire du zinc et autres métaux volatils, par F. THARALDSEN (Norvège). — (Br. 552594, demandé le 7 juin 1922, délivré le 24 janvier 1923.)

Objet du brevet. — La distillation du zinc donne naissance à des poussières de zinc d'où il est difficile de récupérer le métal. Le procédé consiste à condenser ces poussières par contact avec un bain de même métal fondu, maintenu à une température inférieure à celle du condensateur situé au-dessus du bain

Procédé pour faire des alliages de silicium et d'aluminium de qualité supérieure, par SOCIÉTÉ dite : SOCIÉTÉ ANONYME POUR L'INDUSTRIE DE L'ALUMINIUM (Suisse). — (Br. 555207, demandé le 18 août 1922, délivré le 17 mars 1923.)

Objet du brevet. — Alliage obtenu par réduction thermoélectrique du Kaolin.

Procédé de traitement des matières brutes contenant des oxydes, par Tr. HAGLUND (Suède). — (Br. 555219, demandé le 10 août 1922, délivré le 17 mars 1923.)

Objet du brevet. — Spécialement applicable à la bauxite le procédé consiste à fondre celle-ci au four électrique avec du coke et du sulfure de fer. Le fer, le silicium et le titane forment un culot et l'aluminium est transformé en sulfure que dissout l'alumine qu'on extrait par refroidissement.

Procédé pour la production d'alliages de fer, par Société dite : Elektrizitätswerck Lonza (Suisse). — (Br. 555802, demandé le 8 septembre 1922, délivré le 31 mars 1923.)

Objet du brevet. — Ce procédé consiste à ajouter les métaux sous formes d'oxydes ou minerais en mélange avec des métaux tels que le sicicium et calcium capable de les mettre en liberté par réduction. On peut donner au mélange la forme de comprimés ou de briquettes ou moyen d'un liant.

Perfectionnements apportés à la concentration des minerais et des minéraux, par Société dite : Eureka Metallurgical Company (Etats-Unis). — (Br. 555864, demandé le 22 décembre 1921, délivré le 3 avril 1923.)

Objet du brevet. — Le minerai broyé est séparé en grains et schlamms. Les grains sont brassés avec une huile épaisse et on ajoute une huile de moindre tension superficielle. On fait passer le tout dans un récipient de flottage à eau. L'écume qui se forme est constituée de minerai concentré. Les schlamms sont traités de façon analogue mais avec plus d'huile.

Fondant perfectionné pour le brassage ou la soudure, par R. Kapp (France). — (Br. 556042, demandé le 29 août 1922, délivré le 6 avril 1923.)

Objet du brevet. — Produit moulé sous forme de crayons et constitué par un mélange fondu d'acide borique et de borax anhydres.

Produit pour la soudure de l'aluminium, par J. Selles (France). — (Br. 556297 demandé le 22 décembre 1921, délivré le 11 avril 1923.)

Objet du brevet. — Mélange fait à 700° d'étain, zinc et aluminium par exemple : étain 55, zinc 38, aluminium 8. L'aluminium donne plus ou moins de dureté à la soudure suivant sa proportion.

Procédé pour l'agglomération de minerais et autres matières similaires, par F. L. Smidth et Cie (Danemark). — (Br. 557162, demandé le 7 octobre 1922, délivré le 28 avril 1923.)

Objet du brevet. — La matière pulvérisée est après chauffage préalable dans un four rotatif comprimée à la température de vitrification de façon à produire un aggloméré poreux.

Procédé de fabrication de cuivre colloïdal, par L. Lombard Gerin (France). — (Br. 557596, demandé le 19 octobre 1922, délivré le 8 mai 1923.)

Objet du brevet. — Ce procédé consiste à faire réagir un acide tel que l'acide sulfurique sur de l'oxyde cuivreux colloïdal en présence de gélatine. il se forme du cuivre colloïdal que l'on peut précipiter en ajoutant du sulfate de potasse.

Procédé pour la réduction, épuration et agglomération des oxydes métalliques, par Société dite : Société anonyme J. Cockerill (Belgique). — (Br. 557668, demandé le 22 octobre 1922, délivré le 8 mai 1923.)

Objet du brevet. — On fait des briquettes par compression d'un mélange du produit avec un réducteur tel que poussière de charbon coke ou sciure de bois et on expose ces briquettes à une température convenable en évitant toute action autre que celle du réducteur. On obtient ainsi le métal sous forme d'éponge métallique ne contenant que des impuretés fixes.

Procédé de réduction directe des minerais et notamment des minerais de fer, par L. P. Basset (France). — (Br. 558084, demandé le 1er mars 1922, délivré le 16 mai 1923.)

Objet du brevet. — Le minerai mélangé à la quantité de charbon nécessaire à sa réduction et à des fondants est soumis à l'action de la chaleur dégagée par la combustion de charbon pulvérisé en présence d'une quantité d'air calculée pour avoir de l'oxyde de carbone et un peu d'acide carbonique.

Métal à base de plomb pour coussinets, par W. Mathesius et H. Mathesius (Allemagne). — (Br. 558445, demandé le 9 novembre 1922, délivré le 25 mai 1923.)

Objet du brevet. — Introduction sous forme de combinaison Cu^4Ca de 4 à 6 0/0 de cuivre dans les alliages de plomb et de métal alcalinoterreux. L'introduction du cuivre sous cette forme évitant la séparation du cuivre pendant le refroidissement.

Perfectionnements aux alliages d'aluminium silicium, par Société dite : Compagnie de produits chimiques et électrométallurgiques Alais Froges et Camargue (France). — (Br. 559246, demandé le 29 novembre 1922, délivré le 12 juin 1923.)

Objet du brevet. — Perfectionnement apporté par l'introduction de petites quantités de cobalt à ces alliages et permettant l'obtention d'un grain très fin en même temps que l'annulation du rôle mauvais du fer dans ces mêmes alliages.

Epuration du régule d'antimoine, par A. Germot. — (Br. 559334, demandé le 2 décembre 1922, délivré le 14 juin 1923.)

Objet du brevet. — Procédé consistant à éliminer l'arsenic par action d'un courant d'air dans un bain d'antimoine, l'arsenic se dégageant à l'état d'Az^2O^3. La réaction étant exothermique il suffit d'amorcer la réaction pour qu'elle se continue d'elle-même.

Perfectionnements aux alliages d'aluminium, par R. S. Archer et Z. Jeffries (Etats-Unis). — (Br. 559602, demandé le 8 décembre 1922, délivré le 20 juin 1923.)

Objet du brevet. — Procédé ayant pour but d'obtenir un alliage relativement doux au travail et devenant dur par chauffage prolongé à basse température. Ce sont des alliages d'aluminium avec le cuivre, le manganèse et le silicium.

Procédé d'étamage d'aluminium, de tous alliages d'aluminium, de duralumin et de tous métaux en général, par A. Passalacqua (France). (Br. 559888, demandé le 13 mars 1922, délivré le 26 juin 1923).

Objet du brevet. — Emploi d'une pâte à décaper spéciale composée d'un mélange complexe de corps gras, de divers sels, d'une solution acide et d'une solution de chlorure d'étain et de pyrophosphate de soude. La pâte est appliquée sur le métal chaud qui devient noir puis blanc. On continue à chauffer vers 450° et étale de l'étain au moyen d'une brosse métallique.

Procédé de décapage du fer et de l'acier avec des acides, par G. A Kœberlin (France). (Br. 536964, demandé le 16 juin 1921, délivré le 22 février 1922.)

Objet du brevet. — On ajoute au bain de décapage des composés organiques à fonction quinoléique.

Soudure d'aluminium, par D. Umberto (France). — (Br. 536788, demandé le 6 décembre bre 1920, délivré le 18 février 1922.)

Objet du brevet. — Soudure formée d'un mélange d'étain, cuivre, aluminium et silice.

Procédé pour le traitement des minerais de vanadium, par E. Campagne et A. Gildemeister (France). — (Br. 537513, demandé le 17 décembre 1920, délivré le 4 mars 1922.)

Objet du brevet. — Le minerai est soumis à l'action du chlore sec en présence d'un réducteur et de soufre dans des conditions telles que l'oxychlorure de vanadium distille seul. Celui-ci est ensuite purifié et transformé en anhydride vanadique.

Perfectionnements aux alliages d'aluminium silicium, par Compagnie des Produits Chimiques et Electrométallurgiques Alais, Froges et Camargue, (France). — (Br. 556304, demandé le 23 décembre 1921, délivré le 11 avril 1923.)

Objet du brevet. — Amélioration des propriétés physiques et de l'homogénéité de ces alliages par addition de manganèse.

Procédé de métallisation à froid et produits nouveaux en permettant la réalisation, par P. H. J. Garçon, P. Lefebvre et Cⁱᵉ et F. Estienne (France). — (Br. 556748, demandé le 30 septembre 1922, délivré le 19 avril 1923.)

Objet du brevet. — Procédé consistant à ajouter au vernis servant de véhicule aux poudres métalliques un mélange d'aniline et d'alcool méthylique, agissant comme mordant et augmentant l'adhérence des enduits.

Perfectionnements apportés aux procédés et appareils pour fabriquer de la fonte malléable, par M. Kubo (Japon). — (Br. 556784, demandé le 20 juillet 1922, délivré le 19 avril 1923.)

Objet du brevet. — On traite dans un four à gaz pendant un temps très court à 900° C. une masse de fonte au sein d'oxyde de fer par un courant électrique de voltage élevé et de haute fréquence.

Alliages de zinc avec une forte teneur en zinc destiné en particulier au moulage sous pression et au moulage en coquille, par Société dite : Fertiggus G. m. b. H. (Allemagne). — (Br. 556810, demandé le 20 septembre 1922, délivré le 20 avril 1923.)

Objet du brevet. — A du zinc fondu, on ajoute de 7 à 13 0/0 d'un alliage fondu séparément de cuivre, nickel et aluminium.

Procédé de fabrication des aciers au manganèse dans le convertisseur Thomas, par Société dite : Société anonyme des Hauts Fourneaux, Forges et Aciéries de Pompey (France). — (Br. 554616, demandé le 31 juillet 1922, délivré le 5 mars 1923.)

Objet du brevet. — On traite une fonte riche en manganèse et non phosphoreuse au convertisseur basique ou neutre.

Le Propriétaire-Gérant : Dʳ G. QUESNEVILLE.

ANGERS — IMPRIMERIE CENTRALE

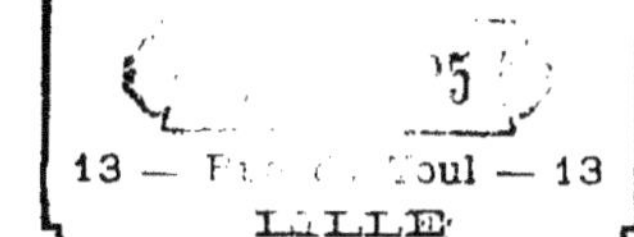

LE MONITEUR SCIENTIFIQUE QUESNEVILLE

JOURNAL DES SCIENCES PURES ET APPLIQUÉES

TRAVAUX PUBLIÉS A L'ÉTRANGER

COMPTES RENDUS DES ACADÉMIES ET SOCIÉTÉS SAVANTES

SOIXANTE-NEUVIÈME ANNÉE

CINQUIÈME SÉRIE. — TOME XV

Livraison 992	FÉVRIER	Année 1925

FABRICATION DE L'ACIDE SULFURIQUE

Examen des méthodes analytiques
en usage dans le procédé des chambres de plomb

Par **André GRAIRE**. — Ingénieur civil des Mines

On se souvient de la controverse engagée, il y a plus de vingt ans déjà entre LUNGE, RASCHIG et BERL, sur le mode de formation de l'acide sulfurique dans le procédé des chambres de plomb. De cette longue discussion, éteinte aujourd'hui, il ne subsiste que de rares certitudes et quelques enseignements. A vouloir assujettir les données pratiques au service de théories trop exclusives, les savants allemands ont limité le champ de leur activité et restreint la portée de leurs expériences. Et c'est pourquoi ces polémiques n'ont pu contribuer, comme il eût été souhaitable, ni aux progrès de la fabrication, ni même à la connaissance des lois générales qui règlent les phénomènes physico-chimiques des chambres de plomb.

A notre avis, une étude systématique du procédé des chambres exige, avant toutes choses, la mise au point de méthodes analytiques susceptibles d'assurer un contrôle précis des gaz et des acides. Les éléments d'investigation (mesure de la température et de la pression des gaz, de la concentration des acides) utilisés actuellement pour la conduite pratique du système des chambres, sont, à notre sens, totalement insuffisants pour permettre d'engager des recherches ou de tirer des conclusions sur le processus de la fabrication de l'acide sulfurique.

Malheureusement, les problèmes analytiques posés par la fabrication sont d'une complexité telle qu'en l'état actuel certains d'entre eux doivent encore être considérés comme insolubles. Dans ces conditions, nous avons borné notre rôle à exposer d'une part les méthodes auxquelles on peut faire confiance et à indiquer d'autre part la raison des échecs rencontrés dans certains cas particuliers. Si nous nous sommes étendu longuement sur les résultats de certains essais caractéristiques nous avons par contre jugé superflu de reprendre les vieilles discussions (comme celle du choix de l'absorbant pour les vapeurs nitreuses), d'où ne peuvent sortir ni lumière ni progrès et nous nous sommes volontairement abstenu de toute théorie qui n'eût rien appris qu'on ne sût déjà.

Une étude analytique du procédé des chambres de plomb comporte :

1° L'analyse des gaz, de grillage des pyrites, des blendes ou du soufre, c'est-à-dire des mélanges SO^2-SO^3-CO^2-O-Az. C'est là un problème d'ordre très général, qui intéresse également de nombreuses industries métallurgiques (cuivre, plomb, zinc) la fabrication de l'acide de synthèse et le traitement des pâtes de papier ;

2° L'analyse des gaz échappés des chambres de plomb, combinaisons complexes des oxydes et des acides du soufre et de l'azote ;

3° L'analyse de l'acide sulfurique impur obtenu dans la fabrication et que l'on peut considérer comme un mélange d'acides sulfonitrique et sulfonitreux. La méthode préconisée est également applicable au dosage des acides impurs du commerce.

PREMIÈRE PARTIE. — ANALYSE DES GAZ DE GRILLAGE

Nous passerons successivement sous revue les méthodes d'analyse suivantes :
1° Analyse gazométrique : méthode ORSAT.

2° Absorption dans la soude
- en présence de phénolphtaléine : méthode Lunge, méthode Krüll-Schilling.
- en présence de méthylorange : méthode Berl au chlorure stanneux, méthode Haller à la glycérine, méthode Sander au sublimé.

3° Absorption par l'iode : méthode de Pelouze-Reich, méthode Frank (pour SO^2 et SO^4H^2).

4° Détermination de l'acide sulfurique.

I. — Dosage gazométrique par l'appareil Orsat

On analyse parfois le gaz de grillage à l'aide de l'appareil imaginé par ORSAT pour le dosage de CO^2, CO, O et N dans les fumées. Cet appareil dont on trouvera ailleurs le détail (1), consiste en une burette à gaz de 100 c/m³, réunie par un long caoutchouc à un flacon de niveau rempli d'eau. La burette est reliée par une rampe, d'une part au tuyau de prise de gaz et d'autre part à deux absorbeurs à potasse et à pyrogallol. La manipulation comprend :

1° L'aspiration de 100 c/m³ de gaz de grillage dans la burette ;
2° L'absorption par la potasse des gaz acides et la mesure du volume résiduaire ;
3° L'absorption de l'oxygène par le pyrogallate de potasse et la mesure de l'azote restant.

L'appareil Orsat présente à l'usage de multiples inconvénients :

1° La lenteur de l'absorption de l'oxygène ou des gaz acides qui oblige à maintenir les gaz longuement en contact avec la potasse ou le pyrogallate ;
2° L'impossibilité d'éliminer complètement par la potasse les fumées blanches d'acide sulfurique ;
3° L'absorption, variable avec la température, du gaz sulfureux par l'eau de la burette ;
4° L'influence des variations de température sur les mesures des volumes gazeux ;
5° Enfin, le dosage par la soude fournit globalement l'acide sulfureux, l'acide sulfurique, le gaz carbonique et la vapeur d'eau. Les résultats sont donc beaucoup plus élevés que ceux obtenus par la méthode à l'iode. L'erreur très variable atteint parfois 20 0/0 et même 30 0/0.

On ne peut donc songer, pour des dosages précis, à l'application de cet appareil.

II. — Dosage de SO^2 par la soude

Le dosage de l'anhydride sulfureux peut être effectué suivant les méthodes acidimétriques, en faisant passer les gaz de grillage dans un volume connu de soude titrée. Les réactions sont les suivantes :

$$(1) \quad SO^3H^2 + Na\,OH = SO^3\,HNa + H^2O$$
$$(2) \quad SO^3\,HNa + NaOH = SO^3\,Na^2 + H^2O$$

Mais les bisulfites étant acides vis-à-vis de la phtaléine du phénol et neutres envers le méthylorange ou l'alizarine, il s'ensuit que la fin de la première réaction sera marquée par le virage du méthylorange, tandis que la phtaléine indiquera la transformation complète en sulfite neutre. Théoriquement, le dosage des gaz de grillage semble donc aisé, mais pratiquement on se heurte à certaines difficultés qui ressortiront nettement à l'examen des diverses méthodes préconisées.

Méthode Lunge. — LUNGE détermine l'anhydride sulfureux par l'iode, et l'acidité totale $(SO^2 + SO^3)$ par un titrage acidimétrique supplémentaire (2). L'absorption des gaz de grillage se fait dans un volume connu de NaOH N/10 jusqu'à décoloration de la phtaléine. Il est nécessaire, comme l'absorption de l'acide sulfureux dans la soude n'est pas instantanée, d'aspirer très lentement les gaz à travers un tube de dégagement dont la partie

---

(1) C. CHESNEAU, *Principes théoriques d'analyse minérale*, p. 117, et THREADWELL, *Manuel de chimie analytique*, t. II, p. 746.

(2) Vade-Mecum du fabricant de produits chimiques, LUNGE, p. 158-1892.

inférieure est percée de petits trous qui divisent le courant gazeux. Il faut enfin agiter constamment, et de plus s'assurer qu'on n'a pas été trop loin dans la neutralisation en titrant en retour. Les réactions sont :

$$(3) \quad SO^3 H^2 + 2\,NaOH = SO^3 Na^2 + 2H^2O$$
$$(4) \quad SO^4 H^2 + 2\,NaOH = SO^4 Na^2 + 2H^2O$$

Mais le modus operandi de LUNGE prête à certaines critiques :

1º L'obligation d'effectuer deux dosages simultanés pour SO^2 et pour l'acidité totale introduit sur la teneur en SO^3 une erreur qui tient au fait que l'acide sulfurique est dosé par différence et d'autre part que sa valeur est faible au regard de l'acide sulfureux (4 à 15 0/0) ;

2º L'absorption de SO^2 par la soude est imparfaite (3), l'erreur par défaut pouvant atteindre plusieurs unités 0/0. Quant à l'acide sulfurique qui constitue les fumées blanches des gaz de grillage, il est mal retenu par les lessives sodiques, même à forte concentration. C'est un fait de pratique courante que la résistance opposée par l'acide sulfurique vésiculaire à l'action de tous les réactifs absorbants. Les vésicules acides ne peuvent être ni condensées, ni absorbées par de simples moyens chimiques. Elles ne sont retenues que par passage à travers un matelas d'ouate ou d'amiante humide (4) ;

3º Enfin, les gaz de grillage renferment de l'acide carbonique, provenant de l'air atmosphérique et parfois des gangues calcaires des pyrites, ce qui entraîne une nouvelle cause d'erreurs dans le titrage à la phtaléine.

Pour ces diverses raisons, nous ne croyons pas que la méthode LUNGE puisse être vraiment retenue.

Méthode Krüll-Schilling. — Le docteur KRÜLL a proposé (5) d'employer pour l'absorption par la soude, un flacon d'un type spécial. Ce flacon dû à SCHILLING (6), permet, à l'aide d'un by-pass fermé par un robinet, d'effectuer les prises de gaz sans interrompre le courant gazeux, et d'éliminer ainsi facilement l'air dans les canalisations.

Des essais entrepris avec ce dispositif expérimental auraient donné des résultats satisfaisants. Il est de fait que la comparaison établie par DIEKMANN (7) entre les méthodes de REICH et de KRÜLL-SCHILLING est favorable à la prise en considération de ce dernier procédé. Mais nous ne croyons pas qu'un mode opératoire particulier permette d'éviter les critiques que nous avons élevées ci-dessus. Car, si l'on peut admettre une amélioration dans le fait même de l'absorption, il est impossible de croire à une modification quelconque des réactions chimiques. En particulier, l'action perturbatrice du gaz carbonique et la nécessité d'effectuer deux dosages simultanés, confèrent à ce procédé les mêmes incertitudes que nous avons déjà reconnues dans la méthode de LUNGE.

Titrage en présence de méthylorange. — Pour éliminer, dans le dosage des gaz de grillage, l'influence du gaz carbonique, il convient d'utiliser le méthylorange comme indicateur. Mais l'emploi de cet indicateur soulève, comme nous allons le voir, un autre genre de difficultés. Dans les méthodes LUNGE et KRÜLL-SCHILLING, on ne dosait que l'acidité totale des gaz ; dans les méthodes que nous allons exposer ci-dessous, on ne dose par contre, que l'acide sulfurique et la moitié du gaz sulfureux.

Mais on sait depuis longtemps que l'oxydation du sulfite de soude en solution sodique est très notable en présence d'oxygène. Il en résulte qu'au cours de l'absorption une partie du gaz sulfureux s'oxyde spontanément. On trouve par suite des résultats trop faibles, pour le sulfite et trop forts pour le sulfate. BERL a montré (8) que l'erreur résultant de cette oxydation était, en général, de 4 à 5 0/0, mais pouvait atteindre jusqu'à 21 0/0 dans des conditions spéciales, en particulier, lors d'une forte agitation ou d'un violent barbotage des gaz dans l'absorbeur.

Il convenait donc d'éliminer cette cause d'erreur et c'est à quoi visent les procédés suivants :

Méthode BERL. — TITOFF a montré (9) que la vitesse d'oxydation de l'anhydride sulfureux est influencée par les catalyseurs positifs ou négatifs. Les catalyseurs négatifs, tels que le sulfate de cuivre, accélèrent l'oxydation. Les catalyseurs positifs tels que le chlorure stanneux la diminuent.

BERL a étudié plus spécialement l'action du chlorure stanneux, et obtenu les résultats suivants dans l'absorption d'un gaz à 25,53 0/0 de SO^2.

(3) Détermination de SO^2 dans les gaz de grillage, BERL, *Chem. Zeitg,*, nº 87-45, p. 693-1921.
(4) REESE, *Chem. Soc. of. ind.*, 1903.
(5) *Papier Fabrik*, 4 février 1921, p. 93-65.
(6) *Chem. Zeitg.*, 43-167, 1920.
(7) *Chem. Zeitg.*, p. 45, 1921.
(8) *Chemik. Zeitg*, p. 45-693, 1921.
(9) *Zeitsch. fur. angew. Chem.*, 1898.

$$\text{Absorption par la soude} \qquad + \frac{1}{5000} \text{ mol. SnCl}^2 \text{ 25,10 0/0}$$

$$- \qquad\qquad + \frac{1}{2000} \quad - \qquad 25,29 \text{ 0/0}$$

$$- \qquad\qquad + \frac{1}{1000} \quad - \qquad 25,62\text{-}25,47\text{-}25,42 \text{ 0/0}$$

Soit, dans ce dernier cas, une erreur comprise entre 0,24 et 0,44 0/0. La méthode de BERL consiste donc (10) à enrayer à peu près totalement l'oxydation du sulfite en sulfate, par l'emploi d'une solution de soude caustique renfermant 0,23 grammes par litre de SnCl², 2H²O. Le mécanisme même de l'action des solutions stanneuses peut être, à notre avis, facilement expliqué sans faire intervenir de phénomènes catalytiques. On sait, en effet, que le protochlorure d'étain est très avide d'oxygène et fonctionne quantitativement comme réducteur dans certaines analyses minérales. On peut donc supposer que la présence de ce corps dans la solution contrarie, par suite de la formation de chlorure stannique, l'oxydation spontanée des sulfites.

Méthode SANDER. — Il nous reste enfin à dire quelques mots d'une méthode curieuse dûe au docteur SANDER. Voici le principe de cette méthode. Si on ajoute du bichlorure de mercure à une solution de bisulfite alcalin, on obtient, selon SANDER (11), une combinaison complexe, soluble à l'eau et une certaine quantité d'acide chlorhydrique est mise en liberté. SANDER formule ·

$$(5) \qquad SO^3NaH + HgCl^2 = HgCl\,SO^3\,Na + HCl$$

En réalité, la réaction proposée par SANDER ne correspond pas au phénomène. Il n'y a pas en effet action réductrice du bisulfite (12) sur les sels mercuriques, et nous avons d'autre part établi qu'il suffisait d'ajouter à 1 molécule de bisulfite 1/2 molécule de bichlorure pour libérer intégralement 1 molécule d'acide chlorhydrique. Dans ces conditions, la réaction quantitative doit se formuler :

$$(6) \qquad HgCl^2 + 2\,SO^3\,NaH = 2\,HCl + (SO^3)^2HgNa^2$$

Il y a formation d'un sulfite double mercurico-sodique qui se décompose à chaud avec dégagement d'acide sulfureux et précipitation du mercure :

$$(7) \qquad (SO^3)^2\,HgNa^2 = SO^4Na^2 + SO^2 + Hg$$

En conséquence, si l'on voulait doser les gaz de grillage par le bichlorure, le modus operandi devrait être le suivant : faire barboter les gaz dans un volume connu de soude décinormale jusqu'au virage du méthylorange. Ajouter alors un excès de bichlorure. Titrer à nouveau avec Na OH N/10 l'acide chlorhydrique mis en liberté. Lors de la première neutralisation on obtient une solution de sulfate et de bisulfite de soude. Par addition de sublimé on libère une quantité d'acide chlorhydrique équivalente à celle du gaz sulfureux mis en œuvre. Le premier titrage donne donc $SO^3 + SO^2/2$, et le second fournir $SO^2/2$ seul.

Malheureusement le virage du méthylorange n'est pas net. On remarque, au cours de la neutralisation un passage graduel du jaune au rouge, et la fin de la réaction ne peut être exactement fixée. De plus le procédé n'échappe pas aux critiques que nous avons faites plus haut. Dans la période d'absorption des gaz par la soude, une certaine partie du sulfite formé s'oxyde à l'état de sulfate. On trouve par suite, dans la détermination ultérieure de SO^2, une teneur plus faible que celle correspondant à la teneur vraie des gaz établie par la méthode à l'iode.

Les résultats que nous avons obtenus par l'emploi du bichlorure confirment à ce sujet les conclusions de BERL (13), de DIECKMANN (14), et les critiques de STUER et GROB (15). L'oxydation du sulfite est en général de 5 à 10 0/0, mais elle peut atteindre 20 0/0 et même 40 0/0 si l'on fait passer les gaz lentement dans une solution sodique fortement agitée (15). Dans ces conditions, les résultats perdent toute signification. En résumé, nous ne croyons pas que la méthode du docteur SANDER, pour si séduisante qu'elle paraisse soit susceptible de remplacer, pour le dosage des gaz de grillage, la méthode à l'iode de Pelouze Reich.

(10) *Loc. cit.*
(11) *Chemik. Zeitg*, 1921, p. 261.
(12) André GRAIRE, Comptes rendus, *Acad. Scienc.*, t. 178, p. 1819, 26 mai 1924.
(13) E. BERL., *Chemik. Zeit.*, p. 45, 1921.
(14) R. DIECKMANN, *Chem. Zeit.*, p. 45, 1921.
(15) STUER et GROB, *Chem. Zeit.*, 1922. — STUER et GROB, *Chem. Zeitg.*, p. 45, 1921.

Méthode à la glycérine. — M. HALLER a préconisé, pour empêcher l'oxydation des sulfites, d'ajouter à la solution sodique, de la glycérine ou du sucre. On trouve en effet que, par suite de la viscosité du liquide, l'oxydation est presque totalement empêchée (12). Pour une solution à 20 0/0 de glycérine, l'erreur n'est que de 2 0/0 et se réduit à 0,47 0/0 pour une solution à 50 0/0 de glycérine. La forte proportion de glycérine qu'il conviendrait d'ajouter pour obtenir des résultats exacts est cependant prohibitive.

Méthode à l'iode. — Le principe du dosage du gaz sulfureux, par l'iode est connu de très longue date. Il est basé sur la réaction fondamentale de l'acide sulfureux sur une solution d'iode dans l'iodure de potassium.

$$(8) \qquad SO_2 + 2 I + 2 H_2O = SO_4H_2 + 2 H I$$

Le dispositif expérimental est celui préconisé par REICH et modifié par LUNGE. On aspire les gaz à travers une solution d'iode placée dans un flacon d'absorption jusqu'à décoloration de la liqueur. Ce premier flacon est relié à un autre plus grand, rempli d'eau, qui sert d'aspirateur. On fait écouler l'eau de cet aspirateur dans une éprouvette graduée, et lit le volume qu'elle occupe. Si on a décoloré 10 c/m³ d'iode N/10 et si on a fait écouler m c/m³ d'eau, la teneur en 0/0 de SO_2 dans le mélange gazeux est donnée par :

$$0/0 \, SO_2 = \frac{1114}{m + 11.14}$$

Cette méthode a fait l'objet de quelques tentatives de perfectionnement qui peuvent sembler superflues et de quelques critiques que nous croyons utile de réfuter, afin de dissiper toute incertitude sur son emploi.

1º LUNGE préconisait l'emploi comme liquide absorbeur de 100 c/m³ d'eau distillée, 10 c/m³ de solution décinormale d'iode, un peu d'empois d'amidon et de bicarbonate de soude. Quelques méthodes officielles composent ainsi la liqueur d'absorption : 100 c/m³ d'eau distillée neutre à l'iode, 10 c/m³ d'une solution de bicarbonate à 10 0/0, 10 c/m³ d'iode N/10, quelques gouttes d'amidon salé.

Enfin LOWE conseille d'employer une solution obtenue en dissolvant 12 gr. 7 d'iode dans 3 grammes de soude et complétant à 1 litre. L'iode réagit avec la soude pour former un iodate et un iodure, mais par addition d'acide, tout l'iode est mis en liberté (16)

En fait, tout ce surcroît de précautions nous apparaît comme superflu. Nous n'avons jamais noté de différence dans les titrages avec ou sans emploi de bicarbonate de soude. La neutralisation de l'acide iodhydrique formé par le bicarbonate ne serait justifiée que si la réaction des sulfites sur l'iode était réversible, ce qui n'est pas le cas aux dilutions usuelles (17). Quant à l'empois d'amidon, sa présence n'est nullement nécessaire dans le dosage du gaz des fours. La forte proportion de SO_2 produit, en effet, par passage des gaz bulle à bulle, une décoloration aussi nette et précise que dans un titrage à la burette.

Par contre, il nous paraît préférable d'opérer sur un plus grand volume de liqueur d'iode, de manière à diminuer l'influence des erreurs de lecture. Si le nombre de c/m³ d'eau écoulée peut être lu avec une approximation de 2 c/m³ en plus ou en moins, on obtiendra des résultats approchés à moins de 1 0/0 près, en employant le liquide absorbant suivant : 200 c/m³ d'eau distillée — 25 c/m³ d'iode N/10.

2º On peut à volonté modifier le dispositif d'absorption et remplacer, en particulier, le flacon laveur de DRESCHEL habituellement utilisé par le flacon de SCHILLING (18). Il est également bon de munir l'orifice du tube plongeur d'une couronne de petits trous, de manière à permettre une égale diffusion du courant gazeux à travers le liquide ;

3º Il convient, enfin, de faire passer les gaz bulle à bulle, pour obtenir des résultats exacts. En étudiant l'influence de la vitesse de passage du courant gazeux, nous avons trouvé :

passage très lent.	5,9 SO_2 0/0
lent.	6,0
rapide	5,9
très rapide	6,2

L'absorption est donc complète, même pour une grande vitesse du courant gazeux. Et en fait, si l'on fait suivre le flacon d'absorption d'un tube témoin à iode, on ne trouve pas de traces de SO_2 au sortir de l'absorbeur. Toutefois, si les gaz aspirés sont à

---

(16) LOWE, *Journ. of Soc. chem. ind.*, p. 40, 1921.
(17) MACAULAY, *J. Chem. Soc.*, p. 121, 1922.
(18) SCHILLING, *loc. cit.*

une température de 30-40° C, on a tendance, par un barbotage trop violent, à vaporiser une certaine quantité d'iode, et à trouver, par suite, des résultats trop élevés. Cette source d'erreur est évitée par un passage lent et régulier des gaz à travers la solution d'iode.

La méthode de REICH constitue un procédé de dosage rapide et précis de l'anhydride sulfureux dans les gaz de grillage. Elle doit être, à cet égard, préférée à toutes les autres méthodes que nous avons exposées ci-dessus et qui utilisent la soude comme absorbant.

Méthode FRANK. — On garnit l'appareil de REICH de 100 c/m³ d'eau distillée et 10 c/m³ d'iode N/10 neutre au méthylorange (19). On titre alors suivant le modus operandi habituel, en faisant passer les gaz jusqu'à décoloration. Il ressort de l'équation d'oxydation que l'acidité du liquide est, en fin de réaction, le double de l'acidité sulfureuse des gaz. On devrait donc, pour neutraliser l'acidité du liquide absorbant, ajouter 20 c/m³ de NaOH N/10. Mais, comme les gaz renferment toujours un certain pourcentage d'acide sulfurique, l'excès de soude au-dessus de 20 c/m³ correspond donc à l'acide sulfurique absorbé directement dans la liqueur.

La méthode est donc très simple, et nous estimons qu'elle pourrait être pratiquement adoptée, de préférence à beaucoup d'autres. Tout au plus pourrait-on lui objecter l'absorption imparfaite des vésicules sulfuriques qui, comme nous l'avons indiqué ci-dessus, ne sont que partiellement retenus par barbotage dans une solution aqueuse. L'analyse donnera donc des résultats exacts pour SO², et pour SO³ des valeurs un peu faibles, mais suffisamment approchées pour les besoins de la pratique courante.

Détermination directe de l'acide su'furique. — On sait que les gaz de grillage contiennent, à côté du gaz sulfureux, des brouillards d'acide sulfurique. Ces brouillards dont la composition est très variable, renferment, outre l'acide sulfurique, de la vapeur d'eau, de l'acide arsénieux, des cendres de pyrites, du soufre non comburé, etc. Pour des raisons dans le détail desquelles il n'est pas possible d'entrer ici, ces brouillards sont rebelles à l'action des absorbants chimiques ordinaires ; eau, acides, alcalis. Leur meilleur absorbant, qui est l'acide sulfurique monohydraté est encore imparfait.

Le seul mode de condensation qui leur convienne consiste à retenir ces brouillards comme des particules solides, par filtration sur de l'amiante cardée peu serrée. Il est essentiel que l'amiante soit bien sèche, car un filtre humide est, en général, moins efficace.

L'emploi de l'amiante, qui est connu depuis longtemps pour la captation des brouillards, a été spécialement étudié par W. SCOTT (20). L'amiante blanche ne donne pas de résultats exacts, car elle est attaquée légèrement par l'acide sulfurique dilué et vivement par l'acide concentré. Par contre, l'amiante à fibre bleue n'est pas attaquée. Il suffit donc de la purifier par digestion prolongée avec HCl et NO³H, lavage à l'eau jusqu'à disparition de la réaction acide, séchage et cardage.

Le dosage de l'acide sulfurique peut être a'ors effectué de la façon suivante :

On garnit un tube de Schlœsing ou un tube en U d'un matelas d'amiante bleue, sur une épaisseur de 4 à 5 c/m, entre deux fines couches de laine de verre. On aspire à travers ce filtre un volume déterminé de gaz à une vitesse qui ne doit pas dépasser 400 à 500 c/m³ par minute. Dans ces conditions, tout l'acide sulfurique est retenu. Il suffit ensuite de soumettre l'amiante à l'extraction par l'eau distillée et de titrer l'acidité par NaOH N/10 en présence de méthylorange comme indicateur. La méthode est très exacte et doit être préférée à toute autre. On ne peut guère lui reprocher que d'être un peu moins rapide qu'un simple dosage volumétrique.

Conclusions

Méthode d'analyse des gaz de grillage. — Il résulte nettement de cette étude qu'une simple analyse gazométrique (appareil ORSAT), ne peut donner sur la composition des gaz de grillage que des renseignements imprécis et souvent erronés. Les méthodes volumétriques par la soude, quoique nettement préférables, restent pourtant entachées d'erreurs systématiques, soit du fait d'une absorption imparfaite, soit par suite de réactions accessoires d'oxydation.

Il convient pourtant d'accorder crédit à la méthode BERL pour le dosage de l'anhydride sulfureux et d'envisager aussi, par exemple grâce à l'emploi simultané de chlorure stanneux, une utilisation plus rationnelle de la méthode au bichlorure de mercure.

A tous ces procédés, il convient donc, selon nous, de préférer le dosage iodométrique de REICH et c'est pourquoi dans l'état actuel des recherches relatives à cette question, nous préconisons la méthode suivante :

(19) FRANK, *Papier Zeitg.*, 1887, p. 1766.

(20) W. SCOTT, *Journal Of. indus. and engineer Chem.*, Mai 1922.

On intercale entre la conduite de prise des gaz et le flacon d'absorption de Schilling, un tube à amiante qui retient l'acide sulfurique. L'analyse est conduite de la manière ordidinaire, en aspirant les gaz jusqu'à décoloration des 25 c/m³ d'iode N/10 utilisés. On lit alors le volume d'eau écoulé qui servira, comme on l'a vu, pour calculer la teneur des gaz en SO². Puis, sans modifier l'appareil, on fait à nouveau, passer les gaz jusqu'à ce que 8 à 10 litres au moins aient traversé l'appareil. Il ne reste plus alors, qu'à doser l'acide sulfurique retenu dans l'amiante par simple titrage à la burette, et à ramener ensuite les résultats à un même volume de gaz écoulé.

Les erreurs relatives, dans ce procédé d'analyse, sont inférieures à 1 0/0, tant sur le SO² que sur le SO³. Nous ne croyons pas qu'on puisse prétendre à mieux, d'une manière plus simple ou plus rapide.

DEUXIÈME PARTIE. — DOSAGE DES GAZ DES CHAMBRES DE PLOMB

Les gaz de chambres de plomb sont composés :

1º Des constituants de l'air : azote, oxygène, anhydride carbonique ;

2º Des acides du soufre : SO², SO⁴H² ;

3º Des anhydrides et acides de l'azote : N²O³-N²O⁵-NO³H-NO²H ;

4º Des oxydes de l'azote : N²O-NO-NO² (ou N²O⁴).

Il faut ajouter aux corps précédents, d'une part, les nombreuses combinaisons qu'ils peuvent former entre eux et, d'autre part, d'autres composés qui ne se rencontrent, dans la pratique courante, qu'à l'état de traces infinitésimales, à savoir :

a) Les acides et oxydes d'arsenic ;

b) Les acides et oxydes de sélénium et de tellure ;

c) Les chlorures de nitrosyle, qui se forment lorsque le nitrate contient des chlorures ;

d) Les cendres de pyrites, entraînées par les gaz.

On voit, par cette simple énumération, que l'analyse complète des gaz des chambres, se présente comme une des questions les plus complexes de la chimie industrielle. Il n'est donc pas étonnant que ce problème n'ait pû être résolu, et ne semble pas près de l'être, tout au moins dans sa généralité. Nous exposerons ci-dessous, les solutions partielles dûes à Lunge et à Raschig qui, à tout prendre, peuvent être regardées comme satisfaisantes, quitte à examiner ensuite le problème avec toutes ses variables, c'est-à-dire dans les conditions de la pratique courante.

Dosage de l'oxygène et de l'azote. — Ce dosage peut être effectué, d'une manière approximative, au moyen de l'appareil Orsat. L'absorption des gaz acides est à peu près complète après passage dans la soude et l'on peut, pratiquement, négliger les faibles teneurs de NO et SO⁴H² qui restent inaltérés. Il est d'ailleurs possible d'amener les gaz au contact d'une solution de permanganate de potasse et de réaliser a¹nsi une élimination complète du bioxyde d'azote. Après absorption des acides et des anhydrides on dose O et Az, comme il a été exposé ci-dessus au moyen d'une liqueur de pyrogallate de potassium.

Cette méthode, d'une application suffisamment rapide, est parfois utilisée pour le dosage de l'O à la sortie du système des chambres. Elle permet de se rendre compte, à tout instant, si la quantité d'oxygène est suffisante pour l'oxydation de l'acide sulfureux.

Dosage de l'acide sulfurique. — On détermine l'acide sulfurique dans les gaz de chambres par le même procédé que nous avons déjà indiqué. La filtration des gaz à travers un matelas d'amiante retient les vésicules acides et les brouillards sulfonitreux. Il convient pourtant de remarquer que les vésicules d'acide nitrique, s'il en existe, sont également retenues par ce procédé, et que l'acide sulfurique condensé par les fibres d'amiante peut, suivant sa composition, dissoudre une plus ou moins grande proportion de produits nitreux.

On obtiendra donc, par lavage, une solution des acides sulfurique, nitreux et nitrique, où SO⁴H² ne pourra être dosé que pondéralement à l'état de SO⁴Ba.

Dosage du gaz sulfureux. Méthode RASCHIG. — La méthode à l'iode n'est plus applicable pour le dosage du gaz sulfureux dans l'atmosphère des chambres. En effet, l'acide iodhydrique formé par oxydation de SO²

$$(8) \qquad SO^2 + 2\,I + 2H^2O = SO^4H^2 + 2\,HI$$

est retransformé en iode par l'acide nitreux ou l'acide nitrosyl-sulfurique des chambres :

$$(9) \qquad 2\,HI + 2\,NO^2H = 2\,NO + 2\,H^2O + 2\,I$$

Cette réaction est utilisée par Fresenius (21) pour la séparation des acides chlorhydri-

---

(21) Fresenius, *Traité d'analyse,* 6ᵉ édition, 1891, p. 565.

que et iodhydrique. Nous ferons d'ailleurs remarquer que si SO^2 et N^2O^3 sont dans les proportions indiquées par les équations précédentes, le résultat global peut être exprimé par :

$$(10) \qquad SO^2 + 2 NO^2 H = SO^4 H^2 + 2 NO$$

Il en résulterait un moyen d'obtenir, non plus entre gaz, mais en solution aqueuse, une oxydation de SO^2 en SO^4H^2, en présence de 2 catalyseurs : N^2O^3 et I, mais cette conception est purement théorique. La seule conséquence que nous voulions en tirer est que si, SO^2 et N^3O^2 sont dans un rapport équimoléculaire, l'état des composés iodés n'est pas modifié. Si $SO^2 > N^2O^3$ la décoloration de la liqueur pourra être obtenue, mais si $SO^2 < NO^2$, l'action des produits nitreux l'emportera. Dans tous les cas, on ne mesurera donc que la différence de deux réactions opposées, et on sera amené à passer un volume exagéré de gaz pour décolorer la liqueur d'iode. On trouvera donc toujours des chiffres trop faibles pour SO^2.

F. Raschig a proposé d'éliminer ces causes d'erreur, en ajoutant de l'acétate de soude à la solution d'iode (22). Il se forme de l'acide acétique et du nitrite de soude :

$$(11) \qquad 2 NO^2H + 2 CH^3COONa = 2 NO^2 Na + 2 CH^3COOH$$

Le modus operandi est le suivant : On ajoute aux 10 c/m³ de liqueur d'iode employée dans la méthode de Reich, 25 c/m³ d'une solution saturée à froid d'acétate de soude, et l'on fait passer les gaz jusqu'à décoloration, comme dans le titrage iodométrique des gaz de grillage.

Raschig préconise d'appliquer la même méthode au titrage de l'acidité totale des gaz des chambres. Si on arrête, dit-il (22) par un tampon d'ouate, les vésicules de SO^4H^2 entraînés par les gaz, on peut doser les produits nitreux. Tout l'acide nitreux en solution met en liberté une quantité équivalente d'acide acéttique, le peroxyde d'azote donne du nitrite et du nitrate de soude. Le bioxyde d'azote se transforme lui-même (?) par l'excès d'O qui existe toujours dans les gaz et donne des acides nitreux et nitrique (?) qui se dissolvent avec mise en liberté correspondante d'acide acétique. Il suffit donc d'ajouter à la solution absorbante quelques gouttes de phtaléine et de titrer l'acidité par NaOH N/10. Du volume trouvé, on retranche 10 c/m³ correspondant à HI et 10 c/m³ correspondant à SO^4H^2, formés d'après l'équation (8).

Le reste de la soude employée correspond aux acides nitrique et nitreux.

Cette méthode ne résiste pas à l'examen. Il ne peut être en effet question d'absorber quantitativement les composés de l'azote, à l'état de dilution, où ils sont dans les chambres, dans une solution aqueuse. Nous aurons, d'ailleurs, ultérieurement l'occasion d'établir que l'absorption est incomplète même en solution sodique, et que le bioxyde d'azote, même en présence d'O de l'air est encore difficilement retenu par le permanganate.

Enfin, nous avons constaté qu'il n'est pas non plus possible de doser le gaz sulfureux dans l'atmosphère des chambres, en faisant passer les gaz à travers un tampon d'ouate ou d'amiante. L'explication de cette anomalie sortirait du cadre de cette étude, mais on comprendra facilement que la formation d'un écran d'acide nitrosylsulfurique sur la bourre d'amiante catalyse l'oxydation du gaz sulfureux, et superposé à l'action des chambres, une nouvelle action dûe à la filtration des gaz à travers un liquide oxydant.

Nous pouvons donc conclure que la méthode Raschig à l'iode-acétate de soude constitue un excellent mode de dosage du gaz sulfureux dans les chambres. Simple et rapide, elle fournit des résultats très précis, même pour de faibles traces de SO^2. Mais le procédé perd toute signification pour l'analyse des composés nitreux.

Dosage des gaz des chambres par absorption dans la soude

La méthode de dosage décrite par Lunge concorde, dans ses grandes lignes, avec les prescriptions admises en 1878 par l'union des fabricants de soude anglais. L'absorption par la soude caustique est également prescrite depuis 1898 par la législation allemande pour le dosage des gaz à la sortie des appareils à acide. Il est donc nécessaire d'exposer ici, dans ses détails, cette méthode qui fut longtemps la seule méthode officielle et qui surprit peu à peu par ses particularités déconcertantes, tous ceux qui en avaient préconisé l'emploi.

A. — Appareillage d'absorption

L'appareillage comprend :

4 flacons laveurs de Dreschel, dont les trois premiers reçoivent chacun 150 c/m³ de soude normale et le quatrième 300 c/m³ d'eau distillée.

1 tube à boules (du modèle à doser le soufre) contenant 100 c/m³ de MnO^4K N/4 et 1 c/m³ de SO^4H^2 66° Bé.

---

(22) Raschig, *Zeitsch fur. angew. Chem.*, 1909; n° 24, p. 1182, et rapport au 7ᵉ Congrès de Chimie de Londres de 1909.

1 compteur à gaz gradué en litres.

1 trompe à eau ou un aspirateur jaugé.

On aspire, à travers le dispositif d'absorption, un volume mesuré des gaz des chambres et procède ensuite aux analyses de la manière suivante :

B. — MÉTHODES ANALYTIQUES

Les gaz sont analysés : 1o pour acidité totale ; 2o pour soufre ; 3o pour acides et oxydes de l'azote.

A cet effet, on réunit le contenu des 4 flacons de DRESCHEL, lave avec un peu d'eau et complété à 1 litre. On divise le tout en 5 parties de 200 c/m³.

1o Le dosage des oxydes d'azote qui sont en solution de nitrite et de nitrate de soude, s'effectue en versant la liqueur azoteuse dans une solution chaude de permanganate potassique, additionnée de beaucoup d'acide sulfurique pur. On opère p r additions successives de solution de soude et de solution de MnO_4K de manière à terminer avec une liqueur légèrement rose. Tous les acides d'azote sont peroxydés à l'état de NO_3H que l'on dose par le sulfate ferreux, suivant le modus operandi de Pelouze-Fresenius. La réduction de NO_3H est faite sous atmosphère de CO_2 jusqu'à élimination complète du bioxyde et l'excès de SO_4Fe non oxydé est titré en retour par MnO_4K. La réaction est la suivante :

$$(12) \quad 2 NO_3H + 6 SO_4Fe + 3\ SO_4H_2 = 3(SO_4)_3Fe_2 + 2 NO + 4H_2O$$

2o Le bioxyde d'azote NO, non absorbé à l'état N_2O_3 dans les flacons de soude est retenu par les tubes à permanganate de potasse :

$$(13) \quad 6 MnO_4K + 9 SO_4H_2 + 10 NO = 6 SO_4Mn + 2 SO_4K_2 + 10 NO_3H + 4H_2O$$

Il suffit donc de titrer l'excès non transformé de permanganate par une solution de SO_4Fe.

$$(14) \quad 10 SO_4Fe + 8 SO_4H_2 + 2 MnO_4K = 5(SO_4)_3Fe_2 + SO_4K_2 + 2 SO_4Mn + 8 H_2O$$

3o L'acide sulfurique total est dosé pondéralement à l'état de SO_4Ba sur 200 c/m³ de la solution sodique, après peroxydation par l'eau de brome ou le MnO_4K et acidification par HCl.

4o L'acidité totale est titrée en retour, sur 200 c/m³ de la solution, par SO_4H_2 normal. Malheureusement, on ne peut employer, comme indicateur, le méthylorange, à cause de la présence des nitrites dans la liqueur. Il est donc nécessaire d'employer la phtaleine qui a l'inconvénient d'indiquer indifféremment les acides forts ou faibles et, en particulier, l'acide carbonique. On peut pourtant admettre, pour les gaz des chambres, une teneur en CO_2 constante et égale à la teneur de l'air ambiant. La méthode d'analyse serait donc relativement simple et on pourrait doser la plupart des gaz de chambres, et déterminer en particulier le degré d'oxydation des composés azotés, si la réaction des appareils ne se poursuivait au sein de la liqueur sodique, entre les sulfites, les nitrites et l'oxygène. Il s'ensuit que toute méthode de dosage tendant à l'absorption sans transformation des gaz issus des chambres de plomb, est nécessairement vouée à l'insuccès, par suite des actions réciproques dans le milieu d'absorption des gaz SO_2 NO NO_2 et O.

C. — CAS PARTICULIER : LES GAZ NE CONTIENNENT PAS DE SO_2

Nous nous bornerons à rappeler les faits connus suivants :

1o L'analyse à un instant donné du mélange des gaz NO, NO_2, O ne peut-être effectuée quantitativement dans la soude, par suite de l'oxydation du nitrite formé (23) ;

2o L'absorption dans la soude du peroxyde d'azote NO_2 dilué par l'air donne également des résultats inexacts par suite de l'oxydation d'une partie du nitrite (26) ;

3o L'absorption par SO_4H_2 concentré des oxydes de l'azote n'est pas quantitative, par suite de la réduction du mélange sulfonitrique formé dans l'absorption du peroxyde (23) ;

4o L'absorption du mélange $NO + NO_2$ par la soude ne donne exclusivement des nitrites que pour une forte concentration des gaz. Si les oxydes d'azote sont dilués dans un grand volume d'azote, comme c'est le cas pour les gaz des chambres NO et NO_2 tendent à devenir plus indépendants l'un de l'autre et on a formation de nitrites et de nitrates (25). Cette particularité peut être expliquée par l'action sur l'eau du peroxyde d'azote en excès (24).

$$(15) \quad 2 NO_2 + H_2O = NO_3H + NO$$

(23) F. RASCHIG, *Mon. Scientif.*, n° 770-772, 1906.

(24) SANFOURCHE, *Comptes rendus*, n° 12. t. 174, 17 septembre 1922.

(25) BRINER, NIEWACZKI et WISWALD, *J. Chim. phys.*, 19-290-309, 1922.

(26) LUNGE, *Zeitsch für angew. chem.*, XIX, p. 857, et *Monit. Scientif.*, n° 802, octobre 1908.

Il résulte nettement de ces différentes remarques que les analyses par absorption dans la soude (ou l'acide sulfurique) sont imparfaites, l'absorbant n'agissant pas sur les composants, mais sur les sous-produits de la réaction. Il n'est donc pas possible à l'aide des absorbants acides ou alcalins, de déterminer le degré d'oxydation des composés azotés.

On ne peut pas non plus, des données analytiques conclure à l'existence dans les chambres du gaz trioxyde d'azote. Les remarques de LUNGE, BERL et RASCHIG (27) et les observations récentes de MM. WOURTZEL (28) et SANFOURCHE (29) sont en opposition avec les travaux du professeur BODENSTEIN (30). Le savant allemand a montré que les méthodes analytiques par absorption des gaz ne fournissent de résultats exacts que lorsque le pourcentage d'oxydation du bioxyde dépasse 50 0/0. D'autre part, la réaction d'oxydation du bioxyde est une réaction du troisième ordre dont la constante de vitesse diminue avec la température. Enfin l'opinion théorique de TRAUTZ, relative aux réactions du troisième ordre (31) peut être réfutée, le nombre de triples chocs moléculaires étant compatible avec la vitesse d'oxydation du NO.

Il faut donc retenir de tout ceci d'une part que l'existence du gaz N^2O^3 dans les chambres est très invraisemblable, et d'autre part que même dans les conditions les plus favorables, c'est-à-dire en l'absence de SO^2, il est vain de chercher à déterminer, par une analyse à la soude, le taux d'oxydation des produits azotés.

D. — CAS GÉNÉRAL. — PRÉSENCE DE SO^2

Le cas le plus général est celui où les gaz des chambres (SO^2-SO^4H^2-N^2O-NO-NO^2-NO^3H-CO^2) sont absorbés dans des liqueurs alcalines, avec ou sans oxydants, étant également spécifié que, par suite du volume passé, la liqueur du premier absorbeur peut être neutralisée et même acidifiée. On constate, à l'expérience, que les phénomènes sont très complexes et de nature très diverse. Il est pourtant possible, croyons-nous, d'expliquer les particularités les plus déconcertantes parmi celles que l'on rencontre dans la pratique à la lumière des remarques suivantes :

1o En solution alcaline, les sulfites sont stables, mais leur oxydation peut être rapidement catalysée par l'oxygène et les oxydes d'azote. Les nitrites sont stables ;

2o En solution neutre ou acide, il existe une forte vitesse d'hydrolyse des composés nitreux, avec réduction à l'état de bioxyde d'azote et trioxyde d'azote ;

3o Il existe une certaine vitesse d'oxydation de NO par l'air, par l'oxygène et même par les oxydants les plus énergiques (H^2O^2-MnO^4K) ;

4o Les sulfites forment avec les nitrites des composés d'addition excessivement complexes. La formation de ces composés dépend de l'acidité de l'absorbant, de la température et des proportions relatives des sulfites et des nitrites. L'apparition des corps sulfo-azotés a pour conséquence d'une part des variations énormes de l'acidité totale et d'autre part des pertes en produits azotés soit par dégagement à l'état de bioxyde NO, soit par réduction à l'état de protoxyde N^2O.

En vue d'établir les faits énoncés ci-dessus, nous allons examiner quelques cas particuliers et donner le détail et les résultats de certaines analyses.

Essai	Flacons absorbeurs	Réactif	Acidité totale en gr. de SO^3 par m^3
	1	250 cc eau + H^2O^2	5,30
	2	—	0,20
	3	250 cc H^2O + 25 cc NaOHN	1,22
1	4	—	0,30
	5	MnO^4K	0,65 (NO^3H)
	6	MnO^4K	0,27 —
	7	MnO^4K	0,12 —
	1 et 2	250 cc SO^4H^2 66° B	Acide nitreux
	3	250 cc eau + H^2O^2	4,15 (SO^4H^2 + NO^3H)
	4	—	0,17
2	5	—	Traces
	6	250 cc eau + H^2O^2 + 25 cc NaOH	0,50 (NO^3H)
	7	—	0,12
	8	MnO^4K	0,43 (NO^3H)

(27) Zeitsch. für angew. chem., 17, 1398 et 1777, 1904 ; 18, 67 et 1281, 1905 ; 19, 807 et 857, et 881, 1906 ; 20, 694 et 1713, 1907.

(28) WOURTZEL, Comptes rendus, t. CLXX, n° 12, janvier 1920.

(29) SANFOURCHE, Bulletin de la Soc. Chim. de France, n° 2-12, p. 633, décembre 1910, et Comptes rendus, t. CLXXII, n° 25, p. 1573, 20 juin 1921.

(30) BODENSTEIN, Zeitsch für Elektrochem., 24, 183, 1918 et Zeitsch für. physik Chem., 100, p. 68-123, 1922.

(31) TRAUTZ, Zeitsch. für phys. Chemie, p. 512-611, 1905.

	1 et 2	250 cc SO^4H^2 66° B	Acide nitreux
	3	250 cc eau $+ H^2O^2$ B	3,80 (SO^4H^2 + traces NO^3H)
	4	—	0,10 —
	5 et 6	250 cc SO^4H^2 66°	Acide nitreux
3	7	250 cc eau $+ H^2O^2$	Traces
	8	250 cc eau $+$ 25 cc NaOH	0,90 (NO^3H)
	9	—	0,15 —
	10	MnO^4K	0,60 —
	11	MnO^4K	0,24 —
	1	250 cc eau $+$ 125 cc NaOHN	7,9 (SO^4H^2 + NO^3H)
	2	—	1,2 —
	3	—	0,2 —
4	4	250 cc eau	Traces
	5	MnO^4K	1,17 NO^3H
	6	MnO^4K	0,53 —
	7	MnO^4K	0,22 —

De l'examen des analyses précédentes, il résulte nettement que les acides du soufre, par suite de leur grande solubilité restent dans les premiers flacons d'absorption, que la réaction finale soit acide (essais 1, 2 et 3), ou alcaline (essai 4). Il n'en va pas de même des oxydes d'azote (32).

Si on dispose des flacons à SO^4H^2 66° B, une certaine quantité de trioxyde N^2O^3 se dissout à l'état d'acide nitrosylsulfurique mais sert ensuite de catalyseur pour l'oxydation du gaz sulfureux, en libérant alors les produits nitreux sous forme de bioxyde NO. L'acide sulfurique concentré constitue donc un médiocre absorbant des produits nitreux dans les gaz des chambres.

Il en est de même de l'eau, ou de l'eau légèrement acide. Ceci se produit en particulier lorsque le volume des gaz passés est assez grand ou leur acidité assez forte pour neutraliser la soude dans le premier flacon absorbant. Dans ce cas, l'acide nitreux formé, soit directement dans l'absorbant, soit par acidification des nitrites est réduit même en présence de péroxyde d'hydrogène, suivant l'une ou l'autre des équations :

$$(16) \quad 3NO^2H = NO^3H + 2NO + H^2O$$

$$(17) \quad 4NO^2H + H^2O^2 = 2NO^3H + 2NO + 2H^2O$$

A ces récations, il convient d'ajouter celles que nous examinerons ultérieurement, mais dont le résultat est le même, à savoir l'hydrolyse rapide avec tendance à la réduction jusqu'au NO et même jusqu'au N^2O (voir ci-dessous) des composés azotés en solution acide. Il est donc nécessaire, pour fixer les oxydes d'azote que l'absorption soit réalisée dans une liqueur alcaline ou mieux encore au sein d'un mélange de soude et d'eau oxygénée. On peut ainsi s'expliquer la présence des oxydes d'azote dans les flacons 3 et 4 (essai 1), 6 et 7 (essai 2), 8 et 9 (essai 3).

Les oxydes d'azote présentent une autre propriété également importante, à savoir la lente oxydation du bioxyde dans les flacons d'absorption, même en présence d'oxydants comme MnO^4K. Cette propriété explique d'une part les fortes acidités nitreuses des gaz même après passage dans l'acide sulfurique concentré, et d'autre part, la lenteur de l'absorption dans les tubes à permanganate, qui oblige à l'emploi d'un gros volume de caméléon. La conclusion est donc que NO est excessivement difficile à retenir dans l'analyse et qu'il est nécessaire, pour fixer le bioxyde d'une manière stable, de l'absorber dans un oxydant.

Les remarques précédentes sont ainsi susceptibles d'expliquer la plupart des anomalies que l'on peut rencontrer dans la pratique de ce dosage et le problème pourrait apparaître comme résolu s'il ne fallait également faire intervenir la production, au cours de l'analyse, de composés d'addition sulfonitrés extrêmement instables.

E. — Réaction des sulfites et des nitrites

On se heurte souvent, dans la pratique du dosage aux difficultés suivantes :

1° L'acidité totale des gaz recueillis dans la soude varie avec le temps et la température ;

2° Le pourcentage des oxydes d'azote retenus par la soude est très variable. Il y a parfois réduction presque complète des produits nitreux au sein de l'absorbant.

---

(32) On trouvera un très grand nombre de résultats analogues dans un article de H. WATSON, *Mon. Scient.*, décembre 1904. On constatera d'ailleurs que les essais, que l'auteur avait expliqués par l'hypothèse d'un composé sulfoazoté volatil, trouvent facilement leur justification à l'aide des remarques que nous avons énoncées ci-dessus.

L'explication des deux faits précédents a donné lieu à une vive controverse et, suivant la règle, lorsqu'il s'agit du problème des chambres de plomb, plusieurs théories furent émises à ce sujet.

LUNGE (33), reprenant la théorie de WEBER, admet la réduction de l'acide nitreux par SO^2 en solution aqueuse ou faiblement sulfurique.

$$(18) \qquad 2\,NO^2H + 2\,SO^2 + H^2O = 2\,SO^4H^2 + N^2O$$

Par contre, suivant BERZELIUS, la réaction donnerait naissance à du bioxyde d'azote :

$$(19) \qquad 2\,NO^2H + SO^2 = SO^4H^2 + 2\,NO$$

Nous ferons d'ailleurs observer que la démonstration quantitative de ces deux réactions n'a jamais été faite, ni par LUNGE, ni par BERZELIUS. D'autre part, comme c'est au processus de l'équation (18) que l'on attribue la formation du protoxyde dans les chambres, on voit sur quelles bases fragiles reposent les théories actuelles de la formation de l'acide sulfurique.

Selon RASCHIG, la réaction des nitrites et des sulfites donne naissance à un acide sulfoné de la dihydroxylamine, suivant la formule

$$(20) \qquad NO^2H + SO^2 + H^2O = N \underset{\displaystyle\diagdown OH}{\overset{\displaystyle\diagup SO^3H}{-OH}}$$

Cet acide dihydroxylamine monosulfonique serait monobasique et se décomposerait par un excès d'acide nitreux, en donnant :

$$(21) \qquad NO^2H + N \underset{\displaystyle\diagdown OH}{\overset{\displaystyle\diagup SO^3H}{-OH}} = SO^4H^2 + H^2O + 2NO$$

La réaction globale serait donc :

$$(19) \qquad 2\,NO^2H + SO^2 = SO^4H^2 + 2\,NO$$

Malheureusement, on ne connaît aucun fait expérimental permettant de croire à l'existence de l'acide dihydroxylamine sulfonique ou de ses sels, et ce corps doit être considéré comme entièrement hypothétique. De plus, l'hypothèse de RASCHIG conduit à la réduction des nitrites à l'état de bioxyde d'azote alors que celle-ci va en général jusqu'au protoxyde.

F. — Dérivés sulfonés de l'hydroxylamine

Il existe plusieurs dérivés sulfonés de l'hydroxylamine, que l'on peut représenter par le schéma

$$N \underset{\displaystyle\diagdown OH}{\overset{\displaystyle\diagdown H}{-H}} \qquad\qquad N \underset{\displaystyle\diagdown OH}{\overset{\displaystyle\diagup SO^3H}{-H}} \qquad\qquad N \underset{\displaystyle\diagdown OH}{\overset{\displaystyle\diagup SO^3H}{-SO^3H}}$$

Hydroxylamine	Acide hydroxylamine monosulfonique (34)	Acide hydroxylamine disulfonique (35)

On a remarqué depuis longtemps que par passage de gaz sulfureux dans une solution de nitrite, la liqueur s'échauffe et jaunit. Par refroidissement, on peut faire cristalliser le sel de l'acide hydroxylamine disulfonique (préparation de FRÉMY).

$$(20) \qquad NO^2Na + NaOH + 2SO^2 = N \underset{\displaystyle\diagdown OH}{\overset{\displaystyle\diagup SO^3Na}{-SO^3Na}}$$

On prépare également ce sel par action sur les nitrites d'une solution de bisulfite. RASCHIG et CLAUS formulent :

$$(21) \qquad NO^2Na + 2SO^3NaH = NaOH + N \underset{\displaystyle\diagdown OH}{\overset{\displaystyle\diagup SO^3Na}{-SO^3Na}}$$

Mais DIVERS et HAGA ont montré que dans la réaction, environ 1/3 du bisulfite (36) passe à l'état de sulfite neutre et 2/3 à l'état d'hydroxylamine disulfonatée. On a donc :

$$(22) \qquad NO^2Na + 3SO^3NaH = SO^3Na^2 + N \underset{\displaystyle\diagdown OH}{\overset{\displaystyle\diagup SO^3Na}{-SO^3Na}} + H^2O$$

---

(33) LUNGE, *Acide sulfurique et alcalis*, 1re édition, p. 454.

(34) Cet acide est le même que l'acide sulfazidique de FRÉMY, ou que l'acide sulfhydroxylamique de CLAUS ou que l'acide hydroxamidosulfurique de DIVERS.

(35) Cet acide est le même que l'acide sulfazotique ou hydrazoxidisulfonique de FRÉMY, ou que l'acide hydroximidosulfonique de DIVERS et HAGA, ou de l'acide oximidosulfonique de SABATIER.

(36) Ou pyrosulfite de DIVERS et HAGA : $S^2O^5Na^2 = 2SO^3NaH - H^2O$.

La formation de ce sel dans les flacons d'absorption des gaz des chambres n'est donc pas douteuse, puisque les conditions de l'analyse sont également celles de sa préparation.

Ce sel n'est stable que dans des conditions bien déterminées de température et d'alcalinité. Sa solution se décompose à partir de 60° C, ou sous l'influence des acides étendus en donnant, comme produit de l'hydrolyse, l'acide hydroxylamine monosulfonique.

$$(23)\qquad N\!\begin{smallmatrix}\diagup SO_3Na\\ -\,SO_3Na\\ \diagdown OH\end{smallmatrix} + H_2O = SO_4NaH + N\!\begin{smallmatrix}\diagup SO_3Na\\ -\,H\\ \diagdown OH\end{smallmatrix}$$

Cet acide, dont les sels sont assez stables même à l'ébullition, peut donc exister à l'état libre en présence des acides dilués. Toutefois, par une ébullition prolongée, une nouvelle hydrolyse donne le sulfate d'hydroxylamine.

$$(24)\qquad N\!\begin{smallmatrix}\diagup SO_3H\\ -\,H\\ \diagdown OH\end{smallmatrix} + H_2O = N\!\begin{smallmatrix}\diagup H\\ -\,H\\ \diagdown OH\end{smallmatrix} + SO_4H_2$$

Par contre, les sels sont décomposés par les alcalis en donnant du sulfate de soude et un dégagement d'azote, d'ammoniac et de protoxyde nitreux.

$$(25)\qquad 3N\!\begin{smallmatrix}\diagup SO_3Na\\ -\,H\\ \diagdown OH\end{smallmatrix} + 3NaOH = N_2 + NH_1 + 3SO_4Na_2 + 3H_2O$$

$$(26)\qquad 4N\!\begin{smallmatrix}\diagup SO_3Na\\ -\,H\\ \diagdown OH\end{smallmatrix} + 4NaOH = N_2O + 2NH_3 + 4SO_4Na_2 + 3H_2O.$$

G. —Réduction des composés azotés

Les variations d'acidité de la liqueur sont dûes à l'hydrolyse, au cours du temps, des produits de condensation de l'hydroxylamine disulfonée et le phénomène peut être expliqué par les réactions exposées ci-dessous, comme l'ont admis DIVERS et HAGA (37).

$$(27)\qquad NO_2H + 2SO_2 + H_2O = N\!\begin{smallmatrix}\diagup SO_3H\\ -\,SO_3H\\ \diagdown OH\end{smallmatrix}$$

$$(28)\qquad N\!\begin{smallmatrix}\diagup SO_3H\\ -\,SO_3H\\ \diagdown OH\end{smallmatrix} + H_2O = N\!\begin{smallmatrix}\diagup SO_3H\\ -\,H\\ \diagdown OH\end{smallmatrix} + SO_4H_2$$

Resterait à expliquer la production du protoxyde d'azote au cours de l'analyse et c'est pourquoi CARPENTER et LINDER (38), à la suite de longues recherches entreprises à ce sujet, proposent d'adjoindre aux réactions (27 et 28) la réaction de LUNGE.

$$(18)\qquad 2NO_2H + 2SO_2 + H_2O = 2SO_4H_2 + N_2O$$

Les phénomènes constatés au cours de l'absorption seraient donc entièrement explicables par le système des trois réactions (27) (28) (18).

Nous ne croyons cependant pas, malgré l'opinion de CARPENTER que l'équation de LUNGE doive être retenue. En effet, le gaz protoxyde d'azote peut être obtenu par l'action des acides sulfonés de l'hydroxylamine sur l'acide nitreux :

$$(29)\qquad NO_2H + N\!\begin{smallmatrix}\diagup SO_3H\\ -\,SO_3H\\ \diagdown OH\end{smallmatrix} = N_2O + 2SO_4H_2$$

$$(30)\qquad NO_2H + N\!\begin{smallmatrix}\diagup SO_3H\\ -\,H\\ \diagdown OH\end{smallmatrix} = N_2O + SO_4H_2 + H_2O$$

Et d'autre part il est logique d'admettre que le protoxyde provient de la décomposition des acides ou des sels présents dans l'absorbant, et non pas d'une réaction qualitative dont le processus est inconnu.

Mais il a été établi que la vitesse de décomposition de l'acide disulfonique est faible, et il ne paraît pas que l'équation (29) puisse être retenue. Par contre, la décomposition de l'acide monosulfonique est excessivement rapide, et presque complète en moins d'une minute. CARPENTER objecte pourtant que l'hydrolyse de l'acide hydroxylamine disulfonique est trop lente pour que la réaction (30) puisse intervenir.

Mais cette objection ne nous parait pas fondée. L'hydrolyse de l'acide hydroxylamine disulfonique dépend en effet d'une multitude de variables, et entre autres, de la concen-

(37) DIVERS et HAGA, *Trans. Chem. Soc.*, V. 77, p. 432 (1900).
(38) CARPENTER et LINDER, *Journ. of. Soc. Chem. Ind.*, p. 1490, 1902.

tration et de l'acidité des solutions. Il en résulte qu'elle est particulièrement rapide lorsque les gaz sont très acides, ou lorsque le volume des gaz passés est assez grand pour que la soude du premier flacon soit neutralisée. Or, c'est justement dans ce cas que la réduction des produits nitreux est particulièrement appréciable, par suite de la formation d'acide hydroxylamine monosulfonique.

Mais il résulte des observations de CARPENTER lui-même que le dégagement de protoxyde d'azote se produit surtout au point d'arrivée des gaz dans la solution, en fines bulles qui se diffusent puis se dissolvent dans le liquide. Il est donc infiniment probable que la décomposition de l'hydroxylamine monosulfonique se produit, au sein de la solution, surtout dans la région voisine de l'extrémité du tube d'amenée des gaz, l'hydrolyse en ce point de l'acide disulfonique étant d'autant plus rapide que le produit de la réaction

$$N \Big\langle {\overset{\displaystyle SO_3H}{\underset{\displaystyle OH}{-H}}}$$ est détruit au fur et à mesure de sa formation.

H. — Cas particulier

Dans des conditions particulières, lorsque les gaz des chambres sont peu oxydés, on peut obtenir la formation d'un nouveau composé d'addition dont nous n'avons pas fait ci-dessus mention. On sait en effet que le bioxyde d'azote gazeux est quantitativement absorbé par le sulfite de soude en solution alcaline.

Le sel formé $SO_3Na_2 \, 2NO$ doit être considéré, par suite de sa tendance à libérer N_2O comme un sel de l'acide hyponitreux (39). Mais il n'est pas possible d'attribuer à ce corps une formule entièrement satisfaisante et qui rende compte également de ses différentes propriétés. En solution alcaline, on a affaire à un dinitrososulfonate, mais en solution acide il est vraisemblable qu'il se forme un hyponitrososulfonate

$$O \Big\langle {\overset{\displaystyle N-OH}{\underset{\displaystyle N-SO_3H}{\big\|}}}$$, décomposable par les acides, même par CO_2, en N_2O et SO_4H_2 :

$$O \Big\langle {\overset{\displaystyle N-OH}{\underset{\displaystyle N-SO_3H}{\big\|}}} = N_2O + SO_4H_2$$

Par contre, les alcalis le décomposent peu à peu en redonnant SO_3Na_2 et NO. Les propriétés de l'hyponitrososulfonate sont donc très voisines de celles des dérivés sulfonés de l'hydroxylamine. Les produits de la décomposition sont identiques. Seul le corps intermédiaire est légèrement différent. Il ne convient donc pas de tirer de conclusions spéciales pour ce cas particulier.

I. — Conclusions

En résumé, lorsqu'on recueille les gaz des chambres dans une solution sodique, il se forme suivant les proportions relatives de sulfites et de nitrites, les dérivés sulfonés de l'hydroxylamine. On observe simultanément des variations dans l'acidité de la solution et une réduction des oxydes d'azote poussée jusqu'au protoxyde. Il ne nous semble pas que les hypothèses de LUNGE, RASCHIG ou CARPENTER fournissent une explication satisfaisante du phénomène. Nous avons par contre été amené à conclure que les réactions se passent d'après les trois équations suivantes :

$$NO_2H + 2SO_2 + H_2O = N \Big\langle {\overset{\displaystyle SO_3H}{\underset{\displaystyle OH}{-SO_3H}}}$$

$$N \Big\langle {\overset{\displaystyle SO_3H}{\underset{\displaystyle OH}{-SO_3H}}} + H_2O = N \Big\langle {\overset{\displaystyle SO_3H}{\underset{\displaystyle OH}{-H}}} + SO_4H_2$$

$$N \Big\langle {\overset{\displaystyle SO_3H}{\underset{\displaystyle OH}{-H}}} + NO_2H = N_2O + SO_4H_2 + H_2O$$

Réactions dont la somme est représentée par l'équation globale de LUNGE :

$$2NO_2H + 2SO_2 + H_2O = 2SO_4H_2 + N_2O$$

Le protoxyde d'azote est donc, en solution alcaline ou légèrement acide, le produit final de la réaction des sulfites et des nitrites ; le produit intermédiaire étant l'acide hydroxylamine monosulfonique.

---

(39) Ce sel est le même que le nitrososulfate de PELOUZE.

Les deux premières équations proposées sont connues depuis fort longtemps et correspondent aux modes de préparation des dérivés sulfonés de l'hydroxylamine. Quant à la troisième, elle est établie par le fait que si on ajoute à une solution d'acide hydroxylamine monosulfonique une quantité d'acide nitreux correspondant à l'équation, on ne retrouve plus, après mélange, ni acide sulfonique, ni acide nitreux, ni acide sulfureux, mais simplement de l'acide sulfurique. De plus, si on opère en solution concentrée, on a un dégagement de N^2O.

Il nous est donc bien permis de conclure que le système des trois réactions proposées fournit une solution simple, logique, et satisfaisante des phénomènes rencontrés au cours des dosages des gaz des chambres.

Méthode INGLIS. — J.-K. INGLIS a proposé d'analyser les gaz des chambres par une liquéfaction complète suivie d'une distillation fractionnée. Mais les premières méthodes préconisées (40) (41), ne permettaient qu'une condensation imparfaite du bioxyde d'azote et d'autre part n'éliminaient pas les réactions secondaires qui pouvaient intervenir après la prise d'échantillon.

INGLIS perfectionna (42) donc sa méthode d'analyse en condensant tous les gaz des chambres à — 199º C et fractionnant par aspiration de l'azote et de l'oxygène au moyen d'une pompe de Fleuss à — 226º C, température ou la tension de vapeur de NO peut être considérée comme nulle. On obtient ainsi un liquide résiduel contenant tous les gaz des chambres, sauf l'azote et l'oxygène. L'eau condensée avec les gaz est éliminée par distillation et condensation des gaz, après passage dans un tube desséchant à P^2O^5. Le bioxyde d'azote est ensuite séparé par fractionnement à la température de l'air liquide. On distille à — 122º un mélange de protoxyde d'azote et de gaz carbonique, puis le gaz sulfureux à — 95º. Finalement il reste dans le récipient de fractionnement une substance non volatile que l'on traite par l'eau distillée et où l'on dose l'acide sulfurique et les acides de l'azote.

En fait, ce procédé de dosage compliqué a été institué par INGLIS en vue de rechercher sous quelle forme les oxydes d'azote disparaissent des chambres de plomb, et si la perte en nitre était dûe à une absorption imparfaite dans les Gay-Lussac ou à une réduction des produits azotés. L'intérêt du problème était suffisant pour légitimer une telle méthode, mais dans la pratique courante il ne peut plus être question d'établir sur les mêmes bases un procédé de contrôle de la fabrication, et la méthode est à la fois trop délicate et trop peu rapide pour être susceptible d'une application industrielle.

Conclusions

Les méthodes analytiques de dosage des gaz des chambres doivent être encore considérées comme très imparfaites. Si l'on fait exception du procédé REICH-RASCHIG qui permet de doser avec exactitude l'anhydride sulfureux, il faut reconnaître qu'on ne peut faire crédit à aucun des autres modes opératoires examinés. Pourtant la méthode à la soude est susceptible à notre avis, de fournir sur la marche des chambres, des données utiles chaque fois que les résultats analytiques peuvent être clairement expliqués. Les conditions d'emploi, les irrégularités observées sont cependant telles qu'une généralisation de l'analyse ne nous paraît pas praticable. C'est une question que nous avons d'ailleurs examiné ci-dessus avec assez de détails pour n'avoir plus à y revenir ici.

Est-ce à dire qu'il faille à nouveau, comme dans toutes les questions relatives aux chambres de plomb, invoquer la complexité du problème et proclamer la défaillance des moyens d'analyse ? Est-ce à dire aussi que la nature des gaz soit telle qu'une analyse précise et complète doive être nécessairement vouée à l'insuccès ? Nous ne le croyons pas, et ce n'est pas sans raison que nous envisageons la solution de ces problèmes. Il y a, à notre avis, tout lieu d'espérer une amélioration progressive, à la faveur de certains faits nouveaux.

Nous avons exposé plus haut que les écueils tiennent surtout à ce que l'absorbant n'est pas d'une nature telle que la continuation des réactions des chambres puisse être évitée. Il importe donc, pour éviter cette source d'erreurs, d'utiliser un absorbant qui modifie la nature des gaz, dès leur absorption, de telle manière que la solution obtenue soit stable.

Or, il va de soi que les phénomènes des chambres de plomb ainsi que ceux qui prennent naissance au cours de l'analyse sont particulièrement des phénomènes d'oxydation et de réduction. Pour bloquer complètement les réactions, il suffit que l'absorbant soit un réducteur ou un oxydant. Mais comme on ne peut utiliser de réducteur en présence des

(40) D. J. K. INGLIS, *Journ. of. Soc. of. Chem. Ind.*, vol. 23, p. 643 et *Mon. Scient.*, 1905, p. 451.
(41) D. J. K. INGLIS, *Journ. of. Soc. of. Chem. Ind.*, vol. 25, p. 149 et *Mon. Scient.*, 1907, p. 491.
(42) D. J. K. INGLIS, *Journ. of. Soc, of. Chem. Ind.*, vol. 26, p. 668 et *Mon. Scient.*, 1909, p. 198.

produits azotés, par suite de la formation d'hydroxylamine ou de protoxyde d'azote, on est donc logiquement conduit à rechercher l'emploi des oxydants : MnO^4K-NO^3H-$Cr^2O^7K^2$-H^2O^2.

On peut, par exemple, par une solution titrée de MnO^4K, oxyder à l'état d'acide nitrique le bioxyde et le peroxyde d'azote, ainsi que tous les acides et oxydes dont le degré d'oxydation est supérieur au protoxyde N^2O. De même le gaz sulfureux sera oxydé en SO^4H^2. On obtiendra donc, après passage des gaz, une solution étendue de NO^3H et SO^4H^2 dans un excès de MnO^4K. L'analyse peut se faire en déterminant :

1º La quantité de MnO^4K réduit par SO^2, NO et NO^2 ;

2º La quantité de SO^4H^2 dans la solution (par $BaCl^2$) ;

3º L'acide nitrique total provenant de l'oxydation de NO et NO^2 (par la méthode SCHLŒSING).

On obtiendrait ainsi trois équations permettant de déterminer les trois inconnues NO, NO^2 et SO^2. Mais en fait, quand on veut appliquer cette méthode, on se heurte à une difficulté que rien ne pouvait faire prévoir. La première équation ne peut être utilisée parce que l'oxydation du gaz sulfureux par le permanganate n'est pas quantitative. Les équations (2) et (3) permettent donc encore de fixer les acidités sulfurique et nitrique des gaz, mais il n'est plus possible de différencier NO et NO^2.

Nous n'avons cité ces recherches que pour établir de quelle manière simple il est parfois possible de résoudre certains problèmes qui, vus sous un angle différent, semblent hérissés de difficultés. Il ne faut pas se hâter de reconnaître la faillite de la chimie du procédé des chambres, et il est souhaitable que tant d'efforts exercés depuis tant d'années reçoivent un jour leur récompense.

TROISIÈME PARTIE. — DOSAGE DES ACIDES

Le dosage de l'acide sulfurique obtenu dans le procédé des chambres de plomb ne paraît pas, à première vue, offrir de sérieuses difficultés. On peut en effet considérer les acides de fabrication comme des mélanges complexes : SO^4H^2-NO^2H-NO^3H-H^2O. Il suffit ainsi de titrer l'acidité par la soude, l'acide nitreux par le permanganate et l'azote total par le procédé au nitromètre. A titre de vérification, SO^4H^2 peut être déterminé par une analyse pondérale.

Mais pratiquement la question apparaît beaucoup plus complexe par suite des impuretés des acides préparés à partir des pyrites arsénicales ou sélénifères. Les acides obtenus dans la fabrication contiennent, outre les éléments indiqués plus haut, du gaz sulfureux et du bioxyde d'azote dissous, de l'acide arsénieux, de l'oxyde de fer, etc. On comprend que dans ces conditions, les méthodes ordinaires de dosage, applicables aux acides purs, perdent toute signification pour le dosage des acides commerciaux.

Nous allons exposer ci-dessous le modus operandi qu'il convient de suivre pour obtenir des résultats aussi précis qu'il est possible, et susceptibles de satisfaire aux besoins de la pratique courante.

Dosage du fer. — On peroxyde les sels ferreux par l'acide nitrique, en solution sulfurique concentrée. On chauffe jusqu'à disparition de la teinte rouge ou brune formée. L'oxyde ferrique est précipité par NH^3 ou dosé volumétriquement après réduction par le zinc (43).

Dosage du cuivre. — Il est nécessaire d'opérer sur 50 c/m³ d'acide que l'on traite comme ci-dessus. On élimine le fer par l'ammoniaque, et dose le cuivre dans le filtrat soit colorimétriquement (44), soit électrolytiquement (45).

Dosage du plomb. — Le plomb se trouve en suspension dans l'acide à l'état de sulfate. On évapore un volume d'acide jusqu'à fumées blanches sulfuriques puis étend d'eau alcoolisée (46), laisse reposer et filtre et lave par l'alcool. On calcine après avoir séparé le précipité du filtre.

Dosage de l'arsenic (47). — Dans 20 c/m³ d'acide, on réduit l'acide arsénique par un courant de SO^2, puis chasse le SO^2 en excès en chauffant sous un courant de CO^2. On neutralise l'acide par le bicarbonate de soude et titre iodométriquement l'acide arsénieux, suivant la méthode connue.

Dosage de l'acidité totale. — On prélève 10 c/m³ de l'acide avec une pipette jaugée, dilué à 100 c/m³ et, sur 10 c/m³ de liquide dilué, on titre l'acidité totale à l'aide de la

---

(43) G. CHESNEAU, *Anal. minérale*, 1912, p. 437 et TREADWELL, *Chim. anal.*, t. II, p. 561.
(44) CHESNEAU, *Principes d'anal. min.*, 1912, p. 533-270 b.
(45) CHESNEAU, *Loc. cit.*, p. 533-272 et TREADWELL, *Loc. cit.*, p. 176.
(46) CHESNEAU, *Loc. cit.*, p. 549 et TREADWELL, *Loc. cit.*, p. 165.
(47) LUNGE, *Vad. mec. du fab. de prod. chim.*, p. 191.

soude normale, en présence de méthylorange comme indicateur. La dilution par l'eau d'un acide sulfonitreux a pour résultat de dégager une certaine quantité de vapeurs nitreuses, qui sont perdues pour l'analyse. Pour obtenir des résultats très précis, il conviendrait donc de verser l'acide sulfonitreux dans du permanganate jusqu'à décoloration, de compléter à 100 c/m³ et de doser ensuite comme ci-dessus. Mais pratiquement on trouve que la différence entre les 2 procédés est très faible et inférieure à 1 0/0. Il n'est donc pas utile de modifier la méthode ordinaire. --

Dosage des composés de l'azote

Nous allons résumer ci-dessous les diverses méthodes de dosage des oxydes et acides de l'azote, en indiquant leurs avantages, leurs inconvénients respectifs, et leurs possibilités d'emploi dans le contrôle courant de la fabrication.

Méthode au permanganate. — Pour éviter toute perte d'acide nitreux, on opère de la façon suivante (48) : On met l'acide sulfurique nitreux dans une burette et on le fait couler, en agitant, dans un volume mesuré de solution titrée de permanganate de potasse chauffée à 40°. L'acide nitreux est intégralement oxydé.

$$2\,MnO^4K + 5\,NO^2H + 3\,SO^4H^2 = SO^4K^2 + 2\,SO^4\,Mn + 5\,NO^3H + 3\,H^2O$$

La méthode exacte dans le cas d'un acide nitrosylsulfurique chimiquement pur est inapplicable en présence de corps comme NO, SO^2, SO^4Fe, As^2O^3, etc., qui réduisent le permanganate au même titre que l'acide nitreux. La méthode au permanganate comporte alors une erreur systématique de 5 à 15 0/0, qui peut atteindre parfois jusqu'à 40 0/0.

Méthode au sulfate ferreux de PELOUZE-FRESENIUS. — Cette méthode n'est autre que celle indiquée ci-dessus pour le dosage des produits nitreux dans le gaz des chambres. On place dans un ballon 20 c/m³ d'acide, puis un volume connu d'une solution titrée de SO^4Fe, et un excès d'acide sulfurique pur. On déplace l'air par un courant de CO^2, puis on chauffe doucement jusqu'à disparition de la teinte brune rougeâtre dûe à la présence du NO. On laisse refroidir, en continuant le courant de CO^2 et titre par MnO^4K l'excès de SO^4Fe non oxydé.

Mais, sous cette forme, la méthode est inapplicable aux acides impurs, le sulfate ferreux et les cendres de pyrite en suspension faussant les résultats. On peut cependant réduire les cause d'erreurs en opérant sur un acide sulfurique oxydé par MnO^4K jusqu'à neutralisation aux oxydants.

Méthode au nitromètre. — On sait que par agitation des acides sulfonitreux et sulfonitriques avec du mercure, tout l'azote est quantitativement dégagé à l'état de bioxyde (49).

$$2\,NO^2H + 2\,Hg + SO^4H^2 = SO^4Hg^2 + 2\,H^2O + 2\,NO$$
$$2\,NO^3H + 6\,Hg + 3\,SO^4H^2 = 3\,SO^4Hg^2 + 4\,H^2O + 2\,NO$$

Il suffit donc de mesurer le volume de NO dégagé. Cette mesure se fait dans le nitromètre de LUNGE, dont le fonctionnement est assez connu pour que nous n'ayons pas à l'examiner ici. Nous insisterons pourtant sur certains points particuliers qui n'ont été mis en valeur que tout récemment.

1º Il convient d'utiliser dans le nitromètre un acide sulfurique de titre bien déterminé. L'acide à 90 0/0 de SO^4H^2 convient le mieux

2º Il existe une certaine solubilité du bioxyde dans l'acide sulfurique. LUNGE et LUBARSCH admettaient que la correction de solubilité est de 0,035 c/m³ par c/m³ d'acide à 0°-1 atmosphère. Mais TOWER a établi (50), que ce chiffre est trop élevé, et que la solubilité du bioxyde n'est que 0,02 c/m³ par c/m³ d'acide ;

3º L'analyse au nitromètre des acides impurs est impossible (51). On sait en effet que le bioxyde d'azote forme avec un grand nombre de solutions salines (SO^4Cu-SO^4Fe-$FeCl^2$) des composés complexes stables ou instables. Il s'ensuit que, si on introduit dans le nitromètre un acide ferreux ou cuivreux, une certaine quantité de bioxyde restera combinée à l'état de sel complexe de fer (rouge) ou de cuivre (violet.)

La formation et la stabilité des complexes dépend de la pression, de la concentration et de la température, mais dans les conditions usuelles de l'analyse au nitromètre, l'acide est en général trop concentré et la température trop basse pour que la décomposition de

(48) LUNGE, BERICH, *Deut. Chem. Ges.*, X, 1075.
(49) LUNGE, *Dingler's polyt. journ.*, t. CCXXXIII, p. 66.
(50) TOWER, *Zeitsch. für Angew. Chem.*, 1906, 50, 1982.
(51) A. GRAIRE, *Compt. rend. Acad. Scien.*, t. CLXXVII, p. 821, 29 octobre 1923.

2.

ces sels, puisse être complète. Une certaine quantité de gaz NO se dégagera donc, une autre partie restant en solution, combinée au métal, en proportion d'autant plus notable que la température est plus basse.

Méthode de SCHLOESING. — On sait que la méthode de SCHLOESING est basée sur le dégagement de NO en présence de $FeCl^2$:

$$NO^3H + 3\,FeCl^2 + 3\,HCl = 3\,FeCl^3 + 2\,H^2O + NO$$

On recueille et mesure les gaz dégagés sur la cuve à eau. Il y a une très légère erreur due aux impuretés : air dissous dans HCl, air et CO^2 dissous dans l'eau (52). D'autre part RUFF et GARSTON ont établi que la présence des sulfites et arsénites pouvait entraîner des pertes d'azote, par suite de la réduction à l'état de NH^3 (53).

Nous avons montré qu'on obtient des résultats exacts en opérant de la façon suivante :

On verse goutte à goutte dans une solution de permanganate de potasse en excès, un volume déterminé de l'acide à analyser. Tous les acides sulfureux, arsénieux, nitreux et l'oxyde azotique sont péroxydés. La liqueur obtenue est alors versée dans le flacon d'un appareil SCHLOESING et on recueille le NO dégagé par suite de la réduction de l'acide nitrique. Les sources d'erreurs sont très faibles si on utilise un mélange eau-HCl préalablement porté à l'ébullition.

La méthode préconisée fournit la somme des acides et oxydes d'azote plus oxydés que le protoxyde, à savoir : $NO-N^2O^3-N^2O^5$.

Dosage de l'acide nitrique. — Il peut sembler paradoxal de rechercher l'acide nitrique dans une solution sulfurique contenant du SO^4Fe, mais la coexistence de ces deux corps est possible, surtout dans les acides froids et de faible concentration. Par contre, dans les acides concentrés, et suivant la proportion de SO^4Fe, il y a réduction à l'état de N^2O^3 ou de NO. Le corps intermédiaire SO^4Fe, mNO (où $m < 1$) que l'on obtient dans le processus de cette réduction est donc le produit stable en solution concentrée, en présence d'un excès de SO^4Fe, c'est-à-dire lorsque NO^3H et SO^4Fe, mNO ne peuvent coexister.

D'où la conclusion très importante en pratique : Lorsqu'un acide sulfurique est coloré en rouge par le sel ferreux SO^4Fe mNO, il ne contient jamais d'acide nitrique. Le dosage de l'acide nitrique ne s'applique ainsi qu'aux acides clairs. Cela étant, nous estimons qu'on emploiera utilement, pour le dosage des acides de fabrication et en la modifiant un peu, la méthode au sulfate ferreux, préconisée par BOWMANN et SCOTT (54).

On a établi qu'en solution sulfurique concentrée (plus de 75 0/0 SO^4H^2) et pourvu que la température ne dépasse pas 60° C, l'acide nitrique est réduit par une addition de SO^4Fe, non pas à l'état de NO, mais de N^2O^3. Par suite les nitrites n'interviennent pas dans la réaction qu'on peut formuler :

$$2\,SO^4Fe + SO^4H^2 + NO^3H = (SO^4)^3Fe^2 + H^2O + NO^2H$$

Une goutte de SO^4Fe en excès sur la réaction précédente produit donc la coloration rouge du SO^4Fe, mNO. On prépare une solution très sulfurique de SO^4Fe que l'on titre par le permanganate. D'autre part, 25 c/m^3 de l'acide à analyser sont ajoutés peu à peu, en refroidissant, à 25 c/m^3 d'acide à 66° Bé ; puis dans la liqueur obtenue, on fait écouler la solution de SO^4Fe jusqu'à apparition d'une teinte rouge persistante. 1 gramme de fer correspond à 0,562 grammes de NO^3H.

Conclusions

Les acides sulfonitriques et sulfonitreux de fabrication doivent être analysés de la manière suivante :

1° Dosage de l'acidité totale par titrage avec la soude normale ;
2° Dosage de l'azote total par la méthode au chlorure ferreux (SCHLOESING)) ;
3° Dosage de l'azote nitrique par le sulfate ferreux.
Les acides de l'azote moins oxydés que le pentoxyde sont ainsi dosés par différence.

(52) MARQUEYROL et FLORENTIN, *Annal. Chim. Anal.*, 1911, 16, 245.
(53) RUFF et GARSTEN, *Zeitsch. anorg. Chem.*, 1911, 71, p. 419.
(54) BOWMANN et SCOTT, *Journ. ind. eng. Chem.*, 1915, 7, 766.

CORPS GRAS — HUILES

Cinétique de l'Hydrogénation
Par E. J. LUSH
(Journal of the Society of chemical Industry 1924, 53)

Dans une communication précédente, l'auteur a indiqué un nouveau procédé d'hydrogénation des huiles, au moyen de l'emploi du nickel en tournure, rendu actif par oxydation sous l'influence du courant, puis réduction par l'hydrogène, dans un appareil approprié, l'huile se trouvait hydrogénée en la faisant couler sur un catalyseur, préparé en conséquence, et dans un atmosphère d'hydrogène.

La marche de l'hydrogénation, et plus particulièrement la formation d'acide isoléique, varie selon le mode opératoire, principalement avec celui décrit sous le nom de méthode par écoulement, et méthode par trop plein. On insinua que cette transformation confirmait les idées de Moore, disant que l'acide isoléique provenait de la déshydrogénation de l'acide stéarique naissant.

La formation d'acide isoléique a été étudiée ensuite plus complètement, plus spécialement au point de vue de l'action de la température et de la pression.

A une température élevée, 190° C et 150° C, mais surtout à 190° C, il se produit une forte proportion d'acide isoléique, mais il ne se produit pas d'augmentation dans la quantité des acides saturés, supérieure à 75, comme indice d'iode à 150° C pour la même proportion d'acide linolique, il se produit moins d'acide isoléique, mais il se fait une quantité croissante correspondante d'acides saturés. A 110° C, on obtient un résultat analogue, plus affirmé, l'acide iso-oléique se trouvant réduit à une proportion de 3 0/0 pour un indice d'iode de 82. Ces résultats confirment le point de vue, que l'acide isoléique est un produit de déshydrogénation, et cela indique qu'une température non suffisamment élevée produit un accroissement réduit des acides saturés et une diminution de l'acide iso-oléique de même valeur que la diminution en acide linolique.

L'hydrogénation de l'acide linolique pur et de ses glycérides donnerait sans doute des renseignements utiles par rapport au dégagement d'hydrogène et la formation de l'acide iso-oléique.

On a pu constater qu'une différence de pression dont les limites maxima vont de 0 à 50 livres anglaises, par pouce carré n'ont aucune influence appréciable sur la nature ou la proportion des produits ainsi obtenus, la composition variant insensiblement. Cette affirmation paraît se trouver différente si le courant passe dans l'installation à raison de 12 et 26 livres par heure.

Il semblait donc possible que l'on puisse mesurer l'effet de la pression au terme de l'hydrogénation par l'observation de l'hydrogène absorbé, en un temps donné à différentes pressions.

La petite installation qui permit ces recherches, consistait en un autoclave, ayant un tube à niveau, réuni à un cylindre d'hydrogène, munis d'une valve de dégagement par laquelle toute pression voulue pouvait se trouver maintenue constante dans l'appareil. Sous l'influence de la pression, l'huile circulait au travers d'un regard, pour se rendre à l'appareil d'hydrogénation. Cet appareil consistait en quatre tubes de 1 pouce 1/3 de diamètre, longs chacun de trois pieds, réunis en série, et plongés dans une chaudière communiquant avec une chaudière à vapeur surchauffée, au moyen du gaz, par laquelle toute température désirée pouvait se trouver maintenue dans le tube. Les tubes se trouvaient en communication à l'aide d'un régulateur à valve avec un autre cylindre d'hydrogène.

En maintenant une différence de pression constante entre les deux appareils, un écoulement constant de l'huile se produisait dans les quatre tubes contenant le catalyseur ; ce courant pouvait être réglé au moyen d'une valve placée derrière le regard.

L'hydrogène absorbé en un temps déterminé était évalué par l'indice d'iode de l'huile s'accumulant dans le récepteur, et qui s'écoulait de temps à autre par une petite ouverture, placée sur le tube de retour de l'autoclave. Par une manipulation des pressions, l'huile hydrogénée pouvait, si cela était nécessaire, se trouver renvoyée à l'autoclave sans, pour cela, se trouver en contact avec l'air extérieur.

On a indiqué précédemment que si un courant d'huile constant passe à travers l'appareil, le produit obtenu a, comme indice d'iode, une valeur toujours constante même après une longue période, et l'on pouvait affirmer d'après ces essais, que le facteur provenant de l'influence produite par l'absorption d'hydrogène échappait à tout contrôle.

Si l'on traitait de l'huile de noix de coco par cette méthode, celle-ci ayant un chiffre d'iode de 8, à une vitesse de 10 livres par heure, le chiffre d'iode se trouvait diminué de 0,1, correspondant à une réduction de 98,8 0/0 ; ceci fut considéré comme rigoureux, car toute l'huile s'était trouvée moléculairement en contact avec le nickel. Ceci semble surprenant. Cependant, on avait déterminé que l'épaisseur de la couche d'huile était inférieure à 1 m/m et que la distance parcourue par chaque particule d'huile n'était pas inférieure à 3.000 m/m dans des conditions favorisant les remous, par suite réduisant les effets de réduction de l'huile par diffusion à leur minimum.

D'autre part, si l'on fait passer de l'huile de coton, au travers de l'appareil, de la même façon que l'huile de noix de coco, le chiffre d'iode ne fut pas réduit au-delà de 25. Cependant, on s'était assuré que toute l'huile non saturée était passée sur la surface métallique, et on en conclut que le nickel était incapable de se substituer à l'hydrogène, suffisamment pour satisfaire les conditions que l'huile exigeait.

Il fut donc par suite intéressant d'étudier l'effet de la pression sur un ensemble ou l'hydrogène serait rapidement renforcé au moyen d'un catalyseur, et traversant une couche d'huile très mince, capable cependant d'entraîner l'hydrogène actif aussitôt sa naissance.

Pour déterminer l'effet produit par la pression, l'huile traversa l'appareil sous un régime moyen de 10 livres pendant une heure, puis celle-ci fut recueillie. La pression ayant alors atteint 10 livres, et l'huile ayant circulé à cette pression environ dix minutes, fut recueillie à nouveau au bout d'une heure ayant supporté, durant ce temps, une pression plus élevée. De cette manière, de 10 livres, on arriva jusqu'à 50 livres. En déterminant l'huile passée en un temps donné, et en fonction du chiffre d'iode, on obtint la valeur de l'hydrogène absorbé.

La table I montre les résultats obtenus dans le premier cycle, fait afin de déterminer l'influence de la pression. Dans les deux autres colonnes, on indiqua les nombres obtenus en divisant l'hydrogène absorbé à une pression déterminée en 1° par la pression elle-même, puis ensuite par la racine carrée de cette pression. Il est à constater que ces nombres diminuent de valeur dans chaque essai, lorsque l'on n'emploie que le chiffre même de la pression, mais qu'ils se trouvent sensiblement constants si l'on emploie comme dénominateur la racine carrée de la pression.

TABLE I

Huile de coton hydrogénée à 180° C en faisant croître la pression

Pression	Ecoulement de l'huile Livres par heure	Chiffre d'iode	H² absorbé P	H² absorbé $\sqrt{P}$
10	7	66	1035	518
20	6,5	56,3	866	512
30	6,25	50,4	728	490
40	6,25	42,6	686	510
50	6,4	35,1	670	536

Valeur moyenne de x dans $P^x = 0.\sqrt{2}$

Par le calcul on peut démontrer que si l'on fait dans P^x, x atteignant $0.\sqrt{2}$, ce chiffre donnera la constante la plus exacte. Ceci s'obtient au moyen de l'équation

$$x = \log \frac{H^2 \text{ absorbé à } P_1}{H^2 \text{ absorbé à } P_2} - \log \frac{P_1}{P_2}$$

L'application de cette formule découle de ce que l'on admet que le terme de l'hydrogénation est fonction linéaire, donc fonction directe du temps, ainsi que nous le constaterons plus loin.

TABLE II

Huile de coton hydrogenée à 180° C en faisant décroître la pression

Pression	Ecoulement de l'huile Livres par heure	Chiffre d'iode	H² absorbé P	H² absorbé $\sqrt{P}$
60	6	39,3	509	439
50	6	42,4	559	453
40	6,25	54,6	550	407
30	6	60	573	386
20	5,5	65,4	590	350
10	5,5	72,4	677	339
6	6	76	1080	415

Valeur moyenne de x dans $P^x = 0,68$

La table II indique les résultats obtenus en diminuant la pression à raison de 10 livres au lieu de la faire croître.

De cette façon, l'effet produit par toute variation dans l'action catalytique peut se trouver déterminée dans un cas, la tendance se trouvant portée à des valeurs décroissantes sous l'influence d'une augmentation de la pression, tandis que dans le deuxième cas, elle tend à augmenter sous l'influence d'une décroissance de la pression. On constatera que ces différences sont très faibles. Cette question de variation dans l'activité catalytique sera du reste étudiée ultérieurement.

TABLE III

Huile de coton hydrogénée à 150° C

Pression	Ecoulement de l'huile Livres par heure	Chiffre d'iode	$\dfrac{H^2 \text{ absorbé}}{P}$	$\dfrac{H^2 \text{ absorbé}}{\sqrt{P}}$
6	7	80	768	351
10	5,75	78,7	558	279
20	6,35	77	476	281
30	6,5	74,8	407	277
40	6,25	65,5	425	317
50	6,8	65,8	597	322
50	13,3	84,3	379	308
10	5,5	75,3	609	305

Valeur moyenne de x dans $P^x = 0,68$

Pour les expériences relatées dans la table III, on employa des pressions croissantes comme dans le cas de la table I, puis quand la pression de 50 livres fut atteinte, on doubla la quantité d'huile traversant l'appareil aussi bien pour déterminer son action, et aussi pour avoir également approximativement le même chiffre d'iode que l'on avait précédemment lorsque la pression se trouvait inférieure.

On constata que :

a) La valeur moyenne de x est en rapport avec celle obtenue dans l'expérience précédente.

b) En doublant l'écoulement de l'huile, cela n'a nullement changé la quantité d'hydrogène abbsorbé.

c) Qu'il ne s'était produit aucune perte dans l'activité catalytique, en dehors des limites des erreurs d'expérimentations possibles.

Il faut dire que la température de ces expériences s'élevait à 150° C au lieu de 180° à 190° C comme dans les deux autres.

TABLE IV

Huile de palme hydrogénée à 180° C avec catalyseur neuf

Pression	Ecoulement de l'huile Livres par heure	Chiffre d'iode	$\dfrac{H^2 \text{ absorbé}}{P}$	$\dfrac{H^2 \text{ absorbé}}{\sqrt{P}}$
50	6	0,7	131	106
40	6	0,2	160	118
30	6,3	1,4	198	133
20	6	3,5	190	114
10	6	4,2	254	128
50	6	1,8	121	98
50	12,4	7,5	138	115

Valeur moyenne de x en $P^x = 0,44$

La table IV montre les actions produites sous pression dans l'hydrogénation de l'huile de palme à faible chiffre d'iode ; ainsi qu'on pouvait s'y attendre, on obtient un chiffre faible pour la valeur de x.

TABLE V

Huile de coco hydrogénée à 180° C

Pression	Ecoulement de l'huile Livres par heure	Chiffre d'iode	H^2 absorbé $\overline{P}$	H^2 absorbé $\overline{\sqrt{P}}$
50	6	0,7	131	106
40	6	0,2	160	118
30	6,4	1,4	198	120
20	6	3,5	196	114
10	6	4,2	254	128
50	6	1,8	121	98,3
50	12,4	7,5	138	115

Valeur moyenne de x en $P^x = 0,2$

La valeur de x obtenue avec l'huile de coco dont le chiffre d'iode initial est seulement de 8, montre de combien l'effet de la pression se trouve contrariée par les effets produits sous l'influence de la masse et indiquent d'ailleurs que toutes les particules d'huile arrivant en contact avec le nickel, ont une réaction analogue à celle éprouvée dans sa formation.

L'un des principaux buts de ces recherches fut de déterminer l'influence de l'écoulement de l'huile et de la pression sur la valeur du chiffre d'iode dans le produit traité, et l'on entreprit des expériences dans lesquelles on fit varier ces deux facteurs, de façon à maintenir un chiffre d'iode constant.

TABLE VI

Quantité écoulée pour x devant donner $P^x = 1$ dans l'huile de coton. Temp. = 180° C

Pression	Ecoulement de l'huile Livres par heure	Chiffre d'iode	H^2 absorbé $\overline{P}$	H^2 absorbé $\overline{\sqrt{P}}$
10	5	41,3	1223	611
20	7	51,6	1015	608
30	9	56,2	921	616
40	11	57,8	893	663
50	13	59,3	862	694
10	5	46,6	1115	558
20	7	56,1	926	550

Valeur moyenne de x en $P^x = 0,66$

La table VI montre l'effet obtenu en produisant un écoulement en fonction de la pression. On constatera que le chiffre d'iode augmente avec la pression, ce qui était à prévoir d'après les expériences précédentes.

TABLE VII

Rapidité de l'écoulement pour x, dans P^x étant égal à 0,5 pour l'huile de coton. T = 180° C

Pression	Ecoulement de l'huile Livres par heure	Chiffre d'iode	H^2 absorbé $\overline{P}$	H^2 absorbé $\overline{\sqrt{P}}$
10	5	56,8	1010	480
20	5,8	50,6	941	537
30	6,6	55	735	480
40	7,4	57,7	615	452
50	8,1	52,3	638	503
10	5	51,2	1135	540

Valeur moyenne de x en $P^x = 0,48$

La table VII montre l'action produite en faisant l'écoulement proportionnel à la racine carrée de la pression. Les résultats quoique différents les uns des autres, ne semblent pas varier en fonction directe de la pression.

TABLE VIII

Rapidité de l'écoulement pour x dans $P^x = 0,5$ sur l'huile de noix. $T = 180°$ C

Pression	Ecoulement de l'huile Livres par heure	Chiffre d'Iode	H^2 absorbé P	H^2 absorbé $\sqrt{P}$
10	9	56,1	1225	614
20	10,6	57,2	1000	592
30	12	60,2	804	540
40	13,3	58,8	760	564
50	14,4	64,8	561	458
10	9	61,7	1026	514

Valeur moyenne de x en $P^x = 0,4$

La table VIII montre une répétition des premières expériences faites sur l'huile de noix. Encore une fois, l'influence de la pression n'est pas sensible.

Il semble donc que dans cette méthode d'hydrogénation industrielle que la quantité d'huile hydrogénée à une certaine valeur du chiffre d'iode, correspondant, est proportionnelle à la racine carrée de la pression.

Une série d'expériences analogues ont été faites afin de déterminer l'action produite en faisant varier l'écoulement à raison de 5 livres jusqu'à 30 livres par heure, en présence d'hydrogène. D'une manière générale, on a déterminé qu'entre ces limites, la quantité d'hydrogène absorbé est indépendante de la vitesse d'écoulement de l'huile, et par suite, n'influe pas sur le chiffre d'iode, ce chiffre ne subissant aucune variation tant que l'écoulement se produit à raison de 30 livres ou 5 livres par heure. Ceci semble indiquer que la limite de l'absorption de l'hydrogène est une fonction linéaire du temps, entre ces deux limites. Ceci concorde avec les expériences affirmées par d'autres savants, quoique non absolument pour les mêmes raisons et le détail de ces expériences ne présente donc pas par suite d'intérêt spécial.

Il n'est nullement étonnant que des résultats dissemblables aient pu être obtenus avec une méthode dans laquelle le nickel, l'hydrogène et l'huile sont employés dans des conditions toutes différentes des conditions généralement utilisées avec les poudres catalytiques.

Le procédé d'hydrogénation des huiles peut se diviser en trois phases :

La première consiste en la dissolution de l'hydrogène dans l'huile et sa diffusion sur la surface du catalyseur ; il est probable que c'est là, en général, le facteur le plus important de la rapidité de l'opération, si la poudre servant à la catalyse se trouve, surtout, employée en petite quantité (1). Dans ce cas, la catalyse se produit d'une façon continue mais fonction de la pression.

La deuxième consiste dans la condensation de l'hydrogène sur le nickel, qui semble se produire toute superficiellement, ou peut-être par dégagement à la partie de sa surface, sous sa forme active. Si cette dernière condition est le facteur principal, et que l'activité réside dans la production de l'hydrogène naissant, dès lors la rapidité de la réaction serait, fonction de la surface de l'hydrogène, dégagé et serait sans aucun doute constante.

La troisième phase consiste dans la combinaison de l'hydrogène actif avec les chaines éthyléniques des huiles non saturées et s'il était possible de déterminer cette fonction, la réaction pourrait sans doute être indépendante de la pression et se trouver représentée par une courbe d'un type logarithmique particulier.

C'est l'objet de cette communication, que d'avoir indiqué qu'il était possible de le réaliser expérimentalement dans le cas de la deuxième phase de l'hydrogénation.

L'auteur désire exprimer ses remerciements à MM. G. H. Hawker et H. H. Foster, pour leur concours dans le laboratoire ainsi que dans les essais d'installation modèles, et au *Technical Research Works Ld* dans les laboratoires desquels ces recherches ont été poursuivies.

Technical Research Works Ld Chelsea   S. W. 3.

V. E.

---

(1) La faible quantité de tristéarine produite dans l'hydrogénation partielle de la trioléine, peut donc être considéré, d'après ces expériences, comme une évidence.

SOCIÉTÉ INDUSTRIELLE DE MULHOUSE

Nouveau mode de préparation du florure d'antimoine

Pli cacheté n° 1709, déposé le 20 février 1907

Par MM. Charles et Henri SUNDER

Séance du 26 mars 1924

Le fluorure d'antimoine ne se trouve pas dans le commerce tel quel, son obtention à l'état de siccité est difficile et sa vente sous forme de liquide présente des inconvénients tels que l'attaque des récipients, etc.

Pour ces raisons, on a cherché à préparer des sels doubles de fluorure d'antimoine avec d'autres sels métalliques à l'état cristallisé. Quoique la préparation de ces sels doubles soit relativement facile, elle n'est cependant pas exempte de certaines défectuosités, telles que la manipulation de liquides corrosifs chauds et l'usure des appareils évaporatoires.

Le fluorure d'antimoine à l'état liquide attaque presque tous les métaux usuels ; même le plomb, qui résiste à l'acide fluorhydrique, est attaqué, dans certaines conditions, avec dépôt d'antimoine métallique pulvérulent.

Notre procédé tourne toutes ces difficultés : nous supprimons et l'évaporation et la cristallisation.

Voici comment nous opérons :

On introduit 100 parties d'oxyde d'antimoine lentement et en remuant dans 80 parties d'acide fluorhydrique 52 0/0, contenues dans un vase en plomb refroidi par un courant d'eau froide.

Après dissolution, on décante des impuretés et verse le liquide dans un vase en bois, puis on ajoute par petites portions 148 parties de sulfate de soude anhydre, ce qui correspond à trois molécules de sulfate par molécule de fluorure d'antimoine.

Le sulfate sodique en s'hydratant enlève l'eau à la solution de fluorure d'antimoine et l'on obtient une masse cristalline blanche, qui peut être séchée avec la plus grande facilité, en perdant encore 17 0/0 d'eau.

Le rendement est de 280 parties. Le produit a une teneur d'environ 3 50/0 Sb_2O_3.

Bleu d'Indanthrène

Pli cacheté n° 1532, déposé le 18 avril 1905

Par M. Charles RACZKOWSKI

Séance du 26 mars 1924

En imprimant les grands fonds avec la couleur bleu d'indanthrène S selon la recette ordinaire, qui recommande de prendre pour la couleur l'acide tartrique, il est impossible d'obtenir un fond égal et uni ; les fonds obtenus sont au contraire toujours râpés dans les nuances claires de même que dans les nuances foncées.

En outre, l'acide tartrique augmente de beaucoup le prix de la couleur, qui est assez chère. On sait que le rôle de l'acide tartrique est de maintenir le sel de fer dans l'état soluble pendant le passage par le bain alcalin.

En cherchant le moyen de remplacer l'acide tartrique, j'ai observé que la glucose, appliquée dans la quantité suffisante, non seulement remplace complètement l'acide tartrique, mais amène une égalité parfaite des fonds obtenus. Evidemment, la glucose, pendant le passage alcalin, amène une meilleure et plus égale réduction d'indanthrène.

Voilà la recette selon laquelle j'ai imprimé une grande quantité de pièces avec un résultat parfait :

740 eau de gomme ; 125 solution de glucose 1/1 ; 5 sel d'étain ; 30 sulfate de fer : 50 indanthrène S 10 0/0 ; 50 glycérine, 1.000 grammes.

Dans le pli cacheté, déposé à la Société Industrielle l'an 1904, sous le n° 1493, j'ai présenté une méthode pour réserver l'indanthrène à l'aide de prussiate rouge. Cependant, on ne peut pas, dans le cas d'une réserve, remplacer l'acide tartrique par la glucose, car le prussiate doit oxyder l'indanthrène et la glucose influencerait dans le sens contraire.

BREVETS PRIS A PARIS

MINES ET MÉTALLURGIE

Soudures pour l'aluminium et autres métaux et alliages, par F. A. Hughes and Company Ltd. (Angleterre). — (Br. 557010, demandé le 5 octobre 1922, délivré le 26 avril 1923.)

Objet du brevet. — Addition de zinc, étain et matière cuivreuse dans un alliage fondu de cuivre, aluminium, nickel, antimoine et silicium.

Procédé pour la préparation de manganèse exempt de carbone, par H. d'Utruy (France). — (Br. 557118, demandé le 3 février 1922, délivré le 27 avril 1923.)

Objet du brevet. — On part du carbure de manganèse qui, traité par l'eau, donne de l'oxyde de manganèse que l'on réduit par l'aluminium, le silicium, etc.

Composition pour souder l'aluminium au fer, par A. Pycke (France). (Br. 557031, demandé le 5 octobre 1922, délivré le 26 avril 1923.)

Objet du brevet. — Composé de zinc et d'étain avec un peu d'aluminium, de borax et d'argent.

Conversion de la fonte blanche en fonte grise, par A. F. Meehan (Etat-Unis). — (Br. 557274, demandé le 11 octobre 1922, délivré le 30 avril 1923.)

Objet du brevet. — On ajoute à la fonte de siliciure de calcium ce qui conduit à l'obtention d'une fonte grise très résistante par suite de sa haute teneur et silicium.

MATÉRIAUX DE CONSTRUCTION, CÉRAMIQUE, VERRERIE

Procédé de fabrication du marbre artificiel et produit qui en résulte, par E. V. Bazin (France). — (Br. 551089, demandé le 8 mai 1922, délivré le 26 décembre 1922.)

Objet du brevet. — On fait dissoudre de la silice gélatineuse dans une solution d'un sel halogène du magnésium en présence d'un catalyseur et on y incorpore jusqu'à consistance pateuse du marbre pulvérisé, additionné de matières colorantes minérales. La pâte obtenue est moulée dans des moules métalliques et on y incorpore un noyau de béton, pierre, bois, etc.

Procédé de calcination des calcaires permettant de recupérer à l'état pure l'acide carbonique dégagé, par E. Blanc (France). — (Br. 550223, demandé le 15 avril 1922, délivré le 7 octobre 1922.)

Objet du brevet. — Le calcaire est cuit dans des récipients clos, dans des cornues et fours analogues à ceux des usines à gaz. Le gaz carbonique dégagé étant recueilli au moyen d'un extracteur semblable à celui des usines à gaz.

Pierre artificielle, par A. A. Borguis (France). — (Br. 551316, demandé le 12 mai 1922, délivré le 5 janvier 1923.)

Objet du brevet. — On prépare une solution de chlorure de magnésium à 18°Bé en ajoutant par litre 4 cm³ d'une solution à 8°Bé d'acétate de plomb et 10 cm³ de formol.

A 1 partie de cette solution on ajoutent 2 parties du mélange suivant, pulvérisé :

Silice	35 kgs
Kieselguhr	5 —
Magnésie carbonatée à 8 0/0 de CO²	30 —
Sulfate de chaux	10 —
Talc	5 —
Amiante	3 —
Sulfate de magnésie cristallisé	5 —
Chlorure de baryum	5 —

Procédé permettant d'améliorer les qualités des chaux hydrauliques et des ciments au point de vue du gonflement, de la durée de prises, de la résistance et de la perméabilité, par M. Perrineau et G. Robert (France). — (Br. 551603, demandé le 2 août 1921, délivré le 11 janvier 1923.)

Objet du brevet. — Procédé consistant à incorporer à la chaux ou au ciment à un moment quelconque de leur fabrication, de la vase marine desséchée à 200° ou mieux calcinée à 300-500°.

Procédé de fabrication de chaux et ciments par combustion des calcaires bitumineux, par J. A. Veyrier (France), — (Br. 551593, demandé le 18 mai 1922.)

Objet du brevet. — On cuit des briquettes faites avec le calcaire réduit en poudre aditionné de sable, argile-pouzzolane et éventuellement matières combustibles.

Procédé de fabrication et mode de réalisation d'un revêtement applicable aux éléments
de combustion en vue de les isoler de la chaleur et de les rendre incombustibles et indé-
formables, par H. Jansen (France). — (Br. 551262, demandé le 11 mai 1922, délivré le
4 janvier 1923.)

Objet du brevet. — On applique sur les éléments deux couches successives. La première
est constituée d'une matière ligneuse quelconque imprégnée d'un mélange de plâtre, chaux
et solution de chlorure de calcium. La seconde couche est formée de matière réfractaire telle
que terre glaise, terre réfractaire ou d'un mélange de plâtre, chaux et cendres agglomérés.

Produit fabriqué avec du minerai de fer, de l'argile réfractaire, de l'argile verte de la
silice gélatineuse, de la castine du charbon de bois, et son application, par J. Bayle
(France). — (Br. 552296, demandé le 10 avril 1922, délivrer le 19 janvier 1923.)

Objet du brevet. — Les produits mentionnés et additionnés d'eau sont malaxes, moulés,
séchés et cuits à 1.700-1.800°. Les deux sortes d'argiles sont cuites à 1.500-1 600° avant leur
pulvérisation.

Plaques, panneaux de revêtement et autres motifs ou objets en ciment et amiante et
leur procédé de fabrication, par I. E. Lanhoffer et O. E. Lanhoffer (France). — (Br.
552822, demandé le 13 juin 1922, délivré le 30 janvier 1923.)

Objet du brevet. — On mélange du ciment très finement broyé à de l'amiante très ouverte
en présence d'un excès d'eau, en malaxant pendant l'addition du ciment. On élimine ensuite
l'excès d'eau et réduit le produit humide en poudre fine. Le prix est obtenu par projection
compression ou dommage approprié. Le produit obtenu peut ensuite être peint teint ou
patiné.

Ciment mixte et son procédé de fabrication, par H. Golliez de Wippens (France). —
(Br. 553276, demandé le 24 juin 1922, délivré 7 février 1923.)

Objet du brevet. — On broie simultanément du ciment Portland, du ciment fondu avec
une gangue nitrifiée naturelle ou artificielle telle que scories de hauts fourneaux ou déchets
de verre ou porcelaine.

Perfectionnements apportés dans les procédés de traitements des roches volcaniques
pour la fabrication de produits industriels, par M. Bachiolelli et A. Meifred Devals
(France). — (Br. 554210, demandé le 20 juillet 1922, délivré le 26 février 1923.)

Objet du brevet. — Procédé consistant à ajouter du spath fluor ou du marbre au produit
traité pour abaisser le point de fusion et obtenir un orthosilicate.

Ciment spécial pour pavements monolithes et autres buts, par J. Demesmaeker (Belgique). — (Br. 554696, demandé le 2 août 1922, délivré le 8 mars 1923.)

Objet du brevet. — Ciment formé de poudre de fer et d'agglomérant. Par exemple : poudre
de fer 81,5 silicate de soude 3,5 grès en poudre 5, Carborundum 5, ciment Portland 5. On
mélange ce ciment au béton ou au mortier ordinaire dans la proportion de 67,5 à 70 0/00.

Procédé de fabrication de matériaux de construction dans lesquels prennent les clous,
vis, etc., par M. A. B. J. Sandalgaard (Danemark). — (Br. 558222, demandé le 3 novembre 1922, délivré le 19 mai 1923.)

Objet du brevet. — De la sciure de bois imprégnée de carbolinéum et mélangée à du sable
et à du ciment.

Procédé de préparation de compositions réfractaires, par Société dite : Société Buffalo Refractory Corporation (Etats-Unis). — (Br. 558397, demandé le 8 novembre 1922,
délivré le 25 mai 1923.)

Objet du brevet. — On carbonise, on ajoute un fondant solide à un mélange de graphite et
de produits réfractaires agglomérés par un haut combustible.

MATIÈRES COLORANTES, TEINTURE, IMPRESSION

Procédé de préparation de matières colorantes et produit résultant de son application, par
J. Lasselle (France). — (Br. 544834, demandé le 5 juillet 1922, délivré le 10 mars 1923.)

Objet du brevet. — Procédé ayant pour but de livrer la matière colorante sous forme d'un
enduit sur support inerte d'où elle peut être facilement détachable par l'eau. Par exemple on
peut étendre sur du papier un mélange de couleur et de dextrine et connaître la quantité
de couleur correspondant à l'unité de surface du papier ce qui évite les pesées pour la préparation des bains.

Procédé de teinture et impression sur tissus mélangés de soie naturelle et soie artificielle,
par Société dite : Société Nombret, Gaillard et Cie (France). — (Br. 557106, demandé
le 27 avril 1922, délivré le 27 avril 1923.)

Objet du brevet. — Le tissu est décreusé puis teint avec colorants acides qui teignent seulement la soie naturelle. Ensuite on mordance sèche imprime en colorants basiques et lave,

Procédé de teintures à froid à la paraphénylène diamine et autres produits similaires combinés avec l'hématine et l'eau oxygénée et, comme mordant : le nitrate de fer, par V. PLANTE (France). — (Br, 557452, demandé le 16 octobre 1922, délivré le 2 mai 1923.)

Objet du brevet. — Procédé applicable aux effets confectionnés et pièces de tissus, caractérisé par l'emploi du nitrate de fer comme mordant.

Procédé pour la teinture en pièces du velours, par J. M. CHAMPIN (France). — (Br. 557671, demandé le 21 octobre 1922, délivré le 8 mai 1923.)

Objet du brevet. — Teinture par capillarité par passage de la pièce, poil en dessous entre 2 cylindres garnis de molleton, le cylindre inférieur plongeant dans le bain de teinture. A la sortie des 2 cylindres le velours passe sur un cylindre enrouleur où il est brossé. Le bain est formé d'une solution de couleur d'aniline dans la benzène et térébenthine·

Procédé de préparation de nouvelles matières colorantes et de produits intermédiaires pour cette préparation, par SOCIÉTÉ dite : BRITISH DYESTUFFS CORPORATION LIMITED et A. G. DRENN, K. H. SAUNDERS·et E. B. ADAMS (Angleterre). — (Br. 556773, demandé le 10 avril 1922, délivré le 19 avril 1923.)

Objet du brevet. — Remplacement par des groupes oxyalcoylaminés des groupes alcoylamines des colorants connus. La préparation pouvant se faire soit en partant de dérivés aromatiques oxyalcoylaminés soit par l'introduction du groupe oxyalcoyl en cours de fabrication soit sur le colorant terminé à l'aide de monochlorhydrine de glycols.

Nouveaux colorants gris teignant à la cuve, par SOCIÉTÉ dite : BADISCHE ANILIN UND SODA FABRIK (Allemagne.) — (Br. 559234, demandé le 29 novembre 1922, délivré le 11 juin 1923.)

Objet du brevet. — Les colorants sont de aminoviolanthrènes obtenus soit par nitration dans la dibenzenthrone soit par union directe de dibenzanthrone et d'hydroxylamine.

Nouvelles matières colorantes azoïques se prêtant spécialement à l'impression sur coton et procédé pour leur fabrication, par SOCIÉTÉ dite : SOCIÉTÉ POUR L'INDUSTRIE CHIMIQUE A BALE (Suisse). — (Br. 557990, demandé le 11 février 1922, délivré le 14 mai 1923.)

Objet du brevet. — Colorants allant du bleu violet au brun, par impression au chrome en copulant les acides 1-diazo-2-oxynaphtène-4-sulfoniques avec l'acide résorcylique.

GRAISSES, SAVONS, PARFUMS

Procédé d'épuration des huiles en vue de leur utilisation en savonnerie et dans l'industrie des corps gras, par M. TOURNEL (France). — (Br. 540917, demandé le 8 septembre 1921, délivré le 25 avril 1922.)

Objet du brevet. — A pour but de rendre utilisable industriellement les huiles de sésame colorées odorantes et sulfurées par traitements successifs de ces huiles: 1° par un acide minéral à température peu élevée ; 2° par carbonate alcalin et lessive alcaline à température plus élevée et avec brassage ; 3° à la suite de l'opération précédente et à température constante, par un sel alcalin sur oxygène.

L'ensemble de ces opérations fournit une huiles utilisable, sous forme de pâte.

Traitement des résidus contenant des corps gras et autres matières en vue de la fabrication du savon, par SOCIÉTÉ dite : SOCIÉTÉ A et E DELEMAR et Cie (France). — (Br. 551439, demandé le 25 mars 1922, délivré le 8 janvier 1923.)

Objet du brevet. — Procédé consistant à soumettre ces résidus à une fermentation bactérienne vers 50-60° puis à effectuer une saponification à température de 50 à 80° pour éviter les pertes d'ammoniaque.

Composition et fabrication de savon, par J. VALLARD et J. BOUVET (France). — (Br. 553330, demandé le 27 mai 1922, délivré le 8 février 1923.)

Objet du brevet. — Savon composé de 2 0/0 paraffine, 2 0/0 soude, 11 0/0 savon, 13 0/0 sciure de bois, 72 0/0 eau. Le savon et la paraffine râpés, sont ajoutés au mélange de soude et d'eau malaxés jusqu'à obtention d'une masse homogène à laquelle on ajoute la sciure tamisée que l'on triture jusqu'à obtention d'une pâte homogène.

Procédé d'épuration et de blanchiment des huiles minérales et autres matières grasses, par G. MICHOT DUPONT (France). — (Br. 553338, demandé le 26 juin 1922, délivré le 8 février 1923.)

Objet du brevet. — L'huile décantée après traitement épuratif et traitée à chaud par un réducteur en présence d'un acide approprié. Les parties non attaquées sont entrainées par courants de gaz ou de vapeur et le résidu est raffiné.

Un peut par exemple traiter par l'acide sulfurique en présence de gaz sulfureux puis entraîner à la vapeur d'eau et filtrer le résidu.

Procédé de sulfonation ou sulfuration des corps gras d'origine animale, par P. L. GUILLEMINOT (France). — (Br. 553339, demandé le 26 juin 1922, délivré le 8 février 1923.)

Objet du brevet. — La sulfonation ou la sulfuration sont obtenues par mélange du corps

gras avec de l'acide sulfurique en présence d'un composé ou alliage d'un métal du groupe
du fer ou du métal lui-même en limaille ou rubans.

Procédé pour éliminer les acides des graisses et des huiles, par N. Goslings (Pays-Bas). —
(Br. 554209, demandé le 24 juin 1921, délivré le 26 février 1923.)

Objet du brevet. — On neutralise le corps gras au moyen de bases formant des savons
insolubles en présence de sels en quantité suffisante pour saturer l'eau de la solution,

Procédé pour séparer de l'huile et des corps gras les solvants ayant servi à leur extraction,
par Société dite : Société générale d'évaporation, procédés Prache et Bouillon (France).
— (Br. 556761, demandé le 12 décembre 1921, délivré le 19 avril 1923.)

Objet du brevet. — Consiste à évaporer le mélange en présence d'une certaine quantité
d'eau à la pression atmosphérique ou à pression réduite, le mélange étant brassé vigoureusement pendant l'évaporation. La séparation de l'eau avec le solvant et de l'eau avec l'huile
se fait par décantation ou centrifugation.

TEXTILES, CELLULOSE, PAPIER

Perfectionnemts dans la fabrication des composés de cellulose, par Société dite : Allègre
Mondon et Cⁱᵉ (France). — (Br. 550142, demandé le 17 août 1921, délivré le 6 décembre 1922.)

Objet du brevet. — Procédé ayant pour objet de favoriser la coagulation et d'augmenter la
souplesse et l'élasticité des fils par addition de 3 0/0 de sulforicinate de soude ou d'un corps
gras analogue à une solution de cellusose xanthique.

Procédé d'obtention de dérivés de la cellulose, par L. Lilienfeld (Autriche). — (Br. 552771,
demandé le 12 juin 1922, délivré le 29 janvier 1923.)

Objet du brevet. — Procédé de fabrication d'éthers oxydes de la cellulose insoluble dans
l'eau à 16° s'y gonflant à 8-10° et solubles dans l'eau à 4° ou au dessous par traitement de
cellulose par un mélange de soude caustique et lessive de soude et malaxage puis action de
chlorure d'éthyle en autoclave.

Procédé de fabrication de fils artificiels, bandes films et analogues par traitement de la
viscose, par Société dite : N. V. Hollandsche Kunotzigde industrie (Pays-Bat). — (Br.
554180, demandé le 19 juillet 1922, délivré le 26 février 1923.)

Objet du brevet. — Ce procédé est caractérisé en ce fait qu'on ajoute au bain de précipitation ou à la masse à filer des extraits aqueux acides ou alcalins de végétaux purifiés et
décolorés.

Procédé de dessuintage des laines, par M. B. d'Estibaire et P. Loubet (France). — (Br.
553736, demandé le 6 juillet 1922, délivré le 16 février 1923.)

Objet du brevet. — Emploi pour le dessuintage d'une solution faite avec 90 cm³ vin blanc
naturel, 10 cm³ solution d'ammoniaque 20 gr. orties fraîches, 10 gr. sulfite de soude, qui on
prépare 3 jours à l'avance. On mélange 1 litre de cette solution à 19 litres d'eau et on y laisse
séjourner la laine 3 heures.

Procédé de fabrication des pâtes à papier, par P. Hennique (France). — (Br. 554140,
demandé le 26 novembre 1921, délivré le 24 février 1923.)

Objet du brevet. — Procédé consistant à débarrasser avant traitement le bois de la sève et
des résines soit par succion soit par compression et à utiliser les résines ainsi recuillies pour
faire le savon résine,

Produit pour la macération des végétaux et son procédé de préparation, par Société dite :
Instituto Sieroterapico Milanese et D. Carbone (Italie). — (Br. 559419, demandé le
5 décembre 1922, délivré le 15 juin 1923.)

Objet du brevet. — Produit dénommé « felsinosyme » contenant des microbes macérants et
des pommes de terre crues décomposées plus ou moins complètement. Ce produit est additionné à l'eau des cuves de macération.

Procédé de préparition de papier ne prenant pas l'eau et à action antiseptique, par E. Fucs
(Allemagne). — (B. 557658, demandé le 20 octobre 1922, délivré le le 8 mai 1923.).

Objet du brevet. — Procédé consistant à traiter le papier par des acides ou de l'aldéhyde
ou par mélange des deux et à le maintenir assez longtemps à 60-85° après séchage.

Procédé de récupération des réactifs et des calories provenant des matières organiques
contenus dans les lessives résiduelles de la fabrication des pâtes à papier, par Société dite :
Société Maunoury et Cⁱᵉ (France). — (Br. am. 558183, demandé le 2 novembre 1922, délivré
le 18 mai 1923.)

Objet du brevet. — On brûle le mélange pulvérisé des lessives avec du masout. L'eau s'évapore, les matières organiques brûlent et le résidu est très pur.

BREVETS PRIS A WASHINGTON
Analysés par M. **Ed. Jandrier**
(D'après *Chemical abstracts*)]

PRODUITS MINÉRAUX

Cryolite artificielle, par H. Howard. — (Br. am. 1475155. — 20 novembre 1923.)

Sur le sel marin, on fait réagir AlF^3 dans l'acide fluorhydrique et on sature par NH^3 l'acide chlorhydrique formé. Dans les brevets suivants, on opère de même en remplaçant le sel par le sulfate de soude ou le nitrate de soude. On peut encore mélanger des solutions de fluorure d'aluminium et d'ammonium avec du nitrate de soude ou un autre sel.

Hyposulfites, par Kühne et Bencker. — (Br. am. 1477130. — 11 décembre 1923.)

On traite une solution de sulfate acide de soude par un amalgame de sodium et un acide libre non-oxydant.

Fixation de l'azote des gaz de combustion, par F. J. Metzger. — (Br. am. 1473826. — 13 novembre 1923.)

Sur un mélange formé de Na^2CO^3 42 0/0, coke 56 0/0 et fer 2 0/0, on fait passer des gaz de combustion préalablement dépouillés de leur acide carbonique. On opère donc en tube incliné rotatoire en « nichrome ». Il se forme des cyanures que l'on sépare par lixiviation et qu'on transforme en HCN par CO^2 provenant par exemple des gaz de combustion.

Antimoine, par A. Germot. — (Br. am. 1475294. — 27 novembre 1923.)

On chauffe du sulfure d'antimoine à l'abri de l'air pour le dissocier, le soufre se sublime, et on recueille l'antimoine.

Concentration de la carnotite, par W. F. Bleecker. — (Br. am. 1478631. — 25 décembre 1923.)

On traite par l'acide sulfurique et l'acide fluorhydrique pour désintégrer le minerai et détacher des selles la partie du minerai renfermant le baryum, partie que l'on sépare ensuite mécaniquement.

Purification de gaz pour la synthèse de l'ammoniac, par I. W. Cederberg. — (Br. am. 1478889 25 décembre 1923.)

On se sert pour la purification de H et N d'une solution de sodium dans l'ammoniac liquide ou de calcium humecté d'ammoniac.

Purification de l'argon ou autres gaz monatomiques, par R. G. Jones. — (Br. am. 1478036. — 18 décembre 1923.)

On purifie ces gaz en les faisant passer sur des métaux tels que Ca, Sr, Ba, Mg à une température assez élevée, 700° par exemple pour l'argon.

Cyanure de sodium, par C. B. Jacobs. — (Br. am. 1481373. — 22 janvier 1924.)

On chauffe en présence d'azote sous pression à 800-970° un mélange de NaF, 20 parties ; Na^2CO^3, 40 parties et carbone 40 parties. On peut remplacer NaF par NACl.

Cyanure de sodium, par C. B. Jacobs. — (Br. am. 1481374. — 22 janvier 1923.)

On fait réagir l'azote à 925-950° sur un mélange renfermant NaF, 5 parties ; oxyde de fer, 15 parties ; Na^2CO^3, 40 parties et carbone, 40 parties. On opère sous pression de 2 atmosphères.

Hypochlorites, par M. C. Taylor et autres. — (Br. am. 1481039 et 1481040. — 15 janvier 1924.)

On extrait HClO de ses solutions aqueuses au moyen d'un solvant tel que l'éther, l'alcool, $CHCl^3$, CCl^4 ou $C^2H^2Cl^4$ et on fait réagir la solution sur un alcali pour former un hypochlorite.

Mélange stable d'hypochlorite, par R. E. Gegenheimer. — (Br. am. 1481003. — 15 janvier 1924.)

Mélange d'hypochlorite de chaux et de carbonate de soude.

Chlorure de magnésium anhydre, par Collings et Gann. — (Br. am. 1479982. 8 janvier 1924.)

On chasse une partie de l'eau de cristallisation au moyen d'air chaud et on complète la déshydratation au moyen de HCl gazeux.

Engrais non hygroscopique, par Mittasch et Kircher. — (Br. am. 1482479. — 5 février 1924.)

On mélange parties égales de sulfate et de nitrate d'ammonium en présence de 3-5 0/0 d'humidité.

Catalyseur pour l'hydrogénation des huiles, par C. Ellis. — (Br. am. 1482740. — 5 février 1924.)

On fait un mélange équimoléculaire de solution de sulfate de nickel et de formiate de calcium ou autre formiate soluble. On évapore à siccité, et sèche à 240° environ.

Lithopone, par DREFAHL et TAYLOR. — (Br. am. 1486077. — 4 mars 1924.)

On mélange des solutions de sulfure de baryum et de sulfate de zinc et on ajoute une solution de silicate de soude à 42,5 Bé, renfermant Na^2O et SiO^2 dans le rapport de 3,25 à 1.

Purification de l'acide phosphorique, par CAROTHERS et GERBER. — (Br. am. 1487205. — 18 mars 1924.)

On ajoute du silicate de soude à une solution d'acide phosphorique renfermant de l'acide fluorhydrique afin d'éliminer cet acide.

CAOUTCHOUC

Accélérateur, par P. I. MURRILL. — (Br. am. 1453515. — 1er mai 1923.)

Le produit de condensation de la diméthylaniline et du sulfure de carbone est précipité au moyen d'une solution de sulfate de zinc et le précipité oxydé par un oxydant quelconque, est employé comme accélération de vulcanisation.

Vulcanisation à froid, par S. M. CADWELL. — (Br. am. 1463794. — 7 août 1923.)

On traite le caoutchouc par le soufre additionné de 10 0/0 d'oxyde de zinc, 5 0/0 de sulfure de carbone, et 5 0/0 de benzylamine.

Vulcanisation, par W. F. RUSSELL. — (Br. am. 1467197. — 4 septembre 1923.)

Lorsqu'on vulcanise au moyen de soufre et d'oxyde de zinc, une addition d'acide organique (palmitique, stéarique, phénylacétique), facilite la répartition de l'oxyde de zinc dans le produit vulcanisé et améliore ses qualités.

Accélérateurs, par H. L. FISCHER. — (Br. am. 1473285. — 6 novembre 1923.)

Ces accélérateurs sont obtenus par l'action de l'ammoniac sur les kétones aliphatiques ou les amines qui en dérivent.

Accélérateurs, par BEDFORD et SIBLEY. — (Br. am. 1477803/4/5. — 18 décembre 1924.)

On fait réagir simultanément sur un p-nitroso dérivé le sulfure de carbone et l'hydrogène sulfuré. On peut opérer en présence d'une amine primaire.

Accélérateurs, par S. J. PEACHEY. — (Br. am. 1481482. — 22 janvier 1924.)

On chauffe à 130-135° un mélange de 17,8 p-nitrosodiéthylaniline et 5 parties de soufre.

Vulcanisation, par S. J. PEACHEY. — (Br. am. 1487880. — 25 mars 1924.)

On emploie simultanément H^2S et SO^2 dans un véhicule comme le benzène et en présence d'humidité pour vulcaniser le caoutchouc en feuilles par exemple.

CELLULOSE

Acétate de cellulose, par W. NEBEL. — (Br. am. 1478137. — 18 décembre 1923.)

On désintègre du coton ou de la pâte de bois au moyen d'une solution d'acide chlorhydrique dans l'acide acétique. On élimine une partie de la solution et chauffe le reste avec de l'anhydride acétique en présence de chlorure de zinc pour effectuer l'acétylation puis on ajoute HCl et chauffe pour hydrater. Le produit obtenu est soluble dans l'acétone, la méthyl-éthylcétone et la benzaldéhyde, il est insoluble dans l'alcool, le chlorure de méthyle et l'acétate d'ammonium.

Préservation des fibres végétales, par W. O. SNELLING. — (Br. am. 1482418. — 5 février 1924.)

On imprègne avec une solution de $C^6H^4Cl^2$ et de naphténate de cuivre dans une huile minérale.

Fils mixtes de cellulose et d'alkylcellulose, par E. BERL. — (Br. am. 1484004. — 19 février 1924.)

On fait des fils au moyen d'une solution colloïdale de nitrocellulose et d'éthylcelluose ; on les traite par une solution de sulfhydrate pour dénitrer.

Ethers cellulosiques fortement éthérifiés, par L. LILIENFELD. — (Br. am. 1483738. — 12 février 1924.)

On fait avec des éthers cellulosiques peu éthérifiés et de la soude caustique une masse renfermant une quantité d'eau au plus 5 fois plus grande que le poids de cellulose à éthérifier, et on traite par un éther d'un acide inorganique Et^2SO^4 par exemple.

Solvant pour nitrocellulose, par CLOUGN et JOHNS. — (Br. am. 1485071. — 26 février 1923.)

Mélange d'acétate d'isopropyle 47,5 0/0 et alcool isopropylique, 52,5 0/0.

Ethers de la cellulose, par L. LILIENFELD. — (Br. am. 1488355. — 25 mars 1924.)

On éthérifie la cellulose par traitements successifs avec au moins 15 fois son poids d'une solution de soude caustique à 30-50 0/0 et avec un agent éthérifiant comme un sulfate dialkylique.

Mélange pour pellicules, etc., par V. B. SEASE. — (Br. am. 1488294. — 24 mars 1924.)

On dissout 18 parties d'acétate de cellulose, 1,8 de triacétine et 1,8 de phosphate triphénylique dans un mélange d'acétone, d'acétate d'éthyle, d'oxyde de mésytile et d'alcool diacétonique.

Composition pour pellicules, par J. M. DONOHUE. — (Br. am. 1472217 et 1472218. — 6 novembre 1923.)

On dissout l'éther éthylique de la cellulose dans 5-7 fois son poids d'un mélange formé de parties égales de propionate d'éthyle et d'alcool méthylique. Ou encore, on dissout 2 parties d'éther éthylique de la cellulose insoluble dans l'eau dans un mélange d'épichlorhydrine, 7 parties, et alcool méthylique, 7 parties. Dans le brevet 1.472219, on emploie comme solvants un mélange d'alcool méthylique et de succinate d'éthyle.

Vernis, par M. V. SEATON. — (Br. am. 1480016. — 8 janvier 1924.)

Cette composition est formée de fulmicoton, 4 parties, acétate d'ammonium, 15 parties, acétone, 15 parties, chlorhydrine propylénique, 15 parties et benzène, 55 parties.

Composition pour pellicules, par S. J. CARROLL. — (Br. am. 1479955. — 8 janvier 1924.)

Ether éthylique de la cellulose dissous dans un mélange d'éther méthyl ou éthyl phénylique et d'un alcool de la série grasse.

Liqueur pour production de pâte de bois, par J. P. PLUMSTEAD. — (Br. am. 1488829 et 1488830. — 1er avril 1925.)

Les boues résiduaires renfermant $CaCO^3$ sont calcinées avec du soufre ; on traite ensuite par le Na^2CO^3 provenant du lessivage des « cendres noires », il se forme NaOH et $Na^2S^2O^3$.

Ethers cellulosiques, par J. M. DONOHUE. — (Br. am. 1489315. — 8 avril 1924.)

On chauffe le mélange de cellulose et d'alcali avec par exemple du chlorure d'éthyle en présence de nickel métallique pur ou allié, qui sert à produire un éther cellulosique donnant des pellicules bien transparentes.

Composition pour vernis, etc., par H. W. MATHESON. — (Br. am. 1488608. — 1er avril 1924.)

Cette composition est formée d'acétate de cellulose, de diacétate éthylidénique, et d'autres solvants volatils ou non, tels que le benzène, l'alcool et le phosphate tricrésylique.

Traitement des eaux résiduaires, par ZART et MONKEMEYER. — (Br. am. 1490499. — 15 avril 1914.)

Les eaux résiduaires obtenues en traitant la pulpe du bois par NaOH et $CuSO^4$, sont chauffées pendant 3 heures en autoclave de façon à dissoudre les constituants organiques et précipiter le cuivre.

PRODUITS PHARMACEUTIQUES

Procédé de concentration des sérums, J. K. ZEISSLER. — (Br. am. 1472316. — 30 octobre 1923.

Le sérum médicinal (pour la diphtérie, par exemple) est additionné à diverses reprises d'une petite quantité d'acétate de zinc de façon à former des précipités de produits albumineux. On peut effectuer ainsi sept précipitations. Dans les cinq derniers on trouve plus de deux fois autant d'antitoxine par unité d'albumine que dans la substance initiale. On emploie de très petites quantités de sel métallique pour les précipitations et les produits sont solubles dans l'eau et peuvent être employés en thérapeutique.

On peut employer comme précipitants les sels de plomb, de cuivre, de fer, de mercure, des métaux précieux, etc.

Adrenaline, FUNCK et FREEDMAM, — (Br. am. 1472298. — 30 octobre 1923.)

On obtient le chlorhydrate de 4-(α éthoxy-β-méthylaminoéthyl) pyrocatechol en chauffant à reflux pendant plusieurs heures le chlorhydrate d'adrénaline racémique avec de l'alcool absolu renfermant de l'acide chlorhydrique sec. On refroidit, sépare les cristaux et purifie par cristallisations fractionnées de l'alcool absolu. Le produit forme des prismes rectangulaires minces facilement solubles dans l'alcool absolu chaud ainsi que dans l'eau et fusibles à 169°. Il se forme en même temps un composé à poids moléculaire plus élevé qui pourrait être une combinaison de deux molécules d'adrénaline en forme de lactone. Son chlorhydrate forme de prismes fusibles à 188-183° solubles dans l'eau et insolubles dans l'alcool absolu.

Le Propriétaire-Gérant : Dr G. QUESNEVILLE.

ANGERS. — IMPRIMERIE CENTRALE

LE MONITEUR SCIENTIFIQUE QUESNEVILLE

JOURNAL DES SCIENCES PURES ET APPLIQUÉES

TRAVAUX PUBLIÉS A L'ÉTRANGER

COMPTES RENDUS DES ACADÉMIES ET SOCIÉTÉS SAVANTES

SOIXANTE-NEUVIÈME ANNÉE

CINQUIÈME SÉRIE. — TOME XV

Livraison 993	**MARS**	Année 1925

L'ACIDE NITRIQUE ET L'AMMONIAQUE
EXTRAITS DE L'AZOTE ATMOSPHERIQUE

par E. KILBURN SCOTT [1]

I

Statistique. — On utilise environ 45 0/0 de la production en azote, récupéré pour la fabrication des engrais.

30 0/0 sont employés pour la fabrication de l'acide nitrique, de l'acide sulfurique ou autres acides et environ 25 0/0 servent à faire des matières colorantes, des produits chimiques ou divers, exigeant l'azote comme matière première.

Durant la guerre, la plus grande partie fut employée pour la fabrication des explosifs, sous forme d'acide nitrique, de trinitrotoluol, de nitrate d'ammoniaque et d'acide picrique. Quoiqu'en temps de paix on ne se serve que d'une faible quantité d'explosifs, du genre plus spécialement dit « de sûreté » pour les mines ou les carrières, celles-ci renferment surtout du nitrate d'ammoniaque.

Mais, cependant une consommation plus élevée de l'acide nitrique fût constatée proportionnellement à l'introduction de la fabrication de la soie artificielle, ainsi que des cuirs, des films photographiques, tous les genres de celluloses travaillées, ou imitations travaillées ou imitations d'ivoire.

L'industrie des matières colorantes dépend, dit-on, en une grande mesure, de son développement, ainsi que du nitrite de soude.

Environ un tiers de la production totale de l'ammoniaque se trouve utilisée sous forme de sulfate d'ammoniaque, et le quart sert soit à la conservation des végétaux par le froid ou la fabrication de la glace.

Un tiers est employé dans la fabrication de la soude, du chlorhydrate d'ammoniaque et du cyanure de sodium ; environ 1/8 sert à l'industrie des explosifs, surtout pour la fabrication du nitrate d'ammoniaque, le restant utilisé à divers usages.

Nous donnons ci-dessous quelques tableaux indiquant les productions d'azote :

TABLE I

Production mondiale de l'azote inorganique fixé en tonnes métriques

	1909	1913	1917	1920
Nitrate du Chili.	300.000	390.000	392.000	500.000
Sous-produits de l'ammoniaque.	212.000	343.000	364.000	410.000
Azote de l'atmosphère :				
— à l'état cyanamide	2.500	60.000	200.000	325.000
— par l'arc ou divers	3.000	18.000	30.000	33.600
— par le procédé Haber. . .	»	7.000	110.000	308.000
Total. . . .	517.500	818.000	1.096.000	1.576.000

---

[1] Journal *of the Royal Society of Arts*, 1923.

Cette table donne la production mondiale d'azote inorganique récupéré, et l'on peut constater qu'en l'espace de huit ans, la quantité a doublé, et qu'en onze ans, elle s'est trouvée triplée. Cet énorme accroissement semble indiquer que dans un demi-siècle, la demande en sera considérablement plus élevée, et je crois qu'elle recevra toute satisfaction des usines employant les différents procédés de fixation de l'azote atmosphérique.

Cet accroissement est dû :

1º A l'augmentation d'utilisation des sols, jusqu'ici vierges, dans l'univers par suite de la nécessité d'une culture indispensable plus considérable ;

2º L'habitude qu'ont prise les fermiers de l'emploi des engrais artificiels, vu leur désir d'avoir des récoltes plus considérables ;

3º Réduction de la traction animale indispensable, due à la traction mécanique ;

4º Emploi des farines de graines de coton comme engrais à la place des engrais généralement employés ;

5º Accroissement successif de la population du globe, et plus grande consommation.

6º Augmentation de la quantité de farine et de viande, servant à l'alimentation, par suite de la transformation de régime provenant du changement de civilisation des races primitives ;

7º Augmentation de son emploi au point de vue industriel, par suite de la fabrication de dérivés azotés, tels que les matières colorantes, les explosifs, le celluloïd, etc.

Ce problème de fixation économique de l'azote est d'une importance capitale nationale et il deviendra de plus en plus universel, les peuples étant obligés de se nourrir. Tout progrès dans ces procédés de fixation sont donc, pour tous les pays, d'importance capitale.

Sources d'azote minéral. — Nous indiquons ci-dessous un état de l'azote fixé, pendant l'année 1920, et il est intéressant de remarquer que l'Allemagne, la Norvège et la Suède, se trouvent les premières des autres nations par tonnes d'azote, récupéré pour chaque million d'habitants, et vu la production du sulfate d'ammoniaque, la Grande-Bretagne se trouve être, dans l'ordre de production, avant la France ainsi qu'avec les Etats-Unis. Le Canada, se rapproche beaucoup, vu sa fabrication de cyanamide, des usines se trouvant aux chutes du Niagara.

Le phénomène généralement désigné sous le nom de « électricité globulaire » est sans doute du bioxyde d'azote gazeux, formé par l'éclair et combinant l'azote et l'oxygène sous sa forme la plus condensée.

Les orages éclairants sont estimés devoir amener par an, cent millions de tonnes d'azote fixé, mais beaucoup se perd en mer, et sur les montagnes, etc., où elle ne procure aucun avantage.

Les bactéries des racines de légumineuses fixent l'azote atmosphérique, et cette méthode est désignée par les fermiers sous l'expression d' « engraissement à vert ».

TABLE II

Sources d'azote inorganique, par tonnes métriques, fixé en 1920

Pays	Population	Retiré des sous-produits du charbon	Azote atmosphérique			Total	Azote par millions d'habitants
			Arc	Cyanamide	Haber		
Allemagne	65.000.000	150.000	»	120.000	300.000	570.000	8.760
Suède et Norwège. .	8.000.000	»	30.000	28.000	»	58.000	7.250
Grande-Bretagne . .	45.000.000	100.000	»	»	»	100.000	2.240
Canada	7.200.000	3.000	800	12.000	»	15.800	2.200
France	40.000.000	15.000	1.300	58.000	»	74.300	1.850
Suisse.	3.800.000	»	»	7.000	»	7.000	1.840
Etats-Unis.	103.500.000	105.000	300	40.000	8.000	153.300	1.480
Autriche	51.000.000	10.000	»	22.000	»	32.000	630
Italie	35.000.000	3.000	1.200	18.000	»	22.220	630
Autres pays.	»	27.000	»	20.000	»	47.000	»
Total. . . .	»	413.000	33.600	325.000	308.000	1.079.600	»

La table III donne le nombre d'installations existantes par le procédé de fixation de l'azote atmosphérique, et il est intéressant de constater l'énorme accroissement de production actuellement par rapport à ce qu'elle était avant la guerre.

TABLE III

Usines et production, par l'azote fixé, de l'air

Procédés	Nombre d'Installations	Production en tonnes 1913	Nombre d'Installations	Production en tonnes 1921
Ammoniaque synthétique (Haber).	1	7.000	2	300.000
Cyanamide calcique.	15	60.000	35	266.000
Arc	7	18.000	12	350.000

Depuis 1921, la « General Chemical Co », ainsi que la « Brunner, Mond and Co »,
ont installé le procédé Haber, à Syracuse (U. S. A.), et à Northwich (Angleterre). Une
usine très grande avec une modification dans le procédé Haber a été installée à Billingham-on-Tees.

Les procédés de fabrication de l'ammoniaque par les procédés Claude, ont été installés
à Montereau et à Béthune, en France, et des usines ont été construites en Belgique, au
Japon, en Espagne.

Il existe sept usines de cyanamide en Allemagne, deux en Autriche, neuf en France,
trois en Suède et Norvège, cinq en Italie, une aux chutes du Niagara, au Canada, et une
à Mussels Schoals, aux Etats-Unis.

Comme installations à arc, il en existe deux en France, en Norvège, en Allemagne, en
en Italie ; une en Espagne, aux Etats-Unis, en Suède, en Hollande, en Suisse, et en Allemagne. Il en existe également une au lac Buntsen et aux chutes du Niagara.

Succédanés des nitrates. — La valeur des gisements de la caliche ou nitrate du Chili,
est beaucoup plus importante qu'on ne pourrait le supposer, mais toute la vie économique
est fonction de son prix de revient. Les dépôts actuellement traités se trouvent être
moins riches que ceux que l'on travaillait il y a une vingtaine d'années dans la proportion de 18 à 28 0/0. L'extraction par homme, est inférieure à 50 tonnes, alors qu'elle se
trouvait précédemment de 75 tonnes par homme et par an. De même, le prix de la main-
d'œuvre et du charbon a augmenté, et cela agit considérablement sur la valeur du prix
de revient de la caliche.

Le Gouvernement du Chili pourrait diminuer les taxes d'exportations, mais s'il ne
le fait pas, c'est parce que ces taxes d'exportations représentent environ le tiers des re-
venus de son budget.

Le prix de l'azote atmosphérique, d'un autre côté, tend à diminuer au fur et à mesure
que de nouvelles méthodes se présentent, ou que le nombre des installations augmente.
Ceci est précisément le cas qui se présente avec le procédé à arc, dans lequel les frais généraux sont très faibles, quoique le perfectionnement soit très grand.

Avant la guerre, l'Allemagne employait plus de nitrate du Chili que tous les autres
pays, mais actuellement, elle s'en passe, n'en ayant plus besoin, ayant fait de grandes
installations pour la fixation de l'azote avant et durant la guerre. Ce n'est plus qu'une
question de temps pour que la production mondiale des composés azotés retirés de l'azote
de l'air, atteigne ou dépasse la production en nitrates du Chili, et d'ici là, la question
changera au sujet des engrais.

Les composés chimiques sont surtout vendus à l'analyse et les réclames commerciales comptent pour fort peu de choses. Or, si les produits obtenus avec l'azote atmosphérique se trouvaient sur le marché en quantité suffisante, et à un prix par unité
d'azote inférieur à celui du Chili, il ne serait plus question du prix auquel le Chili aban-
donnerait son caliche. S'il ne se trouve offert à prix égal, les fermiers ne l'achèteront
pas, malgré une propagande toute intense.

Influence du Gouvernement. — Au commencement de la guerre, le gouvernement était
quelque peu réfractaire à l'introduction de la fabrication des nitrates au moyen de
l'azote extrait de l'air. Ceci est dû, en partie, à certains officiels, qui affirmaient que si
l'Allemagne se trouvait privée des nitrates du Chili, elle ne pourrait durer longtemps. La
situation se trouvait également influencée par certains qui, se trouvant intéressés dans
la question des nitrates du Chili, ne désiraient nullement l'installation de la fabrication des
nitrates au moyen de l'azote de l'air, cette fabrication pouvant influencer tout défavora-
blement l'extraction des nitrates du Chili.

Enfin, fût autorisée une petite installation pour la fabrication de la cyanamide à Dagenham Dock, et des recherches se poursuivirent au Collège de l'Université de Londres,
afin d'étudier la méthode préconisée par Haber, concernant la fabrication synthétique de
l'ammoniaque.

Le « Comité des Produits azotés » semble surtout s'être préoccupé d'établir des rapports sur cette fabrication, mais ses conseils vers la fin de la guerre engagèrent le Gouvernement à édifier une installation à Billingham-on-Tees, pour la fabrication de l'ammoniaque, au moyen du procédé Haber.

L'augmentation de la valeur des nitrates du Chili, était compréhensible, vu l'activité des sous-marins allemands, et je crois aussi que le Gouvernement ne désirait pas faire savoir, vis-à-vis des Etats-Unis, de la France et de l'Italie, l'installation d'usines d'azote aussi nombreuses.

En 1920, le Comité déposa un volumineux rapport, dont les proncipales conclusions sont les suivantes :

a) Il peut se produire de sérieux risques en se fiant à des chargements de matières premières provenant d'outre-mer.

b) Les procédés de fixation de l'azote sont entièrement au point, quoiqu'ils aient été installés durant la guerre.

Les conclusions sont évidemment fonction des considérations indispensables à la sécurité nationale, aux finances, et son utilité devrait engager une nation à recourir à une réglementation permettant l'emploi de ces méthodes synthétiques, comme une assurance contre des actions futures, tout en maintenant l'importation des nitrates du Chili.

Ceci est vrai, mais cela arrive un peu tard, car il y a deux ans et demi, avant la guerre, que j'ai établi ce fait dans un mémoire lu devant cette Société.

L'acide nitrique est le principal composant du coton-poudre, de la dynamite et des poudres sans fumée, et actuellement, nous sommes souvent dépendants des livraisons de matières premières d'outre-mer, avec lesquelles se fait l'acide. Dans le cas d'une guerre, nous nous trouverions dans une situation très sérieuse, car les pays continentaux ont des installations pour la fixation de l'azote.

Méthodes de fixage de l'azote atmosphérique. — Si l'on veut résumer les méthodes employées provenant de l'extraction de l'azote de l'air, peuvent se diviser comme il suit :

1º Les nitrates sont faits par fixage de l'azote et de l'oxygène, sans l'aide d'un intermédiaire, et sans isolement ou séparation préalable des gaz. Elle comprend le procédé à l'arc, qui dépend en grande partie du bon marché de la puissance électrique. Il en est de même du procédé par explosion de Hauser, employant les gaz des fourneaux à coke ;

2º La cyanamide ou cyanide est produite par combinaison du carbone et de l'azote. Il se trouve surtout représenté par le procédé de fabrication de cyanamide calcique, qui exige du coke à bon marché, de la chaux, du courant, ainsi que de l'azote pur, provenant généralement de l'air liquide. L'ammoniaque peut être obtenue à l'aide de la cyanamide ;

3º L'ammoniaque est obtenue en combinant l'azote et l'hydrogène au moyen de catalyseurs. Les procédés sont désignés sous le nom de procédé Haber et procédé Claude, les deux nécessitant la fabrication de l'azote et de l'hydrogène purs et l'emploi de pressions considérables.

L'ammoniaque préparée à l'aide de ces deux méthodes, peut être transformée en nitrates avec l'aide de catalyseurs en platine. Au point de vue de la fabrication des nitrates, le premier est direct et les autres sont indirects, le procédé à la cyanamide étant, en particulier ainsi.

Azote nitrique et azote ammoniacal. — L'azote nitrique, l'acide phosphorique et la potasse sont, pour les plantes, les trois éléments indispensables et le rapport relatif de leur valeur pour le fermier est suivant la progression 50, 30 et 20. Lorsque les plantes accusent une augmentation dans l'azote continu, cela produit, en premier, un appauvrissement du sol. Toutes les plantes prennent leur azote, sous forme d'acide nitrique, ce qui se produit lorsqu'il est combiné à l'oxygène. Le principal agent employé est le nitrate de soude ou le nitrate de chaux. Au point de vue de la rapidité de leur action, ils sont considérés comme étant les meilleurs engrais.

Les autres genres d'engrais, principalement le sulfate d'ammoniaque, a son azote, sous la forme ammoniacale, et telle, peut se transformer en azote nitrique, dans le sol, avant toute absorption par la plante, mais cette transformation se fait très lentement. Il est très employé en Irlande.

Le nitrate d'ammoniaque $AzH^4\,AzO^3$, contient l'azote sous ses deux formes et d'une façon concentrée, puisqu'il en contient 35 0/0.

Nous indiquons ci-dessous les quantités relatives des engrais employés aux Etats-Unis :

Farines de semences de coton bruts	500.000 tonnes.
Farines de semences de coton travaillés	300.000 —
Mélanges organiques divers	600.000 —
Poissons.	50.000 —
Sang.	27.000 —
Résidus organiques animaux.	240.000 —
Cyanamide.	25.000 —
Sulfate d'ammoniaque	135.000 —

Nitrate de soude.	225.000 tonnes
Acide phosphorique	4.000.000 —
Sels de potasse.	1.000.000 —

Ces chiffres indiquent les différents produits employés, pour faire ce que l'on pourrait appeler un engrais moyen.

Cet engrais moyen fut mis en évidence par M. Washturn à la suite d'une enquête faite par le Sénat des Etats-Unis, et il montre incidemment quelle faible quantité de cyanamide se trouve employée.

On emploie la farine de semences de coton qui se trouve bien utilisée, mais on tend actuellement à la délaisser et à employer des fertilisants plus avantageux. Il est nécessaire cependant d'ajouter que l'azote s'y trouve contenu, partie sous forme d'ammoniaque, partie sous forme d'acide nitrique, avec une très faible quantité, sous forme de cyanamide.

Si nous présentons les productions récoltées dans différents pays, en rendement produit par acre, nous constatons que :

1º Pour les avoines :

La Belgique produit environ	71	boisseaux
L'Allemagne.	61	—
L'Angleterre.	42	—
L'Italie.	35	—
L'Autriche-Hongrie.	35	—
La France.	33	—
Les Etats-Unis.	29	—
La Russie d'Europe.	25	—

2º Pour les pommes de terre :

La Belgique produit environ	300	boisseaux
L'Angleterre.	240	—
L'Allemagne. . . . moins de	240	—
L'Autriche-Hongrie.	125	—
La France.	125	—
La Russie.	110	—
L'Italie.	80	—
Les Etats-Unis.	80	—

Ceci indique les différences considérables de rendements obtenus par les cultivateurs des divers pays. La raison pour laquelle les fermiers de Belgique et d'Allemagne obtiennent de meilleurs rendements, provient uniquement de ce qu'ils emploient une proportion relativement plus grande d'engrais. Les cultivateurs des autres pays n'en font pas autant. mais ils devraient pouvoir avoir toutes facilités afin de pouvoir s'approvisionner d'engrais à bon marché. Les famines périodiques aux Indes, en Russie, sont dûes à ces récoltes trop faibles.

Fours à arcs. — Le procédé à l'arc électrique pour fixer l'azote atmosphérique consiste à faire passer de l'air sur la flamme produite par l'arc, produisant ainsi une combinaison de l'azote et de l'oxygène sous forme de AzO. Celui-ci s'empare ensuite d'oxygène pour former le composé AzO^2 qui peut se combiner à l'eau, sous la forme de AzO^3H, ou avec des corps sodiques sous la forme de AzO^3Na ou sous la forme AzO^2Na.

J'ai parlé de ce procédé, et de son origine, dans une brochure : *The Manufacture of Nitrates from the Atmosphere* (1) lu devant la Société le 15 mai 1912, et par suite, je propose de passer sur les différentes conditions d'aménagement des fours électriques.

Les types des divers fourneaux peuvent se grouper selon la façon dont se produit la flamme de l'arc, notamment :

1º Ceux ayant une partie mécanique mobile, tels que les fours de Bradley et Lovejoy (Etats-Unis) et ceux d'Island (Canada) ;

2º Ceux ayant un champ magnifique pour diriger l'arc, tels que les Birkeland-Eyde (Norvège et France) et les Moscicki (Suisse) ;

3º Ceux ayant un arc fixe à l'aide de sortes de bougies, tels que le four Schonherr (en Norvège) et le Wiegolofski (Etats-Unis et Canada) ;

4º Ceux qui reposent sur l'action d'un courant d'air pour diriger l'arc, tels que le

(1) *Moniteur Scientifique*, 1913, février, p. 106.

Pauling (Autriche), et le Heckenbleckner (Etats-Unis). Ceux-ci nécessitent un courant alternatif à phase unique, et ensuite ont été employés sur des triphasés.

Avant la guerre, j'ai indiqué un four utilisant le triphasé en une seule réaction et on en avait construit plusieurs. La Nitrum Company, en Suisse, a aussi mis au point un four triphasé qui travaille parfaitement.

Four Birkeland Eyde. — Ce four fut le premier industriellement employé et en 20 années. il a progressé de 50 kw à 4.000 kw. Pendant quelque temps, le 1.000 kw était le seul employé, mais on a vu qu'il était plus commode et que le travail se faisait mieux dans un 4.000 kw, donnant également des rendements plus élevés. Quelques détails non publiés jusqu'ici seraient peut-être de quelque intérêt.

La partie intérieure des parois du four consiste en blocs de 18 pouces sur 3 pouces d'épaisseur, faits d'une matière appelée Dynamidon, ayant la composition suivante:

Oxyde de fer 3 0/0 en Fe^2O^3

Alumine 46 0/0 en Al^2O^3

Silice 50 0/0 en SiO^2

et des traces de chaux en CaO.

Les parties extérieures des murs du four ont une grande quantité d'ouvertures de 5/8 de pouce de dimension, pour permettre à l'air de pénétrer à l'intérieur, faites de chamotte on mélange de kaolin calciné avec du sable quartzeux. Le fourneau se maintient solide à la température.

Les électrodes sont de cuivre pur électrolytique de deux pouces de large, 3/16 de pouce d'épaisseur et 8 pieds de long. Elles sont placées en tension dans des formes en V, et une tubulure quelconque est brasée sur l'extrémité. A environ un pied de cette extrémité, le tube se trouve aplati, et quand elle devient trop faible, l'extrémité peut être sciée, et une nouvelle pièce brasée dessus.

L'isolateur qui maintient l'électrode est formé d'un granit artificiel en forme de sphère, et entourant ses tubes.

Pouvoir des Auxiliaires. — Dans les premières installations faites à Notodden, il s'y trouvait cinq souffleurs pour amener l'air dans le fourneau et chasser les gaz au travers des tours d'absorption. Dans les dernières installations comme celles de Pierreffitte, il n'y a qu'un aspirateur, par suite les moteurs n'absorbent que 4 0/0 de l'énergie totale.

Environ 1 0/0 de la quantité totale fournie se trouve absorbée par la réactance qu'oppose l'arc.

Le facteur 0,60, des installations norvégiennes indiquées plus haut s'est trouvé amené à 0,80, en employant les méthodes de M. Lilienroth.

A la mise en marche, les électrodes se trouvent rapprochés momentanément, mais l'action du courant se trouve tempérée par la réactance du milieu. Il est d'environ 40 0/0 du facteur normal 0,7 donc 1/0,7 = 1,4.

La quantité nécessaire de courant pour faire fonctionner la machine faisant passer de l'air froid dans le four est inférieure à 1/2 0/0, et les conduits sont refroidis par un courant d'air formant ventilation sur tout le trajet qu'il parcourt pour aboutir au fourneau. Il est indispensable que pour chaque opération, les conditions d'expérience soient identiques, de façon à ce que la flamme s'épanchant sur des surfaces déterminées, il se produit une résistance déterminée à chacun des pôles.

Avantages du travail en triphasé. — Quoique les fours monophasés donnent un travail normal. et même de bons résultats, qu'une longue expérience montre être suffisamment élevée pour donner au procédé un avantage industriel très appréciable, comme en Norvège pourtant, j'ai toujours pensé que de meilleurs résultats pouvaient être obtenus en travaillant avec ces fours avec l'aide du triphasé.

Il ne faudrait par exemple. essayer d'employer des moteurs à 3 phases, à la place d'un moteur triphasé, pas plus que l'on n'emploie des moteurs à 3 manivelles différentes par rapport à un moteur à 3 manivelles simultanées. Ainsi pourquoi utilise-t-on des fours à 3 phases, si un four triphasé unique à trois phases successives peut faire le même travail.

Les avantages d'un fourneau triphasé sont : qu'il fonctionne immédiatement avec un seul manipulateur, et des résistances de réglage. Les trois arcs s'entretiennent toujours et il se produit donc continuellement un courant entre les deux électrodes, tandis qu'avec un monophasé, il existe toujours deux instants, à chaque période où le courant ne passe pas.

L'eau nécessaire au refroidissement est fonction du nombre et du volume des électrodes et le moins que l'on puisse employer est au nombre de deux par four, il s'ensuit que pour des fours monophasés, il est nécessaires, s'ils sont trois, d'employer 6 électrodes, tandis que pour un triphasé de la même puissance, trois sont suffisants. La chaleur absorbée dans le refroidissement des trois électrodes d'un fourneau est plus faible que celle nécessaire à refroidir six électrodes d'un four. deux par deux.

De même, si l'on double le nombre des électrodes, il est nécessaire de doubler le nombre des connections des arrivages, des câbles électriques, des raccordements et des connections d'eau, approvisionnant les hautes tensions, et il est plutôt nécessaire de les avoir les moins nombreuses possibles.

Les trois arcs électriques agissant simultanément dans une chambre à réaction unique donnent une température plus élevée que trois arcs séparés, chacun entre des parois malgré la chaleur absorbée. Un four triphasé de 3.000 kw a une superficie beaucoup moins considérable, par suite beaucoup moins de pertes, par radiations, que trois fourneaux simples de 1.000 kw.

Fours Kilburn-Scott. — La description qui suit est extraite de l'appendice V, page 241 du rapport du « Comité des produits extraits de l'azote ».

La partie inférieure du fourneau servant à l'introduction de l'air a l'aspect d'une chambre à réaction de forme conique, trois électrodes refroidies par l'eau, se trouvant fixées sur la surface de la muraille et sous un angle de 120° l'un de l'autre. L'arc se trouve mis en route au moyen d'étincelles dirigées entre les électrodes principales et une électrode auxiliaire placée à l'ouverture, près de l'extrémité convergente de l'électrode principale juste contre la tubulaire d'admission de l'air. Les étincelles à haute fréquencee provenant d'un circuit à haute tension, entièrement indépendant, peuvent être réglées pendant toute la durée de l'opération et il a été constaté qu'elles améliorent le rendement et facilitent, d'une manière régulière, le travail. En augmentanrt l'arrivée de l'air, qui a l'avantage d'être chauffé préalablement vers 250° C. sur l'arc triphasé on augmente la flamme qui jaillit entre les deux électrodes. L'emploi d'un champ magnétique auxiliaire tel celui employé dans l'arc des fours Birkeland-Eyde, se trouve ainsi rendu inutile.

Pour produire le refroidissement rapide des gaz du fourneau et le minimum de décomposition de l'oxyde nitrique ainsi formé, la chambre de réaction est surmontée d'une chaudière à bouilleurs formant la voûte du fourneau et qui se trouve enfouie de façon à récupérer toutes les pertes de chaleur. A cette température, le métal de la chaudière, ne se trouve pas attaqué, par les gaz du fourneau. La vapeur récupérée par la condensation des gaz produit également une grande économie et on a constaté que sa récupération, utilisée pour la marche de turbines à faible pression dépassait 10 0/0.

Un four triphasé est considéré surtout comme avantageux vu l'intimité de contact existant entre l'air et l'arc, sans considérer qu'avec un arc rotatif le courant est continuellement maintenu, tandis qu'avec les fours monophasés, l'énergie varie de 0 à son maximum, deux fois par phase ou alternation.

Ainsi qu'on l'a constaté, dans des essais faits sur de petits fours d'expérience, on peut considérer qu'il est possible d'obtenir 50 0/0 en plus de la quantité habituellement recueillie de 50 grammes à 60 grammes d'acide nitrique AzO^3H par kw-heure généralement obtenue avec les meilleurs types de fours monophasés.

Nous indiquerons ci-dessous les constantes d'un fourneau de 300 kw, qui n'exsigera pas de plus amples explications. Ce fourneau fut installé aux signes de Kynoch Lund, à Birmingham, durant la guerre, et il fut éprouvé par M. H. Robinson, qui écrivit au secrétaire du Comité des Produits de l'azote ce qui suit :

Les résultats obtenus par ce four, prouvent que le Kilburn Scott est 50 0/0 plus fort, donne toute sécurité, et je suis persuadé que ce four peut donner plus de 90 grammes par kw-heure Ma confiance est basée sur ce fait, que j'ai pu obtenir en diverses circonstances plus de 100 kw-heure avec une énergie de 120 kw-heure, qui vu les dimensions de l'appareil étaient le maximum qu'il était possible d'obtenir dans ces expériences.

Considérations théoriques. — La table que nous donnons ci-dessous est intéressante en ce qu'elle donne un résumé des expériences faites jusqu'à ce jour, au moyen du procédé à l'arc, exploité en Norvège. Ce tableau montre que 2 à 6 0/0 de l'énergie fournie se trouve transformée en gaz nitrés. 0,4 0/0 seulement se trouvant absorbé par les fourneaux. 85 0/0 se trouvent récupérés par les générateurs, dont 72 0/0 sous forme de vapeur, et 40 0/0 de cette vapeur est employée dans des turbines à vapeur, le reste servant à la concentration des produits.

TABLE IV

Variations successives de l'énergie employée dans les différentes étapes du procédé

Quantités %

Divisions	Energie absorbée	Energie fournie
Fours :	100 dans l'arc.	10 par radiation.
	2,6 dans les gaz.	6 par refroidissement des électrodes par l'eau.
	0,4 dans le circuit.	87 dans les gaz.
Chaudières :	85 dans les gaz.	3 par radiation.
	7 dans l'eau d'échappement.	72 en vapeur fournie.
		17 en gaz.
Réchauffeur :	16,8 en gaz d'échappement.	2,6 de rentrée d'air.
		14,2 en gaz.
Réfrigérants d'aluminium :	14 en gaz.	8 par refroidissement de l'eau.
		6 en gaz.
Tour d'oxydation :	6 en gaz.	
Tours d'absorption d'acide :	4,5 en acide.	28,3 en vapeur dégagée.
	25 en vapeur dégagée.	1,2 en acide.
Tours alcalines :	1 en nitrates, nitrites.	0,7 en vapeur dégagée.
	9 en vapeur.	0,3 en nitrate de soude.
Appareils auxiliaires :	4	0,2 dans les souffleurs.
		0,4 dans les conduites.
		1,6. Divers.
Vapeur de chaudières :	75	40 pour les turbines.
		33 pour la concentration.
		2 dans les pompes d'alimentation.

La table suivante donne la température et la pression existant dans les différentes phases du traitement à l'arc, soit en Norvège, soit en France, et le temps en secondes que mettent les gaz à traverser les diverses parties de l'installation.

TABLE V

Température. Pressions et temps

Divisions	Températures des gaz en degrés C.	Pressions en pouces d'eau	Temps en seconde
Fours.	$25^0 - 1100^0$	5,4	2
Chaudières.	1000 — 300	4	
Réchauffeurs.	300 — 175	2,5	30
Réfrigérants d'aluminium. .	175 — 40	7	
Tour d'oxydation.	40 — 56	1	76
— d'absorption des acides.	56	17	190
— alcaline	56	7	90

Action de l'arc. — La méthode à l'arc est la méthode la plus simple, mais son inconvénient est la grande puissance nécessaire, indispensable à la fixation de l'azote. Les fourneaux à arc généralement employés exigent 67.000 kw à l'heure par tonne d'azote produit, et il serait à désirer que cette quantité fut diminuée.

La principale réaction dans le procédé à l'arc est la suivante :

$$\frac{1}{2} Az^2 + \frac{1}{2} O^2 = AzO$$

21.600 calories environ pour une température de réaction à 25° C.

L'énergie employée pour former une molécule d'oxyde nitrique dans l'arc est d'environ 65.000 calories, et cette différence pourrait faire croire que le procédé à l'arc est très insuffisant.

Pour calculer la quantité de chaleur, cependant, l'énergie ne doit pas se baser sur la température de la chambre de réaction seulement, mais bien tenir compte de la totalité de la chaleur nécessaire en amenant l'air à la température de réaction, augmentée de la chaleur nécessaire à produire la réaction qui nous occupe. On a ainsi les plus grandes facilités de réactions, en chauffant l'air à la température nécessaire à celle-ci et ensuite, cette quantité n'est qu'une très petite partie de la chaleur totale fournie.

Avec ces données, le coefficient thermique du procédé à l'arc est plus élevé qu'on ne le suppose généralement, et cela d'environ 50 0/0.

Action électrique ou thermique. — Il y eut de très grandes discussions pour déterminer si la fixation de l'azote atmosphérique avec l'arc électrique, se trouvait être d'ordre électrique, d'ordre thermique ou des deux.

Quelques-uns affirment qu'à une température déterminée, la production est la même que la température soit obtenue par un arc électrique, ou par une flamme obtenue à l'aide des procédés ordinaires, par exemple, le gaz. Personnellement, je ne pense pas qu'il en soit ainsi, car à côté de la chaleur fournie par l'arc électrique, il se produit d'autres phénomènes, l'ionisation par exemple, qui semble avoir pour action de séparer les molécules d'azote et de faciliter la combinaison, avec l'oxygène, les enrobant. On peut aussi supposer que la tension électrique, dûe au voltage considérable du champ magnétique du courant, a une réelle action.

Le Professeur Cramp détermina qu'il se produisait une augmentation du rendement en acide nitrique, lorsque l'air se trouvait additionné d'ozone, et je crois que l'ozone O^3 et le polymère correspondant de l'azote Az^3, que Sir J. J. Thompson, a désigné sous cette forme, se produisent momentanément, puis se redissociant les atomes naissants d'oxygène se combinent aux atomes naissants d'azote.

Le docteur C. P. Steimmetz, établit dans le *Chemical and Métallurgical Engineer*, volume 22, que :

Ce fait est tout en faveur de cette hypothèse, car l'effet de l'arc est tout d'abord d'ordre électrique produisant une dissociation des motécules en atomes libres, puis il se fait une reconstitution de celles-ci, par une loi, très probablement fonction de la stabilité à la température de formation du produit résultant.

M. J. L. R. Hayden donne dans les *Transactions American Inst. Elect. Engs.* 34-613 des résultats fournis par des expériences faites à l'aide d'électrodes composées de matières diverses produisant de l'acide nitrique dans les conditions indiquées dans le tableau suivant :

Electrodes	Concentration	Point d'ébullition (Température de l'arc)
Fer	la plus grande	2.450º
Titane	—	2.700º
Carbone	—	3.600º
Cuivre	la plus faible	2.310º

Quoique le carbone supporte dans l'arc la température la plus considérable, il se trouve relativement incapable de produire de l'acide nitrique. Le fer et le cuivre qui présentent dans l'arc sensiblement la même température d'ébullition, se trouvent l'un et l'autre aux deux extrémités de l'échelle pour la formation de l'acide nitrique. D'autres expériences faites avec l'arc à mercure montrèrent qu'il était facile d'obtenir des condensations se rapprochant des indications données par les équilibres thermo-dynamiques.

Les professeurs Haber et Kœning, qui ont fait de très nombreuses recherches à ce sujet, ont émis l'avis que la nitrification par décharge dans l'arc n'est qu'une très faible action de l'effet électrique produit en toute sa valeur.

Le docteur Maxted, dans le *Proceding of the Society of Chemical Industry* du 15 avril 1918, dit :

Une interprétation purement thermique de l'azote dans la réaction d'oxydation est fonction d'une grande interpolation, depuis les températures, les plus faibles jusqu'aux températures les plus élevées, montrant qu'il n'existe aucune action latente produisant un accroissement ou une dépression des coefficients observés aux différentes températures.

En parlant d'une communication, que j'ai lue déjà à l'*American Institute of Electrical Engineers*, du 27 juin 1918, le docteur C. P. Steinmetz ajoute :

La raison pour laquelle j'ai confiance dans les procédés à arc, n'est pas seulement dû à l'absence de tous éléments particuliers, spéciaux, mais l'air qui peut être employé partout où cela est nécessaire, ou possible, ainsi que l'a fait fait remarquer M. Scott, en utilisant les fours à coke, n'est pas seulement d'un usage intermittent, et permet d'avoir l'espoir de développer dans toute sa puissance, en temps de paix, l'industrie de l'azote, mais qu'il permet aussi d'avoir l'espoir très grand de développer à l'aide des procédés par l'arc, la production de l'acide nitrique davantage même, que cela n'existe actuellement, avec les installations norvégiennes. Dans des conditions favorables, le rendement est actuellementde 60 grammes à 80 grammes par kilogr. watt-heure. Le rendement théorique est de 2.500 grammes d'acide nitrique par kilog. watt-heure, donc les meilleurs résultats actuellement sont de 3 0/0 de la quantité théorique.

On pourra produire ensuite des rendements beaucoup plus considérables, et si, à 3 0/0 les procédés sont exploitables dans certaines conditions favorables, nous pouvons espérer qu'il y a possibilité, avec cette méthode qui a nécessité de nombreux efforts, étant bien étudiée, d'un grand développement, et amener son extension, que je suis fâché de dire, avoir été négligée pratiquement dès le premier jour où Charles Bradley, l'ingénieur électricien avait établi une installation aux chutes du Niagara, et où il échoua vu le prix de son installation, sa méthode étant hors de proportion avec les bénéfices qu'il pouvait réaliser.

Je désirerais terminer en répétant, que les études que j'ai faites sur ce problème, et je m'en suis fort occupé non seulement théoriquement, mais par des travaux d'expérimentation considérables durant même plus que ces vingt dernières années, m'ont amené à conclure que, tandis que le procédé à la cyanamide est d'un emploi facile, comme étant le plus économique, le procédé que je considère comme devant donner la meilleure solution du problème est le procédé direct par l'arc.

Puis il publia des articles très importants dans le *Chemical and Metallurgical Engineer*, vol. 22, dans lequel il s'étendit sur les caractéristiques physiques des fours à arcs, et préconisa certains perfectionnements. Il pensait qu'au lieu de pouvoir n'obtenir que 1 1/2 0/0 de concentration de l'acide nitrique, il était possible d'arriver à 4,45 0/0. Une telle concentration aurait permis de réduire considérablement les dimensions données aux tours d'absorption.

Il proposa de travailler avec de l'air sous pression, et de placer l'extrémité de l'arc dans le creux d'un tube de dégagement et disait :

Un certain nombre de tubes à ferro-tungstène, refroidis par un courant d'eau maintiendraient probablement la température pendant très longtemps surtout, si l'ouverture peut être amovible. Une turbine placée à l'entrée des tubes refroidirait les gaz qui s'y écouleraient, et abstraction faite de leur déplacement, la température ne s'élèverait pas vu l'énergie cinétique propre. Une ventilation le ferait sans doute.

Possibilités d'améliorations. — Il existe différents moyens par lesquels il est possible d'améliorer d'une façon réelle les procédés à arc.

Un mélange de 50 d'azote et de 50 d'oxygène à la place d'un mélange de 79 d'azote et de 21 d'oxygène. donne 20 0/0 d'augmentation de rendement, ainsi que l'indique l'expression

$$\frac{\sqrt{50 \times 50}}{\sqrt{79 \times 21}} = 1,20$$

Toute addition d'oxygène au-dessus de 50 0/0 dans le mélange, produit un effet 2,4 fois plus élevé, car $50/21 = 2,4$.

Ce qui revient à obtenir une pression de $14,75 \times 2,4$ ou 35 livres par pouce carré, et ceci ne peut être obtenu qu'autant que les murs du four puissent supporter cette pression. Avec un système très simple, l'oxygène nécessaire est absorbé d'un mélange à parties égales. Ainsi pour une installation de 10.000 kw, traitant 70 pieds cubes par heure, et donnant 1,5 0/0 de bioxyde d'azote. la quantité d'oxygène est de 1,45 pieds cubes, entrant en réaction seulement.

Il ne serait pas cependant bien difficile de faire des fours pouvant travailler à des pressions dépassant même 100 livres, et cela ne serait que tout avantage.

L'air sous pression élevée, a beaucoup plus d'action que l'air à faible pression, ce dont on s'aperçoit en ce que les étincelles entre les parties métalliques d'un voltmètre électrostatique, s'arrêtent pour une augmentation déterminée de la pression. Il en est de même dans les hautes altitudes, où l'effet de la transmission électrique se trouve être moins prononcée.

Absorption des gaz. — Un des principaux problèmes qui devrait recevoir une solution, dans le procédé à l'arc, est celui de l'abaissement de son prix de revient élevé, ainsi que l'espace nécessaire à l'installation de tours d'absorption. L'acide nitrique dilué dans les tours, absorbe à lui seul 35 0/0 du prix total de revient, et les tours alcalines l'augmentent encore de 8 0/0.

Si la concentration de l'acide, ordinairement à 1 1/2 0/0 se trouve doublé, l'acide des tours ne diminue que d'environ 1/4, et l'usage des tours alcalines n'est pas nécessaire.

Si l'on emploie surtout des pressions élevées, ainsi que cela a lieu dans le procédé par explosion de Hauser, et par l'emploi d'une tour spéciale, cette quantité peut être encore diminuée ; par exemple dans les installations Hauser faites à trois atmosphères, les installations peuvent être le cinquième de celles utilisées à la pression atmosphérique ordinaire.

Si l'on ne cherche à obtenir que du nitrite de soude, les tours sont alors relativement petites, même pour des gaz à 1,5 0/0. Ils entrent sans la tour d'absorption alcaline, à une température d'environ 250° C, car à cette température, la moitié seulement de l'oxyde nitrique se transforme en bioxyde, et le mélange, se trouvant absorbé par le carbonate de soude ou la soude caustique, donne du nitrite. sans traces de nitrates. Les tours d'absorption alcalines sont plus petites que celles qui servent à la fabrication de l'acide nitrique ; elles coûtent meilleur marché comme installation, car elles sont faites en tôle d'acier.

On emploie une quantité considérable de nitrite de soude. dans l'industrie des matières colorantes, dérivées de l'aniline, et il se trouve également employé dans l'industrie des produits pharmaceutiques, et pour le salage des viandes.

Des expériences ont été poursuivies au « Laboratoire de recherches de l'Azote », à Washington DC, afin d'utiliser la silice comme absorbant au bioxyde d'azote. Pour obtenir une absorption satisfaisante en bioxyde d'azote, lorsqu'il se trouve dilué dans cette proportion, il est indispensable d'entourer les tubes, et le gaz par suite de glace. Une moyenne de 63 ouvertures donna une absorption de 63.86 0/0, et la facilité d'absorption n'était nullement modifiée, même à la fin de l'opération.

Le docteur B. Lambert d'Oxford, a donné une forte impulsion aux travaux de recherche faits sur l'absorption des gaz au moyen des matières solides, à l'aide du charbon de bois par exemple, et il croit que des proportions même faibles de bioxyde d'azote, peuvent, de cette façon, se trouver utilisées avantageusement. Il détermina également la possibilité d'une réaction directe entre les gaz en utilisant des briquettes essentiellement préparées avec de la chaux vive. Un procédé du professeur Schlœsing a été essayé à Nottoden, en Norvège, afin d'obtenir directement un nitrate avec la chaux vive, à l'aide de ces gaz.

Types de cellules Goodwin pour tours d'absorption. — Ces cellules forment comme un nid d'abeilles, chaque cellule étant allongée, et trois fois plus longue que large, au plus grand diamètre. Sur le même plan horizontal. la cellule accolée a donc sa partie supérieure rétrécie, au même niveau que la partie médiane de la cellule voisine correspondant à son milieu, et où le renflement est maximum.

Lorsque le bioxyde d'azote n'est qu'à faible concentration. il est indispensable d'avoir un grand espace libre à la partie supérieure, travaillant et comprimant les surfaces successivement. Dans ces cellules, les gaz ont à chaque instant une vitesse variable, et de nouvelles particules de gaz viennent se mélanger sur les parois arrosées. Le mouvement des gaz, dans une de ces tours est d'environ 50 pieds à la minute. mais elle peut atteindre une vitesse différente, plus élevée même, et le mélange est entier. La quantité de liquide, retenu par les aspérités tapissant la surface des cellules est d'environ une demie pinte par pied cube. Le flux se produit généralement toutes les demi-minutes.

Description des ateliers. — Les usines de Nottoden de la Compagnie hydro-électrique Norvégienne de l'Azote emploie environ 60.000 kw au moyen de deux chutes d'eau.

Une usine, dite Rjukan I, emploie 110.000 kw provenant d'une seule chute d'eau et contenant 96 fours Schonherr, de 800 kw chacun, parmi lesquels 72 sont employés d'une façon continue par huit générateurs ; il y a également 6 fours Birkland Eyde de 3.500 kw chaque.

La seconde, à Rjukan II, qui fut terminée pendant la guerre, était de 110.000 kw provenant d'une deuxième section utilisant la même chute que le Rjukan I. Elle contenait 36 fours Birkland Eyde de 4.000 kw chaque, augmentée du courant produit par dix turbines à eau.

Les turbines à vapeur de 4.000 kw travaillant comme régénérateur, sont utilisées pour fournir l'énergie indispensable aux fours. Elle utilise la vapeur obtenue avec les gaz provenant des fours.

Les gaz provenant du Rjukan II, sont attirés dans la tour d'absorption du Rjukan I, par 10 tuyaux d'aluminium de 3 pieds de diamètre et de 3/4 de mille de longueur. Ces tuyaux servent à refroidir les gaz et servent également à l'oxydation du AzO en sa transformation en AzO^2.

Les gaz des deux installations passent à travers 60 tours d'absorption construites en graphite, chacune large de 10 pieds sur 20, et de 75 pieds de hauteur, et remplies d'un quartz norvégien spécial, exempt de fer.

Usine de Pierrefite. — Pendant la guerre, la Compagnie Hydroélectrique Norvégienne de l'Azote, construisit une installation à Pierrefite, en France, de 8.000 kw, destinée à produire 4.000 tonnes métriques d'acide nitrique à 100 0/0 par an, soit 11 tonnes par jour.

Le courant est fourni par la station hydraulique des tramways du Sud, de 4.300 kw triphasé à 50 tours et 9.500 volts.

La chambre de four, comme dans les fours Birkeland Eyde à phase simple de

4.000 K W, a 10 pieds de large et une se trouve en réserve. Les électrodes ont un diamètre intérieur de 1 pouce, refroidi par l'eau, et la durée d'une électrode est d'environ 1 mois. Les contacts électriques, placés sur les parois du four sont en communication directe avec le courant provenant des machines rotatives.

L'air entre dans la chambre de réaction par des ouvertures de 5/8 de pouce de diamètre sur l'un des côtés du four. Les gaz et l'air provenant des fours, produisent ensuite de la vapeur dans deux chaudières Babcock et la température se trouve ainsi ramenée de 950° C à 250° C. Les réfrigérations ou le refroidissement des gaz se fait ensuite à l'air, qui les amène vers 40° C, puis ils passent ensuite dans les quatre tours d'absorption à acide.

Celles-ci sont faites de plaques de granit de Norvège de 10 d'épaisseur, entourées de barres de fer de 26m925 de hauteur sur 7m30 de large. L'épaisseur des parois est de 250 m/m jusqu'au tiers à partir du sol puis diminue ensuite pour ne plus avoir que 200 m/m. Les tours sont disposées sur un massif de pierres dures et l'intérieur est entièrement garni de quartz de Norvège, exempt de fer.

Le liquide est amené à l'aide d'un monte-jus à air comprimé de 400 litres de capacité. La circulation est intermittente, le monte-jus se trouvant déchargé toutes les deux ou trois minutes. Le travail nécessite environ le passage de 10.000 litres d'acide par heure et l'acide de la première tour est d'environ 30 0/0 de concentration. Il pourrait être amené à 52 0/0 par un travail moins intense.

La tour d'absorption alcaline est faite en plaques de tôle et remplie de quartz. On fait passer à travers la masse une solution de carbonate de soude à 2 0/0 et le nitrate de soude, provenant de la réaction, a une concentration d'environ 30 0/0.

Tout compte fait, acide nitrique et nitrate de soude, le rendement est de 550 kgs de nitrate de potasse par kw employé en une année. avec ces fourneaux. Mesuré directement à la sortie du four. il est de 560 par kw et par an, ou de 63 kw heure.

Concentration de l'acide. — L'acide des tours se trouve amené dans un réservoir d'où il est dirigé ensuite dans quatre tours de granite, chacune de 10 pieds de diamètre et de 50 pieds de haut, doublées de briques résistant à l'acide et remplies de quartz en morceaux. Elles reçoivent les vapeurs d'acide à faible concentration. Cet acide a en outre été réchauffé avant son entrée dans la tour à l'aide de vapeur de retour provenant des autres parties de l'installation.

L'appareil servant à concentrer l'acide se compose de 4 tubes à injection de vapeur de Tantiron. La vapeur à la pression de 8 kgs par c/m carré passe dans les tubes et l'évaporation se fait à la pression ordinaire. Chaque tour est en communication et commande quatre de ces appareils.

L'acide se trouve ainsi amené à plus de 60 0/0. Il se trouve alors recueilli dans quatre réservoirs, puis amené dans un réservoir placé à la partie supérieure de l'édifice, puis de là, il s'écoule dans deux tours de granit. octogonales, d'environ 8 pieds de diamètre et de 30 pieds de hauteur, une restant en réserve. Dans cette tour, l'acide sulfurique s'écoule d'un réservoir, et l'acide nitrique à 96 0/0 se trouve alors distillé, puis condensé dans des tuyaux de grès en S, placés entre les deux tours. L'acide fort est écoulé dans une petite tour de granit, dans laquelle on fait passer de l'air comprimé pour terminer la transformation des oxydes de l'azote.

L'acide sulfurique dilué de 60 à 65 0/0 est reconcentré dans une installation identique à celle servant à produire l'acide à 60 0/0, sauf que l'on opère dans le vide, qui se trouve maintenu à l'aide d'une colonne verticale dans laquelle s'échappe un jet de condensation.

Le nitrate de soude se fait en deux opérations : La première en traitant l'acide des tours par le carbonate de soude, l'acide carbonique produit servant de porteur à quelques oxydes d'azote ; le deuxième, en traitant le nitrite en solution provenant de la tour alcaline, avec l'aide de la tour, dans un réservoir en granit, ayant un couvercle d'aluminium, les oxydes d'azote dégagés se trouvent absorbés par un système *ad hoc*.

Installations de la Compagnie de l'Azote. — Cette compagnie a des installations de 6.000 kw à Bodio, en Suisse et de 13.000 kw à Rhina, en Allemagne. Une troisième usine se trouve également installée à Merseburg en Allemagne, mais elle sauta pendant la guerre.

Les fours utilisent le courant triphasé et consistent en un cylindre de fer recouvert de terre réfractaire, ou de briques réfractaires, muni de trois électrodes de fer, amovibles, refroidies à l'eau. L'air se trouve introduit tangentiellement, refroidissant les parois du fond, avant que l'arc de la flamme ne s'éteigne. L'oxyde nitrique se dégage du four, vers le centre de l'arc, au point où la température est la plus élevée, ce qui permet d'affirmer une forte concentration.

Les gaz passent ensuite dans un tuyau refroidi par l'eau, pour se rendre à un générateur, le rapide refroidissement du gaz dans les réfrigérents, prévenant leur décomposition et donnant une teneur de 2,5 à 3 0/0 d'oxydes de l'azote.

A Bodio, l'absorption se fait au moyen de tours. Vu la forte concentration des gaz, la faible température et différentes autres conditions, on obtient ainsi de l'acide nitrique à 60 0/0. Il n'y a pas d'absorption alcaline possible si les gaz quittant le système acide ne contiennent pas plus de 2 à 3 grammes d'acide nitrique par mètre cube. L'absorption totale des tours est d'environ 1/8 seulement, supérieure à celle nécessaire pour des gaz se trouvant à une concentration de 1,5 0/0.

L'installation à Rhina a augmenté depuis sept ans, et cela est d'un grand intérêt, car un mélange de gaz à parties égales d'oxygène et d'azote s'y trouve traité, et c'est la seule usine employant une atmosphère d'oxygène sur une grande échelle.

Bioxyde d'azote liquide. — La Compagnie de l'azote a indiqué un procédé pour récupérer les oxydes de l'azote sans employer les tours d'absorption. Ceci se produit en refroidissant les gaz à une température voisine de 0o, et dans ces conditions, le bioxyde d'azote se sépare à l'état liquide.

Les gaz, après la séparation du bioxyde d'azote, sont remis en circulation à travers le four, et ceci est à considérer, vu l'économie que l'on en retire, dans la consommation de l'oxygène.

Les gaz rentrant dans le four doivent être secs, car la moindre humidité produit une variation dans le rendement, détermine l'attaque du réfrigérent, et empêche la formation de l'acide nitrique.

Toute la puissance nécessitée pour la séparation de l'oxygène de l'air, la condensation du bioxde d'azote est produite par la chaleur fournie à la vapeur par les gazogènes.

Le liquide peut être rassemblé dans des réservoirs ou des cylindres d'acier, et vendus pour être utilisés dans divers procédés exigeant une nitrification. Il peut être transformé en acide nitrique, sans employer la concentration, par traitement, dans un autoclave, en présence d'une petite quantité d'eau et de la quantité d'oxygène nécessaire, en opérant à une pression de cinq atmosphères.

Lorsque la Compagnie de l'Azote établit les premiers procédés de liquéfaction, en employant des hydrocarbures pour transmettre le froid, cela produisit quelques explosions. Dans la discussion qui se trouvera à la fin de la dernière conférence, le docteur Harker s'en entretiendra, et il est intéressant de donner ci-dessous les explications présentées par la Compagnie.

Les explosions qui se produisirent aux Usines de Zschornewitz et Bodio, sont dues, en partie, au procédé se trouvant actuellement abandonné. Dans cette installation, les gaz des fours étaient refroidis à une très basse température d'environ 70o C au-dessous du point de liquéfaction, afin de condenser le bioxyde d'azote s'y trouvant contenu. Pour transmettre le froid, indispensable à cette température, on utilisait la benzine ou le toluène. Par suite d'une fuite de l'appareil, il se fit un mélange du liquide organique servant à transmettre le froid avec le bioxyde d'azote et le tout prit feu. C'est pourquoi, l'on abandonna définitivement cette phase dans le procédé, et il n'existe plus maintenant, aucun danger d'explosion.

Les établissements Rhina emploient nos procédés brevetés, avec absorption aqueuse donnant comme rendement 75 grammes à 80 grammes d'acide nitrique à 100 0/0, par kw et par heure. Les gaz contiennent 50 0/0 d'oxygène et 50 0/0 d'azote.

Production. — Nous donnons ci-dessous un tableau des résultats obtenus avec le procédé d'arc, en Norvège.

Produits	Pureté	Composition
Nitrate de soude.	98 %	20 % d'azote.
Nitrite-Nitrate de soude		18 % d'azote.
Nitrate d'ammoniaque	99-97 %	17,5 % d'azote nitrique. / 17,5 % d'azote ammoniacal.
Nitrate de soude raffinée.	99,5 %	16 % d'azote.
Nitrate de soude ordinaire.	96 à 98 %	16 % d'azote.
Nitrate de potasse	99,9 %	13,85 % d'azote. / 46,5 % de potasse.
Biphosphate d'azote		30 % d'acide phosphorique soluble dans le citrate et 3-4 % d'azote.
Phosphate d'ammoniaque		60 % d'azote phosphorique soluble dans l'eau. / 12 % d'azote ammoniacal.
Acide nitrique concentré.		98 à 97 %.
Nitrate de chaux. Basique pour engrais.	Az^2O^5 50,21 % / Cao 25,94 % / Eau combinée 23,60 %	13 % d'azote.

Nitrate de chaux. — On prépare en Norvège le nitrate de chaux en prenant l'acide nitrique à 30 0/0, provenant des tours d'absorption et le traitant par du carbonate de chaux (pierres calcaires), provenant des carrières des environs de Skien. L'opération se fait dans des cuves en granit, mettant l'acide carbonique en liberté, et laissant en solution le nitrate de chaux.

La solution est ensuite évaporée dans un appareil de Kestner, où l'on remplace la vapeur nécessaire à l'évaporation, par la vapeur provenant des générateurs chauffés à l'aide des gaz chauds provenant des fourneaux. On obtient ainsi une solution sirupeuse du sel de chaux, passant dans un cylindre rotatif alternativement refroidi. Le nitrate se solidifie rapidement, est retiré parcouches, puis écrasé et criblé, afin de l'obtenir sous une forme granulée.

On ajoute ensuite à la masse une quantité de chaux suffisante pour le rendre légèrement alcaline et on lui laisse prendre la déliquescence propre aux engrais du Chili. Ce dernier contient au moins 13 0/0 d'azote.

Les agriculteurs scandinaves emploient plus de 70.000 tonnes de nitrate de chaux par an.

L'exportation en tonnes métriques de nitrate de chaux, de nitrate de soude et de nitrate d'ammoniaque au moyen du procédé à l'arc, en Norvège, est indiqué dans le tableau suivant.

Années	Nitrate de chaux	Nitrate de soude	Nitrate d'ammoniaque
1915	70.927	1.126	9.107
1916	46.001	14.783	56.639
1917	35.932	22.711	63.578
1918	58.625	9.588	49.588
1919	60.080	5.143	5.143
1920	147.419	18.641	20.335
1921	84.517	17.313	13.074
1922	157.558	32.401	1.792

Les nitrates de chaux de Norvège se trouvent expédiés jusqu'en Californie, à Honolulu, Sumatra, Java et Australie, où ils se trouvent préférés à tous engrais.

Le nitrate du Chili contient une forte proportion d'alcalis, et se trouve par conséquent, contre-indiqué pour des sols qui en contiennent déjà une forte proportion.

Quand le nitrate de chaux donne son azote à la plante, il abandonne de la chaux au sol, ce qui est tout avantage. M. C. H. Smith, de San Francisco, m'écrit que dans la culture des oranges et des citrons, on emploie jusqu'à 3 livres au maximum de nitrate de chaux par pied et dans le cas de plantations de sucre, aux îles Hawaï par exemple, on utilise jusqu'à 500 et même 1.000 livres de nitrate de chaux par acre.

Nitrate d'ammoniaque. — Une quantité importante du nitrate d'ammoniaque AzH^4AzO^3 se trouve produite par la Norwegian Hydro-Electric Nitrogen C°, et de fait, pendant la dernière partie de la guerre, ce fut pour elle une exportation considérable, car les alliés le recherchaient et le préféreraient à tout explosif dans les torpilles et les mines vu son action brisante. C'est le composé contenant la plus grande proportion d'azote, car il en contient 35 0/0, moitié sous forme d'acide nitrique, moitié sous forme d'azote ammoniacal.

Employé comme engrais, il agit lentement vu l'ammoniaque qu'il contient et rapidement cependant, vu l'acide nitrique qu'il accuse et de plus, il ne laisse aucun résidu dans le sol, ce qui se trouverait être le cas d'un mélange de nitrate du Chili et de sulfate d'ammoniaque.

Il peut être fabriqué sous une forme non déliquescente, et peut donc se trouver conservé à l'abri.

Après la guerre, on en retira des quantités considérables des charges ayant servi aux mines, aux torpilles, etc., et même il contenait une petite quantité de trinitrotoluol, qui fut même employé ensuite comme engrais.

En Amérique, les horticulteurs l'emploient sur une grande échelle, et j'ai vu un chargement de plus de 1.000 tonnes, provenant de Norvège. S'il se trouvait expédié à cette distance, c'est que son prix de revient permettait de le faire.

Produits spéciaux. — Il y a beaucoup de produits, même de valeur, qui peuvent exiger l'emploi du bioxyde d'azote produit par le four à arc, par exemple l'arséniate de chaux $Ca^3 (AsO^4)^2$. Ce produit est obtenu en faisant passer du bioxyde d'azote AzO^2 à travers une solution d'acide arsénieux, coulant dans une tour d'absorption. L'acide arsénique provenant de la réaction est ensuite traité par de la chaux, et forme ainsi de l'arséniate de chaux.

On en emploie des quantités considérables dans les Etats de l'Amérique du Sud, afin de détruire le bold-weevil (entrelacement des grains), l'insecte donnant la peste aux cultures de coton. La méthode que l'on utilise pour son emploi, consiste en aéroplanes s'élevant peu après le crépuscule, volant bas le long des rangées de coton, et les arrosant de ce poison.

L'acide mucique $C^6H^{10}O^8$ peut être obtenu en partant de la galactose, qui est un sucre retiré d'une espèce particulière de mélèzes. La solution de galactose est écoulée dans des tours, dans lesquelles passe le bioxyde d'azote, le sucre se trouve oxydé et il se forme également un peu d'acide nitrique en présence de l'eau, de la réaction. Le produit résultant est un mélange d'acide nitrique et d'un sucre en partie oxydé, duquel on peut extraire l'acide mucique cristallisé.

L'acide mucique est intéressant en ce qu'il peut remplacer l'acide tartrique ou l'acide citrique, pour dorer les pains, ainsi que pour les conserves ou les eaux minérales. Il est également employé comme mordant, pour enlever en teinture, les couleurs sur laine, soie, coton ou cuir.

Sa consommation mondiale est considérée comme atteignant 50.000 tonnes par an.

(A suivre).

GRANDE INDUSTRIE CHIMIQUE

Détermination des sulfures métalliques par chauffage dans l'hydrogène sulfuré

Par L. MOSER et E. NEUSSER

Chemiker Zeitung 1923, n° 81

Antimoine. — On a cherché à déterminer comment se comportait le sulfure d'antimoine dans un courant d'hydrogène sulfuré, quoique cette question ait été déjà déterminée par Carnot.

Le sulfure d'antimoine perd dans l'hydrogène sulfuré vers 270°, tout l'excédent de soufre qu'il peut contenir et laisse comme résidu le véritable Sb^2S^3.

Les solutions d'antimoine qui furent employés contenaient par centimètre cube 0 gr. 00659 d'antimoine.

Nos	CC. employés	Aspect du ppté	Sb^2S^3 trouvé	Sb^2S^3 introduit	Différences en mmg	en %
1	22,76		0,2102	0,2102	± 0	± 0
2	21,88	Sb^2S^3	0,2019	0,2020	— 0,1	— 0,05
3	16,54	noir	0,1524	0,1527	— 0,3	— 0,20
4	15,51		0,1427	0,1432	— 0,5	— 0,35
5	21,13	Sb^2S^3	0,1957	0,1951	+ 0,6	+ 0,31
6	23,40	rouge	0,2163	0,2162	+ 0,2	+ 0,09

Par contre, le tétroxyde d'antimoine ne se transforme pas quantitativement sous l'influence de l'hydrogène sulfuré et de la chaleur en sulfure correspondant.

Ces résultats ne peuvent être expliqués que s'il s'est produit un sulfate. Pour s'en assurer, on traita ces produits par une solution diluée d'acide chlorhydrique ; la solution donna un faible précipité de sulfate de baryte.

Le produit ainsi obtenu sous forme de trisulfure, reste tel qu'on a l'habitude de la considérer, si on le filtre dans un creuset de Gooch ; en présence d'un courant d'acide carbonique ou d'hydrogène sulfuré, lequel à la température de 270°, élimine complètement l'excès de soufre.

Cela représente l'avantage que le gaz en excès, inutile à la réaction est complètement éliminé sans que cela puisse changer la composition du produit en traitement.

D'autres recherches ont montré qu'il n'était pas nécessaire de faire intervenir l'action de l'oxygène, afin d'éliminer les dernières traces d'hydroxygène sulfuré. Par suite, déterminer les oxydes au moyen de l'hydrogène sulfuré en présence de ce gaz, n'est guère possible.

---

(1) Rose. *Traité de Chimie Analytique*, 1838, t. II. p. 275.

Wolfram (ou tungstène). — L'on ne peut se servir de sulfure de tungstène, comme moyen de précipitation de cet élément, car il ne se précipite pas entièrement sous cette forme (1).

La manière de se comporter du trioxyde de tungstène dans les solutions sulfhydriques a été étudiée par Carnot. Il ne put constater aucune combinaison stable, mais il recommanda ce procédé pour la séparation du tungstène.

Ces réactions furent étudiées à nouveau avec du trioxyde de tungstène fortement calciné, et se sont comportées de la façon suivante. La réaction produite entre l'oxyde de tungstène et l'hydrogène sulfuré s'effectue avec une plus grande vitesse vers 500° environ. Le sulfure qui avait pris naissance se trouve à cette haute température, sensiblement volatil. Donc la température à laquelle on peut obtenir du bisulfure sans aucune perte, est relativement basse. La température la plus favorable est surtout lorsque la flamme du brûleur Bunsen n'entoure le creuset que jusqu'à la moitié de sa hauteur. Le produit obtenu doit être d'un bleu d'acier foncé et ne présenter aucune trace verdâtre.

L'addition d'un courant d'hydrogène au courant d'hydrogène sulfuré, ne donne aucun résultat avantageux pour la marche régulière de l'analyse.

Nos	Poids d'échantillon	Trouvé	Quantité réellement existante	Pertes en mmgr.	%
1	0,1611	0,1720	0,1723	— 0,3	— 0,17
2	0,2365	0,2518	0,2529	— 1,1	— 0,44
3	0,1480	0,1578	0,1582	— 0,4	— 0,26
4	0,3152	0,3372	0,3371	+ 0,1	+ 0,03

On voit que ce procédé donne des divergences, et que les proportions ainsi déterminées sont plutôt trop faibles.

La préparation de l'acide tungstique hydraté, est au contraire, beaucoup plus facile, elle se fait, de plus, à une température inférieure à celle de la transformation en sulfure. Le tungstène peut être ainsi transformé en un hydrate correspondant à 91,78 0/0 de WO^3.

Voici quelques résultats obtenus :

Nos	Prise d'essai	Obtenu	WS_3 existant	Pertes mmg	%
5	0,3565	0,3505	0,3500	+ 0,5	+ 0,14
6	0,2255	0,2212	0,2214	— 0,2	— 0,09

Remarque : La flamme ne *doit atteindre* que le *fond du creuset.*

Molybdène. — Dans ce cas, les résultats sont encore plus incertains qu'avec le tungstène.

Dernièrement, Sterba-Böhm et Vostrrebal (2), ont cherché à précipiter le sulfure de molybdène par l'hydrogène sulfuré en présence d'acide formique. Le sulfure obtenu avait été précipité exactement de la façon primitivement indiquée et la partie filtrée était absolument exempte de molybdène, mais les pesées donnent toujours un poids beaucoup plus élevé que celui correspondant au sulfure MoS^3.

Le creuset de Gooch, servant à la filtration, fut placé dans un autre creuset et soumis à un courant d'hydrogène sulfuré au lieu de gaz carbonique. seul mélangé d'hydrogène, chauffé avec un brûleur Bunsen, pouvant atteindre d'abord 270°, puis 550° C, et cela jusqu'à poids constant.

Les résultats obtenus accusèrent un mélange de MoS^2 et de MoS^3, donc aucun résultat avantageux.

Très probablement, le précipité de sulfure contenait du soufre libre, qui malgré la haute température en présence d'hydrogène sulfuré, ne pouvait entièrement s'éliminer.

De même les recherches faites pour transformer le trioxyde de molybdène en un sulfure pur, ne donnèrent aucun résultat.

Ici intervient l'influence de la température à laquelle la transformation peut se faire et qui est si élevée, que le MoO^3 est volatilisé avant d'être transformé entièrement. Les pesées sont par suite beaucoup trop faibles et trop variables.

Tous ces résultats se trouvent confirmer ceux de Carnot, qui n'a pu également obtenir par l'hydrogène sulfuré un sulfure pouvant être pesé.

Nickel et cobalt. — Pour le nickel et le cobalt, on n'a pu jusqu'ici déterminer de méthode avantageuse, permettant d'obtenir des sulfures suffisamment purs pour pouvoir

(1) Rose. *Traité de Chimie Analytique*, 1888, t. II. p. 275,
(2) *Zeitschrift anorganische Chemie*, STERBA-BÖHM et VOSTRREBAL, 1920, liv. 10, p. 81.

être pesés. Tous les auteurs qui se sont occupés de cette question, Fresenius (1), Gauhe (2), Carnot (3), Windelschmidt ((4), disent que ni dans un courant d'hydrogène sulfuré, ni dans un courant d'acide carbonique et d'hydrogène sulfuré, on puisse obtenir un sulfure suffisamment pur de ces métaux. La difficulté est, d'une part, la formation d'un sulfure saturé, d'autre part la très grande facilité de décomposition du sulfure normal sous l'influence de l'hydrogène.

Dans ce qui suit, on démontrera que sous l'influence d'un courant de gaz formé d'hydrogène et d'hydrogène sulfuré, il ne se présente de résultat utilisable que si le mélange a toujours une composition nettement déterminée. Ce qu'on ne peut réaliser dans la pratique.

A. *Nickel*. — On prépare une solution de sulfate de nickel neutre et pure, contenant 0 gr. 00735 de nickel par centimètre cube. Le sulfure de nickel est précipité d'après Windelsmidt (5), en solution acétique, par de l'eau saturée d'hydrogène sulfuré en présence d'une grande quantité d'acétate d'ammoniaque. La formation d'un sulfure brun, dans ce cas, ne put jamais être constatée. Le précipité ainsi obtenu fut ensuite retiré du filtre, celui-ci calciné, et les cendres du filtre, ajoutées à la masse du précipité ; le tout fut introduit dans un creuset de Gooch, séché à température constante, ainsi qu'il sera indiqué par la suite.

Le tableau qui suit indique les valeurs obtenues après une heure de chauffage. La composition du courant gazeux était sensiblement constant étant réglé par le débit qu'accusaient deux flacons laveurs.

Dans ces recherches, les échantillons 1-2-3, ont été refroidis, exclusivement dans un courant d'hydrogène. Les températures ont été déterminées par un thermomètre à mercure rempli d'azote, la température d'expérience de 600° seule, ayant déterminé par l'évaluation faite à l'aide d'un creuset plongé également dans la flamme incolore d'un brûleur Bunsen.

Nos	CC. mis en œuvre	Courant de gaz	Température	Trouvé	NiS contenu	Différence en mmg.
1	15,61	H^2S	350°	0,2156	0,1776	+ 38,0
2	14,80	H^2S	600°	0,1796	0,1682	+ 11,4
3	14,80	H^2S	600°	0,1853	0,1682	+ 17,1
4	13,70	$H^2S + H^2$ 2 : 1	600°	0,1593	0,1557	+ 8,6
5	15,61	$H^2S + H^2$ 1 : 1	350°	0,2121	0,1776	+ 34,5
6	13,11	$H^2S + H^2$ 1 : 1	350°	0,1311	0,1490	— 17,9
7	9,77	$H^2S + H^2$ 1 : 1	450°	0,1032	0,1110	— 7,8
8	13,70	$H^2S + H^2$ 1 : 1	600°	0,1545	0,1557	— 1,2
9	15,72	$H^2S + H^2$ 1 : 2	600°	0,1760	0,1787	— 2,7
10	18,70	$H^2 +$ un peu H^2S	600°	0,1448	0,1557	— 10,9

Le sulfure dans tous ces essais était noir et dans quelques cas seulement cristallisé Il présentait l'aspect des marcassites naturelles, cependant l'on doit faire observer qu'il n'était pas homogène. Dans le produit désigné sous le n° 9, on y détermina le nickel et le soufre qui accusèrent la relation suivante :

$$Ni \quad 65,51 \ 0/0$$
$$S \quad 34,70 \ 0/0$$

Or le sulfure de nickel pur contient 64,66 0/0 de nickel et 35,34 0/0 de soufre, le sulfure dans ce cas est donc déjà partiellement réduit, ce qui se trouve affirmé par une plus-value dans la quantité de métal trouvé.

Si donc l'on désire obtenir un sulfure de nickel pur, ce n'est que par une température

(1) *Journal praktische Chemie*, 1863, t. 89, p. 261.
(2) *Zeitschrift analytische Chemie*, 1865, t. 4, p. 188.
(3) *Comptes Rendus Académie des Sciences*, 1879, t. 89, p. 167.
(4) Dissertation Inaugurale, à Münster (Westphalie).
(5) *Zeits. anorg. Chemie* 1920 t. 110, p. 81.

au rouge et dans une atmosphère gazeuse contenant un excès d'hydrogène sulfuré par rapport à l'hydrogène, qu'il est possible de l'obtenir.

B. *Cobalt.* — Les résultats obtenus avec le cobalt sont encore bien plus divergents. On employa une solution de sulfate de cobalt pur contenant 0 gr. 00958 de cobalt par centimètre cube.

Ce métal fut précipité par le sulfhydrate d'ammoniaque et calciné dans un creuset de Gooch bien sec. Après une calcination d'une heure environ, et par l'adduction de courants gazeux différents et à diverses températures, le sulfure restait toujours noir et amorphe, quelles que soient les conditions du traitement subi, mais les pesées, par contre, étaient toutes incohérentes.

Nos	Nombre de cc. employés	Courant de gaz	Température	Poids obtenu	CoS existant en solution	Différence en mmgr.
1	12,04	H^2S	450°	0,1809	0,1781	+ 2,8
»	12,04	H^2S	450°	0,2440	0,1781	+ 65,9
2	12,95	$H^2S + H^2$ 1 : 1	450°	0,2382	0,1907	+ 47,5
»	12,95	$H^2S + H^2$ 1 : 2	450°	0,2178	0,1907	+ 17,1
»	12,95	$H^2S + H^2$ 1 : 2	450°	0,1924	0,1907	+ 1,7
»	12,95	$H^2S + H^2$ 1 : 2	450°	0,1901	0,1907	— 0,6
»	12,95	$H^2S + H^2$ 1 : 2	450°	0,2011	0,1907	+ 10,4
3	12,59	$H^2S + H^2$ 1 : 2	600°	0,1897	0,1862	+ 3,5
»	12,59	$H^2S + H^2$ 1 : 2	600°	0,1894	0,1862	+ 3,2
4	15,78	H^2	300°	0,1828	0,2833	— 51

Le problème de la vieille détermination du nickel et du cobalt, à l'état de sulfure ne se présente pas ici, d'une manière possible à résoudre.

Étain. — En ce qui concerne l'étain, Carnot démontra qu'il se fait en présence de l'hydrogène sulfuré différents sulfures. Ceci peut être rigoureusement démontré. L'on fit des expériences avec de l'oxyde d'étain, et avec des sulfures d'étain provenant de la précipitation d'une solution de chlorure d'étain par le sulfhydrate d'ammoniaque et par l'hydrogène sulfuré.

Si l'on chauffe ce corps, même faiblement dans un courant d'hydrogène sulfuré, ou un mélange gazeux d'hydrogène et d'hydrogène sulfuré, l'oxyde n'est nullement ou pour ainsi dire, à peine attaqué, le sulfure se décomposant partiellement, donnant ainsi un mélange des deux décomposés. A une température plus élevée, la dissociation est de beaucoup plus considérable, la partie supérieure du creuset se trouvant en grande partie couverte de petits cristaux en écailles, de sulfure d'étain, jaunâtre, tandis que dans le fond du creuset se présente une magnifique couche d'aiguilles cristallines noires bleutées de sulfure d'étain.

Les déterminations par pesées ne peuvent donc être employées dans ce cas.

Résumé. — 1° Il est ainsi démontré que l'on peut, avant toute pesée, obtenir un sulfure métallique dans un état de purification suffisant, en maintenant ces éléments dans un courant d'hydrogène sulfuré, de l'hydrogène seuls, ou combinés. Pour beaucoup d'éléments, il est également possible de transformer d'autres combinaisons en sulfure à l'aide de l'hydrogène sulfuré, à une température cependant suffisante ;

2° Le sulfure de zinc, le sulfure de manganèse et le sulfure d'argent, sous l'influence de la chaleur et d'un courant d'hydrogène sulfuré, portés au rouge, donnent des éléments pouvant servir à leur détermination par pesées, et même par cette méthode, on peut faire l'analyse des chlorures, carbonates et oxydes d'argent, les transformant en sulfures préalablement ;

3° Les sulfures de plomb, de bismuth, et d'antimoine, peuvent également se déterminer sous forme de sulfures, en les chauffant à une température convenable, en présence d'hydrogène sulfuré, mais pour le bismuth, quelques-uns seulement, donnent un résultat rigoureux ;

4° Ce n'est qu'en empêchant toute entrée d'air, qu'il est possible d'obtenir un sulfure de thallium à l'aide de l'hydrogène sulfuré, même à 300°, cette méthode fournit un autre procédé permettant de déterminer ce corps gravimétriquement ;

férable de recourir à un autre procédé permettant de déterminer ce corps gravimétriquement ;

5° Le courant de gaz mélangés, hydrogène sulfuré et hydrogène dans la proportion de 1:5, permet d'obtenir au rouge du sulfure de fer cristallisé, pouvant être déterminé par pesée et contrôle ;

6° Le procédé de détermination du sulfure de tungstène est très difficultueux, mais il est en défaut avec le molybdène, le nickel. le cobalt et l'étain.

V. E.

ACADÉMIE DES SCIENCES

Séance du 1er décembre 1925. — Autoxydation et action antioxygène (XII). Recherches sur la forme active autoxydable de l'acroléine. Note de Charles MOUREU, Charles DUFRAISSE et Marius BADOCHE. — L'activité de la lumière blanche (en l'absence de toute trace d'oxygène) comme agent de condensation de l'acroléine est considérable; il suffit de une minute d'exposition à la lumière du soleil pour produire autant de disacryle qu'en un an à l'obscurité. Les rayons les plus réfrangibles agissent seuls.

D'infimes traces d'oxygène agissant rigoureusement à l'abri de la lumière causent aussi la condensation de l'acroléine et la puissance de ce gaz est comparable à celle de la lumière.

Les actions simultanées de la lumière et de l'oxygène au lieu de s'exalter deviennent antagonistes.

L'autoxydation est peu influencée par la lumière blanche. Une action lumineuse qui accélère 500.000 fois la condensation n'agit que 4 fois sur l'autoxydation.

— La cinquième Conférence internationale de la chimie pure et appliquée. Note de Auguste BÉHAL. — La cinquièmeConférence s'est tenue à Copenhague du 26 juin au 1er juillet.

La prochaine conférence se tiendra à Bucarest en 1925.

— Détermination des courbes d'ébullition et de rosée des mélanges d'acide chlorhydrique et d'eau sous la pression de 760 m/m. Note de MM. CARRIÈRE et ARNAUD. — Le maximum pour la température d'ébullition soit 110°, correspond à la composition 20,15 0/0 d'acide chlorhydrique. Ce qui concorde avec les résultats de Dittmar et Roscoe.

— Applications de la méthode d'électrolyse avec la cathode à gouttes de mercure. Note de J. HEYROVSKY. — La méthode permet d'étudier les relations ioniques dans les solutions de la même manière qu'avec les piles réversibles. Dans le cas où les piles de concentration ne sont pas utilisables la méthode peut être employée avec avantage soit que les métaux contenus s'y trouvent à de très faibles concentrations soit que les électrodes soient attaquables par l'eau.

— Hydrogénation et déshydrogénation directe de l'acénaphtène. Note de M. N. GOSWAML. — En dirigeant des vapeurs d'acénaphtène, entraînées par un excès d'hydrogène sur une traînée de nickel réduit chauffé vers 150°, on obtient la condensation d'un mélange liquide de tétrahydro et de décahydroacénaphtène que la distillation permet de séparer en tétrahydro. Eb. 240° et décahydro Eb. 235°.

En faisant passer les vapeurs d'acénaphtène sans hydrogène sur le nickel vers 300°, il se produit cette fois de l'acénaphtylène.

— Sur la présence de l'éthane dans un grisou provenant des Mines de Cagnières. Note de P. LEBEAU. — En dehors du méthane ce grisou contient de l'éthane et des carbures éthyléniques.

— Sur la relation entre la capacité absolue de l'air et le degré d'acidité des sols forestiers, par K. KVAPIL et A. NEMEC. — La capacité de l'air des peuplements serrés à feuilles persistantes est plus basse que les autres et elle décroît quand augmente l'acidité de la terre végétale. Dans les peuplements mixtes, la relation entre la capacité absolue et l'acidité est moins marquée, quoique la capacité absolue de l'air, soit en général moins marquée.

— Action de l'acide sulfurique dilué dans les champs de céréales. Note de E. RABATÉ. — L'efficacité des solutions à 10 0/0 se révèle surtout dans le cas du piétin du blé, la destruction de certains parasites et mauvaises herbes.

— *Elections*. — M. Georges Claude est élu dans la section des applications de la science à l'industrie, en remplacement de H. de Chardonnet, par 41 suffrages contre 17 à M. Guillet, 6 à M. Boucherot, 5 à M. Breguet, 1 à M. Fourneau et 1 à M. Jean Rey.

Séance du 8 décembre. — Sur quelques dérivés de l'acide tétracétylmucique. Note de L. J. SIMON et J. A. GUILLAUMIN. — Cet acide se dissout dans l'alcool méthylique et cristallise avec 2 molécules de cet alcool. En ajoutant dans la solution méthylique de l'acide chlorhydrique on n'a pas d'éther, mais du mucate diméthylique.

On peut préparer les éthers en acétylant des éthers muciques correspondants au moyen de l'anhydride acétique et de chlorure de zinc. L'éther méthylique bout à 250° sous 1 m/m de pression. Le chlorure acide s'obtient aisément par l'action du chlorure de thionyle. La réaction est singulièrement accélérée par la présence d'acide sulfurique en très petites quantités. L'eau n'agit pas sur le chlorure acide.

— Oxydation spontanée, en solution alcaline des acides 1-méthylurique et 1,3-diméthylurique. Note de Léon PIAUX. — L'oxydation de l'acide 1-méthylurique par l'oxygène se comporte exactement comme celle de l'acide urique, à quelques détails près; celle de l'acide 1,3-diméthylurique conduit à une rupture beaucoup plus complète de la molécule. Ce résultat paraît être dû à la présence de deux groupes méthyles liés à l'azote du noyau pyrimidique.

— Synthèse de l'alcool méthylique pur par réduction de l'oxyde de carbone. Note de Georges PATART. — En faisant circuler, en circuit fermé sous une pression de 150 à 250 atmosphères, un mélange gazeux contenant environ 1 volume d'oxyde de carbone pour 1,5 volume d'hydrogène sur un catalyseur, formé d'oxyde de zinc maintenu entre 400 et 420°, il y a réaction. En refroidissant à 20° une région du circuit gazeux, on obtient un liquide formé d'eau et d'alcool méthylique.

Séance du 15 décembre. — Etude expérimentale de l'action de l'acide sulfurique sur l'oxalate de calcium. Note de E. CARRIÈRE et E. VILON. — La réaction est limitée. La quantité d'acide oxalique régénéré augmente avec la température puis passe par un maximum à 30°, puis décroît jusqu'à 35° pour augmenter de nouveau. La régénération augmente avec la concentration: le pourcentage d'acide oxalique régénéré est sensiblement proportionnel à l'excès d'acide sulfurique.

— Adsorption et cataphorèse. Note de Jean PERRIN. — Dans le cas du charbon la vitesse de cataphorèse dépend uniquement de la proportion des ions H du milieu. Les très fortes différences qui existent entre l'adsorption de leurs sels et l'adsorption des acides amènent à penser que les acides organiques ne sont pas adsorbés essentiellement sous forme d'ions, mais de molécules non dissociées.

— Sur le fractionnement thermique des produits gazeux de la pyrogénation des constituants des charbons bitumineux. Note de P. LEBEAU et P. MARASSE. — Les produits provenant de la carbonisation de ces charbons diffèrent peu de ceux provenant directement de la carbonisation des houilles.

— Sur la présence d'un glucoside dédoublable par l'émulsine dans le Baillonia spicata H. Bn. et sur les produits de dédoublement de ce glucoside. Note de H. HÉRISSEY. — Il existe dans le Baillonia spicata un glucoside hydrolysable par l'émulsine; ceci a été confirmé par l'obtention de deux produits: le glucose et le baillonigénol.

— Sur les conditions de stabilisation de l'iode chez les L. flexicaulis. Note de P. FREUNDLER. — On peut stabiliser de trois façons différentes la teneur initiale de ces algues: en augmentant la concentration saline, en chauffant brutalement les tissus en vase clos et en les desséchant complètement à 105°. Il n'y a pas à faire intervenir l'action diastasique mais la conservation ou la coagulation de la matière protoplasmique. L'accroissement se produirait au cours de l'hydrolyse de cette dernière. -

Séance du 22 décembre. — La séance est consacrée à la distribution des prix.

Prix Hébert: M. Edgar Haudié.

Prix Lacaze pour la Physique: M. Paul Langevin.

Prix Hugues: M. Alexandre Dufour.

Fondation Clément Félix. Les arrérages sont partagés entre MM. Jean Mercier et Pierre Fleury.

Prix Montyon des Arts insalubres: M. André Brochet (décédé); une mention honorable est décernée à M. Isidore Lazennec.

Prix Jecker: M. Louis Jacques Simon.

Prix Lacaze: M. Camille Matignon.

Fondation Cahours: Mlle Suzanne Weil.

Prix Houzeau: M. Chevenard.

Prix Binoux: Mme Hélène Metzger.

Médaille Lavoisier: M. Achille Lebel.

Prix Le Conte: M. André Debierne.

Prix Parkin: M. Ernest Fourneau.

Prix Henri de Parville: MM. Maurice Vèzes et Georges Dupont.

Prix Laplace: M. Philippe Charles André Coste.

Prix L. E. Rivot: MM. Philippe Charles André Coste; Lucien Félix Chadenson; Jean Charles Joseph Armanet; Vincent Louis Pierrre Bauzil.

Fondation Henry le Chatelier: Léon Jacqué.

Séance du 29 décembre 1925. — Présence du nickel et du cobalt dans la terre arable. Note de Gabriel BERTRAND et M. MOKRAGNATZ. — Ces deux métaux existent non seulement dans les terres de France examinées mais dans celles des autres pays. Les auteurs tentent d'expliquer cette présence constante par un apport de particules provenant des espaces interplanétaires.

— Obtention de composés acétyléniques vrais à partir des dérivés magnésiens mixtes de l'acétylène. Note de M. LESPIEAU. — La production de ces composés doit être souvent attribuée à l'attaque d'une seule fonction du dérivé dimagnésien de l'acétylène.

— Sur la constante d'hydrolyse du sucre. Note de H. COLIN et Mlle A. CHAUDUN. — La vitesse d'hydrolyse du sucre croît plus vite que la concentration et l'accroissement de la vitesse d'hydrolyse dépend du catalyseur employé.

— Nouvelles démonstrations de la présence normale de l'oxyde de carbone, dans le sang. Note de Maurice NICLOUX. — Il existe dans le sang un gaz qui se combine à l'hémoglobine et dont la combinaison résiste à l'action du vide. Extrait au moyen de l'acide phosphorique il présente tous les caractères eudiométriques de l'oxyde de carbone. Il donne au contact d'une solution d'hémoglobine étendue les deux bandes d'absorption de l'hémoglobine oxycarbonée. Il est déplacé par le bioxyde d'azote et par l'oxygène en donnant les caractères spectroscopiques de l'oxyde de carbone.

SOCIÉTÉ INDUSTRIELLE DE MULHOUSE

L'Hydrolyse de la fécule par l'eau oxygénée
Par Charles SUNDER
Séance du 26 mars 1924

Si les substances les plus hétéroclites entrent dans la composition des recettes d'apprêt qui se trouvent publiées et qui donnent quelque fois des résultats malgré leur complication inutile, on s'aperçoit que la simplicité s'impose et que le choix des produits est singulièrement limité quand il s'agit d'obtenir certains effets. Il en est ainsi quand il faut par exemple donner du soutenu, sans voiler le brillant naturel de la fibre, ou quand on doit apprêter des nuances foncées unies comme le noir. Les substances à employer doivent, avant tout, répondre à une condition : il faut qu'elles soient transparentes.

Les résultats les meilleurs seront obtenus avec les apprêts qui, à parité d'effet, contiendront le minimum des substances solides.

La colle, la gélatine, et l'alumine fournissent de bons apprêts, mais ces produits sont chers et ne conviennent pas toujours à cause de leur coloration.

La gomme Sénégal modifie peu la nuance des pièces teintes en indigo foncé, mais nécessite une forte dépense en matière grasse. Cela provient du fait que la gomme déposée sur le tissu demeure solide. Les pièces ne peuvent donc pas être assouplies notablement par aspergeage. Celui-ci doit être très réduit, au contraire, si l'on veut éviter un durcissement se produisant au magasin par la dessication d'une partie importante de la gomme.

Notons encore des produits du genre de la Vosgeline que l'on obtient en grillant la fécule traitée préalablement par des solutions d'hypochlorite de soude.

Certains apprêteurs transforment la fécule en la traitant par des solutions de chlorure de magnésium ou de chlorure de calcium ; un produit dénommé Gloy est obtenu ainsi. Il a l'inconvénient d'exclure l'emploi du savon.

Lorsqu'il s'agit d'apprêter de grandes quantités de pièces imprimées, comme c'était le cas en Russie, il faut écarter les produits cités pour diverses raisons, et s'en tenir à la fécule, quitte à en tirer le meilleur parti possible par un traitement simple et économique.

On sait que la fécule, en subissant l'hydrolyse, fournit un mélange de dextrine et d'un sucre, produits solubles. Si l'hydrolyse n'est que partielle, la désagrégation de la matière amylacée fournit des produits solubles à chaud, mais se prenant en gelée à froid. Dans des conditions appropriées, on obtient de la dextrine blanche, soluble à froid, ne contenant que très peu de sucre ; la solution desséchée sur une lame de verre laisse une pellicule incolore et bien transparente ; le rendement de ce produit laisse malheureusement à désirer.

Un grand nombre de substances chimiques peuvent catalyser l'hydrolyse de la matière amylacée, mais, pour leur utilisation, il faut un choix judicieux, les uns agissant trop brusquement, les autres ayant un caractère capricieux.

Dans une grande usine russe, l'hydrolyse partielle était obtenue sans catalyseur par cuisson prolongée à la vapeur directe. Dans un cuveau, pouvant contenir 300 litres, on mélangeait 40 kilog de fécule avec la quantité nécessaire d'eau ; le mélange était porté à l'ébullition et soumis à une cuisson prolongée jusqu'à liquéfaction. Au début, la masse devenait très épaisse ; dès l'épaississement, il fallait diminuer l'admission de la vapeur en la réglant attentivement pour éviter la projection de la masse bouillante. Quand la cuisson était achevée, la masse était fluide, limpide et filante comme de l'huile. Le produit dilué avec de l'eau réagit avec l'iode en donnant la coloration bleue ; il se prend à froid en une gelée quelque peu louche. La pellicule, transparente, que le produit étalé laisse sur une lame de verre, a un brillant modéré. L'apprêt concentré contient donc environ 13 1/2 0/0 de fécule, il est dilué selon les besoins. Tel quel, il s'épaissit assez fortement par addition d'une solution de savon neutre à la phénolphtaléine. Le sulfoléate de soude neutre au tournesol (savon acide) est, par contre, bien supporté.

La cuisson étant d'une durée assez longue et la cuisine des apprêts n'arrivant pas toujours à suivre, je me mis à l'étude d'un catalyseur afin de l'abréger. Les meilleurs résultats furent obtenus avec l'eau oxygénée, dont l'action se poursuit d'une façon très régulière. Son emploi permit de réduire la durée de la cuisson à vingt minutes.

Pour les 40 kilog. de fécule, 600 c/m³ d'une eau à 5 volumes suffisent. Si elle est neutre, l'apprêt est employé directement ; si l'eau contient de l'acide minéral, il faut ajouter une quantité suffisante d'acétate de soude. On peut préparer une eau oxygénée en introduisant par petites quantités 40 grammes peroxyde de sodium dans un litre de liquide glacé contenant 80 grammes d'acide sulfurique 52° et 10 grammes d'alcool (l'alcool sert à la conservation). Cette eau marque environ 5 volumes.

On peut se servir du bioxyde de sodium pour la cuisson à la place de l'eau oxygénée ; on en prendra environ 30 grammes par cuveau ; après la cuisson, il faut neutraliser par de l'acide acétique. Il convient toutefois de faire remarquer que le peroxyde de sodium est un produit trop dangereux pour être conservé dans un atelier.

L'apprêt-mère peut être conservé longtemps à chaud sans perdre de sa force, ce qui n'est pas le cas pour l'apprêt au malt qui s'affaiblit sensiblement.

J'ai eu l'occasion de comparer l'apprêt à l'eau oxygénée avec l'apprêt au malt utilisé dans une autre usine. Il en résulte que le malt fait diminuer le rendement d'une faço n notable. Avec 100 parties de fécule traitéeà l'eau oxygénée, on obtient le même effet qu'avec 150 parties du produit transformépar le malt.

Lors du calandrage, les pièces apprêtées avec l'apprêt oxygéné résistent mieux et restent plus épaisses à pression égale, malgré leur teneur moindre en matière amylacée.

Par suite de son homogéinité, l'apprêt oxygéné peut être additionné de colorants directs, tels que la géranine et la chrysophénine. On peut lui incorporer également du broyé d'outre-mer.

Après dessication, cet apprêt est insoluble dans l'eau froide ; les pièces peuvent être aspergées assez fortement sans perdre leur souplesse dans les magasins. Grâce à sa fluidité, l'apprêt pénètre facilement la fibre ; sa tendance au voile est minime et les tambours à sécher ne sont à nettoyer que rarement. C'est un des apprêts les plus économiques ; la dépense en eau oxygénée est minime, elle est, d'ailleurs, compensée par l'économie de vapeur et de temps.

<hr>

Vert enluminé

Pli cacheté n° 1914, déposé le 17 juillet 1909
Par **M. Marius RICHARD**
Séance du 26 mars 1924

On n'a pu, jusqu'à présent, obtenir un beau vert à la dinitroso-résorcine, enluminé avec des couleurs pouvant rivaliser comme vivacité à celle que l'on est habitué à voir sur les fonds noirs d'aniline.

Voici un procédé qui comble cette lacune. On plaque en hotflue en :

Résorcine, 132 grammes que l'on diazote à la manière ordinaire avec :

Acide chlorhydrique, 264 c/m³ ; Nitrite de soude, 168 grammes ; Eau et glace, quantités nécessaires. On ajoute après diazotation :

Ammoniaque, 1.000 c/m³, puis prussiate rouge, 1250 grammes ; Eau, quantité nécessaire. On porte à 10 litres.

Puis on imprime des réserves (laques, et albumine) au sulfite de potassium à 45°, 200 à 250 c/m³ par kilog de couleur d'impression, le blanc contient en outre un peu de citrate de sodium.

On passe au petit Mather-Platt.

On lave en eau tiède et rince en eau froide.

Puis on passe à froid en un bain d'acide chlorhydrique contenant 8 c/m³ d'acide par litre d'eau ; on rince et l'on sèche.

L'acidage a pour but de former un peu de bleu de Prusse, ce qui avive considérablement la nuance en la faisant virer de l'olive au vert vif.

Le ton de l'olive dépend, en outre, des quantités de prussiate rouge que contient le bain de placage, avec un peu de prussiate on obtient un olive brunâtre, avec plus de prussiate un olive de plus en plus vif.

On a donc deux moyens pour varier la nuance du vert, le prussiate et l'acidage. Avec 125 grammes de prussiate par litre de bain de placage on obtient le maximum d'effet.

Quant à l'acidage, 5 à 10 c/m³ par litre d'acide chlorhydrique suffisent pour faire virer l'olive en vert vif.

Tous les tons de vert et d'olive, acidés ou non, peuvent se réserver au sulfite de potasse en blanc et en couleur exactement comme l'échantillon A.

Remarque. — On pourrait objecter à ce qui précède que la maison Meister-Lucius et Brüning a déjà rendu public un procédé permettant d'obtenir un olive pouvant être réservé : au prussiate rouge et à la dinitrosorésorcine. (Impression du coton, pages 154-155). Je remarque cependant que le procédé en question ne donne pas de résultats bien brillants (voir échantillon page 165), l'action du prussiate n'a pas été comprise et de fait les auteurs en indiquent des quantités tout à fait insuffisantes, ne permettant pas d'obtenir un bel olive. Quant à l'action de l'acidage, qui seul permet de faire virer l'olive en vert vif, il n'en est pas question.

En résumé, le procédé que je viens de décrire permet d'obtenir un beau vert vif enluminé d'une façon parfaite, de fabrication facile et courante, ce qui est impossibble si l'on se sert du procédé décrit dans l'ouvrage de Meister Lucius.

Cette considération m'a décidé à déposer ce pli.

Réserves colorées sous teinture en colorants au soufre

Pli cacheté n° 1871, déposé le 19 novembre 1908

Par MM. FROSSARD et MOUETTE

Séance du 26 mars 1924

Le tissu mercerisé est prépa.é à la hot-flue en résorcine 25 grammes par litre d'eau, ou bien en résorcine et ferrocyanure de potassium.

On imprime les colorants basiques dissous dans le phénol, additionnés de la réserve au chlorure de zinc et de la formaldéhyde.

On donne un passage de trois minutes au Mather-Platt, puis on teint à chaud dans un bain de colorant dissous dans le sulfure de sodium et le carbonate de soude. On déverdit, lave, acide et savonne comme d'habitude.

Les colorants basiques fixés de cette manière à l'aide de la résorcine-formaldéhyde, sont d'une solidité très remarquable, qui n'est pas à comparer à la solidité des colorants fixés au tannin ou au tungstate de zinc.

======

BIBLIOGRAPHIE

L'évidence de la théorie d'Einstein, par Paul DRUMAUX, professeur à l'Université de Gand. — Un volume in-8 de 72 pages, 1923 ; broché : **6 francs**.

Librairie Scientifique J. HERMANN, 6, Rue de la Sorbonne, Paris (5e)

La table des matières met le lecteur au courant de la thèse soutenue par l'auteur.

Les incohérences de la Physique. — Une question. La lumière. Le mouvement absolu. L'expérience de Michelson. Un Philosophe. Un mouvement. Un postulat.

La relativité restreinte. — La constance de la vitesse de la lumière. La relativité de l'espace. La relativité du temps. Les équations de Lorentz. Le principe d'équivalence. La pesanteur de la lumière.

La relativité généralisée. — Que fait-on en Physique ? Géométrie non-euclidienne. La géométrie de Gauss. Les fonctions g d'une surface. La courbure de l'espace. Les fonctions g de l'espace. L'espace-temps. La géométrie de l'espace-temps. L'intervalle et son invariance. La découverte de Minkowski. Le caractère euclidien et l'infiniment petit. Les fonctions g de l'espace-temps. Le principe d'invariance. Le calcul tensoriel. Le rôle des tenseurs. Le tenseur fondamental. Le tenseur de Riemann-Cristoffel. La loi de gravitation. La règle et l'horloge. L'action.

Conclusions.

Dynamique des Solides, par J REVEILLE, agrégé de l'Université, docteur ès-sciences, répétiteur à l'École Polytechnique. — Un volume grand in-8 de 506 pages avec 135 figures. Prix : **40** francs (ajouter 10 p. 100 pour frais d'envoi).

J.-B. BAILLIÈRE et Fils, éditeurs, 19, rue Hautefeuille, Paris (6e)

Cet ouvrage fait partie de l'Encyclopédie de Mécanique appliquée, publiée sous la direction de M. Lecornu, Membre de l'Institut, sous le Patronage de la Société des Ingénieurs civils de France et de la Société d'Encouragement pour l'Industrie Nationale.

BREVETS PRIS A PARIS

COMBUSTIBLES

Procédé de transformation du poussier anthraciteux en anthracite sous forme de morceaux, par Société dite : Compagnie des mines de Vicoigne, Nœux et Drocourt (France). — (Br. 559263, demandé le 30 novembre 1922, délivré le 12 juin 1923.)

Objet du brevet. — Procédé consistant à soumettre à la distillation en vase clos, vers 6-800° les agglomérés de poussier d'anthracite et de brai de goudron ou de houille.

Procédé de fabrication d'hydrocarbures liquides combustibles à partir de l'éthylène, par A. A. L. J. Damiens et M. C. J. E. de Loisy (France) et O. J. G. Piette (Belgique). — (Br. 556163, demandé le 9 décembre 1921, délivré le 9 avril 1923.)

Objet du brevet. — Procédé consistant à traiter l'éthylène par l'acide sulfurique en présence d'un catalyseur obtenu par chauffage du sulfate de mercure en présence d'acide sulfurique ou de sulfate de cuivre et d'oxyde cuivreux.

Procédé continu pour la conversion de composés aromatiques à chaîne fermée en essence pour moteurs, par Société dite : Chemical Research Syndicate ltd (Etats-Unis). — (Br. 557749, demandé le 24 octobre 1922, délivré le 9 mai 1923.)

Objet du brevet. — On hydrogène par l'hydrogène naissant le benzène et les carbures benzéniques, cet hydrogène naissant étant obtenu par action de la vapeur d'eau sur l'oxyde ferreux. Ce dernier est régénéré par réduction au moyen de paraffines volatiles.

Combustible liquide pour les moteurs à explosion pouvant être substitué à l'essence, par G. Scaravelli (Italie). — (Br. 557797, demandé le 25 octobre 1922, délivré le 12 mai 1923).

Objet du brevet. — Simple mélange d'alcool éthylique pétrole lampant éther amylique acétone acide sulfurique, chaux et huile de ricin.

Procédé de production de coke, par Société dite : The Barrett Company (Etats-Unis). — (Br. 556068, demandé le 14 septembre 1922, délivrée le 6 avril 1923.)

Objet du brevet. — On obtient un coke exempt de cendres et de soufre par carbonisation en four à ruche de brai de goudron de houille par chauffage progressif à environ 1200°.

Nouvelle méthode d'épuration des huiles minérales, par Mme A. Rialland, née Percevault (France). — (Br. 557963, demandé le 7 février 1922, délivré le 14 mai 1923.)

Objet du brevet. — L'huile est agitée avec de l'acide sulfurique, séparée ensuite par centrifugation, soumise à des lavages alcalins puis séchée.

Procédé de fabrication de charbon de bois, par Société dite : Cellulose et papiers (Société de recherches et d'applications) (France). — (Br. 554281, demandé le 2 décembre 1921, délivré le 27 février 1923.)

Objet du brevet. — Production de charbon de bois par carbonisation de déchets ligneux sans valeur tels que balles de céréales déchets légumineux. Le charbon obtenu est facilement pulvérisable et les sous produits sont analogues à ceux de carbonisation des bois tendres.

Procédé pour augmenter la teneur en hydrocarbures d'un gaz de houille, par E. Rothenbach (Suisse). — (Br. 557855, demandé le 26 octobre 1922, délivré le 12 mai 1923).

Objet du brevet. — Procédé consistant à introduire un gaz hydrogéné dans les cornues de distillation pendant la période de distillation et avant coke faction complète.

Procédé et appareils pour la production d'un carburant pour moteurs et éventuellement d'un produit analogue à l'essence de térébenthine, par Société dite : Etablissements Eugène Maréchal et fils (France). — (Br. 556395, demandé le 31 décembre 1921, délivré le 11 avril 1923.)

Objet du brevet. — On obtient un mélange carburant pour moteurs en faisant passer simultanément sur des catalyseurs, puis sur de la chaux vive à une température convenable, des vapeurs d'hydrocarbures, d'alcool et d'eau. Le produit obtenu passe dans un filtre imprégné de matières alcalines et est ensuite condensé et décanté.

Combustible liquide et procédé pour le fabriquer, par R. A. Butler (Etats-Unis). — (Br. 557554, demandé le 8 octobre 1922, délivré le 7 mai 1923.)

Objet du brevet. — Combustible obtenu en portant à l'ébullition un mélange d'huile et d'eau alcalinisée donnant un liquide homogène susceptible d'être utilisé dans les bruleurs.

Perfectionnements relatifs à la purification des huiles minérales, par A. E. Dunstan (Angleterre). — (Br. 559510, demandé le 29 novembre 1922, délivré le 18 juin 1923.)

Objet du brevet. — Elimination des composés sulfurés par un traitement à l'acide hypochloreux et au chlore en excès suivie d'une distillation et d'un traitement par de la bauxite et des terres argileuses.

Procédé pour la préparation de mélanges carburants, par Société Prodor (Suisse). — (Br 559677, demandé le 11 décembre 1922, délivré le 20 juin 1923.)

Objet du brevet. — Addition aux huiles lourdes, goudrons ou huiles végétales de quantités variables d'acétal, paraldéhyde, acétaldéhyde, alcool et éthers.

PRODUITS MINÉRAUX

Procédé de fabrication de plaques radiographiques et produits nouveaux en résultant, par Société dite : Grieshaber frères et Cie, Société en commandite par actions (France). — (Br. 549403, demandé le 27 mars 1922, délivré le 18 novembre 1923.)

Objet du brevet. — Procédé destiné à augmenter la sensibilité aux rayons X en interposant sur le trajet de ces rayons une surface faisant corps avec la plaque radiographique et constituée par des sels blancs insolubles de métaux à poids atomique élevé.

Procédé pour la fabrication d'alumine, par Société dite : Norsk Hydro-Elektrisk Kvoelstofaktieselskab (Norvège). — (Br. 556766, demandé le 28 février 1922, délivré le 19 avril 1923.)

Objet du brevet. — Les minéraux alumineux sont dissous dans l'acide nitrique et chauffés modérément de façon à avoir un mélange d'alumine et de nitrates non décomposés, résultat auquel on arrive par addition de nitrates alcalins à la masse fondue.

Méthode de traitement de la leucite par la chaux pour obtenir de la potasse caustique et un résidu propre à la fabrication du ciment, par Société dite : Société pour l'utilisation des leucites (Belgique). — (Br. 556994, demandé le 4 octobre 1922, délivré le 26 avril 1923).

Objet du brevet. — Les leucites sont traitées en autoclave par la chaux après chauffage préalable du mélange à 800-1000° C., la chaux étant employée sous forme de calcaire.

Procédé perfectionné de fabrication de phosphates solubles, par J. G. Williams (Angleterre). — (Br. 557718, demandé le 23 octobre 1922, délivré le 9 mai 1923.)

Objet du brevet. — Les phosphates insolubles sont traités par un acide faible en présence de sulfates alcalins en milieu aqueux.

Procédé pour l'obtention d'acide chlorhydrique pur, par G. Carteret et M. Devaux (France). — (Br. 556283, demandé le 18 décembre 1921, délivré le 11 avril 1923.)

Objet du brevet. — Procédé consistant à distiller dans le vide des solutions aqueuses de chlorures métalliques ou métalloïdiques hydrolysables.

Procédé pour la fabrication du peroxyde de chlore, par Société dite : Köln-Rotwell Aktiengesellschaft (Allemagne). — (Br. 558769, demandé le 17 novembre 1922, délivré le 1er juin 1923.)

Objet du brevet. — On décompose les chlorates au bain-marie par un mélange d'un acide réducteur et d'acide sulfurique concentré.

Procédé de fabrication de l'acide titanique à partir des minerais de titane, par Société dite : Chemische Werke vorm. Auergesellschaft M. B. H. Kommanditgesellschaft (Allemagne). — (Br. 559674, demandé le 11 décembre 1922, délivré le 20 juin 1923.)

Objet du brevet. — On dissout la masse résultant de l'attaque du minerai par l'acide sulfurique dans les eaux mères d'une opération antérieure. La majeure partie du fer est séparée sous forme de sulfate cristallisant par simple refroidissement. La solution est ensuite soumise à une hydrolyse sous pression pour précipiter l'acide titanique.

Méthode de production de sulfate d'aluminium, par Société : dite Societa Italiana Potassa (Italie). — (Br. 559703, demandé le 12 décembre 1922, délivré le 21 juin 1923.)

Objet du brevet. — Le minerai traité par l'acide chlorydrique donne du chlorure d'aluminium que l'on transforme en sulfate par l'acide sulfurique en regénérant l'acide chlorhydrique.

Procédé de préparation de l'oxyde de baryum, par Société dite : Société Heetfeld und et Cie (Allemagne). — (Br. 559709, demandé le 12 décembre 1922, délivré le 21 juin 1923).

Objet du brevet. — Procédé basé sur la décomposition du sulfate de baryum par l'oxyde de magnésium ; le rendement est presque théorique.

Procédé de préparation du carbonate de magnésie en partant des carbonates de de magnésie et silicates de magnésie calcaires, par A. Hambloch (Allemagne). — (Br. 559712, demandé le 12 décembre 1922, délivré le 21 juin 1923.)

Objet du brevet. — Procédé consistant à préparer un carbonate double de magnésie et d'alcali qui est soluble alors que le carbonate calcique est insoluble dans ces conditions. On arrive à ce résultat en mélangeant les minerais en poudre fine avec les carbonate ou bicarbonates alcalins dans de l'eau saturée de gaz carbonique avec ou sans pression à une température de 70°. Et de la solution décantée ou filtrée on précipite le carbonate de magnésie en chauffant longtemps vers 100° dans le vide.

Traitement de chaux magnésiennes ou de magnésites par des sulfates ou chlorures divers, par O. Mathyssen (France). — (Br. 560266, demandé le 18 novembre 1922, délivré le 4 juillet 1923.)

Objet du brevet. — On utilise des sels de fer, alumine, zinc etc. à l'état de solution capable de séparer la magnésie sous forme de sulfate, chlorure ou oxyde.

Procédé de fabrication sans évaporation de liqueur de chlorure de baryum cristallisé pur en partant de withérite ou de sulfure de baryum et d'acide chlorhydrique industriel ordinaire à 21° Bé. par M. A. Minot (France). — (Br. 561734, demandé le 22 décembre 1922, délivré le 16 août 1923.)

Objet du brevet. — Procédé consistant à préparer des solutions de chlorure de baryum à 29-30° Bé desquelles on précipite le chlorure par addition d'acide à 21°Bé.

Procédé de préparation d'ammoniaque à partir des oxydes d'azote, par Société dite : L'Azote Français (France). — (Br. 530124, demandé le 21 janvier 1921, délivré le 24 septembre 1921.)

Objet du brevet. — On fait passer à 200-400° sur du nickel divisé un mélange d'oxydes d'azote et de gaz à l'eau purifié et en excès. Les gaz formés sont fixés par un alcali ou de la chaux et l'ammoniaque est récupérée sous forme de sulfate ou par liquéfaction.

PRODUITS ORGANIQUES

Procédé de fabrication de la formaldéhyde, par Société dite : Farbwerke vorm. Meister Lucius und Bruning (Allemagne). — (Br. 556700, demandé le 29 septembre 1922, délivré le 18 avril 1923.)

Objet du brevet. — On saponifie des vapeurs de chlorure de méthyle au moyen de la vapeur d'eau par passage de leur mélange sur du charbon de bois actif ou des corps poreux.

Préparation de nouveaux dérivés des naphtoquinones, par Société anonyme des matières colorantes et produits chimiques de Saint-Denis, par A. Wahl et R. Lantz (France). — (Br. 558117, demandé le 30 octobre 1922, délivré le 17 mai 1923.)

Objet du brevet. — Emploi de l'air et d'un catalyseur dans la réaction des arylimines des naphtoquinones sur les amines primaires aromatiques.

Procédé pour la préparation d'une solution aqueuse stable d'un composé benzénique, par Société dite : Établissements Poulenc frères et M. Pomaret (France). — (Br. 556636, demandé le 28 décembre 1921, délivré le 18 avril 1923.)

Objet du brevet. — On évite la dissociation par l'eau des dioxydiaminoarsènobenzène-N-méthylènesulfinates ou N-méthylènesulfonates de sodium par l'emploi d'une solution de sucre réducteur au lieu d'eau pure ; dans ces conditions, la solution peut être stérilisée par chauffage sans crainte de dissociation.

Procédé de production d'aldéhyde aromatiques, par Société dite : The Barrett Company (Etats-Unis). — (Br. 558230, demandé le 3 novembre 1922, délivré le 19 mai 1923.)

Objet du brevet. — Emploi comme catalyseurs des oxydes d'uranium, tantale, molybdène ou tungstène sur des mélanges de carbures aromatiques et d'oxygène ou d'air.

Nouveau procédé de préparation de l'aniline, par G. Poma et G. Pellegrini (Italie). — (Br. 559730, demandé le 12 décembre 1922, délivré le 21 juin 1923.)

Objet du brevet. — Obtention d'aniline par chauffage à 50 60° du nitrobenzène en présence de 2 à 5 fois son poids d'eau et 1/2 0/0 de catalyseur métallique divisé dans une atmosphère d'hydrogène, gaz pauvre ou anhydride sulfureux à 4 ou 5 kgs de pression.

Procédé pour dénaturer l'alcool et les produits alcoolisés, par N. H. Johansson (Suède). — (Br. 555368, demandé le 25 août 1922, délivré le 21 mars 1923.)

Objet du brevet. — Addition à l'alcool de substances à fonction carbonyle et en combinaison du carbone double ou multiple telles que aldéhyde crotonique, cétones non saturées etc., ces corps ayant sensiblement les mêmes propriétés physiques que l'alcool duquel elle ne peuvent être séparées pratiquement par distillation.

Procédé de fabrication de sulfate neutre d'éthylène à partir de l'éthylène, par A. A. L. J. Damiens, M. C. J. E. de Loisy (France) et O. J. G. Piette (Belgique). — (Br. 556175, demandé le 12 décembre 1921, délivré le 9 avril 1922.)

Objet du brevet. — On traite à basse température en présence de sulfate cuivreux l'éthylène par de l'acide sulfurique à au moins 96 0/0.

Nouveau procédé de fabrication d'un mélange d'alcool et d'éther, par P. Kestner (France). (Br. 556184, demandé le 14 décembre 1921, délivré le 19 avril 1923.)

Objet du brevet. — Consiste à deshydrater partiellement l'alcool gazeux au moyen d'un catalyseur dont on règle l'action pour obtenir le mélange d'alcool et d'éther en proportions voulues.

Oxydation catalytique des hydrocarbures aromatiques, par Société dite : The Barrett Company (Etats-Unis). — (Br. 556210, demandé le 18 septembre 1922, délivré le 10 avril 1923).

Objet du brevet. — On fait passer un mélange d'hydrocarbures et d'air à une température convenable sur un catalyseur constitué par un mélange d'oxydes des métaux des cinquième et sixième groupes (molybdène, tantale, cuivre, etc...

Procédé pour la fabrication de produits de condensation de l'urée ou des dérivés de l'urée d'une part et de la formaldéhyde d'autre part, par F. Pollak (Autriche). — (Br. 560008. demandé le 19 août 1922, délivré le 28 juin 1923.)

Objet du brevet. — Le durcissement des produits de condensation est réglé par addition de sels métalliques convenablement choisis, les sels d'acides faibles retardant le durcissement, les sels d'acides forts l'accélérant.

MATÉRIAUX DE CONSTRUCTION, CÉRAMIQUE, VERRERIE

Procédé de fabrication de carreaux de revêtement décorés, émaillés à froid, par A. Strittmatter (Allemagne). — (Br. 558442, demandé le 9 novembre 1922, délivré le 25 mai 1923.)

Objet du brevet. — L'émail coloré est appliqué sur une plaque de verre et on applique dessus au moyen d'un cadre formant moule le mélange formant le corps du carreau. Ce mélange est fait de magnésite, chlorure de magnésium, diverses matières de charge et de l'alun de chrome en solution.

Fabrication de matériaux de construction, par E. Dombret père, A. Dombret et E. Dombret fils (France). — (Br. 559379, demandé le 4 décembre 1922, délivré le 14 juin 1923.)

Objet du brevet. — Mélange de pierre de pays pulvérisée, de chaux et ciment et d'une teinture. Le tout pressé humide à la machine puis séché lentement en carrière souterraine.

Procédé de réglage de la température du verre fondu dans la fabrication du verre en feuille par étirage vertical, par Brevets Fourcault (Belgique). — (Br. 557516, demandé le 17 octobre 1922, délivré le 5 mai 1923).

Objet du brevet. — Procédé consistant à éviter le refroidissement du verre pendant son passage dans le canal d'amenée aux machines d'étirage grâce à l'emploi de 2 brûleurs.

Procédé d'application des couleurs phophorescentes dans la peinture sur verre, par Société dite : Société des Etablissements Sigel frères (France). (Br. 562307, demandé le 17 février 1923, délivré le 31 août 1923).

Objet du brevet. — On applique derrière un verre décoré un fond peint avec les couleurs phosphorescente de diverses couleurs.

MATIÈRES COLORANTES, TEINTURE, IMPRESSION

Produit chimique destiné à remplacer les hydrosulfites dans la teinture à la cuve, par P. Malvezin, L. Grandchamp et C. Rivalland (France). — (Br. 537365, demandé le 24 juin 1921, délivré le 2 mars 1922).

Objet du brevet. — Mélanges à proportions variables de métabisulfite de soude avec du carbonate d'ammoniaque, du carbonate de soude, du zinc en poudre, de l'étain en poudre du trioxyméthylène, de la chaux éteinte et de la colle. Le zinc réagit sur les carbonates en donnant de l'hydrogène qui à son tour réduit le bisulfite en hydrosulfite.

Colorant et produit pour la préparation de colorants et leur procédé de fabrication, par H. Pereira (Autriche) et Compagnie nationale de matières colorantes et de produits chimiques (France). — (Br. 560749, demandé le 6 janvier 1923, délivré le 18 juillet 1923.)

Objet du brevet. — Colorant obtenu par dénitration de la pérylène quinone teignant le coton en violet.

Colorant à cuve dérivé du pérylène et procédé de préparation, par H. Pereira (Autriche) et Compagnie nationale des matières colorantes et de produits chimiques (France). — (Br. 560752, demandé le 6 janvier 1923, délivré le 18 juillet 1923.)

Objet du brevet. — Produit obtenu en traitant par un courant de chlore la pérylène quinone en solution nitrobenzénique au bain-marie. Le produit obtenu est purifié par cristallisation dans l'aniline chaude, se dissout en bleu dans l'acide sulfurique et teint le coton en jaune vif.

Colorants directs solides au foulon, par E. Fondère (France). — (Br. 557534, demandé le 18 octobre 1922, délivré le 7 mai 1923.)

Objet du brevet. — Procédé rendant solide au savonnage tiède, les noirs pour coton ou pour mi-laine, en employant un bain de teinture renfermant du sulfate de soude, du sulfate de fer, de l'alun et de l'aluminate de soude.

Perfectionnements aux encres à poudres métalliques, par Société dite : Alchemic Gold Company Inc. (Etats-Unis). — (Br. 560827, demandé le 9 janvier 1923, délivré le 20 juillet 1923.)

Objet du brevet. — Emploi de résines éthérifiées au lieu de résines acides pour la préparation des bronzes liquides.

Perfectionnements aux encres à poudres métalliques, par Société dite : Alchemic Gold Company Inc. (Etats-Unis). — (Br. 560828, demandé le 9 janvier 1923, délivré le 20 juillet 1923.)

Objet du brevet. — L'encre est préparée par addition de bronze en poudre à une solution de résine coumarone dans un mélange de terpineol et d'huile de résine.

Application nouvelle des quinones comme mordant pour la teinture des fibres animales, par Progil (France). — (Br. 555521, demandé le 30 août 1922, délivré le 23 mars 1923.)

Objet du brevet. — Obtention de couleurs plus corsées ou réalisation d'une économie de colorant en immergeant les fibres avant teinture dans une solution de quinone à 1 0/0; ce mordançage produisant en même temps une amélioration de la résistance mécanique des fibres.

GRAISSES, SAVONS, PARFUMS

Perfectionnement apporté à la décoloration et à la clarification des graisses, huiles, sucres, et matières analogues, par Société dite : Société Klarit Ltd (Angleterre). — (Br. 557384, demandé le 13 octobre 1922, délivré le 2 mai 1923.)

Objet du brevet. — Utilisation du noir de charbon tel qu'il est préparé par la combustion incomplète du gaz naturel et débarrassé par chauffage des produits huileux.

Procédé perfectionné pour l'épuration des graisses et des huiles grasses, par Société dite : Patenta Aktiengesellschaft für Verwertung von Erfirdungen und Verfahren (Suisse). — (Br. 557953, demandé le 30 octobre 1922, délivré le 14 mai 1923.)

Objet du brevet. — Le raffinage et la neutralisation s'effectuent simultanément par l'emploi d'une solution de soude caustique et d'eau oxygénée.

Procédé de fabrication de savon difficilement solubles, par T. Legradi (Autriche). — (Br. 558187, demandé le 2 novembre 1922, délivré le 18 mai 1923.)

Objet du brevet. — Incorporation au savon de sel non hygroscopique de façon à rendre le gonflement par l'eau moins important.

Procédé de fabrication de savon, par G. Petroff (Russie). — (Br. 460245, demandé le 22 décembre 1922, délivré le 3 juillet 1923.)

Objet du brevet. — Procédé consistant à introduire dans le savon de l'hydro ou de l'oxycellulose ou des sels d'oxycellulose obtenus à l'aide de tissus cellulaires exempts de lignine.

Procédé de fabrication de savons pauvres en eau, par T. Legradi (Autriche). — (Br. 558188, demandé le 2 novembre 1922, délivré le 18 mai 1923.)

Objet du brevet. — Procédé consistant à ajouter aux graisses saponifiables des matières non saponifiables telles qu'hydrocarbures ou cires et à chauffer longtemps le savon mélangé à cette matière.

Procédé de traitement des graines oléagineuses et de tous corps huileux permettant l'extraction totale de l'huile, par L. Perin (France). — (Br. 559079, demandé le 24 novembre 1922, délivré le 7 juin 1923.)

Objet du brevet. — Les corps huileux sont traités par un solvant soluble dans l'eau tel que l'acétone. Le principe huileux dissous par le solvant en est séparé par addition d'eau.

Procédé de traitement des tourteaux d'arachides en vu de l'extraction de principes utiles de ces tourteaux, par L. Grognot et C. Beck (France). — (Br. 560335, demandé le 23 décembre 1922, délivré le 7 juillet 1923.)

Objet du brevet. — Les tourteaux traités par une solution alcaline étendue donne un résidu riche en amidon et une solution de laquelle on retire de la caséine par addition d'une solution acide étendue. Les eaux-mères pouvant ensuite être mises à fermenter après addition de mélasses ou autres produits.

Procédé de fabrication d'un parfum d'ambre, par Société dite : Fabrique de produits chimiques Flora (Suisse). (Br. 561007, demandé le 23 décembre 1922, délivré le 25 juillet 1923.)

Objet du brevet. — On nitre de l'éther dibromobutyl-métacrésol-méthyle dissous dans du tétrachlorure de carbone. Le produit de la nitration est purifié par cristallisation et peut être utilisé comme fixateur en parfumerie.

COULEURS ET VERNIS, ESSENCES ET RÉSINES, CAOUTCHOUC

Couleur noire, procédé pour la fabriquer et produits dans la composition desquels elle entre, par Société dite : The American Cotton Oil Company. — (Br. 553687, demandé le 5 juillet 1922, délivré le 15 février 1923.)

Objet du brevet. — Utilisation dans la fabrication des couleurs du cirage, des encres, du caoutchouc, de la couleur noire obtenue par carbonisation de la terre à foulon épuisée ayant servi à l'épuration de l'huile de coton. Cette carbonisation fournit en même temps un excellent noir de fumée par condensation des fumées produites.

Perfectionnements apportés à la vulcanisation du caoutchouc (accélérateurs), par Société dite : The Naugatuck Chemical Company (Etats-Unis). — (Br. 553971, demandé le 15 juillet 1922, délivré le 21 février 1923.)

Objet du brevet. — Procédé utilisant les combinaisons ammoniacales des aldéhydes à chaîne ouverte, possédant plus de 2 et moins de 8 atomes de carbone, le produit le plus satisfaisant étant dérivé de l'héptaldéhyde et employé à la dose de 0,5 0/0 du poids du caoutchouc.

Procédé de fabrication des objets en caoutchouc vulcanisé (application des accélérateurs), par Société dite : The Miller Rubber Company (Etats-Unis). — (Br. 554442, demandé le 25 juillet 1922, délivre le 1er mars 1923.)

Objet du brevet. — On poudre avec l'accélérateur ou le soufre l'objet à vulcaniser renfermant le soufre ou l'accélérateur, puis on chauffe. On peut, au lieu de poudrer, plonger l'objet dans une solution chaude d'accélérateur.

Procédé pour la vulcanisation à froid du caoutchouc et produit dérivés, par Société dite : Société française du caoutchouc-mousse (France). — (Br. 559346, demandé le 2 décembre 1922, délivré le 14 juin 1923.)

Objet du brevet. — Le caoutchouc en feuille, en bloc, ou en dissolution est soumis à l'action successive de l'hydrogène sulfuré et du chlore qui donne lieu à la production de soufre naissant. La vulcanisation est ainsi rendue plus rapide et plus complète que par l'emploi de l'hydrogène sulfuré et l'anhydride sulfureux.

Application d'une matière nouvelle à la fabrication d'un vernis pour tous cuirs et chaussures et de vernis cirage pour tous cuirs et chaussures noires et de couleurs, par S. A. Gauvin (Algérie). — (Br. 538239, demandé le 16 janvier 1922, délivré le 19 mai 1923.)

Objet du brevet. — Emploi dans les compositions de vernis pour cuirs et chaussures du vernis obtenu à partir du bois et des feuilles de tous les arbrisseaux de la famille des pistachiers qui fournissent un vernis brillant, souple et bon marché.

Nouvel enduit et ses diverses applications, par H. C. Chasles (France). — (Br. 557085, demandé le 27 janvier 1922, délivré le 27 avril 1923.)

Objet du brevet. — Enduit obtenu par action d'un sel métallique déliquescent sur la fécule. Ce produit est agglutinant, souple imperméabilisant et ignifuge ; il peut être employé pour l'imperméabilisation de réservoirs, le collage de papier, d'étoffes, et du verre.

Encaustique pour parquets et autres applications et procédé de fabrication de cet encaustique, par R. N. Perrot (France). (Br. 556820, demandé le 2 octobre 1922, délivré le 20 avril 1923.)

Objet du brevet. — Emploi comme dissolvant du tétrachlorure de carbone qui exerce en même temps une action antiseptique.

Perfectionnements à la fabrication du lithopone, par Société dite : The New Jersey Zinc Company (Etats-Unis). — (Br. 557156, demandé le 7 octobre 1922, délivré le 28 avril 1923.)

Objet du brevet. — Alcalinité convenable à donner au lithopone pour avoir un bon mouillage à l'huile sans épaississement gênant.

Procédé pour la préparation de pigments blancs à base d'oxyde de titane, par G. Carteret et M. Devaux (France). — (Br. 558240, demandé le 1er février 1922, délivré le 19 mai 1923.)

Objet du brevet. — L'oxyde de titane fraîchement précipité est broyé avec une petite quantité de magnésie, puis lavée, essorée, séchée et calcinée à basse température. Ce traitement permet d'avoir un pigment non acide.

Procédé pour la production de résines artificielles par le phénol et la formaldéhyde, par I. Pollak et E. Mohring (Autriche). — (Br. 558507, demandé le 10 novembre 1922, délivré le 26 mai 1923.)

Objet du brevet. — Obtention de résines très dures, transparentes et comparables à l'ambre en préparant ces résines en présence d'acide organique faible et en ajoutant ensuite au mélange un excès de mono, di ou triméthylamine.

Matière artificielle à base de caoutchouc, par Elektrizitätswerk Lonza (Suisse). — (Br. 561098, demandé le 17 janvier 1923, délivré le 27 juillet 1923.)

Objet du brevet. — Caoutchouc additionné de cuprène, produit de polymérisation de l'acétylène qui est élastique et plastique.

Procédé de mélange de substances, au latex du caoutchouc, par E. HOPKINSON (Etats-Unis). — (Br. 561873, demandé le 6 février 1923, délivré le 20 août 1923.)

Objet du brevet. — Les charges et agents de vulcanisation, au lieu d'être mélangés par malaxage à sec avec du caoutchouc coagulé, sont incorporés directement au latex additionné d'anticoagulant, tel que l'ammoniaque, et en ayant soin d'employer des poudres humides.

Fabrication du caoutchouc vulcanisé, solubilisé, en partant d'objets en caoutchouc usagé, et son application à différents usages industriels, par L. IDOUX (France). — (Br. 562309, demandé le 17 février 1923, délivré le 31 août 1923.)

Objet du brevet. — On chauffe en autoclave le caoutchouc usagé dans un dissolvant en présence d'un dissolvant oxydant énergique, qui oxyde le soufre et amène le caoutchouc à être soluble. On décante le liquide, lave à l'eau et concentre dans le vide pour récupérer le dissolvant. Le caoutchouc ainsi obtenu peut être employé pour faire du cuir artificiel, du linoléum, de l'ébonite, etc.

Enduit isolant et imperméable pour des objets exposés à l'eau, par E. GIOVAGNOLI (Italie). — (Br. 555307, demandé le 24 août 1922, délivré le 1er mai 1923.)

Objet du brevet. — Mélange de résines, huile de lin, essence de térébenthine, céruse colophane, ciment pulvérisé, cire vierge et caoutchouc.

Peinture, par O. BRANDENBERGER (Suisse). — (Br. 555824, demandé le 9 septembre 1922, délivré le 3 avril 1923.)

Objet du brevet. — Peinture formant en séchant une couche de plomb métallique protégeant le support de l'action des agents atmosphériques et obtenue en incorporant du sous-oxyde de plomb à de l'huile de lin qui exerce une action réductrice.

Nouvelle composition détersive pour l'enlèvement et le rajeunissement des peintures et autre revêtements analogues, par E. C. FREEGARD (Canada). — (Br. 555893, demandé le 9 août 1922, délivré le 3 avril 1823.)

Objet du brevet. — Mélange dans l'eau de lessive alcaline, carbure de calcium et sel de cuisine.

Procédé pour le vernissage des bois et substances poreuses, par L. L. A. GELET (France). — (Br. 556244, demandé le 19 septembre 1922, délivré le 10 avril 1923.)

Objet du brevet. — Procédé consistant à imprégner le bois ou la substance poreuse d'une solution de caséine avant le vernissage.

Vernis à émail sous marin, par G. ASSANTE (Italie). — (Br. 558855, demandé le 20 novembre 1922, délivré le 4 juin 1923.)

Objet du brevet. — Vernis à base de gommes dures, colophane, talc, soufre et essence de térébenthine et s'appliquant à chaud.

Produit colorant et son procédé de fabrication, par M. TSAPALOS (France). — (Br. 559044, demandé le 21 novembre 1922, délivré le 7 juin 1923.)

Objet du brevet. — Colorant à base d'oxyde de fer.

Vernis antirouille translucide, par Mme Vve E. SABROU, née BONNARDEL et P. SABROU (France. — (Br. 560014, demandé le 24 octobre 1922, délivré le 28 juin 1923.)

Objet du brevet. — Vernis composé d'une solution de colophane dans un mélange de pétrole et tétrachlorure de carbone et additionné d'un peu de litharge.

Composition ignifuge, par C. VAN GEENHOVEN et A. KRYN (Belgique). — (Br. 560028, demandé le 19 décembre 1922, délivré le 28 juin 1923.)

Objet du brevet. — Composition ayant pour base le sulfate d'ammoniaque.

Enduit pour tissus pour ailes ou plans d'aéroplanes, par K. KAWASHIMA (Japon). — (Br. 560341, demandé le 23 décembre 1922, délivré le 7 juillet 1923.)

Objet du brevet. — De la nitrocellulose est dénitrée partiellement par l'acide borique, lavée, séchée et mise en solution acétonique à laquelle on ajoute de l'acide borique et du chlorure de magnésium.

Composition contre l'humidité des murs, par E. PRILLO (France). — (Br. 562001, demandé le 13 février 1923, délivré le 25 août 1923.)

Objet du brevet. — Composition à base de brai et de suif additionnée de céruse, résine et ocre.

Le Propriétaire-Gérant : Dr G. QUESNEVILLE.

ANGERS — IMPRIMERIE CENTRALE

LE PYREX

est à la fois

résistant aux Chocs et à la Chaleur

VERRERIE DE LABORATOIRE Moulée et Soufflée - VERRERIE INDUSTRIELLE

Tubes de niveaux - Plaques - Regards

Nouvelles applications : VERRERIE CULINAIRE - BOCAUX A CONSERVES - SERINGUES

LE PYREX, 8, rue Fabre d'Eglantine (Métro Nation) **PARIS (XIIe)**

SOCIÉTÉ ANONYME AU CAPITAL DE CINQ MILLIONS DE FRANCS

TÉL. : Diderot 30-71   R. C Seine : 199200

Ingénieur-Chimiste, actuellement dans le Service des poudres, 25 ans de pratique (analyses minérales et organiques, recherches organiques et fabrication), désirant prendre sa retraite proportionnelle, cherche emploi dans l'Industrie. S'adresser au Bureau du Journal sous les initiales   **E. S.**

Chimiste diplômé ayant très longue pratique, d'industries organiques concernant cellulose, textiles divers, blanchiment, huiles, pétroles, matières grasses, ateliers, laboratoire et direction, cherche situation dans l'une de ces industries. Ecrire au M. sc. **E. I.XII**

CRÈME DE BISMUTH-QUESNEVILLE

(Hydrate d'oxyde de Bismuth)

ASTRINGENT — ABSORBANT — ANTIFERMENTATIF

(Introduit en 1859 dans la thérapeutique par le Docteur QUESNEVILLE)

La crème de bismuth est dépourvue de toute acidité ; aussi est-elle le remède préféré par les médecins pour les enfants et les nourrissons (diarrhée verte, choléra infantile). « En administrant méthodiquement la crème de bismuth on supprime la mortalité par diarrhée infantile » (Dr Quinquaud).

La crème de bismuth a remplacé le sous-nitrate de bismuth (Magister bismuthi), poudre non miscible à l'eau, qui a de plus l'inconvénient de renfermer 20 0/0 d'acide nitrique, *mis en liberté* dans l'estomac et l'intestin.

La crème de bismuth grâce à son état d'hydratation est un absorbant des gaz gastro-intestinaux bien supérieur à la magnésie calcinée et aux poudres de charbon (dyspepsies nerveuses avec fermentations anormales, météorisme).

La crème de bismuth neutralise les acides de l'estomac. Elle se prescrit dans le cas d'hyperchlorhydrie (pyrosis, gastralgie) et ne débilite pas comme les alcalins. Dissipe les crises gastriques.

La crème de bismuth forme une couche protectrice à la surface de la muqueuse ulcérée ou enflammée (ulcérations intestinales de toute nature et ulcère de l'estomac).

La crème de bismuth absorbe instantanément les gaz sulfurés, véritable poison de l'économie, et supprime les coliques.

La crème de bismuth astringente, antifermentative, est le remède par excellence des diarrhées saisonnières, des diarrhées séreuses des pays chauds. Prise régulièrement, elle supprime les sécrétions anormales de l'intestin qui épuisent les phtisiques. Elle sera donnée dans les cas de diarrhée simple et gastroentérites, entérocolite ulcéro-membraneuse, entérite chronique et ulcéro-tuberculeuse, et dans les formes infectieuses, fièvre typhoïde, dysenterie, cholérine.

Prix du 1/2 flacon : 6 francs

P.-S. — *Se méfier des contrefaçons de la Crème de Bismuth à l'Etranger où l'on vend sous ce nom des mélanges de sous-nitrate de bismuth, craie préparée et phosphate de chaux. Exiger la signature du Dr QUESNEVILLE.*

R. C. : Seine — 239880

LE MONITEUR SCIENTIFIQUE QUESNEVILLE

JOURNAL DES SCIENCES PURES ET APPLIQUÉES

TRAVAUX PUBLIÉS A L'ÉTRANGER

COMPTES RENDUS DES ACADÉMIES ET SOCIÉTÉS SAVANTES

SOIXANTE-NEUVIÈME ANNÉE

CINQUIÈME SÉRIE. — TOME XV

Livraison 994   AVRIL   Année 1925

SUR QUELQUES PROPRIÉTÉS PHYSIQUES DES DÉRIVÉS NITRÉS

Par **M. Louis DESVERGNES**, Ingénieur-chimiste

Sur quelques propriétés physiques du 4-nitro-1-chlorobenzène

Le 4-nitro-1-chlorobenzène ou p. nitrochlorobenzène est un produit très employé dans l'industrie chimique : en mélange avec le 2-nitro-1-chlorobenzène (produit de nitration du monochlorobenzène), il constitue le produit intermédiaire servant à la fabrication du 2-4-dinitro-1-chlorobenzène.

I. — 4-nitro-1-chlorobenzène chimiquement pur employé

On a dissout à chaud, dans trois fois son poids d'acide nitrique à 65 0/0, du p-nitrochlorobenzène technique à haut degré. Après 24 heures de repos, on a essoré les grandes aiguilles blanches (40 à 50 m/m de longueur) obtenues ; on les a broyées et claircées avec de l'acide nitrique à 60 0/0 froid. Sur la matière essorée, on a fait 6 lavages à l'eau froide et après un clairçage à l'alcool à 70° froid, on a séché pendant 24 heures à 50°.

Le produit sec a été broyé et tamisé à la perce de 0 m/m 4 puis a subi trois traitements à l'alcool à 70° froid. Après essorage, on a resséché pendant 24 heures à 50°.

Le produit ainsi obtenu est blanc-neige.

II. — Point de solidification

Les valeurs indiquées par les différents auteurs sont toutes identiques : 83° (RICHTER), 83° (POST et NAUMANN), et 83° WÜRTZ).

Nous avons fait trois déterminations au tube à enveloppe d'air, et nous avons trouvé :

$$83°,15$$
$$83°,19$$
$$83°,19$$

III. — Solubilités dans les solvants organiques

Nous avons trouvé dans la littérature chimique les renseignements suivants : le p-nitrochlorobenzène est peu soluble dans l'alcool froid, facilement soluble dans l'alcool chaud, l'éther, le benzène et le sulfure de carbone.

Avant de donner les résultats trouvés pour les solvants organiques, nous indiquons les valeurs pour la solubilité de l'eau.

SOLUBILITÉ DANS L'EAU

17°	0,0028
50°	0,0125
100°	0,0153

SOLUBILITÉS DANS LES SOLVANTS ORGANIQUES

1º *Acétate d'éthyle* :
    17º. 75,675
    50º. 224,59
2º *Acétone* :
    17º. 127,516
    50º. 315,78
3º *Alcool éthylique à 96º* :
    17º. 6,991
    50º. 30,19
4º *Alcool absolu* :
    17º. 10,482
    50º. 33,66
5º *Alcool méthylique* :
    17º. 8,718
    50º. 28,18
6º *Benzène* :
    17º. 83,589
    50º. 247,37
7º *Chloroforme* :
    17º. 73,624
    50º. 165,75
8º *Ether anhydre* :
    17º. 52,215
    30º. 73,19
9º *Pyridine* :
    17º. 97,616
    50º. 312,67
10º *Sulfure de carbone* :
    17º. 28,850
    33º,5. 69,84
11º *Tétrachlorure de carbone* :
    17º. 17,416
    50º. 99,11
12º *Toluène* :
    17º. 77,585
    50º. 224,59

On voit que le p-nitrochlorobenzène est très soluble dans les dissolvants organiques étudiés.

Sur quelques propriétés physiques du 2-4-dinitro-1-chlorobenzène

Le 2-4-dinitro-1-chlorobenzène est un produit servant à la préparation d'un très grand nombre de corps organiques, surtout employés dans les matières colorantes (2-4-dinitrophénol, dinitro-diphénylamine, etc.)

I. — 2-4-dinitrochlorobenzène chimiquement pur employé

On a dissout au bain-marie bouillant du dinitrochlorobenzène technique à haut degré dans son poids d'acide nitrique à 62 0/0 : après 48 heures de repos, on a essoré les gros cristaux obtenus. Ces cristaux ont été broyés et mis en contact avec un peu d'acide nitrique à 62 0/0 froid ; après essorage, on a fait 6 lavages à l'eau froide.

La matière, après un séchage de 48 heures à 50º, a été broyée et a subi trois traitements à l'alcool à 95º froid. On a séché pendant 48 heures à l'air chaud : la matière est alors blanche, à peine teintée en jaune-paille.

II. — **Point de solidification**

Nous avons trouvé dans la littérature chimique les valeurs suivantes pour le point de fusion : 50° (Post et Naumann) (1), 51ª (Ulmann) (2), 53° (Würtz).

Nous avons déterminé le point de solidification à l'aide du tube à enveloppe d'air et nous avons trouvé les trois valeurs suivantes :

$$50°,08$$
$$50°,08$$
$$50°,12$$

III. — **Solubilités dans les solvants organiques**

Avant de donner les valeurs trouvées pour ces solvants, nous allons indiquer les nombres trouvés pour la solubilité dans l'eau. On indique dans la littérature chimique que le 2-4-dinitro-1-chlorobenzène est insoluble dans l'eau.

SOLUBILITÉ DANS L'EAU

15°.	0,0008
50°.	0,041
100°.	0,159

SOLUBILITÉS DANS LES SOLVANTS ORGANIQUES

Les renseignements que l'on trouve à ce sujet sont les suivants : le 2-4-dinitro-1-chlorobenzène est peu soluble dans l'alcool froid, facilement soluble dans l'alcool chaud, l'éther, le benzène et le sulfure de carbone.

Nous avons obtenu les valeurs suivantes :

1° *Acétate d'éthyle* :
16°.	119,424
50°.	297,51

2° *Acétone* :
16°.	267,901
30°.	531,90

3° *Alcool éthylique à 96°* :
16°.	4,732
34°.	15,48

4° *Alcool absolu* :
16°.	8,246
32°,5.	18,89

5° *Alcool méthylique* :
16°.	11,226
32°.	32,37

6° *Benzène* :
16°.	158,433
31°.	359,64

7° *Chloroformec* :
16°.	102,764
32°.	210,02

8° *Éther anhydre* :
16°.	23,517
30°,5.	128,13

9° *Pyridine* :
16°.	2,633
50°.	20,85

Au sujet de l'action de la pyridine sur le 2-4-dinitrochlorobenzène, voir le paragraphe suivant :

10° *Sulfure de carbone* .
16°.	4,214
31°.	28,87

(1) Post et Naumann. — *Traité d'analyse chimique*, III.
(2) Ulmann. — *Organ. Chem. Prakt.*

11º *Tétrachlorure de carbone* :

    16º 3,851
    31º 76,99

12º *Toluène* :

    16º 139,892
    31º,5 282,55

IV. — Action de la pyridine sur le 2-4-dinitro-1-chlorobenzène

Lorsqu'on met de la pyridine en contact avec du 2-4-dinitro-1-chlorobenzène, il se développe immédiatement une coloration brun foncé, et le mélange se prend en une masse noirâtre.

Suivant Vongerichten (3), il se forme un chlorure de dinitrophénylpyridine.

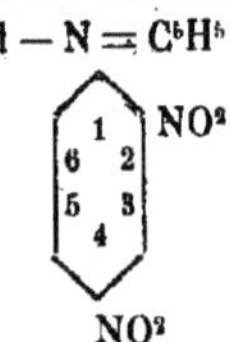

corps qui, sous l'action des alcalis, se transforme en un corps rouge : ce dernier, suivant Spiégl (4), doit avoir la constitution du dinitrophénate de pyridine.

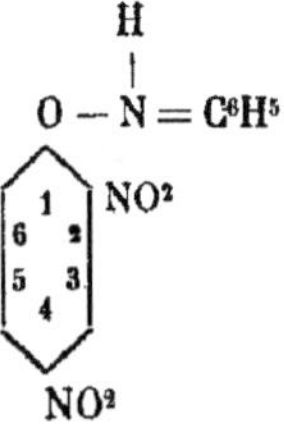

Voici ce que nous avons constaté nous-mêmes, lorsqu'on ajoute du 2-4-dinitro-1-chlorobenzène dans de la pyridine. Il y a d'abord dissolution avec coloration brune, puis après quelque temps, il y a prise en masse, par suite de la formation du chlorure de dinitrophénylpyridine.

On isole ainsi une matière violet-noir, (PF = 170º), insoluble dans l'eau et le benzène, un peu soluble dans l'alcool à 95º. La solution alcoolique traitée à chaud par l'ammoniaque se colore en rouge foncé : par adition d'acide chlorhydrique, on précipite des paillettes jaune clair. Ces paillettes se dissolvent dans l'eau en donnant une solution jaune précipitant par l'acétate de nitron et donnant une coloration rouge sang avec le cyanure de potassium : c'est donc du 2-4-dinitrophénol.

Sur quelques propriétés physiques du 2-4-6-trinitro-1-chlorobenzène

Le 2-4-6-trinitro-1-chlorobenzène ou chlorure de picryle, est un corps qui sert de point de départ à un grand nombre de dérivés nitrés. Il est employé industriellement à la fabrication du 1-3-5-trinitrobenzène par le procédé Jacob Meyer (5) et à celle du sulfure d'hexanitrodiphényle.

Les données sur les propriétés physiques de ce corps sont assez rares ; aussi nous en avons déterminé quelques-unes.

I. — 2-4-6-trinitro-1-chlorobenzène chimiquement pur employé

On a fait cristalliser dans l'acide nitrique à 45º, du chlorure de picryle à haut degré : on obtient ainsi de grosses paillettes blanches et brillantes (6).

(3) Vongerichten. — Ber. Deut. Chem. Ges., XXXII, 2572.
(4) Spigel. — Ber. Deut. Chem. Ges., XXXII-2875.
(5) Brevet allemand du 18 juillet 1909.
(6) La solubilité du chlorure de picryle dans l'acide nitrique à 45º, Baumé est de 9,56 0/0 à 15º.

Après broyage et tamisage à 0 m/m 4, on a fait subir à la matière trois lavages à l'alcool à 95°, et on a séché à 50° pendant 48 heures.

Le produit ainsi obtenu est blanc avec une légère teinte jaune paille.

II. — Point de solidification

BEILTSEIN et RICHTER indiquent tous les deux la même valeur de 83° pour le point de fusion.

Nous avons fait trois déterminations dans le tube à enveloppe d'air et nous avons obtenu les trois valeurs suivantes :

$$81°,64$$
$$81°,67$$
$$81°,67$$

III. — Solubilité dans l'eau

Le seul renseignement que l'on trouva dans la littérature chimique est le suivant : le chlorure de picryle est insoluble dans l'eau.

Nous avons déterminé les trois valeurs suivantes, les résultats étant rapportés en grammes de produit pour 100 grammes d'eau :

$$15°. \qquad \ldots \ldots \ldots \ldots \qquad 0,0178$$
$$50°. \qquad \ldots \ldots \ldots \ldots \qquad 0,053$$
$$100°. \qquad \ldots \ldots \ldots \ldots \qquad 0,346$$

Mais il y a saponification suivant l'équation :

$$\text{(2-4-6-trinitro-1-chlorobenzène)} + H^2O = \text{(2-4-6-trinitrophénol)} + HCl.$$

Nous avons, en effet, trouvé les valeurs suivantes en acide isopicrique :

Température	Durée de contact	Taux d'acidité isopicrique pour 100 grs de solution
15°	96 heures	traces
50°	24 heures	0,002
100°	1 heure	0,071

IV. — Solubilités dans les solvants organiques

Les déterminations ont été faites avec les mêmes dissolvants qui nous ont servi pour les essais déjà publiés.

1° *Acétate d'éthyle* :
$$17°. \qquad \ldots \ldots \ldots \ldots \qquad 91,515$$
$$50°. \qquad \ldots \ldots \ldots \ldots \qquad 238,35$$

2° *Acétone* :
$$17°. \qquad \ldots \ldots \ldots \ldots \qquad 212,001$$
$$50°. \qquad \ldots \ldots \ldots \ldots \qquad 546,43$$

3° *Alcool méthylique* :
$$17°. \qquad \ldots \ldots \ldots \ldots \qquad 10,241$$
$$50°. \qquad \ldots \ldots \ldots \ldots \qquad 34,80$$

A froid, il se forme des traces d'acide isopicrique, mais à 50°, il s'en forme des quantités considérables. La réaction peut s'écrire

$$\text{(2-4-6-trinitro-1-chlorobenzène)} + CH^3OH = \text{(2-4-6-trinitroanisole)} + CH^3Cl.$$

4° *Alcool éthylique à 96°* :

    17°. 2,700
    50°. 10,85

Il se forme encore avec de l'alcool éthylique à 50°, des quantités assez importantes d'acide isopicrique.

5° *Alcool éthylique absolu* :

    17°. 4,848
    50°. 15,06

Le chlorure de picryle est à peine saponifié, même à 50° (traces d'acide isopicrique).

6° *Benzène* :

    17°. 36,690
    50°. 428,08

7° *Chloroforme* :

    17°. 12,363
    50°. 233,42

8° *Ether anhydre* :

    17°. 7,128
    31°. 10,64

9° *Pyridine* :

    17°. 120,792
    50°. 173,38

Nous verrons, dans le paragraphe suivant, l'action de la pyridine sur le chlorure de picryle.

10° *Sulfure de carbone* :

    17°. 0,499
    30°,5. 0,95

11° *Tétrachlorure de carbone* :

    17°. 0,557
    50°. 2,45

12° *Toluène* :

    17°. 89,435
    50°. 321,05

V. — Action de la pyridine sur le 2-4-6-trinitro-1-chlorobenzène

Lorsqu'on met en contact de la pyridine avec du chlorure de picryle, il se développe même à froid, une coloration noirâtre intense.

Nous avons étudié la matière obtenue par évaporation d'une solution pyridinique : cette matière se présente à l'état amorphe et onctueuse à froid :

1° Par épuisement au benzène chaud, on a séparé un corps cristallisé jaune ambré, soluble dans l'eau et l'alcool. La solution aqueuse précipite par l'acétate de nitron ; la solution alcoolique, additionnée d'ammoniaque, laisse déposer des paillettes rouge-rubis. Son P. F. au bloc Maquenne est de 119°-120° : c'est de l'acide isopicrique ;

2° Le résidu insoluble dans le benzène abandonne au chloroforme chaud, une matière cristallisée jaune orangé, soluble dans l'eau : la solution précipite par l'acétate de nitron. La solution alcoolique donne avec l'ammoniaque des paillettes rouge-rubis.

Son P. F. au bloc Maquenne est de 129°-130°. Le taux du trinitrophénol obtenu à l'état de picrate de nitron est de 52,57 0/0, ce qui semble correspondre à la formule

$$2\ C^6H^2 \diagdown \begin{matrix} OH \\ NO^2 \\ NO^2 \\ NO^2 \end{matrix} + 5\ C^5H^5N$$

3° Enfin il reste une matière amorphe rougeâtre, se ramollissant à 100°.

PÉTROLES

La bauxite considérée comme un agent de raffinage des pétroles bruts et de leurs dérivés

Par **A.E. DUNSTAN, E.B. THOLE** et **F.G.P. REMFRY**

(*Journal Society Chemical Industry*, du 3/6 1924, pp. 179 T à 187 T)

Depuis de longues années, les spécialistes en l'art du raffinage des pétroles et de leurs dérivés, ont connu et utilisé les propriétés remarquables que possèdent certaines substances, particulièrement le charbon de bois et diverses terres naturelles poreuses, pour l'absorption sélective dans des produits naturels, des traces d'impuretés qui leur communiquent couleur, odeur, ou goût spéciaux. Parmi les nombreuses substances qui possèdent à un haut degré ces propriétés d'absorption, nous oevons citer les charbons de bois, préparés spécialement, les terres à foulon, la floridine, certains argiles d'origine californienne et japonaise, la silice, et l'alumine. Les plus efficaces appartenant à la catégorie des gels efficaces inorganiques, qui ont été formés par la déshydratation d'un hydrogel, tel que l'acide silicique hydraté, l'alumine hydratée ou l'hydrate de fer.

Un gel très bon marché et très adéquat à ces opérations, est la bauxite, roche tendre, composée principalement d'alumine hydratée et d'oxyde de fer associés avec des quantités variables de silice, de chaux, d'oxyde de titane et de magnésie. Dans son état naturel, ce minerai n'a pas de qualités adsorptives, mais par calcination à une température appropriée, la plus grande partie de l'eau combinée est éliminée : ce pourquoi, une structure poreuse particulière se développe, structure dont dépend l'efficacité du procédé de raffinage.

Une étude poussée à fond, a prouvé ce fait intéressant que la composition chimique d'une bauxite ne dépend nullement de son efficacité comme agent de raffinage des pétroles.

Ainsi, des bauxites de composition chimique très différentes, donneront des résultats identiques au point de vue du raffinage, alors que des échantillons identiques au point de vue chimique, se conduiraient très différemment (3e rapport du Comité de l'Association anglaise concernant les colloïdes, p. 191 et suivantes).

Comme agent de raffinage pour les pétroles, la bauxite possède des avantages marqués sur beaucoup d'autres substances, qui possèdent, elles aussi, des propriétés d'adsorption. Les dimensions des pores et la nature des surfaces arrivent à être juste appropriés au but en question, particulièrement en ce qui concerne l'adsorption des composés organiques du soufre, ainsi que des matières colorantes, utiles à enlever tant des pétroles bruts, que de leurs distillats. Cette matière est bon marché, elle peut être employée sous la forme granulaire (ce qui empêche l'emploi des filtres presses et accélère les procédés de filtration) ; elle peut être récupérée indéfiniment, sauf la perte dûe au broyage. Bien qu'il soit connu maintenant que la bauxite préparée convenablement a le pouvoir d'adsorber sélectivement, tant les matières colorantes que les composés du soufre contenus dans les pétroles bruts et leurs dérivés, la propriété relative à l'adsorption des composés du soufre est relativement récente. L'emploi de cette matière pour décolorer le kérosène et la paraffine a, cependant été utilisé par la « Burmah Oil Cy », il y a déjà de nombreuses années. Le procédé employé à la « Burmah » est le suivant :

La bauxite est placée dans des filtres cylindriques, mesurant environ 8 pieds sur 2 pieds 6 pouces, et contenant environ une tonne. Le kérosène ou la paraffine y était filtré jusqu'à ce que la couleur du « filtrat » correspondit au type demandé. La bauxite employée était alors extraite avec de la benzine, dans un extracteur Merz par épuisement continu (comme dans un Soxhlet), jusqu'à enlèvement complet de la couleur.

La bauxite extraite, après en avoir éliminé la benzine adhérente, passait alors à un four vertical dans lequel on la laissait tomber d'une trémie supérieure, sur des plaques en terre réfractaire, disposées en chicanes, jusqu'au fond du four : elle était ainsi en contact avec les gaz chauds (mélangés avec un excès d'air). Ces gaz chauds étaient fournis par un foyer à combustion d'huile, qui oxydaient tous les hydrocarbures et matières charbonneuses, qui demeuraient après l'extraction. On refroidissait ensuite la bauxite, aussi rapidement que possible ; la qualité de cette bauxite régénérée, se contrôlait quand on la constatait aussi propre, et aussi brillante que de la bauxite neuve.

Pour décolorer les paraffines et les vaselines, les filtres à doubles parois étaient chauffés à la vapeur, afin de maintenir les matières à purifier, à l'état fondu.

Quand il a été nécessaire de purifier le kérosène, qui contenait à la fois des matières colorantes et des composés malodorants du soufre, on a trouvé qu'il n'était pas nécessaire d'enlever les composés du soufre, par un traitement chimique, avant d'employer la bauxite comme décolorant (bien que ce procédé puisse encore être préférable dans certaines circonstances, pour cause de prix de revient. Un traitement par la bauxite, traitement bien approprié, peut remplir le double but précipité.

En juin 1918, on nota les premières séries de désulfuration des kérosènes et des benzines, au moyen de la bauxite. La bauxite était d'abord chauffée au rouge sombre, dans un four, et employée à 200°. Ce traitement réduisait le pourcentage en soufre, dans le kérosène, de 0,134 0/0 à moins de 0,020 0/0. On trouva en outre que, dans les mêmes conditions, mais en laissant la bauxite se refroidir à l'air libre, le soufre restant était de 0,110 0/0. En s'inspirant des recherches récentes, le premier résultat était dû, non pas à la température d'emploi de la bauxite, mais à l'absence d'humidité dans ses pores.

La proportion de bauxite au kérosène variait dans une série d'expériences de 2 livres à 9 livres par gallon (Cf table I). Il est intéressant de noter que dans cette recherche, il est fait mention de l'élévation de la température qui s'ensuit du fait de la mise en contact du kérosène, avec la bauxite. Cette température qui s'élève éventuellement, est le principe de « l'ergomètre », appareil par le moyen duquel on expérimente l'efficacité des banates.

On arrive ainsi aux conclusions suivantes :

1o La bauxite est un adsorbant colloïdal de premier ordre pour les dérivés organiques sulfurés ;

2o La fraîcheur de la préparation (produit grillé le plus récemment), donne les résultats les meilleurs (calcination immédiate avant l'emploi ;

3o La bauxite « par elle-même » (telle quelle) est un moyen de raffinage complet et suffisant pour le kérosène ;

4o Tous les « distillats » sulfurés sont aussi capables de purification par ce procédé.

On a trouvé aussi que les composés adsorbés, du soufre pouvaient être, dans une large mesure, éliminer de la bauxite épuisée, par la vapeur surchauffée, et à un degré moindre, par l'eau chaude.

TABLE I

Matière	Traitement	Soufre 0/0
—	—	—
Kérosène	Aucun	0,134
»	9 livres bauxite chaude sortant du four, employée à 200°..... (par gallon de Kérosène)	0,017
»	4 livres bauxite chaude sortant du four, employée à 200° (1)... (par gallon de Kérosène)	0,017
»	9 » non fraîchement brûlée...............	0,110
»	5 » par gallon sortant chaude du four...........	0,018
»	2 » » (refroidie après calcination)........	0,098
»	3 » » sortant chaude du four...........	0,030
»	2 » » » »	0,060
»	Non traitée...........................	0,150
White spirit	»	0,078
»	2 livres par gallon sortant chaude du four...........	0,022
»	White spirit extrait de la bauxite chaude........... (par la vapeur)	0,180
Benzine	2 livres bauxite par gallon (sortant chaude du four)........	0,014
»	Non traitée...........................	0,078
»	(Benzine extraite par la vapeur de la bauxite épuisée)....	0,440

La grosseur de la bauxite a une influence considérable sur l'efficacité de la désulfuration.

En général, plus petite est la taille des particules, plus grande est l'efficacité de la décoloration, mais aussi plus lente est la filtration.

Par contre, en ce qui concerne la désulfuration, on a trouvé que la maille 30/60 du

____

(1) Minimum de temps s'écoulant entre la sortie du four et le traitement.

pouce carré (1) était la dimension « optima » pour le travail, sur une petite échelle. La maille 20/90 au *pouce carré* est la meilleure à employer en usine, afin d'éviter les pertes par poussières, et afin d'assurer en temps suffisant, le contact des huiles et des bauxites.

L'opinion des raffineurs sur le procédé à la bauxite est que les bauxites sont des décolorants et des désulfurants excellents, mais de résultats très variables. Il a été prouvé ensuite que ce dernier résultat (de variabilité), était dû à un grillage insuffisant. La distillation des huiles, au travers de la bauxite, est efficace, mais pas dans la pratique possible. La filtration au travers de la poudre de bauxite est inefficace en ce qui concerne l'élimination des composés sulfurés, et bonne en ce qui concerne la décoloration ; mais c'est une opération trop lente.

Par agitation de l'huile et de la poussière de bauxite, on arrive à d'excellents kérosènes, mais la simple filtration à travers des bauxites à 30/60 mailles au pouce carré (1), semble avoir fait ses preuves comme la méthode de travail la plus convenable.

Bien que la bauxite ait été employée depuis de nombreuses années, dans le raffinage des pétroles, le mécanisme des réactions qui ont lieu en l'espèce n'a été bien expliqué que tout récemment. Il est actuellement certain que le dit phénomène est un phénomène d'adsorption de surface. Quant à l'action de la bauxite sur les huiles sulfurées, il semble qu'elle soit analogue à des cas bien connus de vraie adsorption.

1° La bauxite grillée, contenant un grand nombre de pores microscopiques est bien connue comme possédant une surface considérable, et par suite une énorme *énergie de surface* ;

2° Quand on met en contact une huile avec de la bauxite qui vient d'être calcinée, on observe une grande élévation de température ; ceci est dû à ce que l'énergie de surface est convertie en énergie calorifique ;

3° La bauxite obéit à la loi de Freundlich, qui peut être synthétisée comme il suit :

$(x/m)^n$ est proportionnel à C.

x = 0/0 de soufre total adsorbé par la bauxite.

m = poids de bauxite pour 100 parties de kérosène.

C = 0/0 de soufre dans le kérosène avant la filtration.

n = une constante.

Cette formule a été déduite de beaucoup de cas d'expériences et prouvée exacte. Ceci par beaucoup de cas, qui ne peuvent pas être possibles, autrement que par une vraie adsorption, cas dans lesquels il ne saurait être question d'aucune action chimique. Ceci posé, il est raisonnable de supposer que l'action de la bauxite sur un kérosène sulfuré, est aussi une vraie adsorption, puisque les mêmes lois fondamentales subsistent dans chaque cas.

Vérification expérimentale de la loi de Freundlich appliquée à l'adsorption tant des composés sulfurés que de la couleur, dans des kérosènes, par de la bauxite

On est parti d'un naphte, résidu d'un lavage à la soude (soufre 0,3 0/0 ; couleur pour une cellule du calorimètre de Lovibond de 1/2 pouce épaisseur, pour le jaune, 8,4 et pour le rouge, 2,5). Des échantillons de 150 c/m³ variant beaucoup, et comme couleur et comme teneur en soufre ont été traités par des quantités de bauxite, variant de 1/4 livres à 10 livres par gallon de kérosène.

Comme les couleurs à mesurer s'étendaient bien au-delà de l'échelle habituelle des colorimètres, une colonne de liquide de la couleur à mesurer était égalisée avec une colonne égale de kérosène brut original dilué avec de la benzine, avec colorimètre Saybolt.

Les concentrations en couleur ainsi mesurées, étaient exprimées en pourcentages de kérosène brut (ainsi la couleur du kérosène était appelée 100).

A. *Couleur.* — Six des échantillons ci-dessus, avec des couleurs variant entre 100 0/0 et 1,7 0/0, ont été traités par 1/2 livres de bauxite par gallon.

La bauxite (grosseur de 20/90 mailles par *pouce carré*), a été grillée une heure à 500°/540°, et refroidie dans un dessicateur.

70 c/m³ de chaque échantillon de kérosène ont été secoués, 10, avec 3,5 grammes de bauxite à 20°/21°, dans un agitateur mécanique (5 0/0 en poids ou 1/2 lles par gallon).

---

(1) Notes du traducteur ne pas confondre la maille 30/60 ou 20/90 (qui veut dire 30/60 et 20/90 mailles au *pouce carré* avec les n° 20/30/60/90 qui veulent dire 20/30/60/90 mailles au *pouce linéaire*). Il y a là une relation *simple* au *carré*. Ceci a une importance capitale et nous insistons là-dessus.   A. H.

TABLE II

Couleur initiale	Couleur finale	0/0 de couleur enlevée	Valeur de x/m
100	52	48	9,6
58	32	45	5,2
42	21	50	4,2
14,2	5,5	61	1,74
4,6	2,2	52	0,45
3,5	1,7	52	0,34
1,7	0,8	53	0,17

Les valeurs de x/m (total de couleur adsorbée par gramme de bauxite), comparées par une courbe, avec les concentrations de couleur initiales, donnaient approximativement une ligne droite. D'où, pour des composés colorés, x/m est proportionnel à la concentration initiale de la couleur et la loi de Freundlich est exacte approximativement. La constante $n = 1$.

B. *Soufre.* — Six des échantillons ci-dessus, ayant des teneurs en soufre entre 0,230 0/0 et 0,017 0/0 et des couleurs variant de 3,5 0/0 à 0, ont été traités avec 2 livres de bauxite par gallon. La bauxite était préparée comme il a été dit ci-dessus. 70 c/m³ de chaque échantillon ont été secoués comme ci-dessus, avec 14 grammes de bauxite (c'est-à-dire 2 lles par gallon) Cf table III. Dans ce cas, x/m = grammes de soufre adsorbés par gramme de bauxite. Ces valeurs, quand elles sont comparées avec la concentration initiale de soufre, donnait une courbe, se rapprochait plus ou moins d'une ligne droite.

Si l'on passe, (pour une des coordonnées) aux logarithmes, on obtient une courbe qui se rapproche plus ou moins d'une ligne droite. De là, nous pouvons conclure que pour les composés du soufre, l'adsorption ne suit qu'approximativement la loi de Freundlich.

Le coefficient angulaire moyen de la courbe logarithmique indique que la valeur de n, est de l'ordre de 1,3, c'est-à-dire $(x/m)\ 1/3 = kc$.

TABLE III

Pourcentage initial en soufre	Couleur initiale	0/0 final de soufre	0/0 Soufre enlevé	$\frac{x}{m} \times 100$	$\mathrm{Log} \frac{x}{m} \times 100$	Soufre initial (g)	Log S initial (g)
0,289	1,9	0,232	19,7	0,222	1,3463	0,158	1,1987
0,230	3,5	0,200	13,0	0.117	1,0682	0,126	1,1004
0,207	1,4	0,168	18,9	0,152	1,1818	0,113	1,0619
0,126	0,6	0,103	18,3	0,090	2,9542	0,069	2,8388
0,096	0,2	0,074	23,0	0,086	2,9345	0,052	2,7160
0,027		0,017	37,0	0,039	2,5911	0.015	2,1761

La déviation est dûe sans nul doute à l'influence troublante des composés colorés qui sont adsorbés de préférence.

En ce qui concerne la question de savoir si la loi de Freundlich existe toujours pour l'adsorption tant du soufre, que de la matière colorante, on comprend mieux le phénomène par l'examen de la courbe ci-jointe.

Cette courbe a été obtenue en traitant un kérosène fortement coloré, et à haute teneur en soufre par des quantités variables de bauxite. (En abscisses, le nombre de livres de bauxite par gallon de kérosène en ordonnées le 0/0 de soufre enlevé pour le cas de la courbe à trait continu, et le 0/0 de couleur enlevée pour le cas de la courbe à traits discontinus).

Cette courbe montre clairement que les composés colorés, sont adsorbés beaucoup plus vite que les composés de soufre. Ainsi 85 0/0 de la couleur ont été enlevés, alors que rien qu'une petite fraction du soufre était éliminée, mais une fois que la majeure partie de la couleur a été adsorbée, alors l'élimination du soufre suit le cours habituel. Le point représentant la couleur 3,5 (Cf table III), se tient considérablement au-dessous de la ligne x/m du soufre. La concentration en couleur comparativement élevée, a abaissé l'adsorption du soufre. Ceci vient en aide à la théorie de l'adsorption préférentielle de la couleur.

La bauxite, agent de polymérisation

Comme toutes les substances possédant une structure consistant en tubes capillaires ultra-microscopiques, la bauxite a le pouvoir de provoquer des changements physiques dans les composés en contact desquels elle est mise. Ceci est mis particulièrement en évidence en ce qui concerne les hydrocarbures non saturés (le pinène et amylène en particulier, sont convertis en leur dipolymères) ; on le voit aussi dans le cas des composés du soufre qui existaient dans les huiles brutes de pétrole. La décomposition et la polymérisation ont lieu en même temps, l'intensité des réactions étant favorisée par l'augmentation de la température.

Si l'on prend une essence de « cracking », qui contient une forte proportion de carbures non saturés, qu'on la filtre froide à travers de la bauxite, le filtrat aura une couleur plus foncée que l'essence elle-même.

Si l'essence est incolore avant la filtration, elle sortira une fois filtrée, avec une couleur foncée.

En maintenant la bauxite vers 100°, on aura un filtrat brun orangé. Mais si la température est élevée au-dessus du point d'ébullition final de l'essence (200° par exemple), la vapeur qui en sortira sera absolument incolore, et exempte de composés sulfurés. Voici l'explication de ces faits : La polymérisation des composés non saturés a lieu, lors du contact avec de la bauxite, il se produit des gommes à poids moléculaires élevés, à hauts points d'ébullition et à couleur foncée. Dans le cas de filtration à froid ou à 100°, le liquide qui les entoure dissout ces gommes et les enlève à la bauxite. Mais lors de la filtration des vapeurs, les gommes restent dans la matière de filtration, parce que leur point d'ébullition est supérieur à leur température ambiante. Une réaction semblable a lieu dans le cas des composés sulfurés, dont la majorité est très apte à réagir, et qui se polymérise facilement.

C'est pourquoi se présentent deux méthodes de raffinage des pétroles, et des essences de cracking :

1° Passage du liquide à travers de la bauxite maintenue à 200°, tout se vaporise et passe à travers le filtre à l'état de vapeur ; maintenue à 100°, et redistillation du filtrat

2° Passage du liquide à travers la bauxite à la manière ordinaire. Dans le premier procédé, les polymères gommeux restent à la partie inférieure de la bauxite, et la contaminent. Mais on obtient un produit fini, en une seule opération.

Dans le deuxième procédé, les gommes polymères sont éliminées de la bauxite, de telle sorte que l'activité de cette dernière est prolongée. Dans la distillation qui suit, les polymères qui sont à point d'ébullition élevés, restent dans l'alambic, et on obtient ainsi un distillat incolore, exempt de toutes ces gommes qui se déposent habituellement dans les produits du cracking. Les composés sulfurés du pétrole sont éliminés de la même manière.

Ces derniers peuvent ainsi être éliminés par une adaptation du procédé b, dans lequel le kérosène est filtré à travers la bauxite, à 100/130°, et alors refroidi et filtré à travers la bauxite, à la température ordinaire. En polymérisant les composés du soufre dans le filtre chaud, on les rend ainsi plus facilement éliminables dans le filtre froid.

Un kérosène brut à 0,310 0/0 de soufre a été filtré à travers de la bauxite maintenue à 120° (1 lb bauxite pour un gallon de kérosène). Le filtrat a été refiltré à travers de la bauxite froide (même quantité). Après le premier passage bauxite chaude), il y avait avait encore 0,260 0/0 de soufre. Cette quantité passait à 0,160 0/0 après le deuxième passage (bauxite froide).

La filtration ordinaire à travers de la la bauxite froide (2 lb bauxite par gallon de kérosène donnait un filtrat à 0,210 0/0 de soufre. Les méthodes d'emploi actuelles de la bauxite, peuvent être divisées comme il suit :

1° *Filtration.* — Un volume déterminé d'huile est filtré à travers un poids défini de bauxite ;

2° *Chauffage extérieur.* — Le filtre est chauffé jusqu'à ce qu'aucun kérosène n'en puisse être éliminé économiquement ;

3° *Addition de bauxite.* — De la bauxite fraîche est moulue à la grosseur voulue, et la quantité nécessaire est ajoutée pour suppléer aux pertes du travail ;

4° *Grillage.* — La bauxite rajoutée et la bauxite épuisée sont grillées dans un excès d'air, pour enlever l'humidité, les restes de kérosène, les matières organiques et le carbone retenus énergiquement ; ainsi de nouveaux pores se forment pour un nouvel emploi utile de la matière.

Afin de comprendre les conditions exigées pour une filtration qui donne de bons résultats, il est nécessaire de considérer les composés sulfurés contenus dans les huiles qui peuvent être divisés en deux groupes :

1° Ceux qui sont en solution vraie (dérivés sulfurés) ;

2° Ceux qui sont en suspension colloïdale (matières colorantes).

Des matières solides en suspension grossière, peuvent être enlevées par des filtrations purement mécaniques à travers du sable, matière non adsorbante ; mais des matières en solution, avec suspension colloïdale, ne peuvent être arrêtées que par une vraie adsorption dans les pores de quelque matière active, telle la bauxite. C'est pourquoi les couches du haut, de la bauxite servent à enlever les composés colorés en suspension qui couvrent les pores et empêchent la matière en solution d'être adsorbée jusqu'à ce qu'elles atteignent une couche inférieure ; à ce point, tout ce qui était en suspension a été retenu.

A ce moment, la bauxite est prête à agir sur les composés sulfurés qui n'ont pas été touchés tant qu'il restait de la matière colorante en suspension.

Par conséquent, le sommet du filtre a pour fonction de retenir les matières en suspension, les couches sous-jacentes enlèvent le reste de la couleur et les couches inférieures ont celle de retenir les composés sulfurés.

De cette façon, les trois zones actives, changent en allant vers le bas, jusqu'à ce que les composés colorés aient été enlevés au fond même du filtre.

Mais comme il n'y a aucun soufre d'enlevé avant que toute la couleur ait été enlevée, on constatera qu'il n'y a à ce moment encore aucune élimination de soufre. En d'autres termes la bauxite à ce moment est épuisée pour les buts de. désulfuration mais elle est encore capable d'enlever de la couleur.

C'est pour cette raison que la filtration en série donne les résultats les plus efficaces et les plus économiques.

Le principe sur lequel repose la filtration en série consiste à disposer les diverses couches d'un grand filtre, en un certain nombre de filtres plus petits, de telle sorte qu'on puisse changer chaque couche quand son activité spécifique est épuisée, alors qu'aucune autre couche n'est enlevée tant qu'elle n'est pas absolument épuisée, soit comme décolorante, soit comme désulfurante. En travaillant par la filtration en série, on a apporté une vive lumière sur l'élimination et du soufre et des couleurs, car on a trouvé que c'était seulement quand le « filtrat » venait en contact avec de la bauxite fraîche, dans le demi-filtre, qu'il se produisait une désulfuration effective. La couleur était progressivement enlevée par le passage à travers des séries de filtres, mais les composés du soufre n'étaient enlevés que dans le demi filtre, ainsi que le prouve la table suivante :

TABLE IV

N^{os} des Filtres	Couleur du filtrat (Saybolt)	0/0 de soufre dans le filtrat	0/0 de soufre total enlevé par le filtre
1	16⁰	0,286	0
2	17⁰	0,286	0
3	18⁰	0,286	0
4	19⁰	0,252	19
5 (bauxite fraîche)	22⁰	0,129	60

Le principe d'enlever d'abord la couleur afin de permettre à la bauxite de travailler ensuite à plein effet pour enlever le soufre, a été employé en plaçant une couche de *floridine* (1) dans le filtre, au-dessus de la bauxite. La floridine décolore moins que la bauxite, mais désulfure mieux qu'elle. De cette façon, chaque matière agit pour l'opération pour laquelle elle est particulièrement apte.

On obtient ainsi de meilleurs résultats qu'en employant séparément chacune des matières.

Dans l'expérience de la table V, on faisait couler le kérosène sur les filtres, jusqu'à ce ce que le filtrat donnât une réaction positive avec le plombite de sodium.

TABLE V

Bauxite	Filtrat	Bauxite	et	Floridine	Filtrat	Augmentation 0/0
Gr.	CC.	Gr.		Gr.		
10	75	10	+	0	75	
11	82	10	+	1	90	+ 9
12	90	10	+	2	110	+ 22
13	97	10	+	3	120	+ 24
14	105	10	+	4	130	+ 24
20	150	10	+	10	120	— 20

L' « augmentation » consiste en le total entier filtrable, avant qu'il se produise une réaction positive avec le plombite de sodium, en remplaçant certaines quantités de bauxite par des poids égaux de floridine.

Pratiquement, il n'y a aucun avantage à remplacer plus de 20 0/0 de la bauxite par de la floridine, et même en un point situé entre 30 et 50 0/0, une diminution en efficacité commence à avoir lieu.

---

(1) Sorte de Kieselguhr de Floride, très vacuoleux.

Avec 17 0/0 de floridine et 83 0/0 de bauxite, on obtient :

TABLE VI

	Bauxite	Bauxite et Floridine
A 6 livres par gallon	S = 0,122 0/0	S = 0,090 0/0
A 3 livres par gallon	S = 0,163 0/0	S = 0,140 0/0
Soufre du début.	0,269 0/0	

En mélangeant intimement la bauxite et la floridine, on n'a pas d'avantages sur le cas de la bauxite seule, puisqu'une partie de cette dernière est occupée à éliminer la couleur, au lieu d'être libre pour éliminer le soufre. Le fait qu'un filtre manque à donner un bon produit était attribué à ce qu'un temps assez long s'était écoulé entre la distillation initiate et la filtration, c'est-à-dire à l'âge du kérosène.

Ceci nous apparaît néanmoins une chose erronée, ainsi que le montre la table VII ; car la raison de l'amélioration des résultats est probablement dûe à ce qu'une agglomération des composés colorés a lieu, qui rend plus facile leur rétention par la bauxite.

TABLE VII

Taux après la distillation	0/0 de soufre dans le filtrat	Couleur du filtrat (Saybolt)
0	0,116	14º
5	0,110	15º
10	0,086	16º
21	0,083	19º
31	0,102	21º

Un des facteurs déterminants de l'efficacité de la bauxite est la qualité de cette dernière. Une bauxite de qualité supérieure est celle qui a beaucoup de vacules d'air inclus. Ceci étant directement proportionnnel à l'efficacité, toute autre chose étant égale d'ailleurs. Une autre qualité à rechercher est la dureté sans fragilité. Ceci n'est qu'une condition d'économie parce qu'une bauxite tendre ou cassante s'émiette durant la moûture et le grillage ; il y a donc perte par la poussière.

Insistons ici, sur ce point, qu'il est impossible de déterminer par l'analyse chimique la qualité d'une bauxite. Il n'y a aucune corrélation entre les qualités d'une bauxite et son analyse. Bien que la proportion d'humidité dans une bauxite neuve puisse être grossièrement considérée comme une mesure de ses pores, ceci ne s'applique pas à une bauxite déjà employée.

En conséquence, la méthode d'essai d'une bauxite nouvelle, ou récemment activée, est une tâche longue et laborieuse comprenant des essais de filtration pour éliminer la couleur et le soufre. La longueur de temps exigé pour de tels essais, empêche leur emploi, sauf pour d'importants arrivages de bauxite neuve. Il est impossible d'essayer des échantillons pris durant le grillage de la bauxite déjà employée, afin de s'assurer si elle a été grillée suffisamment, de telle sorte que l'on conduit ce grillage empiriquement dans l'espoir que « cela marchera bien ».

On a cependant observé que lorsqu'on laisse du kérosène en contact avec de la bauxite activée, il se produit une élévation de température considérable, et l'on a vu que plus cette dernière était grande, plus la bauxite possédait d'efficacité pour l'élimination de la couleur.

Quant au pouvoir désulfurant, il est nettement proportionnel à ladite élévation de température.

En pratique, on a appliqué ce fait pour déterminer si la bauxite a été suffisamment grillée. Cet essai se fait dans un appareil qu'on nomme un « ergomètre ».

60 grammes de bauxite fraîchement grillée sont refroidis à la température du kérosène à essayer ; la bauxite est alors placée dans l'ergomètre, qui est un cylindre de métal de un pouce et demi de hauteur et du même diamètre : il contient 50 grammes de bauxite de la maille 20/90. La température est observée au moyen d'un thermomètre fixé dans le trou du couvercle. 20 c/m³ de kérosène sont alors versés dans ce couvercle et coulent par 4 petits trous sur la bauxite ; cette quantité mouille tout juste la bauxite. La température commence à monter, et atteint un maximum que l'on nomme l'indice de l'ergomètre.

Une bauxite neuve de bonne qualité donnera 16º comme nombre. Une bauxite régénérée donnera 12-14º. Si l'élévation est inférieure à 10º, on peut suspecter que le grillage a été défectueux.

Cette élévation diminue avec le pourcentage de « fines ». Le temps nécessaire à cette détermination n'excède pas 10 minutes et c'est un moyen rapide et convenable pour se rendre compte du grillage.

Puisque la structure poreuse d'une bauxite est créée par l'expulsion de l'eau d'hydratation dans le grillage initial, on peut faire un essai alterné. On a trouvé que l'activité de la bauxite comme éliminatrice des composés sulfurés est directement proportionnelle, tant au nombre de l'ergomètre, qu'au pourcentage d'humidité éliminée par un grillage à 400-450º. C'est pourquoi, en ce qui concerne une bauxite neuve, les deux phénomènes ci-dessus peuvent également servir de preuve d'efficacité de la matière.

La table suivante montre que le maximum d'activité de diverses bauxites neuves obtenues de diverses origines, a lieu quand le grillage a lieu à 400º.

TABLE VIII

Temp. de grillage	I	II	III	IV	V	VI
0	—	0,7	—	1,1	0,8	0,8
300	—	12,6	—	10,3	5,8	—
400	16,8	16,7	14,6	12,8	9,3	8,1
500	15,4	15,3	13,3	11,4	8,6	—
600	14,7	13,7	12,8	10,9	7,7	7,6
700	13,0	11,2	—	10,7	7,7	—
800	—	—	—	—	6,2	—
900	8,2	8,8	—	6,7	—	3,6

——— indique l'indice de l'ergomètre.

La table suivante montre le pourcentage d'humidité que l'on peut enlever par un grillage à 400º, le nombre de l'ergomètre, la quantité de soufre total enlevé, le tout exprimé en proportion avec le pire échantillon de bauxite pris pour unité. On peut voir, à travers les erreurs d'expérience, la proportionnalité directe qui existe entre ces trois séries d'observations.

TABLE IX

Bauxite	Eau enlevée à 400·	Chiffre de l'ergomètre	Soufre enlevé	Couleur du filtrat (Saybolt)
A	1,0	1,0	1	18º
B	1,1	1,3	1	18,5
C	1,4	1,4	1,5	19
D	1,9	2,0	2	24
E	2,94	3,0	3	24
F	2,90	3,3	3	24
G	4,35	4,6	4	25
H	4,42	4,8	5	25
I	4,72	5,5	5	25

La couleur du « filtrat » augmente progressivement avec l'activité de la bauxite, mais la relation exacte entre les deux faits, n'a pas été nettement établie. Il est un fait bien connu, que, pour obtenir d'une bauxite son maximum d'efficacité, il faut la refroidir après son grillage, hors du contact de l'air, et l'employer immédiatement après ce refroidissement. La preuve de ceci est bien prouvée par la lecture du nombre de l'ergomètre, sur des échantillons exposés d'air durant des temps différents. La diminution de l'efficacité dûe à l'adsorption d'humidité se constatera clairement. La bauxite était grillée à 450º, et divisée en 5 portions :

TABLE X

			Indices de l'ergomètre
(1)	Refroidie dans un dessicateur	1 heure	11,7
(2)	— —	17 heures	11,5
(3)	— à l'air libre	1/2 heure	9,3
(4)	— —	6 heures	8,0
(5)	Grillée et gardée 2 ans dans une bouteille bouchée.		1,1
(6)	Nº 5 regrillée à 400º.		12,8

(*A suivre.*)

ESSENCES

Sur l'Essence de Manuca
(Leptospermum Scoparium)
Par Roy GARDNER M.S.C.
(Journal of the Society of Chemical Industry, 1924, XLIII, 84)

L'arbuste connu sous le nom de Manuca (Leptospermum Scopariums-Forst), est une plante qui pousse en grande quantité dans les parties chaudes de la Nouvelle-Zélande, recouvrant des milliers d'acres de territoire, celui-ci ne se trouvant que peu utilisé pour l'agriculture. Les glandes huileuses des feuilles sont visibles à l'œil nu. La distillation faite d'une façon industrielle, en serait facile, si l'essence pouvait affirmer une certaine valeur commerciale. On a donc fait des recherches à ce sujet.

Les seules recherches sur lesquelles on pouvait s'appuyer, furent faites par Atkinson *(Pharm. Journ.* 4-15-369) qui donna l'indice de saponification et le chiffre de brome de diverses parties de cette essence, mais ne sembla pas arriver à une conclusion concernant sa composition.

Les échantillons qui servirent dans ces recherches furent obtenus avec des plantes recueillies au bord de la mer sur un sol à basalte, à Dunedin, et furent récoltés en mars et en août. Aucune recherche n'a été faite pour rechercher l'influence que pouvait avoir la situation, la saison, ou autres caractéristiques des plantes, en ce qui concerne leur rendement ou la qualité de l'essence.

Les feuilles et les brindilles sont traitées à la vapeur d'eau surchauffée vers 120°-150° C, et l'essence surnage l'eau de condensation, le rendement moyen s'élevant à 0,45 0/0. L'échantillon le plus copieux sur lequel on travailla en ces recherches, atteignait le poids de 170 grammes.

L'essence est d'une couleur jaune verdâtre très pâle, elle a un indice de réfraction $Dn = 1,50$, sa densité à 15° C est 0,921. Son point d'ébullition à la pression de 760 m/m, varie depuis 160° C jusqu'à 270° C. L'essence fut agitée avec une solution de soude caustique. La couche aqueuse, par acidification, indiqua la présence de phénols et la partie restante fut distillée dans le vide.

La table ci-dessous donne les résultats que l'on a obtenus, après trois distillations fractionnées successives :

Distillation fractionnée de l'Essence de Manuka

Ech.	0/0 en poids	Point d'Ebullition 15 $^m/^m$	Coloration	N. approximatif	Densité	αD à 12° C	Gr. équivalent de l'Ether par 1.000 gr.
0	2,8	140°-170°	brune	1,505	1,059	0	—
I	2,8	65°-98°	incolore	1,485	839	+ $4^\circ7$	—
II	6,7	98°-135°	incolore	1,510	926	+ $5^\circ3$	2,9
III	29,9	135°-145°	j. pâle	1,517	933	+ $9^\circ9$	1,4
IV	42,2	145°-150°	j. vert pâle	1,517	930	+ $14^\circ5$	0,4
V	8,4	150°-160°	vert	1,550	934	—	1,6
VI	7,7	> 160°	foncé $^1/_2$ solide	—	—	—	—

Les coefficients de saponification furent obtenus par traitement à l'ébullition au bain-marie, au moyen d'une liqueur alcoolique de potasse titrée, et la saponification durant une demi-heure. La saponification à froid, pendant deux heures, donnait des résultats plus faibles. Ces indices ne varièrent pas par acétylysation indiquant ainsi l'absence d'alcool libre.

Une longue série de fractionnements à la pression atmosphérique a permis de donner des renseignements plus exacts.

On a pu séparer les substances suivantes :

Constituants phénoliques. — La substance phénolique (fraction O) donne une coloration rouge avec le perchlorure de fer et une coloration bleu foncé avec le sulfate de cuivre. La quantité obtenue se trouvait trop minime pour permettre de tenter une purification, mais la substance prédominante est, sans aucun doute, du Leptospermol, phénol isolé par Penfold, de l'essence de Leptospermum flavescens (Proc. Royal Soc. NSW, 1921, 49). Les caractères de cette substance se trouvent ci-dessous indiqués, II étant les chiffres donnés par Penfold, pour le Leptospermol.

	I	II
Coloration avec le perchlorure de fer . .	rouge orangé	rouge orangé
Coloration avec le sulfate de cuivre . . .	bleu foncé	bleu foncé
Point d'ébullition 10 m/m	140°-170°	145°-146°
Densité	1059	1073
L_D	0	0
N_D	1,50	1,50
Poids moléculaire par le point de congélation	261	$C^{14}H^{20}O^4 = 252$

Terpènes. — La fraction I est pour ainsi dire entièrement formée d'un terpène, dont l'odeur rappelle le Pinène. L'échantillon le plus considérable obtenu, moins de 4 grammes environ, fut abandonné durant plusieurs mois avant son examen, dans un flacon bouché au bouchon. On trouva qu'elle avait absorbé de l'oxygène et donnait alors un produit visqueux, ressemblant à une vieille térébenthine.

Ethers cinnamiques. — Ils se trouvent surtout dans la fraction III et en quantité moindre dans les fractions II et IV.

Chauffés avec de la potasse alcoolique, il se sépare du cinnamate de potasse. L'acide extrait fut identifié par son poids moléculaire, par son oxydation, afin d'obtenir de la benzaldéhyde et par la détermination de son point de fusion. Il se trouve sans doute dans l'essence, à l'état d'éther éthylique, ou méthylique, mais quant à savoir s'il s'est produit une saponification par ébullition prolongée en présence d'un alcali caustique, ce fait n'a pu se trouver déterminé. La quantité d'acide obtenu correspondait à la présence de 4,8 0/0 de cinnamate d'éthyle, pouvant être contenu dans l'essence.

Autres éthers. — Les éthers qui se trouvent en présence, surtout dans les fractions II et III, donnaient par saponification un alcool ayant une odeur agréable, rappelant l'odeur de rose, ainsi que de l'acide acétique, mélangé à d'autres acides, et contenant sans doute de l'acide butyrique qui d'ailleurs fut extrait sous la forme de son sel potassique. Des essais entrepris pour tenter de séparer l'alcool des sesquiterpènes dans lesquels il se trouve mélangé, n'ont pas été jusqu'ici couronnés de succès. Par ébullition prolongée de la substance avec l'anhydride phtalique, on n'obtint aucun résultat, de même par traitement avec le chlorure de calcium anhydre dans un mélange réfrigérant, on ne put extraire de géraniol. Agitée avec 50/0 d'une solution de résorcinol (qui absorbe certains alcools terpéniques ou autres composés oxygénés), et la couche aqueuse ayant été distillée à la vapeur d'eau, on recueille quelques rares gouttelettes d'un liquide à odeur de rose; mais la quantité était trop faible pour pouvoir la caractériser.

Sesquiterpènes. — La plus grande partie de l'essence consiste en sesquiterpènes. On obtint un échantillon pour ainsi dire pur, en abandonnant l'essence (après saponification et séparation des acides et des phénols) en contact avec du sodium, pendant plusieurs jours, puis chauffant ensuite, en présence du sodium, pendant une heure, séparant le liquide aussi complètement que possible du sodium et des substances semi-solides qui se sont formées et distillant dans le vide. Ce produit donna comme composition :

$$
\begin{array}{lcc}
C & 87,8 & 0/0 \\
H & 11,7 & 0/0 \\
\text{Poids moléculaire} & 283 &
\end{array}
$$

Pour le composé $C^{15}H^{24}$, on aurait eu

$$
\begin{array}{lcc}
C & 88,16 & 0/0 \\
H & 11,84 & 0/0 \\
\text{Poids moléculaire} & 204 &
\end{array}
$$

Ce sesquiterpène donne la magnifique réaction colorée caractéristique de l'Amandrène, le sesquiterpène caractéristique de l'Eucalyptus qui se trouve également dans certains Leptospermums, appartenant au même sous-genre que les Myrtacées. ainsi que l'ont indiqué pour l'Eucalyptus, Baker et Smith, dans leur traité de « l'Eucalyptus et ses essences ». Sydney, 1920. Les constantes physiques sont indiquées par rapport à celles données par Penfold (Proc. Roy. Soc. NSW 1920-54-197 pour l'aromadandrène, en II.

	I	II
Point d'ébullition	122° — 128° à 11 m/m	123° — 125° à 10 m/m
D_{20}	0,913	D_{15} 0,910
n_D	1,50	1,4967
α_D	— 12°8	

L'aromadandrène de l'Eucalyptus donne $Ln = + 4\circ7$ (Smith, loc. cit), et celui du Leptospermus flavescens donne : — $6\circ2$ (Penfold, loc. cit).

On a déterminé cependant que le sesquiterpène de cette essence, par traitement en solution éthérée, par l'acide chlorhydrique, donnait un monochlorure liquide défini, dont le point d'ébullition est d'environ $160\circ$ sous 10 m/m de pression (on a trouvé $Cl = 14,4$ 0/0, le corps $C^{15}H^{24}HCl$ nécessitant 14,8 0/0 de Cl).

Comme il n'a pas été préparé d'autres dérivés avec l'Aromandrène (duquel en effet, on ne connaît aucun dérivé de substitution), il semblerait donc que ce sesquiterpène est semblable, mais non identique à l'Aromadandrène, ou que ce chlorhydraté est le premier dérivé de l'Aromadandrène, que l'on ait préparé. Nous laisserons pour le moment ce point de côté, mais il sera l'objet de recherches ultérieures.

Eléments semi-solides non volatils. — On n'obtint pas dans cette partie (fraction VI) de substance bien définie. La combustion a donné :

$$
\begin{array}{lll}
C & 73,9 & 0/0 \\
H & 10,5 & 0/0
\end{array}
$$

et le poids moléculaire est d'environ 360. Aucune certitude n'a pu être établie au sujet de la nature de ces substances.

Résumé. — Nous donnons ci-dessous la composition approchée de cette essence :

Phénols (Leptospermol).	2,8 0/0
Terpènes.	2,8 0/0
Ethers de l'acide cinnamique calculés en cinnamate d'éthyle	4,8 0/0
Autres éthers (acétique, etc..., éthers alcooliques, non déterminés, essence de rose) calculés en $CH^3COOC^{10}H^{15}$	12,9 0/0
Matière semi-solide, non volatile	7,7 0/0
Sesquiterpènes (par différence).	69 0/0
	100 0/0

Les sesquiterpènes correspondent aux caractères accusés par l'aromadandrène, et donnent les colorations caractéristiques de cette substance, mais donne cependant un chlorhydrate défini liquide.

Pour terminer, je désire m'acquitter envers le professeur Worley, du Collège de l'Université d'Auckland, pour les recommandations que j'ai pu obtenir et exprimer mes remerciements sincères au professeur Inglis de cette Université, pour l'attention bienveillante qu'il a apportée à ce travail.

V. E.

VARIA

Détermination des Pentosanes dans la Cellulose de Bois

Par Watter James **POWELL** et Henry **WHITTAKER**

(*Journal of the Society of Chemical Industry*, 1924, XLIII, 35)

La méthode généralement employée pour la détermination des Pentosanes dans la cellulose de bois consiste à distiller un poids déterminé de l'échantillon avec 12 0/0 d'acide chlorhydrique jusqu'à élimination complète du furfurol, indiqué par l'absence d'une coloration rosée avec l'acétate d'aniline. On évalue le furfurol dans la partie distillée par précipitation au moyen de la phloroglucine. Après chauffage, puis repos durant toute une nuit, la phloroglucide est recueillie sur un creuset de Gooch, et lavée jusqu'à élimination complète de l'acide, séchée et pesée. La composition de ce produit n'est pas absolument connue, et l'on emploie un coefficient pour déterminer la quantité de furfurol, ainsi qu'une correction indispensable. vu la solubilité de la phloroglucide dans la liqueur mère.

On obtient ainsi des résultats exacts, mais la méthode est longue, car il faut au moins trois jours avant de pouvoir accuser un résultat. La méthode volumétrique que nous indiquons actuellement, est basée sur une réaction rigoureuse se produisant sous l'influence du brome sur le furfurol. A l'aide de ce procédé, les résultats obtenus concordent avec ceux que l'on obtient avec la méthode par pesée et l'analyse peut être déterminée en l'espace d'un seul jour.

On fit un essai pour modifier la méthode primitive et cela de la façon suivante :

Au produit distillé, on ajoute un excès déterminé de phloroglucine, dissoute dans 12 0/0 d'acide chlorhydrique, et après l'avoir laissée en repos pendant une heure, on ajoute une portion aliquote déterminée de bromo-bromate de sodium N/10. L'excès de brome fut déterminé par l'iodure de potassium et une solution N/10 d'hyposulfite de soude.

On espérait ainsi déterminer la phloroglucine non combinée supposant que cette dernière réagissait quantitativement avec le brome. Les premières expériences montrèrent cependant que le furfurol et la phloroglucine ne réagissent que très lentement à la température ordinaire, et ensuite que le furfurol lui-même réagit quantitativement avec le brome, en solution acide diluée. On a déterminé actuellement qu'il pouvait être exactement dosé par cette réaction, une molécule de furfurol se combinant avec quatre atomes de brome.

Depuis que ce travail a été terminé, notre attention s'est trouvée attirée par une publication présentée par Pervier et Gartner (*Ind. Eng. Chem.*, 1923, 15-1167-1255), dans laquelle se trouve décrite une méthode basée sur une réaction analogue. Ces auteurs déterminent le furfurol contenu dans la produit distillé en ramenant l'acidité de ce distillat à 4 0/0 et lui ajoutant doucement une solution N/10 de bromobromate avec une burette jusqu'à accusation de brome, en liberté dans la masse. Le point de terminaison est déterminé électriquement. Dans ces conditions, ils trouvèrent qu'une molécule de furfurol réagit sur deux atomes de brome et par suite un simple coefficient par centimètre cube de solution bromée permet de déterminer la quantité de furfurol.

Ces auteurs ont indiqué (loc. citée 1256), qu'ils étaient incapables de donner des résultats satisfaisants dans la détermination du furfurol par toute méthode exigeant l'addition d'un excès de brome. L'expérience des auteurs actuels montre cependant que la détermination quantitative du furfurol peut se faire d'une manière très facile par l'addition de brome en excès. Et dans ce cas, la limite de la réaction se produit en faisant réagir une molécule de furfurol avec quatre atomes de brome. Cette limite est rapidement atteinte en solution chlorhydrique à 10 0/0 d'acide et l'on a obtenu des résultats comparatifs, lorsque le réactif se trouvait ajouté et maintenu en contact dans un temps variant de 1 à 24 heures. Le fait qu'une molécule de furfurol réagit sur quatre atomes de brome, lorsque ce dernier se trouve en excès explique pourquoi Pervier et Gortner enrent de la difficulté à déterminer le point limite dans le titrage, à moins que la proportion de brome n'ait été très exactement ajoutée.

Détails de la méthode. — 0 gr. 5 à 0 gr. 8 de la substance est distillé avec de l'acide chlorhydrique à 12 0/0 jusqu'à ce que le produit passant ne donne plus de coloration avec l'acétate d'aniline. Le produit distillé est ensuite complété avec de l'acide chlorhydrique à 12 0/0 pour faire 500 c/m³. Il est nécessaire de faire remarquer que la présence de bouchons ou caoutchouc dans l'appareil peut occasionner des inconvénients, et que par suite, tous les assemblages doivent être en verre. Dans chacun des quatre flacons, bien fermés, on introduit 25 c/m³ de solution bromée N/10. A demi de ces flacons, on ajoute alors 200 c/m³ du produit distillé et dans les deux autres, 200 c/m³ d'acide chlorhydrique à 12 0/0. Les flacons sont laissés au repos dans l'obscurité, pendant une heure, et c'est ensuite seulement, que l'on ajoute 10 c/m³ d'une solution à 10 0/0 d'iodure de potassium, l'iode mis en liberté se trouvant déterminé par titrage à l'hyposulfite de soude N/10. Le nombre de centimètres cubes employés se trouve alors soustrait du nombre de centimètres cubes employés dans l'opération, témoin. la différence représentant la quantité de furfurol en présence. La méthode fut vérifiée avec une solution de furfurol pur redistillé dans de l'acide chlorhydrique à 12 0/0 (1 c/m³ de solution contenant 0,00206 de furfurol). On trouva que 10 c/m³ de la solution nécessitaient 8 c/m³ d'hyposulfite N/10, c'est-à-dire qu'un gramme de furfurol, réagit sur 4,05 grammes atomes de brome.

Par les calculs, on put constater qu'une molécule de furfurol réagit sur 4 atomes de brome ou que 1 c/m³ d'hyposulfite N/10 équivaut à 0 gr. 0024 de furfurol.

On fit alors des déterminations de furfurol sur le même échantillon par les méthodes gravimétriques ou volumétriques et les résultats obtenus se trouvent rapportés dans la table ci-dessous.

	Furfurol 0/0	
	Par pesées	Volumétriquement
I. Cellulose légèrement blanchie par le soufre.	2,95	2,70
II. Cellulose complètement blanchie par le soufre.	1,75	1,76
III. Cellulose complètement blanchie par le soufre.	3,20	3,40
IV. Cellulose de peuplier blanchie à la soude.	7,47	7,38
V. Cellulose de peuplier non blanchie à la soude.	6,00	6,20
VI. Cendres de sciure purifiées.	9,40	9.62
VII. — (autre échantillon).	8,30	8,
VIII. Cellulose facilement blanchie à la soude.	5,00	5,09
IX. Sulfate de cellulose.	6,03-6,04-6,10	6,06-5,99
X. Cellulose de sapin blanchie à la soude.	1,80	1,85

Ces recherches ont été faites au Département de Recherches de l'Arsenal Royal de Woolwich et ont été publiés avec l'autorisation du Directeur de l'Artillerie, auquel nous adressons tous nos remerciements.

V. E.

ACADÉMIE DES SCIENCES

Etat de l'Académie au 1er janvier 1925.

Géométrie. — Appell, Painlevé, Hadamard, Goursat, Borel, Lebesgue.

Mécanique. — Boussinesq, Sebert, Vieille, Lecornu, Koenigs, Mesnager.

Astronomie. — Deslandres, Bigourdan Baillaud, Hamy, Puiseux, Andoyer.

Géographie et Navigation. — Lallemand, Fournier, Bourgeois, Ferrié, Gentil.

Physique générale. — Villard, Branly, Berthelot, Brillouin, Perrin, Cotton.

Chimie. — Haller, Le Chatelier, Moureu, Béhal, Urbain, Bertrand.

Minéralogie. — Barrois, Douvillé, Wallerant, Termier, de Launay, Haug.

Botanique. — Guignard, Mangin, Costantin, Lecomte, Dangeard, Molliard.

Economie rurale. — Roux, Schloesing, Maquenne, Leclainche, Viala, Lindet.

Anatomie et Zoologie. — Bouvier, Henneguy, Marchal, Joubin, Mesnil, Gravier.

Médecine et Chirurgie. — D'Arsonval, Richet, Quénu, Widal, Bazy, Vincent.

Secrétaires perpétuels : pour les sciences mathématiques Picard et pour les sciences physiques Lacroix.

Académiciens libres. — Haton de la Goupillière, Tisserand, Blondel, Foch, Janet, Breton, d'Ocagne, de Broglie, Desgrez, Séjourné.

Membres non résidants. — Sabatier, Gouy, Depéret, Flahault, Kilian, Cosserat.

Applications de la science à l'industrie. — Rateau, Charpy, Lumière, Laubeuf Rabut, Claude.

Associés étrangers. — Sir Edwin Ray Lankester, Lorentz, Volterra, Hale, Sir Joseph John Thomson, Walcott, Michelson, Brogger, Bordet, Paterno di Sessa Winogradsky.

Correspondants.

Sciences mathématiques. — Mittag-Leffler, Hilbert, la Vallée Poussin, Bianchi Sir Joseph Larmor, Dickson, Riquier, Fredholm, Baire.

Mécanique. — Witz, Levi-Civita, Schwoerer, de Sparre, Waddell, Torres Quevedo, Greenhill, Andrade, Camichel, Villat.

Astronomie. — Turner, Verschaffel, Lebeuf, Dyson, Gonnessiat, Campbell, Fabry, Owler, Brown.

Géographie et Navigation. — De Teffé, Nansen, Hedin, Hildebrandsson, Amundsen, Davis, Tilho, Lecointe, Sir Philip Watts, Berloty.

Physique générale. — Blondlot, Guillaume, Arrhenius, Mathias, Onnes, Weiss, Rutherford, Zeeman, Sir William Henry Bragg.

Chimie. — De Forcrand de Coisclet, Guntz, Graebe, Grignard, Walden, Perkin, Pictet, Recoura, Senderens, Hadfield, Sir William Pope.

Minéralogie. — Tschermak, Heim, Durand de Grossouvre, Becke, Friedel, Bigot, Lugeon, Margerie, Glangeaud, Cornet.

Botanique. — Engler, De Vries, Vuillemin, Sauvageau, Chodat, Leclerc du Sablon, Massart, Jumelle, Maire.

Economie rurale. — Gayon, Goblewski, Perroncito, Wagner, Imbeaux, Balland, Neumann, Trabut, Effront.

Anatomie et Zoologie. — Ramon Cajal, Boulenger, Bataillon, Cuénot, Vayssière, Brachet, Lameere, Viguier, Wilson, Schmidt.

Médecine et Chirurgie. — Calmette, Pavlov, Yersin, Bergonié, Depage, Bruce, Sir Almroth Wright, Nicolle, Sherrington, Lagrange.

Séance du 5 janvier. — M. Bouvier prend le fauteuil de la présidence.

— Sur le pouvoir absorbant de l'Agar-Agar. Note de Jean EFFRONT. — Avec l'agar-agar non traité par la chaux et le même traité par la chaux, on n'a pas observé de variation P_H. La nature chimique de la combinaison qui se forme avec l'agar-agar est encore à l'étude. Il semble que l'agar-agar se comporte comme une lactone se transformant en un sel neutre stable. Les pulpes végétales se comportent d'une manière analogue. L'agar-agar absorbe, d'une solution de sulfate de cuivre 8,42 gr., de métal pour 100. L'agar-agar déminéralisé n'absorbe plus de cuivre; si au contraire on le traite par un alcali, on constate qu'après le lavage à froid il absorbe une quantité de cuivre beaucoup plus forte que l'agar non traité.

En résumé l'acide agit déjà donc à dose très faible sur l'agar le déminéralisant.

— Sur la solidification des alliages ternaires d'aluminium, magnésium et cadmium. Note de J. VALENTIN et G. CHAUDRON. — L'analyse thermique a permis d'établir le diagramme complet. On a retrouvé des composés tels que $MgCd$, AL^2Mg^2, $AlMg$.

— Sur l'absorption des vapeurs par le charbon. Note de Edouard URBAIN. — On détermine la compacité en pesant un poids P de charbon et on l'imbibe d'un liquide de densité d. Le nouveau poids devient P^1. On a déterminé le volume V à l'aide de la balance hydrostatique. Le liquide absorbé a donc un volume $(P^1 - P) : d$. Dans le cas du benzène il existe un maximum de compacité.

— Sur les rayons β secondaires produits dans un gaz par des rayons X. Note de Pierre AUGER. — Des expériences effectuées avec du krypton, ont confirmé les résultats obtenus avec l'hydrogène.

Le rayonnement électromagnétique produit à la suite de la première émission de l'atome est souvent réabsorbé dans l'atome lui-même qui lui a donné naissance en provoquant l'émission d'un véritable rayon tertiaire de même origine que le rayon secondaire. En réalité nous ne connaissons que le rayonnement électromagnétique en dehors et loin des atomes producteurs.

— Sur le déplacement des métaux alcalins par le fer. Note de L. HACKSPILL et R. GRANADAM. — Le fer peut déplacer les métaux alcalins de leurs sels dans le vide à une température plus ou moins élevée.

— Sur la désamination semipinacolique de quelques amino-alcools. Note de Al. OBEKHOFF et Max ROGER. — Quand on traite les amino-alcools du type $R.R^1$. $C.OH\text{-}CH^2NH^3$ par l'acide nitreux on obtient des cétones $R.CO.CH^2R^1$ sans passer par les glycols. Dans la transposition par désamination semipinacolique l'aptitude migratrice du groupe p-anisyle est supérieure à celle du groupe phényle.

— Sur l'oxyésérine et ses dérivés. Note de Max et Michel POLONOWSKI. — L'étude de la dislocation de la molécule ésérinique, nous a fourni des éléments dont on peut tirer quelques déductions sur la configuration du noyau basique. La perte de deux carbones et la formation d'un véritable indol ne se produit que lorsqu'on part d'un noyau basique fermé. Au contraire quand on part d'un iodométhylate d'une base ouverte la fusion prolongée de ces corps ne donne aucune perte de carbone et la dégradation régulière d'Hoffman, s'opère en fournissant un dérivé encore hydroindolique.

— Recherches dans la série du déphénylméthane. Sur le bromure de triméthylhydrylammonium. Note de Marcel SOMMELET. — Ce bromure s'obtient en chauffant l'halogénure alcoolique avec l'amine tertiaire en solution benzènique. Il réagit facilement et se prête à des préparations comme celle de l'acide benzylhydryllactique.

— Sur la nature et les variations de l'aldéhyde dans le sang. Note de René FABRE. — On trouve dans le sang une matière réductrice volatile qui possède les caractères de l'aldéhyde acétique. Elle disparaît par l'action de l'insuline presque totalement.

— Fluctuations du fer sanguin au cours du scorbut expérimental. Note de G. MOURIQUAND, A. LEULIER et P. MICHEL. — Le scorbut s'accompagne souvent d'une anémie moyenne qui peut atteindre le type grave. Son développement suit l'évolution du scorbut et la déchéance nutritive qu'il entraîne et guérit avec lui.

Séance du 12 janvier. — Sur la formation directe des oxychlorures de mercure. Note de H. PÉLABON. — Les trois composés $HgO.2HgCl^2, 2HgO.HgCl^2, 4HgO.HgCl^2$ peuvent se former directement en présence de l'eau et de l'alcool à température peu élevée. Le premier oxychlorure qui est blanc, ne se forme pas si la température dépasse 30°. Une fois obtenu on peut le porter à 100° sans qu'il se détruise.

— Recherches sur les aptitudes migratrices. Note de Emile LUCE. — Dans la désamination semipinacolique du 2-phényl-2-α-naphtylaminoéthanol, il y a migration du radical α-naphtyle, probablement exclusive. L'aptitude migratrice de ce radical est donc supérieure à celle du phényle dans cette réaction.

En traitant le naphtalène par le chlorure de phénylacétyle, il se produit deux benzylnaphylcétones α F. 64,5-65° et β F. 99,5.

— Recherches sur le diabète insipide et la diurèse. Note de Jean CAMUS et J. J. GOURNAY. — La lésion du tuber cinereum détermine une polyurie considérable et parfois un diabète insipide permanent. Le tuber contient côté à côte des centres régulateurs du métabolisme des hydrates de carbone et aussi des centres régulateurs du métabolisme des nucléoprotéides.

Séance du 19 janvier. — Le président annonce la mort de Léon Maquenne survenue le 19 janvier.

Maquenne fut élève de Dehérain qui en fit son préparateur à Grignon, en 1871 et dix années plus tard le choisit comme aide naturaliste dans la chaire de culture qu'il venait d'accepter au Muséum. En 1898, il quitta le laboratoire de Dehérain pour remplacer Georges Ville dans la chaire de Physique végétale à laquelle vint s'adjoindre la physiologie végétale lors de la mort de Dehérain. En 1904, il remplaçait Duclaux à l'Académie des Sciences. Parmi ses travaux les plus originaux, il faut citer ses recherches sur les sucres, qui l'ont conduit à établir la formule de l'inosite et de la perséite, et ceux relatifs à la saccharification de l'amidon qui mettent en lumière les processus suivant lesquels la matière amylacée se forme et disparaît dans les plantes. Au cours de ces dernières années des recherches approfondies lui ont montré l'importance de certaines matières minérales dans la végétation. Il avait préparé le premier un de ces carbures qui sont devenus si intéressants dans la suite, le carbure de baryum. Très fatigué ce travailleur infatigable avait dû renoncer à travailler depuis des années. Maquenne laissera aussi le souvenir d'un professeur merveilleux; le cours qu'il fit pendant le court espace de temps qu'il fut maître de conférences à la Faculté des Sciences est resté un modèle de clarté pour ceux qui l'on entendu.

— Absorption des rayons ultraviolets par les dérivés méthylés du naphtalène. Note de M. Henri de Laszlo.

Le spectre des dérivés méthylés du naphtalène ressemble beaucoup à celui du naphtalène. L'introduction d'un groupe méthyle dans la molécule de naphtalène produit un déplacement du spectre vers le rouge. Ce déplacement est plus grand pour le dérivé β que pour le dérivé α. Les dérivés β se distinguent très nettement des dérivés α. Le spectre des premiers est plus fortement décalé vers le rouge; les bandes sont plus prononcées et en plus grand nombre.

Parmi les didérivés la position 2-6 se distingue de la position 2-γ: le spectre des premiers est plus intense, les bandes sont plus nombreuses et sont décalées vers le rouge. Il y a à ce point de vue une très grande analogie entre les dérivés para du benzène qui présentent la même différence par rapport aux dérivés ortho et méta.

— Sur la loi de variation avec la température de la conductibilité des sels solides et ses relations possibles avec le spectre caractéristique du métal du sel. Note de P. VAILLANT. — Il y aurait formation d'électrons avec absorption d'énergie rayonnante, mais il resterait à expliquer comment l'absorption d'une radiation déterminée peut libérer complètement un électron.

— Dosage du radium dans les minéraux d'urane qui contiennent du tantale, du niobium et du titane. Note de Mme Pierre CURIE. — On fond avec du sulfate acide de potassium la matière additionnée de sulfate de baryum. On laisse refroidir la masse limpide, on reprend par l'eau chaude et on filtre. La solution contient l'urane et le fer; les acides rares forment un précipité blanc qui contient le sulfate de baryum radifère. On convertit le sulfate insoluble en carbonate par ébullition avec une solution concentrée de carbonate de sodium après l'avoir débarrassé des acides rares par l'acide fluorhydrique. On dissout le carbonate dans l'acide chlorhydrique et le dose comme à l'ordinaire. Comme dans le traitement par l'acide fluorhydrique il peut passer en solution un peu de radium on ajoute à la solution de l'acide sulfurique et du chlorure de baryum.

— L'évolution de l'hydrate de sesquioxyde de nickel au sein de l'eau. Note de Mlle Suzanne VEIL. — Le changement de valence ne paraît pas avoir d'influence car les coefficients d'aimantation conservent l'allure d'évolution présentée dans le cas de l'hydroxyde nickeleux. Les effets magnétiques perdent de leur ampleur quand le nickel passe de la bivalence à la trivalence.

— Sur l'emploi en catalyse, d'alumines ayant absorbé divers autres corps. Note de André CHARRIOU. — Les catalyseurs dont l'action semble dépendre de leur très grande porosité voient leur activité notablement diminuée par l'absorption de corps étrangers, sauf dans le cas ou ces corps sont eux-mêmes des catalyseurs énergiques comme l'est vis-à-vis de la décomposition de l'éther l'oxyde bleu de tungstène.

— Sur les glucosides de plusieurs espèces d'orchidées indigènes. Note de P. DELAUNEY. — Le loroglucoside est présent dans quatre orchidées étudiées par l'auteur. Ce glucoside dédoublé donne le loroglossigénol.

Séance du 26 janvier. — Etudes chimiques sur les isotopes du plomb. Note de Herbert BRENNEN. — Contrairement aux conclusions de divers auteurs l'emploi du réactif de Grignard ne permet pas la séparation des isotopes du plomb.

— Argiles, kaolins, etc. Gélivité. Note de A. BIGOT. — D'après l'auteur, la gélivité dépendrait de particules d'argile non transformées à la cuisson.

— Etude magnétique de la forme stable des sesquioxydes de fer et de chrome. Note de L. BLANC et G. CHAUDRON. — La susceptibilité magnétique de l'oxyde ferrique reste constante jusqu'à 600° puis croit brusquement jusqu'à 700 et décroît ensuite. Celle de l'oxyde chromique croît brusquement vers 800° et passe par un maximum puis décroît à partir de 900° et reprend sa valeur initiale à 1.100°. On suit ces variations par l'étude des densités successives.

— Sur la réduction des oxydes d'azote en présence des acides sulfuriques et sulfureux. Note de A. GRAIRE. — La réduction de l'oxyde azotique par le gaz sulfureux croit avec la dilution de l'acide sulfurique. Elle est faible en présence d'acides à plus de 35 0/0 d'acide sulfurique, mais augmente très rapidement quand la concentration s'abaisse de 35 à 25 0/0. Le produit de la réduction a toujours été l'oxyde nitreux; on n'a jamais observé nettement une réduction, allant jusqu'à l'azote.

— Sur la chloruration de la para-méthyl-cyclohexanone. Note de Marcel GODCHOT et Pierre BEDOS. — En présence de monochloro-urée la chloruration s'effectue avec un rendement de 75 0/0. On a deux isomères, cis et cis-trans ayant une tendance à passer de l'un à l'autre par formation énolique de passage.

— Synthèse de 9-fluorènylamines. Note de C. COURTOT et P. PETITCOLAS. — On condense le 9-chlorofluorène avec la diéthylamine, la phénylamine les toluidines, les naphtylamines; on a des amines cristallisées. Pour arriver aux fluorénylamines secondaires on part des cétimines.

SOCIÉTÉ INDUSTRIELLE DE MULHOUSE

Réserves et conversions colorées sous noir d'aniline

Pli cacheté n· 2009, déposé le 2 juillet 1910

Par MM. Camille REBERT et Louis LANTZ

Séance du 24 septembre 1924

Les plis cachetés de M. P. W. Pluzanski, ouverts en octobre 1896, traitent des réserves et conversions colorées sous noir d'aniline par impression sur réserves d'un noir additionné de colorants immédiats.

Nous avons cherché à reproduire le même genre sous bistre de paraphénylènediamine découvert par M. Henri Schmid en employant des colorants présentant plus de solidité que les immédiats qui, par impression, ne fournissent que des nuances n'offrant pas la résistance désirée au lavage et au savonnage. Nous y sommes parvenus en employant les dérivés de l'indigo et de thioindigo et les colorants de la série de l'indanthrène. Dans ce cas, la réserve doit contenir, outre l'alcali nécessaire pour empêcher la formation du bistre, un excès d'alcali caustique et un réducteur pour fixer le colorant. Il est très utile également d'y ajouter de la glycérine, qui favorise un bon rendement du colorant.

Nous donnons ci-dessous la formule de notre réserve:

Blanc H courant

Bristish gum.	80
Eau.	120
Soude caustique à 38° Be.	500
Rongalite C.	200
Glycérine.	100
	1000

Pour la surimpression, il suffit d'ajouter le colorant en pâte à un bistre de paraphénylènediamine vapeur au chlorate-vanadate, par exemple:

Bleu H courant

Bleu Hélindon 2 B pâte 20 0/0. . .	100
Couleur d'impression bistre de para-	
phénylènediamine au chlorate-vana-	
date.	900
	1000

Nous avons choisi comme donnant un bon rendement:

pour le bleu:	Bleu Hélindon 2 B
» le jaune:	Flavanthrène G
» le rose:	Ecarlate Ciba G
» le ponceau:	Ecarlate Hélindon S
» l'héliotrope:	Rouge Hélindon 2 B

Le mélange de ces couleurs donne toute la gamme de nuances dont on peut avoir besoin.

On imprime d'abord la réserve blanc H courant, puis le soubassement brun contenant le colorant. Il vaut mieux sécher entre les deux impressions la réserve, fortement alcaline, ayant tendance à couler. Bien entendu, on peut également réimprimer un dessin à plusieurs couleurs, dans ce cas on emploie diverses couleurs bistre contenant différents colorants.

On passe au petit vaporisage Mather-Platt, comme pour le noir d'aniline, on lave et savonne en boyaux.

Des effets analogues s'obtiennent sous couleurs diazoïques, en imprimant sur le tissu foulardé en β-naphtolate, une réserve (comme précédemment sous bistre), à base de soude caustique et d'hydrosulfiteformaldéhyde, mais les contenant dans une proportion différente, la quantité d'alcali pouvant être considérablement diminuée dans le cas des couleurs diazoïques.

Nous avons adopté la recette suivante :

Bleu H B

Eau de gomme pure.	400
Soude caustique à 38° Bé.	200
Glycérine.	100
Rongalite C.	300
	1000

La surimpression se fait au moyen d'une couleur d'impression diazoïque quelconque, additionnée du colorant en pâte, les colorants appropriés étant cités plus haut.

Par exemple :

Bleu H B

Bleu Hélindon 2 B pâte 20 0/0.	100
Couleur d'impression à l'α-naphtyla-mine diazotée.	900
	1000

Après les deux impressions, on passe environ 4 minutes à la boîte à vaporiser Mather-Platt, on lave, et enfin, on savonne comme pour les couleurs diazoïques.

Les échantillons permettront de se rendre compte des effets obtenus par l'application de ces procédés.

BIBLIOGRAPHIE

Les matières plastiques et les textiles artificiels, par MM. CLÉMENT et RIVIÈRE, ingénieurs E. P. C. I. — Un volume grand in-8 de 450 pages avec figures (ajouter 10 p. 100 pour frais d'envoi. Chèque postal Paris, 202). — Broché : **55** francs; Relié : **65** francs.

J.-B. BAILLIÈRE et Fils, éditeurs, 19, rue Hautefeuille, Paris (6e)

Après une définition de la matière plastique, les auteurs, dans la première partie, traitent des matières plastiques naturelles (Matières albuminoïdes et Cellulose). La deuxième partie est consacrée aux matières plastiques artificielles à base d'éthers et de cellulose, aux matières plastiques à base de nitrocellulose, à base d'acétocellulose, à base d'étherssels de la cellulose, à base d'éthers-oxydes mixtes alcooliques et cellulosiques.

Nous arrivons ensuite au chapitre consacré aux vernis cellulosiques et enfin aux matières plastiques à base de résines synthétiques.

La troisième partie de leur ouvrage, les auteurs l'ont consacrée aux soies artificielles. Soies artificielles à base de cellulose ; soies à base d'acétocellulose ; soies artificielles à à base de substances albuminoïdes.

Dans le dernier chapitre se trouvent les analyses et réactions des soies artificielles, permettant de différencier les soies artificielles de la soie naturelle, les soies artificielles du coton.

La quatrième partie est consacrée à la récupération des dissolvants. Par cette simple énumération, on voit la haute valeur de ce traité, qui deviendra le vade-mecum de tous les industriels s'occupant de matières plastiques.

BREVETS PRIS A WASHINGTON
Analysés par M. Ed. Jandrier
(D'après *Chemical abstracts*)

PRODUITS PHARMACEUTIQUES

Anesthésiques synthétiques, VOLWILER et ADAMS. — (Br. am. 1476934. — 11 décembre 1923.)

On prépare le γ-(Butylallylamino) propyl p-aminobenzoate en chauffant 1 molécule de $C^6H^5CO^2CH^2CH^2CH^2Br$ et 2 molécules de $BuNHC^3N^5$, ajoutant de l'eau et du benzène, séparant la solution benzénique à laquelle on ajoute de l'acide chlorhydrique et réduisant par l'étain. L'étain est précipité par H^2S et l'éther précipité par un alcali. Son chlorhydrate cristallise de l'acétone en aiguilles blanches fusibles à 147°, il possède des propriétés anesthésiques semblables à celles de la cocaïne. D'autres éthers homologues sont également décrits.

Esters dérivant d'alcools aminopropyliques substitués, par SCHULEMAN, SHÜTZ et MEISENBURG. — (Br. am. 1474567. — 20 novembre 1923.)

On obtient le di.-γ-diméthylamino-α-β-diméthyl-propyl-p-aminobenzène, fusible à 81-82° en chauffant 2 heures au bain-marie un mélange de $Me^2NCH^2CH — MeCH^2OH$, de benzène et de $p-O^2NC^6H^4COCl$ ajoutant de l'eau séparant la solution benzénique, ajoutant Na^2CO^3 et réduisant le produit par l'étain et l'acide chlorhydrique. L'étain est précipité par H^2S et le produit séparé par addition de K^2CO^3. C'est une huile qui peu à peu se solidifie. Des esters similaires sont également décrits. Les solutions aqueuses de ces produits peuvent être stérilisées par ébullition sans décomposition et produisent des anesthésies locales par injection sous-cutanées en quantité variant de 0,005 à 0,5.

Méthyl phénacétine par E. THEIMER. — (Br. am. 1475522. — 57 novembre 1923.)

Ce produit est obtenu en traitant par une solution de phénacétine dans le xylène par le sodium et le bromure de méthyle.

Préparation du vitamine, par I. F. HARRIS — (Br. am. 1474029. — 13 novembre 1923.)

Cette préparation est obtenue au moyen de levure de bière.

Antitoxine du choléra des porcs par R. R. HENLEY. — (Br. am. 1475580. — 29 novembre 1923.)

Du sérum défibriné et phénolisé est traité par $CHCl^3$; on sépare ainsi les cellules inertes et les débris.

Produits thérapeutiques dérivés des huiles essentielles, baumes, résines, etc., par F. BOEDECKER. — (Br. am. 1479695. — 1er janvier 1924.)

On traite la fraction de l'huile de croton soluble dans l'alcool méthylique par l'acide apocholique et l'alcool, par refroidissement de la solution chaude il se sépare un produit d'addition qui, après recristallisation de l'alcool fond à 188-190°. Avec l'essence de menthe on obtient de la même façon un produit fusible à 156-158°. Le baume du Pérou donne avec l'acide désoxycholique un produit fusible à 179-180°. D'autres huiles, résines, baumes ou extraits végétaux peuvent donner des produits similaires.

Préparation thérapeutique, par J. CALLSEN. — (Br. am. 1477691. — 18 decembre 1923.)

On obtient avec la 3-méthyl-5-isopropyl-Δ-2-cyclohexanone des solutions aqueuses limpides avec le salicylate, benzoate ou m-hydroxybenzoate de soude, l'isovalerate de potassium, etc. Ces solutions peuvent s'employer pour injections sous-cutanées, intra-veineuses ou intra-musculaires. On peut également se servir d'autres kétones telles que la 3-méthyl-5-isopropylcyclohexanone, etc.

Composés hypnotiques et analgésiques, par E· H. VOLWILER. — (Br. am. 1478453. — 25 décembre 1924.)

On chauffe à 90-100° 1 molécule d'acide dibutylbarbiturique et 2 molécules de diméthylaminophényl diméthyl pyrazolone en solution aqueuse, il se forme des cristaux blanc-crème, fusibles à 94,5-96°,5.

De même, l'acide éthylbutylbarbiturique donne un produit jaune orange, fusible à 88-90°. Ces composés, ainsi que d'autres similaires décrits dans le brevet, sont de puissantes analgésiques et hypnotiques.

Sels alcalins de l'acide salicylsalicylique, par W. H. ENGELS. — (Br. am. 1483217. — 12 février 1924.)

On traite l'acide salicylsalicique en dissolution dans l'acétone, le benzène, etc., par un alcali tel que Na^2CO^3 pour former un sel qu'on isole ensuite par précipitation ou autrement.

o-benzyloxybenzoate de calcium, par E. A. WILDMAN. — (Br. am. 1481779. — 22 janvier 1923.)

On fait bouillir dans de l'eau 2 molécules d'acide o-benzyloxybenzoïque et 1 molécule de carbonate de calcium, laisse refroidir et sépare le précipité. C'est une poudre blanche à peine soluble dans l'eau.

On peut obtenir le même sel de calcium au moyen du sel de sodium correspondant. Il possède les propriétés thérapeutiques des dérivés benzylés et salicylés.

8-Hydroxyquinolate de bismuth, par W. H. Engels. — (Br. am. 1485380. — 4 mars 1924.)

L'hydroxyquinoléine donne avec l'hydroxyde de bismuth Bi $(OH)^2OC^9H^6N$. C'est un corps jaune antiseptique à peu près insoluble dans l'eau et les solutions alcalines.

Dihydrooxycodéinone, par M. Freund. — (Br. am. 1485673, — 4 mars 1924.)

On obtient ce produit fusible à 222° en réduisant l'oxycodéinone en solution acétique par l'hydrogène naissant en présence de chlorure de platine.

PRODUITS ORGANIQUES

Hydrolyse des nitriles, par G. E. Seil. — (Br. am. 1479874. — 8 janvier 1924.)

On obtient l'acide α hydroxyisobutyrique en traitant l'α. hydroxy-isobutyronitrile par $SO^4H^22H^2O$ en présence de NH^4Cl qui favorise la réaction et de CCl^4 qui prévient la décomposition en modérant la température de la réaction. Des réactions similaires peuvent être obtenues au moyen d'autres nitriles. L'hydrolyse s'effectue en quelques heures au réfrigérant à reflux.

Purification des hydrocarbures, par D. F. Gould. — (Br. 1481197. — 15 janvier 1924.)

On lave la naphtaline fondue à l'acide sulfurique et à l'eau, puis on fait cristalliser en solution aqueuse alcaline. On peut ensuite distiller l'hydrocarbure.

Hydrazine, par R. A. Joyner. — (Br. am. 1480166. — 8 janvier 1924.)

On fait arriver un hypochlorite et de l'ammoniaque diluée en contact avec un catalyseur obtenu en chauffant une solution de gélatine avec de l'acide chlorhydrique puis neutralisant avec NaOH. Lorsque la réaction est amorcée, le mélange est envoyé dans de l'ammoniaque à 18 0/0 NH^3 à une température de 40-50°. On élimine d'une façon continue l'hydrazine formée par la réaction de la chloramine sur NH^3. Le rendement est environ de 65 0/0 du rendement théorique indiqué par l'hypochlorite employé.

Préservation de la formaldéhyde, par L. A. Meyer. — (Br. am. 1481849. — 29 janvier 1924.)

A la formaldéhyde partiellement polymérisée, on ajoute une solution alcaline qui solubilise la paraformaldéhyde et prévient la polymérisation.

Thiourées, par W. G. O'Brien. — (Br. am. 1482317. — 19 janvier 1924.)

On produit d'une façon continue des thiourées en faisant arriver en proportions voulues des quantités par exemple d'aniline et de sulfure de carbone dans une chambre à réactions, maintenue à une température convenable 120-140° par exemple.

Ether isopropylique, par M. D. Mann Jr. — (Br. am. 1482804. — 5 février 4924.)

On traite l'alcool isopropylique par l'acide sulfurique à 70-85 0/0 ; on chauffe à 100-125° et on rectifie le produit.

Acide aminobenzène arsoniques, par M. Guérin. — (Br. am. 1482514. — 5 février 1924.)

On chauffe à 50-100° une solution d'acide nitrobenzènearsonique ou un de ses produits de substitution en présence d'un sucre réducteur. Après refroidissement, on traite par HCl pour rendre la solution légèrement acide et précipiter l'acide aminé.

Sulfates alkyliques neutres, par W. Bader. — (Br. am. 1484249. — 19 février 1924.)

On soumet à la distillation un liquide renfermant par exemple $EtHSO^4$; on opère sous pression réduite et de façon à ne chauffer qu'une partie du liquide soumis à la distillation. Les produits sont immédiatement enlevés de la zône de distillation.

Catalyseur pour l'oxydation des hydrocarbures, par J. V. Meigs. — (Br. am. 1486781. — 11 mars 1924.)

On emploie le vanadochromate ferrique pour la production de benzaldéhyde par oxydation du toluène, ou de l'acide phtalique par oxydation du naphtalène.

Oxydation des hydrocarbures et autres substances organiques, par A. Mittasch. — (Br. am. 1487020. — 18 mars 1924.)

On fait passer un mélange d'acétylène et d'oxygène à une température de 375° sur un catalyseur formé d'argile calciné imprégné d'acide borique ou phosphorique pour former de la formaldéhyde. On peut de même oxyder le méthane, l'acétone, anthracène, etc.

Phtalimide, par A. G. et S. J. Green. — (Br. am. 1488239. — 25 mars 1924.)

On oxyde directement l'α-nitronaphtalène par l'air chaud en présence d'oxyde de vanadium.

Acides organiques par fermentation de pentoses, par Fred et Peterson. — (Br. am. 1485844. — 4 mars 1924.)

On fait fermenter des solutions de xylose ou d'arabinose au moyen du *Lactobacillus pentoaceticus*, après quelques jours, il se forme de l'acide acétique et de l'acide lactique.

Détermination des poids spécifiques, par W. G. Exton. — (Br. am. 1488747. — 1er avril 1924.)

On place un petit échantillon, même une goutte suffit, dans un liquide dans lequel l'échantillon est insoluble et de densité plus grande que l'échantillon. On ajoute ensuite un autre liquide approprié jusqu'à ce que l'échantillon flotte dans le mélange ainsi formé. On en prend la densité, qui est également celle de l'échantillon au moyen d'un hydromètre ou autrement. Comme types de liquides on cite le benzène et le tétrachlorure de carbone.

Acétaldéhyde, par Baum et Mugdan. — (Br. am. 1489915. — 8 avril 1924.)

On fait passer un courant d'acétylène dans une solution aqueuse renfermant un acide et du mercure. L'aldéhyde est évacuée au fur et à mesure de sa formation et on ajoute de l'eau.

Acétate d'amyle, par L. M. Burghart. — (Br. am. 1491076. — 22 avril 1924.)

On introduit un mélange d'acétate de méthyle 85 0/0 et alcool méthylique 15 0/0 dans le bas d'une colonne distillatoire tandis qu'on introduit par en haut de l'alcool amylique et de l'acide sulfurique. On sépare d'une façon continue l'alcool méthylique de l'acétate d'amyle formé. D'autres éthers peuvent être obtenus de la même façon.

Acide succinique, par A. E. Craver. — (Br. am. 1491465. — 22 avril 1925.)

On traite le sel de soude de l'acide malique par l'hydrogène en présence de nickel sous une pression d'environ 2 1/2 atmosphères.

Anhydride phtalique par A. E. Craver. — (Br. am. 1489741. — 8 avril 1924.)

On fait arriver de l'air et des vapeurs de naphtalène sur un catalyseur renfermant de l'oxyde de vanadium avec ou sans oxyde de molybdène. Les oxydes de Na, Cu, Pb, Co, Al et Cd, diminuent le rendement en anhydride phtalique et augmente le rendement en acide malique.

Triaminotoluène, par E. Bielouss. — (Br. am. 1492094. — 29 avril 1924.)

On ajoute peu à peu du trinitrotoluène à un mélange de fer en poudre et d'eau contenant un peu de chlorure de fer. On opère à une température de 60-80°.

Méthylamine, par Bader et Nightingale. — (Br. am. 1489300/380. — 8 avril 1924.)

A un mélange de $AcNH^2$, Ca $(OCl)^2$ et Ca $(OH)^2$ maintenu à 5° C environ, on ajoute peu à peu Na^2CO^3. La méthylamine formée est chassée et peut être condensée ou absorbée dans HCl. D'autres alkylamines peuvent être obtenues de façon similaire au moyen des acylamides correspondantes.

Glycérol, par Essex et Ward. — (Br. am. 1477113. — 11 décembre 1925.)

On fait arriver un courant de CO^2 dans un mélange formé de 225 parties de chlorure d'allyle, et 4.000 parties d'une solution renfermant 215-220 parties de NaOCl. On refroidit et agite vigoureusement. Lorsqu'on ne trouve plus que des traces de HOCl, on arrête le courant de CO^2 ; on ajoute 400 parties de carbonate de soude, et on fait bouillir à reflux pendant 7 heures. On obtient en glycérol environ 82 0/0 de la quantité théorique. On peut de même hydrolyser les chlorobutylènes, chloroamylènes, etc. Avec HOBr et le bromure d'allyle, on peut obtenir des dibromo-hydrines du glycérol qui peuvent à leur tour être hydrolysées.

Chlorure d'éthyle, par H. F. Wilkie. — (Br. am. 1478498. — 25 décembre 1923.)

On fait réagir HCl gazeux sur un excès de vapeurs alcooliques en présence de coke imprégné de chlorure de zinc ou autre catalyseur et maintenu à une température suffisante pour éliminer l'eau formée par la réaction.

Résine synthétique, par C. Ellis. — (Br. am. 1482357 et 1482358. — 29 janvier 1924.)

On fait réagir le formaldéhyde sur l'urée en présence d'un catalyseur tel que la soude caustique, puis on neutralise, solidifie et coule dans des moules.

Purification du camphre synthétique, par J. M. Kessler. — (Br. am. 1482899. — 5 février 1924.)

On chauffe le camphre synthétique pendant 20-30 heures à une température de 225-235°, afin d'obtenir un produit exempt de chlore.

α,α-diethyl-γ-pentenamide et produits similaires, par Bockmühl et Schwartz. — (Br. am. 1482343. — 29 janvier 1924.)

On fait bouillir 8 heures en réfrigérant à reflux un mélange de $Et^2CBrCNCH^2$: $CHCH^3Br$ et de toluène en présence de cuivre en poudre. On filtre, sépare le toluène par distillation et distille le résidu sous pression réduite. On obtient CH^2 : $CHCH^2CEt^2CN$ que l'on fait bouillir 9 heures avec de la soude caustique et de l'alcool. On distille l'alcool, lave le produit et distille $CH^2:CHCH^2CEt^2CONH^2$ qui distille à 155° sous une pression de 10 m/m et fond à 80° après recristallisation de l'éther de pétrole.

On obtient de même l'α,α-diéthylbutyramide fusible à 108° et autres homologues.

MÉTALLURGIE

Gaz sulfureux, par G. C. CARSON. — (Br. am. 1480743. — 15 janvier 1924.)

On porte à 1260° environ les gaz sulfureux. A cette température, SO^2 est dissocié. On traite alors par des minerais pulvérisés renfermant par exemple du sulfure de zinc ou encore de la sciure de bois, du charbon pulvérisé, etc., afin de fixer l'oxygène et prévenir la reformation de SO^2 pendant le refroidissement.

Traitement des minerais de cuivre, par W. E. GREENAWALT. — (Br. am. 1489121 — 1er avril 1924.)

On lessive, dans la solution on précipite le cuivre sous forme de sulfure et le précipité traité par une solution de $Fe^2(SO^4)^3$ pour dissoudre le cuivre avec formation de $FeSO^4$. On électrolyse la solution de sulfates de cuivre et de fer, pour obtenir du cuivre et régénérer $Fe^2(SO^4)^3$.

Traitement des minerais de titanium, par WEIZMANN et BLUMENFELD. — (Br. am. 1489183. — 1er avril 1924.)

On traite les minerais par l'acide sulfurique à 70-90 0/0 et à une température de 150-180°. Le résidu est refroidi et traité par l'eau en petite quantité de façon à laisser presque tous les sulfates de fer indissous et obtenir une solution concentrée de sulfate de titanium.

Précipitation des métaux précieux, par BECKET et FEILD. — (Br. am. 1492282 et 1492283. — 29 avril 1924.)

On précipite l'or, l'argent, etc., de leur solution dans les cyanures alcalins au moyen de silicium pur ou allié.

Acier chromé, par DE LONG et PALMER. — (Br. am. 1489429. — 8 avril 1924.)

Cet alliage qui résiste bien à la corrosion est formé de fer avec Co 40 0/0, Cr 20 0/0 et cuivre 1 0/0.

Alliage, par T. GIRIN. — (Br. am. 1489243. — 8 avril 1924.)

Cet alliage résiste bien à la vapeur surchauffée ainsi qu'aux gaz chauds et humides, il n'est pas cassant et son coefficient d'expansion peut être celui de l'acier, du bronze, ou du verre suivant sa teneur en nickel. Il est formé de Ni 25-40, Cr 10-15, Mn 0,5-1. Co 0,3-1 0/0 et de fer.

Alliage, par KIRCH et DUMLER. — (Br. am. 1491913. — 29 avril 1924.)

Cu 70 0/0, nickel 20 0/0, et fer 10 0/0. Cet alliage est blanc, résiste bien à l'oxydation et peut être roulé et étiré.

Précipitation des métaux précieux, par W. HIRSCHKINE. — (Br. am. 1479542. — — 1er janvier 1924.)

On précipite les métaux des solutions de cyanure par addition de $Na^2S^2O^4$.

Solution renfermant de l'acide sulfurique et du sulfate ferrique, par E. S. LEAVER. — (Br. am. 1477965. — 18 décembre 1923.)

Les matériaux renfermant $FeSO^4$ sont traités en présence d'eau par des gaz renfermant SO^2 et O de façon à obtenir une solution d'acide sulfurique et de sulfate ferreux pouvant être employée à la lixiviation des minerais de cuivre.

Traitement des minerais ou concentrés de tungstène etc., par DYSON et AITCHISON. — (Br. am. 1481697. — 22 janvier 1924.)

Les matériaux renfermant des métaux du groupe du tungstène sous forme d'oxydes sont chauffés en présence de chlore ou d'acide chlorhydrique et d'hydrogène à une température de 600-1.000 pour former des chlorures volatils que l'on recueille.

Traitement des minerais sulfurés ou oxydés, par H. J. E. HAMILTON. — (Br. am. 1480439. — 8 janvier 1924.)

Les minerais pouvant renfermer Pb, Ag et Zn sont soumis à un grillage chlorurant partiel à une température voisine de 400° dans un four ouvert où l'air a libre accès. Puis on traite ensuite par une solution chaude de sel marin, pour former une solution d'où on précipite le plomb et l'argent au moyen de zinc.

Traitement des minerais de cuivre, par W. E. GREENAWALT. — (Br. am. 1480059. — 8 janvier 1924.)

On lessive au moyen d'une solution ferrique acide ; de la solution on précipite le cuivre au moyen de H²S obtenu en traitant FeS par un acide. Le sulfate ferreux est oxydé par électrolyse et la solution retourne au lessivage.

Traitement des minerais de vanadium, par W. E. Stokes. — (Br. am. 1182276. — 29 janvier 1924.)

On traite les minerais par Na²SO⁴ ou NaHSO⁴ puis on lessive à l'eau froide et la solution (de préférence après oxydation), est chauffée près du point d'ébullition pour précipiter le sulfate de vanadium.

<h2 style="text-align:center">PHOTOGRAPHIE</h2>

Papier sensible à la lumière, par Kögel et Neuenhaus. — (Br. am. 1444469. — 6 février 1923.)

On sensibilise le papier, etc., au moyen d'acide 1-diazo-2-hydroxynaphtalène-1-sulfonique qui par exposition à la lumière sous un négatif, se décompose et ne se combine plus avec les réactifs ordinaires pour former des matières colorantes azoïques dans les parties exposées. On traite avec du résorcinol et un alcali par exemple pour obtenir des images rouges ou violettes.

On peut incorporer le résorcinol à la couche sensible et stabiliser au moyen d'acide citrique ou tartrique et révéler après exposition au moyen de vapeurs ammoniacales par exemple.

On peut encore employer le phloroglucinol ou méthyl-phényl-pyrazolone. Les sels de cuivre et de nickel augmentent la solidité à la lumière et les sels de fer et de manganèse peuvent servir à régler la couleur. Le développement peut se faire sous réactifs en gardant l'épreuve dans l'obscurité pendant quelques temps.

Ecran multicolore, par I. Kitsee. — (Br. am. 1446049. — 20 février 1923.)

Images colorées, par L. F. Douglass. — (Br. am. 1450412. — 3 avril 1923.)

Une image noire à l'argent est transformée en image bleue au fer, puis on traite par une matière colorante basique telle que le Fuchsine P ou l'Auramine O et passe ensuite dans un bain alcalin renfermant de la soude caustique et du nitrate de plomb.

Récupération de l'argent des bains photographiques, par L. Weisberg. — (Br. am. 1448475. — 13 mars 1923.)

On précipite l'argent au moyen de sucre et de soude caustique.

Ecran fluorescent, par W. P. Davey. — (Br. am. 1480896. — 15 janvier 1924.)

On fait des pellicules avec un mélange plastique obtenu au moyen de pyroxyline, d'un solvant et d'une substance fluorescente telle que le tungstate de calcium.

<h2 style="text-align:center">EXPLOSIFS</h2>

Diazodinitrophénol, par W. M. Dehn. — (Br. am. 1460708. — 3 juillet 1923.)

On traite le picramate d'ammonium par l'acide nitrique concentré en présence d'alcool. On opère sous une couche d'huile neutre.

Composition pour la production de fumée, par French et Benner. — (Br. am. 1461646. — 10 juillet 1923.)

Mélange de Sb²S³ 1-8 parties, soufre 0,5-5 p., nitrate de soude, 3-15 p. brai 1 et chlorure d'ammonium 1-10 parties.

Explosifs, par W. B. Sturgis. — (Br. am. 1463980. — 7 août 1923.)

Les explosifs qui sont puissants et ont un point de fusion bas, sont formés de dinitrochlorhydrine, nitroglycérine et sucre nitré. On peut aussi employer la tétranitroglycérine et des dérivés chloronitrés de la diglycérine.

Poudre propulsive, par A. S. O'Neil et R. R. Evans. — (Br. am. 1464012. — 7 août 1923.)

On fait un mélange intime de nitrocellulose colloïdée et d'une pâte formée de poudre noire, d'eau et d'alcool. Puis on granule.

Explosif, par S. G. Morton, (Br. am. 1466147. — 28 août 1923.)

Mélange de trinitroglycérine 60-80 0/0 et nitroxylose 20-40 0/0.

Explosifs, par W. O. Snelling. — (Br. am. 1473257. — 6 novembre 1923.

Avec des agents oxydants comme les nitrates alcalins, l'amidon nitré, etc., on emploie du résinate de chaux ou l'éther glycérique de la résine, et on ajoute une huile et de l'oxyde de zinc.

Explosifs, par W. O. Snelling. — (Br. am. 1472691. — 30 octobre 1923.)

Mélange d'amidon nitré 40 parties et nitrate de plomb 57 auquel on ajoute 3 0/0 d'huile.

Explosifs, par W. B. Sturgis. — (Br. am. 1473685. — 13 novembre 1923.)

On dissout du sucre ou un autre hydrocarbone dans de la glycérine ou de la monochlorhydrine. Puis on nitre séparément les deux liquides (avec le corps dissous) on mélange et on ajoute si l'on veut des nitrates, chlorates, etc.

Détonateur, par H. Rathsburg. — (Br. am. 1470104. — 9 octobre 1923.)

Le sel de plomb du trinitrophloroglucinol peut servir de détonateur ; il n'est pas affecté par l'humidité atmosphérique et est inerte vis-à-vis de l'aluminium, du cuivre, et du laiton.

Acide oxalique, par E. A. Barnes. — (Br. am. 1468792. — 25 septembre 1923.)

On évapore jusqu'à $D = 1,20$ les liqueurs résiduaires provenant de la fabrication du fulminate de mercure. Pendant cette opération, l'acide glycolique est oxydé et transformé en acide oxalique qui cristallise par refroidissement.

Détonateur, par J. Marshall. — (Br. am. 1473825. — 13 novembre 1923.)

On fait arriver dans un solvant inerte des vapeurs de N^2O^3 et C^2H^4 ou C^3H^6 en maintenant la température vers 5-20°. Il se forme un précipité cristallin qui (lorsque C^2H^4 a été employé) fond vers 114-117° et renferme 26-26,9 0/0 d'azote. Il semble avoir pour formule $(CH^2NO^2)\ CH^2N.O.O.NCH^3\ (CH^2NO^2)$. On peut employer pour la dynamite, etc., des capsules renfermant une charge de 0,4-1,0 d'éthylène pseudo-nitrosite recouverte de fulminate de mercure.

Explosif, par E. M. Symmes. — (Br. am. 1478588. — 25 décembre 1923.)

On obtient un explosif stabilisé en mélangeant 60-80 parties de nitroglycérine et 20-40 parties de mannose nitrée.

Poudre sans fumée, par T. L. Davis. — (Br. am. 1478892. — 25 décembre 1923.)

Mélange de tétranitrate et de benzoate de pentaérythrite.

Explosif, par R. L. Hill. — (Br. am. 1483087. — 12 février 1924.)

Mélange formé de 17,5-52,5 parties de nitrate d'ammonium, 3-3,5 parties de nitroglycérine et tétranitrodiglycérine, 24-52,5 de nitrate de sodium, 0,5 de carbonate de calcium et 20-4 parties de dérivés nitrés aromatiques dont une moitié au moins de trinitrotoluol et 0-2 parties de soufre.

Explosif pouvant remplacer la nitroglycérine, par C. A. Woodbury. — (Br. am. 1485003. — 26 février 1924.)

On obtient ce produit par la nitration directe au moyen du mélange nitro-sulfurique d'hydrocarbures tels que C^2H^4 ou C^3H^6.

PRODUITS MINÉRAUX

Pigment de titanium, par F. E. Bachman. — (Br. am. 1489417/8. — 8 avril 1924.)

On chauffe sous pression une solution de sulfate titanique renfermant du sulfate titaneux pour précipiter le titanium sous forme d'oxyde hydraté pouvant servir de pigment.

Pigments à l'oxyde de fer, par P. Fireman. — (Br. am. 1490372. — 15 avril 1924.)

On électrolyse une solution de NaCl avec une anode de fer, de façon à former une solution alcaline et une solution de sel de fer qui, par leur mélange, donnent un précipité de Fe $(OH)^2$ qui peut être oxydé. La liqueur mère est renvoyée à l'électrolyse.

Acide cyanhydrique, par C. Brindl. — (Br. am. 1492193/4. — 29 avril 1924.)

On fait passer N, H et CO ou NH^3 et CO sur un catalyseur chauffé formé par exemple de carbure d'uranium ou de métaux tels que W, Ti, Rh, Os, Mg, Al, Fe oxydés ou carburés.

Acide arsénique, par O. C. Behae. — (Br. am. 1493798. — 13 mai 1924.)

A un mélange d'acide arsénieux et d'acide nitrique, on ajoute graduellement un peu d'acide chlorhydrique comme catalyseur.

Hydroxyde de baryum, par C. Deguide. — (Br. am. 1490769. — 15 avril 1924).

On décompose par l'eau un silicate tribarytique pour former Ba $(OH)^2$ et un silicate monobarytique. Ce dernier est chauffé à 1300-1500° avec du carbonate de baryte pour reformer du silicate tribasique.

Hydroxyde d'aluminium, par M. Buchner. — (Br. am. 1493329. — 6 mai 1924.)

On chauffe du sulfate d'ammonium pour former NH^3 et NH^4HSO^4. On fait réagir ce dernier à 200° et sous pression sur de la bauxite par exemple. On filtre et on se sert de NH^3 de la première opération pour précipiter l'alumine et régénérer du sulfate d'ammonium dans la liqueur mère.

Chlorures métalliques, par Stafford, Gardner et Phillipps. — (Br. am. 1489021. — 1er avril 1924.)

Le chlorure d'aluminium par exemple, est obtenu en chauffant les minerais renfermant de l'aluminium à l'état d'oxyde dans une atmosphère renfermant du chlorure de soufre.

Chlorure de magnésium, par V. M. GOLDSCHMIDT. — (Br. am. 1489525. — 8 avril 1924.)

On transforme la magnésie en chlorure de magnésium en présence de soufre ou d'un composé du soufre à une température de 450-550°.

Traitement de la bauxite, par A. PEDEMONTE. — (Br. am. 1490021. — 8 avril 1924.)

On fait digérer la bauxite dans de l'acide chlorhydrique dilué et on filtre. Le résidu, formé surtout d'alumine avec une petite quantité de silice et d'oxyde de titanium est calciné puis traité par HCl concentré pour dissoudre l'alumine et le chlorure peut être calciné pour obtenir de l'alumine.

Chlorure de zinc, par L. ROSENSTEIN. — (Br. am. 1493705. — 13 mai 1924.)

En concentrant les solutions de $ZnCl^2$ dans un vase de fer, on évite l'attaque du fer en maintenant du zinc métallique dans la solution.

Traitement des feldspaths potassiques, par SCOFIELD et LA RUE. — (Br. am. 1494029. — 13 mai 1924.)

On calcine et pulvérise les feldspaths, puis on les chauffe à 275-325° avec une solution de potasse caustique à 90 0/0. La solution est ensuite traitée par CO^2 sous pression et à chaud pour produire K^2CO^3, $KHCO^3$ et $Al(OH)^3$.

Borax, par KNIGHT, CRAMER et CONNELL. — (Br. am. 1492920. — 6 mai 1924.)

A une solution de sesqui carbonate de soude et de borax, on ajoute à chaud du borate de chaux ou de magnésie, on sépare le précipité, et on laisse cristalliser le borax. On peut encore, d'après le brevet suivant, ajouter à la solution chaude du métaborate de sodium et obtenir par refroidissement du borax cristallisé. Ces procédés s'appliquent aux saumures naturelles de certains becs américains.

Sodium métallique au moyen de borax, par S. PEACOK. — Br. am. 1493126. — 6 mai 1924.)

Dans une atmosphère exempte d'oxygène, on fait réagir le carbone sur le borax anhydre à une température de 1000-1200°. Il se volatise d'abord du sodium et ensuite à 1300-1400° de l'anhydride borique.

Soufre précipité, par W. F. SUTHERST. — (Br. am. 1492489. — 29 avril 1924.)

On traite par SO^2 des solutions renfermant Na^2S^5 et $Na^2S^2O^3$, il se précipite du soufre colloïdal.

ELECTRICITÉ

Production électrolytique d'acétaldéhyde ou d'acide acétique au moyen d'acétylène, H. PLANSON. — Br. am. 1471058. — 16 octobre 1923.)

On oxyde l'acétylène dans des électrodes poreuses renfermant un composé insoluble de mercure que l'on maintient actives en faisant des anodes dans une solution acide avec un courant de 1,7 à 2 volts. Les électrodes peuvent être en filet métallique renfermant une pâte d'oxyde ou de phosphate mercureux. On peut employer l'acide phosphorique comme électrolyte. Des rendements de 94 0/0 en acétaldéhyde ont été obtenus ; et en travaillant pour produire de l'acide acétique on obtient un grand rendement en acide renfermant una petite proportion d'aldéhyde. Les produits peuvent être distillés au fur et à mesure de leur production.

Nitrite au moyen des vapeurs nitreuses des fourneaux à arc, SIEBERT (Br. am. 1471711. — 23 octobre 1923.)

Les gaz nitreux à une température de 150-200 sont introduits dans un système à absorption dont le liquide (de la soude par exemple) est toujours et partout maintenu à une température inférieure à 40°.

Procédé pour obtenir du tungstène fondu, dense, C. A. LAISE. — (Br. am. 1470175. — 9 octobre 1923.

Alliage pour accumulateur, MEYER et JAMES. — (Br. am. 1475503. — 27 novembre 1923.

On obtient des plaques négatives permettant de se passer de séparation au moyen d'un alliage formé de plomb 25 p., étain 50 p., zinc 17 et antimoine 8 parties.

Anodes pour l'obtention des persels, G. Baum. — (Br. am. 1477099. — 11 décembre 1923.)

Ces anodes sont formées de tantale dont la surface est partiellement recouverte de platine.

Le Propriétaire-Gérant : Dr G. QUESNEVILLE.

ANGERS. — IMPRIMERIE CENTRALE

LE MONITEUR SCIENTIFIQUE QUESNEVILLE

JOURNAL DES SCIENCES PURES ET APPLIQUÉES

TRAVAUX PUBLIÉS A L'ÉTRANGER

COMPTES RENDUS DES ACADÉMIES ET SOCIÉTÉS SAVANTES

SOIXANTE-NEUVIÈME ANNÉE

CINQUIÈME SÉRIE. — TOME XV

| Livraison 995 | MAI | Année 1925 |

LE CIMENT

Ferrites Calciques

Par Ernest MARTIN

C'est la deuxième partie de notre travail sur le ciment que nous publions aujourd'hui. La première partie, relative aux silicates calciques, a paru dans le numéro de septembre 1923, du *Moniteur scientifique*.

Notre exposé comprendra : un premier chapitre relatant nos essais sur les ferrites, un deuxième chapitre donnant notre manière d'interpréter les constitutions des ferrites, un troisième chapitre signalant les produits hydrauliques nouveaux, obtenus en nous basant sur nos essais et sur nos théories.

CHAPITRE Ier

FERRITES CALCIQUES

Nous divisons les ferrites calciques en trois classes bien distinctes :

a) *Les ferrites obtenus par voie aqueuse* ;
b) *Les ferrites préparés à température élevée, mais sans atteindre la fusion* ;
c) *Les ferrites fondus.*

Nous avons étudié tout particulièrement les ferrites de la classe *b*, par suite des qualités hydrauliques que possèdent certains d'entre eux.

Les ferrites des deux autres classes, ne présentant pas le même intérêt pratique, ont été étudiés plus sommairement ; nous reviendrons plus tard sur ces composés si le temps nous le permet.

Les ferrites de la classe *a* et deux ferrites de la classe *b* (ferrique monocalcique et ferrite bicalcique), ont déjà fait l'objet d'une communication au troisième Congrès de chimie, et de ce fait, cette communication a été donnée dans le numéro spécial de chimie et industrie de mai 1924 ; nous avons depuis cette époque, complété l'étude des ferrites de la classe *b*.

a) Ferrites obtenus par voie aqueuse

Les ferrites que nous avons préparés par voie aqueuse répondent aux compositions :

$$4Fe^2O^3, CaO \qquad et \qquad 3Fe^2O^3, CaO$$

Il est possible qu'il existe d'autres composés en dehors des deux que nous avons identifiés. Les ferrites préparés par voie aqueuse sont très instables ; ils se carbonatent facilement à l'air et l'eau les hydrolyse rapidement, ce qui fait qu'il est très difficile de les obtenir purs.

FERRITE $4Fe^2O^3.CaO$. — On le prépare en faisant digérer pendant plusieurs jours (dix jours au moins), de l'hydrate ferrique dans un excès d'eau de chaux.

On prend de l'hydrate ferrique, résultant de la précipitation d'une solution étendue d'un sel ferrique par l'ammoniaque ; l'hydrate doit être parfaitement lavé avec de l'eau pure, privée de CO_2.

On peut utiliser indifféremment l'hydrate frais, l'hydrate séché à 110° ou l'hydrate ayant bouilli pendant plusieurs heures avec de l'eau distillée.

L'hydrate ferrique, séché à 110°, correspond à :

$$4Fe_2O_3, 3H_2O$$

Pour préparer le ferrite, on prendra un gramme de l'hydrate séché à 110° ou un poids correspondant d'hydrate frais que l'on mettra à digérer dans 250 c/m^3 d'eau de chaux saturée. Pendant la digestion de l'hydrate avec l'eau de chaux, il faut agiter fréquemment et éviter que le produit n'adhère au fond du récipient.

Le ferrite hydraté, séparé par filtration et essorage, est séché à 110°. On le lave après cette dessication avec de l'alcool à 50°, deux lavages au plus, puis on le sèche à nouveau à 110°.

Le ferrite, après avoir été séché à 110°, répond à la composition :

$$4Fe_2O_3, CaO, 6H_2O$$

Il est très hygrométrique. Calciné légèrement, il perd son eau et devient magnétique. L'acide acétique dilue n'attaque pas, à froid, le ferrite qui a été calciné légèrement.

L'oxyde ferrique résultant de la calcination de l'hydrate ferrique ne se combine pas à la chaux par voie aqueuse.

FERRITE $3Fe_2O_3, CaO$. — L'hydrate de ce ferrite se prépare en précipitant des solutions diluées de chlorure ferrique par de l'eau de chaux.

On peut aussi précipiter les solutions diluées de chlorure ferrique, par une solution de soude caustique employée sans excès et additionner, ensuite, d'un volume d'eau de chaux renfermant une quantité de chaux légèrement supérieure à celle qui est nécessaire à la formation du ferrite.

Dans les deux cas, on laisse digérer quelques jours, puis on sépare le précipité, suivant la méthode indiquée à propos du ferrite précédent.

L'hydrate du ferrite, séché à 110°, possède la composition suivante :

$$3Fe_2O_3, CaO, 5H_2O$$

Cet hydrate ainsi desséché est très hygrométrique.

Calciné légèrement, au rouge sombre, il perd son eau et devient magnétique ; il n'est, après calcination, pas attaqué à froid par des solutions faibles d'acide acétique.

Il a été préparé par les mêmes méthodes, les ferrites barytiques correspondants aux deux ferrites calciques précédents. Ces ferrites barytiques, désséchés à 110° ont comme composition :

$$4Fe_2O_3, BaO, 4H_2O$$
$$et \quad 3Fe_2O_3, BaO, 4H_2O$$

A la classe des ferrites obtenus par voie aqueuse, on peut comprendre également les ferrites hydratés qui résultent de l'action de l'eau sur les ferrites hydrauliques (classe *b*). Citons parmi ces composés ceux que nous avons pu isoler :

$$2Fe_2O_3, CaO, 2H_2O$$
$$2Fe_2O_3, 2CaO, 2H_2O$$
$$2Fe_2O_3, 3CaO, 3H_2O$$
$$2Fe_2O_3, 4CaO, 3H_2O$$
$$2Fe_2O_3, 6CaO, 3H_2O$$

Nous ajoutons aussi les ferrico-carbonates calciques hydratés suivants :

$$2Fe_2O_3, 6CaO, 2CO_2, H_2O$$
$$2Fe_2O_3, 8CaO, CO_2, 3H_2O$$
$$2Fe_2O_3, 8CaO, 3CO_2, H_2O$$

Il sera question, à propos des ferrites hydrauliques, de ces différents composés.

b) Ferrites préparés à température élevée mais sans atteindre la fusion

En cuisant un mélange intime d'oxyde ferrique et de chaux, sans atteindre la fusion, le ferrite qui se forme dépend seulement des proportions des deux composants.

C'est en nous basant sur cette règle, que nous avons pu préparer les ferrites ci-après :

Ferrites non hydrauliques :

$$2Fe^2O^3, CaO$$
$$2Fe^2O^3, 2CaO$$
$$2Fe^2O^3, 3CaO$$
$$2Fe^2O^3, 4Cao$$

Ferrites hydrauliques, fournissant des ciments :

$$2Fe^2O^3, 5CaO$$
$$2Fe^2O^3, 6CaO$$
$$2Fe^2O^3, 7CaO$$

Ferrites hydrauliques, fournissant des ciments inférieurs :

$$2Fe^2O^3, 8CaO$$
$$2Fe^2O^3, 9CaO$$
$$2Fe^2O^3, 10CaO$$

Préparations générales des ferrites énumérés ci-dessus. — Deux méthodes nous ont permis de préparer tous les ferrites désignés.

La première de ces méthodes consiste à cuire pendant longtemps, et sans atteindre la fusion, des mélanges intimes de carbonate de chaux et d'oxyde ferrique. La combinaison commence à se faire dès la température de décarbonatation. La température maximum varie de 1.100° à 1.200° pour les premiers ferrites, et de 1.200° à 1.300° pour les autres. Il faut dans tous les cas se maintenir de 100° au moins au-dessous du point de fusion ; en se rapprochant de la fusion, on aurait des ferrites dont les propriétés seraient très différentes.

Le mélange, $2Fe^2O^3 + 2CO^3Ca$ fond entre 1.225° et 1.250°.

Le mélange, $2Fe^2O^3 + 4CO^3Ca$, fond entre 1.300° et 1.325°.

Le mélange, $2Fe^2O^3 + 6CO^3Ca$, fond vers 1.350°.

La préparation peut se faire par voie sèche en se contentant de mélanger les poudres, mais nous recommandons d'opérer les mélanges par voie humide, de mouler la pâte en petites billes que l'on cuira ensuite dans des creusets réfractaires ou dans des moufles.

La deuxième méthode de préparation de ces ferrites, consiste à dissoudre un certain poids de fer dans de l'acide nitrique, puis à additionner la solution du poids voulu de carbonate de chaux. Le carbonate de chaux sature, d'abord, l'excès d'acide et précipite ensuite l'hydrate ferrique ; il se fait pendant ces réactions une mousse abondante, ce qui oblige d'employer des capsules de grande capacité ; la mousse cesse de se produire dès que le carbonate de chaux est en excès.

La masse desséchée est pulvérisée, puis cuite dans des creusets réfractaires. On obtient par ce procédé des mélanges plus intimes qu'avec la première méthode, mais il faut cuire sans attendre ou conserver la masse à l'abri de l'humidité, car la déliquescence du nitrate de chaux détruirait l'homogénéité.

La matière cuite doit être pulvérulente et ne pas présenter traces de matière fondue.

FERRITES NON HYDRAULIQUES. — $2Fe^2O^3,CaO$ — $2Fe^2O^3,2CaO$ — $2Fe^2O^3,3CaO$ — $2Fe^2O^3,4CaO$. Ils se présentent tous à l'état de poudre, brune foncée.

Tous ces ferrites ne subissent aucune hydratation à l'air humide ; mis en suspension dans de l'eau, ils n'abandonnent pas de chaux à l'eau.

L'eau sucrée, à 10 0/0, n'enlève pas de chaux à ces ferrites et la solution sucrée conserve sa neutralité à la phénolphtaléine. Les solutions de sucrate de chaux dissolvent une petite quantité de ces ferrites.

Les solutions d'acide acétique à 10 0/0, froides ou chaudes, n'attaquent pas les deux ferrites : $2Fe^2O^3, CaO$ et $2Fe^2O^3, 2CaO$, mais elles attaquent lentement les deux autres ferrites.

Les solutions de carbonate de soude à 10 0/0, sont sans action sur les deux premiers ferrites, mais elles attaquent faiblement les deux derniers.

Les deux premiers ferrites sont attaqués très lentement par des solutions bouillantes, à 10 0/0, d'acide oxalique tandis que les deux autres ferrites sont attaqués assez rapidement par ces mêmes solutions.

Les solutions bouillantes de chlorure d'ammonium, renfermant 10 0/0 du sel, sont sans action sur les ferrites $2Fe^2O^3,CaO$ et $2Fe^2O^3,2CaO$, tandis qu'elles décomposent les ferrites : $2Fe^2O^3,3CaO$ et $2Fe^2O^3,4CaO$.

L'acide chlorhydrique, solution composée de volumes égaux d'acide à 22° Baumé et d'eau, attaque à peine le ferrite $2Fe^2O^3,CaO$, très lentement, le ferrite $2Fe^2O^3, 2CaO$ et rapidement les deux autres ferrites.

Un essai fait en faisant digérer à froid, pendant quatre heures, un gramme du ferrite. $2Fe^2O^3,CaO$. dans 50 c/m³ d'acide chlorhydrique au 1/2, n'a accusé que cinq milligrammes de matière passée en solution.

La même expérience a donné, après huit jours, 658 milligrammes de matière dissoute. dont 551 milligrammes de Fe^2O^3 et 107 milligrammes de CaO, ce qui correspond à 31 de chaux pour 160 d'oxyde ferrique.

Un essai d'attaque au bain-marie bouillant a donné, après quatre heures et toujours pour le ferrite $2Fe^2O^3,CaO$. 338 milligrammes de matière dissoute dont 278 de Fe^2O^3 et 60 de CaO, ce qui fait 34,6 de CaO pour 160 de Fe^2O^3.

Le ferrite $2Fe^2O^3,2CaO$, soumis à l'action du même acide chlorhydrique a donné pour un gramme du produit et après huit jours de digestion à froid, 703 milligrammes de matière dissoute, dont 523 de Fe^2O^3 et 180 de CaO, ce qui correspond à 55,1 de CaO pour 160 de Fe^2O^3.

D'autre part, l'acide chlorhydrique au 1/2 agissant, à froid. sur de l'oxyde ferrique calciné dissout lentement cet oxyde mais en opérant sur un gramme l'attaque est toujours complète après huit jours.

Ces expériences d'attaques par l'acide chlorhydrique au 1/2 démontrent, tout d'abord que les deux ferrites : $2Fe^2O^3,CaO$ et $2Fe^2O^3,2CaO$, sont moins attaqués que l'oxyde ferrique calciné ; elles prouvent ensuite que le ferrite $2Fe^2O^3,CaO$ n'est pas un mélange de ferrite $2Fe^2O^3,2CaO$ et de Fe^2O^3 mais un composé parfaitement distinct.

FERRITES HYDRAULIQUES. — $2Fe^2O^3,5CaO$ — $2Fe^2O^3,6CaO$ — $2Fe^2O^3,7CaO$.

Ces trois ferrites, gâchés avec de l'eau, font prises ; ce sont des produits hydrauliques.

L'eau sucrée à 10 0/0 enlève, après un quart d'heure de contact, un CaO au premier ferrite, 2 CaO au deuxième et 3 CaO au troisième. En laissant en digestion pendant plusieurs jours dans l'eau sucrée, tous ces ferrites se dissolvent complètement.

Les trois ferrites sont rapidement dissous par les acides dilués, chlorhydrique, acétique.

Les solutions chaudes d'acide oxalique et de chlorure d'ammonium les décomposent rapidement.

Nous allons nous occuper, tout d'abord, du ferrite $2Fe^2O^3,6CaO$, qui constitue le type principal des ferrites hydrauliques ; les deux autres ferrites, à 5CaO et 7CaO, possèdent d'ailleurs, des propriétés analogues au ferrite tricalcique.

FERRITE $2Fe^2O^3,6CaO$. — *Action de l'air humide*. — Le ferrite porphyrisé, exposé à l'air humide, mais en l'absence de CO^2, s'hydrate lentement et fournit après une dizaine de jours l'hydrate :

$$2Fe^2O^3,6CaO,5H^2O.$$

Cet hydrate, exposé sous dessicateur, perd une molécule d'eau, il devient donc :

$$2Fe^2O^3,6CaO,4H^2O$$

Par dessication à 110°, il part une deuxième molécule d'eau et il reste l'hydrate :

$$2Fe^2O^3,6CaO,3H^2O$$

Dans cette hydratation, à l'air humide, toute la chaux reste fixée au fer, car s'il en était autrement, il y aurait une plus forte proportion d'eau de retenue à 110°. A la température de 110°, la chaux hydratée correspond exactement à l'hydrate :

$$Ca(OH)^2$$

Par une exposition très longue à l'air humide, de plusieurs mois, l'hydratation va plus loin, et il se sépare de la chaux hydratée. L'hydratation, suffisamment prolongée, a pour limite le mélange :

$$2Fe^2O^3,2CaO,2H^2O + 4Ca(OH)^2$$

(composition après dessication à 110°).

L'hydrolyse ne va jamais plus loin.

Si au lieu d'exposer simplement le ferrite à l'air humide, on l'humectait pour le laisser ensuite dans une atmosphère privée d'acide carbonique, l'hydratation serait beaucoup plus lente.

Lorsqu'on expose le ferrite porphyrisé à l'action de l'air humide renfermant de l'acide carbonique, il se produit une hydratation beaucoup plus limitée en même temps qu'il se fixe de l'acide carbonique. Le produit, après une exposition jusqu'à poids constant, possède, après dessication à 110°, la composition suivante :

$$2Fe^2O^3,6CaO,2CO^2,H^2O$$

L'acide carbonique empêche donc toute séparation de chaux ; c'est la formation du composé carbonaté ci-dessus qui provoque le durcissement du ciment renfermant uniquement du ferrite tricalcique. Ce produit carbonaté et hydraté est de couleur grise.

Action de l'eau. — Le ferrite gâché avec une quantité normale d'eau, qui est de 25 0/0 environ, fait prise. L'éprouvette abandonnée à l'air humide privé de CO_2 durcit très lentement et ce durcissement n'est jamais très important. Le produit obtenu dans de telles conditions, prend une couleur jaune ; desséché à 110°, il répond à la composition :

$$2Fe^2O^3, 4CaO, 3H^2O + 2Ca(OH)^2$$

Il y a eu séparation de deux molécules de chaux et il peut s'en séparer deux autres molécules si l'éprouvette est immergée dans de l'eau privée d'acide carbonique.

En présence de l'air ordinaire, contenant de l'acide carbonique, l'hydrolyse ne produit plus de séparation de chaux et l'éprouvette acquiert un fort durcissement. Il suffit d'une faible quantité de CO_2 pour empêcher la séparation de la chaux, et, par la suite, la composition tend vers celle du composé déjà signalé : $2Fe^2O^3, 6CaO, 2CO^2, H^2O$.

Nous avons étudié l'action de l'eau, en grand excès, sur le ferrite. Si l'on met un gramme de ferrite porphyrisé en digestion dans 500 c/m³ d'eau pure et à l'abri de l'air, l'eau dissout peu à peu une partie de la chaux ; il faut pour cela agiter vigoureusement afin d'éviter que la matière n'adhère aux parois du vase.

Après une quinzaine de jours, la chaux en solution n'augmente plus et la quantité qui s'est dissoute, représente alors exactement la moitié de celle que renferme le ferrite. La partie insoluble, séchée à 110°, correspond à l'hydrate :

$$2Fe^2O^3, 3CaO, 2H^2O$$

En continuant l'épuisement de l'insoluble par des lavages à l'eau pure, il se sépare encore de la chaux, mais la quantité enlevée devient de plus en plus faible pour s'arrêter ensuite complètement. Le ferrite épuisé, séché à 110°, répond alors à la composition :

$$2Fe^2O^3, 2CaO, 2H^2O$$

L'eau et l'acide carbonique sont sans action sur cet hydrate.

Action des solutions de carbonate de soude. — L'attaque que produisent les solutions de carbonate de soude sur le ferrite $2Fe^2O^3, 6CaO$, dépend de la concentration des solutions et surtout de la température.

En faisant digérer pendant dix jours un gramme du ferrite dans 30 c/m³ d'une solution à 5 0/0 de CO^3Na^2 et à la température ordinaire, la molécule n'est pas détruite mais elle s'hydrate et il s'y fixe $2CO^2$. Nous avons obtenu ainsi le composé : $2Fe^2O^3, 6CaO, 2CO^2, H^2O$ (composition à 110°) qui est identique à celui qui résulte de la prise en présence de CO^2.

A l'ébullition, les solutions à 5 0/0 de CO^3Na^2, enlèvent rapidement les deux tiers de la chaux au ferrite et il reste finalement comme insoluble :

$$2Fe^2O^3, 2CaO, 2H^2O + 4CO^3Ca$$

(composition à 110°)
c'est le même hydrate que l'on a vu résulter du lavage, jusqu'à épuisement, du ferrite $2Fe^2O^3, 6CaO$.

Par action ménagée des solutions de carbonate de soude, en faisant agir 30 c/m³ d'une solution à 5 0/0 de CO^3Na^2 au bain-marie pendant deux heures, on enlève seulement la moitié de la chaux et c'est le mélange :

$$2Fe^2O^3, 3CaO, 2H^2O + 3CO^3Ca$$

que l'on obtient ainsi :

Cet hydrate, épuisé par l'eau pure, donne :

$$2Fe^2O^3, 2CaO, 2H^2O$$

hydrate qui est toujours le dernier terme de l'hydrolise du ferrite $2Fe^2O^3, 6CaO$.

FERRITE $2Fe^2O^3.5CaO$. — L'eau agit sur ce ferrite de la même manière que sur le ferrite précédent ; l'hydrolyse totale laisse l'hydrate :

$$2Fe^2O^3, 2CaO, 2H^2O$$

Les solutions de carbonate de soude donnent lieu aussi à la formation des mêmes composés qu'avec le ferrite tricalcique.

FERRITE $2Fe^2O^3.7CaO$. — Ce ferrite se comporte comme les deux précédents à l'hydratation, celle-ci est cependant plus rapide à l'air humide qu'avec les deux ferrites précédents. L'acide carbonique a toujours pour effet d'éviter toute séparation de chaux.

FERRITES HYDRAULIQUES A TENEUR ÉLEVÉE DE CHAUX.

$$2Fe^2O^3, 8CaO - 2Fe^2O^3, 9CaO - 2Fe^2O^3, 10CaO$$

Ces ferrites sont préparés d'après les deux méthodes générales indiquées ; ils sont obtenus ainsi sous forme de poudres de couleur brune foncée.

Nous allons donner les propriétés du premier de ces ferrites ; les deux autres, qui possèdent des propriétés analogues, seront ensuite décrits plus sommairement.

FERRITE $2Fe^2O^3, 8CaO$. — L'eau sucrée à 10 0/0 lui enlève, après une digestion d'un quart d'heure, la moitié de la chaux ; en prolongeant le contact, le ferrite se dissout complètement dans l'eau sucrée.

Action de l'air humide. — Exposé à l'air humide privé d'acide carbonique, le ferrite s'hydrate assez rapidement et d'une manière continue. Après quinze jours d'exposition à l'air humide, il s'est fait :

$$2Fe^2O^3, 2CaO, 4H^2O + 6Ca (OH)^2$$

composition du produit séché à 110°.

Il n'a pas été constaté de formation d'hydrate intermédiaire comme dans le cas de l'hydratation du ferrite tricalcique $2Fe^2O^3, 6CaO$.

En présence d'acide carbonique, il y a carbonatation en même temps qu'hydratation, mais la carbonatation est très lente. La molécule ne perd pas de chaux en s'hydratant en présence de l'acide carbonique.

Après quinze jours d'exposition à l'air humide renfermant de l'acide carbonique, nous avons obtenu un produit, de couleur brune, dont la composition était très voisine de :

$$2Fe^3O^3, 8CaO, CO^2, 3H^2O$$

(pour la matière séchée à 110°).

La carbonatation continue, d'ailleurs, lentement, et la composition, après plusieurs mois d'exposition, tend vers :

$$2Fe^2O^3, 8CaO, 3CO^2, 2H^2O$$

Action de l'eau. — Le ferrite gâché avec de l'eau, employée sans excès, s'échauffe et fait prise rapidement. Les éprouvettes que l'on confectionne avec cette pâte se fendillent légèrement, ce qui fait que le ferrite n'a pas de bonnes qualités hydrauliques. Il y a séparation de chaux hydratée, avant que l'acide carbonique de l'air empêche cette hydrolise.

En mettant à digérer 1 gramme du ferrite porphyrisé dans un litre d'eau pure, puis en épuisant complètement le résidu insoluble, il reste finalement l'hydrate :

$$2Fe^2O^3, 2CaO, 4H^2O$$

composition du produit après qu'il a été desséché à 110°. Cet hydrate ferrique est jaune clair.

L'hydrolyse ne va jamais plus loin et il reste toujours 2CaO de fixé au fer.

Action des solutions de carbonate de soude. — Les solutions froides de carbonate de soude décomposent partiellement le ferrite, mais nous n'avons jamais obtenu dans ces conditions, des hydrates définis.

Les solutions, à 5 0/0 de CO^3Na^2, réagissent rapidement à l'ébullition sur le ferrite porphyrisé ; il reste d'insoluble :

$$2Fe^2O^3, 2CaO, 4H^2O + 6CO^3Ca$$

(composition à 110°).

Le ferrite hydraté, $2Fe^2O^3, 2CaO, 4H^2O$, soumis à l'action de CO^2, ne se carbonate pas, ce qui démontre que la chaux est fixée au fer, et ne possède aucun hydroxyle.

Ce ferrite hydraté traité par de l'acide acétique dilué abandonne à cet acide la moitié de la chaux combinée (il se dissout de plus tout le carbonate de chaux qui accompagne l'hydrate) ; le nouveau ferrite hydraté, laissé par l'acide acétique dilué possède, après dessication à 110°, la composition :

$$2Fe^2O^3, CaO, 2H^2O$$

L'acide acétique n'enlève pas de fer, ce qui prouve que la totalité de celui-ci est demeuré en combinaison.

Ferrites $2Fe^2O^3$, $9CaO$ et $2Fe^2O^3$, $10CaO$. — L'eau sucrée, après une courte digestion, enlève au premier $5CaO$, et au deuxième, $6CaO$. Par digestion prolongée, il y a dissolution totale des ferrites.

Les ferrites, abandonnés à l'air humide privé d'acide carbonique, perdent : le premier $7CaO$, le deuxième $8CaO$; il reste avec l'hydrate de chaux qui s'est séparée, le ferrite hydraté :

$$2Fe^2O^3, 2CaO, 4H^2O$$

(composition à 110°).

C'est donc toujours le même ferrite hydraté qui résulte de l'hydrolyse, poussée aussi loin que possible, de tous les ferrites hydrauliques.

Ce ferrite hydraté est de couleur jaune, devenant de couleur brique, après dessication à 110°, et alors que sa composition est représentée par la formule :

$$2Fe^2O^3, 2CaO, 4H^2O$$

En soumettant le ferrite porphyrisé, $2Fe^2O^3$, $10CaO$, à l'air humide chargé d'acide carbonique, la matière conserve sa couleur brune. Après une exposition jusqu'à composition constante, l'analyse de la matière, séchée à 110°, correspond au mélange :

$$2Fe^2O^3, 8CaO, 3CO^2, H^2O + 2CO^3Ca$$

c'est le même ferrico-carbonate calcique hydraté qu'avait donné le ferrite $2Fe^2O^3$, $8CaO$ soumis aux mêmes conditions d'hydratation et de carbonatation.

c) Ferrites fondus

Les ferrites fondus diffèrent complètement de ceux obtenus sans atteindre la fusion. Aucun ferrite fondu ne possède des propriétés hydrauliques.

Le ferrite résultant de la fusion du mélange : $Fe^2O^3 + CO^3Ca$ est légèrement attaqué par l'eau. Une solution froide d'acide acétique à 10 0/0, enlève plus de la moitié de la chaux du ferrite ; un essai nous a donné 14,33 0/0 de CaO solubilisée (le produit renferme 25,92 0/0 de CaO). Nous avons vu que le ferrite de même composition mais préparé sans atteindre la fusion, n'était pas attaqué par le même acide acétique dilué.

Les solutions bouillantes de chlorure d'ammonium enlèvent au ferrite fondu, $2Fe^2O^3$, $2CaO$ une forte proportion de chaux, tandis que ces solutions sont sans action sur le ferrite non fondu.

Le ferrite fondu, $2Fe^2O^3$, $4CaO$, accuse également des propriétés différentes de celles du ferrite analogue obtenu non fondu. L'eau hydrate lentement le ferrite fondu, tandis qu'elle est sans action sur le ferrite non fondu.

Le ferrite, $2Fe^2O^3$, $6CaO$, fond vers 1350°. Plusieurs essais nous ont fourni des masses fondues, tombant ensuite en poussières à l'air, tout comme le silicate fondu dit bicalcique. Il est donc probable que ces masses fondues se composent de deux ou plusieurs ferrites isomériques.

Le ferrite, $2Fe^2O^3$, $6CaO$, pulvérisé, se présente sous forme d'une poudre brune foncée et n'ayant aucune propriété hydraulique. L'eau sucrée lui enlève $2CaO$ après une courte digestion. Le même ferrite, $2Fe^2O^3$, $6CaO$, préparé en cuisant à une température voisine de la fusion (vers 1325°), se présente sous forme d'une masse klinkérisée. L'eau sucrée, après un quart d'heure de digestion, enlève une quantité de chaux voisine du sixième du poids de chaux que renferme le ferrite, il ne serait donc solubilisé dans ces conditions qu'une molécule de CaO sur les six qui entrent dans la composition du ferrite. Le ferrite non fondu, mais klinkérisé, n'est pas hydraulique.

En résumé et pour ce qui concerne les ferrites de composition $2Fe^2O^3$, $6CaO$, celui qui n'est pas fondu et la masse fondue abandonnent le 1/3 de la chaux totale à l'eau sucrée ; le ferrite klinkérisé abandonne le 1/6 seulement de la chaux totale.

Les autres ferrites fondus, contenant davantage de chaux, sont également des produits non hydrauliques, sans intérêt pratique.

CHAPITRE II

CONSTITUTIONS DES FERRITES

Nous avons fait part, dans une publication récente sur l'affinité chimique, de notre manière d'envisager les combinaisons chimiques (1). C'est en nous basant sur les mêmes principes que nous établirons les constitutions des ferrites. Notre théorie est en accord avec les faits expérimentaux du chapitre précédent.

Nous attribuons à l'atome, Fe, quatre valences principales.

Fe, des sels ferreux, possèderait deux valences alcalines capables de provoquer l'union avec d'autres atomes tandis qu'il resterait deux valences neutres (dans le plan des affinités nulles) (2).

Nous rappelons que nous avions représenté, comme il suit, les valences :

Valence acide, par un trait : —

Valence alcaline, par deux traits : - -

Valence neutre, par deux points : . .

L'atome ferreux sera donc représenté de la façon suivante :

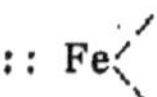

Dans certaines conditions, les valences neutres deviennent actives et provoquent dès lors un équilibre différent de l'affinité ; c'est ainsi que deux atomes de fer peuvent s'unir par l'attraction de deux valences de sens contraire et cela sans l'intermédiaire d'aucun atome étranger. Les deux atomes de fer, unis directement, forment le noyau ferrique élémentaire que nous représentons ainsi :

Les six valences disponibles de ce noyau ferrique élémentaire sont d'énergie variable, en sens et en grandeur, suivant les atomes mis en présence et suivant les conditions extérieures.

Les sens de ces valences ne sont donc pas toujours ceux figurés.

Ainsi Cl donne à toutes ces valences un sens alcalin (- -), mais Fe^2Cl^6, en solution, s'hydrolyse partiellement et cela d'autant mieux que les solutions sont plus chaudes ; certaines des valences prennent alors un sens acide, ce qui provoque une séparation de Cl. Fe^2Cl^6. Une faible élévation de température suffit donc, dans le cas de Fe^2Cl^6, pour changer le sens de l'affinité.

La force des valences varie de l'une à l'autre. La chaleur de formation de $FeCl^2$ est de 82,2 calories, soit 41,1 calorie par valence. La chaleur de formation de Fe^2Cl^6 est de 192,3 calories, soit de 32,05 calories par valence et ces chiffres, par valence, ne représentent que des moyennes.

Les valences diffèrent donc en grandeur et nous verrons précisément au sujet des ferrites qu'il existe nécessairement de grandes différences d'énergie entre les valences.

Nous tenons à signaler, ici, que Fe^2Cl^6, comme, d'ailleurs, d'autres sels ferreux ou ferriques, donne des hydrates et des sels doubles ; nous attribuons la possibilité de ces combinaisons à des valences secondaires. Nous nous sommes déjà expliqué au sujet de l'existence de valences secondaires et nous n'admettons pas la limitation de l'affinité aux seules valences classiques.

L'hydrate ferrique normal, $Fe^2(OH)^6$, n'a pu être isolé ; l'hydrate gélatineux qui représente peut-être cet hydrate, retient une grande quantité d'eau combinée par des valences secondaires.

Dans tout hydrate, nous distinguons d'une part les hydroxyles (— OH ou - - OH) combinés directement et d'autre part l'eau (H^2O) retenue par des affinités secondaires.

L'hydrate ferrique gélatineux, désséché dans n'importe quelles conditions, se condense pour donner des noyaux ferriques, composés de plusieurs noyaux ferriques élémentaires.

---

(1), (2) *Moniteur Scientifique*, novembre 1925.

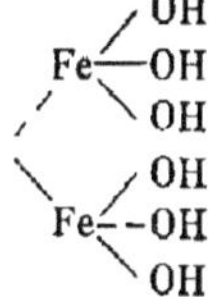

hydrate ferrique normal qui n'a pu être isolé.

Par une première condensation, cet hydrate fournit :

$$HO\diagdown Fe - O -- Fe \diagup OH$$
$$HO\diagdown Fe -- O - Fé \diagup OH$$

soit $Fe^4O^2 (OH)^8$, hydrate qui existe naturellement, mais que l'on n'a pas pu préparer par dessication de l'hydrate gélatineux.

La dessication ménagée de l'hydrate gélatineux donne l'hydrate : $Fe^4O^3 (OH)^6$ ou $2Fe^2O^3, 3H^2O$ qui n'est autre que la rouille.

On peut également obtenir :

L'hydrate $Fe^4O^4 (OH)^4$ ou $2Fe^2O^3, 2H^2O$

Et l'hydrate $Fe^4O^5 (OH)^2$ ou $2Fe^2O^3, H^2O$

qui sont tous deux des hydrates naturels.

A la température ordinaire, les valences, retenant les OH, de tous ces hydrates sont d'énergie très faible et prennent un sens alcalin en présence d'éléments acides. A température élevée, les valences deviennent acides, même en présence d'éléments acides. C'est pour cette raison que le sulfate ferrique perd son acide par calcination.

Le chlorure ferrique chauffé, au delà de 700°, se sépare en $2FeCl^2 + Cl^2$, par suite du sens acide pris par la valence alcaline qui unit les deux Fe et, dès lors, on tombe de la forme ferrique à la forme ferreuse :

dissocié à 700° donne : $+ Cl^2$

Il se peut très bien que dans certaines conditions d'équilibre, les deux atomes de fer se séparent et que le chlorure ferrique devienne alors :

(molécule $FeCl^3$)

mais c'est là certainement un état instable, puisque d'après la densité de vapeur, prise au-dessous de la dissociation, la molécule est bien Fe^2Cl^6.

Notre point de vue sur la combinaison des atomes explique les équilibres chimiques constatés expérimentalement ; ces équilibres dépendent des variances des affinités.

Cette même théorie, qui admet l'inversion du sens de l'affinité, explique comment certains composés qui se comportent comme des bases à froid, peuvent devenir des acides à haute température.

L'oxyde ferrique, qui, à la température ordinaire et en présence d'acides, se comporte comme une base, devient à haute température, un acide puissant capable de déplacer l'acide sulfurique du sulfate de chaux.

Ces quelques préliminaires étaient nécessaires avant d'aborder ce qui a trait plus particulièrement aux ferrites calciques.

L'expérience nous a démontré que tous les ferrites calciques, préparés à haute température, mais sans atteindre la fusion, possédaient 2CaO par 2Fe²O³ inattaquables par l'eau et résistant même aux acides dilués. Les acides concentrés enlèvent cette chaux en solubilisant le tout.

Il est donc tout à fait logique de penser que les 2CaO, respectés par les mêmes agents qui attaquent les autres CaO de la molécule, sont liés au fer par des affinités plus puissantes que toutes les autres affinités émanant du fer.

Nous avons vu, en effet, que les ferrites non fondus 2Fe²O³,CaO et 2Fe²O³, 2CaO, résistaient parfaitement à l'eau et à certains réactifs qui attaquent les autres ferrites.

Les ferrites, toujours non fondus, 2Fe²O³, 3CaO et 2Fe²O³, 4CaO, ne sont aussi pas hydrolysés, mais ils sont attaqués par des réactifs (acide acétique dilué, solution de chlorure d'ammonium, etc.), qui étaient sans action sur les deux premiers ferrites.

Nous concluons donc que le troisième et le quatrième CaO, sont retenus au fer par des affinités d'énergie inférieures à celles qui fixent les deux premiers CaO.

Lorsque les ferrites comprennent, cinq six, sept..... dix CaO par 2Fe²O³, il reste toujours deux CaO non attaquables par l'eau, tandis que tous les autres CaO de la molécule sont hydrolysés ou même enlevés par l'eau.

On a vu que nous supposions tous les ferrites non fondus composés d'un noyau ferrique : 2Fe²O³. L'expérience semble bien démontrer qu'il doit en être ainsi, du fait de l'existence du ferrite 2Fe²O³, CaO et aussi du fait des compositions des ferrites hydratés qui résultent de l'action de l'eau sur les ferrites hydrauliques. Il faut pour expliquer l'existence des hydrates des ferrites :

$$2Fe^2O^3, 3CaO, 3H^2O - 2Fe^2O^3, 4CaO, 3H^2O - 2Fe^2O^3, 6CaO, 3H^2O$$

admettre forcément qu'ils dérivent du noyau ferrique 2Fe²O³.

En nous basant sur les faits expérimentaux que nous venons de rappeler, nous imaginons le noyau ferrique des ferrites non fondus, ainsi :

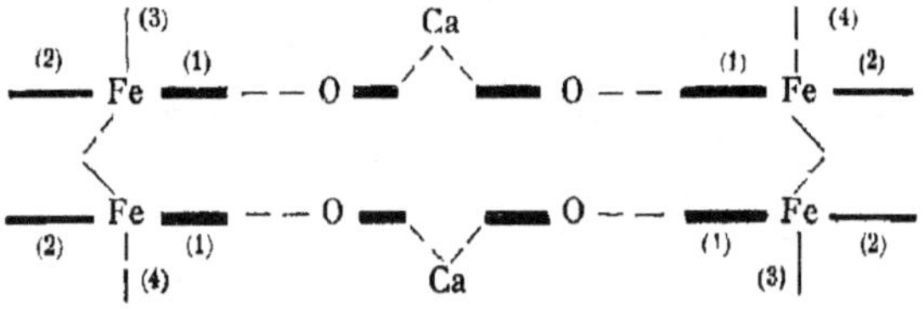

$$
\begin{array}{ccccc}
 & (3) & & Ca & & (4) \\
(2)\ | \ (1) & & \diagup \diagdown & & (1)\ |\ (2) \\
\text{—Fe—} & - - O = & & = O - - & \text{—Fe—} \\
(2)\ | \ (1) & & \diagdown \diagup & & (1)\ |\ (2) \\
 & (4) & & Ca & & (3)
\end{array}
$$

Ce noyau, combiné à 4O, constitue le ferrite 2Fe²O³, 2CaO.

Exceptionnellement, le ferrite 2Fe²O³, CaO ne possède qu'un seul CaO.

Les valences (1) sont celles qui prennent une énergie très acide en présence de CaO, et qui empêchent toute hydrolyse de la chaux qu'elles fixent ; nous avons représenté ces valences en traits gras.

Les valences (2) sont également d'énergie acide en présence de CaO, mais de puissance moindre que les précédentes ; ce sont celles qui fixent le troisième et quatrième CaO des ferrites non fondus ; elles sont représentées en traits moins gros.

Les valences (3), sont aussi acides en présence de CaO, mais de faible énergie ; elles sont représentées en traits fins.

Les valences (4), demeurent alcalines en présence de CaO et à froid, elles sont donc incapables de retenir la chaux qu'elles fixent à haute température ; elles sont représentées par deux traits.

L'état d'équilibre ainsi envisagé s'entend pour la température ordinaire. A température élevée, les valences alcalines deviennent acides et peuvent alors fixer de la chaux.

En se tenant au-dessous de la fusion, l'acidité des valences est exaltée, mais l'ordre de puissance des valences demeure celui indiqué ; les plus puissantes sont les valences (1), puis les (2), ensuite les (3) et enfin les (4) qui sont devenues de sens acide à haute température.

Nous ne pouvons prétendre de chiffrer les puissances des valences, car nous insistons sur le fait que ces puissances dépendent non seulement des origines, mais aussi des éléments mis en présence et des conditions expérimentales.

Nous donnons ci-après les formules développées des ferrites types, ces formules découlent de notre manière d'interpréter les faits. Nous supprimons, dans ces formules, les valences de l'oxygène afin de ne pas compliquer outre mesure ; l'oxygène posséderait dans tous ces dérivés deux valences de sens opposés (— O --). Quant au calcium, il a toujours deux valences alcalines (-- Ca --).

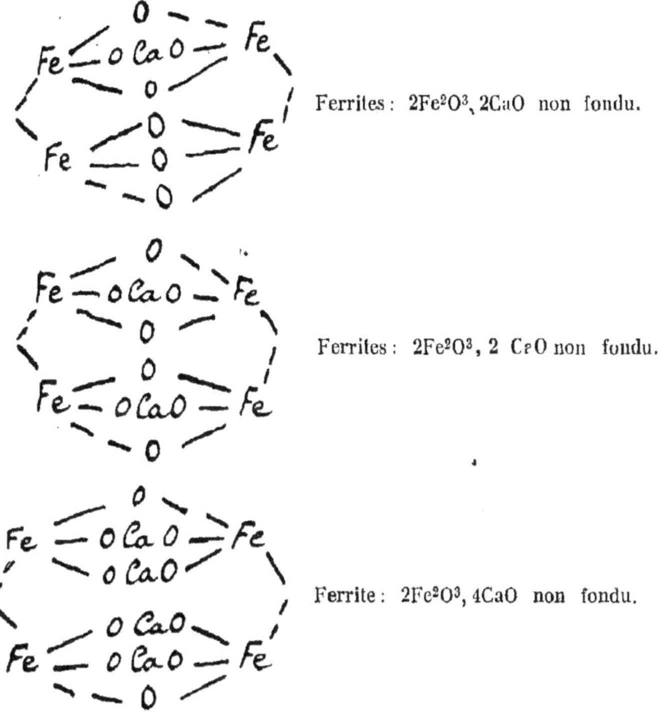

Ferrites : $2Fe^2O^3$, 2CaO non fondu.

Ferrites : $2Fe^2O^3$, 2 CₐO non fondu.

Ferrite : $2Fe^2O^3$, 4CaO non fondu.

Entre ces deux derniers, se place le ferrite : $2Fe^2O^3$, 3CaO. Tous ces ferrites ne sont pas hydrauliques, l'eau n'a pas d'action sur eux.

Les ferrites, plus riches en chaux que les quatre précédents, sont hydrauliques. Le ferrite hydraulique, $2Fe^2O^3$, 6CaO, posséderait la constitution :

Ferrite non fondu : $2Fe^2O^3$, 6CaO

par hydrolyse ménagée, à l'air humide, ce ferrite donne :

(composition de l'hydrate séché à 110°)
une hydrolyse plus avancée, sépare la chaux hydratée.

$$+ 4Ca\,(OH)^2$$

(composition après dessic. à 110°)

Une hydratation moins complète ; celle que l'on obtient en faisant digérer le ferrite dans de l'eau, sans le soumettre ensuite à de longs lavages, donne :

$$(2Fe^2O^3, 3CaO, 2H^2O)$$

Lorsque l'hydratation se fait en présence de l'acide carbonique, c'est le composé carbonaté suivant qui se fait :

(composition de l'hydro-carbonate, séché à 110°).

L'hydratation ne va pas plus loin, l'acide carbonique a eu pour effet d'éviter toute séparation de chaux ; le produit peut dès lors s'immerger sans qu'il puisse s'altérer. Cet hydrocarbonate est le composé qui résulte de la prise à l'air du ferrite, $2Fe^2O^3, 6CaO$, après gâchage.

Les solutions froides de CO^3Na^2 agissent sur le ferrite $2Fe^2O^3, 6CaO$ et c'est l'hydro-carbonate précédent $2Fe^2O^3, 6CaO, 2CO^2, H^2O$, qui résulte de cette action.

Les solutions chaudes de CO^3Na^2 décomposent le ferrite $2Fe^2O^3, 6CaO$ et lorsque l'action est totale, il reste comme insoluble le mélange : $2Fe^2O^3, 2CaO, 2H^2O + 4CO^3Ca$, c'est le même hydrate déjà obtenu par l'action de l'eau poussée jusqu'à la limite.

L'action limitée des solutions chaudes de CO^3Na^2 donne le mélange :

$$2Fe^2O^3, 3CaO, 2H^2O + 3CO^3Ca$$

c'est le même hydrate ferrique qui a été préparé par digestion dans l'eau non suivie de lavages ; sa formule de constitution figure ci-dessus.

L'eau enlève, par lavages, une molécule de CaO à cet hydrate, ce qui prouve que cette chaux ainsi enlevable n'est pas carbonatée.

Nous insistons à nouveau sur le cas des *2 CaO*, qui ne sont jamais hydratés, ni enlevés par l'eau ou les solutions de carbonate de soude ; cette chaux est donc forcément fixée au fer comme l'indiquent nos formules développées.

La formule de constitution attribuée au ferrite hydraulique; $2Fe^2O^3, 6CaO$, indique qu'il y a un groupe 2CaO intercalé entre deux valences acides ; nous avions déjà parlé de combinaisons analogues à propos du silicate-ciment.

Nous avons fixé ainsi la formule de constitution du ferrite, $2Fe^2O^3, 6CaO$, car c'est la seule formule qui permette d'expliquer rationnellement les actions de l'eau, de l'acide carbonique et du carbonate de soude. L'eau retenue, après dessication des hydrates à 110°, ne peut s'expliquer autrement.

La chaux retenue entre deux valences émanant du fer, n'est pas altérée ou elle s'hydrate, et même se sépare suivant l'origine de ces valences ; nous allons figurer les différents cas d'intercallation d'un CaO ou de 2CaO entre deux valences quelconques :

1° Position de CaO entre deux valences demeurant acides à la température ordinaire :

$$Fe ---- O ---- Ca ---- O ---- Fe$$

Cette combinaison sera indécomposable par l'eau si l'énergie des valences acides est suffisante, c'est le cas pour les deux premiers CaO de tous les ferrites non fondus ;

2° Position de CaO entre une valence demeurant acide à la température ordinaire et une valence qui, d'acide à haute température, devient alcaline à la température ordinaire :

$$Fe --- O --|-- Ca --- O --- Fe$$

dans ce cas, l'eau produira l'hydrolyse suivant le trait pointillé vertical. La chaux prendra un OH et restera fixée au fer. Une action prolongée de l'eau pourra amener la séparation de la chaux, si l'énergie acide qui la fixe n'est pas suffisante ;

3° Position de CaO entre deux valences qui, acides à haute température, deviennent alcalines à la température ordinaire :

$$Fe --- O --|-- Ca ---- O --|-- Fe$$

l'hydrolyse se fera suivant les deux traits verticaux et la chaux se séparera forcément de la molécule. Cette forme de combinaison sera envisagée plus loin à propos des ferrites fondus ;

4° Position de 2CaO entre deux valences demeurant acides à la température ordinaire :

$$Fe ---- O ---- Ca ---- O --|-- Ca ---- O ---- Fe$$

l'hydrolyse se fera d'après la ligne pointillée verticale et les deux CaO, tout en s'hydratant, pourront être retenus par les liens acides.

Nous avons vu ce cas à propos du ferrite hydraulique $2Fe^2O^3, 6CaO$;

5° Position de 2CaO entre une valence demeurant acide et une valence qui, d'acide à haute température, devient alcaline après refroidissement :

$$Fe --- O --|-- Ca ---- O --|-- Ca ---- O ---- Fe$$

il y aura hydrolyse suivant les deux traits verticaux, et il se séparera forcément une molécule de chaux. La deuxième molécule de chaux pourra être retenue par le lien acide émanant du fer ;

6° Position de 2CaO entre deux valences qui, d'acides à haute température, deviennent alcalines à la température ordinaire :

$$Fe --- O --|-- Ca ---- O --|-- Ca ---- O --|-- Fe$$

l'hydrolyse se fera suivant les trois traits pointillés verticaux et les deux molécules de chaux se sépareront forcément.

Ce cas se présente peut-être avec les ferrites fondus, nous ne l'avons cité que pour compléter toutes les formes de combinaisons possibles.

Reprenons la suite de la constitution des ferrites. Le ferrite, $2Fe^2O^3, 8CaO$, aurait la constitution ci-après :

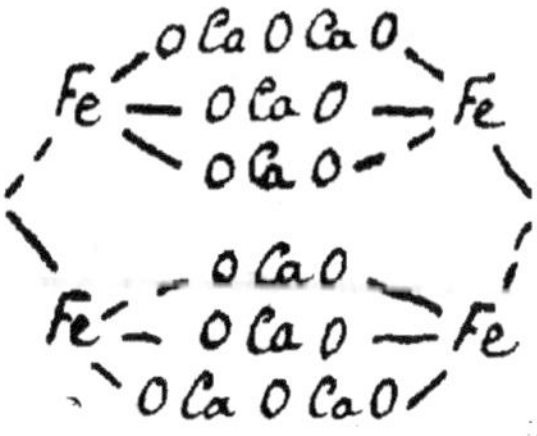

$$
\begin{array}{c}
O\,Ca\,O\,Ca\,O \\
Fe - O\,Ca\,O - Fe \\
O\,Ca\,O \\
O\,Ca\,O \\
Fe - O\,Ca\,O - Fe \\
O\,Ca\,O\,Ca\,O
\end{array}
$$

L'hydratation à l'air humide donne :

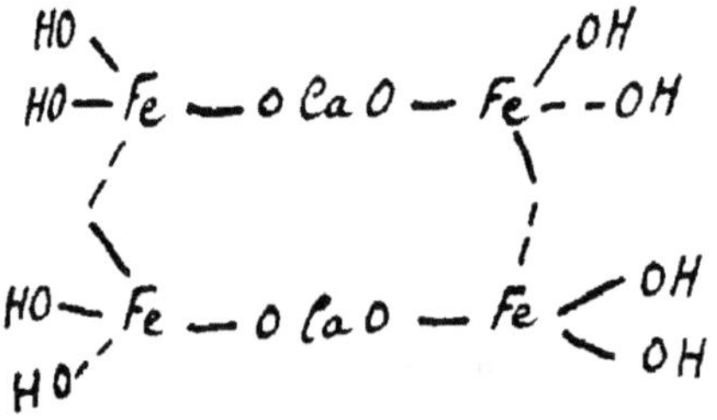

$$
\begin{array}{c}
HO \\
HO - Fe - O\,Ca\,O - Fe - OH \quad (OH) \\
\\
HO - Fe - O\,Ca\,O - Fe \begin{array}{c}OH\\OH\end{array} \\
HO
\end{array}
\quad + 6Ca(OH)^6
$$

qui représente le ferrite hydraté : $2Fe^2O^3, 2CaO, 4H^2O$.

L'hydratation n'a respecté que les $2CaO$ retenus par les liens les plus acides.

En présence de CO^2, la chaux ne se sépare plus, il se fait d'abord :

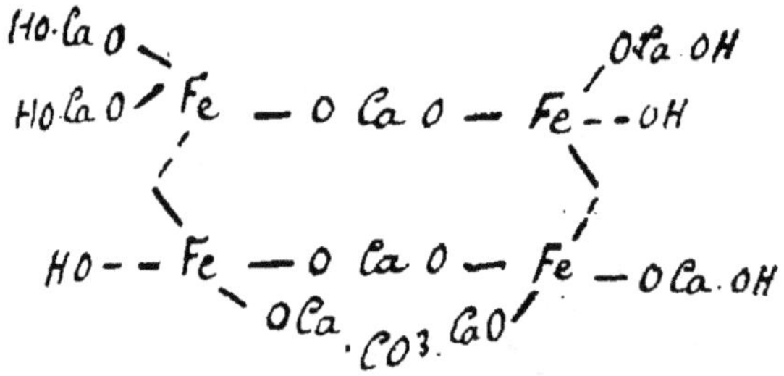

$$
\begin{array}{c}
HO\cdot Ca\,O \\
HO\cdot Ca\,O \quad Fe - O\,Ca\,O - Fe - OH \quad O\,Ca\,OH \\
\\
HO - Fe - O\,Ca\,O - Fe - O\,Ca\cdot OH \\
O\,Ca\cdot CO^3\,Ca\,O
\end{array}
$$

L'acide carbonique continue ensuite son action, laquelle n'est complète qu'après qu'il s'est fixé $3CO^2$; il reste finalement le composé :

$$2Fe^2O^3, 8CaO, 3CO^2, H^2O$$

qui s'explique rien qu'à l'examen de la formule développée ci-dessus.

Les solutions de carbonate de soude laissent l'hydrate $2Fe^2O^3, 2CaO, 4H^2O$, qui est identique à celui provenant de l'hydratation totale à l'abri de CO^2.

La constitution du ferrite $2Fe^2O^3, 10CaO$ serait la suivante :

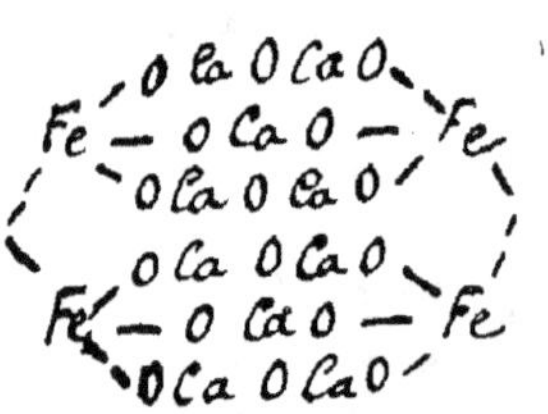

$$
\begin{array}{c}
O\,Ca\,O\,Ca\,O \\
Fe - O\,Ca\,O - Fe \\
O\,Ca\,O\,Ca\,O \\
O\,Ca\,O\,Ca\,O \\
Fe - O\,Ca\,O - Fe \\
O\,Ca\,O\,Ca\,O
\end{array}
$$

c'est le maximum de chaux fixable par l'oxyde ferrique.

Les liens alcalins qui sont devenus d'énergie acide à haute température ont rendu possible les fixations figurées.

Ce ferrite s'hydrate très rapidement à l'air privé de CO_2, pour donner :

$$HO\!\!-\!\!Fe(OH)\!-\!O\,CaO\!-\!Fe(OH)_2 \qquad Fe(OH)_2\!-\!O\,CaO\!-\!Fe(OH)_2 \quad +\; 8Ca\,(OH)_2$$

c'est le même hydrate que celui fourni par l'hydratation du ferrite $2Fe^2O^3,\,8CaO$.

En présence de l'acide carbonique, il se fait :

$$+\; 2CO^3Ca$$

c'est-à-dire $2Fe^2O^3\ 8CaO,\ 3CO^2,\ H^2O$.

Nous pensons qu'il est inutile de donner les formules développées des autres ferrites hydrauliques ; ces formules se déduisant facilement de celles qui précèdent.

Ferrites fondus. — La température dépassant la fusion, nous pensons que la valence alcaline qui provoque l'union de chacun des atomes de fer à son voisin prend le sens acide. Il se produirait, dès lors, la même dissociation que l'on constate avec Fe^2Cl^6 à une température moins élevée.

Entre les deux liens, qui unissaient les deux atomes de fer, il peut dès lors s'intercaler une molécule de chaux et l'on aurait en définitive :

formule représentant le ferrite $2Fe^2O^3,\,2CaO$.

Un tel ferrite doit être attaqué par les acides dilués et même par l'eau.

En réalité, il doit se faire des mélanges de ferrites isomériques, car nos essais sur le ferrite fondu $2Fe^2O^3,\,2CaO$, ne nous ont jamais permis d'obtenir un produit complètement attaquable par l'acide acétique dilué.

On comprend, sans plus insister, comment la chaux peut se fixer pour les autres ferrites fondus. La fixation peut même se faire entre deux valences alcalines et qui sont devenues très acides à la température dépassant le point de fusion.

Nous avons tenu à imager la différence entre le noyau ferrique des ferrites fondus et celui des ferrites non fondus. Nous attribuons seulement au noyau ferrique des ferrites non fondus, la propriété de fournir des dérivés calciques hydrauliques. Le noyau attribué aux ferrites non fondus, permet, comme on l'a vu, de relier tous les faits de nos essais.

CHAPITRE III
PRODUITS HYDRAULIQUES NOUVEAUX

Notre théorie, toute fondée sur l'expérience, nous a fait considérer l'affinité chimique variant avec la température. Cette conception nous a fait entreprendre les essais qui nous ont permis de préparer, pour la première fois, des ferrites non fondus ; nous avons vu que certains de ces ferrites calciques possédaient des propriétés hydrauliques.

La poursuite de nos investigations dans un autre domaine, nous a fait obtenir également des aluminates calciques hydrauliques, sans atteindre la fusion.

L'étude des aluminates fera l'objet de notre prochain article.

D'ores et déjà, nous insistons sur le fait qu'en nous basant sur les différences de l'affinité à des températures plus ou moins élevées, nous avons pu préparer des liants hydrauliques nouveaux d'un grand intérêt ; c'est le premier résultat pratique de notre conception.

Notre brevet français, n° 571.572, déposé en 1923 et intitulé « Ciment ferreux », les additions à ce même brevet, englobent non seulement les ciments composés de ferrites calciques, mais aussi les ciments renfermant des ferrites et d'autres composés hydrauliques. Par ciment ferreux, il faut entendre tout ciment dont les conditions de fabrication permettent d'obtenir des dérivés ferriques hydrauliques. A titre d'exemple, on peut préparer avec des bauxites ferrugineuses des ciments entrant dans le cadre du brevet cité.

La règle générale de fabrication des nouveaux ciments est de cuire le mélange des matières premières à une température n'atteignant pas le point de fusion. Les ciments sortent des fours à l'état pulvérulent ou légèrement agglutinés.

L'oxyde ferrique, contenu dans les matières traitées et combiné à une quantité de chaux supérieure à 2CaO par Fe^2O^3, fournit, dans les conditions de cuisson spécifiées, des liants hydrauliques. Les ferrites fondus sont, au contraire, tous inertes.

Les nouveaux composés actifs des ciments sont des ferrites hydrauliques, des aluminates ou des alumino-ferrites hydrauliques.

Il n'est donc plus nécessaire de fondre, pour les ciments de bauxite, ce qui se traduit non seulement par une économie de combustible mais présente l'avantage d'éviter la détérioration rapide des revêtements réfractaires des fours et dispense du broyage très pénible d'une matière fondue.

Le prix de revient est considérablement abaissé et de plus les ferrites hydrauliques ajoutent leurs effets aux autres liants.

Il nous faut signaler aussi l'inconvénient de la silice que renferment toujours les matières premières utilisées à la fabrication des ciments fondus de bauxite.

En fondant et en employant les proportions de calcaire de tous les fabricants actuels, la silice donne des silico-aluminates calciques et des silico-ferrites calciques qui sont des composés non hydrauliques. On perd donc, de ce fait, une partie des liants que fourniraient les éléments mis en œuvre.

Les silico-aluminates et les silico-ferrites seront décrits dans des communications futures, mais nous indiquons, dès maintenant, que ces composés inactifs, ne se forment pas en employant les quantités de calcaire spécifiées pour nos nouveaux ciments et en évitant la fusion.

Différents types de ciments que l'on peut préparer

Le brevet et ses additions permettent donc de préparer toute une série de ciments, en voici les principaux types :

1° *Ciment composé presque exclusivement de ferrites hydrauliques.* — Les cendres de pyrites de fer constituent la meilleure matière première pour l'obtention de ce ciment. La petite quantité de soufre, que renferment toujours ces cendres, est sans inconvénient. On cuit des mélanges composés de $3CO^3Ca$ par Fe^2O^3 ; on ajoute en plus une molécule de CO^3Ca par atome de soufre que les cendres contiennent et deux molécules de CO^3Ca par molécule de silice contenue dans les matières premières.

Le ciment ainsi préparé se compose surtout du ferrite $2Fe^2O^3, 6CaO$. Les ciments, ne renfermant que des ferrites hydrauliques, ont l'inconvénient de fournir des mortiers nécessitant une assez longue exposition à l'air avant de pouvoir être immergés. Nous avons vu que c'était la formation du ferrite hydro-carbonaté, $2Fe^2O^3, 6CaO, 2CO^2, H^2O$, qui provoquait le durcissement ; l'acide carbonique est indispensable pour éviter toute désagrégation par l'eau.

Les mortiers durcis à l'air résistent ensuite parfaitement à l'eau de mer et aux eaux séléniteuses ; ces mortiers ne sont pas attaqués par les solutions alcalines ;

2° *Ciments siliceux et ferreux.* — Ces ciments sont obtenus en cuisant, sans fondre et sans klinkériser, des mélanges de chaux hydrauliques de qualité inférieures et de cendres de pyrites de fer.

La quantité de cendres de pyrites de fer que l'on doit incorporer est fixée par la chaux libre des chaux hydrauliques. Il se fait des ferrites hydrauliques et les chaux de mauvaises qualités sont ainsi transformées en bons ciments.

Les ciments résultant de cette fabrication ne conviennent pas pour les travaux à la mer ;

3° *Ciments alumineux et ferreux.* — Ces ciments constituent les meilleurs ciments préparés suivant les indications nouvelles. Les matières premières que l'on peut utiliser sont les bauxites, les boues résiduelles des usines d'alumine ou ces mêmes matières additionnées de cendres de pyrites de fer. Il faut incorporer en plus du calcaire nécessaire à l'oxyde ferrique, à la silice et s'il y a lieu au soufre, une molécule de carbonate de chaux par molécule d'alumine.

Les boues résiduelles des usines d'alumine trouvent ainsi une utilisation très intéressante.

La cuisson se fait toujours en évitant la fusion.

On prépare, en variant les matières mises en œuvre, toute une série de ciments qui sont : jaune clair, jaune foncé ou gris.

Les mortiers de ces ciments peuvent s'immerger en suivant les règles habituelles des ciments ordinaires. Ceux d'entre eux, qui sont très riches en aluminates calciques, donnent des mortiers à durcissement très rapides et que l'on peut immerger immédiatement après l'emploi.

Tous les mortiers de ces ciments sont indécomposables à l'eau de mer et aux eaux séléniteuses. Avec l'eau de mer, il ne se produit aucune précipitation de magnésie. Des éprouvettes demeurées un an dans la mer ont conservé leurs angles vifs.

Enfin tous ces ciments ne sont jamais expansifs.

DESCRIPTION SOMMAIRE DES FABRICATIONS

Les fabrications peuvent s'opérer soit par voie sèche, soit par voie humide. Les ciments siliceux et ferreux (type 2) ne sont préparés, en partant de chaux hydrauliques, que par voie sèche.

Pour tous les autres ciments, il semble préférable d'adopter la voie humide, qui permet d'obtenir des mélanges plus intimes. La boue en se desséchant dans les fours, conserve toute son homogénéité.

Les matières premières sont broyées ensemble ou séparément, le mieux séparément. Le mélange des poudres se fait par doseurs et mélangeurs automatiques.

La cuisson peut se faire le plus facilement dans un four rotatif. On envoie au four le mélange des poudres si l'on procède par voie sèche, ou la pâte si l'on procède par voie humide.

La matière sortant du tube refroidisseur est désintégrée, elle n'exige en aucun cas les broyages pénibles des autres ciments usuels.

Nous n'insisterons pas davantage sur les ciments résultant de nos études ; notre intention a été seulement de les signaler et d'en faire pressentir l'importance.

Les conditions de fabrication de ces produits nouveaux sont, d'ailleurs, données dans les brevets français et étrangers, prenant date en 1923 ; néanmoins, nous fournirons volontiers des détails plus complets à ceux que la question intéresserait.

VARIA

Histoire de l'acide picrique
Par A. MARSHALL

A l'exception des fulminates qui furent certainement connus vers le dix-septième siècle, l'acide picrique et ses sels furent les premiers « grands » explosifs connus. On dit, il est vrai, que le picrate de potasse a été obtenu par J. R. Glauber, qui vivait de 1604 à 1668, en traitant de la laine par de l'acide nitrique fumant et neutralisant le produit avec de la potasse tombée en déliquescence, mais il ne sut en déterminer les propriétés explosives. Cette propriété fut affirmée par Romocki (Geschichte der Explosivstoffe, II, 63) et rappelée par W. Brieger (Zeits. Schies und Sprengstoffe 1917-12-305), mais le Professeur C. E. Munroë, de Washington, qui m'a gracieusement communiqué le résultat de ses recherches a été, lui-même, incapable de trouver ce passage dans les travaux de Glauber. La première indication pouvant être vérifiée se trouve dans une note (Peter Woulfe-Philos. Transactions 1771, 61-144) dûe à Peter Woulfe, ayant pour titre « Expériences pour déterminer la nature de l'Aurum Mosaïcum » où, vers la fin, existe une rapide description de la préparation d'une teinture jaune au moyen d'un esprit de nitre concentré, sur l'indigo, ainsi que sur la cochenille, le tournesol hollandais, l'oseille, la prune de Monsieur, et beaucoup d'autres substances colorantes. Des remarques analogues furent faites peu de temps après, par divers chimistes, mais Hausmann, en 1788, paraît être le premier à avoir découvert que le produit résultant de l'action de l'acide nitrique sur l'indigo était un acide présentant une amertume (Hausmann, 5, *Phys. et Chimie,* 1788-I-32-165). Le fait que le sel potassique de cet acide explose comme de la poudre à canon, si on le chauffe, fut découvert par Welter en 1799, qui obtenait cet acide par l'action de l'acide nitrique sur la soie. L'explosibilité de cette substance avait été constatée également par Fourcroy et Vauquelin, en 1805, puis ensuite cette observation fut étendue à un grand nombre d'autres picrates par Moretti (Moretti. Schweigg Ann. 51-69). Cette étude fut reprise par Chevreul, en 1809, et en 1828, Liebig montra l'identité existant entre le produit obtenu avec l'indigo et la substance amère obtenue par Braconnot, dans l'action de l'acide nitrique sur l'aloès, et dénommée par lui « acide carbazotique » (Liebig, Pogg., Ann. 1828-13-191 : 14-466 *Ann. Chim. Phys.,* 1827-(2)-35-72 ; 1828 (2), 37-286). En 1841, Dumas donna à ce corps son nom actuel d'acide picrique, provenant du grec Πικρός, amer (Dumas, *Ann.* 1841-39-350 ; *Ann. Chim. Phys.* 1841, (3), 2-204 et 1826 (2) 63, 265, et la même année, Laurent l'obtint en partant du phénol, et indiqua quelle en était sa constitution (1841), (3), 3-221). Stenhouse, en 1845, trouva que l'on peut avoir un bon rendement en acide picrique en traitant la résine acaroïde, provenant d'Australie, par de l'acide nitrique et c'était ce produit qui était la source principale de ce corps, jusqu'à ce que le phénol fut fabriqué en grande quantité au moyen du charbon de terre. Pendant un certain temps, l'acide picrique fut connu sous le nom d'Amer de Welter. Guinon commença sa fabrication en 1849, et introduisit son usage dans la teinture de la soie (*Revue Scientifique du Dr Quesneville,* t. XXXVI, p. 233. C'était donc la première matière colorante artificielle employée dans l'industrie textile.

Beaucoup de tentatives furent faites pour introduire l'emploi des picrates, aussi bien comme agent de propulsion, que pour remplir les obus à explosifs violents. Dans le premier cas, on substitua simplement le picrate au soufre dans la poudre à canon, dans le but d'augmenter sa puissance. Ainsi, la « poudre de Designolle », qui fut fabriquée au Bouchet, en 1869, contenait du picrate de potasse, du salpêtre et du charbon de bois, lorsqu'elle ne devait servir que d'agent propulsif, et seulement du mélange de picrate et de salpêtre, quand on voulait charger des torpilles ou des obus. Vers la même époque, Brugère (Brugère, Comptes rendus 1869-69-716 : *Mem. Poudres et salpêtres,* 1884-1889-2-15), établit une poudre se composant de 54 parties de picrate d'ammoniaque et de 46 parties de salpêtre, à l'usage du fusil chassepot, et Abel proposa une poudre à l'acide picrique, pour ainsi dire de la même composition, pour le remplissage des obus. Cependant, de tels mélanges sont peu appropriés à la propulsion, étant susceptibles de détoner ; pour charger les obus, ils seraient tout satisfaisants, mais il ne paraît pas qu'ils aient été employés sur une grande échelle. En 1890, par exemple, les autorités anglaises, dans leur prudence, refusèrent la poudre à l'acide picrique, car il brisait l'obus dans les pièces qui étaient trop faibles. La poudre de Désignolle fut cependant utilisée, en France, durant quelque temps, pour la charge des obus et des torpilles.

On proposa également des mélanges de picrates et de chlorates, et parmi tant d'autres, par Désignolle et Casthelaz (Désignolle et Casthelaz, E. .., 3469 de 1867. Voir aussi Payen, *Bulletin Société Encouragement*, 1868-714 ; Dinglers polytech. F. 1869 192-67) et par Fontaine. Ces poudres sont excessivement sensibles et la poudre de Fontaine causa une sérieuse explosion à Paris en 1869 (*Moniteur Scientifique*, 295e Livraison, 1er avril « Note sur les principaux picrates », p. 305 et *Ann. Rep.* H. M., Inspect., Explos. 1879.

Vers 1871, Sprengel détermina que l'acide picrique pouvait détoner sous l'influence du fulminate de mercure (Sprengel E. P. 2642 de 1871 ; *S. Chem. Soc.*, 1873 26-803) alors qu'Abel, à la même époque, pensait toutefois que, par lui-même, il était inexplosif (Abel. *Chem. Nem.* 1871-24-128). On ne prêta d'ailleurs nulle attention à cette découverte, jusqu'à ce qu'elle fut remise en lumière par Turpin (Turpin F. P. 167-512 (1885). E. P. 15089 (1885). G. P. 38734 (1886), qui détermina les grands avantages que l'on pouvait obtenir, en l'employant sous la forme comprimée ou fondu pour la charge des obus. Peu de temps après, il était couramment utilisé en France, sans aucun inconvénient, même pour les petits calibres sous le nom de Mélinite, en Allemagne, sous le nom de Granatfüllung 88, et en Angleterre, sous le nom de Lyddite, au Japon, sous le nom de poudre Shimose et enfin, dans les autres pays, sous différents noms de fantaisie. Dans les débuts, on lui ajouta de faibles quantités d'autres substances, telles que le collodion, mais pendant quelque temps, l'acide picrique se trouvant pratiquement utilisé avec ou sans addition d'autres substances pour toutes poudres servant à la charge des obus, on s'aperçut au bout de quelque temps de certains inconvénients.

Le plus important est qu'il peut se combiner avec divers métaux ou bases, et former des picrates, et quelques-uns de ces corps sont une sensibilité dangereuse, entre autres le picrate de plomb. Il devint certain par suite, qu'il était indispensable de prendre des précautions toutes particulières pour éviter la formation de tels picrates, donc toute trace de plomb doit être éliminée et toutes les surfaces en fer doivent être protégées du contact de l'explosif. Certaines nations reviennent à l'usage du picrate d'ammoniaque ou de composés analogues. Aux Etats-Unis, par exemple, un fort explosif de ce genre fut adopté, sous le nom de Dunnite, et, en Autriche, fut introduit, sous la dénomination d'Ecrasite, le sel ammoniacal du trinitrocrésol. Pendant l'été de 1918, une grande quantité d'obus contenant de l'Ecrasite, sautèrent à Kief, en Ukraine.

Une autre objection concernant l'acide picrique est que son point de fusion, 122° C, est exagérément élevé pour un explosif qui doit être maniée avec des précautions spéciales, et qui, se solidifiant, laisse des cavités. Cet inconvénient cependant, peut être surmonté, par l'addition d'autres substances à la masse, telles que le dinitrophénol, que l'on utilise en Italie, mais qui est très toxique, pour ceux qui le manient. En France, on a employé un grand nombre de composés nitrés divers, en particulier le trinitrocrésol.

En Allemagne, on évite ces inconvénients en n'utilisant pas l'acide picrique et le remplaçant, depuis 1902, par le trinitrotoluène. Pendant la guerre, on employait également le trinitrotoluène comme principal explosif généralement mélangé de nitrate d'ammoniaque.

V. E.

ACADÉMIE DES SCIENCES

Séance du 2 février. — L'influence de la trempe sur les propriétés mécaniques des aciers après revenu. Note de Léon GUILLET et Albert PORTEVIN. — Chaque fois que la nature du métal permet de produire par trempe des constitutions différentes, les résultats des essais mécaniques obéissent à la règle suivante: à égalité de dureté finale après revenu, la résilience est meilleure pour les états complètement trempés, c'est-à-dire formés de martensite pure et inversement à égalité de résilience après revenu la dureté finale est d'autant plus élevée que la dureté de trempe est plus forte.

— Sur quelques sels de cupferron. Note de V. AUGER, Mlle L. LAFONTAINE et Ch. CASPAR. — En représentant par le symbole C le groupe $(C^6H^5.N.(NO)O)$. Les sels obtenus par précipitation avec divers métaux correspondant à la formule C^nM, n ayant la valeur correspondant à la valence du métal M.

— Extraction de la géine, glucoside générateur d'eugénol, contenu dans le

Geum urbanum L. Note de H. Hérissey et J. Cheymol. — La géine s'obtient en traitant par l'eau bouillante, puis par l'alcool les parties souterraines fraîches de Benoîte. On épuise ensuite l'extrait alcoolique par l'acétone et traite par l'éther acétique dans lequel la géine cristallise. Aiguilles incolores, F. 146-147° solubles dans l'eau froide et l'alcool.

En solution aqueuse elle ne réduit pas les solutions cupro-potassiques; elle est facilement hydrolysée par les acides minéraux étendus et bouillant avec mise en liberté de substances réductrices. Les liqueurs de géine présentent une forte odeur d'eugénol.

Les observations effectuées sont d'accord avec l'hypothèse qui envisagerait la géine comme formée de 1 molécule d'eugénol, 1 molécule de glucose d et 1 molécule d'arabinose 1 avec élimination de 2 molécules d'eau. Le glucoside cristalliserait avec 1 molécule d'eau.

Séance du 9 février. — Sur le glycol $CHC \equiv CHOH\text{-}CH^2OH$. Note de M. Lespieau. — En faisant agir d'une manière ménagée l'aldéhyde monochlorée sur le dérivé magnésien mixte de l'acétylène on obtient la chlorhydrine qu'on transforme en glycol en passant par son oxyde d'éthylène. Liquide incolore Eb. 80-87° qui précipite le nitrate d'argent alcoolique et le chlorure cuivreux ammoniacal. Le glycol est solide F. 39,5-40°5; il s'obtient en maintenant pendant 20 heures à 100° la partie inférieure d'un tube scellé dans lequel il y a 8 grammes d'oxyde et 14 grammes d'eau. Le chlorure cuivreux et le nitrate d'argent ammoniacal sont en défaut vis-à-vis de ce corps et ne donnent pas de précipité. Dans le cas du second réactif une addition d'eau provoque la dissolution primitivement formée. Pour établir l'existence de deux fonctions alcool on est passé par l'attaque à l'isocyanate de phényle.

— Sur l'octohydro-phénazine. Note de Marcel Godchot. — L'α-monochlorocyclohexanone en solution alcoolique donne, quand on fait agir l'ammoniac, de l'octohydro-phénazine. Cette base en solution dans le chlorure de carbone, peut absorber deux atomes de brome en donnant un composé rouge F. 70°. En solution alcoolique une addition d'acide picrique fournit le sel correspondant. L'auteur a préparé également les chloroplatinate, iodométhylate et chlorhydrate.

Séance du 16 février. — Radioactivité des sources de quelques stations des Alpes (Aix-les-Bains, Challes-les-Eaux), des Pyrénées (Bagnères-de-Bigorre) et des Cévennes (Lamalou-les-Bains, Balaruc-les-Bains, les Fumades) et des gaz naturels de Vergèze (Gard), de Hérépian et de Gabian (Hérault). Note de Robert Cantagne. — Les eaux de la source d'Alun à Aix-les-Bains ont une puissance radioactive supérieure à toutes celles calculées jusqu'ici pour les sources françaises. Les eaux pyrénéennes ont une radioactivité importante. Les sources cévenoles et celles du littoral méditerranéen ont une faible activité. On a trouvé des traces de radon dans les gaz du puits de pétrole de Gabian.

— Sur le mécanisme de l'adsorption des ions. Note de René Aububert et Mlle Marguerite Quintin. — Chaque fois que l'expérience vérifie la formule théorique on peut conclure à des actions chimiques nulles ou négligeables.

— Dosage rapide de l'acide sulfurique dans les eaux. Note de F. Wandenbulcke. — Ce dosage est basé sur la propriété que possède le chromate de potassium de précipiter le chlorure de baryum à l'état de chromate insoluble, et la précipitation achevée de subir une hydrolyse en donnant une réaction basique avec le rouge de méthyle qui vire au jaune. Le bicarbonate de calcium gêne cette réaction aussi faut-il le détruire tout d'abord.

— Séparation du zinc et du nickel par l'hydrogène sulfuré. Note de A. Kling, A. Lassieur et Mme Lassieur. — Pour que la précipitation du nickel se produise par l'action de l'hydrogène sulfuré il faut que la solution présente un minimum de P_H de 2,80. La précipitation n'est quantitative qu'au voisinage de la neutralité. Le zinc précipite quantitativement avec un P_H minimum de 3,2.

Dans ces précipitations la durée intervient ainsi que la température et la présence de sels étrangers.

— L'alloxantine réactif d'application très générale du ferricum. Note de Georges Deniges. — Le réactif se prépare en agitant dans un tube jusqu'à dissolution, 0,10 gr. d'alloxantine dans 10 c/c. de soude normale. Ce réactif se colore en bleu par addition de ferricum.

— Action de l'eau oxygénée sur les magnésyl-arylamines. Note de J. F. Durand et R. Naves. — A une solution éthérée de $C^6H^5.NH.MgBr$, on ajoute une solution également éthérée de peroxyde d'hydrogène tant qu'il se forme des grumeaux blancs venant surnager. On observe une coloration vert émeraude, qui disparaît par réchauffement. (On opère tout d'abord à $-25°$). On laisse reposer et ajoute de l'eau une fois l'opération terminée. On décante la partie éthérée et la traite par de l'acide sulfurique au dixième. Il se précipite du sulfate de phénylhydroxylamine. On neutralise par l'ammoniaque et il se dépose de nouveaux cristaux. On met la phénylhydroxylamine en liberté au moyen de la baryte dissoute et cristallisée dans le benzène, puis on ajoute de l'éther de pétrole dans lequel la phénylhydroxylamine est presque insoluble. Le rendement en α-phénylhydroxylamine est de 80 0/0 du magnésien.

— Action des carbonates alcalins et alcalino-terreux sur l'acidité des sols. Note de V. Vincent. — Le meilleur neutralisant de l'acidité des sols quoique insoluble, est le carbonate de calcium parce qu'il peut être employé à toute époque sans nuire aux semis et convenir aux terres légères où la chaux serait nuisible si les doses étaient quelque peu exagérées.

— Application aux L. Flexicaulis de la méthode d'analyse par combustion. Note de Mlle J. Lelièvre et Y. Ménager. — Le maintien de la zone stipofrontale avec le stipe a comme conséquence la stabilisation totale et définitive du taux d'iode, l'absence complète d'iode volatil dans les stipes chauffés et la formation d'une quantité maximum d'étain volatil précisément dans le cas des échantillons chauffés.

— Sur la présence de la silice dans les coupes histologiques incinérées. A propos d'une notice de M. A. Policard. Note de L. Herrera. — Réclamation de priorité.

— Sur les propriétés catalytiques du bismoxyle. Note de A. Maubert, L. Jaloustre, P. Lemay et G. Andreoly. — Le tartrobismuthate de potassium et de sodium précipite la catalase des extraits hépatiques puisque le précipité possède comme celle-ci une grande activité sur le peroxyde d'hydrogène alors que le précipité obtenu avec l'ovalbumine est sans action de même que le liquide surnageant après centrifugation.

Séance du 23 février. — Destruction de la bombe calorimétrique de Berthelot. Son remplacement par une bombe d'un type nouveau. Note de Ch. Moureu. — La bombe calorimétrique du Collège de France a été détruite en 1918 par une explosion. Cette bombe a été modifiée dans sa reconstruction. On lui a donné la forme d'une bouteille à goulot large. Le revêtement en platine a été remplacé par une application de trois feuilles de cuivre, or et platine. On réduit ainsi la quantité de platine primitivement employée en modifiant également la fermeture au dixième du poids initial.

— Le quotient de Trouton au zéro absolu de température. Note de Nicolas Perrakis. — Il semble que ce quotient tende vers une limite finie quand T tend vers zéro. D'ailleurs il varie en fonction de la température suivant une loi de probabilité représentée d'une façon générale et notamment aux basses températures par:

$$\frac{L}{T} = S = \Phi(T) = S_0 e^{aTm}$$

— Théorie de la fluorescence polarisée (Influence de la viscosité). Note de Francis Perrin. — La lumière généralement émise par une solution fluorescente est en général polarisée partiellement. Cette lumière émise par un grand nombre de molécules fluorescentes peut être considérée comme la superposition de deux lumières indépendantes polarisées rectilignement. En admettant que la partie active de la molécule fluorescente est un oscillateur circulaire on arrive à conclure que le taux de polarisation doit être une fonction homographique de la viscosité croissant de C à 1/4 quand la viscosité croit de 0 à l'infini.

— Sur la mesure spectrophotométrique du P_H. Note de Fred VALÈS. — Les ions H pourraient être obtenus en fonction du rapport des absorptions et indépendamment de la concentration de l'indicateur sans étalonnage préalable.

— Sur la sensibilité des actinomètres à électrodes de mercure. Note de G. ATHANASIU.

— Sur les dérivés de la méthyl-7-isatine. Note de A. WAHL et Th. FAIVRET. — Les auteurs ont préparé les dérivés résultant de l'action de l'oxindol en milieu acétique, de celle de l'acide sulfurique, de celle de la pyridine en milieu alcoolique, de celle de l'oxindol en milieu benzénique sur le chorure de la méthylisatine.

— Etude de l'élimination urinaire des alcaloïdes dérivés de l'isoquinoléine et en particulier de l'hydrastine. Note de Ed. BAYLE et René FABRE. — Une faible portion de l'hydrastine absorbée s'élimine par les urines; des essais physiques et chimiques ont été poursuivis par les auteurs sur la narcotine.

— Sur un nouveau processus du métabolisme des graisses de réserve. Butyrisation en dehors de la mamelle. Note de Maurice PIETTRE. — La présence de trimyristine dans les graisses pathologiques est l'indice d'une désintégration profonde de la molécule grasse; elle fait prévoir l'existence d'autres glycérides inférieurs, comme on en rencontre dans le lait. La coexistence de ces glycérides caractérise la butyrisation.

Séance du 3 mars. — Electrolyse des acétates·alcalins en dissolution dans l'alcool méthylique. Note de J. SALAUZE. — On évite en ce milieu les phénomènes d'oxydation. La nature de l'anode a une influence bien moindre en milieu méthylique qu'en milieux aqueux. Le rendement en méthane est plus élevé en milieu méthylique où il atteint 95 0/0. qu'en milieu aqueux où il ne dépasse pas 85 0/0.

— Sur la magnétochimie des polymères. Note de Paul PASCAL. — Les résultats obtenus, relatifs à des polymères de structure définie, semblent révéler des phénomènes communs à tous les types de structure magnétochimique et justifient l'étude que l'auteur a entreprise.

— Argiles, kaolins, silices légères, densité, porosité, gaz occlus. Note de A. BIGOT.

— Les terres rares et la question du magnéton. Note de B. CARRERA.

— Méthode générale de préparation des éthers-oxydes. Note de H. WUYTS. — J. Popelier avant M. Senderens avait indiqué une méthode d'éthérification basée sur l'action de l'acide sulfurique.

— Rapports de la structure avec l'oxydation sulfochromique. Note de Louis Jacques SIMON. — L'allure des acides non saturés à l'oxydation sulfochromique comparée est en rapport avec leur structure au moins pour les polyacides.

— Sur le diacétylène. Note de LESPIEAU et PREVOST. — On fait agir le sodium dissous dans l'alcool sur le tétrabromure d'érythrène; on a un dibromure $CH^2:CBr.CBr.CH^2$. Ce dibromure se polymérise facilement. En opérant ce traitement avec de la potasse en excès on arrive au diacétylène.

SOCIÉTÉ INDUSTRIELLE DE MULHOUSE

Enlevage sur fond bistre

Pli cacheté n° 1882, déposé le 6 février 1909

Par la Société de la Manufacture **Emile ZUNDEL** et **M. Camille REBERT**

L'obtention d'un beau rouge sur fond bistre chrysoïdine est une question non résolue jusqu'à présent. Le besoin de disposer d'un rouge vif dans l'enluminage fond bistre a amené les coloristes à résoudre le problème par un chemin détourné.

Le rouge paranitraniline matté en un bain coupé de noir d'aniline au chlorate-prussiate donne, ainsi que l'a trouvé M. Henri Schmid, un beau bistre qui se réserve en rouge, ronger en blanc, et multicolore.

La maison Cassella, de son côté, y a apporté une autre solution : Le rouge paranitraniline est teint en un colorant direct qu'on peut ronger tant au chlorate-prussiate qu'à l'hydrosulfite, tel que le noir diaminenitrazol B. Ce dernier peut être fixé plus solidement par un passage en bain de paranitrobenzène.

Le procédé de M. Henri Schmid souffre d'un inconvénient propre à tous les mattages noir d'aniline. Le tissu matté ne se conserve pas, et doit être imprimé peu de temps après le mattage. Le procédé Cassella demande, soit une teinture et alors le colorant n'est pas très solide au lavage, soit teinture avec passage en diazo, ce qui est assez compliqué.

Nous revendiquons par ce pli cacheté la priorité de la conversion du rouge paranitraniline en bistre par mattage en colorants au chrome qui se rongent, soit au chlorate-prussiate, soit à l'hydrosulfite-formaldéhyde et qui se fixent en un passage au vaporisage rapide Mather-Platt.

Le colorant qui nous parut remplir le mieux ces conditions est le bleu Chromal *G* de la maison J. R. Geigy de Bâle.

Le tissu teint en rouge paranitraniline est matté à la hot-flue en bain suivant :

Bleu CB

     50 eau d'adragante 80 0/00
     50 eau
     50 acétate de soude cristallisé
     50 acétine, ajouter la solution de :
     20 bleu Chromal G conc.
    300 eau chaude
    300 eau froide, ajouter à froid :
     40 acétate de chrome 30°

mettre à 1000

Les pièces préparées se conservent indéfiniment. Pour obtenir un blanc, on imprime une couleur à l'hydrosulfite-formaldéhyde, addditionnée de citrate de soude. Nous ajoutons à la couleur 100 0/00 de solution de citrate de soude, contenant 25 0/0 d'acide citrique. Le but est de débarrasser le blanc de l'oxyde de chrome provenant du bain de mattage. Le rouge s'obtient simplement par impression d'un rongeant au chlorate-prussiate, qui détruit le bleu Chromal, mettant à jour le rouge paranitralinine. Les rongeants colorés sont les mêmes que ceux employés pour rouge para seul. Une addition de citrate de soude n'est pas nécessaire. Les pièces séchées sont vaporisées 4 minutes à la boîte de vaporisage Mather-Platt. Généralement, nous les passons deux fois. On finit comme le rouge paranitraniline. Le blanc obtenu est excellent, il est meilleur que celui obtenu sur bistre chrysoïdine.

Les échantillons joints à ce pli provenant de la fabrication en grand permettent de se rendre compte des bons résultats obtenus.

Note sur un nouveau puce solide

Par **M. H. DOSNE**

J'ai obtenu un très joli puce solide, par superposition du bleu indigo sur un tissu teint en rouge de paranitraniline.

Le tissu teint en rouge para est foulardé à la hot-flue dans une solution contenant :

        10 g   Indigosol DH (1)
        50 c/m³ chlorate d'ammoniaque à 12° Bé
       940   » eau
       ────
        1 l.

L'enlevage blanc est obtenu par l'impression de rongalite CL et oxyde de zinc, et l'enlevage rouge par une réserve alcaline à l'acétate de soude ou oxydante au chlorate-prussiate.

On passe 4 à 5 minutes au Mather-Platt, lave et savonne. Le blanc est parfait, le rouge très vif et ce bistre nouveau obtenu par superposition d'indigo sur rouge para est solide, uni et foncé.

Ce puce grand teint peut être mis en parallèle comme solidité et simplicité d'opération avec le puce Henri Schmid.

Nouveau genre réserve

Pli cacheté n· 845, déposé le 6 décembre 1895

Par MM. Frères KŒECHLIN

Depuis quelques mois, M. Jeanmaire a établi chez nous la fabrication d'un nouveau genre réserve. Il consiste à additionner les couleurs ordinaires d'une réserve mécanique, telle que oxyde d'étain, sulfate de baryte, etc., et dans certains cas de térébenthine et cire, etc. (La réserve blanche peut être faite simplement avec du blanc de zinc et albumine.

On imprime, vaporise, et on plaque à l'envers la nuance désirée avec un rouleau de gravure suffisamment profonde pour que la couleur traverse parfaitement le tissu. On vaporise et savonne s'il y a lieu.

BIBLIOGRAPHIE

Les doctrines chimiques en France, du début du XVIIe à la fin du XVIIIe siècle, par Hélène Metzger, docteur de l'Université de Paris. — Première partie. Un volume in-8 de 496 pages. Prix : **25 francs.**

Editions des Presses Universitaires de France, 49, Boulevard Saint-Michel, Paris

L'auteur de cet ouvrage, dont la première partie vient de paraître, s'est proposé de reconstituer les théories qui se sont succédé dans la chimie depuis le xviie siècle, où les doctrines mystiques du moyen âge et de la renaissance, comptaient encore de nombreux partisans, jusqu'à Lavoisier, qui marqua le début de l'époque moderne.

L'ouvrage est illustré de nombreuses citations. Il rendra service aux spécialistes, historiens, chimistes ou philosophes et tous les curieux pourront y trouver des aperçus intéressants sur l'état d'esprit des chimistes d'autrefois.

---

(1) Le procédé inconnu jusqu'alors de développement de l'Indigosol DH à la vapeur, et son application comme pendant au Noir Prud'homme a été élaboré et réalisé pour la première fois aux usines Schæffer & Cⁱᵉ par MM. Sherrer et Henry Dosne, en février 1923 ; le bain de foulardage contenant, outre l'Indigosol DH, du chlorate de soude ou chlorate d'ammoniaque après séchage, le tissu est passé au vaporisage rapide Mather-Platt.

BREVETS PRIS A PARIS

MINES ET MÉTALLURGIE

Procédé de désulfuration du fer et de l'acier et composé pour faciliter l'exécution du procédé, par Société dite : Chemical Treatment Company (Etats-Unis). — (Br. 561940, demandé le 8 février 1923, délivré le 21 août 1923.)

Objet du brevet. — Emploi comme désulfurant d'un mélange de silicate alcalin, hydroxyle alcalin et carbonate alcalin, répandus en couche liquide sur le métal en fusion. Le mélange étant hygroscopique est façonné en pains qu'on recouvre de cire paraffinée.

Acier inoxydable et ne tachant pas, par Société dite : Aciéries de Champagnole (France). — (Br. 562102, demandé le 13 février 1923, délivré le 25 août 1923.)

Objet du brevet. — Addition de cobalt et de vanadium aux aciers au nickel et chrome qui ont l'inconvénient de ne pas donner un tranchant parfait et sont peu malléables à chaud.

Procédé pour le traitement de la poussière de zinc et autres matières semblables pour l'obtention du zinc liquide, par F. Thebaldsen (Norvège). — (Br. 560077, demandé le 20 décembre 1922, délivré le 28 juin 1923.)

Objet du brevet. — Fusion de la matière dans un four conique à axe horizontal et portant à l'intérieur des saillies destinées à séparer le zinc liquide des scories.

Procédé et installation pour le traitement des déchets de laiton en vue de la récupération du cuivre et d'oxyde de zinc, par A. Minne (France). — (Br. 560182, demandé le 23 mars 1922, délivré le 2 juillet 1923.)

Objet du brevet. — Les déchets sont chauffés à une température convenable puis soumis à une insufflation d'air dans un appareil genre convertisseur Bessemer. Dans ces conditions le cuivre fond tandis que le zinc brûle et donne des fumées d'oxyde de zinc que l'on condense.

Procédé destiné à produire sur des métaux des couches résistantes contre l'écaillement, par A. Gronqvist (Danemark). — (Br. 560274, demandé le 21 novembre 1922, délivré le 4 juillet 1923.)

Objet du brevet. — Les pièces de métal, particulièrement d'acier sont cémentées dans un mélange de poudre de magnésium et d'oxyde de magnésium. Il en résulte sur la pièce une couche de magnésium résistant à l'écaillement.

Perfectionnements aux alliages d'aluminium, par Société dite : Aluminium Company of America (Etats-Unis). — (Br. 561448, demandé le 26 janvier 1923, délivré le 7 août 1923.)

Objet du brevet. — Addition aux alliages Al-Si de 0,5 à 1 0/0 d'antimoine ou de bismuth en remplacement du sodium ou du potassium généralement employés pour améliorer les propriétés mécaniques de l'alliage.

Procédé de cémentation de l'acier et du fer, par A. Gronqvist (Danemark). — (Br. 560289, demandé le 9 décembre 1922, délivré le 5 juillet 1923.)

Objet du brevet. — La cémentation est terminée par trempage dans un bain de différents sels formant croûte à la surface de l'acier et pénètrent dans celui-ci par chauffe ultérieur au rouge.

Procédé pour recouvrir divers métaux d'une couche adhérente d'aluminium, par G. A. Meker (France). — (Br. 560688, demandé le 4 janvier 1923, délivré le 16 juillet 1923.)

Objet du brevet. — Le métal est plongé dans un bain d'aluminium fondu sous une couche de sels décapants et capables d'écarter la formation d'alumine. Comme sels tels on peut employer des chlorures ou fluorures alcalins additionnés ou non de chlorure de zinc.

Procédé perfectionné pour la trempe de surface et poudre à cémenter pour cette trempe, par J. Mastny (France). — (Br. 542223, demandé le 11 octobre 1921, délivré le 13 mai 1922.)

Objet du brevet. — Poudre à cémenter composée de 3/4 de poussier de charbon de briquette et de 1/4 de sciure de bois et additionnée par 100 kilog. de mélange, de 1 kg. 1/2 de cyanate de potassium, 3 kilog. de chlorure de sodium et 1/2 litre de silicate de soude en solution. On mélange, sèche et pulvérise.

Perfectionnements aux alliages d'aluminium, par R. S. Archer et Z. Jeffries (Etats-Unis). — (Br. 559603, demandé le 8 décembre 1922, délivré le 20 juin 1923.)

Objet du brevet. — Alliage trempé, exempt de cuivre et contenant du magnésium et du silicium.

Traitement de minerais siliceux, par Société dite : Chief Consolidated Mining Company (Etats-Unis). — (Br. 560800, demandé le 8 janvier 1923, délivré le 19 juillet 1923.)

Objet du brevet. — Procédé s'appliquant spécialement aux minerais de métaux oxydés de plomb, cuivre, zinc, argent ou or. Le minerai broyé et concentré est chauffé à 850-1100° en atmosphère oxydante. Les gaz produits sont filtrés pour en séparer les métaux volatilisés.

Procédé métallurgique, par J. KJOLBERG (Norvège). — (Br. 561540, demandé le 29 janvier 1923, délivré le 9 août 1923.)

Objet du brevet. — Avant de réagir dans une chambre chauffée, le minerai finement pulvérisé est mélangé de gaz réducteur dans une chambre communiquant avec celle de réaction par des ouvertures rétrécies.

Procédé pour recouvrir les métaux d'une couche d'aluminium ou d'alliage d'aluminium, par G. A MEKER (France). — (Br. 561907, demandé le 7 février 1923, délivré le 20 août 1923.)

Objet du brevet. — Dans une caisse de fer à couvercle luté, on met en contact le métal avec une poudre d'alliage fer aluminium et on chauffe pendant un temps variable avec le résultat cherché, à une température variable de 800 à 1200°. On obtient ainsi un dépôt d'aluminium brillant.

Procédé de réduction des oxydes métalliques, par D. W. BERLIN (Suède). — (Br. 562719, demandé le 26 février 1923, délivré le 13 septembre 1923.)

Objet du brevet. — On utilise pour la réduction des oxydes un mélange d'aluminium et de silicium ou un mélange de silicium de fer, chrome et manganèse en présence d'un fondant approprié.

Perfectionnements à la fabrication de l'acier et à la fixation de l'azote, par SOCIÉTÉ dite : THE NITROGEN CORPORATION (Etats-Unis). — (Br. 563031, demandé le 3 mars 1923, délivré le 19 septembre 1823.)

Objet du brevet. — On commence par brûler dans le convertisseur le silicium par un jet d'air, puis on introduit en même temps qu'un métal alcalin de l'azote, il se forme des composés d'azote et de carbone et des gaz recueillis on retire des composés de cyanogène.

Procédé de nickelage direct de l'aluminium et de ses alliages, par SOCIÉTÉ dite : SOCIÉTÉ RENARD et Cie (France). — (Br. 563194, demandé le 19 mai 1922, délivré le 21 septembre 1923.)

Objet du brevet. — La pièce polie, dégraissée et lavée est immergée une minute dans un bain de chlorure d'étain et d'alun puis portée au bain ordinaire de nickelage galvanoplastique.

PRODUITS ORGANIQUES

Méthode de préparation d'acides arséniques aliphatiques hydroxylés, par SOCIÉTÉ dite : ETABLISSEMENTS POULENC FRÈRES et M. C. ŒCHSLIN (France). — (Br. 556366, demandé le 29 décembre 1921, délivré le 11 avril 1923.)

Objet du brevet. — Ces produits sont obtenus par action des chlorhydrines des polyalcools sur l'arsenite de soude en milieu alcalin.

Procédé pour la synthèse d'hydrocarbures ou de leurs produits de substitution halogènes, par SOCIÉTÉ dite : FARBWERKE MEISTER LUCIUS ÜND BRÜNING (Allemagne). — (Br. 564641, demandé le 3 avril 1923, délivré le 26 octobre 1923.)

Objet du brevet. — Condensation sous l'influence de catalyseurs de carbures halogénés avec formation d'un carbure moins halogène pouvant lui-même perdre de l'acide halogéné et donner un carbure à liaisons éthyléniques.

Récupération d'oxalate de calcium et d'autres substances que renferment certains arbres, par SOCIÉTÉ dite : THE BHOPAL PRODUCE TRUST, LTD (Indes anglaises). — (Br. 564777, demandé le 9 avril 1923, délivré le 30 octobre 1923.)

Objet du brevet. — Extraction de l'oxalate de calcium de l'écorce sèche de certains arbres en particulier de l'ayuna terminalia après épuisement du tanin.

Perfectionnements dans les procédés de fabrication de la diphénylguanidine, par SOCIÉTÉ dite : THE NAUGATUCK CHEMICAL COMPANY (Etats-Unis). — (Br. 565158, demandé le 16 avril 1923, délivré le 5 novembre 1923.)

Objet du brevet. — Substitution par un groupe aminogène de l'atome de soufre de la thiodiphénylurée par traitement de celle-ci par une solution ammoniacale d'oxyde de zinc. Le produit obtenu peut servir d'accélérateur pour la vulcanisation du caoutchouc.

Nouveau procédé de préparation industrielle du paraminophénol, par G. POMA (Italie). — (Br. 562259, demandé le 15 février 1923, délivré le 30 août 1923.)

Objet du brevet. — On réduit par l'hydrogène sous pression en présence de catalyseur l'azoïque obtenu par copulation du phénol en milieu alcalin avec le diazo d'une base primaire organique insoluble.

Dans ces conditions la base se trouve régénérée et on a le sel sodique du paraminophénol.

Procédé de préparation d'acides homologues de la théobromine, par Société dite : Etablissements Poulenc frères et A. Behal (France). — (Br. 556365, demandé le 29 décembre 1922, délivré le 11 avril 1923.)

Objet du brevet. — Réaction des sels des acides α halogénés sur la théobromine en milieu alcalin et en excès.

Méthode de préparation de dérivés arsénicaux aliphatiques en partant de l'anhydride acétoarsénieux, par Société dite : Etablissements Poulenc frères et C. Œchslin (France). — (Br. 556371, demandé le 30 décembre 1922, délivré le 11 avril 1923.)

Objet du brevet. — On met en suspension dans du carbonate de soude, et oxydé par l'eau oxygénée le produit résultant de la décomposition de l'anhydride acétoarsénieux. Dans ces conditions deux oxhydryles se fixent à chaque atome d'arsenic donnant un acide peu soluble à sels alcalins facilement solubles.

Méthode de préparation de dérivés solubles de la dioxyarsénoaniline, par Société dite : Etablissements Poulenc frères et C. Œchslin (France). — (Br. 556372, demandé le 30 décembre 1922, délivré le 11 avril 1923.)

Objet du brevet. — Action du méthoxysulfoxylate de soude en présence de carbonate de soude sur la dioxyarsénoaniline.

Procédé de production d'alcool absolu, par Société dite : U. S. Industrial Alcohol Company (Etats-Unis). — (Br. 561335, demandé le 23 janvier 1923, délivré le 3 août 1923.)

Objet du brevet. — Utilisation des propriétés des mélanges azéotropiques, le liquide auxiliaire utilisé étant le benzène.

Procédé pour obtenir des alcools, par Société dite : U. S. Industrial Alcohol Company (Etats-Unis). — (Br. 561364, demandé le 21 janvier 1923, délivré le 4 août 1923.)

Objet du brevet. — Utilisation des propriétés des mélanges azéotropiques, en employant l'acétate d'éthyle comme liquide auxiliaire.

Procédé de préparation de nouveaux composés arsénicaux organiques, par O. Margulies (Autriche). — (Br. 562460, demandé le 20 février 1923, délivré le 5 septembre 1923.)

Objet du brevet. — Dans les aminocétones ou les aminoaldéhydes aromatiques on remplace le groupe aminé par le groupe acide arsénique par action d'arsénite alcalin sur les diazo de ces bases.

Procédé pour la fabrication d'acétone au moyen d'acétylène, par Société dite : Elektrizitaetswerk Lonza (Suisse). — (Br. 561377, demandé le 24 janvier 1923, délivré le 4 août 1923.)

Objet du brevet. — Action de la vapeur d'eau sur l'acétylène à chaud en présence de catalyseurs tels que l'oxyde ou le carbonate de thorium.

PRODUITS MINÉRAUX

Procédé de production d'hydrate de baryum en partant de sulfure de baryum de toute provenance, par J. Michael et Cⁱᵉ (Allemagne). — (Br. 561309, demandé le 22 janvier 1923, délivré le 2 août 1923.)

Objet du brevet. — Utilisation de la dissociation du sulfure en hydrate et sulfhydrate en chauffant des solutions de sulfure de baryum entre 20 et 100°. Ces solutions laissent alors déposer par refroidissement de l'hydrate de baryum.

Procédé de fabrication des sulfures métalliques, par Société dite : The Grasselli Chemical Company (Etats-Unis). — (Br. 562599, demandé le 20 janvier 1923, délivré le 10 septembre 1923.

Objet du brevet. — Procédé consistant à réduire un sulfate métallique en le maintenant en suspension dans une atmosphère réductrice à température élevée.

Procédé de fabrication d'hydrogène, par J. H. de Graev (Belgique). — (Br. 561409, demandé le 25 janvier 1923, délivré le 6 août 1923.)

Objet du brevet. — Procédé consistant à produire du gaz à l'eau à une température supérieure à 1200° afin qu'il ne renferme pas de CO_2 et à faire réagir ce gaz sur de la chaux hydratée sous forme poreuse qui absorbe CO suivant l'équation,

$$Ca\,(OH)_2 + CO = CO_3Ca + H_2$$

Perfectionnements à la fabrication de l'hydrogène et de l'oxygène, par M. L. Blanchet (France). — (Br. 562880, demandé le 28 avril 2922, délivré le 17 septembre 1923.)

Objet du brevet. — Emploi de matières platinées chauffées électriquement dans un tube de quartz dans lequel on fait passer de la vapeur d'eau surchauffée.

Perfectionnements apportés aux procédés de réduction de corps chimiques tels que

les sulfates alcalinoterreux, par A. E. P. BOURDET (France). — (Br. 562708, demandé le 26 février 1923, délivré le 13 septembre 1923.)

Objet du brevet. — On chauffe en atmosphère réductrice dans un four approprié, des agglomérés obtenus par mélange du corps à réduire pulvérisé et de matières réductrices carbonées également pulvérisées.

Procédé pour la production d'oxyde de zinc blanc et oxydes d'autres métaux et d'hydrogène, par F. THARALDSEN (Norvège). — (Br. 562874, demandé le 26 avril 1922, délivré le 17 septembre 1923.)

Objet du brevet. — De la vapeur de zinc obtenue par chauffage du métal dans un four quelconque est soumise à l'action de la vapeur d'eau dans une chambre spéciale il se produit de l'oxyde de zinc qui s'accumule au fond de la chambre et de l'hydrogène que l'on recueille.

Procédé d'obtention de phosphates assimilables, par SOCIÉTÉ dite : SOCIÉTÉ DES PHOSPHATES TUNISIENS (France). — (Br. 563595, demandé le 17 juin 1922, délivré le 28 septembre 1923.)

Objet du brevet. — Les minerais pulvérisés sont attaqués par l'acide sulfurique à froid. La solution phosphorique obtenue après séparation des boues formées est chauffée dans un vide partiel vers 50° pour éliminer l'acide sulfureux. Il se précipite un mélange de sulfate et de phosphates de chaux que l'on sèche à froid. La solubilité de ce produit dans le citrate d'ammoniaque est 96 0/0 du P^2O^5 total.

Procédé d'épuration des sels aluminiques, par A. PEDEMONDE (France). — (Br. 564883, demandé le 26 juillet 1922, délivré le 30 octobre 1923.)

Objet du brevet. — La solution de sels aluminiques provenant de l'attaque des minerais naturels, est additionnée de déchets d'aluminium en présence d'un peu d'acide et en chauffant légèrement. Dans ces conditions, les métaux étrangers précipitent.

COMBUSTIBLES

Composition à base de tannée pour agglomérés, par J. G. PORCHET et E. H. P. MORINEAU (France). — (Br. 561945, demandé le 8 février 1923, délivré le 21 août 1923.)

Objet du brevet. — Mélange de tannée, argile, coaltar et poussier de charbon en proportions déterminées permettant l'obtention d'agglomérés à combustion lente, à haut pouvoir calorifique et ne dégageant pas de mauvaises odeurs.

Perfectionnements à la fabrication de briquettes minérales, combustibles ou autres ainsi qu'aux appareils utilisés pour cette fabrication, par SOCIÉTÉ dite : ANDREWS AND COMPANY LTD (Angleterre). — (Br. 562097, demandé le 13 février 1923, délivré le 25 août 1923.)

Objet du brevet. — Emploi comme agglomérant de la liqueur résiduaire du traitement de la cellulose par le bisulfite et insolubilisation de cette matière par chauffage des briquettes pendant quelque temps à 315°, puis immersion pendant quelques minutes dans un bain de plomb maintenu à 450°.

Procédé permettant de réduire la quantité de brai nécessaire à la fabrication des combustibles agglomérés, par H. A. DEBIEZ (France). — (Br. 562892, demandé le 3 mai 1922, délivré le 17 septembre 1923.)

Objet du brevet. — Après agglomération les briquettes sont soumises quelques minutes à l'action d'une température de 300° environ dans un four continu ce qui donne aux briquettes une grande résistance à l'écrasement et permet par suite de diminuer beaucoup la quantité de brai à employer.

Procédé de fabrication de briquettes de charbon, par A. L. J. G. DEFLINE, P. ST-CLAIRE DEVILLE et D. T. GANIÈRE (Bassin de la Sarre). — (Br. 563754, demandé le 23 juin 1922, délivré le 4 octobre 1923.)

Objet du brevet. — Procédé consistant à supprimer l'emploi d'agglomérant en faisant subir au charbon une demi distillation à basse température puis comprimant à chaud les résidus de cette distillation.

Procédé de fabrication de mélanges stables d'huile et de charbon, par E. BERL (Allemagne). — (Br. 564313, demandé le 24 mars 1923, délivré le 17 octobre 1923.)

Objet du brevet. — Procédé caractérisé par l'incorporation au mélange de charbon et d'huile de matières ligneuses ou humiques moulues avec ce mélange.

Aggloméré combustible, par J. GUYOT (Tunisie). — (Br. 564333, demandé le 26 mars 1923, délivré le 17 octobre 1923.)

Objet du brevet. — On fait un mélange en délayant dans de la margine (résidu de fabrication de l'huile d'olive), du lignite, des grignons d'olives, du poussier de charbon, de l'argile, des résidus de pétrole et des feuilles de cactus carbonisées. La pâte est ensuite moulée en boulets ou briquettes.

Procédé de fabrication de combustible aggloméré et produit obtenu par ce procédé, par H. Dupuy (France). – (Br. 564490, demandé le 29 mars 1923, délivré le 20 octobre 1923.)
Objet du brevet. — On agglomère à l'aide d'huile lourde un mélange de charbons gras et maigre. La pâte moulée est ensuite chauffée dans un four permettant de recueillir l'huile lourde et les produits de distillation du charbon gras.

Produit facilitant et prolongeant la combustion du charbon, par E. Vivian (France). (Br. 564805, demandé le 21 mars 1923, délivré le 30 octobre 1923.)
Objet du brevet. — On arrose 50 kgs de charbon avec une dissolution à 25 grammes par litre d'un mélange de chlorures de sodium, potassium et magnésium, nitrate de soude, acide tartrique et terre de Saint-Crépin pulvérisée. Le produit est dénommé « Radiom Calorique ».

Combustibles fournis par des hydrocarbures aliphatiques éthyléniques, par Société dite : Société Ricard, Allenet et Cⁱᵉ (France). — (Br. 558894, demandé le 21 novembre 1922, délivré le 4 juin 1923.)
Objet du brevet. — Dissolution d'éthylène et propylène gazeux dans leurs homologues supérieurs dans lesquels leur solubilité est considérable.

Procédé de traitement par chaleur et pression des huiles minérales lourdes, des produits de distillation de la houille ou des liquides contenant du carbone en suspension, par Société dite : Internationale Bergin-Companie voor Olie en Kolen Chemie (Pays-Bas) — (Br. 559787, demandé le 14 décembre 1922, délivré le 22 juin 1923).
Objet du brevet. — Emploi du sodium métallique comme agent de cracking, le sodium agissant à la fois comme catalyseur hydrogénant et désulfurant.

Emploi de carburants dérivés halogénés de la naphtaline pour moteurs à combustion interne, par E. Levienne (France). — (Br. 559925, demandé le 21 mars 1922, délivré le 26 juin 1923.)
Objet du brevet. — Emploi des mono, di et trichloronaphtalènes, soit purs, soit à l'état de dissolution dans d'autres combustibles liquides.

Perfectionnements aux procédés pour le traitement des hydrocarbures, en particulier de l'huile de pétrole brute, par W. Dederich (Angleterre). — (Br. 560447, demandé le 28 décembre 1922, délivré le 10 juillet 1923.)
Objet du brevet. — Désulfuration des huiles au moyen de savons gras métalliques en présence d'un peu de sodium métallique.

TEXTILES, CELLULOSE, PAPIER.

Procédé de traitement des fibres et tissus cellulosiques, par Société dite : Total Broadhurst Lee Company Ltd (Angleterre). — (Br. 564994, demandé le 4 avril 1923, délivré le 2 novembre 1923.)
Objet du brevet. — Emploi du formol dans les bains acides destinés à obtenir des effets de crépage, cet emploi permettant de contrôler l'action de l'acide et d'éviter la détérioration du tissu.

Procédé de fabrication de dérivés de la cellulose, par L. Lilienfeld (Autriche). — (Br. 556781, demandé le 12 juin 1922, délivré le 19 avril 1923.)
Objet du brevet. — Obtention de dérivés éthylés par action d'une solution aqueuse de xanthogénate ou d'hydrocellulose sur le sulfate diéthylique.

Perfectionnements à la cellulose acétylée et aux produits dérivés, par J. O. Zdanowich (Angleterre). — (Br. 560057, demandé le 19 décembre 1922, délivré ie 28 juin 1923.)
Objet du brevet. — On fait l'acétylation en deux phases en utilisant un agent de condensation faible dans la première phase, un agent de condensation fort dans la seconde, et on stabilise la viscosité des solutions par addition de formol.

Procédé de fabrication d'une substance organique pouvant se filer et produits nouveaux correspondants, par H. J. B. Hennion (France). — (Br. 560206, demandé le 28 mars 1923, délivré le 2 juillet 1923).
Objet du brevet. — On isole la cellulose contenue dans les algues laminaires en traitant celles-ci après lavage par un courant de chlore gazeux qui fournit une liqueur visqueuse imprégnant la cellulose que l'on isole par lavage.

Bain de coagulation pour la fabrication de la soie, par Société dite : Fabrique de soie artificielle de Tubize (Belgique). — (Br. 561073, demandé le 16 janvier 1923, délivré le 27 juillet 1923.)
Objet du brevet. — Bain composé de parties égales de formiate d'ammonium et de formiate de sodium.

DIVERS

Procédé pour la fabrication de produits de condensation de l'urée et de la formaldéhyde, par P. Pollak (Autriche). — (Br. 542971, demandé le 2 novembre 1921, délivré le 24 mai 1922).

Objet du brevet. — On chauffe dans un appareil à reflux un mélange d'urée, de formol et d'ammoniaque étendue. On distille ensuite au bain-marie dans le vide, et le résidu obtenu est coulé et additionné ou non de charges ou colorants. Il a l'aspect du verre, résiste aux alcalis et aux acides et ne se carbonise qu'au dessus de 300°.

Masse plastique et son procédé de préparation, par R. Dubrisay (France). — (Br. 556153, demandé le 10 novembre 1921, délivré le 9 avril 1923.)

Objet du brevet. — Condensation de résorcine avec la formaldéhyde à température ordinaire en présence de catalyseurs.

Matière artificielle pour linoléums, recouvrements de planchers, parois, etc., par Société dite : Elektrizitaetswerk Lonza (Suisse). — (Br. 558745, demandé le 16 novembre 1922, délivré le 31 mai 1923.)

Objet du brevet. — Substitution à la poudre de bois ou de liège du produit appelé cuprène et résultant de la polymérisation de l'acétylène par sa condensation en présence de cuivre ou par des décharges obscures.

PRODUITS ALIMENTAIRES

Perfectionnements à l'extraction du sucre des mélasses par la baryte en partant du sulfate de baryte, par E. Manoury et G. Dugotter (France). — (Br. 560166, demandé le 21 mars 1922, délivré le 2 juillet 1923.)

Objet du brevet. — Procédé de revivification de la baryte d'une façon continue et économique, réalisé par une méthode de traitement des solutions barytiques par des tourteaux de sulfate de baryte et d'oxyde de zinc pour les débarrasser du soufre et emploi au désucrage des mélasses des solutions ainsi épurées.

Produit alimentaire nouveau à base de noix de coco, par Mme Vve B. Hiltenbrand, née O. Memberle (France). — (Br. 557566, demandé le 12 octobre 1922, délivré le 8 mai 1923.)

Objet du brevet. — Produit obtenu en ajoutant 2 kilogs de noix de coco rapé à une dissolution de 4 kilogs de sucre dans 1 l. 1/2 de blanc d'œufs. La pâte est mise sous forme de galettes qui sont cuites 20 minutes à 180-200°.

Procédé de préparation de nouveaux produits alimentaires à base de lait et produits obtenus par ce procédé, par R. Harilos (France). — (Br. 556927, demandé le 18 janvier 1922, délivré le 24 avril 1923.)

Objet du brevet. — Le lait non écrémé et sucré est épaissi à 100° au bain-marie puis mis en boîtes et cuit à 200° après addition ou non de cacao, vanille, riz, fruits, etc ; avec suffisamment de cacao on obtient une véritable crème au chocolat.

Lait de soja désodorisé et son procédé de fabrication, par M. Bertrand (France). — (Br. 562864, demandé le 24 avril 1922, délivré le 17 septembre 1923.)

Objet du brevet. — Le lait de soja a une odeur désagréable. Pour la faire disparaître les graines sont mises à tremper à l'eau, décortiquées et broyées à l'eau. On filtre ; la solution filtrée est pasteurisée deux fois et on soumet le liquide à un entraînement à la vapeur d'eau dans le vide. Le liquide résiduel constitue le lait de soja.

RÉSINES, CAOUTCHOUC, ESSENCES, VERNIS, COULEURS

Mastic pour empêcher l'adhérence des substances mucilagineuses aux parois des appareils servant à leur préparation, par J. Kobseff (France). — (Br. 562718, demandé le 26 février 1923, délivré le 13 septembre 1923.)

Objet du brevet. — Mastic composé de graphite, soude et pétrole.

Encres lumineuses pour imprimerie, par F. Sauvage (France). — (Br. 562906, demandé le 6 mai 1923, délivré le 13 septembre 1923.)

Objet du brevet. — On ajoute à une pâte formée d'huile, d'amidon et d'une solution de gomme arabique dans l'eau avec ou sans colorant, des corps phosphorescents ou radioactifs.

Procédé de fabrication de gélatine présentant sur un fond blanc ou de couleur variable des dessins variés en toutes couleurs et produits qui en résultent, par D. Renecon (France). (Br. 562910, demandé le 8 mai 1922, délivré le 17 septembre 1923.)

Objet du brevet. — Enduits de gélatine marbrée ou jaspée que l'on obtient en projetant de fins jets de couleur sur de la gélatine fondue et provoquant des dessins par passage d'un outil denté comme les peignes.

Produit liquide pour rendre imperméables les chaussures en cuir, par E. Holweg (France). — (Br. 562951, demandé le 26 février 1923, délivré le 18 septembre 1923.)
Objet du brevet. — Produit contenant de l'huile de lin, de la magnésie, du sulfate de chaux et de l'alcool.

Procédé de traitement de gommes ou résines, par J. A. Arnaud et J. H. Roulf (France). — (Br. 560981, demandé le 13 janvier 1923, délivré le 24 juillet 1923.)
Objet du brevet. — Procédé consistant à agiter la gomme avec de la chaux ou une autre terre alcaline, filtrer la solution obtenue et précipiter la gomme par un acide.

Procédé perfectionné utilisant des accélérateurs pour la vulcanisation du caoutchouc et matières analogues, par Société dite : The Naugatuck Chemical Compagny (Etats-Unis). — (Br. 562255, demandé le 15 février 1923, délivré le 30 août 1923.)
Objet du brevet. — L'objet en caoutchouc fait avec le latex est trempé et séché alternativement plusieurs fois dans une solution contenant un sel métallique, une amine, du soufre, du sulfure de carbone. La vulcanisation s'effectue à 21°.

GRAISSES, SAVONS, PARFUMS

Procédé de production de sels alcalins d'acides gras supérieurs sous la forme de poudre, plus spécialement de poudre de savon ou de poudre à laver, par Société dite : Kooperative Forbundet Förening U.P.A. (Suède). — (Br. 561576, demandé le 30 janvier 1923, délivré le 10 août 1923.)
Objet du brevet. — Procédé consistant à insuffler dans un récipient, les éléments du savon à l'état pulvérisé pour provoquer la formation du savon qui se dépose à l'état de poudre. Les matières peuvent être ou non additionnées d'eau, de charges, de colorants ou de parfums.

Savon anti cambouis, par Société dite : Société P. Villeminot et Cie (France). — (Br. 555158, demandé le 17 août 1922, délivré le 16 mars 1923.)
Objet du brevet. — Incorporation de sciure de fois blutée à la pâte de savon.

Nouvelle crème pour les soins de la peau, par J. Georget (France). — (Br. 562539, demandé le 21 février 1923, délivré le 17 septembre 1923).
Objet du brevet. — Crème constituée par de l'argile additionnée de talc, oxyde de zinc, eau oxygénée et benjoin délayés dans de l'eau.

Procédé de fabrication d'une graisse alimentaire d'une haute valeur nutritive et d'un goût agréable, par O. Hausamann (Suisse). — (Br. 563035, demandé le 3 mars 1923, délivré le 19 septembre 1923.)
Objet du brevet. — Caractérisé par la fusion des graisses à moins de 40° grâce à l'addition d'huiles et mélange ultérieur avec des corps riches en vitamines tels que foies d'animaux, graisse de rognons, etc.

Fabrication de savon mou industriel au moyen d'huiles sulfonées de provenance animale et moyens pour obtenir le dérivé sulfoné nécessaire, par H. L. Carroll (France). — (Br. 563934, demandé le 3 juillet 1922, délivré le 6 octobre 1923.)
Objet du brevet. — Simple utilisation des produits sulfonés de provenance animale à la fabrication du savon.

Nouveau produit détersif et procédé pour le fabriquer, C. F. Holzwarth (France). — (Br. 566049, demandé le 12 mai 1923, délivré le 15 novembre 1923.)
Objet du brevet. — Produit composé de savons ou de graisses saponifiées et de carbonate de soude ou autre produit alcalin, additionnés d'une grande quantité d'eau juste suffisante pour obtenir leur mélange en bouillie qu'on peut utiliser telle quelle ou sécher et broyer en poudre.

Le Propriétaire-Gérant : Dr G. QUESNEVILLE.

ANGERS — IMPRIMERIE CENTRALE

LE MONITEUR SCIENTIFIQUE QUESNEVILLE

JOURNAL DES SCIENCES PURES ET APPLIQUÉES
TRAVAUX PUBLIÉS A L'ÉTRANGER

COMPTES RENDUS DES ACADÉMIES ET SOCIÉTÉS SAVANTES
SOIXANTE-NEUVIÈME ANNÉE
CINQUIÈME SÉRIE. — TOME XV

Livraison 996   **JUIN**   Année 1925

REVUE DE PHOTOGRAPHIE

DÉVELOPPEMENT DE L'IMAGE LATENTE APRÈS FIXAGE (1). — Quand on traite une plaque impressionnée par l'hyposulfite de sodium, le bromure d'argent altéré par la lumière est dissous. La substance qui forme l'image latente subsiste dans la couche. Le lavage peut altérer cette image, après le fixage, mais en employant une eau alcalinisée, on retarde cette décomposition.

On emploie dans ce cas un développateur physique, tel que le suivant :

Eau.	1.000	1.000
Sulfite de sodium anhydre. . .	180	20
Solution de nitrate d'argent à		
10 0/0.	75	
Paraphénylènediamine.		20
On prend 150 de 1 pr 30 de B		
Le développement est lent.		

FIXAGE. — La durée minimum à adopter pour le fixage d'une feuille d'un papier au bromure 13×18 est, avec une solution d'hyposulfite de sodium à 20 0/0 à 18°, de 15 à 20 secondes. L'addition de bisulfite de sodium, seul ou mélangé d'alun de chrome, double le temps nécessaire au fixage. Lorsqu'on fixe une série d'épreuves dans le même bain la durée du fixage augmente depuis la première jusqu'à la dernière (la vingtième feuille est la limite d'emploi pour 100 c/m³. La durée du fixage est la même avec un bain depuis 7 jusqu'à 20 0/0 d'hyposulfite, mais elle est fortement diminuée quand on élève la concentration entre 20 et 40. La durée est inversement proportionnelle à la température. On peut compter sur un bon fixage en 3 minutes avec un bain contenant une solution à 30 0/0, additionnée de 20 c/m³ de bisulfite de sodium (2).

En ce qui concerne les plaques photographiques, il est recommandé de se servir après le fixage d'une solution neuve si l'on veut ne pas s'exposer à laisser des traces de sel d'argent soluble dans la couche de gélatine.

VIRAGE. — Dans le virage par sulfuration des images argentiques obtenues par développement, on observe parfois une altération des blancs. D'après MM. Lumière et Seyewetz (3), la coloration des blancs est due vraisemblablement à la présence d'un sel d'argent insoluble dans l'eau provenant du fixage et retenu énergiquement par la couche gélatinée des papiers. Ce composé, probablement un hyposulfite double, paraît se former au sein de la gélatine, dès que la teneur du fixateur en bromure d'argent est comprise entre 2,5 et 3 grammes pour 1 litre d'hyposulfite de sodium à 20 0/0.

Cette coloration ne se produit pas si l'on fait usage d'un bain neuf ou n'ayant pas fixé plus de 6 épreuves 13×18 pour 1 litre de fixateur.

L'intensité de la coloration des blancs varie avec la quantité de sel d'argent retenu par la couche. Elle est très faible et sensiblement la même quel que soit le poids de bro-

---

(1) A. et L. LUMIÈRE et SEYEWETZ, *Bulletin de la Société Française de Photographie*, 1924, p. 169.
(2) *Bull. Soc. Franc. Phot.*, 1924, pp. 31 et 66.
(1) *Bull. Soc. Franc. Phot.*, 1923, pp. 323 et 326.

mure dissous si ce poids ne dépasse pas 30 grammes par litre. On supprime cette coloration quand on soumet l'épreuve, soit à l'action d'une solution neuve, soit à celle d'une solution de sulfite de sodium anhydre à 20 0/0.

Le foie de soufre n'a pas rencontré beaucoup d'emploi par ce qu'il n'est pas exempt d'inconvénients. Son action est lente et le réactif se conserve mal, entre autres. Il n'est pas nécessaire pourtant de laisser l'image en contact avec la solution jusqu'à ce que la modification désirée soit obtenue. Il suffit de l'immerger pendant 5 minutes et de la laver ensuite pour voir se manifester le changement de teinte. On n'est pas obligé de laver l'épreuve au sortir du bain de fixage, la présence d'hyposulfite n'ayant pas d'inconvénient. Il est important de ne pas dépasser la concentration de 10 0/0 faute de quoi les blancs sont toujours teintés et sans possibilité de correction. Les solutions de concentration inférieure à 5 0/0, se dissocient sous l'action de l'eau (1).

VIRAGE AU SELENIUM. — On peut employer avec succès une solution de sélénium dans le sulfite de sodium à 20 0/0. Le mieux est de se servir du bain suivant :

<pre>
Hyposulfite de sodium . . . . . . 325 gr.
Eau de quoi compléter à un litre
Solution de sélénium à 3 0/0 . . . 5 c/m³
</pre>

Le virage est rapide avec les papiers au citrate. Avec 1 litre de solution, on vire 80 épreuves 13×18 (2).

PHOTOGRAPHIE DES COULEURS. RENOVATION DES AUTOCHROMES. — L'hypersensibilisation des plaques au pantochrome-chlorure d'argent permet de les utiliser pourvu que les plaques n'aient pas subi l'influence de l'humidité.

Le traitement consiste à les immerger pendant 5 minutes dans :

<pre>
Eau . . . . 100 c/m³
Acide chromique . . . . 5 gr.
Bromure de potassium . . . . . 10 gr.
</pre>

On lave 5 minutes et passe dans le bain d'hypersensibilisation. La sensibilité augmente avec la quantité de chlorure d'argent. Ainsi avec le pantochrome seul (150 c/m³ de bain contenant 3 c/m³ de solution de pantochrome alcoolique à 1/2.000), on a une sensibilité de 6 contre 1 auparavant. En ajoutant de 0 gr. 02 à 0 gr. 08, on passe de 25 à 40. La dose de sensibilité maximum est obtenue avec 2 c/m³ de solution saturée de chlorure d'argent dans l'ammoniaque (2).

HYPERSENSIBILISATION DES AUTOCHROMES. — Les plaques hypersensibilisées ont une gradation beaucoup plus étendue que la plaque ordinaire. Avec le pantochrome, l'isochromatisme est assez parfait pour permettre l'emploi d'écrans à l'esculine complètement incolores et absorbant seulement l'ultraviolet.

On désensibilise dans l'aurantia avant développement.

Le même auteur recommande dans une dernière publication (4) de composer le bain de sensibilisation avec :

<pre>
Eau . . . . 150 c/m³
Pantochrome à 1/2.000
Nitrate d'argent 1
</pre>

On immerge de 10 à 12 minutes vers 15. On lave la plaque. On sèche ensuite.

Les plaques anciennes soumises au bain d'inversion au bichromate sont très lentes. On peut les améliorer en modifiant ainsi le procédé. On fait l'inversion dans :

<pre>
Eau . . . . 1.000 gr.
Bichromate de potassium 0,2
Acide sulfurique . . . . 3 c/m³
</pre>

Au bout de 2 minutes, on lave pendant 5 minutes.

Pour l'hypersensibilisation, se servir de préférence de la solution :

<pre>
Pinocyanol à 1/2.000 . . . . . 3 c/m³
Nitrate d'argent ammoniacal . . . 1
Eau 150
</pre>

(1) (2) A. L. LUMIÈRE et SEYEWETZ, *Bull. Soc. Franc. Phot.* 1924, p. 79.
(3) NINCK, *Bull. Soc. Franc. Phot.* p. 83.
(4) *loco citado*, p. 165 et 208.

ORTHOCHROMATISME. — Les plaques chroma VR de la Société Lumière sont des plaques chromatiques qui peuvent donner simultanément la région visible des couleurs et l'ultraviolet en faisant usage d'un écran spécial. Avec les écrans jaunes spécialement préparés, on compense l'excès de sensibilité des préparations pour les régions spectrales à courte longueur d'onde. L'action de ces écrans s'arrête nettement à 5.000 et leur absorption est assez uniforme au-dessous de cette valeur.

CINEMATOGRAPHIE. — Le cinématographe est resté pendant longtemps un appareil d'un emploi restreint aux industriels exploitant les projections de films cinématographiques. Il était, par cela même, un instrument très coûteux et assez compliqué.

De divers côtés, on a tenté de créer des appareils d'un format moins encombrant, utilisables, non seulement comme moyen de divertissement, mais comme prise de documents.

Parmi les appareils qui ont vu récemment le jour, nous en citerons deux.

L'un est de fabrication américaine, le Kodascope. Dans cet appareil, les images mesurent 7 m/m sur 10 m/m, alors que le fil normal correspond à 18 × 24 m/m. Cinq images sur ce film correspondent comme longueur à 2 images du film normal. Sur une longueur égale, le film du kodascope représente donc une durée 2,5 fois plus longue de projection. Une bobine de 30 mètres de film correspond comme durée à 75 mètres de film normal.

En France, le Pathé Baby est aussi un appareil cinématographique, mais il est de format plus réduit que le précédent.

Ces appareils présentent dans leur emploi une particularité. Le tirage du positif est un travail supplémentaire, mais en tirant un négatif puis un positif, on garde la possibilité de reproduire le sujet à volonté. On a même créé des machines adaptées au tirage de ces films réduits. Mais on peut faire disparaître l'ennui de ce tirage supplémentaire nécessitant un appareillage spécial en faisant une inversion de l'image.

Les constructeurs de ces appareils ne semblent pas avoir compris l'intérêt qu'il y aurait à vulgariser la méthode d'inversion au lieu de la tenir secrète, ce qui oblige le possesseur de l'appareil à être tributaire de produits coûteux qu'il trouve tout préparés, qu'il pourrait préparer lui-même, et dont le maniement lui est mal enseigné.

Le premier travail consiste à obtenir un bon négatif. Ce négatif aura une répercussion sur le résultat final. Trop développé, il donnera un positif faible alors que développé insuffisamment, il fournira un positif sombre.

Les constructeurs n'ont pas donné au débutant de grands renseignements sur la manière de conduire le développement et c'est un tort.

Voici un mode opératoire qui donne de bons résultats.

L'amateur devra se faire la main avec un développateur de son choix qui de préférence sera plutôt lent (Hydroquinone-métol ou diamidophénol). Le film est enroulé sur un cadre qu'on plonge dans une cuve verticale. Il est difficile de suivre le développement sur une image aussi petite que celle donnée par le film. Elle a environ 1 centimètre de largeur. C'est par une observation du temps de développement qu'on arrivera à un bon résultat.

Une fois développé, le film est passé dans un bain de permanganate acide, comme celui qui sert au développement des autochromes. On continue alors le travail en lumière ordinaire.

Le film est alors lavé et débarrassé de l'excès de réactif. Si l'on craint un dépôt d'oxyde de manganèse sur le film, on passe dans un bain de bisulfite de sodium.

Après un deuxième lavage, on procède à un second développement, qu'on effectue au moyen d'un réducteur. Le film alors est terminé ; il n'y a plus qu'à le laver et à le laisser sécher sur le cadre.

L'ACIDE NITRIQUE ET L'AMMONIAQUE
EXTRAITS DE L'AZOTE ATMOSPHÉRIQUE

par E. KILBURN SCOTT (1)

II

Le tableau suivant montre le taux des frais et le taux du capital que nécessite une installation type avec le procédé à l'arc, non compris l'installation nécessaire à la concentration de l'acide, et sa transformation sous forme de sel.

Parties de l'usine	o/o du Capital	o/o des frais de traitement
Fours.	23	35
Réchauffeurs et Chaudières . .	8	7
Réfrigérents en aluminium . .	2	6,5
Tour oxydante	1,5	2
— d'absorption de l'acide .	35	15
— alcaline.	8	15
Machines soufflantes	4,5	7
Divers.	19	12

Par tonne d'azote fixé, on peut estimer le prix à 140 livres, et comme frais généraux on peut estimer leur valeur à 20 livres par tonne d'azote fournie, sans compter la force électrique. Avec 12 0/0 de charges provenant du capital et s'ajoutant aux dépenses d'exploitation, le prix de revient en acide dilué est d'environ 37 livres par tonne d'azote fixé. Si la production exige 7,3 kw par an, par tonne métrique, d'azote fixé, les frais deviennent sensiblement égaux aux frais divers, et peuvent s'élever à 5 livres par kw-an.

La table suivante donne les frais nécessaires à la production moyenne d'une tonne métrique d'acide nitrique à 96 0/0, produit à Pierrefitte, en France, à l'aide d'une force de 8.000 kw, à arc, donnant un rendement de 11 tonnes par jour, garanti à 100 0/0 d'acide.

Prix de la production de l'acide nitrique à 96 %

	L.	S.	D.
Electricité à 20 s. par kw. annuel	2	—	—
Main-d'œuvre 20 Hs à 1/2 s. par jour.	0	10	
Charges de l'état-major.	0	10	
Prix de la concentration.	2		
Divers	1		
	6	£	

Comparaison des frais. — Tout l'acide nitrique, fait en France, est produit avec le nitrate du Chili, par le vieux et ruineux procédé chimique de Valentiner (2).

M. Mason, expert renommé en Angleterre, a publié certains rapports détaillés, indiquant que l'acide nitrique à 65 0/0 et de densité 1,4, peut s'obtenir au taux de 20 £ la tonne, net de tous frais. Ceci s'entend, tous sous-produits déduits, qui ne sont pas nombreux, n'ayant aucun écoulement, ou se trouvant inutilisables.

Par rapport à cet exposé, M. Hagemann, précédemment Ingénieur en chef de la Norwegian Hydro-Electric Nitrogen Company, publia les frais de fabrication de l'acide nitrique au moyen de l'arc, tel qu'il se trouve utilisé en Norvège. Affirmant la parfaite régularité de production obtenue en Norvège, notamment la production de 540 kgr. d'acide nitrique par kw annuel ou 62 gr. par kw heure, il montra qu'il était possible de faire de l'acide nitrique à 65 0/0, soit 1,4 de densité à raison de 20 £ la tonne, la force électrique se trouvant être de 10 £ le kw annuel. On obtient ces chiffres en déduisant du total, la valeur du nitrite de soude, qui est un sous-produit, se vendant facilement aux usines de matières colorantes.

La table ci-dessous montre le fonctionnement financier d'une usine utilisant 10.000 kw, avec un rendement de 540 kgr d'acide nitrique par kw annuel, produisant 62,50 ton-

---

(1) V. *Moniteur Sientifique*, 993 Liv., mars 1925, p. 43
(2) V. *Moniteur Scientifique*, novembre 1899, p. 837 et avril 1901, p. 238

nes d'acide nitrique à 65 0/0, et 825 tonnes de nitrite de soude à 96 0/0. Le prix de revient est de 20 £ par tonne d'acide nitrique à 65 0/0, qui se présente ainsi :

Prix de revient de l'acide nitrique par le procédé à arc

	Total	Par tonne d'acide nitrique à 65 0/0		
	£	£	s	d
Matériel, soude, etc	10 000	1	12	0
Frais d'administration	30 000	4	16	0
Plus-value, réparation des fourneaux, etc .	8 750	1	8	0
Divers, réserves, huiles, etc.	4 250	—	14	0
	53 000	24	· 10	0
Prix de l'énergie électrique : 10.000 kw à 10 £	100 000	16	0	0
	153 000	24	10	0
A déduire 800 tonnes de nitrite de soude à £ 35	28 000	4	10	0
	125 000	20	10	0

L'installation d'une fabrique de ce genre coûte £ 162.500, ce qui amène le prix de la tonne d'acide nitrique à 65 0/0 à 26 £ ou, ce qui veut dire que la tonne d'azote fixé revient à 150 £.

D'après ce qui précède, on voit que faire l'acide nitrique à raison de 13 £ la tonne, en employant le nitrate du Chili, ou le faire électriquement à raison de 10 £ le kw annuel, à condition que le nitrate de chaux puisse être écoulé, ne coûte pas beaucoup plus cher.

Le prix du nitrate du Chili est déterminé par le Comité des Nitrates du Chili, et si quelquefois il s'est trouvé vendu meilleur marché, il a été fréquemment vendu à un prix de 13 £ la tonne, avantageux pour le nitrate livré aux usines fabriquant l'acide nitrique.

D'un autre côté, le prix de 10£ par kw annuel pour le prix de l'énergie électrique, est très élevé, vu le rapport du Comité des Produits azotés, qui donne, comme évaluation, le chiffre de 3 £ 15 s. par kw annuel en Angleterre, pour les usines employant le charbon comme combustible, pour produire cette force. Si l'on prend la base de 10 £ pour prix de l'énergie électrique moyen correspondant à 10.000 kw, cela représente environ 1/4 de denier le kw heure, chiffre trop élevé en moyenne, son emploi ayant pour inconvénient de masquer les charges d'une grande industrie, et ainsi réduire en proportion les obligations de cet établissement.

Usines et fabrication en Angleterre. — J'ai toujours considéré la fabrication des nitrates au moyen de l'air comme étant une question primordiale, et il existe, dans nos colonies, des forces hydrauliques, aussi économiques que celles de la Norvège. Quelques peuples, également, paraissent n'être capables de raisonner qu'à leur point de vue particulier, et il serait avantageux de réfléchir à ce sujet. Les estimations faites par le département hydro-électrique d'Armstrong, Whitworth and Cᵒ, montre qu'une certaine quantité des eaux écossaises pour être employé au point de vue de la production de l'électricité, au prix de 4 £ par kw annuel. Ce chiffre est plus élevé que celui obtenu en Norvège, mais cela ferait diversion au prix très élevé, actuellement admis.

Le premier avantage serait qu'en le faisant ici, le prix des matières premières, ou les produits reviendraient à meilleur marché. La Rjukan I et la Rjukan II, usines de la Norwegian Hydro-électric Nitrogen Cᵒ se trouvent à 90 milles du port de Skien, et sur les montagnes. Avant que les produits ne soient amenés à pied d'œuvre, ils se trouvent forcés d'utiliser trois systèmes différents de transport, comprenant des bateaux circulant sur les lacs, et il existe une demi-douzaine d'intermédiaires. Lorsque le nitrate d'ammoniaque est produit avec la solution alcaline, envoyée dans ces contrées, les frais de transport sont élevés, pour amener jusqu'en Norvège, cette ammoniaque contenant toute cette eau, contenue dans les réservoirs.

Le montant correspondant au transport et à la manutention, permettrait d'élever le prix auquel se trouve rétribué l'énergie électrique fournie, mais indépendamment de cela, il est nécessaire de continuer l'effort, afin de surmonter ces temps difficiles, afin d'en retirer une source nationale de richesse. Il serait avantageux de capter quelques chutes, un peu trop abandonnées, et d'y installer des usines. De ce moment, en Norvège, les 300.000 kw d'installation, ont distribué leur énergie de tous côtés et ont procuré à de nombreuses usines des avantages considérables, ont fait travailler beaucoup de monde, et ont procuré des bénéfices avantageux ; ceci également a encouragé les sociétés à se lancer dans d'autres affaires, et à employer un personnel plus élevé. La mise au point d'une nouvelle industrie est une des choses la plus importante que l'on puisse faire, et j'ai la plus grande admiration pour ces jeunes ingénieurs, qui ont installé les procédés électriques dans un pays tel que la Norvège.

Compagnie hydroélectrique norvégienne de l'azote. — La table X donne les quantités exportées en tonnes métriques, par cette Compagnie, et l'on peut constater que ce n'est qu'une faible quantité dans l'exportation du nitrate de chaux, mais elle s'est trouvée augmentée en 1922 de presque le double.

L'exportation du nitrate de soude a doublé et ceci est significatif, en l'espace d'une année, alors que le commerce du Chili, en nitrates, s'est efforcé, par tous les moyens, d'obtenir des offres. Le nitrate de soude obtenu par le procédé à l'arc est plus pur, il est vrai, que n'importe quel nitrate, même le mieux raffiné.

La Compagnie Norvégienne, depuis ses débuts, a toujours distribué de bons dividendes, et ces trois dernières années, ils se sont élevés à 15 0/0 pour un capital de 55.000.000 de couronnes, qui, au change actuel, représente environ 3.000.000 de livres sterling. De fortes sommes ont été ainsi réservées pour l'amortissement, et le fond de réserve, et de fait, une grande partie des frais d'installation ont été liquidés.

L'usine d'énergie hydro-électrique est différente de l'usine traitant l'azote, et donne 20 0/0 de dividende.

La Compagnie donne deux millions de couronnes de gratification à l'état-major de l'usine et aux ouvriers, et des fonds considérables sont distribués comme récompense, aux directeurs, managers, et secrétaires, etc.

Une autre consiaération est le confortable des maisons et des églises, 4 millions de couronnes ont été affectés à la construction d'une nouvelle église à Christiania.

Le succès financier et technique de cette Compagnie n'a fait que progresser depuis 17 ans environ qu'elle se fonda, avec une installation de 500 kw, et maintenant elle en utilise environ 300.000, et ne fait aucune propagande pour vendre ses produits.

Puissance électrique. — La plupart des installations ont prospéré, grâce à l'énergie électrique fournie par des chutes d'eau, mais c'est une erreur de considérer la force hydraulique, comme étant la seule nécessaire. Ainsi qu'on l'a constaté, on peut installer des stations électriques à vapeur, de 50.000 kw, ne coûtant que 10 livres par kw, et pouvant être construites en moins d'un an. D'autre part, une usine hydro-électrique, employant une chute, coûte plus de 30 livres le kw, car il faut plusieurs années pour la construire, vu les barrages, les cours d'eau, les conduites, etc., qu'il est nécessaire d'installer. Mais d'autre part, si l'on construit une usine d'énergie électrique, marchant avec la vapeur, elle exige une grande quantité de charbon et d'eau. Une usine hydro-électrique est supposée avoir son eau au prix nul, mais il n'en est pas toujours ainsi, car il peut se produire certaines conditions onéreuses, pour l'écoulement du liquide, ou des compensations à accorder aux pays se trouvant ainsi envahis, etc.

Le tableau suivant indique la différence moyenne existant entre ces deux systèmes :

Dépenses relatives d'une usine à vapeur et d'une usine hydro-électrique

Indication des dépenses 0/0	Usines à vapeur	Usines Hydro-électrique
Amortissement	4 %	4 %
Roulement, dépenses, sauf le charbon	10,6 %	4,8 %
Taxes et Assurances	6,7 %	2,8 %
Dépréciation	10,8 %	11,0 %
Divers : Intérêt de l'argent, etc.	19,0 %	77,4 %
Charbon	48,9 %	—
	100 —	100 —

Ce tableau montre clairement la différence des capitaux nécessaires à ces deux genres d'installation. La construction de la station à vapeur est surtout l'affaire d'une bonne organisation technique, de façon à assurer le minimum de consommation du charbon, pour une puissance déterminée. Le chiffre le plus élevé de dépenses dans une usine à vapeur est représenté par le charbon. D'autre part, dans une usine hydro-électrique, la plus grande partie des dépenses est dans l'intérêt du capital engagé pour la construction des digues, des travaux hydrauliques, etc. Il comprend également une certaine valeur pour la longue période de mise en exploitation, due au temps nécessaire à la construire. En résumé, le principal facteur dans une installation à vapeur est une bonne organisation technique, tandis qu'avec une installation hydraulique, elle se trouve être surtout question financière.

Le coût de la puissance hydroélectrique et sa valeur industrielle, dépendent de la quantité de capitaux qu'on peut lui attribuer.

Puissance des pointes. — Je crois que les super-stations à vapeur, actuellement construites, peuvent donner l'énergie électrique pendant les pointes à des prix qui supportent la comparaison avec les stations hydrauliques, surtout lorsque toutes les facilités de travail ou de transports sur les marchés, sont prises en considération.

On ne peut trop affirmer que le procédé à l'arc, pour la fabrication des nitrates au moyen de l air est d'une application complètement idéale pour l'obtention de rendements maximums. Les fourneaux peuvent travailler isolément ou accouplés, avec de fortes lampes à arc, et donnent presque immédiatement, un bon rendement. La facilité du travail avec les installations à arc à haute tension, a été entièrement démontrée dans les expériences faites à Leguano en Italie, à Seattle, aux Etats-Unis et à Pierrefitte en France.

Vers la fin de la guerre, le Gouvernement des Etats-Unis décida M. Litjenroth, de la Compagnie Du Pont, à construire des usines de ce genre, et s'employa à développer cette affaire, après entente préalable avec les ingénieurs de la Norwegian Hydro-électric Salpetre C°.

A l'usine Rjukan II, en Norvège, existent trois turbo-alternateurs à vapeur de 4.000 kw marchant à l'aide de chaudières chauffées à l'aide des gaz provenant des fours, et il est donc absolument significatif que dans des installations ayant la vapeur d'une manière pour ainsi dire illimitée, on installe des turbines à vapeur pour récupérer une partie de l'énergie et la faire rentrer dans les fours.

On peut ainsi récupérer 10 0/0 de la valeur fournie, et ceci est tout en faveur de l'installation des usines de nitrate, fait avec l'air, et à haute tension.

Nouvelles extensions. — La Norwegian hydro-électric Nitrogen C°, a transformé quelques-unes de ses installations, lui ayant donné pendant quinze années, de bons services, et cette extension est le résultat des recherches affirmées par ses ingénieurs.

La Nitrum Company of Switzerland a fait un pas en avant très appréciable dans la façon qu'elle a obtenu de pouvoir doubler la concentration de l'oxyde d'azote, et de le liquéfier à basse température.

Le Canada s'est déclaré grand partisan du procédé à l'arc. L'American Company qui employait des fourneaux Wiegolofsky à Seattle, pour fabriquer le nitrite de soude, a édifié une usine au lac Buntsen, dans la Colombie britannique et celle-ci marche actuellement sans arrêts avec trente-cinq ouvriers. Cette usine est destinée à prendre une grande extension.

L'Electro-Chemical C° au Canada, va construire une usine à arc, près de la grande station d'énergie électrique du Niagara, en s'alimentant avec l'eau du canal Chippeawa. Elle se trouve contigüe à une grande usine, qui lui donnera une grande partie de l'excédent de sa production, et, ainsi que cela a été convenu, à un prix peu élevé.

De plus, et cela a une grande importance, M. J.-B. Duke et ses associés, sont décidés à agir énergiquement en utilisant la force donnée par la rivière Sagueney, au Canada. Leur principal objectif est de faire des engrais. Lorsqu'elle sera installée, sa puissance sera plus considérable que celle du Niagara.

Dans ce cas, les contrées, quoiqu'ayant une faible population, mais ayant une grande puissance hydraulique, présentent un intérêt considérable, telles par exemple les Républiques de l'Amérique du Sud, ainsi que la Nouvelle Zélande, qui, grâce à M. J. Orchiston, dernièrement Ingénieur-Electricien en chef du Gouvernement, tenta d'utiliser une belle chute d'eau à Milford Sound.

Procédé à explosion. — Le procédé Hauser produit par l'explosion des gaz, dans une bombe, spécialement construite à cet usage, des oxydes d'azote. Les premières expériences nécessitèrent l'emploi d'une bombe de 100 litres de capacité, produisant 10 ignitions par minute, avec le gaz de houille, et donnant un rendement de 9 grammes d'acide nitrique par mètre cube.

Une seconde installation fut établie, en Westphalie, avec une batterie de fours à coke, produisant 5.000 mètres cubes de gaz par 24 heures, ayant un pouvoir calorifique de 3.800 environ. Le gaz exempt de soufre, est comprimé dans la bombe à l'aide d'un compresseur, ayant été préalablement mélangé d'air réchauffé à 300° C dans un cylindre.

Le gaz et l'air sont comprimés à 6 kgs par centimètre carré, puis la bombe est lavée avec de l'air à 0 kg. 75 par centimètre carré.

Chaque bombe donne 45 explosions par minute, et la valve d'échappement s'élève 15 centièmes de secondes après l'explosion. La pression s'élève jusqu'à 25 kgs par centimètre carré. Après l'explosion, les gaz de la combustion se trouvent éliminés, les gaz et l'air ayant leurs valves fermées, puis, la série continue. Les gaz employés sont à moins de 1 0/0 de concentration, et sont traités exactement comme ceux du procédé à l'arc. Ils passent à travers une chaudière tubulaire, afin de fournir de la vapeur par récupération de la chaleur, puis dans des tubes d'aluminium, immergés dans de l'eau, pour abaisser leur température jusqu'à 50° C.

A la suite, se présente une chambre d'oxydation, cinq tours à traitement acide, et deux tours à rognures de fer, dans lesquelles se trouve absorbé le reliquat des oxydes d'azote, au moyen d'une solution alcaline de soude, en vue de la production du nitrate alcalin.

Les gaz contiennent environ 12 grammes d'acide nitrique par mètre cube, qui sont convertis en acide nitrique à 28 0/0, avec perte de 3 grammes d'acide nitrique par mètre cube. La tour alcaline produit une liqueur de nitrate de soude à 24 0/0 contenant un peu de bicarbonate.

Absorption à l'aide de fortes pressions. — Parmi les résultats obtenus dans les expériences faites avec ces installations, l'inventeur en a indiqué, obtenus par l'emploi de bombes de 1.000 litres de capacité chaque. Il absorbe également les gaz à une pression de trois atmosphères, afin de réduire les dimensions des tours. La pression est facilement maintenue dans les bombes, et sous pression, aucun autre procédé de fixation de l'azote n'offre de plus grandes facilités. D'autre part, les tours d'absorption doivent pouvoir résister, et à cette pression, et à l'action corrosive de l'acide : il faut à cet effet, employer dans leur construction des fers au chrome et au nickel.

Dans la communication qu'il fit, M. F. Hauser présenta des tableaux pour démontrer que si l'absorption se fait, à la pression de trois atmosphères, et d'une manière continue, le volume de la tour peut être ramené au 1/5e de celui nécessaire à la pression ordinaire.

Un des avantages du procédé à explosion de Hauser, est qu'il peut être employé pour de faibles installations, même pour une production de 17 tonnes et demie, par 24 heures (compté en acide nitrique à 100 0/0) d'après les bases d'avant-guerre et estimé 75.000 livres. Tout le travail se fait à l'aide de la chaleur régénérée de la combustion du coke des fours à gaz. Il semble même que l'on puisse affirmer que l'on pourra améliorer dans des proportions considérables, et le rendement, et la concentration.

D'après les évaluations d'avant-guerre, le coût de l'opération est d'environ 75 £ par jour, inclus la valeur des gaz estimés à 3 £ 10 s. les 1.000 mètres cubes. Le prix de revient, par tonne, de l'acide nitrique, considéré à 100 0/0, non compris les frais de concentration, s'élève à 4 £ 5 s.

Action de l'hydrogène. — M. T. Twynam de Middlesbrough, a déterminé qu'à la partie supérieure des appareils des grands fours à coke, il se rencontrait une forte proportion d'oxydes d'azote, tandis qu'à la partie supérieure des fourneaux à ventilation, il n'en existait que fort peu.

Comme suite à ces observations, et à ses essais, il indiqua une nouvelle méthode d'extraction des gaz nitrés, de la partie supérieure des appareils en employant du coke dans les fours à gaz.

On sait depuis quelque temps qu'en extrayant l'hydrogène du coke des fours, la puissance calorifique se trouve augmentée d'environ 50 0/0. Le rendement du procédé à explosion peut donc ainsi être augmenté. M. C. J. Goodwin a entrepris l'étude de cette question.

Le Professeur Bone et ses collègues ont étudié l'action de l'hydrogène dans les explosions de gaz, selon une méthode raisonnée avec soin et ont déterminé certains faits très intéressants, qui ont été décrits dans une communication récente présentée à la Royal Society.

En voici un extrait :

« L'azote ne peut plus être considéré comme un gaz inerte dans la combustion, en présence d'oxyde de carbone, car s'il se trouve ajouté comme corps diluant, à un mélange de $2CO + O^2$, entrant en combustion sous les fortes pressions qui ont été utilisées dans nos expériences, il exerce une influence absorbante particulièrement énergique sur le mélange, beaucoup plus considérable que d'autres éléments diatomiques ou que l'argon (3). Il semble qu'il se produit de constitution intermédiaire entre les molécules CO et Az^2 (de même densité), par laquelle l'énergie de vibration (radiation) émise, lorsque brûle ce premier, est telle qu'il peut être immédiatement absorbé par l'autre, les deux agissant ensuite en résonnance. La pression de l'hydrogène dans un mélange de $2CO + O^2 + 4Az^2$ donne par combustion une opposition si forte à « l'énergie d'absorption », indiquée plus haut, en présence d'azote, que, autant que possible, l'hydrogène doit se trouver complètement exclu du mélange, si on désire obtenir une réelle action avec l'azote ».

Machine sans piston de Humphrey. — Le travail produit par l'explosion avec le procédé Hauser, se trouve perdu, et ceci amena M. II. A. Humphrey à rechercher la possibilité d'appliquer le principe de sa pompe à explosion.

Vers 1917, il présenta un projet de dispositif mécanique, sortant des limites qui nous sont accordées dans ces résumés.

Procédé de fabrication de la cyanamide. — Le procédé de fabrication de la cyanamide calcique est dû aux travaux des docteurs Frank et Caro qui développèrent les recherches faites par les professeurs Playfair et Bunsen. Ils essayaient de produire la cyanamide potassique, et par hasard, découvrirent que le carbure de calcium absorbe de l'azote, pour produire de la cyanamide et celle-ci traitée par de la vapeur d'eau, produit de l'ammoniaque.

Dans une note, présentée à la Société, le 15 mai 1912, j'ai indiqué les procédés de fabrication de la cyanamide à Odda, en Norvège, et j'ai donné un croquis des fours électriques, alors employés, servant à transformer le carbure en cyanamide. Depuis ce moment, il s'est construit de nombreuses usines. La plus importante se trouve à Mussels Shoats, dans l'Alabama (U. S. A.), et j'aurais désiré en donner une description entière, telle que l'on puisse se la représenter la visitant, mais ce serait dépasser les limites qui nous sont permises.

En 1917, le département de l'Artillerie, demanda à la Compagnie Américaine de la cyanamide, d'organiser avec l'appui de la Compagnie des nitrates par l'azote, retiré de l'air, autorisée par le Gouvernement, la construction d'une usine pour la fabrication de la cyanamide à Mussels Shoats, susceptible de faire 300 tonnes de nitrate d'ammoniaque par jour. L'installation devait être établie, sur la base de un centième par livre, du nitrate d'ammoniaque, jusqu'au 1er juin 1921.

Westinghouse, Church. Keyr et Cie, élevèrent les constructions, le camp et une cité. La J. G. White Engineering Corporation fut choisie pour établir et construire les fourneaux à carbure et les fours à cyanamide, etc. M. W. Kellog et Cie, fit les canalisations et construisit les cheminées. La station électrique fut installée par la J. G. White corporation, et contient un turbo-générateur à vapeur de Westinghouse de 60.000 kw. En huit mois et huit jours, l'usine fut prête à produire du nitrate d'ammoniaque. Au bout de quatre mois, 12.000 ouvriers furent au travail, et en l'espace de huit mois, une ville toute entière fut édifiée, pouvant abriter 25.000 habitants, avec restaurants, dépôts, services religieux et de police, écoles, service d'incendie, hôpitaux et théâtre.

Les dimensions des principales constructions sont les suivantes, et leur énumération montra leur importance :

Constructions	Dimensions en pieds		
Fourneau à carbure	1 050	90	55
Sole à refroidir le carbure	950	50	40
Moulins à carbure	150	120	57
Fours à cyanamide	520	250	42
Moulins à cyanamide	150	120	57
Air liquide	578	103	46
Hydratation	80	53	51
Chambre des machines	382	103	20
Autoclaves	253	61	67
Tours d'oxydation	600	100	26
— d'absorption	600	100	91
Catalyseurs	212	51	23
Distribution électrique	160	50	43
Neutralisation	152	93	33
Nitrate d'ammoniaque	122	62	37

Fours à carbure. — Cette installation est très importante. Les fours à carbure de calcium sont au nombre de douze, rectangulaires, ayant les dimensions suivantes : 12 pieds de large et 22 pieds de longueur sur 6 pieds de hauteur, construits en acier, recouvert de terre réfractaire.

On se sert de courants triphasés, sous une tension de 130 volts, obtenus à l'aide de transformateurs de 8.325 kw sur 12.000 volts. En opérant normalement avec un courant de 2.000 ampères, le rendement par four est de 50 tonnes par 24 heures. Les électrodes sont formées de charbons de 16 pouces carrés sur 6 pieds, 5 pouces de long. Une partie de l'extrémité arrasée, permet à l'aide d'une tête en cuivre de produire un excellent contact électrique. Ce contact se trouve assuré à l'aide de chevilles spéciales, se reliant trois à trois à une électrode unique. Elles sont recouvertes d'un réseau de fils métalliques, et de plus, d'une couche protectrice d'asbeste et de ciment, ayant été chauffés au four électrique.

Une électrode, toute entière avec sa tête en cuivre, pèse environ 3 tonnes et demie, et le charbon se trouve être usé, à raison de 70 livres par tonne de carbure fabriqué. Trois de ces électrodes sont suspendues sur une armature placée à la partie supérieure du four, et l'immersion de l'extrémité des électrodes, en contact avec la masse en fusion, se trouve constatée électriquement. Les têtes en cuivre sont de 15 à 16 pouces sur 8 pouces de creux, et il y en a 16 en batterie. La partie inférieure de chaque four est composée d'électrodes de graphite de 16 pouces de large sur 48 de longueur, placés sur un lit de graviers et de goudron. Pour mettre le four en action, on place dans le fond une certaine quantité de coke écrasé et c'est sur ce lit que l'on dispose les électrodes.

La charge est composée d'environ 1.000 livres de chaux vive et 600 livres de coke dur concassé.

Pendant les essais, la première coulée ne put se faire qu'au bout de 6 heures, mais ensuite, on put en effectuer une toutes les 45 minutes. Le four est entièrement rempli et la masse se trouve manipulée à la main, soit mécaniquement. Une petite quantité du carbure pulvérisé s'introduisant dans l'ouverture empêcherait la masse de s'écouler.

Installation du broyage. — Une ligne de chemins de fer à locomotive électrique transporte les wagons contenant le carbure chaud, vers l'installation servant à son refroidissement, et comme au contact de l'eau ou de l'humidité, il se formerait de l'acétylène, il est indispensable de préserver le carbure, soit de l'eau, soit de la neige. Les seaux contenant le carbure brut sont retirés des wagonnets, au moyen d'une grue mobile, et mis de côté, afin qu'ils se refroidissent, puis ils passent sur la plate-forme du broyeur.

Trois broyeurs de 36 pouces sur 42, broient le carbure en morceaux d'environ 1 pouce 1/4, qui se rendent ensuite dans le moulin à boulets de Hardinge, pour être moulu, de façon que 80 0/0 passe à travers un crible de 40 fils, et que le restant passe en un 10 fils. Enfin, trois rouleaux pulvérisent le carbure jusqu'à ce que 85 0/0 passent dans un tamis de 200 fils.

La mouture doit entièrement être effectuée dans un gaz inerte, l'azote, que l'on extrait de l'air liquide commercial.

Azote pur. — L'azote pur est fait au moyen de l'air liquide, et comme il est indispensable d'avoir de l'air, non souillé, deux tuyaux de 36 pouces au nord et de 1.600 pieds au midi, se trouvent être installés dans le but d'avoir un produit pur. L'air est envoyé à travers des tours servant à son lavage, de 8 pieds de diamètre sur 30 pieds de hauteur, contenant un serpentin de 6 pouces, permettant l'écoulement d'une solution froide de soude caustique et cela dans toutes les tours.

On fait cette opération, afin d'éliminer surtout l'acide carbonique, qui se trouve dans le mélange à la dose de 0,04 0/0, qui occasionneraient cependant des inconvénients dans les opérations de liquéfaction qui suivent.

La soude caustique séparée du gaz passe à la subdivision qui s'occupe du traitement du gaz ammoniac, ou du carbonate, puis la solution alcaline est à nouveau employée dans le traitement, comme précédemment.

On utilise le procédé Claude, et l'installation consiste en 15 pompes jumelées Duplex, comprimant l'air à 600 livres, en trois périodes successives 30 livres, 140 livres, 600 livres. Il y a 30 colonnes à azote, dont 6 en réserve, de formes ovales et ayant 24 pieds de haut. Chaque colonne a plusieurs divisions en forme de plateaux, horizontaux, superposés à environ 1 pied 1/2 d'écart sur lesquels il passe et s'évapore.

On admet que l'air liquide peut se détendre de 600 livres à 50 livres, et pour ce faire, une petite machine de 5 HP est suffisante. L'air à 50 livres de pression entre dans le rectificateur, et dans ces conditions, il est au-dessous de sa température critique de 140° C.

Environ 1/10 de l'air à 600 livres est reçu au rectificateur, et l'augmentation de pression à 50 livres, le liquéfie.

L'oxygène de l'air liquide commence à distiller vers — 182° C et l'azote à — 195°. L'oxygène a cependant une tendance à rester liquide, même si l'azote passe à l'état de gaz.

Un liquide riche d'environ 50 0/0 d'oxygène se forme dans la partie inférieure de l'appareil, et plus l'on se trouve à la partie supérieure de l'appareil, plus il est riche en azote. Au sommet du rectificateur, le gaz présente une apparence de brouillard, d'azote liquide et pur à 99,9 0/0, s'échappant sous une pression de 10 pouces d'eau.

Chaque colonne à azote produit de l'azote dans la proportion de 500 mètres cubes ou 1.765 pieds cubes à l'heure. L'oxygène passe à travers un transformateur de chaleur et peut être éliminé.

Fours à cyanamide. — Pour fabriquer la cyanamide calcique, on utilise 16 rangées de fours électriques, à raison de 96 par rangée, ce qui fait au total, 1.536 fours, chacun ayant 4 pieds 4 pouces à l'extérieur, 2 pieds 10 pouces intérieur et 5 pieds 4 pouces de haut. Ils sont garnis en feuille, et d'une épaisseur de 9 pouces, de brique réfractaire. Un cylindre en papier carton de 2 pieds 6 pouces de diamètre est placé verticalement à l'extérieur d'un autre cylindre, identique, ayant 3 pouces de diamètre, le tout est introduit dans le four froid et une charge d'environ 1,6 livre de carbure pulvérisé se trouve introduit dans le cylindre. L'espace, de 2 pouces environ, compris entre les parois de brique du four et l'enveloppe, est nécessaire à l'enlèvement de la cyanamide brute. Les deux couvercles sont obturés avec du sable.

L'azote se trouve amenée par une conduite en spirale, rivetée, de 8 pouces et de cette conduite, un tuyau de 1 pouce 1/2 se dirige vers le centre, ainsi qu'à la périphérie, jusque vers la partie inférieure. Chaque conduite est munie d'une valve. Un cylindre de charbon de 7/8 de pouce de diamètre et de 6 pieds 6 pouces de long, est introduit dans le cylindre de papier et il supporte un courant monophasé de 100 volts et de 200 à 250 ampères pendant 20 minutes, puis ensuite 50 volts et 110 à 115 ampères pendant 12 heures.

La réaction dure l'espace de 40 heures.

A une température d'environ 2.000° F, les produits ayant réagi, forment une masse compacte. D'autre part, au moment où l'on introduit le courant, le « papier mâché » des tubes brûle, mais reste encore suffisamment en liaison quoique vers la fin il se dissocie.

La cyanamide brute, très dense, se contracte considérablement, et une fois la réaction terminée, se trouve enlevée avec l'aide de crochets, actionnée par une grue.

Lorsque la masse de cyanamide a passé par la chambre de refroidissement, on la divise en morceaux, que l'on pulvérise à l'aide de machines identiques à celles qui se trouvent employées pour le carbure de calcium. On la pulvérise de manière que 95 0/0 puissent passer à travers un tamis de 200 fils, puis le tout, poudre et concassage, sont placés à nouveau dans une atmosphère d'azote. La cyanamide est manipulée à l'aide d'un transporteur à vis vers un élévateur, qui la déverse dans une trémie, la partageant et la déversant également, dans trois auges d'hydratation, de dimensions chacune, atteignant 36 pieds de long et 3 pieds de large, la partie supérieure étant ouverte, contenant une distribution d'eau à projection rapide, circulaire.

L'eau amenée en quantité correspondante à la proportion de carbure libre se trouvant dans la cyanamide, et indiquée par l'analyse du produit, est projetée de la partie inférieure du cylindre, mais avec l'agitateur en spirale contenu dans la masse, elle se trouve amenée à la partie opposée, l'action se trouvant devenir ainsi plus effective sur toute la masse. L'agitateur tourne à raison de 50 tours par minute et dans toute son étendue, transporte la matière à une vitesse de 50 pieds par seconde. L'acétylène, mis en liberté, s'échappe et abandonne la matière épuisée.

Autoclaves. — Les autoclaves en acier pour la fabrication de l'ammoniaque en partant de la cyanamide, sont au nombre de 56. Chacun se compose d'un réservoir cylindrique en acier de 8 pieds de diamètre, et de 20 pieds de haut, ayant 1 pouce 1/4 d'épaisseur munis d'un agitateur vertical, tournant à raison de 12 tours par minute, durant toute l'opération.

Avant de charger la cyanamide dans l'autoclave, on verse une solution de soude caustique à 2 0/0 jusqu'à une hauteur de 9 pieds, représentant environ 300 livres de cendres alcalines. Quoique la cyanamide contienne 13 0/0 de chaux libre, cette chaux réagit sur les cendres alcalines, produisant un léger excès d'alcalinité qui peut atteindre 3 0/0. La charge de cyanamide est de 8.000 livres, et comme après l'hydratation, il reste environ 2 0/0 qui ne s'est pas transformé, il se fait en partie une perte d'acétylène dans la réaction primitive faite dans l'autoclave.

Quand tout l'acétylène s'est trouvé dégagé, on ferme la valve, puis on fait arriver la vapeur à 150 livres de pression, pendant 20 minutes, jusqu'à ce que l'ammoniaque commence à se former, puis la réaction se poursuit, étant exothermique.

La vapeur est produite par 4 chaudières Hirling de 825 HP.

Lorsque la pression dans l'autoclave atteint 250 livres, on ouvre avec précautions la valve d'ammoniaque, et on maintient cette pression constante pendant 3 heures. Au bout de ce temps, elle diminue. La valve est alors fermée, et la vapeur est admise à nouveau pendant 20 minutes ; de cette façon, la réaction se termine pendant l'espace de 1 h. 1/2 à 200 livres de pression.

La réaction chimique dans l'autoclave est la suivante :

$$Ca\,CAz + 2H^2O = CaCO^3 + 2AzH^3$$

La pression ne doit pas être trop élevée, afin d'éviter une déperdition de l'ammoniaque, à travers les soupapes de sûreté. Les gaz se dégageant des autoclaves contiennent environ 25 0/0 de gaz ammoniac AzH^3 et 75 0/0 de vapeur d'eau.

Après le traitement, il se fait un résidu composé de carbonate de chaux, de soude caustique, et de charbon mis en liberté. Celui-ci se trouve éliminé, à l'aide d'un tuyau de vidange, de 8 pouces, placé à la partie supérieure de l'autoclave, et cela au moyen de la vapeur. Il s'écoule dans la chambre de filtration, ayant 150 pieds sur 160 pieds de superficie, attenante à la construction contenant les autoclaves, où il se trouve traité, afin de récupérer la soude qu'il peut retenir.

Dans la chambre de filtration se trouvent deux séries de filtres rotatifs d'Oliver, à raison de 10 filtres par série. Chaque appareil alimente 5 filtres, dont la surface filtrante supporte un vide de 20 pouces de mercure, produit par trois pompes.

Colonnes à ammoniaque. — Le gaz ammoniac se dégageant des autoclaves, passe à travers des colonnes de 10 pieds de diamètre et de 25 pieds de hauteur, chacune contenant 16 plateaux horizontaux. Les gaz entrent à la partie inférieure, traversant les plateaux par des orifices de 4 pouces de diamètre, recouverts d'une capsule en forme de cloche, barbottent à travers la solution d'ammoniaque restant sur les plateaux, ou s'absorbent dans le liquide s'écoulant sur les parois. Puis ils passent dans des condenseurs divisés en 7 parties, et se communiquant de deux en deux en série. Ceux-ci contiennent une canalisation, dans laquelle circule de l'eau froide, et la vapeur se trouve ainsi condensée.

Les gaz se rendent ensuite dans une canalisation de 28 pouces de diamètre, se terminant par deux réservoirs de 60.000 pieds cubes. L'un d'eux contient un catalyseur destiné à convertir une partie de l'ammoniaque en acide nitrique, tandis que l'autre amène environ 45 0/0 du gaz ammoniac produit à la construction servant à la neutralisation.

Il est admis que l'on opère la fabrication du nitrate d'ammoniaque en transformant la moitié de l'ammoniaque en acide nitrique, et combinant celui-ci avec l'ammoniaque restant.

Catalyseurs de platine. — Le gaz ammoniac provenant du réservoir d'alimentation est mélangé avec de l'air dans la proportion relative de 1 à 9, au moyen de 12 réservoirs de tôle, servant à ce mélange, et ayant 8 pieds de diamètre sur 80 pieds de haut, contenant un serpentin de 6 pouces chaque.

La construction abritant les catalyseurs, en contient 696. Le gaz ammoniac pénètre, par le moyen d'un tube en fer, à revêtement d'aluminium, à la partie supérieure d'un bac rectangulaire de 14 pouces sur 28 pouces et de 5 pieds de haut. A la partie inférieure de l'enveloppe d'aluminium se trouve une toile de platine, maintenue horizontalement. Cette toile est faite de fil de platine de 3/10.000 de pouce de diamètre, à raison de 80 fils au pouce, chacune pesant 4, 6 onces.

Un courant monophasé, au moyen d'un transformateur de 8 kw et 21 volts, et de 375 ampères, chauffe la toile de platine à 750° C. La toile de platine peut être aperçue au travers d'une petite ouverture, ménagée sur les parois de la boîte d'aluminium. L'ammoniaque et l'air passent au travers du catalyseur, constitué par la toile de platine, sont convertis en oxydes nitriques, qui passent à travers une conduite de fer, placé à la partie supérieure du catalyseur, et se dégagent par une conduite d'échappement ou une voûte, faite de briques dures, recouvertes de briques de composition chimique, enduites d'un ciment à l'épreuve de l'acide. Ces voûtes amènent les oxydes d'azote à 24 réfrigérents.

Les premiers sont formés de nombreux tubes horizontaux, et les gaz les traversant se trouvent refroidis de 600° C à 200° C. Ils passent ensuite au travers de tubes d'aluminium ayant 30 pouces et au nombre de 12, chacun consistant en une chambre rectangulaire, divisée en 5 compartiments, par 4 cloisons, n'obturant que d'une façon incomplète cette chambre, de manière à faire parcourir aux gaz un trajet en zig-zag. A la partie supérieure, se trouvent suspendus 140 tubes, de 5 pouces de diamètre et de 7 pieds de long. Dans deux de ces compartiments, ces tubes sont constitués d'une pierre chimique artificielle, et dans les autres de Duriron. Chaque tube est muni d'une soupage d'échappement à la partie supérieure et l'intérieur du tube se trouve alimenté par un courant d'eau froide. Le gaz se trouve ainsi refroidi à la température de 30° C.

Tout l'acide nitrique formé, à cette faible température, est ensuite amené aux tours d'absorption.

Tours d'absorption. — Elles existent au nombre de douze, chacune de 15 pieds carrés, et construites en briques chimiques. Chaque tour est divisée au moyen de deux murs en quatre compartiments égaux et les gaz passent d'un compartiment, par la partie supérieure de la séparation, pour passer par la partie inférieure du compartiment suivant, et enfin par la partie inférieure de la dernière division. Ce gaz est maintenant pratiquement du Az^2O^4 pur, et dans cet état, passe dans les tours d'absorption.

L'installation comporte 12 unités, chaque unité étant formée de deux tours, reliées par série. Le fer servant à la construction de ces tours, est recouvert d'une forte couche de résine, afin de le préserver de toute attaque. Les tours sont construites avec des briques à l'épreuve de l'acide, recouvertes elles-mêmes d'un ciment également à toute épreuve ; elles ont 35 pieds carrés de section et 60 pieds de haut. Chaque tour se trouve divisée intérieurement en quatre compartiments, au moyen de murs construits en briques. La première tour de chaque division est munie jusqu'à mi-hauteur d'un serpentin de 6 pouces, et la partie supérieure est réduite à 4 pouces de diamètre. La seconde tour de chaque rangée est munie, dans toute sa hauteur, d'un serpentin de 3 pouces, mais sur les parois. Ces serpentins ont été fournis par la Chemical Constructions Cᵒ.

Les gaz des tours d'oxydation passent dans la première tour d'absorption de chaque division. Le liquide poursuit sa course à travers les divers compartiments des deux tours de chaque rangée, en sens inverse du trajet poursuivi par les gaz, le liquide de chaque compartiment, recueilli à la partie inférieure, se trouvant refoulé à la partie supérieure du compartiment voisin, dans chaque série. Le liquide se concentre, par suite, progressivement, devient de plus en plus concentré au fur et à mesure qu'il passe d'un compartiment à l'autre, jusqu'à ce qu'il atteigne environ 50 0/0.

Nitrate d'ammoniaque. — Le nitrate d'ammoniaque se fait tout simplement par la combinaison de l'acide nitrique dilué, avec l'ammoniaque, en prenant soin cependant, que la température ne s'élève pas trop.

L'usine ayant été terminée, elle fut mise à l'épreuve, par les membres du département des Ordonnances, pour constater si le produit fabriqué remplissait les conditions requises pour un nitrate à 97 0/0 de pureté, et ne contenant pas plus d'impuretés que les valeurs suivantes :

Humidité.	1 0/0
Acidité.	0.2 0/0
Cyanures métalliques.	0.1 0/0
Thiocianates	0.1 0/0

On constata que le prix de revient moyen était de 5,14 cents par livre, alors que le gouvernement avait payé 17 1/4 cents la livre, cette matière.

Deux autres installations semblables furent établies pendant la guerre à Toledo et à Cincinatti, chacune pour une production de 55.000 tonnes de nitrate d'ammoniaque par an, et au moment de l'armistice, elles ne se trouvaient installées qu'au tiers. Les dépenses totales de ces deux installations se sont élevées sans doute à près de 60 millions de dollars, à ajouter aux 110 millions de dollars nécessités par l'installation de Mussels Shoats.

Le Naval Department décida d'installer une usine d'ammoniaque synthétique au Maryland, et l'on proposa l'établissement de diverses usines à arc, afin d'utiliser l'excédent d'énergie électrique disponible dans différents centres.

On constatera donc ainsi, que, quoique les Américains furent lents à se mettre dans la guerre, ils n'ont pas perdu de temps ensuite, et il faut avouer que le salut étant fonction des explosifs employés, il était de toute urgence d'appliquer ce procédé pour faire l'acide nitrique et le nitrate d'ammoniaque au moyen de l'air.

Avenir du procédé. — Après la guerre, il était intéressant de savoir ce que l'on ferait de l'usine de Mussels Shoats, et il y eut plusieurs enquêtes faites par le gouvernement ; parmi l'une d'elles, je fus nommé expert. Les politiciens prirent position, les démocrates et les intérêts ruraux étant favorables à cette exploitation, pour obtenir des engrais à bon marché, sous un contrôle cependant du gouvernement.

En novembre 1919, M. Kahn présenta un Bill à la Chambre des Représentants à Washington, demandant les moyens d'y parvenir pour l'avenir.

Le préambule du Bill L 3390 est ainsi conçu :

« Un Bill pour conserver dans l'avenir, dans l'intérêt de la défense nationale l'établissement d'une section autonome fédérale destinée au traitement, à la fourniture, et au développement des produits fabriqués au moyen de l'azote atmosphérique, à l'usage militaire, expérimental ou tous autres ; pour faciliter les recherches de laboratoire, ainsi que l'établissement d'usines d'expérience pour le développement de la production de l'azote fixé, ou tous autres ».

En conformation avec ce Bill, la division du département des décrets présenta quelques chiffres sur l'emploi concernant ces différents engrais et j'ai pu constater les chiffres ci-dessous :

Sauf pendant la guerre de 1914 à 1916, la progression n'a fait que s'accroître régulièrement pour le nitrate de soude, qui pouvait être évaluée en 1903 à 250.000 tonnes et en 1913 à 460.000 tonnes ; par le procédé à l'arc la production en 1907 était de 360.000 tonnes, et en 1913 de 490.000 tonnes, par le procédé Haber, en 1913 de 800.000 tonnes, et celle de la cyanamide de 820.000 tonnes environ.

En 1914 et 1915, ces quantités ont diminué, toutes d'environ 20.000 tonnes pour reprendre à partir de 1916, une progression d'autant plus grande, presque continue, atteignant en 1919 1.200.000 tonnes pour la cyanamide, 900.000 tonnes pour le procédé Haber, 550.000 tonnes pour le procédé à arc et 500.000 tonnes pour le nitrate de soude.

Aux Etats-Unis, la progression s'est trouvée également augmentée, mais aussi régulièrement pour ainsi dire, entre les années 1900 à 1917 qu'entre 1917 et 1924.

Il est probable cependant qu'en 1920, les proportions utilisées seront les suivantes :

Azote total   1.650.000 tonnes
Procédé Haber   1.570.000 tonnes
Procédé à l'arc   750.000 tonnes

La proposition de M. Henry Ford semblerait devoir être la plus favorablement accueillie dans les milieux impartiaux des Etats-Unis, et il est par suite intéressant d'en donner les principales caractéristiques. On proposa de dépenser 25 millions de dollars pour terminer les travaux en cours d'exécution, puis affecter 25 millions de dollars à des travaux hydrauliques ultérieurs, et ensuite une dépense de 25.000.000 de dollars pour l'aménagement des rivières. On estime d'autre part, qu'une autre somme de 4 millions de dollars est nécessaire, pour mettre au point l'usine d'ammoniaque synthétique ; 10 millions pour l'usine de cyanamide et 15 millions de dollars pour une usine de phosphates.

Cela fait un total de plus de 100 millions de dollars à ajouter aux 110 millions que cela a coûté jusqu'ici.

L'usine de phosphate préconisée dans le plan Ford est intéressante en ce que l'engrais que l'on fabrique est du phosphate d'ammoniaque.

Critique comparative. — De même que les procédés pour faire l'acide nitrique avec l'azote atmosphérique sont complexes, de même se trouve être celui employé pour faire la cyanamide ; il est long, coûteux, car il est nécessaire de passer par un grand nombre de transformations successives.

Il fut cependant accepté, pendant la guerre, officiellement, par le gouvernement et sans réserve, pour la raison suivante : les chefs d'industrie et les compagnies fabriquant la cyanamide, pouvaient influencer ainsi l'opinion, soit politique, administrative, ou autres.

Avant et pendant la guerre, je montrai quelqu'appréhension concernant le procédé à la cyanamide, et je publiai en 1918 un rapport en Amérique, montrant la différence relative, existant entre ce procédé et le procédé à l'arc. Je constatai que partant du charbon et de la chaux, pour aboutir à l'acide nitrique, le procédé exigeait dix-sept opérations différentes, l'installation d'usines diverses, l'emploi de huit matières premières et huit genres d'hommes entraînés différents. Alors que les usines à arcs ne nécessitent que deux opérations, l'emploi de trois matières différentes, très peu de travail, et de plus ces installations peuvent être édifiées en un temps très restreint.

Aujourd'hui, le procédé à la cyanamide est en ce pays complètement délaissé, la Compagnie ayant fait faillite et ainsi quelques millions d'argent anglais ont été engloutis.

Je m'en suis trouvé fort affecté, car la Compagnie préconisant cette méthode et la défaillance qui s'est produite dernièrement envers la cyanamide ont réagi de façon toute défavorable sur le développement des procédés d'extraction de l'azote de l'air.

Le public, en général, ne peut avoir conscience des différences existant entre les divers procédés, et quels sont les résultats techniques ou financiers, qui ont été ou peuvent être obtenus. Donc c'est avec plaisir que je saisis l'occasion d'exposer des faits.

Puissance nécessaire. — Il a été établi que la quantité de travail nécessaire pour produire une quantité déterminée d'acide nitrique, par le procédé à la cyanamide est moindre que celle qu'exige l'emploi de l'arc électrique. Ceci fut, en fait, un argument, tout prépondérant, pendant la guerre, l'opinion étant qu'il était facile de se rendre compte, et d'apprécier la valeur relative de l'énergie électrique employée dans les fourneaux et les moteurs, et que cela était suffisant.

Mais ceci est absolument inexact, il est impossible d'établir une comparaison, toute différence, aussi petite fut-elle, devant être prise en considération. Dans le procédé à l'arc, l'énergie totale dépensée se mesure facilement et exactement ; ceci est l'avantage de tous les procédés électriques. Mais avec le procédé à la cyanamide, l'énergie employée n'est pas seulement utilisée dans les fourneaux à carbure, les fourneaux à cyanamide, les catalyseurs, les machines soufflantes, les pompes, etc., mais elle nécessite encore l'énergie indispensable à la fabrication de l'air liquide, et les chaudières, produisant la vapeur indispensable aux autoclaves et à divers autres opérations chimiques.

De plus, il faut lui ajouter toute la force indispensable à l'extraction du charbon des houillères, le transport des pierres calcaires, l'énergie pour distiller le charbon et le transformer en coke, son concassage, sa calcination avec la pierre calcaire, ainsi que la fabrication des électrodes. On doit y ajouter la puissance indispensable fournie par les locomotives transportant tous ces matériaux ; en fait cent et une causes qu'il est difficile d'évaluer, mais qui n'en sont pas moins importantes.

De plus amples comparaisons deviendraient complètement inutiles.

Transformation de l'ammoniaque en acide nitrique. — L'ammoniaque peut être convertie en acide nitrique, en la faisant passer, mélangée d'air sur un catalyseur en platine. En employant de l'air, enrichi par de l'oxygène, pour oxyder l'ammoniaque, on peut augmenter le rendement, et de plus, l'oxygène peut être extrait à l'aide du procédé fabriquant l'air liquide. Il faut surtout prendre soin d'utiliser des gaz de la plus grande pureté possible, car un catalyseur de platine se trouve rapidement empoisonné.

La possibilité de convertir l'ammoniaque en oxydes d'azote, puis en acide nitrique, date réellement de la guerre, et nécessaire à ces moments, elle peut trouver son emploi cependant, en temps de paix, et j'ajoute les remarques suivantes :

L'ammoniaque ayant un cours, la convertir en acide nitrique est illusoire, car il se produit inévitablement une perte dans le rendement ; de plus, l'installation permettant cette transformation, exige certains capitaux, d'une assez grande valeur, ne seraient-ce que les catalyseurs qui doivent être en platine.

L'azote, soit sous forme ammoniacale, soit sous sa forme acide nitrique, est toujours sensiblement au même prix, par unité d'azote, donc la transformation d'un état en un autre ne pouvant se vendre qu'environ la même valeur est manifestement absurde. En temps de guerre, c'est autre chose, mais cependant il serait préférable de laisser l'ammoniaque telle qu'elle est, faire suffisamment d'acide nitrique, par voie directe, puis le combiner pour faire le nitrate.

La cyanamide comme engrais. — Le produit obtenu dans les fours à cyanamide est écoulé sous le nom de chaux azotée, et contient environ 60 0/0 de cyanamide, 18 0/0 de chaux vive, 12 0/0 de carbone et 1,5 0/0 de carbure de calcium non transformé. Ce carbure doit, tout d'abord, être hydraté, avant toute transformation, en autoclave, pour obtenir de l'ammoniaque.

Une fois la cyanamide obtenue, on y ajoute une petite quantité d'eau pour hydrater une partie de la chaux, puis on élimine les poussières, par adjonction d'une petite quantité d'huile. L'eau et l'huile doivent être pulvérisées très finement, puis on agite et on malaxe toute la masse, afin d'abaisser la température, comme d'autre part, il faut éviter la formation de dicyanamide qui est toxique pour les plantes, et détruit les bactéries de la nitrification.

La cyanamide se comporte dans les sols de la façon suivante :
    (1) Cyanamide calcique acide ;
    (2) Cyanamide libre ;
    (3) Urée ;
    (4) Ammoniaque.

La cyanamide libre et la dicyanamide, sont toxiques pour certains sols à bactéries nitrifiantes, et la nitrification ne peut se faire qu'autant que les corps délétères ne se trouvent éliminés ou transformés.

L'oxydation normale de l'ammoniaque se trouve retardée, c'est pourquoi il est recommandé d'employer la cyanamide, mélangée d'azote sous forme de nitrate, pour toutes les récoltes qui ne pourraient se développer convenablement avec l'ammoniaque seule.

Lorsque ces conditions se trouvent observées, la cyanamide est un bon engrais pour la culture, mais si les conditions ne sont pas favorables, la cyanamide n'est pas seulement sans valeur, mais elle produit même une action néfaste.

Ammo-Phos et Phosphazote. — La cyanamide est mélangée aux engrais dans la proportion d'environ 50 livres par tonne. Si la dose est plus élevée, elle réagit sur l'acide phosphorique, et le rend insoluble dans le citrate. Le phosphate, tel qu'on le prépare, se trouve généralement sous la forme d'une combinaison bibasique insoluble, qui, traité par l'acide sulfurique, se convertit en une modification soluble.

Elle peut être ajoutée en proportion plus élevée, si le phosphate a préalablement été calciné, et cette calcination peut être effectuée en chauffant le phosphate dans un four avec des nitrates et des carbonates.

Pour protester contre l'objection faite de l'emploi de la cyanamide avec l'acide phosphorique, la American Cyanamid C°, introduisit sur le marché un composé dénommé ammo-phos, obtenu en combinant l'ammoniaque et l'acide phosphorique, ce dernier étant produit à l'aide des phosphates naturels, au moyen de l'acide sulfurique ou en utilisant le fourneau électrique.

L'ammo-phos est une matière grise, granulée, qui ressemble et agit beaucoup mieux que l'acide phosphorique brut. Il contient de 13 à 20 0/0 d'ammoniaque, et de 20 à 47 0/0 d'acide phosphorique utilisable. On peut ainsi obtenir une quantité quelconque d'azote ammoniacal, en présence d'acide phosphorique. Ces composés sont solubles dans 5 à 6 parties d'eau et, pour ainsi dire, entièrement solubles dans les solutions servant à l'analyse pour déterminer sa valeur. Le produit est neutre, ne s'altère pas, et peut être mélangé aux sels potassiques.

Le phosphazote est le nom commercial donné à un engrais, formé de cyanamide et d'un phosphate, surtout en Suisse et en Suède. Il contient son azote sous forme d'urée, et le phosphore est sous la forme soluble dans l'eau, et il s'est préparé à l'aide d'une solution de cyanamide calcique décomposée par l'acide carbonique, puis cette solution est transformée en urée.

La méthode suisse emploie un excès d'acide sulfurique au second état de la transformation, qui sert ensuite d'agent pour décomposer le phosphate de chaux naturel et le transformer en phosphate monocalcique. Le produit obtenu est un corps neutre contenant environ 12 0/0 d'urée et 12 0/0 d'acide phosphorique.

Contrairement à la cyanamide, le phosphazote n'a aucune action sur la peau ou sur les sacs qui le contiennent. Il est aujourd'hui employé pour les vignes. La plus grande usine de carbure de Dalmatie, a une licence pour la fabrication du phosphazote, et cette usine peut le fabriquer très économiquement. Il est fabriqué actuellement en grande partie avec les carbures anglais, le reste étant fourni par une Compagnie suisse qui a une grande installation sur la frontière allemande, sur les bords du Rhin.

Cyanures et nitrites. — Si des alcalis ou des terres alcalines se trouvent chauffés en présence de carbone, au contact de l'air, il se fait des cyanures, et beaucoup de chimistes ont cherché à rendre cette réaction industrielle. Le Professeur Bucker, par exemple, reçut l'aide financier, du Gouvernement des Etats-Unis, pendant la guerre, pour mettre au point une modification dans laquelle il employait un mélange de soude calcinée, de fer en poudre et de coke en poudre, portés à une forte température au contact de l'azote.

Une usine fut construite à Saltville, Va., destinée à produire 10 tonnes de cyanure par jour, mais cependant l'on n'obtint que du cyanure à 5 à 10 0/0 d'azote, les difficultés, d'ordre mécanique ou chimique, paraissant devoir être trop importantes.

Des recherches faites au Laboratoire de recherches de fixage de l'azote, à Washington DC, établirent que l'insuccès était dû en partie à la mauvaise qualité du charbon, ainsi que du fer employé.

Dans ce pays, la Scottish Cyanide C°, essaya de remplacer les dérivés alcalins par la baryte, et l'on trouva que l'action de ces réactifs était toute différente, le carbure s'emparant de l'azote, pour former un mélange de cyanure et de cyanamide, cette dernière surtout, se combinant avec une quantité de carbone pour former un cyanure.

Les réactions avec le baryum donnent un mélange de carbure et de cyanamide, et enfin du cyanure de baryum selon les équations ci-dessous.

$$BaO + C = Ba + CO$$
$$Ba + 2C = BaC^2$$
$$BaC^2 + Az^2 = Ba\,CAz^2 + C$$
$$BaCAz^2 + C = Ba\,(CAz)^2$$

et la décomposition du cyanure de baryum par la vapeur à 400° C donne de l'ammoniaque ainsi que suit :

$$Ba\,(CAz)^2 + 4H^2O = 2AzH^3 + Ba\,(OH)^2 + 2CO$$

Plus récemment, M. Kenneth, M. Chance. ont travaillé cette question et et au meeting général de la British Cyanides C⁰ Ltd, en juillet dernier, il accusa les résultats suivants :

Cette compagnie produit la fixation de l'azote, en deux phases :

La première, étant l'azote de l'air, la matière première se trouve en quantité illimitée, et sert à la fabrication du cyanogène.

La seconde est de pouvoir fixer l'azote atmosphérique, à un prix de revient assez faible, pour pouvoir la transformer en ammoniaque, et à un prix suffisamment rémunérateur pour qu'elle puisse être opposée à sous autres procédés de fabrication de l'ammoniaque.

Aidé, soutenu, le General Staff Comittee. a donné, avec l'approbation du ministère des instructions destinées à édifier une usine pour la fabrication du cyanogène au moyen de l'azote de l'air.

C'est un succès pour la question des cyanures. Jusqu'à présent, son emploi avait surtout été réservé à l'hydro-métallurgie de l'or et de l'argent métalliques, avec de légères tentatives dans la cémentation, et le platinage électrique, mais de plus l'acide cyanhydrique est entré dans les usages maintenant, même pour la fumigation des arbres à fruits, et il en existe encore beaucoup d'autres.

Azoture d'aluminium. — Certains métaux ont une affinité toute particulière pour l'azote et arrivent même à former des azotures contenant jusqu'à 50 0/0 d'azote, pouvant être dégagé sous forme d'ammoniaque.

Il existe divers procédés, basés sur cette décomposition, et l'un d'eux, qui attire plus particulièrement l'attention, est celui de Serpek qui utilise la fixation de l'azote de l'air sur l'alumine, permettant ainsi de produire de l'aluminium pur.

Le procédé exige un mélange d'alumine, même impure, telle que la bauxite, du carbone ou du charbon ordinaire, de façon à transformer partiellement l'alumine en carbure, qui réagissant sur l'excès d'alumine, produit de l'aluminium pur, ce dernier se combinant, dès lors, avec l'azote pour obtenir l'azoture.

Par suite de la chaleur de formation de l'oxyde d'aluminium, la réaction de l'alumine et du carbone est fortement endothermique. La température indispensable à la réaction être évaluée à 1800° C, mais l'absorption commence, il est vrai, vers 1100° C.

On peut employer à cet usage, l'azote provenant d'une réaction chimique, contenant une forte proportion d'oxyde de carbone même, mais dans ce cas, il est indispensable d'opérer à des températures beaucoup plus élevées que celles que nécessite l'emploi de l'azote pur.

La réaction peut se trouver représentée par l'équation suivante :

$$Al^2O^3 + 3C + Az^2 = Az^2Al^2 + 3CO$$

L'électricité permet d'atteindre la température de réaction, et la quantité nécessaire s'élève à 12 kw heure par kg d'azote fixé soit 1,42 kw annuel, à raison de 8.500 heures, par tonne d'azote fixé.

Il est nécessaire de faire remarquer que, quoique le procédé Serpek soit un progrès incontestable, la quantité d'azote fixé, dans la fabrication de l'aluminium, n'est que peu considérable. Ainsi par exemple, si nous évaluons la production mondiale de ce métal à 70.000 tonnes métriques, si toute la production était traitée par le procédé Serpek, la quantité de sulfate d'ammoniaque, ainsi obtenue, représenterait la valeur de 170.000 tonnes métriques.

En Grande-Bretagne, la production en sulfate d'ammoniaque, à l'aide du procédé Serpek, ne représente que 5 0/0 de la fabrication totale du sulfate d'ammoniaque, provenant des fours à coke ou du traitement des résidus de la fabrication du gaz.

Ce procédé est cependant intéressant, et méritait trouver place dans ces lectures, mais ainsi que disent les Américains : « Il ne coupera pas davantage de glace ».

(A suivre).

VARIA

Fabrication de l'extrait de garance Pernod
Par **Augustin GARET**, ancien collaborateur de Jules Pernod (1)

La fabrication de l'extrait de garance Pernod était, au début, basée sur la différence de solubilité des matières colorantes de la garance dans l'eau bouillante et dans l'eau froide. cette propriété était connue depuis longtemps, et bien des chercheurs avaient été découragés par les difficultés de cette méthode, car cette solubilité était tellement faible, qu'il fallait des quantités d'eau considérables pour épuiser un poids déterminé de garance. et le procédé paraissait devoir ressortir plutôt de l'art de l'ingénieur chimiste, que de celui du chimiste.

Ce n'est qu'après des essais nombreux que M. Pernod, par sa persévérance, parvint à mettre sur pied un procédé pratique. Il partait de la garancine, qui était déjà de la garance concentrée et débarrassée de beaucoup d'impuretés ; cette garancine était traitée par l'eau bouillante dans des cuves de 4.000 litres garnies d'un faux fond percé de trous, sur lequel était cloué un double filtre en toile, et au-dessus duquel débouchait un tuyau de vapeur, pour porter le liquide à l'ébullition ; au-dessous du faux fond, un robinet permettait de soutirer l'eau bouillante qui, après son refroidissement, était amenée dans de grands bassins en briques et ciment où le précipité de matière colorante se déposait jusqu'au lendemain ; puis l'eau, encore saturée à froid de couleur était décantée par plusieurs robinets placés à différentes hauteurs, et retournait dans les cuves pour dissoudre de la nouvelle couleur.

Il paraissait naturel de récupérer la chaleur de l'eau bouillante sortant des cuves d'extraction en la mettant en contact avec l'eau froide allant charger les cuves par un courant inverse à travers des bacs en cuivre étamé ; mais le précipité se déposait sur des plaques de métal et formait un enduit isolant qui empêchait le refroidissement ; pour obvier à cet inconvénient, les eaux bouillantes étaient amenées d'abord dans de longues conduites en plomb, en pente légère où. circulant en couche mince, à l'air, elles étaient assez refroidies pour que le précipité formé en majeure partie et en suspension dans le liquide ne s'attachât plus aux parois des bacs et permît ainsi le refroidissement complet recherché.

Lorsqu'un bassin avait été rempli et décanté pendant une semaine et que le dépôt paraissait suffisant, il était soutiré par un robinet de fond, après décantation de l'eau claire surnageante et amenée sur un filtre en laine d'où l'eau se séparait du précipité qui était ramassé ensuite avec des palettes en bois, pressé, amené à une richesse colorante déterminée par des essais de teinture et expédié à l'état demi-pâteux dans des fûts en chêne de 60 litres.

Toutes les manipulations citées plus haut, étaient faites au moyen de fortes pompes en bronze.

Ce procédé a donné lieu à une fabrication régulière pendant quelque temps ; mais il était assez coûteux par suite des quantités d'eau qu'il fallait porter à l'ébullition et de la dépense de charbon qui en résultait.

Aussi, après de nombreux essais, fut-il modifié comme suit : les eaux bouillantes étaient amenées directement dans les bassins qui étaient maintenant recouverts et étaient traitées par un lait de chaux qui se combinait avec la matière colorante formant un précipité calcaire se déposant assez rapidement ; l'eau surnageante était décantée et pompée encore très chaude dans les cuves d'extraction, en même temps qu'un mince filet d'acide chlorhydrique la ramenait à l'état neutre tirant sur l'acidité. Le précipité calcaire était ramassé comme dans le procédé précédent, et traité dans une cuve en bois par un excès d'acide chlorhydrique pour mettre en liberté la matière colorante et dissoudre les impuretés calcaires, lavé à fond par décantation et filtration et terminé comme dans le premier cas.

L'économie réalisée était notable, mais le prix de revient était encore assez élevé ; de plus, la neutralisation par un lait de chaux souvent pas très pur et celle de l'eau calcaire par l'acide. étaient très délicates ; déjà à cette époque, vers 1872, l'alizarine artificielle commençait à concurrencer sérieusement la garance ; on ne pouvait songer qu'à améliorer la fabrication de l'extrait Pernod, en se servant de l'organisation actuelle ; d'où le troisième mode de fabrication suivant :

---

(1) *Bulletin de la Société Industrielle de Mulhouse*, janvier 1925, p. 31.

La garancine était traitée dans les mêmes cuves par de l'eau bouillante contenant 10 0/0 de sulfate d'alumine aussi neutre que possible ; cette solution dissolvait beaucoup plus de matière colorante et avec beaucoup moins d'eau ; la garancine était vite épuisée ; au soutirage, cette solution bouillante était additionnée d'une petite quantité d'acide sulfurique pour hâter la précipitation de la matière colorante et refroidie sur les seules conduites en plomb pour être pompée dans les anciennes cuves d'extraction devenues inutiles ; le lendemain, ces eaux étaient filtrées sur de la laine et ramenées dans des cuves en bois pour être traitées par du carbonate de chaux qui neutralisait l'acide sulfurique ajouté pour la précipitation ; elles rentraient alors dans le cycle de la fabrication ; il était indiqué de neutraliser cet acide par de l'alumine ; mais, à cette époque les alumines fournies par les divers fabricants, ne se dissolvaient pas dans des eaux légèrement acides. Le précipité retiré des filtres était traité par de l'acide sulfurique pour bien le débarrasser de l'excès d'alumine, lavé à fond et terminé comme dans les cas précédents.

Cet extrait Pernod, très recherché par les imprimeurs sur étoffes, pour ses nuances spéciales, fut fabriqué pendant quelques années, jusqu'à la disparition de la garance.

Fabrication de la garancine

Dès le matin, la garance était brassée, soigneusement, avec environ 25 fois son poids d'eau, dans des cuves en bois tapissées de filtres en laine, munies de robinets sous le faux fond ; le soir, on soutirait l'eau de macération qui était pompée dans des bassins en maçonnerie, pour être distillée après fermentation. Le lendemain matin, la matière pâteuse qui restait sur les filtres était transportée dans des cuves en bois dans le fond desquels se trouvait un robinet de vidange et un robinet d'amenée de vapeur ; on vidait sur cette pâte de l'acide sulfurique à 50° AB dans la proportion de 50 0/0 du poids primitif de la garance.

Comme après le traitement par l'eau, 100 kg de garance étaient réduits à environ 50 kg, qui retenaient 10 fois leur poids d'eau, ou 500 kg, il en résultait que les 100 kg primitifs étaient traités par 500 kg eau $+$ 50 kg acide à 50°, c'est-à-dire par 550 kg d'acide à 5° AB. Après une ébullition de deux heures, le tout était envoyé dans des bassins garnis de chemises-filtres en laine, et lavé à grande eau jusqu'à neutralité ; la garancine était pressée, séchée et réduite en poudre grossière pour faciliter la filtration lors de l'extraction de la matière colorante. La garancine, après lavage et égouttage, donnait de mauvaises filtrations.

Sous-produits de la fabrication de l'extrait de garance Pernod

Dans une étude rétrospective sur la garance, il n'est peut-être pas sans intérêt de parler des sous-produits retirés de cette matière, peu connus ou même ignorés.

On ne parlera cependant pas de l'alcool de garance, tous les industriels pratiquant l'extraction préalable du sucre contenu dans la poudre de garance. Notons simplement qu'à l'état sec, elle contenait autant de saccharose que la betterave, l'extraction opérée par le lavage à l'eau donnait un jus sucré qu'on mettait en fermentation.

Fabrication d'un engrais

Les eaux résiduaires étaient envoyées dans les canaux près desquels étaient placées toutes les fabriques de garance. Il y avait donc une perte considérable d'acide. Pour récupérer cet acide, M. Pernod recueillait les premières eaux de lavage, très acides et contenant en dissolution beaucoup de matières organiques ; ces eaux étaient évaporées jusqu'à consistance de sirop, consistance encore augmentée par l'addition, à la fin de l'évaporation, de déchets de laine, très solubles dans l'acide bouillant ; on obtenait ainsi une mélasse qui, traitée par du noir animal en poudre, donnait un cirage de première qualité, tellement que le brevet pris par M. Pernod fut de suite acheté par la maison Jacquand de Lyon. Bien plus tard, cette propriété de l'acide sulfurique à 50° de dissoudre à chaud, les matières organiques azotées, chiffons de laine, plumes, déchets de coton, etc., a été la base de la fabrication des engrais dits animalisés, par le mélange de cette dissolution avec des phosphates minéraux.

Récupération de matières colorantes

Postérieurement, les eaux de lavage de la garancine étaient rassemblées dans de grands bassins en briques et ciment où elles étaient neutralisées exactement par un lait de chaux ; le but de cette opération était double ; d'abord reprendre la matière colorante de la garance dissoute par l'eau de lavage de la garancine, qui ne dissolvait que très peu de couleur, mais qui finissait par en emporter une quantité appréciable ; la garancine pour être ramenée à l'état neutre, nécessitant l'emploi de grandes masses d'eaux. De plus, on n'évacuait plus dans le canal, après le dépôt du précipité, que des eaux neutres et relativement pures, ce qui évitait les réclamations incessantes des riverains, surtout pendant les basses eaux de la période estivale. Le précipité calcaire était volumineux, composé surtout de sulfate de chaux, et de ce fait, presque inutilisable ; mais M. Pernod reconnut que l'acide sulfurique pouvait être remplacé en grande partie par l'acide chlorhydrique à 22º ; le dépôt calcaire en était très réduit ; il était traité par l'acide sulfurique en excès, lavé à fond, et séché ; trop peu riche pour être employé seul, ce produit ajouté à un faible pourcentage à de la garancine préparée spécialement pour violet, changeait le violet grisâtre obtenu en un violet bleuâtre, qui faisait rechercher cette garancine spéciale par les teinturiers.

Récupération d'acide oxalique

Dans les eaux acides résultant du traitement du précipité calcaire, M. Pernod trouva une quantité telle d'acide oxalique que l'extraction en était rémunératrice. Ces eaux étaient concentrées et mises à cristallisation ; l'acide oxalique retiré des eaux mères était redissout dans de l'eau bouillante avec du noir minéral décolorant, remis à cristalliser ; séché dans des étuves et emballé dans des tonneaux de 100 kg ; de nombreux tonneaux ont été expédiés soit à des droguistes, soit à des teinturiers-imprimeurs pour des enlevages de couleur.

Récupération d'une gomme

Enfin pour en finir avec ces sous-produits, vers les derniers temps de l'emploi de la garance, les eaux sucrées retirées du lavage de la garance étaient déféquées avec de la chaux filtrées et passées sur des colonnes de noir animal ; le jus décoloré au bout de deux ou trois jours, se prenait en masse tellement épaisse que l'on pouvait retourner un flacon qui en contenait, sans que le liquide coulât ; en battant cette masse épaisse avec de l'alcool à 95º de façon que le mélange marquât de 40 à 50º, il se précipitait une gomme spéciale qui, débarrassée de l'alcool et séchée, fut envoyée à Rouen et à Mulhouse. Elle fut trouvée bien supérieure aux dextrines, gommelines et gommes du Sénégal employées comme épaississants par les imprimeurs ; elle fut l'objet d'un rapport très élogieux à la Société Industrielle de Mulhouse par M. Camille Koechlin. M. Pernod l'avait présentée sous le nom de Gomme de Garance, quoiqu'elle ne fut pas particulière à cette racine : plusieurs jus sucrés peuvent donner lieu à des fermentations de ce genre ; mais celui de garance était éminemment favorable à la culture du ferment visqueux.

Malheureusement les jours de la garance étaient comptés et tous les efforts faits pour maintenir la culture de cette plante devinrent inutiles.

ACADÉMIE DES SCIENCES

Séance du 9 mars. — Globules sanguins et réserve alcaline. Note de A. Desgrez, H. Bierry et L. Lescoeur. — Pour dégager la totalité du gaz carbonique du sérum et du plasma l'addition d'acide est nécessaire. Pour dégager ce même gaz du sang entier un courant d'air suffit. Tout se passe comme si les globules donnaient naissance peu à peu à un acide. La destruction complète des globules arrête le phénomène qui produit l'acidification présumée du milieu. Le phénomène provoqué par la présence des globules n'est que la disparition progressive de la réserve constituée par les carbonates neutres. Ce phénomène ne se confond pas avec la glycolyse.

— Sur une méthode pour apprécier le pouvoir fixateur de l'azote dans les terres. Note de S. Winogradski. — On compose un milieu bactériologique avec de la silice gélatineuse, obtenue par l'application sur une plaque d'une solution d'acide chlorhydrique et de silicate de sodium. On couvre la couche d'une solution contenant: phosphate de potassium, sulfate de magnésium, chlorure de sodium, sulfate de fer, sulfate de manganèse à laquelle on ajoute de la craie et de la mannite. On inocule alors les plaques avec la terre et observe l'aspect des plaques.

— Sur les solutions aqueuses et acétoniques des bromo et iodomercurates de potassium. Note de TOURNEUX et Mlle PERNOT. — Il existerait un complexe renfermant au moins 2 molécules de bromure mercurique pour une de bromure de potassium et un autre complexe contenant au moins 2,5 HgI_2 pour une molécule KI.

— Remarques sur les variations du pouvoir rotatoire de l'acide tartrique en fonction du P$_H$. Note de Fred VLÈS et Edmond VELLINGER. — Le pouvoir rotatoire subit une variation caractéristique entre P$_H$2 et P$_H$5. De 5 à 13 le pouvoir reste constant puis présente une baisse.

— Sur l'entraînement du magnésium par l'oxalate de calcium. Note de LEMARCHAND. — Ce phénomène est réel mais très petit à cause de la faible solubilité de l'oxalate de magnésium. Le dépôt de cet oxalate s'effectue lentement, il peut causer de fortes erreurs.

— Synthèses faites à partir du dérivé sodé et du dérivé magnésien mixte du propine. Note de M. YVON. — En faisant agir le chlorure d'acétyle sur le propine sodé, il se forme de la pentinone Eb. 772 m/m 132°5. D. 0,910. L'hydratation de la pentinone conduit à l'acétylacétone. En ajoutant de la pentinone à un excès d'hydrazine on a le diméthylpyrazol F. 105°.

Le butinol a été obtenu en introduisant dans la solution éthérée, obtenue par action du propine sur le bromure d'éthylmagnésium du trioxyméthylène et laissant reposer. On attaque au bout de 5 à 6 jours, traite par l'acide chlorhydrique glacé et on rectifie la solution éthérée. Le butinol bout à 141-143°.

Le propine bromomagnésien réagissant sur l'éther chlorométhylique donne l'éther oxyde méthylique.

— Sur le chloroazoture de phosphore. Note de H. ROUSSET. — En faisant agir vers 110-115° du chloazoture $(PNCl_2)_3$. sur le bromure de phénylmagnésium dissous dans le toluène on obtient une masse blanchâtre. De la solution toluénique on extrait PN $(C^6H^5)_2$. L'auteur continue l'étude de la masse blanche insoluble dans le toluène.

— Sur les deux diméthyl-1-3-cyclohexanones-4 et les diméthylcyclohexanols correspondants. Note de Marcel GODCHOT et Pierre BEDOS. — Il existe quatre diméthyl-1-3-cyclohexanols.

Séance du 16 mars. — Préparation des cyclohexanols par déshydratation catalytique des cyclohexanediols. Note de J. B. SENDERENS. — La déshydratation s'effectue à l'aide d'acide sulfurique hydraté. La quinite a donné suivant le dispositif employé soit les deux cyclohexadiènes soit un cyclohexénol. Avec la résorcite on a obtenu les résultats prévus par la théorie: deux cyclohexanols. Il se forme aussi en insistant sur la réaction un peu de cyclohexadiènes.

— Relation entre la structure des monoacides non saturés et leur oxydation sulfochromique comparée. Note de Louis Jacques SIMON. — Pour tous les corps examinés la méthode de détermination du carbone par l'oxydation au bichromate d'argent s'applique avec une approximation suffisante et la méthode d'oxydation chromique comparée conduit à des conclusions conformes à la structure.

— Sur un complexe glucosidique de l'écorce de tige de nerprun purgatif (Rhamnus cathartica L). Note de M. BRIDEL et C. CHARAUX. — L'écorce sèche est épuisée par l'alcool. On en retire un complexe dissociable par l'eau en plusieurs glucosides dont l'hydrolyse élémentaire a donné du primévérose et des composés oxyméthylanthraquinoniques. Un de ces glucosides le *Rhamnicoside* a pu être isolé. Dans la partie soluble dans l'eau se trouve un glucoside de l'émodine et un composé oxyméthylanthraquinonique différent de l'émodine.

Séance du 23 mars. — Dicétones et cétones mixtes dérivées de l'α-mononitrile camphorique et du cyanocampholate de méthyle. Note de A. HALLER et F. SALMON-LEFAGNEUR. — À du bromure de phényl-magnésium on ajoute de l'éther méthylique d'acide α-nitrile camphorique. On termine la réaction en chauffant et on décompose par l'eau glacée. Il se forme entre les deux couches éther et eau un corps blanc F. 212° qui est formé de bromhydrate de la cétimine. Traité par l'alcool bouillant légèrement chlorhydrique il donne le dibenzoyl-1-3-triméthyl-1-2-2-cyclopentane. Le chlorhydrate d'hydroxylamine le transforme, en présence d'acétate de sodium et en milieu hydro-alcoolique en monoxime F. 199-200°.

De la solution éthérée on a retiré du benzoyl-1-triméthyl-1-2-2-carbonylamine-3-cyclopentane α = 44°,51'.

La potasse alcoolique ou l'acide chlorhydrique le transforme en acide F. 169°

En faisant agir le bromure de diphénylmagnésium sur le cyanocampholate de méthyle on arrive au benzoyl-1-triméthyl-1-2-2-phénacyl-3-cyclopentane α = 43°35' ou au benzoyl-1-triméthyl-1-2-2-éthylnitrile-3-cyclopentane, suivant qu'on opère avec 2 ou 4 molécules de bromure organomagnésien sur 1 molécule de dérivé cyané.

— Sur le dosage du carbone dans les substances organiques. Note de A. DESGREZ et R. VIVARIO. — On oxyde par le mélange sulfochromique et on retient les dérivés volatils du chlore éventuels par le ferrocyanure et le borax.

— Action de l'ammoniac sur la cyanamide. Note de A. COUDER. — Il se forme de la dicyanamide.

— Etude spectrophotographique de la formation des complexes en solution et de leur stabilité. Note de P. JOB. — La limite d'absorption se déplace en fonction de la concentration du complexe.

— Sur la réduction des oxydes métalliques par les cyanures alcalins. Note de L. HACKSPILL et R. GRANDADAM. — Les oxydes de baryum et strontium sont réduits alors que l'alumine, la chaux et l'oxyde de manganèse ne le sont pas. On opérait dans le vide.

— La décomposition de l'eau oxygénée en présence d'hydroxyde nickeleux. Note de Mlle Suzanne VEIL. — Au sein de l'eau oxygénée l'hydrate nickeleux devient de moins en moins magnétique en même temps que sa couleur s'affaiblit. Il se passe une autre réaction car le catalyseur ne reste pas semblable à lui-même.

— Contribution à l'étude des aciers étirés à froid. Note de M. DELBART. — Il y a lieu de distinguer dans l'industrie de l'étirage à froid deux températures différentes de réchauffement: un recuit intermédiaire coalescent au voisinage de 700° qui fait disparaître l'écrouissage et un recuit final qui transforme la plus grande partie de la perlite à l'état sorbitique.

— Sur une nouvelle méthode d'extraction des alcaloïdes ou de divers composés organiques contenus dans les organes. Note de René FABRE. — On délaye les organes dans l'eau distillée et on les soumet à l'action de la pancréatine. Certains produits (strychnine, narcotine, véronal, sulfonal), supportent cette action diastasique ainsi que des composés plus fragiles (atropine, cocaïne, morphine).

— Sur la présence de deux alcaloïdes dans l'Aconitum Anthora I. Note de A. GORIS et H. MÉTIN. — La plante contient environ 2 0/0 d'alcaloïdes (2/3 d'anthorine et 1/3 de pseudo-anthorine).

— Quelques données sur la nature du principe antiscorbutique dit Vitamine C. Note de N. BEZSSONOFF. — A partir du jus de chou on obtient une substance cristallisant en aiguilles dans l'alcool et l'acétone. Ce produit préserve les cobayes du scorbut. C'est un hydrocarbone donnant un dérivé aux réactions de l'ortho-diphénol.

Séance du 30 mars. — Autooxydation et action antioxygène. La propriété catalytique est localisée dans la partie oxydable de la molécule. Note de Ch. MOUREU, Ch. DUFRAISSE et P. LOTTE. — Si on observe un pouvoir catalytique intense positif aussi bien que négatif chez un corps renfermant le groupement

R-S-R¹ où R et R¹ représentent des restes alcoylés ou arylés on voit que le pouvoir sera considérablement diminué par l'oxydation de ce soufre en sulfone. C'est donc bien sur ce soufre qu'est basée la propriété catalytique.

— Hémoclase digestive et variations provoquées du tonus neuro-végétatif. Note de F. WIDAL, P. ABRAMI, DIACONESCU et GRUBER.

— Vitesses de cristallisation du gypse et obtention d'un plâtre à haute résistance. Note de L. CHASSEVENT. — La vitesse de cristallisation des solutions sursaturées de sulfate de chaux devient sensiblement nulle au-dessus de 60°. On peut tenir compte de ce fait pour le pressage du plâtre avec une quantité d'eau inférieure à celle ordinairement employée dans le gachage. On obtient un plâtre à haute résistance.

— Comparaison des aptitudes migratives de l'hydrogène et de quelques radicaux de la série acyclique. Note de Mlle LÉVY et Roger LAGRAVE. — Dans l'isomérisation des oxydes d'éthylène dérivés des carbures éthyléniques de la forme $(C^6H^5)^2$ C: CHR la migration de l'hydrogène l'emporte sur celle des radicaux méthyle et éthyle.

— Réduction des dérivés nitrés par l'hydrure de calcium. Note de J. F. DURAND et Sherrill HOUGHTON. — Le nitrométhane dissous dans l'éther anhydre et froid donne avec l'hydrure de calcium un dégagement d'hydrogène et le nitrométhane passe à l'état de sel de calcium. Le nitrobenzène dans la ligroine donne par addition d'hydrure du nitrosobenzène, puis à chaud, de l'azoxybenzène.

— Le rhamnicoside, glucoside nouveau générateur du vert de Chine, retiré de l'écorce de tige du Nerprun purgatif. Note de M. BRIDEL et C. CHARAUX. — Séché à l'air il correspond à $C^{26}H^{30}O^{15}$, $4H^2O$. L'hydrolyse sulfurique le dédouble en glucose, xylose et rhamnicogénol.

SOCIÉTÉ INDUSTRIELLE DE MULHOUSE

Amélioration aux procédés de teinture et impression du bleu nitroso

Pli cacheté n° 1910, déposé le 21 juin 1909
Par **M. Marius RICHARD**
Séance du 26 novembre 1924

Lorsqu'à la recette de Meister Lucius du bain de placage du bleu nitroso à la résorcine, l'on ajoute de l'acide gallamique sous la forme de son sel de soude, on forme au vaporisage un peu de bleu gallamine (violet moderne) ; cette addition avive considérablement le fond au bleu nitroso, toujours un peu grisâtre, si l'on se sert de la formule usuelle.

Voici la formule de placage dont je me suis servi :

Pour 100 litres de bain :

2.500 gr. base nitroso (nitrosodiméthylaniline), 4 l. eau froide. glace, 1320 HCl.

960 gr. acide oxalique en solution, 3.200 résorcine en solution. 2.500 gr. tannin 50 0/0 dilué.

800 gr. acide gallamique, 8 l. eau bouillante, 500 gr. soude caustique à 40°.

600 gr. phosphate de soude en solution.

Les solutions doivent être froides, l'acide gallamique et le phosphate doivent être ajoutés peu à peu en remuant constamment.

Ces couleurs d'enluminage sont celles qui servent à réserver le noir d'aniline.

La même amélioration est applicable à la couleur d'impression directe, elle est loin pourtant d'avoir l'importance de la première, qui permet d'exécuter d'une manière parfaite l'article bleu enluminé, avec les mêmes couleurs qui réservent le noir Prud'homme.

L'on peut aussi, au lieu de l'acide gallamique, se servir de l'éther méthylgallique ou de l'acide gallique, il se forme, dans ces deux cas, du prune pure et de la gallocyanine simple, au lieu de bleu gallamine.

BIBLIOGRAPHIE

Barême du caoutchoutier et du fabricant de matières plastiques et connexes, par A. Hutin, ingénieur E. P. C. I.

Ce barême établi sur carton bristol permet le calcul rapide et facile des prix de revient au décimètre cube des mélanges les plus complexes, et de transformer sans peine, le prix au kilogr. en un prix au décimètre cube. Cette opération se répète bien des fois par jour soit à l'atelier des mélanges, soit dans les bureaux. Ce barême contient, par ordre alphabétique, une centaine de produits (couleurs, pigments, charges adjuvants et régénérés, avec le nom anglais en regard, les densités, les inverses des densités 1/d et les multiples de ces inverses).

Envoi postal contre remboursement franco domicile : **2 fr. 50**, contre demande adressée à l'auteur : Villa Vaudet, 110, rue de La Jarry, Vincennes (Seine). Tél. 294, Vincennes.

Les Actualités de Chimie contemporaine, 3e série, publiées sous la direction de A. Haller; Membre de l'Institut, Professeur à la Faculté des Sciences de Paris, 1 vol. in-16 de 326 pages, avec figures dans le texte.. **12 fr.**

Ce volume renferme : 1º La théorie de l'affinité variable et ses applications en Chimie organique par M. Orékoff ; 2º une Conférence intitulée « Diamagnétisme et constitution chimique », renfermant les expériences et les vues personnelles de M. P. Pascal sur la question ; 3º un exposé critique sur la signification des constantes dans les propriétés additives par M. Frédéric Swarts ; 4º une mise au point de la Chimie de l'Indène par M. Ch. Courtot : 5º une dissertation sur l'état actuel de la Chimie des essences de térébenthine par M. G. Dupont ; 6º un résumé des recherches de M. Locquin sur les dialcoyléthinyl-carbinols et des composés qui en dérivent.

Manuel théorique et pratique d'analyse volumétrique, deuxième édition, revue et augmentée par Louis Duparc, Professeur de minéralogie et de chimie analytique et directeur des laboratoires d'analyse minérale de l'Université de Genève et Paul Wenger, professeur extraordinaire à l'Université de Genève, chef de travaux aux laboratoires de chimie analytique. — Un volume in-8 raisin de la *Bibliothèque Scientifique*......... **18 fr.**

Payot, 106, Boulevard Saint-Germain. Paris.

Cet ouvrage a pour but l'enseignement pratique de la volumétrie. Mais, spécialement destiné à *l'usage des étudiants,* il a été conçu d'une manière assez complète pour fournir aux *chimistes professionnels* toutes les données dont ils pourraient avoir besoin dans la *pratique journalière du laboratoire.*

Ce livre contient des séries de procédés de dosages usuels dans différentes branches de l'industrie.

Cette seconde édition présente de notables modifications importantes. La théorie de la dissociation électrolytique a été introduite dans l'étude des réactions. Les points de vue les plus modernes concernant la théorie des indicateurs ont été exposés.

Un certain nombre de méthodes nouvelles ont été introduites, dont la connaissance est actuellement indispensable.

Colles et mastics; d'après les procédés les plus récents, par J. Fritsch, ingénieur-chimiste. — 1 vol. in-16 broché, 342 pages..... **16 fr. 50**. — Franco par la poste......... **17 fr.**

Girardot et Cie Éditeurs, 27, Quai des Grands-Augustins, Paris (6e)

Indépendamment des nombreuses formules d'adhésifs, qui sont l'objet d'un choix judicieux, rédigées avec clarté et précision. l'ouvrage contient des renseignements théoriques et des renseignements pratiques, dont doit s'inspirer le lecteur pour la réussite de ses opérations.

Les formules contenues dans ce volume, s'adressent non seulement à l'industrie domestique, mais encore à la petite et à la grande industre : industries du papier, des tissus, du bois, de la pierre, du fer, du bâtiment, etc. A signaler notamment nombre de procédés et de formules de colles pour le travail du bois (placages, ailes d'aéroplanes, etc.), de mastics à base d'oxydes métalliques et de mastics infusibles. L'ouvrage se termine par une table alphabétique très complète (14 pages), qui permet de trouver instantanément le mot cherché.

BREVETS PRIS A WASHINGTON
Analysés par M. **Ed. Jandrier**
(D'après *Chemical abstracts*)

ÉLECTROCHIMIE

Etain électrolytique, par C. P. LINVILLE. — (Br. am. 1487111. — 18 mars 1924.)
Pour l'obtention de zinc exempt de plomb on se sert d'un électrolyte formé d'une solution d'étain dans l'acide hydrofluosilicique renfermant assez d'acide sulfurique pour réagir sur le plomb qui pourrait être présent et aussi sur du sel marin pour former de l'acide chlorhydrique.

Raffinage électrolytique de l'étain, par J. R. STACK. — (Br. am. 1487124. — 18 mars 1924.)
On emploie un électrolyte formé d'une solution d'étain dans des acides sulfoniques, d'acide crésylique et sulfurique qui transforme le plomb dans l'anode en composé insoluble.

Raffinage électrolytique de l'étain, par J. R. STACK. — (Br. am. 1487125. — 18 mars 1924.)
L'étain impur sert d'anode dans un électrolyte dans lequel l'étain et le bismuth sont solubles tandis que les impuretés telles que Au, Ag, Pb, Cu, As, Sb sont précipitées ou se déposent sous forme de boue.

Raffinage électrolytique de l'étain, par H. H. ALEXANDER. — (Br. am. 1487136. — 18 mars 1924.)
Comme dans le brevet n° 1487111 on se sert d'un électrolyte formé d'acide hydrofluosilicique additionné d'acide sulfurique en quantité plus que suffisante pour se combiner au plomb présent.

Thorium par électrolyse, par MARDEN, CONLEY, ET THOMAS. — (Br. am. 1487174. — 18 mars 1924.)
On obtient du thorium pur ou allié en dissolvant dans de l'acide fluoborique de l'hydroxyde de thorium avec de l hydroxyde ou du carbonate de plomb et électrolysant la solution.

Oxydations électrolytiques, par G. PLANSON. — (Br. am. 1485706. — 4 mars 1924.)
On se sert d'une cellule dans laquelle la surface anodique est beaucoup plus petite que la surface cathodique et peut être portée à une haute température.

Production de chromate et bichromate par électrolyse, par JOUVE et HELBRONNER. — (Br. am. 1492636. — 6 mai 1924.)
On électrolyse une solution de carbonate de soude avec une anode contenant du chrome

PÉTROLE, etc.

Paraffine et huile de graissage, par E. ERDMANN. — (Br. am. 1443983. — 6 février 1923.)
On traite par l'acétone des goudrons bitumeux (goudrons de lignites) et la solution est séparée de la paraffine qui se précipite. On dissout cette paraffine dans des huiles de goudron ou autres solvants neutre et on traite par l'acide sulfurique concentré. On sépare les résines acides et l'acide sulfurique et on précipite la paraffine au moyen d'acétone. Le résidu distillé à la vapeur d'eau peut servir d'huile de graissage.

Production de gazoline au moyen d'huiles brutes, par E. M. HYATT. — (Br. am. 1445688. — 20 février 1923.)
On traite les huiles combustibles par le chlore à une température un peu inférieure à celle à laquelle se produit le « craking ». L'acide chlorhydrique formé est séparé et l'huile est encore chauffée sous pression pour produire le « craking ». On sépare et recueille les vapeurs que l'on condense et fractionne.

Hydrogénation des carbures non saturés, par H. ROSTIN. — (Br. am. 1451052. — 10 avril 1923.)
On vaporise et traite les vapeurs par l'hydrogène sulfuré à une température de 300° environ en présence de cuivre ou autre métal susceptible de libérer l'hydrogène à cette température.

Alcools secondaires, par C. ELLIS et M. J. COHEN. — (Br. am. 1486646 et 1486647. — 11 mars 1924.)
Oléfines provenant du « cracking » sont dissoutes dans des huiles de paraffine et traitées par l'acide sulfurique ($D = 1,18$) à une température de 30° et en agitant. On laisse déposer l'acide qu'on étend d'eau et on distille pour obtenir des alcools secondaires à 3 et 6 atomes de carbone.

Chlorhydrines, par B. T. BROOKS. — (Br. am. 1498781/2. — 24 juin 1924.)
On fait arriver les gaz provenant du « cracking » dans du pétrole lampant ou autre solvant des chlorhydrines et des oléfines puis on traite la solution sous pression par une solution aqueuse de HOCl.

PRODUITS PHARMACEUTIQUES

Soporifique, par W. STRAUB. — (Br. am. 1488844. — 1er avril 1924.)
On atténue l'amertume des sels de l'acide diéthylbarbiturique par addition de phosphate de soude.

Dérivés solubles de la dihydrooxyarsénaniline, par C. ŒCHSLIN. — (Br. am. 1490020. — 8 avril 1924.)
Sur $(H^2N (HO) — C^6H^3As :)^2$ on fait réagir le méthoxysulfoxylate de sodium en solution alcaline. Le produit peut être précipité par l'alcool sous forme de sel de sodium ou sous forme d'acide libre par addition d'acide chlorhydrique au mélange.

Préparation de vitamine au moyen de levure de bière, par I. F. HAWIS. — (Br. am. 1488815. — 1er avril 1924.)

Hypnotique, par ALTIWEGG et PIVOT. — (Br. am. 1493182. — 6 mai 1924.)
On agite avec de l'ammoniaque l'α-chlorodiéthylacétylchlorure obtenu par l'action du chlore sur le diéthylacétylchlorure, il se forme de la diéthychloracétamide. Lamelles blanches fusibles à 58°.

Ethyl 6,8-diméthyl-2-phénylquinoléïne-4-carboxalate, par M. L. CROSSLEY. — (Br. am. 1501275. — 15 juillet 1924.)
On chauffe à reflux un mélange de 50 parties d'acide 5,8-diméthylquinoléïne-4-carboxylique, 25 parties d'acide sulfurique et 300 parties d'alcool pour former l'éther éthylique. On distille une partie de l'alcool, on ajoute du benzène puis on ajoute ce mélange à de l'eau et on abandonne à froid pour effectuer l'hydrolyse. On élimine les insolubles, on extrait par le benzène et on fait cristalliser du benzène, l'éther éthylique. Ce sont des cristaux blancs fusibles à 91-92° solubles dans l'alcool, l'éther et le benzène et formant des sels avec les acides.

Acide 6,8-diméthyl-2-phénylquinoléïne-4-carboxylique. — (Br. am. 1501274. — 15 juillet 1924.)
Cet acide est obtenu en chauffant un mélange de m-4-xylidine, BzH et d'acide pyruvique dans l'alcool. Ce sont des cristaux jaune pâle fusibles à 231-232°.

Caféïne, par K. H. WIMMER. — (Br. am. 1502222. — 22 juillet 1924.)
On extrait la caféïne du café au moyen de CH^2Cl^2.

Novocaïne, par W. A. VAN WINKLE. — (Br. am. 1501635. — 15 juillet 1924.)
Dans la préparation de la novocaïne, on réduit électrolytiquement le diméthylaminoéthyl p-nitrobenzoate intermédiaire.

PRODUITS ORGANIQUES

Acide nitrobenzoïque, par BEALL et BRADNER. — (Br. am. 1488730. — 1er avril 1924.)
On chauffe du nitrotoluène au-dessus de 120°. et on y introduit de l'acide nitrique d'une concentration comprise entre 20 et 90 0/0.

Alcool isopropylique, par MANN et LEBO. — (Br. am. 1491916. — 29 avril 1924.)
L'alcool isopropylique obtenu au moyen d'hydrocarbures de la série du pétrole est purifié et désodorisé par traitement à l'hypochlorite de chaux et MnO^2, puis distillé.

Citrate de sodium, par W. GLAESER. — (Br. am. 1491390. — 22 avril 1924.)
On dissout dans l'ammoniaque dilué du citrate de chaux puis on ajoute au-dessous de 30° du carbonate de soude qui précipite la chaux et laisse en solution du citrate de sodium que l'on peut séparer par évaporation de la solution.

Formate de β-chloréthyle, par F. VON BICHOWSKY. — (Br. am. 1488571. — 1er avril 1924.)
En faisant réagir HCl sur le diformate glycolique, on obtient $HCO^2CH^2CH^2Cl$, c'est un liquide mobile incolore, difficilement soluble dans l'eau glacée. Il peut servir à préparer la chlorhydrine éthylénique.

Acide anthranilique, par F. H. BEALL. — (Br. am. 1492664. — 6 mai 1924.)
L'acide o-nitrobenzoïque est réduit au moyen d'acide sulfurique et de fer ou d'un métal plus réducteur que l'étain en présence du sel qui se forme par la réaction, sel qui sert à régulariser la température. Dans le brevet suivant on emploie le cuivre et l'acide sulfurique, on précipite ensuite le cuivre au moyen de fer, puis l'acidité de la solution est réduite de façon à précipiter le sel de fer de l'acide anthranilique que l'on fait digérer avec de la soude caustique pour le transformer en sel de soude.

Séparation des acides naphtol sulfoniques, par H. BERLIN et ADLER. — (Br. am. 1494096. — 13 mai 1924.)
La solution chaude renfermant les deux acides sulfoniques qui se forment en chauffant le β-naphtol avec l'acide sulfurique concentré est traitée par K^2SO^4 à 70-90° puis refroidie. Il se précipite le sel de potassium de l'acide 2-naphtol-6-8-disulfonique. La solution

est chauffée à 90°, additionnée de Na^2SO^4, puis refroidie pour précipiter des sels de soude d'acides 2-6-naphtolsulfoniques.

Formate d'aluminium, par R. WOLFENSTEIN. — (Br. am. 1493945. — 13 mai 1924.)

On mélange du formate de soude sec avec du sulfate d'aluminium ou de l'alun, puis on traite par l'eau pour obtenir une solution claire renfermant du formate d'aluminium et du sulfate alcalin.

Alcool absolu, par J. A. STEFFENS. — (Br. am. 1490520. — 15 avril 1924.)

On alimente une colonne à distiller avec de l'alcool hydraté additionné de benzène en quantité telle qu'il y en ait dix fois la quantité d'eau présente dans l'alcool. Au lieu de benzène, on peut aussi employer des hydrocarbures de pétrole ayant à peu près le même point d'ébullition que le benzène.

Ethylcarbazol, par F. W. ATACK. — (Br. am. 1494879. — 20 mai 1924.)

On agite un mélange de K carbazol $EtSO^4$ et C^6H^6 lorsque la réaction est à peu près complète, on distille le benzène et purifie l'éthyl-carbazol par recristallisation de l'alcool.

Naphtothioindoxyles,. par TOBLER, STOCHER, MÜLLER et BUCHER. — Br. am. 1492054. — 29 avril 1924.)

On traite la 1-2-thionaphtoisatine en dissolution dans l'eau additionnée de carbonate de sodium par le monochloracétate de sodium légèrement alcalin, puis par l'acide chlorhydrique qui donne de l'acide naphtalène-1-thioglyoxylique fusible à 171-172°. Cet acide est traité par l'acide sulfurique à 90-94 0/0 jusqu'à élimination de CO. Par addition d'eau il se forme un précipité d'acide naphtalène1-thioglycol-2-carboxylique fusible à 144-145° que l'on transforme en dérivé acétylé qui, traité par la soude caustique, donne le 1-2-naphtothioindoxyle que l'on peut faire recristalliser de l'alcool dilué ou des éthers de pétrole. Un grand nombre de produits similaires ont été obtenus de la même façon.

Influence de la force centrifuge sur certaines réations, par J. F. WAIT. — (Br. am. 1492497. — 29 avril 1924.

On facilite certaines réactions chimiques en faisant passer les substances dans un appareil centrifuge dans lequel on peut régler la température.

On peut par exemple faire passer dans l'appareil chauffé à 190° de l'acide 2-naphtol-7-sulfonique et de l'ammoniaque pour former de l'acide F ou une solution alcoolique de p-nitrochlorobenzène et un excès de NH^3 à une température de 200° pour former de la p-nitraniline, etc.

Chlorhydrines, par IRVINE et HAWORTH. — (Br. am. 1466675. — 3 juin 1924.)

On fait passer du chlore dans une solution aqueuse de chlorure de cuivre, puis on fait passer C^2H^4 et on répète l'opération jusqu'à ce qu'on obtienne une solution relativement concentrée de chlorhydrine.

Mélange pour systèmes réfrigérants, par E. H. THOMPSON. — (Br. am. 1497615. — 10 juin 1924.)

Ces mélanges sont formés d'isobutane 20-10 et propane 20-90 parties.

Hexaméthylènetétramine, par CARTER et COXE. — (Br. am. 1499001. — 24 juin 1924.)

On fait réagir à chaud (à 100° ou plus) l'ammoniac sur le chlorure de méthylène. On recueille NH^3 en excès (plus de 50 0/0) et on sépare $(CH^2)^6N^4$ du chlorure d'ammonium formé au moyen de $CHCl^3$ ou d'un autre solvant. Dans le brevet suivant Carter revendique l'emploi d'un plus grand excès d'ammoniac et le chauffage sous pression.

p-Aminophénol et dérivés, par C. J. THATCHER. — (Br. am. 1501472. — 15 juillet 1924.)

On réduit électrolytiquement le nitrobenzène en liqueur sulfurique à 78 0/0 au plus. On fait cristalliser par refroidissement; les cristaux sont dissous dans l'eau et l'excès d'acide neutralisé. On obtient ainsi un dérivé du p-amidophénol facilement soluble dans l'eau.

m-Aminobenzaldéhyde, par D. W. BISSELL. — (Br. am. 1499761. — 1er juillet 1924.)

On réduit le composé bisulfitique de la m-nitrobenzaldéhyde en solution aqueuse par l'action du fer et de l'acide chlorhydrique en quantité suffisante pour se combiner à environ 1 à 2 0/0 seulement du fer présent.

Acide 2-3-hydroxynaphtoïque, par L. H. CONE. — (Br. am. 1503984. — 5 août 1924).

On chauffe sous pression réduite un mélange de paraffine et d'une solution aqueuse de β-naphtolate de soude. Quand ce dernier est sec on le soumet sous pression et à chaud à l'action de CO^2 pour le transformer en acide 2,3-hydroxynaphtoïque que l'on sépare de la paraffine au moyen d'eau chaude.

Acide nitrotartrique, par A. LACHMAN. — (Br. am. 1506728. — 26 août 1924).

On soumet une solution aqueuse d'acide tartrique à l'action d'un mélange nitrosulfurique, on agite et chauffe pour effectuer la nitration, puis on refroidit pour faire cristalliser l'acide nitrotartrique formé.

Acide o-nitro-o-amidophénol-p-sulfonique, par H. W. HILLYER. — (Br. am. 1504044. — 5 août 1924).

On dissout 100 parties d'acide o-aminophénol-p-sulfonique dans à peu près 300 parties d'acide sulfurique concentré, puis on nitre avec de l'acide nitrique en maintenant la température à 0° ou au-dessous.

Alcool isopropylique, par H. E. BUC. — (Br. am. 1498229. — 17 juin 1924).

On purifie et désodorise cet alcool en le traitant par un hypochlorite en présence de soude caustique, puis distillant.

Acétones au moyen d'alcools secondaires, par A. A. WELLS. — (Br. am. 1497817. — 17 juin 1924).

p-méthylaminophénol sulfate, par E. THEIMER. — (Br. am. 1497252. — 10 juin 1924.)

On chauffe la phénacétine avec de l'acide chlorhydrique et on sépare par distillation l'acide acétique qui se forme. Le chlorhydrate de méthylphénétidine obtenu, est chauffé avec HBr ; il se forme EtBr et HOC^{6}H^{4}NHMe.HBr qu'on traite par le carbonate ou le bicarbonate de soude pour libérer la base que l'on transforme en sulfate.

Esters de p-chloro-m-crésol, par N. SULZBERGER. — (Br. am. 1498641. — (24 juin 1924.)

Le p-chloro-m-crésol traité par l'anhydride acétique et un peu d'acide sulfurique est facilement transformé en ester acétique qui possède une odeur agréable et bout à 241-243°. Il est bon de refroidir pour éviter une réaction trop énergique. Cet ester est insoluble dans l'eau, soluble dans l'alcool, l'éther et l'acide acétique. Il possède des propriétés antiseptiques et désinfectantes. On peut former de même les esters formique, oxalique, propionique, phényl-propionique, cinnamique, etc.

MATIÈRES COLORANTES

Matière colorante renfermant du chrome, par STRAUB et SCHNEIDER. — (Br. am. 1495411. — 25 mars 1924.)

On combine la 1-hydroxynaphtalène-8-sulfamide au diazodérivé de l'o-amidophénol ou un de ses dérivés de substitution. Les matières colorantes formées sont ensuite combinées au chrome ; elles donnent des poudres à reflets métalliques, qui se dissolvent dans l'eau avec des colorations vert-noir passant au violet, violet-noir par addition de soude caustique. Sur laine, elles donnent des teintes bleu-vert ou noir-verdâtre.

Matières colorantes azoïques, par H. WAGNER. — (Br. am. 1493577. — 13 mai 1924.)

Ces matières colorantes sont obtenues en combinant des dérivés diazoïques à la 4-chloro-3-toluide ou 4-bromo-3-toluide de l'acide 3-hydroxy-2-naphtoïque. On donne de nombreux exemples.

Matière colorantes sulfurées, par ZINKE et KLINGER. — (Br. am. 1494400. — 20 mai 1924.)

En chauffant à 200-300° le dihydroxypérylène avec du soufre et du sulfite de sodium, on obtient une matière colorante qui teint le coton en brun-noir.

Teinture de la soie en pièces, par J. SEYER. — (Br. am. 1495614. — 27 mai 1924.)

On teint dans un bain bouillant avec une matière colorante directe puis on fixe à une température élevée au moyen de tanin.

Matière colorante dérivée du décacyclène, par K. DZIEWONSKI. — (Br. am. 1496085. — 3 juin 1924.)

On traite 10 parties de décacyclène par 60 parties d'acide sulfurique additionné de 5 parties d'acide fumant à 20 0/0. Au bout de 6-7 heures, on dissout dans l'eau et précipite par NaCl un sel de sodium qui constitue une matière colorante solide donnant en bain acide des teintes jaunes sur la laine ou la soie.

Matière colorante dérivée du dinaphtylènethiophène, par K. DZIEWOESKI. — (Br. am. 1496084. — 3 juin 1924.)

On traite le dinaphtylènethiophène par l'acide sulfurique et l'acide nitrique pour former une matière colorante rouge-brun.

Matière colorante, par SCHMIDT et HAGENBÖCKER. — (Br. am. 1497231. — 10 juin 1924.)

On condense l'acénaphténone et la benzaldéhyde et on fond le produit avec de la potasse caustique. Le produit de la fusion peut être traité par l'air et l'eau pour précipiter la matière colorante.

Matières colorantes, par HERZ et STEIGER. — (Br. am. 1497720. — 17 juin 1924.)

On traite la β-hydroxynaphtoquinone p-toluide par une solution de soufre dans l'acide sulfurique fumant. Il se forme une poudre bleu-foncée soluble dans l'eau. Elle donne par impression ou teinture sur les fibres mordancées au chrome des teintes vert-bleuâtre très résistantes. On peut traiter de la même façon des produits similaires.

Matières colorantes et désinfectantes, par O. BALLY. — (Br. am. 1494943. — 20 mai 1924.)

En faisant bouillir avec de l'hydroxyde ou du sous-nitrate de bismuth des matières colorantes solubles dans l'eau comme le sel de sodium de l'alizarine monosulfonique, les acides sulfoniques des hydroxyanthraquinones, des hydroxynaphtoquinones ou ceux de la série de la gallocyanine, on obtient des composés solubles dans l'eau pouvant servir de désinfectants ou de matières colorantes.

Matière colorante disazoïque, par A. W. JOYCE. — (Br. am. 1501348. — 15 juillet 1924.)

Cette matière colorante est obtenue au moyen de proportions équimoléculaires de 4,4′-diamino-3,3′-diméthylbenzophénone, de β-naphtol et d'acide de 2-naphtol-3,6 disulfonique. Cette matière colorante donne sur soie et sur laine, en bain acide, de brillantes teintes rouges résistant bien au lavage et à la lumière.

Matière colorante azoïque, par R. ARNOT. — (Br. am. 1500915. — 8 juillet 1924.)

On distille de la colophane avec de la chaux. On nitre le produit obtenu, on le transforme en dérivé aminé qu'on diazote et combine au « sel R », « sel G », ou « acide H ».

Matières colorantes, par T. LOMBARD. — (Br. am. 1503194. — 29 juillet 1924.)

Un quinone-dianilido dérivé obtenu au moyen de benzoquinone chlorée et d'un acide aminosalicylique par condensation en acide sulfurique concentré donne une matière colorante donnant des teintes bleu-violet qui sont intensifiées par introduction d'un groupe nitro dans la matière colorante.

Matière colorante verte, par L. HAAS. — (Br. am. 1501769. — 15 juillet 1924).

On chauffe avec du polysulfure de sodium le diazodérivé du 1,3,4-nitroaminophénol. On maintient une température de 200° jusqu'à ce que le dégagement de H^2S cesse. En bain réducteur cette matière colorante donne des teintes vertes.

1-Hydroxynaphtalène-8-sulfonamide, par F. STRAUB et SCHNEIDER. — (Br. am. 1503172. — 29 juillet 1924.)

On fait réagir pendant longtemps de l'ammoniaque ou du carbonate d'ammoniaque en solution concentrée sur la 1-8-naphtosulfone. Lorsqu'un essai est entièrement soluble dans la soude caustique ou ajoute de l'eau ou un acide dilué pour précipiter la 1-hydroxynaptalène-8-sulfonamide. C'est une poudre presque incolore facilement soluble dans la soude caustique diluée et dans l'ammoniaque concentrée, peu soluble dans l'acétone et les alcools méthylique et éthylique, recristallisé de ces solvants elle fond à 222°.

Matières colorantes azoïques, par ZITSCHAR et LASKA. — (Br. am. 1498417. — 17 juin 1924.)

Ces matières colorantes sont obtenues en combinant les diazodérivés non sulfonés de composés aminoazoïques provenant de dérivés diazoïques ne renfermant pas de groupe auxochromique et un éther aminohydroquinonedialkylique avec des arylides de l'acide 2,3-hydroxynaphtoïque. On donne de nombreux exemples.

Matière colorante disazoïque, par NEELMEYER et HEUSNER. — (Br. am. 1504134. — 5 août 1924).

On combine le diazodérivé du 5-amino-2 acétylamino-1-anisol avec l'acide 1-amino-2-naphtolméthyléther-6-sulfonique. Le produit est rediazoté et combiné à l'acide 1-naphtol-4-sulfonique, on élimine ensuite le groupe acétylique. Le sel de sodium de cette matière colorante est une poudre noire soluble dans l'eau. Elle donne sur coton des teintes bleues. On peut diazoter sur fibres et développer au naptholate de soude.

Matières colorantes trisazoïques bleues, par BAUER et WOODWARD. — (Br. am. 1498316. — 17 juin 1924).

On diazote et combine dans l'ordre suivant 1 molécule d'acide 1-aminobenzène-3-sulfonique, 2 molécules d'acide 1-naphtylamine-6-(ou 7) sulfonique, et 1 molécule d'acide 2,5-aminonaphtol-7-sulfonique ou ses dérivés substitués dans le groupe amino par des radicaux d'hydrocarbures.

Matières colorantes tétrakisazoïques, par LANGE et NEUMANN. — (Br. am. 1496780. — 10 juin 1924),

Cette matière colorante est formée d'acide 2-aminonaphtalène-4,8-disulfonique, d'α-naphtylamine, d'acide 1-naphtylamine-6-sulfonique, d'acide 2-amino-8-hydroxynaphtalène-6-sulfonique et de nitro-m-phénylènediamine reliés ensemble par 4 groupes azoïques.

PRODUITS MINÉRAUX

Oxyde de zirconium, par C. J. KINZIE. — (Br. am. 1494426. — 20 mai 1924.)

Les minerais sont traités par l'acide sulfurique puis par l'eau pour former une solution de sulfate que l'on traite par NaCl afin d'obtenir un sulfate double de zirconium et de sodium duquel on peut précipiter Z_rO^2 qui peut servir de pigment.

Pigment blanc permanent, par A. DWORZAK. — (Br. am. 1494674. — 20 mai 1924.)

On fait réagir à leur température d'ébullition des solutions de sulfate de zinc (D = 1.283)

et de sulfure de baryum (D = 1.151). On sèche à 150° le précipité formé puis on le pulvérise et calcine à 540° environ en l'absence d'air, puis on le lave, sèche et pulvérise.

Purification des solutions de sulfate de zinc, par LAIST et ELTON. — (Br. am. 1496004. — 3 juin 1924.)

On neutralise par ZnO ou des minerais grillés pour précipiter l'oxyde ferrique et se débarrasser de l'arsenic et de l'antimoine, puis on ajoute ZnO pour précipiter le cuivre.

Soufre, par C. MARX. — (Br. am. 1497649. — 10 juin 1924.)

On obtient un soufre purifié et finement divisé en fondant du soufre et de la naphtaline, puis traitant par le toluène et séparant le soufre précipité.

Acide cyanhydrique, par O. LIEBKNECHT. — (Br. am. 1497690. — 17 juin 1924.)

On traite par l'eau un mélange de cyanure de sodium et de sulfate d'alumine. Le mélange s'échauffe et il se dégage de l'acide cyanhydrique par suite de l'instabilité du cyanure d'aluminium formé.

Sulfure d'antimoine, par G. W. MULLEN. — (Br. am. 1498564. — 24 juin 1924.)

Un mélange de bisulfate de soude et d'antimoine métallique est porté à une température de 1000° environ dans une atmosphère réductrice, après refroidissement on concasse la masse et on traite par l'eau et l'oxygène pour produire SbS^5. On ajoute $CaCl^2$ à la solution, on filtre, traite par H^2SO^4 et un courant d'air pour précipiter le sulfure jaune d'antimoine qui entraîne un peu de sulfate de calcium.

Catalyseur pour l'hydrogénation des huiles, par W. B. VAN ARSDEL. — (Br. am. 1496815. — 19 juin 1924.)

On fait un mélange d'hydroxyde de nickel gélatineux et de silicate de soude, on ajoute assez d'acide chlorhydrique pour précipiter la silice sans dissoudre l'hydroxyde de nickel. On calcine puis réduit l'oxyde de nickel par chauffage à 370° en présence d'hydrogène.

Précipitation de sulfures, par N. R. WILSON. — (Br. am. 1502285. — 22 juillet 1924.)

Les sels solubles tels que Na^3SbS^4 sont traités par l'acide sulfurique ou un autre acide susceptible de précipiter un sulfure.

Peroxyde de manganèse, par E. H. WESTLING. — (Br. am. 1502079. — 22 juillet 1924.)

Sur une solution de nitrate de manganèse on fait réagir PbO^2 pour obtenir du nitrate de plomb et MnO^2 hydraté.

Acide phosphorique, par I. HECHENBLEIKNER. — (Br. am. 1497173. — 10 juin 1924.)

On fait passer un courant d'air dans la couche de scories qui se forme en traitant au four électrique un mélange de phosphates, de coke et de sable de façon à oxyder le phosphore et produire P^2O^5.

Séparations des chlorures alcalins, par C. E. DOLBEAR. — (Br. am. 1505078. — 12 août 1924.)

On opère sur le mélange de chlorure de sodium et de potassium, sulfate et carbonate de soude et de borax provenant des eaux de « Searles Lake » au moyen d'ammoniaque, on arrive à effectuer des séparations fractionnées des différents chlorures.

Production de cyanure, par VON BICHOWSKI et HARTHAN. — (Br. am. 1506269. — 26 août 1924.)

On obtient des cyanures alcalins en chauffant avec du carbure de fer et du carbonate de soude des masses renfermant de l'azoture de silicium comme celle qu'on obtient en chauffant des sables titanifères avec du fer et du nickel en présence d'azote et de méthane.

Magnésie, par E. K. JUDD. — (Br. am. 1505202. — 19 août 1924.)

A des saumures magnésiennes comme l'eau de mer, on ajoute de l'eau de chaux pour précipiter Mg $(OH)^2$. Le sulfate de chaux reste en solution.

Arséniate de sodium, par C. P. LINVILLE. — (Br. am. 1505718. — 19 août 1924.)

On grille de l'arséniate de nickel en présence d'air et d'un excès de carbonate de soude, puis on lessive pour obtenir une solution d'arséniate trisodique et un résidu métallique exempt d'arsenic.

Arséniate de calcium, par J. G. LAMB. — (Br. am. 1505648. — 19 août 1924.)

On obtient de l'arséniate de calcium exempt de composés arséniés solubles en ajoutant un lait de chaux à une solution d'arseniate trisodique ou autre arséniate non acide.

Ammoniac synthétique, par S. L. TINGLEY. — (Br. am. 1495655. — 27 mai 1924.)

On fait passer un mélange intime d'azote et d'hydrogène en proportions convenables dans un bain métallique formé de mercure et d'osmium ou de fer sous une pression de moins de 200 atmosphères et une température légèrement inférieure au point d'ébullition du mercure.

Soude caustique, par R. O. JONES. — (Br. am. 1500993. — 8 juillet 1924.)

On caustifie à la chaux aussi complètement que possible une solution renfermant environ 20 0/0 de carbonate de soude, on filtre, on dissout encore 10 0/0 de carbonate, on caustifie. Par refroidissement on obtient une liqueur renfermant avec un peu de carbonate au moins

18 0/0 de soude caustique. Dans le brevet suivant, on propose de réduire la proportion de Na^2CO^3 dans une solution de soude caustique en y ajoutant du $CaCO^3$ qui forme un sel double avec Na^2CO^3.

Dans le brevet 1500995 on revendique le refroidissement en dessous de 0° d'une solution de soude caustique pour effectuer la séparation du carbonate présent.

Carbure de bore, par E. Podszus. — (Br. am. 1501419. — 15 juillet 1924.)
On ajoute du carbone à de l'azoture de bore et on chauffe.

Oxyde titanique, par C. A. Doremus. — (Br. am. 1501587. — 15 juillet 1924.)
On traite par HF l'ilménite ou les minerais de fer et de titane et on sépare de la partie insoluble la solution qu'on traite pour la production d'oxyde titanique.

Purification des solutions cuivriques, par L. F. Clarke. — (Br. am. 1503229. — 29 juillet 1924.)
On précipite de ces solutions les impuretés, telle que fer, arsenic et alumine en les chauffant sous pression à une température de 170° environ.

Production d'ammoniac, par Starmann et Lindenberger. — (Br. am. 1502129. — 22 juillet 1924.)
On fond des résidus d'aluminium sous une couche de sel marin ou autre puis on traite le sel par l'eau, l'azoture d'aluminium qui s'y trouve est décomposé en alumine et ammoniac.

Azote pour ammoniac synthétique, par B. F. Halvorsen. — (Br. am. 1503319. — 29 juillet 1924.)
On fait passer de l'air sur des pyrites à une température élevée, on traite par NH^3 les gaz formés pour éliminer SO^2 et produire $(NH^4)^2SO^3$ qui sert à éliminer l'oxygène des gaz traités.

CELLULOSE

Récupération de l'ammoniaque des bains de dénitration, par E. Bindschelder. — (Br. am 1490728. — 15 avril 1924.)
Les liqueurs résiduaires provenant de la dénitration de la nitrocellulose (soie artificielle, etc.) par le sulfure de sodium, sont traitées par CO^2, on sépare le soufre et chauffe la liqueur résiduaire avec de la chaux pour récupérer NH^3.

Composition à la pyroxyline ou à l'acétylcellulose, par W. G. Lindsay. — (Br. am. 1493207/9. — 6 mai 1924.)
On ajoute à ces compositions du sulfate ou du tartrate de calcium.

Composition pour pellicules photographiques, par E. S. Farrow. — (Br. am. 1494469 à 1494476. — 20 mai 1924.)
On dissout de l'éthylcellulose dans 3-6 fois son poids d'un mélange d'alcool méthylique, 7 parties et 63 parties d'acétate de méthyle auquel on ajoute 1 partie d'acétate d'aniline ou encore d'acide anthranilique, d'acide benzoïque, de benzamide, tribenzylamine, diphénylamine, benzylacétone ou benzoate de phényle.

Acétate de cellulose, par P. C. Steel. — (Br. am. 1494816 et E. S. Farrow Br. am. 1494169. — 20 mai 1924.)
Pendant la préparation de l'acétate de cellulose on fait passer un courant d'air dans le mélange et on condense l'acide acétique entraîné.

Traitement de la cellulose, par F. Moeller. — (Br. am. 1499025. — 24 juin 1924.)
On imperméabilise le papier, la toile, etc., par un traitement au chlorure de thionyle.

Parchemin végétal, par A. Hough. — (Br. am.) 1498797. — 24 juin 1924.)
On traite le papier par un glycol, par exemple du glycol éthylénique à 10 0/0.

Composition, par H. Dreyfus. — (Br. am. 1501206. — 15 juillet 1924.)
A l'acétate de cellulose on ajoute une amide liquide à la température ordinaire mais formant une gelée à plus basse température, par exemple la N-méthylbenzènesulfonamide.

Ether de la cellulose, par H. Dreyfus. — (Br. am. 1501207. — 19 juillet 1924.)
On moud de la cellulose avec du benzène et de l'eau, puis avec un alcali et on soumet à l'éthérification avec Et^2SO^4, Me^2SO^4 ou encore du chlorure de benzyle.

Le Propriétaire-Gérant : Dr G. QUESNEVILLE.

ANGERS. — IMPRIMERIE CENTRALE

LE MONITEUR SCIENTIFIQUE QUESNEVILLE

JOURNAL DES SCIENCES PURES ET APPLIQUÉES

TRAVAUX PUBLIÉS A L'ÉTRANGER

COMPTES RENDUS DES ACADÉMIES ET SOCIÉTÉS SAVANTES

SOIXANTE-NEUVIÈME ANNÉE

CINQUIÈME SÉRIE. — TOME XV

Livraison 997 JUILLET-AOUT Année 1925

LA TEINTURE DE LA SOIE ARTIFICIELLE
A BASE D'ACÉTATE DE CELLULOSE
Par **M. P. CASTAN**

L'emploi des soies artificielles augmente d'année en année ; la beauté de ces fibres et leur prix de revient relativement bas sont les causes de leur vogue grandissante, malgré leur manque de résistance à l'état humide, ce qui diminue leur solidité au lavage.

La soie viscose est celle dont l'utilisation est la plus développée actuellement ; la soie à base d'acétate de cellulose commence à se montrer une concurrente dangereuse ; sa grande élasticité, sa finesse et son brillant en font une fibre superbe ; et à ces qualités, elle ajoute celle d'être moins fragile à l'état humide que ses congénères. Alors que la soie viscose absorbe 90 0/0 de son poids d'eau, la soie à l'acétate n'en retient que 35 0/0 ; sa solidité à l'état humide n'est pas beaucoup plus faible qu'à l'état sec. Jusqu'à ces dernières années cependant, deux faits l'avaient mise un peu à l'écart de la grande consommation : son prix assez élevé et sa teinture difficile.

C'est sur ce second point que nous voulons nous arrêter.

On a souvent dit que la soie à l'acétate était absolument réfractaire à la teinture par les colorants organiques habituellement employés. Si cette affirmation n'est pas absolument exacte, il n'en reste pas moins qu'on doit avoir recours à des colorants spécialement choisis pour cet usage, et à des tours de mains spéciaux.

Nous pouvons classer les divers procédés de teinture de la soie à l'acétate en quatre catégories :

1o Procédés reposant sur une modification de la fibre ;

2o Adjonction de dissolvants de l'acétate de cellulose au bain de teinture ;

3o Emploi de colorants à l'état colloïdal, en présence de colloïdes protecteurs ;

4o Emploi de colorants spécialement préparés pour cette teinture.

1o On peut teindre la soie à l'acétate de cellulose avec les colorants ordinaires, à condition de la rendre plus perméable à l'eau, par conséquent en modifiant sa structure. Pour cela, on la traite avant teinture par un bain alcalin qui désacétyle la couche extérieure de la fibre. Les usines du Rhône (1), préconisant le bain suivant :

> Solution de NaCl à 25 0/0. . . 8 litres
> Soude caustique. . . . . . . 5 grammes

La soie est manœuvrée dans ce bain chauffé à 50o durant environ 20 minutes. L'addition de sel a pour but de conserver à la soie tout son éclat. Cependant, ce procédé a le défaut de faire perdre à la fibre une partie de sa solidité.

A la place des alcalis, on peut aussi employer des sels à réactions alcalines, borates alcalins, silicate de sodium, etc.

Les procédés de teinture basés sur ce principe ne sont guère utilisés ;

2o En ajoutant au bain de teinture des dissolvants de l'acétate de cellulose, on gonfle la fibre et la rend ainsi apte à fixer les colorants.

Les usines Donnersmarck (2) utilisent l'acétine ou d'autres éthers-sels de la glycé-

---

(1) *Brevet français*, 512649 (1919).
(2) D. R. P. 228867.

rine et du glycol, tandis que l'A. G. F. A. (1), indique l'emploi d'un bain hydroalcoolique ou hydro-acétonique.

Les Farbenfabriken vorm. F. Bayer et C⁰ teignent avec des colorants basiques en ajoutant au bain de la pyridine ou ses homologues (2). On débarasse ensuite la fibre de la pyridine adhérente par un traitement à l'acide acétique ou formique dilué ;

3⁰ L'emploi de colorants sous la forme colloïdale a été l'objet ces dernières années d'un certain nombre de brevets. Les colorants sont employés seuls ou en présence de colloïdes protecteurs.

La British Celanese Ltd (3), mélange des colorants insolubles ou très peu solubles avec des acides organiques gras supérieurs ; ces acides peuvent aussi être sulfonés et employés sous la forme de leurs sels alcalins.

Les colorants utilisés sont des azoïques insolubles, des azines, des oxazines, des thiazines, des colorants anthraquinoniques basiques, voire des indigoïdes.

A la place des acides gras, la British Dyestuffs Corporation (4), se sert du produit de condensation obtenu avec la naphtaline et l'aldéhyde formique sous l'influence de l'acide sulfurique. Les pâtes obtenues sont délayées dans l'eau et on teint la soie à l'acétate sans aucun adjuvant.

Les colorants peuvent aussi être préparés directement à l'état finement divisé ; on ajoute alors au bain de teinture des colloïdes comme le savon, l'huile pour rouge turc, etc. La série de l'anthraquinone est spécialement mise à contribution dans ce cas (5). La 1-aminoanthraquinone donne un jaune, la 1-méthylaminoanthraquinone un rouge, la diamino-anthrarufine, un bleu ;

4⁰ C'est à R. Clavel, de Bâle, que nous devons la première étude concernant la teinture de la soie à l'acétate par les colorants connus (6).

C'est lui qui a montré l'action des divers groupes chimiques dans ce phénomène. On peut diviser ces groupes en deux classes :

a) Groupes facilitant la teinture de la soie à l'acétate :

$$- NH_2, - OH, - NO_2, - NO, - N = N -$$

Ces groupes, portés par des combinaisons organiques aromatiques permettent la dissolution de cette combinaison dans l'acétate de cellulose ; le groupe carboxyle, $-COOH$, n'empêche pas la teinture.

b) Groupe empêchant la teinture de la soie à l'acétate : groupe sulfonique : $-SO_3H$.

Ce groupe, d'un emploi si général pour la teinture des matières colorantes, se montre donc ici absolument défavorable quant à son action. Cependant cette règle n'est pas absolue ; en particulier, si le colorant comporte un nombre suffisant de groupes basiques, l'action d'un groupe sulfonique peut être compensée. La question de position dans la molécule colorée doit aussi jouer un rôle appréciable (7).

On peut donc teindre la soie à l'acétate, en faisant un choix approprié parmi les colorants connus. Il n'en reste pas moins que le nombre des colorants utilisables est assez restreint et que leur emploi est soumis à des règles précises.

La Badische Anilin und Sodafabrik (8), a essayé d'augmenter les possibilités de teinture en utilisant les combinaisons bisulfitiques de colorants azoïques insolubles ; on se rappelle que le groupe azoïque additionné de bisulfite de sodium donne naissance à des corps facilement décomposables en régénérant le composé azoïque initial. Seulement ce procédé n'est applicable qu'aux colorants azoïques.

Les ionamines (9), colorants découverts par A. G. Green et K. Saunders et fabriqués par la British Dyestuffs Corporation, ont comme base une idée analogue à celle de la Badische : préparer un colorant soluble, mais qui puisse être très facilement rendu définitivement insoluble.

Pour cela, une amine aromatique, primaire ou secondaire, est condensée avec la combinaison bisulfitique de l'aldéhyde formique :

$$R - NH_2 + HO - CH_2 - SO_3Na \rightleftharpoons H_2O + R - NH - CH_2 - SO_3Na$$

(1) D. R. P. 193135.
(2) *Brevet anglais*, 215373 (1924).
(3) *Brevet anglais*, 219349.
(4) *Brevet anglais*, 224077.
(5) *British Dyestuffs Corporation*, *brevet anglais* 211720 (1923).
(6) *Brevet français* 542892 (1921). *Revue générale des Matières colorantes* 28 04, 158, 167 (1924).
(7) Société pour l'industrie chimique à Bâle, *brevet anglais* 220303.
(8) *Brevet anglais* 204280.
(9) *Brevet anglais* 208873, 212029, 212030.

Le groupe :

$$>N - CH_2 - SO_3Na$$

porte le nom de groupe $N - \omega -$ méthylène-sulfonique ; il est facilement hydrolysé par les acides dilués chauds :

$$R - NH - CH_2 - SO_3Na + H_2O = R - NH_2 + CH_2O + NaHSO_3$$

l'amine initiale est ainsi régénérée ; il se forme de l'aldéhyde formique et du bisulfite de sodium comme autres produits d'hydrolyse.

Si ce groupe est introduit dans divers colorants, on pourra ainsi avoir des colorants solubles dans l'eau, qu'il est facile de transformer en colorants insolubles en les chauffant avec un acide même très dilué ; ils se précipiteront évidemment sous une forme très divisée, ce qui facilitera leur dissolution dans l'acétate de cellulose.

Cependant, ce groupe ne peut pas être fixé sur n'importe quel colorant insoluble en vue de son utilisation pour la teinture de la soie à l'acétate ; il faut encore que la molécule colorée soit assez petite pour se dissoudre facilement dans l'acétate de cellulose.

L'ionamine B est :

$$C_6H_5 - N = N - C_6H_4 - NH - CH_2 - SO_3Na$$

Elle forme une poudre brune soluble dans l'eau chaude en jaune orangé. La teinture se fait de la manière suivante : On dissout une quantité adéquate de colorant dans le bain tiède et ajoute 2 0/0 d'acide formique. On introduit la fibre et monte en une demi-heure à 75º et maintient cette température durant trois quart d'heure. La soie se colore en jaune orangé. On peut ensuite diazoter sur la fibre au moyen de nitrite de sodium et d'acide chlorhydrique, car un groupe amino s'est formé par suite de l'hydrolyse du colorant par l'acide formique.

On développe ensuite avec un phénol en solution alcaline. Le β-naphtol donne un écarlate, la résorcine un orangé-brun et l'acide β-oxy-naptoïque un rouge assez bleuâtre.

La solidité à la lumière varie avec le développateur et est la moins bonne avec le β-naphtol.

Toutes les ionamines se teignent de la même façon.   3

L'ionamine A est une poudre jaune soluble dans l'eau en jaune. Sa teinture directe donne un jaune franc. Diazotée et développée avec l'acide β-oxynaphtoïque, elle produit un noir intense. La solidité de cette dernière teinture est bonne.

L'ionamine H : poudre jaune brunâtre, soluble dans l'eau en jaune. Teinture directe : jaune verdâtre. Elle se diazote sur la fibre et développée avec le β-naphtol, elle donne un rouge violacé qui manque un peu de solidité, spécialement à la lumière. Le développement avec l'acide β-oxynaphtoïque conduit à une nuance bleue violacée sensible aux alcalis et aux acides.

L'ionamine L forme une pâte brunâtre, soluble en jaune orangé dans l'eau. Sa teinture directe est un jaune nourri ; par diazotation et emploi des divers développateurs, on obtient les teintes suivantes : avec la résorcine un brun rouge de bonne solidité ; avec le β-naphtol, un violet bleuâtre qui manque un peu de solidité à la lumière. L'acide β-oxy-naphtoïque donne un bleu qui pêche par le même défaut que la teinte précédente.

L'ionamine M. A. est une poudre orangée, soluble dans l'eau en jaune ; sa teinture directe est un jaune franc. Diazotée et développée avec la résorcine, elle donne un brun orangé de bonne solidité. L'emploi de β-naphtol conduit à un écarlate de solidité moyenne à la lumière. L'acide β-oxynaphtoïque donne un rouge franc solide.

L'ionamine G. A. est une poudre brun foncé soluble dans l'eau en rouge-orangé ; elle est très analogue à la précédente.

L'ionamine K. A. est le seul colorant de cette série qui ne soit pas diazotable sur la fibre ; elle donne directement un rouge bleuâtre solide. C'est une poudre brun-violacé soluble en rouge dans l'eau. Comme on le voit, la série des ionamines se compose de jaunes, d'orangés, de rouges, de bruns, de violets, d'un bleu et d'un noir. Il y manque donc un vert.

Les bleus ionamines R et G (1), qui viennent d'être décrits, dérivent d'amino-anthraquinones.

Comme nous l'avons dit plus haut, le groupe carboxyle ne gêne pas la teinture de la

---

(1) A. G. Green et K. Saunders *Soc. Dyers colour* T. 40 nº 5, 138-141 (1924).

soie à l'acétate de cellulose, tout en conférant aux colorants une solubilité plus ou moins grande.

On peut ainsi employer des azoïques carboxylés, ne comportant pas de groupe sulfonique ; ils peuvent être ensuite diazotés sur les fibres et développés comme les ionamines (1).

La fabrication de colorants carboxylés de l'anthraquinone possède un intérêt spécial, car on sait que les colorants de cette série présentent une gamme de tons assez complète avec une excellente solidité.

La British Dyestuffs Corporation, en collaboration avec J. Baddiley et W. W. Tatum (2), a utilisé dans ce but les deux voies suivantes :

1º Une halogéno-anthraquinone est condensée avec l'acide anthranilique. Ainsi en employant la 1-méthylamino-4-amino-anthraquinone, on obtient un colorant bleu :

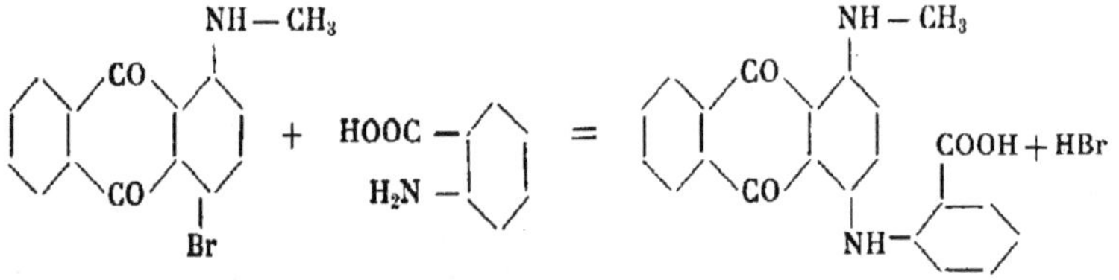

Il est intéressant de rapprocher ce colorant de l'Alizarine Astrol des Farbenfabriken vorm. Bayer qui ne diffère que par le remplacement du reste anthranilique par celui de la para-toluidine sulfonée ; on se rappelle que c'est un colorant pour laine, bleu aussi ;

2º Les amino-anthraquinones sont condensées avec le para-sulfochlorure de l'acide salicylique ; en employant la 1-4 diamino-anthraquinone, on obtient un rose :

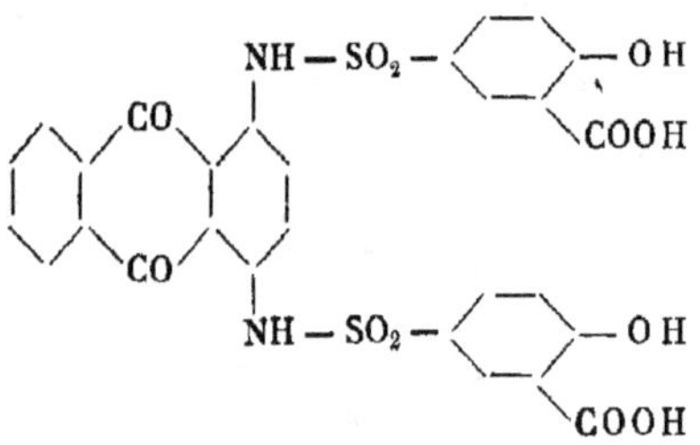

L'influence fortement hypsochrome de cette substitution est à remarquer, la 1-4 diamino-anthraquinone étant violette.

Il est possible que ces procédés soient appliqués pour la fabrication des *colorants Duranols* de la British Dyestuffs Corporation.

Ces colorants sont au nombre de quatre ; ils se présentent sous forme de pâte ; leur teinture est on ne peut plus facile, puisqu'il suffit d'introduire la fibre dans la solution du colorant chauffée à 80º et de maintenir cette température durant trois quarts d'heure à une heure. La réaction du bain peut être neutre, alcaline ou acide, sans que cela change quelque chose à la teinture ; aucune addition de sel n'est nécessaire.

L'Orangé Duranol G. est une pâte orangée fluide qui donne un jaune orangé superbe.

Les rouge Duranol G et 2 B sont des pâtes rouges plus ou moins violettes. Leurs teintures sont aussi très vives.

Le bleu Duranol G constitue une pâte bleu foncé plus épaisse que les colorants précédents. C'est un bleu très pur.

La pureté des nuances des colorants Duranols, leur éclat en font des colorants magnifiques. Leur bonne solidité et la facilité de leur emploi leur assurent une vogue certaine.

Les problèmes qu'a soulevés la teinture de la soie artificielle à base d'acétate de cellulose présentent un grand intérêt, tant au point de vue pratique, qu'au point de vue théorique. Ils nous montrent une fois de plus la complexité des phénomènes de la teinture, leurs relations avec la structure des colorants ; ils ont aussi donné lieu à la création de matières colorantes nouvelles qui, si elles ne sont pas encore parfaites, n'en sont pas moins importantes.

(1) *British Dyestuffs Corporation brevet anglais* 202157 (1922).
(2) *Brevet anglais* 207711 (1922).

SUR QUELQUES PROPRIÉTÉS PHYSIQUES
DES DÉRIVÉS NITRÉS

Par Louis **DESVERGNES**, Ingénieur-chimiste

Sur quelques propriétés physiques du **1-3-dinitrobenzène**

Le 1-3-dinitrobenzène ou métadinitrobenzène est un corps très employé dans la fabrication des matières colorantes et des explosifs.

I. — **M-dinitrobenzène chimiquement pur employé**

On a chauffé dans deux fois son poids d'acide nitrique à 61 0/0 du m-dinitrobenzène technique à haut degré. Après une nuit de repos, on a essoré le produit et claircé avec de l'acide nitrique dilué ; puis on a fait 5 lavages à l'eau distillée froide et on a terminé par un clairçage à l'alcool à 95° froid. Séchage de 24 heures à 50°.

On obtient ainsi de longues aiguilles (30 à 40 m/m), blanches et brillantes.

Après broyage et tamisage, à la perce de 0 m/m 4, on a fait trois traitements à l'alcool à 95° froid, puis un séchage de 24 heures à 50°.

II. — **Point de solidification**

Le point de fusion indiqué par RICHTER (1), est de 90°. Nous avons fait trois déterminations du point de solidification dans le tube à enveloppe d'air. Nous avons trouvé :

$$89°,97$$
$$90°,00$$
$$90°,00$$

III. — **Solubilités dans les solvants organiques**

Nous n'avons trouvé que les renseignements suivants au sujet de la solubilité du m-dinitro-benzène :

1° 100 parties d'alcool dissolvent 5,9 parties à 24°,6 ;

2° soluble en toutes proportions dans l'alcool chaud.

Avant de donner les résultats trouvés pour les solvants organiques, nous donnons les valeurs trouvées pour l'eau.

SOLUBILITÉ DANS L'EAU

13°.	0,0068
50°.	0,0469
100°.	0,1910

SOLUBILITÉS DANS LES SOLVANTS ORGANIQUES

1° *Acétate d'éthyle* :

15°.	31,090
50°.	148,44

2° *Acétone* :

15°.	72,365
50°.	213,04

3° *Alcool méthylique* :

15°.	5,274
50°.	11,08

4° *Alcool éthylique à 96°* :

15°.	2,373
50°.	11,49

---

(1) RICHTER. *Chimie organique*, II .XV.

5º *Alcool absolu* :

15º.	2,553
50º.	12,69

6º *Benzène* :

15º.	34,090
50º.	195,89

7º *Chloroforme* :

15º.	30,507
50º.	69,48

8º *Éther anhydre* :

15º.	6,743
30º.	11,06

9º *Pyridine* :

15º.	64,520
50º.	216,25

10º *Sulfure de carbone* :

15º.	1,225
33º.	1,38

11º *Tétrachlorure de carbone* :

15º.	0,966
50º.	8,966

12º *Toluène* :

15º.	25,661
50º.	134,80

Sur quelques propriétés physiques du 1-3-5-trinitrobenzène

Poursuivant l'étude de quelques composés nitrés, nous avons entrepris les déterminations relatives au 1-3-5-trinitrobenzène ou s-trinitrobenzène.

I. — 1-3-5-trinitrobenzène chimiquement pur employé

On l'a obtenu par cristallisation du trinitrobenzène technique (1), dans deux fois son poids d'acide nitrique à 40º. On obtient ainsi de grandes lamelles incolores et translucides.

Après broyage et tamisage à la perce de 0 m/m 4, on a fait trois lavages à l'alcool à 95º froid ; après essorage à la trompe, on a séché pendant 24 heures à 50º.

Le produit est alors blanc avec une très légère teinte crème.

II. — Point de solidification

Les seules valeurs indiquées dans la littérature chimique sont celles de 121º-122º (HEPP) et 121º (RICHTER).

Nous avons obtenu dans le tube à enveloppe d'air les trois valeurs suivantes :

122º,45
122º,48
122º,50

III. — Solubilité dans l'eau

Le seul renseignement que nous ayons trouvé dans la littérature chimique est le suivant : le 1-3-5-trinitro-benzène est très peu soluble dans l'eau bouillante.

Nous avons fait les trois déterminations suivantes, dans lesquelles les résultats sont exprimés en grammes de produit dissous pour 100 grammes d'eau.

15º.	0,0278
50º.	0,102
100º.	0,498

---

(1) Pour la fabrication du trinitrobenzène technique, on emploie avantageusement le procédé Jacob MAYER : réduction par le cuivre du 2-4-6-trinitro-1-chlorobenzène en solution alcoolique (FRIEDLÄNDER *Forts der Teerfarbenfab* 1910-1912, p. 122).

IV. — Solubilités dans les solvants organiques

Nous avons trouvé dans la littérature chimique les renseignements suivants : le 1-3-5-trinitro-benzène est peu soluble dans l'alcool éthylique froid (1,9 0/0 à 16°), légèrement soluble dans l'alcool méthylique froid (4,9 à 16°). Il est facilement soluble dans l'alcool bouillant, l'éther et l'acétone ; très soluble dans le sulfure de carbone et le benzène.

Nous verrons plus loin que certaines de ces données sont légèrement inexactes et que d'autres sont complètement fausses, d'ailleurs Lobry de Bruyn indique 0,25 à 17°,5 pour le sulfure de carbone ; 6 à 16° pour le benzène ; 6,1 à 17°,5 pour le chloroforme ; 1,5 à 16° pour l'éther.

1° *Acétate d'éthyle* :

17° 29,826
50° 52,40

2° *Acétone* :

17° 59,105
50° 160,67

3° *Alcool éthylique à 96°* :

17° 1,392
50° 3,52

4° *Alcool absolu* :

17° 2,088
50° 4,57

5° *Alcool méthylique* :

17° 3,759
50° 7,62

6° *Benzène* :

17° 6,176
50° 25,70

7° *Chloroforme* :

17° 6,242
50° 18,42

8° *Éther anhydre* :

17° 1,703
32°,5 2,72

9° *Pyridine* :

17° 112,605
50° 194,23

Au sujet de l'action de la pyridine sur le s-trinitrobenzène, voir le paragraphe suivant.

10° *Sulfure de carbone* :

17° 0,239
33° 0,44

11° *Tétrachlorure de carbone* :

17° 0,237
50° 0,69

12° *Toluène* :

17° 11,822
50° 76,31

Les solvants étudiés peuvent se diviser en trois classes :

1° Solvants à faible pouvoir dissolvant : sulfure de carbone et tétrachlorure de carbone ;

2° Solvants à pouvoir dissolvant moyen : alcools éthylique et méthylique, benzène, chloroforme, éther et toluène ;

3° Solvants à fort pouvoir dissolvant : acétate d'éthyle, acétone et pyridine.

V. — Action de la pyridine sur le 1-3-5-trinitrobenzène

Lorsqu'on met du s-trinitrobenzène en contact avec de la pyridine, il se développe immédiatement une intense coloration rouge foncée.

La matière obtenue par évaporation de la pyridine, se présente à l'état de petits cristaux bruns foncés brillants, n'ayant pas un point de fusion défini au bloc Maquenne, mais se ramollissant entre 115° et 116°.

Par traitement au chloroforme bouillant, on a réussi à séparer deux corps bien distincts :

1o Une matière amorphe, insoluble dans le chloroforme, presqu'insoluble dans le benzène chaud, soluble dans l'acétone froide, de couleur brun-clair et qui ne fond pas à 210o au bloc Maquenne ; projetée sur une lame de platine chauffée, brûle sans fondre ;

2o Par évaporation de la solution chloroformique, on obtient des écailles ambrées, brillantes, dont le point de fusion est de 120o : c'est du s-trinitrobenzène.

Sur quelques propriétés physiques de la 2-4-dinitrodiphénylamine

La 2-4-dinitrodiphénylamine est la matière première servant à la fabrication de l'hexanitrodiphénylamine.

I. — 2-4-dinitrodiphénylamine chimiquement pure employée

On a traité la 2-4-dinitrophénylamine technique à haut degré (1), par 4 fois son poids de benzène, à l'ébullition. Après une nuit de repos, on a essoré les longues aiguilles brillantes, rouge-rubis, qui peuvent atteindre 50 à 60 m/m de longueur. On a claircé avec un peu de benzène froid et on a séché à 50o.

On a broyé la matière et on l'a tamisée à la perce de 0 m/m 4 : on a fait alors 3 lavages à l'alcool à 95o froid et on a séché pendant 24 heures à 50o.

La matière se présente à l'état cristallin, de couleur rouge-rubis.

II. — Points de fusion et de solidification

Les valeurs trouvées dans la littérature chimique sont toutes identiques : 156o-157o (Juillard) (2) ; 156o-157o (Ulmann) (3) et 156o-157o (Caster) (4).

Nous avons obtenu au bloc Maquenne les trois valeurs suivantes :

$$156^{\circ},0 — 156^{\circ},5$$
$$156^{\circ},0$$
$$156^{\circ} — 156^{\circ},5$$

D'autre part, trois déterminations du point de solidification dans le tube à enveloppe d'air nous ont donné les valeurs suivantes :

$$157^{\circ},0$$
$$157^{\circ},0$$
$$157^{\circ},0$$

III. — Solubilités dans les solvants organiques

Les seules données que nous ayons trouvées dans la littérature chimique sont les suivantes (5) :

Solubilités : dans l'acétone à 21o : 4,01 0/0 ; dans le toluène à 21o : 1,918 0/0.

Avant de donner les résultats trouvés pour les solvants organiques, nous indiquons les valeurs trouvées pour la solubilité dans l'eau :

SOLUBILITÉ DANS L'EAU

15o	0,0038
50o	0,0084
100o	0,0143

---

(1) Pour la fabrication de la dinitrodiphénylamine technique consulter :
Ulmann. — *Org. Chem. Prakt.*
Caster. — Sur la fabrication de l'hexanitrodiphénylamine. (*Zeit. f. Ges. Schiess und Sprengs*, 205, 1913).
Marshall. — Préparation de l'hexanitrodiphénylamine et son emploi comme détonateur pour obus (*Journ. Ind. Ing. Chem.*, 1920).
(2) Juillard. — Sur quelques nitrodiphénylamines (*Bul. Soc. Chim.*, 1905).
(3) Ulmann. — *Loc. cit.*
(4) Caster. — *Loc. cit.*
(5) Juillard. — *Loc. cit.*

SOLUBILITÉS DANS LES SOLVANTS ORGANIQUES

1° *Acétate d'éthyle* :
     15°. 2,319
     50°. 6,105

2° *Acétone* :
     15°. . . . . , ... 3,765
     50°. 11,600

3° *Alcool méthylique* :
     15°. 0,126
     50°. 0,611

4° *Alcool éthylique à 96°* :
     15°. 0,088
     50°. 0,460

5° *Alcool absolu* :
     15°. 0,130
     50°. 0,479

6° *Benzène* :
     15°. 2,118
     50°. 6,977

7° *Chloroforme* :
     15°. 5,826
     50°. 10,641

8° *Ether anhydre* :
     15°. 0,378
     30°. 0,728

9° *Pyridine* :
     15°. 11,349
     50°. 28,665

10° *Sulfure de carbone* :
     15°. 0,245
     32°. 0,567

11° *Tétrachlorure de carbone* :
     15°. 0,168
     50°. 0,653

12° *Toluène* :
     15°. 1,919
     50°. 6,352

On voit donc que les meilleurs dissolvants de la 2-4-dinitrodiphénylamine sont l'acétone, le chloroforme et la pyridine, à chaud.

Sur quelques propriétés physiques
de la 2-4-5-7-tétranitrodiphénylamine

La 2-4-5-7-tétranitrodiphénylamine ou tétranitrodiphénylamine symétrique est le produit intermédiaire servant à la fabrication de l'hexanitrodiphénylamine en partant de la 2-4-dinitrodiphénylamine.

I. — 2-4-5-7-tétranitrodiphénylamine chimiquement pure employée

On a nitré par le procédé CASTER (1), à l'acide nitrique à 36°, de la 2-4-dinitrodiphénylamine chimiquement pure (2). La matière essorée a subi trois traitements à l'acide nitrique à 61 0/0 froid, puis après essorage, 6 lavages à l'eau distillée froide.

Après un séchage de 48 heures à 50°, on a dissout dans l'acétone bouillante : les petits cristaux obtenus par refroidissement, sont essorés et traités de la même façon. Après séchage, broyage et tamisage à la perce de 0 m/m 4, on a fait trois traitements au chloroforme froid. L'essorage est suivi d'un séchage de 24 heures à 50°.

---

(1) CASTER. — Sur la fabrication de l'hexanitrodiphénylamine (*Zeit. f. Ges. Schiess und Sprengs*, 205, 1913).

(2) DESVERGNES. — Sur quelques propriétés physiques de la 2-4-dinitrodiphénylamine. (*Moniteur Scientifique*, p. 152).

II. — Point de fusion

La seule valeur trouvée dans la littérature chimique est celle de 199° (JUILLARD) (3).
Nous avons fait trois déterminations au bloc Maquenne et nous avons obtenu les valeurs suivantes :

$$199° \quad — 199°,5$$
$$198°,5 — 199°,0$$
$$199° \quad — 199°,5$$

III. — Solubilités dans les solvants organiques

La seule valeur que nous avons trouvée dans la littérature est celle de 2,26 0/0 pour la solubilité dans l'acétone à 17° (JUILLARD) (4).

Avant de donner les valeurs que nous avons déterminées, nous allons donner les solubilités trouvées pour l'eau.

SOLUBILITÉ DANS L'EAU

13°,5	0,0082
50°	0,0103
100°	0,0202

SOLUBILITÉS DANS LES SOLVANTS ORGANIQUES

1° *Acétate d'éthyle* :

15°	0,100
50°	0,519

2° *Acétone* :

15°	3,400
50°	6,546

3° *Alcool méthylique* :

15°	0,100
50°	0,519

4° *Alcool éthylique à 96°* :

15°	0,040
50°	0,233

5° *Alcool absolu* :

15°	0,003
50°	0,212

6° *Benzène* :

15°	0,320
50°	0,998

7° *Chloroforme* :

15°	0,201
50°	0,478

8° *Ether anhydre* :

15°	0,024
35°	0,104

9° *Pyridine* :

15°	6,807
50°	12,472

Lorsqu'on met en contact de la pyridine avec de la tétranitrodiphénylamine, il y a développement immédiat d'une coloration rouge-vif. Par évaporation de la solution pyridinique, on obtient des aiguilles orangées, qui, traitées par l'acétone froide, et le chloroforme, donnent des cristaux jaune foncé dont le P.F. = 198° — 199°.

La solution chloroformique donne, par évaporation, une matière rougeâtre amorphe fondant vers 80°

10° *Sulfure de carbone* :

15°	0,015
87°	0,033

11° *Tétrachlorure de carbone* :

15°	0,020
50°	0,040

---

(3) JUILLARD. — Sur quelques nitrodiphénylamines (*Bul. soc. Chim.*, 1905).
(4) JUILLARD. — *Loc. cit.*

12° *Toluène* :

$$15°. \dots \dots \dots \dots \quad 0,361$$
$$50°. \dots \dots \dots \dots \quad 0,710$$

On voit donc que la tétranitrodiphénylamine est très peu soluble, même à 50°, dans les solvants étudiés, sauf dans l'acétone et la pyridine : ce dernier dissolvant décompose légèrement le produit.

Sur quelques propriétés physiques de l'Hexanitrodiphénylamine

Ce corps est employé depuis longtemps dans l'industrie des matières colorantes ; vers la fin de la guerre, il a été utilisé comme explosif en Allemagne et en Angleterre. Les données sur ses propriétés physiques ne sont pas très nombreuses dans la littérature chimique ; aussi nous en avons étudié quelques-unes.

I. — Hexanitrodiphénylamine chimiquement pure employée

Nous avons traité au bain-marie bouillant l'hexanitrodiphénylamine technique à haut degré (1), par 5 fois son poids d'acide nitrique à 85 0/0. Après une nuit de repos, on a essoré la matière et claircé avec de l'acide nitrique à 40° froid. Après 6 lavages à l'eau et un clairçage à l'alcool à 95° froid, on a séché pendant 24 heures à 50°.

Le produit se présente à l'état de cristaux très fins et brillants. de couleur jaune d'or. On a pulvérisé ces cristaux et après tamisage à la perce de 0 m/m 4, on a fait 3 lavages à l'alcool à 95°. Ce traitement a été suivi, après essorage, d'un séchage de 24 heures à 50°. Le produit subit alors un lavage au benzène sec et froid et on sèche à 50° pendant 24 heures.

II. — Point de fusion

Les renseignements que nous avons trouvé, sont assez discordants :

1° Post et Neumann (2) indiquent un P. F. = 238° ;
2° Richter (3) indique la même valeur de 238° ;
3° Joung (4) dit que l'hexanitrodiphénylamine est une poudre jaune *infusible* ;
4° Enfin Marshall (5) dit que son point de fusion est de 238°,5 — 239°,5.

Nous avons fait trois déterminations au bloc Maquenne sur le produit pur préparé comme il a été dit plus haut. Nous avons obtenu les trois valeurs :

$$238°,5 — 239°,0$$
$$239°,0 — 239°,5$$
$$239°,5 — 240°0$$

III. — Solubilités dans les solvants organiques

Nous n'avons trouvé aucunes données relatives aux solubilités de l'hexanitrodiphénylamine.

Avant de donner les résultats que nous avons trouvés, nous allons indiquer les solubilités pour l'eau, les valeurs étant en grammes pour 100 grammes d'eau.

SOLUBILITÉS DANS L'EAU

$$17°. \dots \dots \dots \dots \quad 0,006$$
$$50°. \dots \dots \dots \dots \quad 0,019$$
$$100° \dots \dots \dots \dots \quad 0,034$$

---

(1) Pour la préparation de l'hexanitrodiphénylamine, consulter:
Caster. — Sur la fabrication de l'hexanitrodiphénylamine (*Zeit. für Ges. Schiess. und Sprengs*, 205, 1913).
Marshall. — Préparation de l'hexanitrodiphénylamine et son emploi comme détonateur pour obus, (*Journ. Ind. and Eng. Chem.*, 1920).
(2) *Post et Neumann.* — Analyse chimique. — III.
(3) *Richter.* — Chimie organique. — II.
(4) *Young.* — Les explosifs militaires actuels (*Journ. Roy. Soc. of. Arts LXVI*, — 1918).
(5) *Marshall.* — *Loc. cit.*

1° *Acétate d'éthyle* :

17°.	0,811
50°.	1,251

2° *Acétone* :

17°.	0,573
50°.	1,149

3° *Alcool éthylique à 96°* :

17°.	0,073
50°.	0,104

4° *Alcool absolu* :

17°.	0,030
50°.	0,117

5° *Alcool méthylique* :

17°.	0,092
50°.	0,102

6° *Benzène* :

17°.	néant
50°.	0,399

7° *Chloroforme* :

17°.	néant
50°.	0,058

8° *Ether anhydre* :

17°.	traces
34°.	0,008

9° *Pyridine* :

17°.	172.252
50°.	485.26

Nous étudierons dans le paragraphe suivant l'action de la pyridine sur l'hexanitrodiphénylamine.

10° *Sulfure de carbone* :

17°.	néant
35°.	0,018

11° *Tétrachlorure de carbone* :

17°.	néant
50°.	0,062

12° *Toluène* :

17°.	0,131
50°.	0,293

De l'étude précédente, il résulte que la solubilité de l'hexanitrodiphénylamine est :

1° Nulle à froid dans les solvants suivants : benzène, chloroforme, éther anhydre, sulfure de carbone et tétrachlorure de carbone ;

2° Très faible à chaud dans ces mêmes dissolvants ;

3° Assez faible dans les alcools éthylique et méthylique, l'acétate d'éthyle, l'acétone, le toluène ;

4° Très forte dans la pyridine : mais cette dernière forme une combinaison avec l'hexanitrodiphénylamine comme nous le verrons plus loin.

IV. — Action de la pyridine sur l'hexanitrodiphénylamine

Lorsqu'on met en contact, même à froid, de l'hexanitrodiphénylamine avec de la pyridine, il y a dissolution avec développement d'une coloration rouge sang.

Par évaporation de la solution pyridique par le vide sur l'acide sulfurique, on obtient des cristaux rouge foncé à reflets mordorés ; ces cristaux donnent, par broyage, une poudre rouge grenat, presque insoluble dans l'eau et le benzène, mais assez soluble dans l'alcool à 95° chaud.

Chauffée sur le bloc Maquenne, la matière change de couleur, devient jaune-sale et ne fond qu'à 244° — 245°. Au contraire, si on projette de temps en temps la matière sur le bloc chauffé progressivement, on trouve un point de fusion approximatif de 70°, ensuite la matière se solidifie et ne fond plus que vers 244—245° par suite du départ de la pyridine.

Par dosage de l'hexanitrodiphénylamine, nous avons trouvé que le complexe répondait sensiblement à la formule

$$2\ \begin{matrix} C^6H^2 \equiv (NO^2)^3 \\ \mid \\ C^6H^2 \equiv (NO^2)^3 \end{matrix} \Big\rangle NH + 5\ C^5H^5N$$

Sur quelques propriétés physiques du Paranitrotoluène

Le 4-nitrotoluène ou paramononitrotoluène est un corps très employé dans l'industrie des matières colorantes.

I. — P-nitrotoluène chimiquement pur employé

On a dissout à l'ébullition, du p-nitrotoluène technique à très haut degré, dans son poids d'alcool à 95°. Après une nuit de repos dans un endroit très frais, on a essoré et claircé avec un peu d'alcool froid. On a séché à l'air chaud pendant 24 heures.

On a ensuite broyé les grandes aiguilles translucides, et on les a tamisées à la perce de 0 m/m 4 : la matière a subi alors trois traitements à l'alcool à 95° froid. Après essorage, on a resséché pendant 24 heures à l'air chaud.

Le produit se présente alors à l'état cristallin de couleur blanc-neige.

II. — Point de solidification

La valeur indiquée pour le point de fusion est de :

    54° (POST) (1)
    54° (RICHTER) (2)

Nous avons fait trois déterminations du point de solidification au tube à enveloppe d'air, et nous avons trouvé :

        52°,06
        52°,06
        52°,06

III. — Solubilités dans les solvants organiques

La littérature chimique indique que le p-nitro est insoluble dans l'eau et facilement soluble dans les solvants organiques, mais sans indiquer aucune valeur.

Avant de donner les valeurs trouvées pour les solvants organiques nous indiquons les nombres trouvés pour l'eau.

SOLUBILITÉ DANS L'EAU

14°,5	0,0040
50°	0,0078
100°	0,0116

SOLUBILITÉS DANS LES SOLVANTS ORGANIQUES

Toutes les valeurs indiquées ont été déterminées à la température de 15° :

Acétate d'éthyle	91,13
Acétone	168,51
Alcool méthylique	13,70
Alcool éthylique à 96°	8,58
Alcool absolu	16,64
Benzène	127,64
Chloroforme	105,02
Éther anhydre	80,83
Pyridine	90,27
Sulfure de carbone	72,57
Tétrachlorure de carbone	42,63
Toluène	104,95

On peut diviser les solvants étudiés en deux classes :

1° Solvants à pouvoir dissolvant moyen : alcools méthylique et éthylique ;

2° Solvants à pouvoir dissolvant élevé : acétate d'éthyle, acétone, benzène, chloroforme, éther pyridine, sulfure de carbone, tétrachlorure de carbone et toluène.

(1) *Post.* — Traité d'analyse chimique. — III.
(2) *Richter.* — Chimie organique. — II.

Sur quelques propriétés physiques du 2-4-dinitrotoluène

Le 2-4-dinitrotoluène est un des isomères que l'on obtient dans la nitration directe du toluène. Il sert à la fabrication des explosifs (trinitrotoluène, cheddites, etc.), et des matières colorantes (crésyline-diamine).

I. — 2-4-dinitrotoluène chimiquement pur

Le dinitrotoluène technique (1) a été dissout à chaud dans 2 fois son poids d'acide nitrique à 40°. Après 48 heures de repos, on a essoré le produit obtenu et claircé avec un peu d'acide nitrique à 36°. On a ensuite fait 4 lavages à l'eau froide et un lavage à l'alcool à 84°. Séchage de 24 heures à 50°.

Le produit se présente à l'état de longues aiguilles blanches, légèrement onctueuses.

On a broyé le produit et après tamisage à la perce de 0 m/m 4, on a fait trois traitements à l'alcool à 95° froid. Séchage à 50°. Le produit se présente alors sous forme d'une poudre cristalline blanche.

II. — Point de solidification

Les valeurs que l'on trouve dans la littérature chimique sont les valeurs suivantes :
69°,2 (MILLS) (2) ; 70° (RICHTER) (3) ; 70°,5 (POST et NAUMANN) (4) ; 71° (GIUA) (5) et 71° (HOFFMAN (6).

Nous avons fait trois déterminations du point de solidification par la méthode du tube à enveloppe d'air. Nous avons trouvé :

$$70°,15$$
$$70°,13$$
$$70°,15$$

III. — Solubilités dans les solvants organiques

Au sujet de ces solubilités, on ne trouve que les renseignements suivants : le 2-4-dinitrotoluène est insoluble dans l'eau, soluble dans l'alcool et le sulfure de carbone (2,188 à 17°).

SOLUBILITÉ DANS L'EAU

22°	0,027
50°	0,037
100°	0,254

SOLUBILITÉS DANS LES SOLVANTS ORGANIQUES

100 grammes de solvant dissolvent à 15° :

Acétate d'éthyle	57,929
Acétone	81,901
Alcool méthylique	5,014
Alcool éthylique à 96°	1,916
Alcool absolu	3,039
Benzène	60,644
Chloroforme	65,076
Ether anhydre	9,422
Pyridine	76,810
Sulfure de carbone	2,306
Tétrachlorure de carbone	2,431
Toluène	45,470

---

(1) Pour la préparation voir: GIUA. *Zeit. Schless und Sprengs.* IX, (1914).
(2) MILLS. — *Phil. Mag.* L. 17.
(3) RICHTER. — *Chimie organique.* — II.
(4) POST et NAUMANN. — *Analyse chimique.* — III.
(5) GIUA. — Sur la solubilité de quelques dérivés nitrés du toluène à l'état solide (*Ber. d. deut. Chem. Ges.* — Juin 1914).
(6) HOFFMAN. — La nitration du toluène (*Tech. Paper,* 146).

PÉTROLES

La bauxite considérée comme un agent de raffinage des pétroles bruts et de leurs dérivés

Par **A. E. DUNSTAN, E. B. THOLE et F. G. P. REMFRY**

(Suite et fin) (1)

Influence des liquides autres que le kérosène sur l'indice de l'ergomètre

En vue de s'assurer si l'ergomètre pouvait être employé pour déceler des impuretés dans les huiles de pétrole et pouvait constituer ainsi un moyen de savoir si un kérosène a été convenablement raffiné, on a fait des essais sur une variété de diverses fractions et l'on a constitué des mélanges de ces produits avec une sorte de bauxite grillée dans des conditions semblables. Ces essais ont prouvé que l'ergomètre n'est pas un instrument assez sensible, pour des distinctions aussi subtiles, bien que dans des fractions différant largement, telles que l'éther de pétrole et la paraffine liquide médicinale, le benzol, le xylol, on obtienne des chiffres nettement différents de ceux qu'on obtient avec les kérosènes et les pétroles. Ainsi il est impossible de déceler le benzol dans les liquides pour aviation (nos 6 et 7 du tableau XI ci-dessous) bien que le benzol seul donne un chiffre nettement plus haut que le pétrole.

C'est pourquoi de faibles proportions d'impuretés dans les kérosènes ne seront pas décelées par des différences notables dans les chiffres de l'ergomètre.

Quand on essaye l'activité d'une bauxite au moyen de l'ergomètre, l'indice est peu différent, qu'il s'agisse de kérosène brut, ou raffiné et si l'on obtient un chiffre peu élevé, cela peut être dû à l'état mauvais de la bauxite, et non au liquide employé. Des essais ont été faits en vue de savoir si l'addition d'eau sur la bauxite produisait un dégagement de chaleur comme l'additon de kérosène. L'action est semblable, mais non identique.

L'élévation de température produite par addition d'eau, place des bauxites différentes dans le même ordre d'activité que dans le cas d'addition de kérosène. Mais la chaleur dégagée est beaucoup plus grande et par suite, les expériences sont moins faciles à contrôler et à mener à bien.

En réunissant par une courbe les résultats des élévations de température, avec l'eau et avec le kérosène, on obtient un graphique en ligne droite, ce qui est la preuve directe de la proportionnalité entre les deux méthodes. On a aussi noté que la température maxima, s'élève en proportion directe du pourcentage d'eau perdue par un grillage à 600-700°. Le maximum d'élévation avec l'eau est obtenu en grillant la bauxite à une température plus haute que pour le cas de l'addition de kérosène, probablement à cause de l'hydratation directe, qui contribue au dégagement de chaleur. Quelques lectures de chiffres d'ergomètre avec l'eau sont données ci-dessous (table XII).

TABLE XI

	Matière essayée	Chiffre de l'ergomètre oC
I	Kérosène brut non traité	15,7
II	No 1 après lavage soude.	16,5
III	No 1 après bausatation à 50 livres par gallon	15,8
IV	Kérosène raffiné par l'hypochlorite.	16,4
V	No 4 avec un traitement ultérieur à 2 0/0 GOV et 1/2 lle bauxite par gallon	13,6
VI	B P no 1, pétrole	15,8
VII	Essence d'aviation Ehell	15,6
VIII	Ether de pétrole bouillant de 40°/60 c.	10,5
IX	Essence crackée provenant de « gas oil » traitée avec l'hypochlorite et l'acide, et redistillée à 1750 . . .	15,3
X	Benzol	18,2
XI	Xylol	17,2
XII	« Gas Oil ».	15,0
XIII	Amylène	13,8
XIV	Paraffine liquide médicinale	6,0

(1) *Moniteur Scientifique*, 994e Livr. Avril 1925, p. 79.

TABLE XII

Chiffre d'eau à l'ergomètre

	Matière	Température grillage	Chiffre d'eau
I	Bauxite neuve de Skewen	Non grillée	0,°8
II	— —	400	28
III	— —	650	46
IV	— —	900	33
V	Bauxite française (Douai)	500	8
VI	— (Abadan)	500	23
VII	— Indienne	500	41
VIII	— de Hull, Blythe et C°	500	12,5

La grosseur de la bauxite influe beaucoup sur son efficacité. Pour la décoloration, plus elle est fine, meilleurs sont les résultats, probablement à cause d'un contact plus efficace. Pour la désulfuration, l'efficacité augmente avec la finesse jusqu'à un certain maximum, après lequel l'augmentation de la finesse produit une diminution d'efficacité. La maille la meilleure semble être de 30/60. Ceci n'est pas pratique sur un pied industriel, parce que toutes les finesses supérieures à 60. devraient être rejetées ; aussi permet-on la latitude 20/90. Cette latitude a d'autres avantages que ceux de l'ordre économique. Un des dangers avec lequel le raffineur se rencontre. a lieu quand il garnit ses filtres avec de la bauxite grossière ; il se produit des canaux et des poches d'air, qui forment une ligne de moindre résistance pour l'huile, qui de suite s'y engage, de telle sorte que le kérosène imbibe simplement l'extérieur des éléments grossiers au lieu de percuter également dans toute la masse. Ceci est la cause d'une grande perte en efficacité, contre laquelle on réagit par l'emploi d'une bauxite à large échelle du pulvérisaton (20/90 par exemple), car alors les petits éléments remplissent les espaces entre les gros éléments, ce qui supprime les poches et les « renards ». La forme et la taille des filtres ne paraît pas être d'une importance capitale. Une taille convenable pour les manutentions est une capacité de 1 à 2 tonnes, bien qu'il n'y ait pas de raison pour se limiter à ce chiffre. Quant à la longueur, elle doit être telle pour que l'huile soit en contact avec la bauxite de 15 à 20°. Quant au reste, la forme des filtres n'est commandée en somme que par la facilité des manutentions.

Forme des filtres et vitesse de filtration

Afin de voir s'il existait quelque avantage à augmenter la longueur du filtre, on a mis des poids égaux de la même bauxite, dans des filtres ayant un rapport de longueur au diamètre de :

2/1. 4/1, 8/1, 5,0/1, on y fait passer des volumes égaux du même kérosène, à la même vitesse.

TABLE XIII

Rapport l/d	Couleur du « filtrat » (Saybolt)	0/0 de soufre dans le « filtrat »
2/1	24°	0,206
4/1	24,5	0,210
8/1	25	0,205
50/1	25	0,193

Il en résulte que toute forme raisonnable de filtre, peut aller, pourvu que la bauxite soit bien un temps suffisant, en contact avec le liquide, de cela dépend naturellement la vitesse de filtration possible.

Ensuite, dans trois filtres égaux, on a fait couler du kérosène dans la proportion de 1. 10. 50.

TABLE XIV

Vitesse	Couleur du « filtrat » (Saybolt)	0/0 de soufre dans le « filtrat »
1	24°,5	0,18
10	25	0,18
50	20,5	0,18

Ce chiffre montre que l'élimination des composés sulfurés est plus rapide que celle de la couleur et qu'il est possible de dépasser la vitesse critique pour la couleur, avant que l'élimination du soufre ait été effectuée.

L'efficacité de la filtration est influencée dans une certaine mesure par la température de la bauxite, et l'on doit refroidir suffisamment cette dernière pour éviter la vaporisation ou le surchauffage du kérosène, mais pas assez pour permettre l'adsorption d'humidité. La température la plus appropriée serait aux environs de 120°.

L'élimination des composés sulfurés n'est pas directement proportionnelle à la quantité de bauxite employée, puisque la courbe s'élève en pente, raffinée d'abord, mais s'aplatit ensuite assez vite.

Après que la bauxite est épuisée, on la laisse égoutter une heure et alors on l'étuve.

Peu après que la vapeur commence à s'échapper du fond du filtre, on arrête l'extraction, et la bauxite ainsi traitée avec la vapeur surchauffée (15°), devient sèche au toucher, bien que contenant encore de 7 à 12 0/0 d'humidité et de kérosène. Une addition ultérieure de vapeur n'enlève que fort peu de kérosène, en proportion de la dépense de vapeur.

La bauxite est ensuite grillée pour enlever ce qui nécessite 550° et la présence de beaucoup d'air.

Grillage

Tout four qui réussira pour ce but, devra présenter les caractéristiques suivantes :

1o Il ne devra pas y avoir trop de « fines » ;

2o En même temps qu'on maintient la température, il doit y avoir assez d'air pour obtenir une oxydation suffisante ;

3o La température de 550° doit être prolongée un temps suffisant.

Un grand nombre d'expériences ont été faites pour traiter la bauxite après emploi, par des dissolvants ou produits chimiques, préalablement au grillage. Mais aucun des résultats obtenus n'était une amélioration sur le simple enlevage à la vapeur, pour enlever le kérosène restant. Les solvants essayés étaient le pétrole, l'alcool, l'acétone, le benzol, l'éther, le tétrachlorure de carbone, et mélanges desdits, alors que les produits chimiques étaient le carbonate de sodium, la soude caustique, le savon, l'acide chlorhydrique, le phosphate d'ammonium, l'eau et la vapeur à haute pression. Néanmoins, dans aucun cas, il n'a pas été possible, par l'emploi d'un traitement, soit à froid, soit à chaud, d'enlever la totalité des impuretés, qui ne pouvaient être éliminées complètement, que par un grillage dans une bonne atmosphère oxydante. Après un passage à travers un filtre, 90 0/0 du kérosène restant, peuvent être enlevés par la vapeur. La plus grande partie du kérosène, expulsée avant la vapeur, sort par le fond du filtre. Si l'on emploie de la vapeur surchauffée à 150-180°, on laisse la bauxite dans un état sec et facile à manutentionner. Un autre avantage du procédé à la vapeur, réside dans ce fait, que l'expulsion des composés sulfurés à mauvaise odeur, ne commence que lorsque la majeure partie du kérosène a été déplacée : c'est pourquoi il est possible de récupérer une grande partie du kérosène retenu, dans un état convenable pour la refiltration.

Diverses théories ont été mises en avant, pour expliquer « l'empoisonnement » supposé de la bauxite après un usage prolongé par la formation de sulfate ou chlorure d'aluminium et de fer, au moyen des composés chlorés et sulfurés contenus dans les huiles. Cependant, des analyses ont prouvé qu'aucune accumulation de cesdits corps, n'a lieu pourvu qu'on ait procédé à un grillage convenable.

Le même échantillon de bauxite a été employé et récupéré bien des fois avec très peu de perte d'efficacité et pratiquement avec aucun changement dans la composition chimique.

La formation de poussières, due à des grillages répétés, et à des refroidissements successifs, produit une diminution lente, progressive, mais légère d'efficacité ; mais par un tamisage occasionnel, on peut empêcher ceci, et maintenir un type régulier d'activité.

Les tables suivantes donnent des exemples de régénération faites par un élevage à 120° et un grillage à 600°.

TABLE XV

	Couleur du filtrat (Saybolt)	% Soufre du filtrat
Bauxite neuve	18o	0,220
1re Régon	17	0,200
2 —	16	0,230
3 —	13	0,190
4 —	13	»
5 —	15	»
6 —	17	0,230
Bauxite neuv	20	0,180
1re Régon	18,5	0,190
2 —	18,0	0,190
3 —	17,0	0,190
4 —	17,5	0,190
5 —	18,5	»

TABLE XVI

Analyse	Bauxite neuve calcinée	puis calcinée Après 20 emplois
SiO^2	1,59	1,57
$Al^2O^3 + Fe^2O^3 + TiO^2$	97,26	96,94
SO^3	1,15	1,49
Fines passant au tamis 60	3 0/0	28 0/0
— — 90	0,5 0/0	12 0/0
Indice d'ergomètre	14°5	9°4

TABLE XVII

N· de l'expérience	Couleur du filtrat (Saybolt)	0/0 Soufre enlevé	Indice de l'ergomètre
1	24°	40	14°,5
2	22,5	43	»
3	25	50	14,5
4	25	41	»
5	25	45	13,0
7	25	53	»
11	25	48	10,5
12	25	50	»
13	25	41	12,0
14	25	31	10,5
15	25	41	10,0

Les expériences suivantes ont été faites avec des résidus de naphtes non passés à l'hypochlorite, quelques-uns, intermédiaires, ayant été passés à l'hypochlorite.

TABLE XVIII

Expérience	Couleur du filtrat (Saybolt)	0/0 soufre enlevé	Indice de l'ergomètre
6	25	72	”
8	25	58	11
9	25	59	11,5
10	25	65	12,5
16	25	49	9,7
17	»	63	8,8
18	»	55	9,6
19	»	55	9,0
20	23,5	51	9,4

L'augmentation de la poussière dans la bauxite, va concurremment avec une légère diminution du pouvoir désulfurant, et une diminution du chiffre de l'ergomètre.

La bauxite a été traitée par la vapeur « en place » dans le filtre, et grillée dans un four chauffé extérieurement à 550° environ et elle était ainsi exposée à un bon courant d'air, ce qui constitue la caractéristique principale d'un grillage effectif. L'emploi de l'ergomètre assure les conditions « optima » de bon grillage de la bauxite, ainsi que le procure la table.

TABLE XIX

Matière		Température	Temps en heures	Indice de l'ergomètre
Bauxite neuve		500°	1	15°,4
(1)	1re fois	300	1 1/2	12,9
(2)	2e —	500	4	12,8
(3)	3e —	600	1/2	12,7
(4)	4e —	600	1 1/2	13,0
(5)	5e —	600	3	14,6
(6)	6e —	600	2 1/2	15,1

Dans les expériences 1 et 5, la bauxite était grillée dans un plat, dans un four à moufle, dans lequel il n'y avait pas beaucoup de circulation d'air ; dans l'expérience 6, on employait un tube de fer, chauffé extérieurement, dans lequel l'air chauffé était attiré à travers la masse de bauxite. L'indice augmenté de l'ergomètre, indique l'efficacité supplémentaire obtenu, grâce à l'oxydation complète du produit grillé.

Les effets délétères des produits chimiques, considérés comme un moyen d'aider à la régénération de la bauxite sont aussi indiqués par les indices de l'ergomètre.

TABLE XX

Matière		Traitement	Grillage heures		Indice de l'ergomètre
				heures	
Bauxite	neuve	Aucun	500°	1	15°,4
—	usée	H Cl. dilué	550	1	9,3
—	—	Ph^{te} d'ammonium	450	1	8,9
—	—	—	650	3	6,7
—	—	Soude caustique	600	1 1/2	8,8
—	—	S. c. et lavage 6 heures dans l'eau courante	600	2	10,2

La température à laquelle la bauxite neuve est grillée, a une influence très distincte sur son efficacité, tant comme agent de décoloration que comme agent désulfurant et afin d'obtenir les meilleurs résultats, il est absolument nécessaire de prendre grand soin de maintenir la température du four au point convenable.

TABLE XXI

Température grillage	Indice Ergomètre	0/0 d'humidité restant	Couleur filtrat (Saylbolt)	0|0 soufre enlevé	Effets de 9 mois à la lumière sur le filtrat
aucune	0°,0	—	—	—	—
200	0,5	26,0	3°,0	—	—
300	5,0	9,7	20,5	24,0	Gomme brun-jaune à la surface et au fond de la bouteille.
400	14	4	23,5	48,5	Jaune sans aucune gomme
500	9	1	22,5	58,6	Jusqu'à 300
600	7	0,68	21,5	65,6	—
700	7	0,34	21,5	61,2	—
800	6	0,22	20,5	—	Couleur égale à celle de 400° Gomme égale à celle de 500°
900	4,5	0,00	20,0	40,3	Couleur brune, gomme pesante à la surface et au fond de la bouteille.

La plus haute température qu'on puisse atteindre dans le four employé, était de 900° ce qui était considéré comme de la bauxite parfaitement anhydre.

D'autres expérimentateurs cependant, employant 1500° (fours de céramique), ont observé que la bauxite se contracte à environ la moitié de son volume primitif et que, dans un tel état, elle n'a plus aucune valeur, comme agent de filtration. Ceci est dû à l'affaissement des pores capillaires, à cause de la fusion partielle de la bauxite, et l'on peut voir dans la table ci-dessus, que ledit phénomène commence entre 700 et 800°.

Pour une efficacité environ convenable, la bauxite doit être grillée vers 400°, point du maximum de valeur du chiffre d'ergomètre.

Il faut aussi noter que le filtrat provient d'une bauxite grillée à 400°, supporte les effets de la lumière et de l'air, mieux que celle chauffée à toute autre température, ce qui constitue une preuve additionnelle, que le chiffre maximum de l'ergomètre correspond à l'efficacité maxima (400°).

Le résultat de l'étude de l'emploi de la poussière de bauxite comme agent de filtration, donne une force additionnelle à la théorie, qui dit que la principale action d'adsorption a lieu dans l'intérieur des pores capillaires des grains, et non à leur périphérie. Ceci s'applique principalement aux composés sulfurés, qui sont en solution vraie, mais dans le cas de la couleur, où une grande proportion de ladite est probablement en suspension colloïdale, l'action de la filtration paraît largement avoir lieu à la surface des grains. On en voir la preuve dans le pouvoir décolorant augmenté avec la diminution de la taille des grains, ce par quoi la surface totale externe, d'un poids déterminé de matière, augmente progressivement. Cf la table suivante:

TABLE XXII

Grosseur de la bauxite	0/0 de soufre total enlevé		Couleur du « filtrat » (Saybolt)	
	1· Par agitation	2· Par perculation	1· Par agitation	2· Par perculation
10/20	25	—	—	—
	23	—	13º	17º
20/30	31	33	17	17
	31	—	—	—
30/60	33	—	—	—
	32	37	19	21
60/90	30	32	21	23
90/100	25	—	—	—
	24	—	22	—
au-dessus	24	—	22 1/2	—

Le chiffre maximum pour l'enlèvement des composés sulfurés correspondant avec la maille 30/60, est probablement dû au diamètre des grains, qui sont du chiffre convenable, pour donner la longueur la plus efficace aux pores capillaires. Des grains plus grands contiendraient des pores qui n'auront pas d'ouvertures, pour permettre l'entrée du liquide, alors que dans des grains pluspetits, les pores peuvent être d'une longueur moins efficace.

La table montre aussi la supériorité de la méthode à la percolation à la méthode d'agitation. En faisant des essais à l'ergomètre, les effets relatifs des poussières et des particules de taille élevée, doivent être prises en considération, pour deux raisons :

a) L'efficacité plus faible de ces deux tailles extrêmes ;

b) Les différentes quantités de liquide qui peuvent être emmagasinées par des bauxites de grosseurs différentes. Ces deux facteurs agissent à la fois dans le même sens, c'est-à-dire donne un chiffre de l'ergomètre plus faible : par suite, la bauxite qui a été employée pendant quelque temps, et désintégrée à une taille plus fine par le grillage et par le frottement, donnera un chiffre légèrement plus bas que la même bauxite neuve, et cela bien qu'elle soit parfaitement propre. Les effets de la grosseur de la bauxite sur les chiffres de l'ergomètre, se voient dans la table suivante.

TABLE XXIII

Grosseur de la bauxite	Indice de l'ergomètre
Refus au 10.	7º,5
Entre 10 et 20.	9,1
» 20 » 30.	13,4
» 30 » 40.	15,7
» 40 » 60.	15,3
» 60 » 70.	15,6
» 70 » 90.	15,6
Passage au 90.	12,0

Filtration sous pression et dans le vide

Afin de voir s'il était possible de produire une meilleure désulfuration en forçant le kérosène, à travers les pores de la bauxite, des expériences ont été faites de deux façons :

a) Des pressions variant de 100 à 240 lbs par pouce carré, ont été appliquées sur le liquide passant à travers la bauxite ;

b) On a opéré en évacuant le récipient où était contenue la bauxite, afin de vider les pores d'air et afin de faciliter ainsi l'entrée du kérosène.

Les expériences de pression étaient d'abord conduits dans une bombe de Malher, la bauxite et le kérosène étant introduits ensemble, et la pression obtenue au moyen d'un cylindre d'azote.

Aucune résultat appréciable n'a cependant été obtenu.

TABLE XXIV

Pression	0/0 de soufre dans le « filtrat »
Aucune.	0,05
140 livres, par pouce carré. . .	0,04
240 » »	0,04

Dans l'expérience qui suit, un tube en V rempli de kérosène, était attaché par un bout à une chaudière à vapeur, travaillant sous 100 livres de pression par pouce carré et par l'autre, au filtre contenant la bauxite. De cette façon, on avait une filtration directe sous 100 lbs de pression, la vitesse de filtration étant réglée par une valve au fond du filtre. Des comparaisons directes étaient alors faites sous la pression atmosphérique à la manière ordinaire.

TABLE XXV

	100 livres de pression	Pression atmosphérique
S dans le « filtrat »........	0,15 0/0	0,13 0/0
Couleur du »	22° Saybolt	23°
S dans le « filtrat »........	0,22 0/0	0,19 0/0
Couleur du »	22° Saybolt	23°

Ces résultats prouvent que l'augmentation de la pression n'a aucune importance.

Dans les expériences par le vide, la bauxite était d'abord grillée à l'air pour enlever l'humidité, puis transportée dans un tube en silice, reliée à une pompe à vide, et l'on continuait le chauffage pendant 15 minutes sous une pression de 2 à 3 millimètres.

La bauxite était alors refroidie tout en demeurant sous le vide, et le kérosène était introduit à travers un entonnoir à robinet, sans qu'on permit à l'air d'entrer dans le tube. Après un repos de 5 minutes, on coupait le vide. Afin de forcer le kérosène à travers les pores de la bauxite, et 15 minutes plus tard le kérosène était filtré sous suction. Les expériences étaient répétées, en employant le même appareil, mais sans vide, pour comparer avec la filtration ordinaire.

TABLE XXVI

	Vide 0/0	Pression atmosphérique
Soufre dans le filtrat......	0,077 .	0,137 0/0
—	0,070	0,135 0/0

L'expérience a été faite ensuite, sur une plus grande échelle; mais dans ce cas, la bauxite était grillée à l'air libre, et transportée encore chaude à un filtre en fer, dans lequel on la laissait refroidir dans le vide, en se dispensant du grillage dans le vide. On faisait couler le kérosène, et après avoir coupé le vide, la filtration avait lieu à la manière ordinaire.

TABLE XXVII

	Vide	Pression atmosphérique
Soufre dans les 1ers 50cc. de filtrat.....	0,049	0,040
— 2e —	0,067	0,077
— 3e et 4e —	0,132	0,190
Moyenne.................	0,095	0,099

Il s'ensuit que le grillage actuel, dans le vide, est nécessaire pour vider les pores de l'air y contenu. A moins que ceci ne soit fait, il ne résulterait aucun avantage de cette dernière méthode, soit parce que les pores n'ont jamais été réellement vidés, ou bien ils absorbent l'air très rapidement, durant le faible espace de temps qui s'écoule entre le transport du four et l'application du vide.

Des deux possibilités, la première apparaît probable. On avait espéré que le *refroidissement sous le vide,* aurait donné une activité plus grande, mais comme le *grillage sous le vide* est le facteur principal, ceci fait rejeter la méthode au point de vue pratique. L'augmentation d'activité de la bauxite, par un grillage sous le vide, est aussi très apparent par le grand dégagement de chaleur qui se produit quand le kérosène coule sur la bauxite.

Le tube de silice s'échauffait jusque vers 40° (la main seule le ressentait) alors qu'avec les expériences sans le vide, on n'observait en somme qu'un indice d'ergomètre de 16° insensible à la main.

On pouvait aussi noter une grande différence entre la bauxite des deux expériences. Après filtration du kérosène, on avait la couleur rouge habituelle, tandis qu'après le traitement par le vide, le filtrat était noir, à forte odeur de cracking. Les odeurs étaient très différentes. Aucun résultat de ce genre n'a été observé dans la deuxième série d'expériences où l'on avait omis de griller sous le vide.

L'activité augmentée décrite ci-dessus doit avoir été très prononcée, si le noircissement de la bauxite était dû à la formation de carbone, ainsi que l'odeur de cracking paraît l'indiquer ; mais ce point n'a pas encore été confirmé.

Traduit par A. HUTIN

VARIA

L'industrie électrochimique et électrométallurgique en Suisse
pendant l'année 1924 [1]
Par M. Frédéric REVERDIN

L'amélioration constatée l'année dernière dans la marche des industries électrochimiques et électrométallurgiques s'est accentuée pour un certain nombre d'entre elles, pendant l'année 1924 ; on peut s'en rendre compte en considérant les chiffres de la production et des exportations ; pour d'autres, malheureusement, cela n'a pas été le cas, bien au contraire.

Cependant, si dans l'ensemble, les transactions auxquelles ont donné lieu ces branches de l'industrie chimique ont été plus satisfaisantes, la rentabilité de diverses exploitations laisse toujours à désirer ; la marge des bénéfices reste minime et la concurrence étrangère, allemande en particulier, y trouve son profit. Ce fâcheux état de choses tient à diverses circonstances parmi lesquelles le change déprécié des pays voisins, les barrières douanières, la cherté de la vie en Suisse et les moyens de transport trop onéreux, sont, sans doute, les principales. On se demande si l'on ne pourrait pas, avec de la bonne volonté et une compréhension plus nette des besoins de l'industrie, remédier à quelques-unes tout au moins de ces difficultés, à celles en particulier qui sont la conséquence de notre politique intérieure. La plupart de nos correspondants se plaignent des tarifs des C. F. F. pour le transport des marchandises, d'autre part, on sait que le trafic ferroviaire s'est fortement accru l'an dernier, et que les autres régies fédérales ont cessé d'être déficitaires. Ne serait-ce pas le moment propice d'alléger les charges de l'industrie en combattant la cherté de la vie par une politique avisée, en réduisant les tarifs de transport et les impositions, directes ou indirectes de diverses natures, pour lui permettre de se développer normalement, d'autant plus que ce développement de nos industries d'exportation est avantageux pour la Confédération et contribue au bien-être général de notre pays.

Si nous considérons la marche des industries du four électrique, nous pouvons constater que pour ce qui concerne en premier lieu le *carbure de calcium*, sa production en Suisse a été en assez forte augmentation de même que son exportation.

On estime, en effet, la production des usines suisses pour le marché courant, c'est-à-dire pour l'emploi à l'éclairage, au chauffage, ainsi qu'à la soudure autogène et pour l'exportation, à 18.700 tonnes dont 3.600 ont été consommées dans le pays et 15.100 exportées ; la production aurait donc plus que doublé depuis l'année dernière au bénéfice surtout de l'exportation, car la consommation suisse n'aurait augmenté que de 600 tonnes. La valeur de l'exportation a été de fr. 3.806.000 contre 1.559.000 en 1923 ; sur ce total, la Belgique en a absorbé pour fr. 1.873.000 et la Hollande pour fr. 1.023.000.

Si ces augmentations sont réjouissantes, il faut cependant rappeler que l'industrie du carbure a terriblement souffert et souffre encore de la crise mondiale. Elle était, comme on le sait, arrivée à son apogée en 1918, avec une exportation de près de 76.000 tonnes à destination principalement de l'Allemagne et de la France, pour tomber ensuite, en 1923, à 6.131 tonnes seulement, dont la moitié à destination de la Belgique. Actuellement l'exportation en France, en Italie et en Allemagne a fortement diminué, ces pays ayant construit de nouvelles usines, mais quelques exportateurs suisses ont réussi à étendre leurs débouchés en Angleterre, en Hollande, en Belgique et jusqu'en Amérique centrale et méridionale, même en Afrique, aux Indes et en Chine. Pour ces longs voyages, on fabrique des fûts à carbure renforcés ou on place les fûts ordinaires dans des emballages de bois, puis on utilise la voie fluviale du Rhin jusqu'au port de mer voulu.

Voici les chiffres des exportations du carbure pendant les cinq dernières années :

Année	Quantité tonnes	Valeur Fr.	Valeur moyenne par q. m. Fr.
1920	9809	4.441.000	44.90
1921	9890	3.357.000	33.93
1922	9260	2.236.000	24.14
1923	6130	1.559.000	25.43
1924	15104	3.806.000	25.19

(1) Ce rapport, extrait du *Bulletin Commercial et Industriel Suisse* du 15 Mai 1925, et rédigé à la demande du Comité de la Société Suisse des Industries chimiques, pour être publié dans le Rapport annuel de l'Union Suisse du Commerce et de l'Industrie, qui paraîtra prochainement, a été mis à notre disposition par son auteur avec l'assentiment du Vorort de l'Union.

Les prix du carbure pour la consommation suisse ont été de fr. 37 à 42 les 100 kgs suivant les quantités, sans emballage, rendu franco en gare du destinataire et il a été perçu un supplément de 2 francs pour le carbure granulé jusqu'à 50 m/m.

A la production dont nous venons de parler, il faut ajouter celle du carbure fabriqué comme matière intermédiaire et qui trouve son emploi dans la préparation des *engrais azotés* et de divers produits chimiques, tels en particulier que *l'aldéhyde, l'acide acétique* et le *meta*. Cette quantité est estimée à 26-28.000 tonnes. La fabrication de la *cyanamide* n'ayant progressé, comme tonnage, que d'une manière modérée, et sa consommation dans le pays étant d'environ 1600 tonnes, on peut supposer que la quantité de carbure destinée à être transformée en produits chimiques et spécialement en acide acétique a à peu près doublé et qu'elle a passé de 5.000 tonnes en 1923 à 10.000 tonnes en 1924, pour cet usage ; il faut noter encore que la préparation du « meta » a été également en augmentation croissante.

L'exportation de l'acide acétique (acide acétique brut ou purifié : dénaturé) qui était en 1923 de 1.038 tonnes, représentant fr. 1.097.000. a passé en 1924 à 2.125 tonnes, et fr. 2.029.000, dont plus de la moitié à destination de la Hollande.

L'introduction de la nouvelle valeur stable en Allemagne a eu un effet favorable sur la fermeté des prix de ces produits, soit en particulier des dérivés du carbure, ce qui a permis entre autres le développement de la fabrication et des débouchés de l'acide acétique ; quant à la cyanamide, la demande en a été assez active pour pouvoir utiliser de l'énergie électrique restée sans cela improductive ; malheureusement, son exportation en Italie se bute à des droits de douane trop élevés, et à un transport trop coûteux.

La cyanamide, qui est comprise dans la même rubrique du tarif douanier que les superphosphates, a donné lieu à une exportation d'une certaine importance ; la valeur de cette double exportation, dont la cyanamide représente la plus grande part, a dépassé, en 1924, 4 ³/₄ millions de francs, dont 3 ¹/₂ millions à destination de la France ; la quantité a été en augmentation de 3.797 tonnes sur celle de l'année précédente.

L'emploi du *phosphazote,* cet engrais utilisant pour sa fabrication la cyanamide, transformée en urée, se généralise rapidement ; cependant, la production suisse n'en a guère augmenté, et c'est surtout à l'étranger que plusieurs usines sont en marche ou en voie d'agrandissement ; en Suisse, l'usine de Martigny avait déjà, en 1923, atteint son maximum de production possible, la situation du change et la minime consommation de la Suisse en engrais azotés ne l'a pas engagée à augmenter ses installations.

La « Compagnie de l'azote et des fertilisants » (Genève), qui a lancé le phosphazote, a entrepris pour la fabrication du *vitazote,* engrais également à base de cyanamide transformée en urée et de tourbe, des essais qui ont été couronnés de succès ; le procédé de fabrication est actuellement exploité en grand par l'usine de St-Fons, près Lyon, de la « Compagnie de St-Gobain », qui doit procéder prochainement à l'agrandissement de ses installations.

Une autre production du four électrique, les *ferro-alliages,* a vu, en 1924, son exportation rétrograder ; de 4.719 tonnes qu'elle était en 1923, elle est tombée à 2.713 tonnes pour une valeur de 1.591.000 francs.

La « S. A. La fonte électrique » a repris sa fabrication à Bex (Vaud), après avoir appelé le solde de son capital ; elle produit actuellement de la *fonte,* du *ferro-silicium,* ainsi que du *ferro-chrome affiné* et *carburé ;* cette exploitation a été fortement gênée, à la fin de l'année déjà par le manque d'eau.

Quoique l'accroissement de la production et de l'exportation du carbure et de quelques-uns de ses dérivés soit encourageant, il ne faut cependant pas se dissimuler que les prix de vente des produits du four électrique dont nous venons de parler, spécialement du carbure et des ferro-alliages, ne sont pas encore suffisamment rémunérateurs ; malgré que les matières premières aient été un peu meilleur marché, les prix de revient de ces produits sont encore trop élevés en Suisse par le fait des circonstances défavorables dont il a été question au début ; cette industrie souffre tout particulièrement de la cherté des transports ; il serait fort désirable, pour donner plus de vie à ce genre d'exploitations, que l'on tienne compte en haut lieu des démarches faites jusqu'à présent par les industriels pour obtenir une réduction des tarifs.

La production et la vente de l'*aluminium* ont donné, en 1924, des résultats satisfaisants ; les conditions favorables dans lesquelles se sont trouvées les forces hydrauliques ont permis une production normale qui a pu être vendue à des prix plutôt stables sur les marchés européens et sur ceux d'outre-mer. Dans cette industrie, les fabricants se plaignent aussi des fortes impositions fiscales de toute nature, des frais de transport trop élevés qu'ils ont à payer sur les matières premières, ainsi que sur le métal livré à la clientèle ; ce sont de lourdes charges pour leurs entreprises et pour les relations commerciales entre leurs diverses usines.

Les exportations de l'aluminium, sous toutes ses formes, ont considérablement augmenté en 1924 et sont arrivées comme tonnage au plus haut chiffre que l'on ait encore constaté.

Voici les quantités et valeurs des exportations de l'aluminium et d'articles d'aluminium, pendant les cinq dernières années :

Année	Quantité en t.	Valeur en Fr.
1920	6120	30.504.000
1921	8610	27.393.000
1922	9170	23.517.000
1923	12150	31.826.000
1924	15696	47.209.000

L'extension que prend chaque année l'emploi de l'aluminium dans les exploitations électriques, dans l'automobilisme et dans l'aviation, ainsi que pour les usages ménagers, explique suffisamment le succès de cette industrie ; la qualité régulière et la grande pureté du produit des usines suisses font apprécier le métal de cette provenance dans le monde entier. C'est en Grande-Bretagne (11 $1/_8$ millions de francs), en France (près de 9 $1/_2$), aux Etats-Unis (près de 7 $1/_2$), en Allemagne (près de 4), et en Italie (3 $1/_3$), que l'exportation a été la plus considérable, mais la plupart des autres contrées du monde sont également des clients de la Suisse pour le métal en question.

La production de l'*acide nitrique*, au moyen de l'azote et de l'arc électrique, exploitée précédemment par la fabrique d'aluminium de Chippis, de la « S. A. pour l'industrie de l'aluminium » de Neuhausen, a été définitivement abandonnée, la concurrence étrangère offrant cet acide à des prix qui ne présentent plus d'intérêt pour son maintien.

Avant de quitter les exploitations du four électrique, disons encore que la fabrication du *ciment alumineux* (électro-ciment), dont il avait été question dans nos précédents rapports et sur laquelle on fondait certaines espérances, paraît avoir été tout à fait abandonnée en Suisse ; la bauxite revient trop cher pour que ce ciment puisse lutter avec les ciments Portland à hautes résistances qui se fabriquent de plus en plus dans notre pays et ailleurs, sous le nom de « ciments spéciaux ».

Les exploitations basées sur l'*électrolyse* ayant pour but la fabrication des divers produits dont nous allons parler maintenant, ont continué avec des résultats plus ou moins rémunérateurs ; la plus grande partie de leur production sert aux besoins d'autres fabrications exploitées par l'usine productrice ou à la consommation dans le pays ; il n'y a guère que les chlorates, perchlorates et persulfates, ainsi que le peroxyde d'hydrogène qui donnent lieu à des exportations d'une certaine valeur. La statistique indique pour les *chlorates, perchlorates* et *persulfates* une exportation en 1924 de 1462 tonnes seulement pour une valeur de fr. 1.100.000, principalement aux Etats-Unis, en Angleterre et en Belgique ; elle avait été en 1923 de 2578 tonnes et fr. 1.566.000. Celle du *peroxyde* d'hydrogène a été de 924.000 francs (Angleterre, Italie et France).

Les fabricants de *chlorate de potasse* se sont vus dans la nécessité de restreindre leur production qui n'était plus suffisamment rémunératrice et ils ont installé, pour utiliser leur énergie électrique, les fabrications du sodium, de la soude caustique et du peroxyde de sodium, dont les emplois se sont développés ; quoique la situation en Suisse ne soit pas spécialement favorable pour ces fabrications, elle l'est cependant plus que pour la production des chlorates.

On note cependant que le *chlorate de soude* s'est trouvé dans une situation un peu meilleure, grâce à une plus grande consommation dans le pays et qu'à la fin de 1924 la demande en *perchlorate de potasse* a été assez active, ce qui a engagé quelques fabricants à supprimer totalement la préparation du chlorate de potasse pour ne conserver que celle du perchlorate, permettant de réaliser un modeste bénéfice.

La fabrication du *perborate* a été aussi installée en Suisse pour les besoins du pays.

Vers la fin de l'année passée, il s'est produit une amélioration dans les livraisons d'*eau oxygénée*, après une baisse de prix sensible ; mais il y avait de forts stocks et la production de cette année a été encore plus élevée que la vente. Les tarifs douaniers, beaucoup trop élevés dans les pays à change déprécié, comme en France et en Italie, ont rendu l'exportation presque impossible. Ce n'est pas sans inquiétude que les industriels constatent qu'à l'étranger les prix de revient sont moins élevés ; avec des salaires trop élevés et le coût exagéré de la force électrique, ils se demandent s'ils pourront résister à la concurrence. C'est grâce à une baisse du prix de vente et à un nouveau débouché pour leur produit, l'Amérique, qu'ils ont pu finalement écouler leur stock.

On nous écrit d'autre part que l'industrie dont nous venons de parler (per-sels et eau oxygénée) est malheureusement dépendante de l'industrie allemande qui a syndicalisé ces fabrications ; elle produit à meilleur marché sous tous les rapports et peut prescrire les prix. Les grands progrès qui se réalisent pour les grosses installations de forces motrices, les prix très avantageux dont jouissent les industriels allemands pour leurs matières premières qui leur sont fournies bon marché, tandis qu'elles sont livrées à l'industrie étrangère à des prix plus élevés, la main-d'œuvre à 40 0/0 meilleur marché et les facilités d'exportation pour la Suisse rendent bien difficile la vie des fabricants suisses.

Si nous passons à l'électrolyse du sel (*chlorure de sodium*), nous constatons qu'elle n'a pas donné lieu, en 1924, à de grands changements quant à la production ; la Suisse a encore importé de France et d'Allemagne 7.250 tonnes de *potasse* et de *soude caustique* à l'état solide, et 488 tonnes de *lessives*, quantités un peu inférieures à celle de l'année précédente, ainsi que 652 tonnes de *chlorure de chaux*, soit un peu plus qu'en 1923.

La consommation suisse de ce dernier produit et de l'*eau de javelle*, dont les prix sont restés les mêmes, a été presque entièrement couverte, quoique avec un minime bénéfice, par la fabrication indigène ; on utilise en Suisse, pour le blanchiment, quelques milliers de tonnes de chlorure de chaux.

L'emploi de la soude caustique et de la lessive s'est assez développé dans le pays pour que l'on envisage même des augmentations dans les installations.

Cependant, certaines fabriques, peut-être moins bien placées que d'autres, au point de vue de la matière première, sont obligées de se contenter, pour la soude et le chlorure de chaux, d'un prix de vente qui serait déficitaire pour leur exploitation, si la vente d'autres dérivés ne venait pas compenser la perte qui en résulte.

La cherté de la matière première pour les fabricants du Valais, par exemple, est attribuée à la politique suivie par les salines suisses (Rhin et Bex), aux frais de transport par les C. F. F. qui en découlent et à l'emprise fiscale en Valais de 50 centimes par 100 kgs pour le sel qui ne coûte probablement pas même autant dans les grands pays de production.

Le *sodium* n'est fabriqué à Monthey que pour son emploi dans l'usine même de la « Société pour l'industrie chimique à Bâle ».

Quant au *chlore liquide* fourni à la clientèle suisse, sa consommation a sensiblement augmenté, de même que son importation, de provenance allemande, qui a un peu plus que doublé depuis l'an dernier.

La « Compagnie des produits électrochimiques S. A. » à Bex, a terminé en 1924 ses installations pour la fabrication des *planches de cuivre électrolytiques* par un nouveau procédé qu'elle avait étudié antérieurement et qui donne maintenant toute satisfaction au point de vue de la qualité. Les divers spécialistes qui ont été appelés à examiner des procédés analogues ont toujours conclu à l'impossibilité d'obtenir par électrolyse des planches de cuivre pouvant remplacer les planches laminées ; or, bien au contraire, les planches de la fabrication de la Société ci-dessus nommée, présentent même divers avantages sur celles que l'on obtient par laminage.

Notons en terminant, que l'industrie électrochimique compte encore à son actif la préparation de l'*oxygène* et de l'*hydrogène* obtenus par l'électrolyse de l'eau.

Sur la fabrication et les caractères tinctoriaux
de l'extrait de garance Pernod
Par **Albert SCHEURER** (1)

Parmi les extraits de garance que vit naître le xixᵉ siècle, l'alizarine verte d'Emile Kopp est le premier produit qui offrit un intérêt industriel.

Il était obtenu en traitant la garance par l'eau saturée d'acide sulfureux. Chauffée à 50°, la solution abandonnait un abondant précipité de purpurine, tandis que l'ébullition en précipitait l'*alizarine verte*.

Ce corps était livré au commerce, concassé en petites masses d'apparence cristalline et d'un beau vert de cantharide.

Malheureusement, il ne se prêtait pas à l'application par vaporisage. La présence de certaines impuretés, notamment d'un résinoïde paralysait tous les efforts faits dans cette direction.

(1) Bulletin de la *Société Industrielle de Mulhouse*, t. XCI, 1ᵉʳ janvier 1925, p. 97.

Cette grosse difficulté ne fut vaincue qu'après la découverte d'un traitement à l'huile de schiste, débarrassant l'alizarine des corps étrangers qui la souillaient.

Ainsi purifiée, et à l'état de pâte, elle fut livrée à l'industrie dès l'année 1865, sous le nom d'*alizarine jaune* par la maison Schaaf et Lauth, à Strasbourg. Ce beau produit donnait, en couleurs d'application, le camaïeu rouge et rose, et le violet, dans leur plus grand état de pureté.

C'était la pleine et entière réalisation du rêve caressé pendant un demi-siècle par les coloristes des fabriques d'indiennes, et une révolution profonde et sensationnelle dans la fabrication de l'indienne.

Mais ce n'était pas tout que d'avoir une alizarine assez pure pour se prêter à l'application, il fallait encore trouver une recette de couleur réunissant toutes les conditions voulues.

On savait depuis longtemps que la laque qui constituait le rouge d'Andrinople comprenait quatre éléments essentiels : l'alumine, la chaux et la matière colorante unis à un acide gras. Pour la reproduire, il fallait leur présence simultanée dans la couleur d'application, sous peine de se borner à imprimer l'alizarine et les mordants minéraux sur tissu huilé. Mais cette demi-solution faisait disparaître le principal avantage du procédé en réduisant de beaucoup la généralité de son emploi. On connaissait bien, depuis une vingtaine d'années, l'acide sulfoléique préconisé par Runge, mais, fut-on plus expert qu'on ne l'était dans son emploi, on n'échappait pas au grave défaut qu'il présentait de rendre impossible l'exécution parfaite des fonds blancs purs, sans compter d'autres inconvénients connus de tous les praticiens : le jaunissage lent de la marchandise, son toucher gras et son odeur ; défauts infiniment moins sensibles depuis l'emploi des sulforicinates.

La solution complète du problème, due à la collaboration d'Oscar Scheurer et d'Albert Hartmann, comportait l'introduction dans la couleur d'impression avec l'acétate d'alumine et la matière colorante du corps gras sous forme d'oléate de chaux. Cette combinaison obtenue avec un mélange d'huile tournante et d'hypochlorite de chaux jouissait de la propriété essentielle de se mêler à la couleur dans un état extrême de division.

C'est grâce à ces inventions que la maison Scheurer-Rott fut mise à même de livrer d'une façon courante à la vente, dès l'année 1865, les premières pièces d'indiennes où l'on voyait figurer, à côté des couleurs vapeur ordinaires, le rouge, le rose, et le violet d'alizarine qu'on n'avait jamais pu produire autrement que par teinture.

Cette question de couleur comportait de telles difficultés, que la généralisation de la nouvelle fabrication suivit une marche ascensionnelle très lente dans les débuts. Un certain nombre de chimistes ignoraient le rôle prépondérant de la chaux. Sans le concours de cet élément, il était de toute impossibilité de faire du rouge.

Sous l'inspiration de Camille Koechlin, la maison d'Andiran, de Mulhouse, vendait un extrait de garance de rendement double de celui du commerce à un prix à peine supérieur à celui de *l'alizarine jaune*. C'était, pour beaucoup de consommateurs, un énigme insondable. Le secret consistait simplement à vendre, comme extrait spécial, un mélange d'alizarine jaune avec une proportion déterminée d'acétate de chaux. Ce fut un succès très grand et très justifié.

L'année 1867 vit apparaître l'extrait Pernod, qui a fait l'objet de la note de M. Garet (1).

L'alizarine jaune, dont la fabrication avait été confiée à la maison Schaaf et Lauth, était extraite directement de la garance. L'extrait Pernod, au contraire, dérivait de la garancine. Il renfermait, à la fois, l'alizarine et la purpurine et, par suite, devait donner un rouge tirant sur l'écarlate, et des roses jaunâtres peu recherchés du reste.

En 1868, on voit surgir sur le marché l'extrait inventé par Paul Schutzenberger et fabriqué par Meissonier.

C'était également un extrait intégral, mais d'une pureté telle qu'elle lui valut un très long et très juste succès, et qui dura bien au-delà de l'introduction dans le commerce de toutes les marques d'alizarine artificielle par lesquelles on eût grand'peine à le remplacer.

Ainsi que l'extrait Pernod, il dérivait de la garancine, mais par un procédé plus simple et moins coûteux. Il consistait à épuiser la garancine par la benzine, à chasser cette dernière par distillation, à redissoudre le résidu dans l'acide sulfurique concentré et à précipiter cette dissolution par l'eau.

Nous ne connaissons pas la préparation de l'extrait de Rochleder avec lequel la maison Leitenberger, de Cosmanos, se livra à d'infructueux essais.

Cet extrait de Rochleder n'entra jamais dans le commerce, si mes renseignements sont exacts, ce qui indiquerait bien une infériorité du produit.

____

(1) Voir *Moniteur Scientifique*, 996e Livr. juin 1925, p. 138.

Sur le choix de la garancine comme matière première
de la fabrication des extraits

Les éléments tinctoriaux de la racine de garance s'y trouvent à l'état de combinaison, soit avec un glucose, soit avec l'acide carbonique, soit encore avec l'un et l'autre, ou à l'état de pureté. Ces combinaisons glucosiques et carboniques sont des corps plus ou moins impropres à la teinture, telle l'une des plus importantes : la pseudopurpurine, qui ne teint pas les mordants.

Paul Schutzenberger et Auguste Rosenstiehl ont déterminé la nature et la formule de chacun de ces éléments.

Les traitements qu'on fait subir à la garance pour la transformer en *garancine* exercent sur ces corps de profondes modifications que les travaux de ces deux savants permettent de déterminer avec assez de précision. Sous l'action prolongée de l'acide sulfurique bouillant (acide à 52º étendu de son poids d'eau) les glucosides sont décomposés, la pseudo-purpurine et l'orangé d'alizarine (hydrate de purpurine), sont transformés en purpurine. Ces corps sont des colorants accomplis.

Aucun produit non tinctorial ne se rencontre donc plus dans la garancine dont le choix, comme point de départ, se trouvait par hasard, parce qu'à l'époque où apparut l'extrait Pernod, les travaux de Rosenstiehl n'avaient pas encore jeté le dernier jour sur toutes ces transformations dont la conclusion générale était que les matières tinctoriales ne se trouvaient pas toutes formées dans la racine de garance, et qu'elles dérivaient, dans leur ensemble, de deux glucosides : celui de l'alizarine et celui de la pseudopurpurine.

Examen critique de l'extrait Pernod

Le produit livré au commerce en 1867 était un simple extrait, à l'eau bouillante, de la garancine.

Plus tard, pour des raisons d'économie de combustible, la matière colorante fut précipitée par la chaux, et le dépôt décomposé par l'acide chlorhydrique, lavé à fond et soumis à la presse.

Le procédé définitif ne fut mis au point qu'en 1872. Il consistait à épuiser la garancine par l'eau bouillante chargé de sulfate d'alumine. Le précipité était décomposé par l'acide sulfurique, lavé à fond et exprimé.

Il y a lieu d'observer que l'alizarine, peu soluble dans l'eau d'alun, ne semble pas devoir l'être davantage dans une solution de sulfate.

On sait que la matière orangée forme avec l'alumine une combinaison réfractaire à l'acide sulfurique assez concentré. Il pourrait donc se faire qu'une partie de cette matière colorante fût restée à l'état de corps mort dans l'extrait.

Il n'en est pas moins vrai que, dès 1867, J. Pernod mettait aux mains des coloristes le premier extrait intégral de garance.

Rosenstiehl, qui a fait l'analyse de l'extrait Meissonier, y a trouvé 55 0/0 de purpurine, tandis qu'il a reconnu dans l'*alizarine jaune* de Schaaf et Lauth, que l'on a pris longtemps pour de l'alizarine pure, 30 0/0 de purpurine.

La teneur en purpurine de l'extrait Pernod devait, comme extrait intégral, se rapprocher beaucoup de l'extrait Meissonier, s'il provenait de la même culture de garance, et renfermer peut-être encore plus de purpurine si l'alizarine n'avait pas été intégralement récupérée.

Ici se pose un problème qui ne manque pas d'intérêt.

Comment se fait-il que les résinoïdes, dont la présence s'opposait à l'application de l'*alizarine verte* et qui nécessitèrent une épuration de cette matière, n'aient pas créé les mêmes difficultés à l'emploi de l'alizarine Pernod ?

En ce qui concerne l'extrait Meissonier, la même question se pose, mais, dans ce cas particulier, on peut supposer que les résinoïdes se combinaient avec l'acide sulfurique concentré, dans lequel on dissolvait l'extrait benzénique et restaient en solution dans les eaux de lavage.

La préparation de l'extrait Pernod ne met pas les matières colorantes en contact avec un acide sulfurique assez concentré pour les dissoudre, et on est amené à se demander si ces impuretés qui souillent la garance ne sont pas éliminées par le traitement qui la convertit en garancine.

ACADÉMIE DES SCIENCES

Séance du 6 avril. — Le président fait connaître le décès de M. Rabut, il rappelle que sa maîtrise s'était surtout manifestée dans les applications de la mécanique à la construction. Il sut trouver des moyens de reconnaître le point faible des ouvrages, la cause de leur excès de fatigue et les moyens d'y porter remède. D'autre part il affirma son talent de constructeur dans l'emploi du béton armé qu'il fut un des premiers à proner dans la construction.

Rabut faisait partie de l'Académie depuis l'année dernière seulement.

— Décomposition catalytique des chlorures d'acides. Note de A. MAILHE. — Lorsqu'on dirige un courant de vapeurs de chlorure d'isovaléryle sur un nickel peu actif, chauffé vers 420°, on constate un abondant dégagement d'un gaz chargé de vapeurs chlorhydriques. Il se dégage de l'oxyde de carbone et des carbures éthyléniques (isobutylène principalement). Le chlorure d'isobutyryle donne dans les mêmes conditions du propylène. Avec le chlorure de propionyle on a obtenu de l'éthylène et les mêmes gaz. La décomposition du chlorure d'acétyle conduit à de l'oxyde de carbone et à de l'hydrogène.

Le chlorure de benzoïle se comporte un peu différemment. Il se dégage de l'oxyde de carbone principalement, avec du gaz carbonique et de l'hydrogène en même temps qu'il se forme du dibenzoïle.

— Etude spectrographique du complexe iodocadmique. Note de P. JOB. —

— Sur la formation d'hyposulfites aux dépens du soufre par les microorganismes du sol. Note de G. GUITONNEAU. — Divers organismes du sol sont capables de solubiliser le soufre élémentaire à l'état d'hyposulfite.

Séance du 14 avril. — Neutralisation viscosimétrique des monoacides par les alcalis. Comparaison des chlorate, bromate et nitrate alcalins. Note de Louis Jacques SIMON. — La mesure de la viscosité en solution aqueuse met en évidence d'une façon particulièrement nette la neutralisation des monoacides examinés: par contre elle n'autorise pas de conclusion en ce qui concerne la relation entre la viscosité et l'isomorphisme que nous avons observée précédemment sur les polyacides.

— Sur la photolyse des acides bibasiques. Note de M. VOLMAR. — L'introduction dans une molécule d'acide d'un deuxième carboxyle augmente sa sensibilité à la lumière; la longueur d'onde active est d'autant plus grande que les deux carboxyles sont plus voisins; l'acide oxalique par suite de sa constitution spéciale, présente un maximum de sensibilité à la lumière. L'influence réciproque des deux carboxyles cesse rapidement quand la chaîne s'allonge; à partir de l'acide succinique chacun se comporte comme s'il était seul, la photolyse se produit, comme pour les acides monobasiques sous l'influence de radiations de longueur d'onde 0   21.

— Relation linéaire entre les quantités successives d'acide phosphorique et d'azote contenues dans la feuille de la vigne bien alimentée. Note de H. LAGATU et L. MAUME. — L'évolution des rapports physiologiques des principes fertilisants observée dans la feuille paraît obéir à certaines lois très simples.

Ce processus chimique optimum peut servir de référence pour reconnaître dans le cas d'alimentation défectueuse et de rendement faible, l'insuffisance ou l'excès d'un principe fertilisant par rapport aux autres.

— Mécanisme de la production d'hydrogène aux dépens du glucose par le bacille Coli. Note de E. AUBEL et J. SALABARTAN. — Cette production de glucose correspond à une véritable oxydation, mais à une oxydation par départ d'hydrogène sans accepteur d'hydrogène.

— Sur la constitution chimique du cristallin normal et pathologique. Note de H. LABBÉ et F. LAVAGNA. — Dans la cataracte une modification du contenu protéique normal, une désintégration sensible de l'albumine, une augmentation des acides aminés et des produits d'hydrolyse fort nette des albumines.

Séance du 20 avril. — Influence du radium sur la catalase du foie. Note de A. MAUBERT, L. JALOUSTRE et P. LEMAY. — Comme pour le thorium X on observe avec le radium une paralysie de la catalase avec les fortes doses et une activation avec les doses faibles. L'émanation du radium agit de même, du moins en ce qui concerne les faibles doses, les seules que les auteurs aient pu expérimenter. La seule différence observée est l'action affaiblissante des radiations β et α du radium sur la catalase, fait que dans les conditions de nos précédentes expériences nous n'avions pu constater avec le thorium X.

— Étude thermochimique des dérivés sodés du cyclohexanol. Note de Mlle Germaine CAUQUIL. — L'action du sodium sur le cyclohexanol donne 31 cal., 99. Quand on cherche à appliquer la règle de de Forcrand on trouve une différence de 2 cal., entre les nombres calculés et les nombres obtenus.

— Sur la structure des phénylhydrazones du glucose. Note de M. FRÈREJACQUE Conformément aux vues de Behrend la phénylhydrazone β ne correspond pas à un glucose β.

— Les produits d'hydrolyse fermentaire du rhamnicoside: primevérose et rhamnicogénol. Note de M. BRIDEL et C. CHABAUX. — Le rhamnicoside donne par hydrolyse fermentaire du primevérose et du rhamnicogénol ce dernier est un dérivé du méthylanthranol.

Séance du 27 avril. — Sur les chlororuthénites de potassium. Note de Raymond CHARONNAT. — L'examen des propriétés attribuées aux chlororuthénites bruns de Claus et Gutbier et aux chlorosels rouges de Lewis Howe montre que ces sels ne sont pas isomères.

— Sur les dérivés oxésériniques. Note de Max et Michel POLONOWSKI. — Les composés ψ génésériniques sont des oxindols de formule générale:

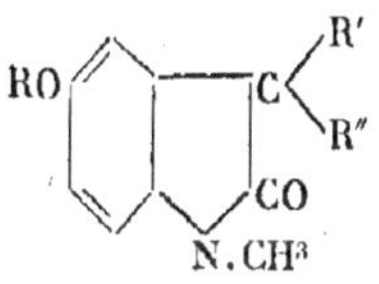

$$\text{RO} \diagdown \text{C} \diagup \begin{matrix} R' \\ R'' \end{matrix} \quad \text{CO} \quad \text{N.CH}^3$$

Les auteurs ont proposé de désigner ces composés par le préfixe Ox.

La preuve de la configuration du noyau basique de l'ésérine: pipéridique ou méthylpyrrolidique doit être cherchée dans la synthèse soit des dérivés N-méthyloxindoliques, par condensation de la méthylparaminophénétidine avec les halogénures des acides α-halogénés correspondants, soit des dérivés hydroindoliques par les hydrazones respectives.

— Sur les produits nitrés de l'éther diphénylglycolique. Note de Constant Dosios et Théod. TSATSAS. — On prend 10 grammes d'éther diphénylglycolique que l'on ajoute par petites portions à 80 c/c d'acide azotique fumant réfroidi en évitant de dépasser — 10°. La solution claire versée dans l'eau donne un dépôt qu'on lave et sèche dont la majeure partie est identique au produit de la réaction du 2,4-dinitrobenzène chloré sur le sel alcalin du glycol. Le corps chauffé en tube scellé à 220° avec du chlorure d'aluminium donne le 2,4-dinitrophénol, F. 114°. Ce corps est donc le tétra-2,4. — 2'.4'-dinitro-diphénoloxyéthylène. F. 215°2. La réduction par le chlorure stanneux donne la tétramine. Cette amine copulée avec l'aniline diazotée donne la réaction de la chrysoïdine.

— Isomérisation des vinylalcoylcarbinols $CH^3:CH.CHOH.R$ en éthylalcoylcétones $C^2H^5.CO.R$. Note de Raymond DELABY et Jean Marc DUMOULIN. — La déshydrogénation catalytique sur le cuivre ou le nickel réduit, sous pression réduite de l'alcool allylique conduit au propanol, comme sous la pression atmosphérique.

Le vinyléthylcarbinol s'isomérise faiblement en diéthylcétone dans les mêmes conditions (cuivre réduit sous 14 m/m à 280-285°). La pression réduite n'évitant pas les réactions secondaires les auteurs ont été ensuite conduits à opérer à la pression ordinaire. Le nickel permet d'opérer à plus basse température que le cuivre. Ils ont opéré sur les vinyléthylcarbinol, vinylpropylcarbinol, et vinylbutylcarbinol; ils ont obtenu les cétones avec des rendements de 51, 57 et 52 0/0 sur le cuivre à 296°, 300° et 325°. Avec le nickel le premier de ces corps a donné à 210° un rendement de. 73 0/0.

— Sur la composition chimique d'un hybride de l'Aconitum Anthora L. et de l'A. Nappellus. Note de A. GORIS et M. MÉTIN. — Dans un hybride bien caractérisé d'A. Anthora et A. Napellus on a trouvé les alcaloïdes correspondant à ces deux espèces.

— Sur les caractéristiques de quelques huiles d'Euphorbiacées. Note de Paul GILLOT. — Les genres Mercurialis et Euphorbia ne sont pas caractérisés seulement par leurs affinités botaniques mais par l'homogénéité des caractères physiques et chimiques que présentent les matières grasses de leurs graines. Pratiquement les huiles des Mercurialis et des Euphorbés sont susceptibles de recevoir les mêmes applications que l'huile de lin.

SOCIÉTÉ INDUSTRIELLE DE MULHOUSE

Produits d'oxydation des colorants amidoazoïques

Pli cacheté n· 1934, déposé le 29 septembre 1909
Par **M. Félix BINDER**
Séance du 26 novembre 1904

J'avais observé, en septembre 1885, que les colorants mono-et poly-amidoazoïques s'oxydent en présence du bistre de manganèse et d'un acide minéral pour former des bruns foncés très riches de ton et remarquablement solides au savon et à la lumière.

En reprenant . ces essais, en juillet et septembre 1909, j'ai obtenu des résultats semblables, en oxydant par l'acide chromique, les mêmes colorants, préalablement foulardés sur tissu.

Le mono-amido-azobenzol forme les bruns les plus foncés, puis la nuance va en s'éclaircissant pour le diamido-azo et plus encore pour le triamido-azobenzol. Ce dernier (brun Bismark), fournit la coloration havane, très nourrie, particulièrement recherchée pour la saison présente.

Ces bruns d'oxydation ont la propriété d'être rongeables en blanc par l'hydrosulfite-formaldéhyde, avec presque autant de facilité que les amido-azos qui leur ont donné naissance.

Pli cacheté, n° 1967, déposé le 19 janvier 1910

Comme complément à mon pli cacheté n° 1934, concernant les colorants obtenus par oxydation des dérivés aminoazoïques, je tiens à mentionner encore que mes essais du mois de septembre 1885 ont été étendus à la formation des mêmes colorants par couleurs vapeur, à la manière du noir d'aniline. Mes livres d'essais portent à la date du 15 janvier 1886 des bruns obtenus en imprimant un mélange de brun Bismark, chlorate de soude, chlorure d'ammonium et chlorure de vanadium. Un échantillon a été développé au vaporisage et savonné au bouillon.

J'ai établi ces derniers temps que ces couleurs d'impression peuvent être réservées ou rongées à l'hydrosulfite-formaldéhyde, en imprimant celui-ci respectivement avant l'application du mélange d'aminoazoïque et de chlorate, ou après le finissage du brun.

La couleur d'impression peut être remplacée par une couleur non épaissie, appliquée au foulard. Mais il faut, dans ce cas, opérer avec des composés aminoazoïques susceptibles de rester en solution en présence du chlorate, tel que, par exemple, l'aminochrysoïdine (sel chlorhydrique) :

$$NH^2 \langle \bigcirc \rangle - N = N - \langle \bigcirc \rangle NH^2$$
$$|$$
$$NH^2$$

On foularde avec le mélange suivant :
20 gr. aminochrysoïdine HCl, 25 gr. chlorate de soude, 20 gr. chlorure d'ammonium, 935 gr. eau = 1.000.
(L'addition de vanadium produit, dans ce cas, une oxydation trop énergique et devient par conséquent superflue).
On sèche et imprime une couleur à l'hydrosulfite renfermant :
200 gr. rongalite C (B. A. S. F.), 300 gr. british gum sec, 450 gr. eau, 50 gr. anthraquinone en pâte à 30 0/0 = 1.000.
(Cette couleur peut être additionnée, au besoin, de pâte d'oxyde de zinc).
On vaporise au petit Mather-Platt, 3 à 4 minutes à 105°, rince et savonne au bouillon.
Les enlevages colorés s'obtiennent en ajoutant à l'hydrosulfite des colorants appropriés, tels que colorants soufrés, colorants basiques, additionnés de tannin.

BIBLIOGRAPHIE

L'Argus de la Presse, 37, rue Bergère, Paris IXe, fondé en 1879, prépare en ce moment la prochaine édition de *Nomenclature* des journaux en Langue française paraissant dans le Monde entier. Ce volume de plus de 500 pages, contiendra plus de 6.000 noms de journaux différents. Prix : **25 francs**.

Mon poste de T. S. F. par Joseph ROUSSEL, secrétaire général de la Société française d'étude de Télégraphie et de Téléphonie sans fil. — Un vol. 22/14^{cm}, avec 156 figures. **10 fr.**
Librairie VUIBERT, Boulevard Saint-Germain 63, Paris (5e).

Dans cet ouvrage, qui fait suite au « Premier livre de l'Amateur » et à « Comment recevoir la Téléphonie », l'auteur s'est proposé de tenir les amateurs au courant des progrès les plus récents de cette science qui les concernent directement.
L'ouvrage se divise en quatre parties : appareils de réception, appareils d'émission, procédés et appareils de mesure, dispositifs d'actualité.
Le chapitre des appareils de réception est divisé en trois parties : étude méthodique des postes récepteurs à galène, étude des récepteurs à lampes, qui se subdivise elle-même en récepteurs de types classiques et récepteurs complexes. L'auteur en a donné une étude très détaillée.
Un second chapitre réservé à l'émission d'amateur, comporte la description de trois types différents, utilisables tant en téléphonie qu'en télégraphie.
Dans un troisième chapitre, l'auteur décrit, en partant de deux appareils industriels, une série de procédés et dispositifs de mesure que tous peuvent réaliser à peu de frais.
Enfin une quatrième partie traite de l'alimentation des postes sur courant alternatif redressé, utilisation des fiches et jacks, montage crystadyne à cristaux générateurs, etc.
L'ouvrage se termine par l'exposé d'une méthode pratique de recherches des pannes d'un appareil de réception quelconque.

Analyse bactériologique des eaux potables (Guide pour l'examen des eaux destinées à l'Alimentation), par P. MOLLIEX, Expert-Chimiste près les Tribunaux, Chimiste principal au service de Surveillance des eaux d'alimentation de la Ville de Paris. Préface de M. le Docteur POTTEVIN. — 1925, in-18, XII et 192 pages. . . **10 francs**.
LE FRANÇOIS, 91, Boulevard St-Germain, Editeur

Cet ouvrage est un complément au Précis d'analyse chimique des Eaux du même auteur. C'est un Précis d'analyse bactériologique.
La partie consacrée à la technique générale est à elle seule un véritable petit traité de technique bactériologique, suffisant largement non seulement à l'analyse des eaux, mais encore à la microbiologie en général.
La monographie des germes pathogènes qui peuvent souiller les eaux, les méthodes de recherche et surtout d'identification ; les chapitres consacrés au Bacterium Coli commune et à la recherche de l'indol, et ceux consacrés au Bacille typhique et à l'agglutination sont à citer.
Ce volume connaîtra certainement un succès et une diffusion au moins égaux à ceux de son aîné dont il est le complément indispensable.

Trattato di Chimica generale ed applicata all'Industria, vol. II. *Chimica Organica.* Parte seconde. — **Terza edizione riveduta ed ampliata**, par Dott. Ettore Molinari, professore di Chimica Tecnologica al R. Polytecnino di Milano e all'Università Commerciale Luigi Bocconi. — 1 vol. de 780 pages avec 303 figures et 1 planche coloriée. Prix **48 Livres**.

Ulrico Hœpli, Editore, Milano

Ce second volume qui complète le premier de Chimie organique de 624 pages, se termine par un annexe alphabétique de toutes les matières contenues dans les deux volumes. C'est donc toute la Chimie organique avec ses applications à l'industrie qui a été exposée de main de maître par le savant professeur de l'Ecole de Milan.

Ce volume comprend en particulier toute l'industrie des corps gras et l'historique des recherches de Chevreuil (1810-1823), au moment même où le centenaire de sa bougie à l'acide stéarique va être célébré.

L'hydrogénation des huiles, des recherches modernes ne sont pas oubliées. Le chapitre qui va des pages 730 à 903 comprend les hydrates de carbone, les sucres, amidons, gommes, cellulose, avec toutes les industries qui s'y rattachent, et les nombreuses figures qui les illustrent. De la série grasse l'auteur passe à la série aromatique, s'étendant avec soin sur la distillation du goudron, de la benzine, du toluène, etc. A propos du phénol, il s'étend sur la Bakélite. Un chapitre important est consacré aux matières tannantes et au tannage. Rappelant les travaux de Wallach, l'auteur aborde la Chimie du terpène et des parfums artificiels et de la page 1196 à 1258, il passe en revue toutes les matières colorantes et les fibres textiles servant à la teinture. Il range dans les matières albuminoïdes tous les corps non encore bien définis. L'ouvrage se termine par une planche coloriée de 24 teintes du cercle chromatique de W. Ostwald.

Théorie colloïdale de la Vie et de la Maladie, par Auguste Lumière, correspondant national de l'Académie de Médecine. — 1 brochure de 46 pages.

Lyon, Imprimerie Léon Sézanne, 75, Rue de la Buire

Depuis la publication de ses derniers ouvrages sur le rôle des colloïdes chez les êtres vivants (1), la théorie colloïdale de la biologie et de la pathologie (2) et le problème de l'anaphylaxie (3), des investigations récentes ont permis à l'auteur d'apporter de nouvelles contributions à ses conceptions relatives au rapport de l'état colloïdal avec la vie et la maladie, notamment en ce qui concerne la notion de l'immunité du granule micellaire. L'auteur a réuni dans cette brochure les résultats essentiels des recherches qu'il poursuit depuis de longues années dans ce domaine.

Les théories de la Chimie Organique, par le Dr Ferdinand Henrich, professeur à l'Université d'Erlangen. Traduit sur la quatrième édition allemande, revue, augmentée et refondue, par Marcel Thiers, ancien élève de l'Ecole Polytechnique, ingénieur à la Société d'Electrochimie. — 1 volume in-8 de la *Bibliothèque Scientifique* **40** francs.

Payot, 106, Boulevard Saint-Germain, Paris

L'ouvrage débute par trois chapitres où est rappelée brièvement l'évolution des idées dans le domaine chimique depuis Lavoisier jusqu'à Van't Hoff. Puis, l'auteur étudie en détail l'hypothèse de Thiele et la théorie de Werner. Le chapitre suivant est consacré à la notion de valence ; les diverses théories échafaudées pour en rendre compte y sont successivement examinées. Viennent ensuite deux chapitres sur le caractère négatif de certains groupes d'atomes et les idées nouvelles sur l'action réciproque des molécules. Les problèmes que pose le benzène sont longuement passés en revue dans le chapitre IX que suit une étude de la tautométrie et de la desmotropie. Le chapitre XI a trait aux relations entre la constitution, le pouvoir réfrigérent, le pouvoir rotatoire et les chaleurs de formation, le chapitre XII aux pseudo acides et aux pseudo bases, le chapitre XIII à la question si intéressante des radicaux libres. La coloration des corps dans ses rapports avec leur constitution fait l'objet du chapitre XIV suivi de quelques pages sur les indicateurs ; leur fluorescence fait celui du chapitre XVI. Les transpositions moléculaires, les propriétés basiques de l'oxygène sont traitées dans les deux chapitres suivants et l'ouvrage se termine par deux chapitres sur la théorie de Michael et les récentes conceptions électrochimiques.

---

(1) Rôle des colloïdes chez les êtres vivants. Masson et Cie, éditeurs, Paris, 1922.
(2) Théorie colloïdale de la biologie et de la pathologie. Chiron, éditeur, Paris, 1922.
(3) Le problème de l'anaphylaxie. Doin, éditeur, Paris, 1924.

BREVETS PRIS A PARIS

MATÉRIAUX DE CONSTRUCTION, CÉRAMIQUE, VERRERIE

Procédé pour la préparation de matières incombustibles et isolantes, par J. J. Bergsma (Indes orientales-néerlandaises). — (Br. 555477, demandé le 28 août 1922, délivré le 23 mars 1923.)

Objet du brevet. — Mélange d'écorce pulvérisée, de ciment, de terre d'infusoires et de mélasse diluée. Ce mélange est ensuite moulée et séché.

Nouveau ciment de moulage et son application à la fabrication d'objets métallisés, par A. A. Touzot (France). — (Br. 555831, demandé le 9 septembre 1922, délivré le 3 avril 1923.)

Objet du brevet. — Moulages faits avec un mélange de graphite, plâtre ou ciment, colle organique ou silicate de soude. Après séchage, le moulage est trempé dans un bain de stéarine ou paraffine, séché et trempé dans un bain galvanoplastique où il se recouvre d'une couche métallique.

Procédé synthétique de fabrication artificielle des silicates basiques de chaux et connexes hydrauliques, par P. Bertoye (France). — (Br. 555875, demandé le 11 juillet 1922, délivré le 3 avril 1923.)

Objet du brevet. — On attaque de l'argile par l'acide chlorydrique après chauffage à 450°. La solution de chlorure d'aluminium obtenue est évaporée à sec, l'acide chlorhydrique est récupérée et l'alumine préparée est fondue en présence de silice et de chaux.

Produit hydrofuge et ignifuge pour la production des matériaux de construction, par E. Fulliquet (France). — (Br. 556253, demandé le 19 septembre 1922, délivré le 10 avril 1923.)

Objet du brevet. — Un mélange de silicate de soude, de sulforicinate et d'un corps gras est laissé longtemps au contact de vapeur d'eau puis soumis à l'évaporation, on le mélange à du borate d'ammoniaque, du tungstate de soude et chauffe en malaxant.

Procédé de fabrication de ciment fondu au moyen de laitiers liquides des hauts fourneaux, par H. Loescher (Belgique). — (Br. 556462, demandé le 22 septembre 1922, délivré le 14 avril 1923.)

Objet du brevet. — Un mélange pulvérisé de bauxite, calcaire, alcalis et matières ferrugineuses est fondu dans un four à sole acide. Quand il commence à fondre on y introduit le laitier liquide du haut fourneau on continue à chauffer jusqu'à homogénéité, et on coule le produit obtenu. Le concassage et broyage de ce produit donnent un excellent ciment.

Procédé de fabrication de dalles et carreaux vernis à froid, produits servant à cette fabrication et produits en résultant, par A. Grossmann (France). — (Br. 558913, demandé le 21 novembre 1922, délivré le 4 juin 1923.)

Objet du brevet. — Les vernis de différentes couleurs sont répartis sur une plaque garnissant le fond du moule à l'aide de poncifs représentant les dessins. On coule ensuite la pâte composée de sable fin, gravier, magnésie, chlorure de magnésium et alun de potasse.

Procédé de fabrication de briques silico-calcaires, par E. Martin (France). — (Br. 559019, demandé le 13 octobre 1922, délivré le 6 juin 1923.)

Objet du brevet. — Composition à base de silice et, alumine et chaux additionnée de petites quantités d'oxyde de fer, magnésie et acide titanique.

Procédé de fabrication pour ciment artificiel, par H. Kontzler (France). — (Br. 560372, demandé le 26 décembre 1922, délivré le 9 juillet 1923).

Objet du brevet. — Mélange finement moulu de

78 0/0 de laitier granulé
7 0/0 de clinkers
15 0/0 de gypse

Fabrication des matières et objets à base de ciment, émaillés en surface totalement ou partiellement sans aucune cuisson, par L. Jacomy et A. Camboulives (France). — (Br. 562698, demandé le 26 février 1923, délivré le 12 septembre 1923.)

Objet du brevet. — On obtient des surfaces polies imitant l'émail en moulant sur des surfaces polies (telle que le verre) et mouillées à l'eau.

Procédé de fabrication de marbre artificiel, par H. Ammann. — (Br. 562803, demandé le 1er mars 1923, délivré le 15 septembre 1923.)

Objet du brevet. — On chauffe à 120° un mélange de quartz, silex, dolomie, barytine, alumine, poudre de talc, cryolite, etc., on mélange à du ciment et à une solution de borax, dextrine, alun de façon à faire une pâte épaisse que l'on moule et sèche à l'air après l'avoir colorée.

Marbre artificiel et son procédé de fabrication, par Société dite : Société Internationale Marmorit (France). — (Br. 565376, demandé le 23 avril 1923, délivré le 6 novembre 1923.)

Objet du brevet. — On broie et réduit en poudre fine après calcination à 1600° des produits naturels ou artificiels contenant au moins 42 0/0 de MgO. La poudre obtenue est additionnée de chaux vive et agitée dans une solution de chlorure de magnésium on ajoute du sable fin ou de la craie et on moule la masse pâteuse obtenue.

Procédé de fabrication de marbres artificiels, par D. Armbruster (France). — (Br. 565709, demandé le 2 mai 1923, délivré le 10 novembre 1923.)

Objet du brevet. — Moulage de pâte épaisse obtenue par le mélange de magnésite et solution de chlorure de magnésium avec du sable ou de la sciure de bois.

Asphalte minéral synthétique et son procédé de fabrication, par A. G. Saunders (Australie). — (Br. 565619, demandé le 28 avril 1923, délivré le 8 novembre 1923.)

Objet du brevet. — Produit constitué par un mélange de carbonate de chaux, résine, goudron de Stockholm, bitume et huile, que l'on chauffe sans aller à l'ébullition.

Produit imitant le marbre, susceptible d'être moulé et procédé de fabrication, par L. Baure (France). — (Br. 562370, demandé le 12 avril 1922, délivré le 1er septembre 1923.)

Objet du brevet. — On ajoute par petites portions du plâtre à une solution tiède d'alun et on coule en moules, on chauffe une heure vers 50°. L'addition d'acétate de plomb donne de l'opacité. L'addition d'oxydes métalliques ou de couleurs permet d'avoir des marbrures. On trempe enfin dans un bain de paraffine.

Procédé d'accélération de la prise et d'augmentation des résistances des chaux et liants hydrauliques, par J. E. Duchez (France). — (Br. 562504, demandé le 21 février 1923, délivré le 6 septembre 1923.)

Objet du brevet. — On additionne le produit, après cuisson d'aluminates basiques dans lesquels le rapport des bases à l'alumine compté moléculairement est inférieur à trois.

Perfectionnements à la fabrication de plaques d'asphalte, par F. C. J. de Both (Etats-Unis). — (Br. 566209, demandé le 15 mai 1923, délivré le 19 novembre 1923.)

Objet du brevet. — On ajoute à l'asphalte fondu 20 à 25 0/0 de débris de marbre noire, acier verre, etc, puis on coule le mélange en plaques de 3 centimètres que l'on polit par grattage.

MATIÈRES COLORANTES, TEINTURERIE, IMPRESSION

Procédé de teinture avec les préparations dites carmius réduits, par E. Justin Mueller (France). — (Br. 561307, demandé le 22 janvier 1923, délivré le 2 août 1923.)

Objet du brevet. — La teinture se fait au moyen des leuco-dérivés et se termine par auto-oxydation qu'on accélère par immersion des tissus dans un bain alcalinisé.

Colorants et procédé pour leur préparation, par H. Pereira (Autriche) et Société dite : Compagnie nationale de matières colorantes et de produits chimiques (France). — (Br. 560750, demandé le 6 janvier 1923, délivré le 18 juillet 1923).

Objet du brevet. — Préparation de la diaminopérylènequinone par réoxydation à l'air du produit résultant de la réduction de la dinitro pérylène quinone par l'hydrosulfite de sodium en milieu alcalin. On purifie par cristallisation dans l'aniline. Sa solution sulfurique teint en violet.

Nouvelles matières colorantes à mordants et procédé pour leur fabrication, par Société dite : Société pour l'Industrie Chimique a Bale (Suisse). — (Br. 561156, demandé le 18 janvier 1923, délivré le 30 juillet 1923.)

Objet du brevet. — Colorants acides pour laine bleus, bruns et noirs, obtenus par copulation des diazoïques des orthoamino phénols possédant un groupe nitré ailleurs qu'en ortho ou para de l'amidogène avec l'acide 1, 5, 7, aminonaphtolsulfonique.

Colorants à cuve dérivés du péryline et procédé pour leur préparation, par H. Pereira (Autriche) et Société dite : Compagnie nationale de matières colorantes et de produits chimiques (France). — (Br. 560751, demandé le 6 janvier 1923, délivré le 18 juillet 1923.)

Objet du brevet. — Colorant pour coton donnant des tons bronzés obtenu par solution sulfurique du dérivé benzoylé de bromodiaminopérylènequinone.

De même la dibenzoylaminoanthraquinone teint le coton en rouge et son dérivé acétylé teint en violet.

Perfectionnements dans l'obtention du noir de phénylamine, par G. Aris (Espagne). — (Br. 564346, demandé le 21 février 1922, délivré le 17 octobre 1923.)

Objet du brevet. — On obtient une amélioration dans la coloration par emploi pour le bain de teinture de noir d'aniline, d'un mélange d'aniline avec au plus 20 0/0 de dérivés azoïques quinoniques ou nitreux et de chlorure ferreux.

Colorants de nuance indigo, par Société dite : Société pour l'Industrie Chimique a Bale (Suisse). — (Br. 563579, demandé le 13 juin 1922, délivré le 28 septembre 1923.)

Objet du brevet. — On traite par le soufre et le sulfure de carbone l'indophénol résultant de l'action du nitrosophénol sur le carbazol à moins de 100°. Le leuco-dérivé résultant de cette action donne par sulfuration en présence de benzidine un colorant bleu.

Nouveaux colorants de la série anthraquinonique, par Société dite : British Dyestuffs Corporation Ltd et MM. J. Baddiley et N. W. Tatum (Angleterre). — (Br. 565552, demandé le 26 avril 1923, délivré le 8 novembre 1923.)

Objet du brevet. — Colorants bleus obtenus par action d'aminoanthraquinones sur le sulfochlorure salicylique.

ÉLECTROCHIMIE, ÉLECTROMÉTALLURGIE

Procédé pour l'extraction, la purification et la transformation de métaux contenus dans des minerais et des déchets métalliques, par P. J. F. Souviron (France). — (Br. 556614, demandé le 1er septembre 1922, délivré le 26 mars 1923.)

Objet du brevet. — Procédé consistant à électrolyser un sulfate ou chlorure alcalin et à utiliser l'acide formé à la dissolution du métal et à précipiter la solution ainsi obtenue par la base provenant de l'électrolyse du sel alcalin.

Procédé de fabrication des bichromates, par A. Jouve, A. Helbronner et Société Hydroelectrique et métallurgique du Palais (France). — (Br. 554122, demandé le 23 novembre 1921, délivré le 23 février 1923.)

Objet du brevet. — Préparation, en une seule opération, des bichromates alcalins par électrolyse de ferrochromes en présence de carbonates alcalins.

Procédé et appareil pour la fabrication d'un alliage de plomb avec les métaux calcium, strontium et baryum, par W. Mathesius et H. Mathesius (Allemagne). — (Br. 558444, demandé le 9 novembre 1922, délivré 25 mai 1923.)

Objet du brevet. — Procédé dans lequel on électrolyse des chlorures alcalinoterreux au dessus d'une anode constituée par du plomb fondu à 2 bains, circulant en couche mince sous l'électrode.

Procédé pour recouvrir les métaux d'une couche continue d'aluminium, par A. G. Meker (France). — (Br. 560689, demandé le 4 janvier 1923, délivré le 16 juillet 1923.)

Objet du brevet. — Les pièces préalablement décapées sont disposées comme cathode dans un bain fondu capable de libérer de l'aluminium par électrolyse, tels par exemple, un bain de cryolithe additionnée de sels alcalins et anode d'aluminium.

Procédé pour la fabrication de l'aluminium par électrolyse, par M. Blasi (Espagne). — (Br. 551542, demande le 17 mai 1922, délivré le 10 janvier 1923.)

Objet du brevet. — Procédé caractérisé par l'addition au bain d'oxyde de baryum et d'aluminium dont la combustion est capable d'élever la température du bain à 1200° C.

Procédé de raffinage du zinc ou autre métaux volatils par distillation, au moyen de chauffage électrique, par F. Tharaldsen (Norvège). — (Br. 552593, demandé le 7 juin 1922, délivré le 21 janvier 1923.)

Objet du brevet. — Distillation dans une chambre close communiquant avec la chambre de condensation par une ouverture à orifice réglable.

Procédé pour produire du zinc au four électrique, par F. Tharaldsen (Norvège). — (Br. 553057, demandé le 19 juin 1922, délivré le 3 février 1923.)

Objet du brevet. — Four dans lequel les électrodes sont placées près de la sole et où la charge zincifère est introduite à la partie supérieure de façon à former le long des parois des talus protecteurs.

Revêtement étanche aux liquides sur corps poreux d'électrodes de piles ou d'électrolyseurs, par Société dite : Le Carbone (France). — (Br. 563522, demandé le 1er juin 1922, délivré le 27 septembre 1923.)

Objet du brevet. — Immersion du corps poreux dans une solution concentrée colloïdale non métallique et séchage subséquent.

Procédé pour isoler par voie électrolytique du chrome pur en couches épaisses, par Société dite : F. Krupps Aktien Gesellschaft (Allemagne). — (Br. 558108, demandé le 30 octobre 1922, délivré le 16 mai 1923.)

Objet du brevet. — Utilisation du fait qu'en présence de petites quantités d'acides, l'acide chromique existe en grand excès par rapport aux autres composants dans des bains contenant à la fois des ions chromiques, des ions bichromates et des acides.

Procédé pour déposer des métaux par électrolyse, par P. A. GOVAERTS et P. M. WENMAEKERS (Belgique). — (Br. 559813, demandé le 14 décembre 1922, délivré le 24 juin 1923.)

Objet du brevet. — Procédé consistant à utiliser comme électrolyte une solution de thiosulfate alcalin contenant à l'état de sel double, un sel double du métal à déposer.

MINES ET MÉTALLURGIE

Procédé de fabrication d'alliages légers à base d'aluminium et alliages obtenus par ce procédé, par A. GEYER (France). — (Br. 563119, demandé le 2 mai 1922, délivré le le 20 septembre 1923.)

Objet du brevet. — L'aluminium est chauffé sous une couche de charbon de bois à une température beaucoup plus élevée que le point de fusion de ce métal, carburé, après avoir ajouté les autres métaux, par brassage avec le charbon de bois et addition quand le mélange est un peu refroidi des autres métaux à bas point de fusion constituant l'alliage.

Procédé de désulfuration des minerais de zinc, par SOCIÉTÉ dite : SOCIÉTÉ ANONYME DES MINES ET FONDERIES DE ZINC DE LA VIEILLE MONTAGNE (Belgique). — (Br. 563436, demandé le 9 mars 1923, délivré le 26 septembre 1923.)

Objet du brevet. — On mélange à du coke ou poussier le minerai déjà grillé et on grille à nouveau dans un courant de gaz oxydant.

Acier et son procédé de fabrication, par SOCIÉTÉ dite : COMMERCIAL STEEL COMPANY (Etats-Unis). — (Br. 563733, demandé le 14 mars 1923, délivré le 3 octobre 1923.)

Objet du brevet. — On fait exploser au sein du métal liquide des mélanges explosifs de chlorate et de charbon de bois pulvérisé. Après l'explosion on laisse reposer le bain quelques minutes. Le brassage ainsi provoqué facilite l'élimination des impuretés et donne un métal de meilleur qualité.

Procédé de production d'étain métallique, par SOCIÉTÉ dite : AMERICAN SMELTING AND REFINING COMPANY (Etats-Unis). — (Br. 563741, demandé le 14 mars 1923, délivré le 3 octobre 1923.)

Objet du brevet. — Procédé consistant à obtenir des silicates d'étain et de fer en traitant au haut fourneau un mélange de minerai, de matière carbonée et de silice en quantités telles que l'étain et le fer ne soient pas réduits par la matière carbonée, la silice étant en quantité suffisante pour former les silicates de ces métaux. Le laitier de ces silicates est alors réduit à part en présence d'une base appropriée.

Procédé de traitement thermique des alliages d'aluminium et produits nouveaux en résultant, par A. PORTEVIN (France). — (Br. 563837, demandé le 15 mars 1923, délivré le 5 octobre 1923.)

Objet du brevet. — Les alliages exempts de magnésium sont trempés à une température de 525° puis soumis à un revenu à 110°.

Procédé de fusion des minerais contenant de l'étain, par SOCIÉTÉ dite : AMERICAN SMELTING AND REFINING COMPANY (Etats-Unis). — (Br. 563875, demandé le 16 mars 1923, délivré le 5 octobre 1923.)

Objet du brevet. — On forme une matière poreuse en frittant un mélange de chaux et de minerai grillé. Le mélange additionné de coke et de fondants est traité en haut fourneaux. La scorie obtenue contient une partie de l'étain qu'on récupère par fusion avec des fondants susceptibles de donner un alliage SnFe qui est remis au haut fourneau et donne de l'étain.

Procédé d'obtention d'acier au creuset, par E. FARNIER (France). — (Br. 563905, demandé le 28 juin 1922, délivré le 6 octobre 1623.)

Objet du brevet. — On charge l'acier en creuset par couches de 10 c/m séparées par du silicium et additionné d'un fondant spécial. On chauffe au mazout pour avoir une fusion très rapide.

Procédé pour le traitement d'articles en aluminium ou en alliages, par SOCIÉTÉ dite : ALUMINIUM COMPANY OF AMERICA (Etats-Unis). — (Br. 56437 , demandé le 27 mars 1923, délivré le 17 octobre 1923.)

Objet du brevet. — L'objet est trempé dans une solution ammonicale chauffée vers 90°. Il se forme ainsi un enduit isolant qui peut être coloré par addition de sels métalliques à la solution ammonicale.

PRODUITS MINÉRAUX

Préparation des phosphates solubles (eau et citrate) à partir des phosphates naturels (os et minerais, par E. URBAIN (France). — (Br. 566153, demandé le 4 août 1922, délivré le 17 novembre 1923.).

Objet du brevet. — Le phosphate naturel est attaqué par de l'acide sulfureux en solution ; la solution contient du phosphate monocalcique. On la chauffe pour précipiter du phosphate bicalcique tandis qu'il se forme de l'acide phosphorique et que l'acide sulfureux dégagé est récupéré.

Procédé de régénération de l'acide chlorhydrique en partant du chlorure de calcium cristallisé, par L. Naudin et P. Moire (France). — (Br. 566862, demandé le 30 mai 1923, délivré le 28 novembre 1923.)

Objet du brevet. — Le chlorure de calcium cristallisé est traité par de l'acide sulfurique. La réaction commence à froid et est continuée en élevant peu à peu la température à 150° et l'y maintenant quelque temps. On récupère aussi de l'acide jusqu'à 24° Bé.

Procédé de blanchiment du sulfate de baryte naturel, par Société dite : Société Anonyme des mines d'or du Chatelet (France). — (Br. 567015, demandé le 4 juin 1923, délivré le 30 novembre 1923.)

Objet du brevet. — Le sulfate réduit en poudre est traité par un mélange dilué d'acides sulfurique et chlorhydrique à l'ébullition. On décante et lave à l'eau. On évacue les écumes qui se forment. L'opération étant répétée plusieurs fois s'il est nécessaire,

Procédé de fabrication d'engrais en partant des phosphates noirs naturels, par J. M. L. E. Campardou (France). — (Br. 568123, demandé le 26 septembre 1922, délivré le 17 décembre 1923.)

Objet du brevet. — Les matières carbonisées sont brulées dans un excès d'air à 600-800° après mélange du minerai avec des sels alcalins ou alcalino solubles. La masse est ensuite délitée à l'eau froide broyée et tamisée. On peut récupérer l'ammoniaque qui se dégage pendant la combustion par barbotage en eau acide et l'utiliser comme engrais.

Perfectionnements aux procédés de production d'oxydes métalliques et de produits analogues, par M. Gjersoe (Norvège). — (Br. 564169, demandé le 21 mars 1923, délivré le 15 octobre 1923.)

Objet du brevet. — Spécialement applicable à la préparation de l'oxyde de zinc le procédé consiste à faire bruler des vapeurs de zinc dans une atmosphère d'oxyde de carbone.

Procédé et appareil pour la fabrication d'oxyde de zinc, et produit en résultant de cette fabrication, par Société dite : The New zinc Company (Etats-Unis). — (Br. 566483, demandé le 19 mai 1923, délivré le 23 novembre 1923.)

Objet du brevet. — L'oxyde est formé par jet de gaz oxydant froid arrivant dans un courant de vapeurs de zinc et réglé de telle sorte que la chaleur dégagée ne permette pas un échauffement trop grand de l'oxyde formé et que les particules de cet oxyde se refroidissent rapidement. Il en résulte un produit très tenu, très actif dans la vulcanisation du caoutchouc.

Procédé pour la fabrication d'un gaz chlorhydrique chimiquement pur, par Société dite : Verein für chemische und metallurgische Produktion (Tchéco-Slovaquie). — (Br. 564963, demandé le 10 avril 1923, délivré le 31 octobre 1923.)

Objet du brevet. — L'acide pur est obtenu en faisant passer sur du charbon le gaz chlorhydrique qui se forme pendant la chloruration de corps organiques tels que le benzène dans la fabrication du chlorobenzène par exemple.

Procédé pour la fabrication de sulfate de chrome, par O. Nidegger (Belgique). — (Br. 564541, demandé le 29 janvier 1923, délivré le 9 août 1923.)

Objet du brevet. — A la solution sulfurique de chromite on ajoute un sulfate alcalin et on concentre, il se sépare un sulfate alcalino ferrique qu'on sépare puis on neutralise l'excès d'acide par de la chaux ou de la craie.

Procédé de fabrication du silico-fluorure de sodium, par Société dite : The Grasselli Chemical Company (Etats-Unis). — (Br. 565536, demandé le 26 avril 1923, délivré le 8 novembre 1923.)

Objet du brevet. — A une solution brute de fluosilicate contenant du fer et de l'alumine, de l'acide phosphorique on ajoute un sel alcalin pour obtenir le phosphate monobasique, la quantité d'alcali étant suffisante pour précipiter une partie importante du fluosilicate à l'état de silicofluorure, mais insuffisante pour précipiter le fer et l'alumine.

Procédé pour préparer du soufre colloïdal, par H. Vogel (Allemagne). — (Br. 565547, demandé le 26 avril 1923, délivré le 8 novembre 1923.)

Objet du brevet. — On fait réagir dans de l'eau agitée et maintenue à basse température du gaz sulfureux sur de l'hydrogène sulfuré en excès.

Procédé pour la fabrication continue de la baryte hydratée, par P. Baud (France). — (Br. 565883, demandé le 7 mai 1923, délivré le 13 novembre 1923).

Objet du brevet. — Le carbonate de baryte est mélangé intimement avec un mélange d'oxydes formé en majeure partie d'oxyde de fer ou minerai d'oxyde de fer. On moule en briquettes à l'état de pâte et calcine à 1.200°. Par lessivage à chaud du produit obtenu on obtient d'une part une solution de baryte, d'autre part les oxydes qui peuvent de nouveau entrer en réaction.

Préparation industrielle de l'anhydride arsénique, de l'acide arsénique et des arséniates en oxydant par l'ozone, les composés hydrogénés et les composés oxygénés de l'arsenic, par M. J. L. C. MICHEL (France). — (Br. 565949, demandé le 9 mai 1923, délivré le 14 novembre 1923.)

Objet du brevet. — Les composés de l'arsenic libres ou combinés, gazeux, solides, ou en solution sont oxydés par l'ozone.

Nouveau procédé pour le traitement des minerais phosphatés, en particulier de la monazite, ayant pour but la séparation du thorium et des terres rares avec récupération et possibilité d'utilisation de l'acide phosphorique, par SOCIÉTÉ dite : SOCIÉTÉ MINIÈRE ET INDUSTRIELLE FRANCO-BRÉSILIENNE (France). — (Br. 556369, demandé le 29 décembre 1921, délivré le 11 avril 1923.)

Objet du brevet. — Dans l'attaque du minerai par l'acide sulfurique il se forme des sulfates insolubles dans l'acide sulfurique concentré et l'acide phosphorique est dans la solution. On le sépare par moyen mécanique et lavages à l'acide sulfurique.

PRODUITS ORGANIQUES

Procédé et dispositif pour la fabrication continue d'hydrocarbures saturés et de carbures cycliques (carbures aromatiques) à l'état gazeux, liquide et solide ainsi que de leurs dérivés par voie de synthèse et de catalyse, par C. H. ANDRY-BOURGEOIS (France). — (Br. 564148, demandé le 21 mars 1923, délivré le 15 octobre 1923).

Objet du brevet. — Les gaz provenant de la distillation de houille, tourbe, charbon de bois, etc., en présence d'alumine et de chaux et contenant 15 à 20 0/0 d'hydrogène libre et de l'oxyde de carbone sont hydrogénés en présence de divers catalyseurs.

Procédé pour la préparation de dérivés de l'éthane, par FARBWERKE VORM. MEISTER LUCIUS et BRUNING (Allemagne). — (Br. 566041, demandé le 11 mai 1923, délivré le 15 novembre 1923).

Objet du brevet. — Action en présence d'un catalyseur convenable de l'anhydride sulfureux et de l'acide chlorhydrique sur de l'éthylène pur ou non ce qui donne le chlorure de l'acide éthylsulfureux qui fournit du chlorure d'éthyle par chauffage à 170°.

Procédé perfectionné de fabrication économique des acétones, par SOCIÉTÉ dite : SOCIÉTÉ LEFRANC ET Cie (France). — (Br. 566343, demandé le 17 mai 1923, délivré le 20 novembre 1923).

Objet du brevet. — On incorpore du sable ou de l'argile à du butyrate de chaux obtenu par neutralisation par la chaux des moûts fermentés des sucres, et on distille.

Perfectionnements à la fabrication des esters, par S. KARPEN et BROS (E.-U.). — (Br. 566822, demandé le 29 mai 1923, délivré le 27 novembre 1923.)

Objet du brevet. — Réaction des hydrocarbures aliphatiques halogènes sur les sels métalliques d'acides organiques.

Procédé pour la préparation d'amines chlorées, par DURAND et HUGUENIN S. A. (Suisse). — (Br. 566903, demandé le 31 mai 1923, délivré le 28 novembre 1923).

Objet du brevet. — On réduit au moyen du sulfure de sodium en solution alcoolique les chlorimines de polychlorocyclohexanones obtenues par chloruration des amines aromatiques.

Procédé pour la fabrication d'acide acétique concentré, par SOCIÉTÉ dite : THE GRASSELLI CHEMICAL COMPANY (Etats-Unis). — (Br. 567374, demandé le 13 juin 1923, délivré le 5 décembre 1923.)

Objet du brevet. — On recueille les produits de tête de distillation du résultat de l'action de l'acide chlorhydrique dilué sur l'acétate de calcium, les portions suivantes servant à diluer l'acide chlorhydrique nécessaire à une opération ultérieure.

Procédé pour la préparation de produits de polymérisation de l'acétylène, par SOCIÉTÉ dite : ELEKTRIZITATSWERK LONZA (Suisse). — (Br. 567722, demandé le 21 juin 1923, délivré le 11 décembre 1923).

Objet du brevet. — On améliore la polymérisation de l'acétylène par catalyse en ajoutant à l'acétylène une petite quantité d'azote (5 à 15 0/0).

TANNERIE, CUIRS, COLLE

Procédé d'épilage de peaux, par G. BALLAND (France). — (Br. 548606, demandé le 15 juillet 1921, délivré le 26 octobre 1922.)

Objet du brevet. — Emploi pour l'épilage d'une solution à 1/10000 de papaïne neutre alcaline ou légèrement acide. L'opération est complète en 36 heures à 85° et est favorisée par la présence de traces de sels tels que le chlorure de sodium ou le phosphate de calcium.

Procédé de fabrication de produits à base d'algues marines et produits obtenus par l'application de ce procédé, par Société maritime de Produits chimiques (France). — (Br. 549820, demandé le 3 août 1922, délivré le 28 novembre 1922.)

Objet du brevet. — Les algues déminéralisées ou non sont séchées au-dessous de 90° réduites en poudre et additionnées de carbonate de soude pulvérisé, ce mélange donnant une colle par simple addition d'eau.

Procédé pour le tannage des peaux à l'aide de sels d'étain, par H. Morin (France). — (Br. 552161, demandé le 15 octobre 1921, délivré le 17 janvier 1923).

Objet du brevet. — Les peaux imprégnées de sels d'étain sont séchées puis traitées par de l'eau aérée jusqu'à formation de sels insolubles basiques d'étain qui sont des agents tannants. On peut employer des mélanges de chlorures d'étain et des chlorures alcalins et alcalino-terreux ou des chlorures doubles d'étain et de métal alcalin ou alcalino-terreux.

Procédé d'épilage des cuirs et peaux en poils bruts ou tannés par le très grand froid et en particulier par celui produit par l'air liquide, par U. J. Thuau et M. Marun (France). — (Br. 552899, demandé le 9 novembre 1921, délivré le 31 janvier 1923.)

Objet du brevet. — Les peaux peuvent être trempées dans un bain d'air liquide, placées dans des chambres frigorifiques ou être aspergées d'air liquide. Dans tous les cas le poil se détache très facilement et en peu de temps.

Procédé de mise en conflit des peaux, par L. Krall et Société Legrand, Krall et Cⁱᵉ (France). — (Br. 558132, demandé le 31 octobre 1922, délivré le 17 mai 1923.)

Objet du brevet. — Procédé caractérisé par l'emploi de certains microorganismes spécialement cultivés et agissant par destruction de certains tissus.

DIVERS

Poudre à mine, par E. Pessina (Suisse). — (Br. 557468, demandé le 16 octobre 1922, délivré le 2 mai 1923.)

Objet du brevet. — Poudre constituée par un mélange de chlorate de potasse, farine de bois de hêtre, acide picrique agglutinés par un liant tel que la colle forte.

Procédé pour l'obtention d'amidon soluble à froid, par A. Singer (Hongrie). — (Br. 558265, demandé le 3 novembre 1922, délivré le 19 mai 1923.)

Objet du brevet. — On obtient un amidon soluble à froid en broyant un mélange sec d'amidon et d'alcalis caustiques.

Procédé de conservation des jaunes d'œufs liquides pour l'alimentation, par P. Guibert (France). — (Br. 557630, demandé le 19 octobre 1922, délivré le 8 mai 1923.)

Objet du brevet. — Addition aux jaunes d'œufs d'une solution d'acide lactique et de chlorure de sodium.

Procédé pour la préparation de poudres, pâtes et enduits destinés à l'entretien des poêles, fourneaux et objets similaires, par P. J. F. Souviron (France). — (Br. 561922, demandé le 8 février 1923, délivré le 2 août 1923.)

Objet du brevet. — Emploi de bioxyde de cuivre dans les pâtes ce qui donne une coloration stable à l'action de la chaleur.

Produit industriel nouveau et son application à l'enlèvement instantané et à sec des taches de rouille, par E. Chatelain (France). — (Br. 562129, demandé le 14 février 1923, délivré le 24 août 1923.)

Objet du brevet. — Ce produit est une solution chlorhydrique de chlorure stanneux.

Produit cuprique anticryptogamique et son procédé de préparation, par I. D. H. G. Ponis (France). — (Br. 561720, demandé le 13 avril 1923, délivré le 16 août 1923.)

Objet du brevet. — Produit où le cuivre est à l'état colloïdal et préparé en ajoutant au produit cuprique un réducteur tel que l'hydrosulfite.

Procédé pour augmenter le pouvoir mouillant des solutions destinées au traitement des maladies des végétaux et à d'autres usages, par Société chimique des Usines du Rhône (France). — (Br. 562213, demandé le 4 avril 1922, délivré le 29 août 1923.)

Objet du brevet. — Procédé consistant à ajouter aux solutions de sulfate de cuivre ou autres un sel silicique obtenu en ajoutant un sel acide ou un acide faible à une solution de silicate de soude.

Insecticide, par O. Lisabelle (Canada). — (Br. 224787, demandé le 9 mars 1922, délivré le 17 octobre 1922.)

Objet du brevet. — Mélange de chlorure de sodium et de borax.

Le Propriétaire-Gérant : Dʳ G. QUESNEVILLE.

ANGERS. — IMPRIMERIE CENTRALE

LE MONITEUR SCIENTIFIQUE QUESNEVILLE

JOURNAL DES SCIENCES PURES ET APPLIQUÉES

TRAVAUX PUBLIÉS A L'ÉTRANGER

COMPTES RENDUS DES ACADÉMIES ET SOCIÉTÉS SAVANTES

SOIXANTE-NEUVIÈME ANNÉE

CINQUIÈME SÉRIE. — TOME XV

Livraison 998   **SEPTEMBRE**   Année 1925

L'ACIDE NITRIQUE ET L'AMMONIAQUE
EXTRAITS DE L'AZOTE ATMOSPHÉRIQUE

Par **E. KILBURN SCOTT** (1)

(Suite et fin)

Synthèse de l'ammoniaque. — La synthèse de l'ammoniaque se fait par combustion de l'hydrogène dans l'azote, selon l'équation

$$Az^2 + 3H^2 = 2AzH^3$$

Ce procédé est souvent désigné sous le nom de procédé Haber, car son développement technique fut dû, en grande partie, au Professeur Haber, mais Regnault, avait déjà étudié la question en 1840 ; le chimiste Le Chatelier indiqua le premier l'importance que pouvait acquérir la fabrication de ce produit en employant de fortes pressions, et ce fut le Professeur Nernst qui fut le premier à la réaliser, sous une pression de 75 atmosphères. Nernst employait un catalyseur en fer, qui cependant ne lui rendit pas tous les services qu'il en attendait, mais ce travail et celui du docteur Jost montrèrent la voie afin d'aboutir à une fabrication industrielle.

Vers la même époque, le Professeur F. Haber constatait que l'on obtenait également de bonnes réactions catalytiques à l'aide de métaux, tels que l'Urane ou l'Osmium. En collaboration avec M. R. Le Rossignol, il fit des expériences à 200 atmosphères de pression, et ils déterminèrent que la formation de l'ammoniaque à cette pression et à 600° C, était de 6 0/0 environ, comme rendement.

Des brevets furent pris en leur nom collectif.

Une usine fut construite en 1909, qui donna 250 gr. d'ammoniaque par heure, et ces expériences furent soumises au docteur Bosch, alors directeur des usines de Ludwigshafen et au docteur Mittasch, chef du Laboratoire de recherches de la Badische Anilin und Soda Fabrik. Le docteur Mittasch présenta un rapport favorable, et l'enthousiasme de l'un des directeurs, amena la Compagnie à se réserver tous les droits au brevet.

Fabriqué sur une plus grande échelle, cela présentait certains problèmes à résoudre, concernant les difficultés d'ordre chimique ou de construction, qui devaient se trouver surmontées, telles que la fabrication de l'hydrogène à bon marché, et la construction de grands autoclaves d'acier pouvant supporter cette pression. Les docteurs Bosch et Mittasch, et les Ingénieurs de la Badische Aniline und Soda Fabrik et Krupp purent les résoudre.

La première usine commerciale pouvant fabriquer 25 tonnes par jour, commença son exploitation en 1913, et elle est plus généralement désignée sous le nom de Haber-Bosch.

Problèmes techniques. — La synthèse de l'ammoniaque est le problème le plus difficile qui ait été jusqu'ici traité, dans la technique chimique et sa solution a fait envisager la possibilité de tenter d'autres recherches, surtout avec l'emploi de catalyseurs et sous des pressions considérables.

Nous indiquons ci-dessous les points les plus difficiles, qu'il était nécessaire de déterminer.

---

(1) V. *Moniteur Scientifique*, 993e livr., mars 1925, p. 49 ; 996e livr., juin 1925, p. 124.

a) Production à bon marché de grandes quantités d'hydrogène pur, surtout, et d'azote pur.

b) Construction d'autoclaves en acier pouvant assumer en toute sécurité une pression de 200 atmosphères, à une température voisine du rouge dans l'enveloppe du catalyseur.

c) L'emploi d'un alliage d'acier, très faible en carbone, de façon à pouvoir résister à l'action de l'hydrogène occlus et du gaz ammoniac.

d) L'établissement de joints résistant à cette pression, et ayant une dilatation verticale et latérale constante, sous diverses températures.

e) Un produit d'addition au fer pur, ou tout autre catalyseur, tel qu'il accroisse l'action synthétique.

f) La transformation de l'ammoniaque faite de telle façon que la pression se maintienne constante.

On constata que la structure des aciers ordinaires laissait trop facilement passer les gaz, et de plus le carbone combiné forme avec l'hydrogène des matériaux, ayant tendance à produire des crevasses ou autres imperfections dangereuses. On reconnut également que l'ammoniaque à sa température de formation ou de décomposition, avait une action considérable sur le fer, tendant à détruire entièrement la structure cristalline, probablement sous l'influence de la formation d'azotures.

Cette difficulté fut surmontée, en employant des fers ne contenant que très peu de carbone, obtenus au four électrique, puis l'alliant avec des métaux tels que le tungstène, le nickel et le chrome. La Badische Anilin and Soda Fabrik, n'emploie que des aciers au tungstène, et M. G. Claude, n'emploie que des aciers au nickel-chrome.

Fabriques allemandes. — La première fabrique d'ammoniaque synthétique fut construite à Oppau, sur le Rhin, près de Ludwigshafen, et la seconde fut construite, pendant la guerre à Leuna, près Merseburg, en Saxe.

Le Kaiser, ainsi que le parti militaire, considérèrent avec grand intérêt l'installation d'Oppau, et plus spécialement encore, lorsque les risques de guerre commencèrent à s'accroître.

Il est probable que ce n'est qu'en fabriquant ou des engrais (ou des explosifs), avec l'azote atmosphérique que les puissances centrales se rendront indépendantes des exigences d'outre-mer, du Chili.

Avant la guerre, l'Allemagne était le plus grand marché de nitrate du Chili. Aujourd'hui, ce pays peut, non seulement fabriquer toute la quantité qui lui est nécessaire, mais pourrait également en exporter une quantité considérable si le change se trouvait de quelque manière plus normal.

Vers la fin de la guerre, la fabrique d'Oppau employait 6.000 ouvriers, et produisait 220 tonnes d'azote fixé par jour. L'usine coûte plus de dix millions de livres, dont une grande partie fut dépensée en modifications avantageuses du procédé.

L'usine Leuna fut commencée en mai 1916, terminée en onze mois et vers 1918 produisait 400 tonnes métriques d'ammoniaque par jour.

Depuis la guerre, cette usine a doublé, mais l'on n'en a pas plus de détails. Cependant, étant plus considérable et construite à une date postérieure, elle doit se trouver plus importante que celle d'Oppau.

La fabrique Leuna fabrique également la soude à l'ammoniaque, ainsi que le sulfate d'ammoniaque.

Description de l'usine d'Oppau. — La description qui suit fut prise dans les rapports écrits par ceux qui furent autorisés à visiter les usines, après le traité de Versailles, et le plus complet, établi par le lieutenant Mc. Connell du département de la fabrication des nitrates des États-Unis d'Amérique.

Il existe, dans cette installation, 15 catalyseurs, pouvant produire chacun 20 tonnes d'ammoniaque par jour, mais comme ils ne marchent pas tous simultanément, le maximum fabriqué n'atteint environ que 250 tonnes par jour.

Chacun de ces catalyseurs traite environ douze millions et demi de pieds cubes d'azote et d'hydrogène par 24 heures, et environ 6 0/0 de la masse se trouve transformée en ammoniaque, qui, mélangée aux gaz non transformés, passe à travers des appareils absorbants, et l'ammoniaque se trouve séparée du mélange sous la forme d'une solution aqueuse.

Il se perd environ 10 0/0 du gaz, ainsi que de l'argon ou du méthane qui peuvent atteindre quelques 0/0, ce qui diminue d'autant le rendement.

Chaque catalyseur peut avoir sa température voulue, déterminée, et l'absorbeur est placé isolément, dans un compartiment spécial, construit en briques, avec des portes de fer, et un fort revêtement.

L'hydrogène par catalyse. — Lorsque la Badische Anilin und Soda Fabrik commença à employer le procédé Haber sur une échelle suffisamment productive, il fut constaté que le principal facteur nécessaire était l'emploi d'un excès d'hydrogène à bon marché. Environ 70 0/0 du prix de revient brut de l'ammoniaque synthétique est attribuée à la préparation et à la purification de l'hydrogène. Après divers essais, les docteurs Bosch et Mittasch ont préconisé la méthode suivante :

Les générateurs sont presque les mêmes que ceux que l'on emploie dans la fabrication du gaz à l'eau, et donnent un mélange contenant environ 50 0/0 d'hydrogène et 40 0/0 d'oxyde de carbone. Ils se trouvent au nombre de 12, du type Pintsch, chacun mesurant 15 pieds sur 25 pieds. On emploie le coke de la Rhur, à raison de 30 tonnes par jour pour chacun d'eux, et le rendement est d'environ 3 millions de pieds cubes par jour.

L'hydrogène fut ensuite obtenu par l'action de la vapeur d'eau sur l'oxyde de carbone, en présence d'un catalyseur, et la réaction se présente sous la forme

$$CO + H^2O = CO^2 + H^2$$

On emploie 26 catalyseurs pouvant être amenés à deux températures différentes, et une chambre à catalyse de 16 pieds sur 12 et 10 pieds de hauteur, chacune ayant deux étages de catalyseurs, consistant en oxyde de fer additionné d'un excitateur.

Le procédé nécessite une grande dépense de calorique, ainsi qu'une grande quantité de vapeur, par suite, il est coûteux.

La phase suivante est la récupération de l'acide carbonique. Les gaz sont, dès l'abord, refroidis, puis comprimés à une pression de 25 atmosphères, puis finalement, ils sont lavés à l'eau, qui retient la plus grande partie de l'acide carbonique et aussi environ 10 0/0 d'hydrogène.

L'eau pénètre à la partie supérieure de huit tours de fer, contenant des disques, chacune de 4 pieds de diamètre et 30 pieds de haut : les gaz arrivent sous faible pression à la partie inférieure. L'eau élimine l'acide carbonique par lavage, et le dégagement de gaz fait mouvoir des roues Pelton, récupérantenviron 60 0/0 de la puissance mécanique.

La petite quantité d'oxyde de carbone restant dans l'hydrogène est absorbé dans huit tours en fer, de 2 pieds et demi de diamètre et de 30 pieds de hauteur, remplies de boulets. Les gaz entrent à 200 atmosphères de pression, et l'oxyde de carbone se trouve absorbé par une solution d'un sel de cuivre ammoniacal. Puis le monoxyde est éliminé de la solution de cuivre et dirigé sur deux tours de tôle. La solution de cuivre ressert indéfiniment.

Il y a, de plus, 8 tours analogues à celles-ci, et placées tout à côté, dans lesquelles on injecte une solution de soude servant à une purification ultérieure de l'hydrogène.

L'azote est obtenu par une installation d'air liquide de Linde, semblable à celle déjà indiquée dans la deuxième partie.

Le gaz est ajouté à l'hydrogène purifié jusqu'à ce qu'il atteigne 25 0/0 du mélange.

Puissance électrique. — Une quantité d'électricité, même considérable est indispensable pour les diverses opérations qui doivent se trouver exécutées dans l'usine, ainsi que pour les compresseurs servant à amener les gaz jusqu'à une pression de 200 atmosphères, ainsi que pour leur écoulement. Des pompes sont également aménagées pour la circulation de l'eau à la pression de 200 atmosphères, afin d'absorber l'ammoniaque, et il en est de même pour la circulation des liqueurs cuivriques ; sans compter toutes les nécessités de détail.

On emploie comme combustible de lignite, chaque kg. de ce charbon donnant environ 3 mètres cubes de gaz contenant 29 0/0 d'oxyde de carbone et 12 0/0 d'hydrogène. Le gaz est produit par des appareils du type B. A. M. A. G., qui est la *Berlin Anhaltischer Maschinenbau Aktien-Gesellschaft.* Chaque appareil mesure 12 pieds sur 25 pieds et brûle des briquettes de lignite de 2 pouces sur 4, à raison de 20 tonnes par jour, donnant deux millions de pieds cubes de gaz, représentant environ 18.000 kw.

Lorsque cette fabrication fut proposée en Angleterre, nécessitant une grande énergie électrique, on fit souvent l'observation qu'il nous était impossible de faire comme l'Allemagne et l'Amérique, car nous ne disposions de chutes d'eau et par déduction, que bientôt toutes les industries modernes à l'étranger, se trouveraient mues par la force hydraulique. En fait, cela ne s'est pas produit ainsi. Les industries allemandes dont nous venons de parler, sont actionnées par l'énergie électrique, mais produite par des combustibles pauvres et pour la plupart des lignites.

La plus grande usine électrique existant en Europe, actuellement de 185.000 kw. Elle fut construite à Bitterfeld en Allemagne, pendant la guerre, et destinée principalement à la fixation de l'azote atmosphérique. Elle utilise un lignite pauvre que nos industrie's repousseraient. L'usine d'hydrogène seule, à l'installation servant à la fabrication de l'ammoniaque synthétique de Merseburg est de 40.000 chevaux et pour le procédé à l'arc, il fut construit, durant la guerre, une usine de 60.000 kw, toutes deux alimentées au lignite.

La bombe catalytique de Haber-Bosch. — La bombe ou plutôt l'appareil employé à l'usine d'Oppau, se compose de tubes d'acier forgés obtenus avec de l'acier au tungstène, sortant de chez Krupp, et cet acier contient fort peu de carbure. Chaque tube a 19 pieds 7 pouces de long, 3 pieds 9 pouces de diamètre extérieur et l'épaisseur est d'environ 7 pouces.

Chaque extrémité formant obturateur, a 2 pieds d'épaisseur, et se trouve maintenue par 15 écrous, chacun de 4 pouces de diamètre, et les collerettes unissant les deux moitiés de cette bombe, sont maintenues de la même façon. Le poids de cet appareil est de 74 tonnes 1/2.

L'appareil est recouvert de fer électroytique, et l'hydrogène contenu, peut s'échapper par les nombreux interstices très petits parsemant l'enveloppe d'acier.

A l'intérieur, sur la paroi de fer se trouve une couche de matières réfractaire, retenue par une deuxième couche, le reste de l'espace creux d'environ 20 pouces de diamètre, étant occupé par la matière servant de catalyseur, et consistant en du fer pur, mélangé d'un produit servant à amorcer la réaction.

La partie extérieure de la bombe se trouve sérieusement entourée d'un isolant, afin de pouvoir conserver la température, et maintenir tout l'ensemble dans les environs de 600° C. On emploie le chauffage par l'électricité, pour commencer, et au bout de trois jours seulement, l'appareil est assez chaud pour entrer en fonction.

Chauffage alternatif et absorbeurs. — Chaque bombe a son installation propre, quoique étant du même modèle, au fer, au tungstène forgé, de 19 pieds 7 pouces, sur 15 pouces. L'intérieur est rempli de tubes d'acier, de 5/8 de pouce de diamètre, fixés dans les plateaux d'acier des extrémités. Chaque bombe à catalyse a donc ainsi son absorbeur propre destiné à absorber l'ammoniaque produite avec de l'eau soumise à une pression de 200 atmosphères. Chaque absorbeur a trois séries de spirales d'acier, fixées les unes au bout des autres, la plus élevée se trouvant à une hauteur de 60 pieds. Ces spirales sont refroidies avec de l'eau.

Les gaz ayant passé par la partie inférieure de la spirale la moins élevée, puis successivement dans les autres, rencontrent l'eau, servant à l'absorption du produit de la réaction, coulant de la partie supérieure, jusqu'en bas, sous l'influence de son poids, et produit ainsi de l'ammoniaque liquide à une concentration d'environ 20 0/0.

Les gaz non combinés passent à nouveau dans la bombe à catalyse, et cela se fait continuellement sous la pression de 200 atmosphères. Ce procédé est coûteux, et compliqué, si on le compare au procédé Claude que nous décrirons plus loin.

Développement du procédé après la guerre. — Après la guerre, différents groupements se sont intéressés dans la fabrication et la vente de produits fabriqués au moyen de l'azote atmosphérique, et ont formé une société qui a été désignée sous le nom de Stickstoff Syndikat G. m. b. H. Le capital réservé se trouve entre les mains de la Compagnie badoise, qui fait l'ammoniaque synthétique, les compagnies industrielles fabriquant la cyanamide, la German Ammonia Sales Co, et les organisations affiliées au travail du coke et du gaz d'éclairage. L'Association des directeurs comprend des membres représentant le Gouvernement.

Le Professeur Caro, représente les fabricants de cyanamide ; le docteur Bueb, représente la Badische Anilin und Soda Fabrik et le Conseiller privé Bruckner les usines de fours à coke.

L'information la plus certaine concernant la production de l'Allemagne en 1920 fut donnée dans un discours que prononça le docteur F. Haber, cette année, à Christiania, lorsqu'il reçut le prix Nobel. Il dit :

« L'on suppose que l'industrie norvégienne pourra être influencée par la méthode
« synthétique de la fabrication de l'ammoniaque. Je ne le pense pas. Les exigences
« mondiales de l'azote sont si considérables que l'on ne peut y répondre que par une coo-
« pération intime des différentes méthodes employées jusqu'à ce jour. Il est impossible
« que dans un avenir prochain, il y ait surproduction d'azote, mais je crois que l'indus-
« trie de la cyanamide rencontrera des temps difficiles. La cyanamide est faite avec le
« carbure, qui lui, a des emplois innombrables, et maintenant, il est beaucoup plus em-

« ployé pour d'autres usages que la cyanamide elle-même. Comme preuve à l'appui, je fe-
« rai mention de son importance, affirmée dans l'industrie des automobiles. Je crois,
« dans ce cas, que son emploi provient de la faible quantité de benzines existant en
« ce monde. L'Allemagne produit actuellement suffisamment d'azote fixé de l'atmosphère,
« pour son usage particulier, et ne doit avoir besoin d'aucune importation. La production
« de l'azote, en Allemagne, est actuellement exposée à des dangers, car nous n'avons
« pas en ce moment notre liberté d'action. Mais s'il ne se présente pas d'obstacles poli-
« tiques, nous pourrons, par mes procédés, produire 150.000 tonnes d'azote nitrique, fixé
de l'atmosphère par an. Ajoutons à cela 100.000 tonnes d'azote provenant du charbon,
« 100.000 tonnes provenant de la cyanamide, ce qui représente un total de 350.000 tonnes
« d'azote fixé par an, cette quantité est plus considérable que celle qu'employait l'Allema-
« gne avant la guerre ».

Explosion de l'usine d'Oppau. — Le 21 septembre 1921, il se produisit une explosion qui
tua environ 6.000 personnes, et détruisit une partie de l'usine. L'explosion fut attribuée
à un stock de 4.500 tonnes d'un mélange de sulfate et de nitrate d'ammoniaque, s'étant
pris en masse, et s'étant à la longue desséché. Ces produits ont disparu, mais il y eut
deux explosions, et l'explication de ce qui s'est produit, ne sera sans doute jamais déterminée.

Un Comité d'enquête fut nommé par le Parlement, pour répondre, si possible, aux
questions suivantes :

1º Il y a-t-il présomption d'un acte criminel ?

2º Employait-on un explosif d'un pouvoir exceptionnel, et, peut-il être la cause de
l'explosion ?

3º Une grande quantité d'un explosif généralement employé, peut-elle avoir été la cause
de l'explosion ?

4º Un engrais salin ordinaire peut-il exploser avec les explosifs actuellement employés ?

5º Est-ce un sel d'une composition anormale qui a produit l'explosion ?

6º Un tel sel, pouvait-il se trouver en présence, dans ce cas particulier ?

7º Peut-on donner une explication rigoureuse de la cause ayant produit cette explosion ?

8º Le fait qu'il se produisit deux explosions indique-t-il la possibilité d'une autre cause
et ce fait s'accorde-t-il avec les explications fournies ?

Dernièrement, le professeur Wohler a écrit dans un rapport que les experts avaient
donné des réponses négatives, sur presque toutes les questions, y compris le nº 7. Ils
affirmèrent également que l'accusation de négligence envers la Badische Anilin und Soda
Fabrik ne pouvait être maintenue, car même si l'on prend en considération toutes éven-
tualités, il était impossible de prévoir une telle explosion. Les experts préconisent que
toute dessication d'engrais contenant des nitrates devrait être formellement interdit.

Il est probable que la première explosion a produit l'effet d'un détonateur sur la seconde, et la première put être produite, par un mélange fortuit d'hydrogène et d'air. Il
semble difficile d'admettre qu'elle ait pu être causée par l'éclatement d'une bombe à
catalyseurs, ou autre récipient, par suite d'une rupture de l'enveloppe d'acier.

Usines américaines. — Pendant la guerre, une usine employant le procédé Haber modifié, fut installée à Sheffield (Alabama) par la American Chemical Cº, et fut désignée
sous l'appellation de Usine à nitrate, nº 1. Ce ne fut pas un succès vu le manque d'expérience.

La pression employée atteignait 100 atmosphères, et l'hydrogène était fourni par le
gaz à l'eau, à l'aide de méthodes catalytiques. Lorsque la question de propriété de la
Mussels Shoals sera élucidée, sans doute sera déterminé le sort de l'usine nitrate I.

Pendant la guerre, une usine Haber fut construite à Syracuse, pour faire 10 tonnes d'ammoniaque synthétique par jour. Cette usine utilise également les procédés Solvay.

Compagnie de l'ammoniaque et des nitrates synthétiques Ltd.

En 1918, le Gouvernement britannique entreprit certains préliminaires afin d'installer à
Billingham-on-Tees, une usine d'ammoniaque synthétique, à l'aide d'une modification ap-
portée au procédé Haber, par le docteur H. Greenwood, du Collège de l'Université de
Londres.

Après la guerre, il fut décidé d'abondonner l'usine, ainsi que toutes ses prérogatives,
droits de patentes, plans, installations, etc., à une Compagnie qui en aurait tous les titres
et qui devait être formée par Brunner, Mond et Cº Ltd. Tous les procédés et brevets
du docteur Maxted et de la Société Gas Developpements Ltd furent ainsi absorbés.

La Compagnie reste sous le contrôle du gouvernement et le directeur doit être né Anglais, et dans le cas d'une guerre, elle est tenue de se mettre à la disposition du Gouvernement, pour la fabrication des explosifs.

Pour s'assurer du fonctionnement régulier du procédé, même préparé sur une grande échelle, une petite installation fonctionna, pendant quelque temps à Runcorn dans le Cheshire. L'ammoniaque s'y trouvait fabriquée en solution concentrée.

Les travaux entrepris à Bellingham-on-Tees sont près d'être terminés, et l'installation est prévue pour la fabrication de 120 tonnes de sulfate d'ammoniaque et de chlorhydrate d'ammoniaque, par 24 heures. L'emplacement se trouve sur les bords de la Tees, et comprend 850 acres, une rivière formant la limite sur environ un quart de mille. On se propose d'y construire des quais, à l'usage des grands cargos à vapeur, appartenant à la Compagnie et de développer l'usine de façon à lui faire produire 1.000 tonnes par jour.

La Compagnie a dépensé 100.000 £ pour les recherches de laboratoire.

Procédé Claude. — Le procédé de M. Georges Claude est déjà connu depuis un assez grand nombre d'années, ainsi que son procédé de fabrication de l'air liquide, lorsqu'en 1917, il étudia la synthèse de l'ammoniaque, à des pressions plus élevées que celles qui avaient été utilisées par Haber et Le Rossignol. Dans cet ordre d'idées, l'on peut remarquer que les ingénieurs français ont toujours été les précurseurs dans l'emploi des fortes pressions.

En 1882-1885, Mékarski travailla à l'air à 45 puis à 80 atmosphères pour la circulation des tramways dans Paris et en 1890, l'industrie de l'air comprimé commença à employer des pressions de 150 atmosphères. Dans les trente années qui suivirent 1890, la pression n'avait été augmentée que de 33 0/0 de sa valeur, c'est alors que M. Georges Claude, avec l'audace typique d'un Gaulois, l'amena à plus de 400 0/0 de sa valeur primitive ! Ce fut magnifique, et il eut gain de cause, car il prouva qu'il était possible de construire des appareils donnant toute satisfaction et pouvant résister à 900 atmosphères.

Il fut particulièrement amené à employer de très fortes pressions en constatant que l'énergie employée, nécessaire à comprimer les gaz, croit en fonction des logarithmes des pressions, et la dépense d'énergie variant de 2,3 à 3, la pression varie de 200 à 1.000 atmosphères.

Les détails de construction furent étudiés et mis au point par les Ingénieurs et métallurgistes, avec lesquels M. Claude se trouva associé, et il est intéressant de remarquer que les expériences ci-dessus furent d'une grande utilité dans les constructions concernant l'artillerie.

Stabilité relative de l'ammoniaque. — Avant l'emploi par M. G. Claude, de pressions atteignant 900 atmosphères, le Professeur Le Chatelier avait exprimé l'opinion qu'à une très forte pression, la réaction entre l'azote et l'hydrogène pouvait se produire spontanément, mais on constata qu'un catalyseur était cependant nécessaire, quoiqu'il puisse cependant être plus faible que pour 200 atmosphères. Claude trouva aussi que la température nécessaire à la réaction, était sensiblement la même, plus particulièrement entre 500° et 700° C.

Le fait le plus important que l'on constata, fut que l'équilibre ou la stabilité de l'ammoniaque à 900° C. était plus grande que celle à laquelle il était possible de s'attendre d'après l'extrapolation provenant des résultats obtenus expérimentalement par Haber et Le Rossignol.

D'après les expériences de Claude, on peut constater que les résultats obtenus pour de fortes pressions, sont sensiblement proportionnels, et qu'avec la pression de 200 atmosphères, employée par Haber, le pourcentage en ammoniaque obtenu est de 13 0/0, tandis qu'à 1.000 atmosphères, il atteint 40 0/0.

Dans la pratique, le résultat obtenu varie de 6 0/0 à 25 0/0, mais avec le procédé Claude, on atteint 28 0/0, car, par l'évaporation, il se produit une condensation de l'ammoniaque à l'état liquide. Je suis prévenu même que pour une puissance de 1 cheval à l'heure, elle peut atteindre la valeur de 2.500 calories.

Dans bien des usines, Claude a prouvé qu'avec 100 mètres cubes de gaz, par litre du catalyseur et par heure, il pouvait obtenir 5 kgs d'ammoniaque par kg de catalyseur, tandis que Haber ne peut en obtenir que 0 kg. 5.

Disposition de l'installation Claude. — Les installations Claude de Montereau, de Béthune en France, ainsi que de Barcelone, en Espagne, sont pareilles.

L'hydrogène et l'azote, contenus dans de grands réservoirs, passent chacun dans un mesureur, qui permet de faire un mélange rigoureux, au moyen d'une valve de commande placée entre les réservoirs et les appareils.

Le mélange gazeux passe ensuite dans un compresseur puis de celui-ci, dans un sur-compresseur, permettant d'atteindre la pression de 900 atmosphères. L'huile et l'eau, entraînées, se trouvent éliminées, à l'aide d'un séparateur placé dans le circuit et les gaz passent dans un réfrigérant, contenant un tube, ou par refroidissement, se séparent toutes traces d'oxyde de carbone, d'oxygène, d'eau et d'un peu de méthane formé dans la réaction. Ces corps sont ensuite éliminés à l'aide d'un séparateur.

Les gaz passent ensuite dans les deux autres récipients, contenant deux autres catalyseurs. Ils reviennent à l'aide d'un réfrigérent dans un séparateur qui permet d'éliminer l'ammoniaque qui s'est liquéfiée. Les gaz non combinés, passent alors sur un troisième catalyseur, identique aux autres, reviennent par un réfrigérent dans un troisième séparateur, où se condense encore une certaine quantité d'ammoniaque. En dernier lieu, tous les gaz résiduaires se rendent dans un quatrième catalyseur, puis dans un séparateur, qui lui est adjoint, comme aux autres catalyseurs, où il se sépare encore une petite quantité d'ammoniaque.

Toute l'ammoniaque recueillie dans les séparateurs, est dirigée vers un collecteur, et de là, dans un cylindre formant réserve.

Hydrogène et azote. — La méthode employée par Claude pour séparer l'hydrogène de l'oxyde de carbone et de la vapeur d'eau, à l'aide du refroidissement est la suivante :

Dans un autoclave de longueur 8 à 9 fois supérieure à son diamètre, arrive à la partie supérieure l'azote atmosphérique, à l'aide d'un compresseur. A la partie inférieure débouche un tube, recevant le liquide, remontant jusque vers le milieu de l'appareil, dans lequel il se déverse et muni d'une valve. La sortie de l'hydrogène se fait un peu plus au-dessus de cette arrivée, et deux soupapes placées diamétralement en opposition, l'une presque à cette hauteur, et l'autre plus basse, au tiers environ du bas de l'appareil par rapport à cette soupape, laissent dégager l'oxyde de carbone. L'oxyde de carbone liquide remplit le fond de l'appareil, et bout à — 190º C. L'hydrogène dégagé, à l'aide d'une petite machine, peut se détendre, est ensuite refroidi, puis il circule autour de la partie supérieure des tubes, et produit une très basse température.

Par l'action de ce bain d'oxyde de carbone, une grande partie de l'oxyde de carbone se trouve donc liquéfié, il retombe rapidement à la partie inférieure, passe par un faible tuyau sur une claie placée près du bain, et celui-ci remplace au fur et à mesure l'oxyde qui s'évapore.

Les gaz restants, continuent leur trajet au travers de tubes, qui se trouvant à une très faible température, qui a pour effet de liquéfier ce qui reste de monoxyde.

L'hydrogène s'échappant de la partie supérieure de l'appareil, passe par une petite machine qui le détend, et ainsi, il peut être ensuite refroidi. Puis il passe autour de la partie supérieure de l'appareil, où il produit un refroidissement très grand, déjà mentionné, puis enfin se trouve éliminé.

Dans l'installation Claude, à Montereau, l'azote est obtenu en éliminant par combustion, l'oxygène de l'air. La méthode est remarquablement simple, et quand il contient de l'hydrogène en quantité appréciable, c'est le meilleur moyen d'être certain de la pureté de l'azote.

L'azote peut être extrait des gaz résiduaires des machines, en enlevant l'oxyde de carbone, et en même temps, c'est un sous-produit de la fabrication de l'hydrogène, par le procédé du gaz à l'eau.

Super-compression. — La première usine installée à Montereau, était prévue pour fabriquer deux tonnes d'ammoniaque par jour, à l'aide de l'hydrogène obtenu avec le gaz à l'eau. Elle utilise deux compresseurs, le second ou sur-compresseur, étant du type vertical à deux phases. Dans la dernière installation, afin de pouvoir produire 5 tonnes par jour, les huit phases étaient combinées sur une machine horizontale, tournant à faible vitesse, 5 étant au même régime, et 3 autres donnant successivement 300, 450 et 900 atmosphères.

Cette disposition est très ingénieuse, et l'on doit ajouter que la tension se trouve surmontée par le moyen d'anneaux en cuir comprimé. Il est curieux de constater qu'ils agissent de mieux en mieux, au fur et à mesure que la pression augmente.

Ce compresseur reçoit 700 mètres cubes de gaz à l'heure, il est actionné par le moyen de cordes, mues par une machine de 300 chevaux, elle-même actionnée par l'oxyde de carbone, obtenu d'une usine fabriquant le gaz à l'eau, et après que l'hydrogène s'en soit trouvé éliminé.

Les canalisations amenant les gaz sont relativement très faibles de diamètre ; ainsi, par exemple, une canalisation pouvant laisser écouler 700 mètres cubes de gaz par heure, pour une installation de 5 tonnes, n'est que du diamètre du pouce humain.

La tension produite sur les joints dépend beaucoup plus des dimensions, que de la pression, par elle-même, et le volume d'un gaz est si réduit à 900 atmosphères, qu'il est plus facile à maintenir qu'à 100 atmosphères.

Usine des fours à coke. — A Béthune, dans le Nord de la France, une usine Claude travaille avec l'hydrogène provenant des gaz de fours à coke, qui peuvent donner 5 tonnes d'ammoniaque par jour. On a développé cette installation, de manière à pouvoir atteinre 20 tonnes par jour.

Les gaz provenant des fours à coke, sont plus difficiles à traiter que ceux provenant du gaz à l'eau, vu la présence de composés excessivement variables. Les gaz des fours à coke de Béthune donnent 49 0/0 d'hydrogène, tandis que ceux obtenus avec les fours généralement employés, accusent 54 0/0 et par suite 850 mètres cubes par heure, traités, donnent 425 mètres cubes, dont 90 0/0 est de l'hydrogène 1,6 0/0 de l'oxyde de carbone, et le reste de l'azote.

Les gaz sortant des laveurs à benzol sont comprimés à 25 atmosphères, puis amenés dans une première colonne, afin d'être séparés du benzol qu'ils pourraient encore contenir, et cela à l'aide d'un lavage à l'huile lourde, circulant au moyen d'une petite pompe. Puis ils passent dans une tour, dans laquelle l'eau dissout la majeure partie de l'acide carbonique, les dernières traces se trouvant éliminées par de l'eau de chaux qui se trouve injectée au sommet de la tour. Il est très important d'éliminer entièrement l'acide carbonique, sans quoi se solidifiant, il pourrait briser l'appareil servant à la liquéfaction.

Le gaz comprimé se liquéfie progressivement, en premier, l'éthylène et autres carbures analogues, puis le méthane, ensuite l'oxyde de carbone, et enfin l'azote, ne laissant que l'hydrogène à l'état gazeux. L'azote se liquéfie à la partie supérieure de l'appareil, et en s'écoulant jusqu'à la partie inférieure, il enlève par ce lavage, les dernières parties d'oxyde de carbone restant dans la masse.

L'hydrogène sera ensuite détendu, donnant ainsi un travail externe, dans un appareil a cet usage, produit par ce moyen un froid de — 215° C, absorbe par suite la chaleur des gaz provenant des fours à coke, dans un réfrigérent ou transformateur de chaleur. Le prix de revient de l'hydrogène obtenu avec ce procédé, s'élève, dit-on, à 1 s. 6 d. les 1.000 pieds cubes.

L'hydrogène est dirigé vers un gazomètre, et les autres gaz qui sont riches en méthane, sont ramenés dans la fabrication, au point de vue de leur utilisation. Ils représentent un pouvoir calorifique de 6.000 calories par mètre cube, et les deux tiers du pouvoir calorifique existant primitivement, se trouvent ainsi récupérés dans le traitement des gaz des fours à coke.

La séparation de la benzine étant facilitée sous l'influence de la pression, la quantité récupérée peut être évaluée à 10 ou 15 0/0, et l'éthylène peut produire 200 kg d'alcool par tonne d'ammoniaque produite.

Ces produits récupèrent tous les frais de compression des gaz.

Bombe à catalyse de Claude. — La bombe à catalyse type a 7 pieds de haut, 9 pouces de diamètre extérieur et 4 pouces de diamètre intérieur. Elle est faite d'un acier spécial au nickel-chrome, contenant très peu de carbone, de façon à pouvoir résister à l'occlusion que produit l'hydrogène. Elle se trouve solidement supportée, très résistante à l'épreuve de toute rupture.

Quelques-unes des premières bombes furent construites par Vickers Lmd à Scheffield, et étaient formées d'un alliage spécial, désigné sous le nom de « Vikro ». M. Dickenson (1) chef du département des recherches, a montré que ni le « Vitro » ni aucun autre acier, n'a une résistance à la tension suffisante à la chaleur du rouge faible. La propriété spéciale de résistance à la déformation sous l'action d'un effort (ou tensile), est comparable à la viscosité d'un liquide. L'avantage que présente l'acier au nickel-chrome, c'est qu'il a une grande résistance à la déformation, même à haute température, étant à considérer pour une pression de 8 tonnes 1/2 par pouce carré à 500° C.

La tête de la bombe est fixée à celle-ci, par une vis interrompue, analogue au mécanisme de la culasse des canons, permettant au catalyseur, de se trouver introduit ou retiré de l'appareil en l'espace de 8 minutes. Le joint est fait avec une rondelle de cuivre, très mince, et toute la fermeture est maintenue par un volant à vis fixé sur la tête, avec un dispositif à cran d'arrêt, faisant deux tours. Lorsqu'il faut changer le catalyseur, un quart de tour à la tête suffit à le dégager.

Les gaz froids pénètrent par la partie inférieure du tube, en évitant la réaction pro-

---

(1) V. (Coulée de l'acier à faible température rouge). Flowof Steel at low Red Heat, lu à réunion d'automne, à l'Institut du fer et de l'acier, (Iron and Steel Institut), 1922.

duite sous l'influence de la contre-pression, et l'acier est le meilleur agent de résistance à ces pressions.

On a reconnu que si un tube catalyseur éclate, la couche extérieure du métal cède d'abord par suite sans doute de la forte élévation de température, vers l'extérieur, ce qui cause une chûte assez grande de température. Les couches chaudes de métal exercent ainsi une forte pression sur les couches extérieures. Afin d'éviter ces inconvénients, la bombe est isolée, ce qui évite aussi la trop grande différence de température.

Produits servant à la catalyse. — Si les gaz sont purs, beaucoup de substances ont une très grande activité, en un temps relativement court, mais ce qui est encore préférable, c'est l'emploi d'un produit de catalyse, produisant une action continue dans des conditions de travail déterminées, et avec des gaz n'étant pas chimiquement purs.

Le produit catalyseur de Claude est produit en faisant brûler du fer dans l'oxygène, cet oxyde se trouvant ensuite réduit par l'hydrogène. Un « activeur » se trouve ensuite ajouté à la masse, de façon à augmenter l'action de la synthèse, et empêcher toute action néfaste. La matière se présente sous forme de granules de couleur grisâtre, faciles à obtenir et à conserver.

La bombe de Claude est faite en acier au nickel-chrôme, avec une proportion très faible de carbone. La partie filetée mobile, a une rainure dans le sens du diamètre de la bombe (ayant une forme presque cylindrique, un peu évasée à la partie opposée du bouchon fileté, et également en cette place d'une épaisseur un peu plus grande), et supporte un tube de fer, recouvert d'une matière isolante et renfermant la matière servant de catalyseurs. Le catalyseur est du fer pur, contenant l' « entraîneur ». Les gaz entrent froids à la partie latérale de la bombe, au-dessus du bouchon fileté, passent jusqu'à la partie supérieure de la bombe, puis s'échauffent sous l'influence du catalyseur, et la température atteint même 500° C, avant même d'avoir traversé tout le catalyseur. Avec le temps, ils le traversent, et la température ainsi produite peut donner environ 60.000 calories par heure. Avant de produire la réaction, le catalyseur se trouve être chauffé électriquement.

Tube protecteur. — Une installation devant produire 5 tonnes métriques d'ammoniaque par jour doit avoir 4 bombes. Chaque bombe contient en ammoniaque environ 1.300 kgs, car pour produire 20 tonnes, l'installation ne comporte que 16 bombes qui pèsent ensemble environ 12 tonnes, tandis qu'une unique bombe Haber-Bosch, pour le même rendement, pèse 74 tonnes 1/2.

Le procédé Claude, a de plus un tube protecteur, permettant d'éliminer toute trace d'oxyde de carbone pouvant rester mélangé à l'hydrogène. Ce gaz est un des poisons le plus toxique, pour tous catalyseurs, et il peut se rencontrer dans l'hydrogène que l'on produit avec les gaz des fourneaux à coke. Avec le procédé Claude, même s'il atteint la proportion de 3 0/0, il se trouve en dernier lieu éliminé grâce au tube protecteur.

La bombe est chauffée électriquement à 400° C et l'oxyde de carbone qui peut la traverser se trouve transformé en méthane d'après la réaction

$$CO + 3H^2 = CH^4 + H^2O$$

En même temps, le peu d'oxygène qui se trouve en présence est transformée en eau.

Les 5 tubes sont disposés verticalement sur un châssis, placé sur un massif, reposant sur le sol. Il n'est pas indispensable de prendre des précautions spéciales.

Séparation de l'ammoniaque. — En employant une pression de 900 atmosphères, il est facile d'isoler l'ammoniaque produite, le refroidissement, donc la liquéfaction des gaz, au moyen des serpentins immergés dans l'eau, étant suffisant pour condenser 95 0/0 de l'ammoniaque produite. Ce qui reste peut être séparé des gaz par un refroidissement de plus, produit en faisant produire sur le liquide, une vaporisation partielle, qui refroidit et condense la masse, ou, en l'absorbant au moyen de l'acide sulfurique. Après absorption, les gaz restants, ou l'ammoniaque non combinée, restant, sont retournés à l'appareil.

On constatera, par suite, que ce procédé est excessivement simple comparé avec le procédé Haber nécessitant 200 atmosphères, dans lequel il est nécessaire d'injecter de l'eau, puis de recueillir l'ammoniaque à l'état de solution aqueuse. Tout ceci prend une grande quantité d'énergie, aussi si elle se trouve obtenue à l'état anhydre, il y a à traiter le liquide.

Cela permet donc d'avoir de l'ammoniaque liquide à un prix commercial avantageux pour les réfrigérations, congélations, etc., et il serait peut-être avantageux de faire de petites installations avec ce procédé dans un certain nombre de régions et ainsi éviter des frais de transports.

J'espère que d'ici peu de temps, les grandes régions industrielles auront leur usine d'ammoniaque synthétique, des usines de nitrates, car il y aurait pour celles-ci un grand avenir dans le développement des procédés synthétiques.

Prix. — Les indications suivantes que nous devons à M. J. H. West (1), donnent la quantité d'électricité que nécessite la fabrication d'une tonne d'ammoniaque faite avec l'hydrogène des gaz des fours à coke, par le procédé Claude.

	Kw. h.	0/0
Azote.	279	8,53
Hydrogène.	1287	39,35
Compression	1530	46,78
Divers	175	5,34
Total	3271	100,00

Avec la vapeur à 6 d. l'unité, le prix de revient s'élève à 6 £ 16 s. 3 d. Si l'hydrogène est obtenu par électrolyse, on peut compter son prix de revient à 13,59 l'unité, formant avec d'autres frais, 15,574 l'unité, et par suite, l'ammoniaque reviendrait à 6 £ 10 s.

Il faut dire aussi que l'hydrogène est un sous-produit, dans un grand nombre de procédés électrolytiques, qui, dans l'avenir, pourrait servir à la fabrication de l'ammoniaque synthétique. Je pense que cette fabrication atteindra, en ce sens, aux Etats-Unis, une extension considérable.

Procédé de fabrication de l'hydrogène par West-Jaques. — On construit actuellement au Japon, une usine Claude, pouvant faire 5 tonnes d'ammoniaque par jour, et l'on a conclu un contrat pour l'amener d'ici deux ans, à 40 tonnes. Comme le coke indigène est très pauvre, on a tenté faire l'hydrogène avec le procédé West-Jaques, dont voici la description :

Ce procédé se sert de la distillation du charbon, et de la formation de gaz à l'eau, avec le coke produit, puis de la transformation de l'oxyde de carbone, provenant de ces opérations en acide carbonique et hydrogène. Cette opération se fait, en un seul appareil, par l'action de la vapeur d'eau, en présence de catalyseurs. Le procédé a l'avantage d'éviter les pertes de chaleur et de charbon provenant de la décharge du coke chaud, passant des cornues à l'air et de son extinction au moyen de l'eau.

L'hydrogène du charbon brut, se trouve pratiquement en totalité, mis en liberté, lorsqu'il s'échappe de la zone chaude de la cornue, de telle manière que les huiles de goudron et les hydrocarbures se trouvent dissociés, ou transformés en carbone et en hydrogène, le carbone réagissant sur la vapeur d'eau, pour faire du gaz à l'eau. Il s'obtient d'une manière différente de celle préconisée par Tully, dans son usine de gazéification, et les seuls produits obtenus sont du gaz et des cendres.

M. J. H. West a eu toutes facilités et était particulièrement désigné pour apprécier le procédé Claude, et par suite, il est intéressant d'indiquer ci-dessous son opinion :

« Je suis entièrement convaincu que le procédé Claude au point de vue : prix de revient, simplicité de fabrication, et régularité est de beaucoup supérieur au procédé Haber ».

Même mieux, des conclusions identiques ont été exprimées publiquement par M. H. S. Weeks F. I. C., chef du laboratoire de recherches chimiques de la Société Vickers Lmd.

Hydrogène électrolytique. — A Terni, en Italie, le docteur Casale emploie dans l'usine d'ammoniaque synthétique qu'il dirige, des pressions de 500 atmosphères.

L'hydrogène est obtenu par électrolyse, et il est intéressant de constater que fabriqué de cette manière, il est obtenu très pur, donc les frais de purification n'entrent pas en ligne de compte. L'oxygène est également pur et le prix de l'hydrogène est fonction de l'écoulement de l'oxygène.

Les deux genres de cellules employées dans cette électrolyse sont analogues à celles des filtres-presses, aussi connus, et l'électrolyte employé est de l'acide sulfurique ou de la soude. On emploie plus généralement cette dernière, et cela exige 1,69 par cellule.

Théoriquement, 1 ampère-heure dégage 0,0147 pied-cube d'hydrogène, à la température et à la pression ordinaire, mais pratiquement 1.356,170 unités d'électricité sont nécessaires pour dégager 1.000 pieds cubes d'hydrogène et 500 pieds d'oxygène.

A 5 £ par kw annuel, et avec une dépense de 135 kw heure par 1.000 pieds cubes d'hy-

---

(1) Procédé de fabrication synthétique de l'Ammoniaque et Installation, par J. H. West, *Journal of the Societz of Chemical Industry*, 30 nov. 1921, vol. XI n° 22 pp. 420ᴿ, 424ᴿ.

drogène, le prix de l'énergie est d'environ 1 s. 7 d. par 1.000 pieds cubes d'hydrogène.

Le docteur E. B. Maxted a établi que si une usine consomme 10.000 kw d'énergie électrique, et que l'on veuille produire électriquement l'hydrogène environ 7.500 kw sont nécessaires à cet effet. Il constata également qu'environ 1.000 kw sont exigés pour faire l'air liquide, donc pour produire l'azote, et 1.000 kw, pour comprimer les gaz à 200 atmosphères et les fractionner de cette pression. Le reste se trouverait absorbé par les moteurs.

Une telle usine, employant 10.000 kw d'électricité, produirait par le procédé Haber, environ 5.000 tonnes d'azote fixé annuellement, et 33.000 pieds cubes d'oxygène pur, par heure, comme sous-produit.

Aux États-Unis, il existe un certain nombre de sociétés produisant l'hydrogène, comme sous-produit de différentes fabrications électrolytiques. Dans certains cas particuliers, c'est suffisant, pour produire de 2 à 3 tonnes d'ammoniaque par jour, mais d'ici peu, on en fabriquera bien davantage.

Le docteur F. G. Cottrel, directeur du Laboratoire de fixation de l'azote de Washington, m'écrit ce qui suit :

« La production actuelle n'est pas particulièrement importante, et se restreint à la
« fabrication de l'ammoniac liquéfié, ou en solution, pour lesquelles le prix est très
« rémunérateur. On tend à développer la question de l'ammoniaque synthétique et à en-
« traîner progressivement un personnel technique, et il est de toute opportunité de le
« développer expérimentalement sur une grande échelle ».

Rapports entre les deux procédés. — Les procédés sont toujours plus ou moins modifiables, et si l'on établit une comparaison, tout ce qu'il est possible de dire, c'est que tel ou tel procédé semble présenter certains avantages par rapport à ceux actuellement en usage. Je crois que ce qui suit, peut être considéré comme un résumé exact des deux procédés de fabrication actuels de l'ammoniaque synthétique.

	HABER	CLAUDE
Opérations	Une série d'opérations à 200 atmosphères dont la pression doit être rétablie constamment.	Une seule opération à 900 atmosphères, une seule compression.
Condensation de l'Ammoniaque. .	De l'eau doit se trouver injectée à 200 atmosphères pour éliminer l'ammoniaque sous forme d'une solution à 20 0/0 — Si l'on veut obtenir du gaz ammoniac liquéfié il doit être préparé par liquéfaction, et si l'on veut du gaz ammoniac il faut une évaporation.	Le gaz ammoniac est immédiatement condensé sous sa forme liquide et si l'on veut de l'ammoniaque gazeuse, elle peut se transformer spontanément, sous cette forme.
Gaz en contact avec les catalyseurs	Les gaz Azote et Hydrogène passent à plusieurs reprises sur les matières servant de catalyseurs, et des réchauffeurs sont indispensables.	Les gaz passent successivement dans plusieurs bombes, et à chaque passage, des serpentins, récupèrent l'ammoniaque formée.
Purification des gaz	Une installation spéciale sert à purifier le gaz, afin d'en éliminer l'oxyde de carbone, etc.	Un simple tube, protégeant le catalyseur, écarte l'oxyde de carbone.
Bombes.	Pour une production de 20 tonnes d'ammoniaque par jour, il faut une bombe de 42 pieds 8 pouces de haut et 3 pieds 3/4 de diamètre pesant 74 tonnes 1/2.	Pour une même production de 20 tonnes, on emploie 16 bombes de 9 pouces de diamètre, 7 pieds de haut, leur poids total étant inférieur à 12 tonnes.
Dangers d'explosion	Très considérable, vu la grande surface de la bombe, et de la grande quantité de gaz qu'elle contient.	Les forces d'éclatement, sont moins considérables, la masse se trouvant répartie dans un plus grand nombre de petits tubes, le volume du gaz étant dans chaque 1/15 seulement en volume (par le procédé Haber).
Régénération des catalyseurs . . .	Opération longue et difficile exigeant des ouvriers entraînés — Une grande quantité est indispensable.	Très facile la matière se trouvant supportée, par une tête en acier, à filet interrompu, et partie recouvrante.

	HABER	CLAUDE
Chauffage des catalyseurs...	La quantité relativement faible de chaleur produite à 200 atmosphères, nécessite l'emploi de très grands catalyseurs.	Le grand dégagement de chaleur dans la réaction à 900 atmosphères, permet de maintenir facilement la température indispensable de 500° C.
Temps de mise en route......	Trois jours entiers sont nécessaires pour chauffer le système et terminer l'opération.	L'installation peut commencer à produire de l'ammoniaque, en moins de 5 heures.
	Environ 20 tonnes par jour est le minimum qui puisse être fait.	On peut ne faire que 2 tonnes d'ammoniaque liquide par jour.

Equations chimiques. — Pour ceux qui sont familiarisé avec les réactions chimiques, on peut représenter ces opérations sous la forme suivante :

a) Synthèse de l'acide nitrique par les procédés à explosion électriques de l'air.

$$Az^2 + O^2 = 2AzO$$
$$2AzO + H^2O + O^3 = 2AzO^3H$$

b) Fabrication du carbure de calcium, de la cyanamide et de l'ammoniaque

$$CaO + 3C = CO + CaC^2$$
$$CaC^2 + Az^2 = C + CaCAz^2$$
$$CaCAz^2 + 3H^2O = CaCO^3 + zAzH^3$$

c) Synthèse de l'ammoniaque par les procédés Haber, Claude et Casale

$$Az^2 + 3H^2 = 2AzH^3$$

d) Fabrication de l'azoture d'aluminium et de l'ammoniaque

$$Al^2O^3 + 3C + Az^2 = 3CO + Al^2Az^2$$
$$Al^2Az^2 + 6H^2O = 2Al(OH)^3 + 2AzH^3$$

e) Fabrication du carbure de baryum, de la cyanamide et du cyanure, puis ensuite de l'ammoniaque.

$$BaO + 3C = CO + BaC^2$$
$$BaC^2 + Az^2 = C + BaAz^2C$$
$$BaCAz^2 + C = Ba(CAz)^2$$
$$Ba(CAz)^2 + 4H^2O = Ba(OH)^2 + 2CO + 2AzH^3$$

f) Conversion de l'ammoniaque en acide nitrique, à l'aide d'un catalyseur. Ceci est commun à tous les procédés.

$$4AzH^3 + 5O^2 = 6H^2O + 4AzO$$
$$2AzO + H^2O + O = 2AzO^3H$$

g) Absorption des oxydes de l'azote par l'eau, pour obtenir l'acide nitrique. Ceci est également commun à tous les procédés.

$$2AzO^2 + H^2O = HAzO^2 + HAzO^3$$
$$3HAzO^2 = H^2O + 2AzO + AzO^3H$$
$$2AzO + O^2 = 2AzO^2$$

Usines Haber et Claude en France. — La consommation annuelle, en France, d'engrais azotés, est d'environ 110.000 tonnes en azote de l'atmosphère, et l'on ne produit environ que 200.000 tonnes. Après la guerre, le gouvernement français décida de subventionner une Compagnie, afin de construire une usine d'ammoniaque synthétique à Toulouse, susceptible de produire environ 36.000 tonnes d'azote fixé par an.

Les capitaux de la Compagnie et les dividendes devaient être garantis par le Gouvernement, et une convention s'amorça entre le Gouvernement français et la Badische Anilin und Soda Fabrik par laquelle la Compagnie cédait ses droits, ses procédés, et donnerait tout son concours.

On paya, comme accompte, 1 million de francs, mais vu le succès des procédés de Claude, la question se posait, s'il était sage, de construire une usine Haber Bosch. Quelques politiciens favorisaient naturellement un procédé, inventé par leur propre concitoyen.

Le Sénat se référa à un Comité qui désigna une Commission, composée de membres experts ou techniques. Les derniers avis semblent indiquer que l'installation Haber Bosch ne sera pas installée à Toulouse.

Engrais à base d'ammoniaque. — Pendant la guerre, l'Allemagne ne pouvait recevoir les quantités suffisantes de pyrites avec lesquelles se fait l'acide sulfurique, et c'est pourquoi les experts de la Badische Anilin und Soda Fabrik indiquèrent une méthode de fabrication du sulfate d'ammoniaque, en **partant** du gypse qui est un minéral formé de sulfate de chaux, de formule $CaSO_4 + 2H_2O$, comme matière première.

On trouva, que finement pulvérisé, le gypse calciné, mis en suspension dans une solution d'ammoniaque provenant des installations Haber et Bosch, se trouvait décomposé par l'acide carbonique, le carbonate de chaux se trouvant précipité, et il se faisait du sulfate d'ammoniaque d'après la réaction

$$CaSO_4 + 2AzH_3 + CO_2 + H_2O = CaCO_3 + (AzH_4)_2 SO_4$$

L'acide carbonique est un sous-produit de la fabrication du gaz à l'eau.

La solution de sulfate d'ammoniaque est filtrée et évaporée dans des appareils à vide.

Ce procédé est exploité à l'usine Lenna, près Merseburg, Saxe, où l'on produit de si grandes quantités de sulfate d'ammoniaque, qu'elles inondent complètement le marché de l'Euorpe centrale.

Le sulfate d'ammoniaque s'emploie surtout comme engrais et plus spécialement pour certaines cultures, telles que le riz. Il est généralement vendu plus bas, à quantité d'azote contenu équivalent que n'importe quel autre engrais. Pour ceux qui désireraient étudier plus complètement la question, je me reporterais aux articles publiés par le docteur E. J. Russell, directeur de la station d'Essai de Rothamsted.

Chlorhydrate d'ammoniaque ou chlorure d'ammonium. — Le chlorhydrate d'ammoniaque est un des engrais de l'avenir, vu qu'il peut être obtenu à bon marché, concurremment avec le bicarbonate de soude par le procédé de fabrication de la soude à l'ammoniaque de Solvay.

Ce serait peut-être le moyen d'utiliser au moins partiellement l'ammoniaque faite à l'usine de Bellingham-on Tees.

La concentration généralement employée pour la saumure du Cheshire, est inférieure au degré de saturation, et dans ces conditions, le bicarbonate de soude, seul se dépose et le chlorhydrate d'ammoniaque avec 30 0/0 du sel restent en solution. De cette solution, après filtration, on peut séparer le sel du chlorhydrate d'ammoniaque par cristallisation.

M. G. Claude emploie des liqueurs contenant environ 36 0/0 de sel, soit 36 de sel dans 100 parties d'eau, à la température ordinaire.

Ces liqueurs sont saturées par le gaz ammoniac, puis par l'acide carbonique (récupéré de la fabrication de l'hydrogène), dégagés sous pression dans la solution ammoniacale. Il se produit une décomposition et le chlorydrate d'ammoniaque et le bicarbonate de soude se forment d'après la réaction

$$NaCl + AzH_3 + H_2O + CO_2 = NaHCO_3 + AzH_4Cl$$

La réaction peut être réversible et on arrive à un état d'équilibre lorsque les 2/3 environ du sel se trouvent décomposés. Le bicarbonate est peu soluble dans l'eau, comme dans l'eau contenant du sel, et il se précipite, par suite, sous forme d'une poudre blanche. L'opération se fait dans des tours munies de réfrigérents dans lesquels circule de l'eau froide.

Une moaification, due à Schreib. consiste à saturer la liqueur provenant du bicarbonate avec du sel ordinaire, ajouter à nouveau, une certaine quantité d'ammoniaque, puis traiter à nouveau, par l'acide carbonique, de façon à former du carbonate d'ammoniaque $(Az_2H_4)_2 CO_3$ neutre. Par additions successives d'acide carbonique, il se produit du bicarbonate d'ammoniaque qui précipite le bicarbonate de soude et maintient en solution le chlorhydrate d'ammoniaque

$$AzH_4HCO_3 + NaCl = NaHCO_3 + AzH_4Cl$$

Par l'addition d'une nouvelle quantité de sel et d'ammoniaque, le cycle des opérations se reproduit et la même solution peut être employée indéfiniment. Il est indispensable d'ajouter le sel sous sa forme solide, de façon à augmenter la concentration de la solution.

Engrais à forte proportion d'azote. — Un avenir considérable se trouve également destiné aux engrais formés de sels doubles, contenant de l'azote et du phosphore, ou de la potasse. On emploie en Allemagne un sel double contenant du nitrate d'ammoniaque et du sulfate d'ammoniaque de compasition

$$(AzH_4)_2SO_4 - 2AzH_4 AzO_3$$

On le prépare par cristallisation, et il est moins hygroscopique que le nitrate d'ammoniaque avec lequel il se trouve préparé. Sa valeur est très appréciée en agriculture.

Il existe également un autre sel double, le chlorhydrate d'ammoniaque et le nitrate de potasse, obtenus par double décomposition en mélangeant le nitrate d'ammoniaque avec le chlorure de potassium.

$$AzH^4AzO^3 + KCl = AzH^4Cl + KAzO^3$$

Cet engrais est important, contenant deux aliments pour l'agriculture, et n'est pas trop hygroscopique comme engrais.

Pour certaines récoltes, il est cependant préférable d'employer le sulfate d'ammoniaque, à la place du chlorhydrate d'ammoniaque, et l'on peut même faire un sel mixte, ainsi que l'indique l'équation suivante :

$$2\,AzH^4AzO^3 + K^2SO^4 = (AzH^4)^2\,SO^4 + 2KAzO^3$$

La Badische Anilin und Soda Fabrik fait le produit en traitant l'ammoniaque par l'acide carbonique en excès

$$2AzH^3 + CO^2 = H^2O + CO\,(AzH^2)^2$$

il se fait donc de l'urée

$$CO\,(AzH^2)^2$$

Cette urée est un des meilleurs fertilisants qui puisse être obtenu chimiquement, à un prix relativement bon marché, par rapport à l'azote qu'elle contient. Elle contienr en effet 47 0/0 d'azote et les cristaux sont en longues aiguilles non délisquescentes.

Oxydation de l'ammoniaque. — Une autre façon d'employer l'ammoniaque est de la transformer en nitrate, et ainsi l'action de l'engrais est plus rapide. On produit cette oxydation selon les indications données par Kühlmann, en premier, vers 1830. Il reconnut que si l'on faisait passer, sur de l'éponge de platine chauffée un mélange contenant de l'ammoniaque, il se produisait immédiatement des vapeurs rouges d'oxyde azotique.

Le professeur Ostwald, en Allemagne, présenta un procédé industriel, qu'il se réserva dans tous les pays importants, sauf dans le sien propre, la raison de cette abstention étant un travail antérieur fait par Kuhlmann et d'autres, à ce sujet.

Les convertisseurs Ostwald consistent en un tube en nickel, placé dans un tube vertical de fer émaillé, dans lequel le mélange air-ammoniaque entre la partie inférieur. Le catalyseur était un rouleau de feuilles de platine d'environ 2 centimètres de diamètre replié dans l'ouverture du tube de nickel. Les gaz sont chauffés avant leur introduction au contact de l'ammoniaque.

Une disposition qui s'est trouvée utilisée pendant la guerre, consiste en une boîte d'aluminium refroidie au moyen de l'eau, avec des chicanes permettant de répartir le mélange introduit d'air et d'ammoniaque. Cet appareil est surmonté d'un dôme conique en aluminium supportant des fenêtres en mica.

Le catalyseur consiste en un tube de platine, composé de fils de 0,065 m/m de diamètre, tissé de façon à présenter 80 ouvertures au pouce carré. Il se trouve adapté sur un support d'argent, permettant le chauffage électrique, et fixé sur un dispositif en aluminium se trouvant depuis la base jusqu'au capuchon et le supportant.

De nombreuses petites usines furent édifiées, en Angleterre, pendant la guerre, pour le traitement par oxydation de l'ammoniaque, et principalement à Dagenham Dock par la Nitrogen Products and Carbid C° et à Widness, par la United Alcali Company. La plus grande qui existe au monde est celle qui fut édifiée à Mussels Shoals (Alabama), et qui s'est trouvée décrite dans la deuxième partie.

En temps ordinaire, le procédé se trouve handicapé, vu que le prix de l'azote, à l'unité est sensiblement le même, qu'il se trouve sous forme d'azote ammoniacal ou sous forme d'azote nitrique.

Cependant, commercialement, il n'y existe aucun avantage, vu le change et l'usine est coûteuse, vu surtout les catalyseurs en platine.

Il faut dire, il est vrai, que la principale source du platine se trouve en Russie, dans les monts Oural, et par suite, tous procédés dépendant de ce métal, se trouvent fortement handicapés, par suite de l'incertitude dans lequel il se trouve au sujet de ce qui lui est indispensable. Il existait cependant un courant d'affaire, et il y avait encore contact avec la Russie pendant la guerre, mais elle s'est effondrée.

En cas de nouveaux conflits, pour un métal si rare, il serait insensé d'en subir les conséquences.

Recherches et développement. — Des recherches excessivement nombreuses concernant la fixation de l'azote se poursuivaient en Allemagne, plusieurs années même avant la guerre, et l'on a déjà mentionné celles des professeurs Haber et Ostwald. Différentes usines, avant la guerre, travaillaient également la question depuis plusieurs années.

En 1913, la Badische Anilin und Soda Fabrik construisit un laboratoire à Oppau, dans l'usine de fabrication synthétique de l'ammoniaque, de trois cents pieds de long sur 100 de large, qui coûta 150.000 £. Pendant la guerre, un état-major de 215 experts était continuellement employé aux recherches, et avant même qu'il fût fermé, les représentants des alliés qui visitèrent l'installation y trouvèrent encore 75 chimistes-experts et ingénieurs, patiemment à l'ouvrage.

Aux Etats-Unis, des recherches sur le procédé Haber, furent commencées en 1915, par le bureau des Sols, et il fut continué par la division des nitrates, du département de l'artillerie, une fois que l'Amérique entra dans la guerre.

En 1919, un laboratoire de recherches pour la fixation de l'azote fut établi à Washington D. C., et actuellement, il se trouve sous les ordres du Ministère de l'Agriculture. Le directeur est le docteur F. G. Cottrel, ayant sous ses ordres un état-major de 115 assistants, et le budget annuel dépasse 50.000£.

De plus, en Norvège, un certain nombre d'ingénieurs et de chimistes, se trouvent occupés constamment à rechercher des modifications possibles, du procédé à l'arc, et l'on peut dire la même chose de la Suisse. Ces contrées s'occupent naturellement de l'utilisation de la masse hydraulique, qui se trouve à leur disposition.

En France, M. Georges Claude, et ses préparateurs, ainsi que divers autres savants, s'occupent de la question. Les docteurs Casale et Plauser, ainsi que M. Rossi, espèrent mettre l'Italie à une place honorable, dans la question de la fixation de l'azote atmosphérique.

Le Japon, que l'on considérait comme ayant adopté le procédé Claude, est toujours sur le qui vive, en cas de nouvelles améliorations. Ce problème est donc intéressant, car le Japon peut être considéré presque comme un baromètre du progrès scientifique et industriel.

Si le Gouvernement japonais ou la Compagnie Mitsul adoptent un procédé, on peut en toute sécurité, affirmer que c'est le dernier et le meilleur.

Recherches en Angleterre. — Et maintenant, observons ce que nous avons fait et ce que nous faisons.

Le procédé à l'arc, pour fixer l'azote atmosphérique, fut le résultat des travaux de Priestley et de Cavendish, poursuivis par les recherches plus pratiques de Rayleigh, mais au point de vue pratique, tout l'essor produit sous l'influence de ces recherches a été fait d'une façon pratique à l'étranger, et surtout avec une grande extension en Norvège, en Autriche et en France.

Des nombreuses recherches faites par Davy, Faraday, Perkin, Ramsay, Young, etc., il en résulta surtout l'établissement d'usines en Allemagne ayant plus ou moins de rapports avec la fixation de l'azote.

Avant la guerre, le docteur E. B. Maxted et moi-même, étions pour ainsi dire les seuls faisant des recherches en ce pays, sur la fixation de l'azote. Quelques-uns de nous ne concevaient une guerre que comme un mirage, et connurent le danger d'attendre après les fournitures d'outre-mer, nitrates du Chili, pour les explosifs, et le prix ou le gaspillage en acide sulfurique pour son traitement, sa fabrication dépendant de plus de l'arrivée des pyrites d'outre-mer.

Le travail du docteur Maxted fut principalement dirigé sur la synthèse de l'ammoniaque, et avant sa communication, on connaissait, en ce pays, peu de choses sur la production de l'ammoniaque au moyen de catalyseurs de fer, lesquels sont ceux actuellement employés dans la synthèse de l'ammoniaque.

Après la guerre, il ne se présenta aucune nouvelle découverte, pendant les deux premières années, et même il ne se fit une apparence de recherches qu'au Collège de l'Université de Londres.

Enfin en mai 1918, il fut décidé que le Ministère des Explosifs était autorisé à construire une usine et concernant cette décision, les docteurs Partington, M. B. E. et L. H. Parker, M. A. firent le commentaire suivant dans leur livre: « *The Nitrogen Industry* ».

« Les plans de l'usine nationale furent établis par M. K. B. Quinan, le conseiller technique de Lord Moulton. M. Quinan n'avait malheureusement, aucunes connaissances théoriques ou pratiques de la fixation de l'azote, et pour d'autres raisons, rien n'a été fait au moment de l'armistice en ce qui pouvait se rapporter à l'acquisition de Bellingham-on-Tees, admirablement exposé à une attaque des zeppelins.

Après la guerre, l'appareil du Collège de l'Université fut démonté, ce qui n'était rien moins qu'un sabotage. Aussi avancées qu'aient été les recherches générales concernant en ce pays, le problème de l'azote, nous sommes juste dans la même situation qu'avant la guerre. On a fait quelques travaux isolés, dans des trous à pigeons, et comme c'est fini, on néglige toute coopéraion.

'Je pense que ce pays devrait avoir un département réservé aux recherches sur l'azote, quelque chose d'analogue à celui de Washington D. C. Faute de cela, il pourrait exister un établissement où les recherches seraient continuées comme dans une Industrie, ainsi que cela se présente à l'Institut Mellon à Pittsbourg.

Développement national. — La fixation de l'azote est une opération toute aussi nationale que la construction de nouveaux bateaux de guerre ou de docks, que l'on installe sur les différents points stratégiques. C'est aussi bien une affaire d'Etat que les conférences périodiques s'ouvrant pour discuter des problèmes provenant de l'émigration ou des problèmes financiers.

C'est aussi bien une affaire d'Etat, que l'encouragement à la culture du caoutchouc, du coton ou du blé, dans les différentes parties de l'Empire.

Tous les appprovisionnements et toutes les matières alimentaires dépendent en fin de compte, du bon marché de l'azote de l'atmosphère.

Je sais que les nationaux de nos colonies, observent la vieille patrie, suivront le cortège des progrès chimiques et mécaniques réalisés, non pas, forcément, avec de grandes usines, qui pour leur consommation n'est pas indispensable, mais en installant de nouveaux procédés, et ainsi se trouver en premier.

Pendant le dernier siècle, plus spécialement pendant le commencement du règne de Victoria, nous conduisions le monde dans les problèmes se rattachant à la partie industrielle et dans le développpement des questions scientifiques. Aujourd'hui c'est différent, aussi bien dans la partie chimique qu'industrielle, et l'on peut constater que dans beaucoup de cas, les recherches faites en ce pays par nos pionniers, ont reçu actuellement leur développement définitif à l'étranger.

Il est de notre devoir de développer toutes les ressources de notre Empire, et il faut le faire encore davantage.

Il existe dans notre pays de grandes forces hydrauliques, au moins équivalentes à celles de Norvège, de Suisse ou d'Amérique ; nous avons également une force dans les digues d'irrigations existantes et dans celles que l'on peut entrevoir.

Il existe aussi des terrains à charbons, où l'on peut s'alimenter de combustible, à bien meilleur marché que ce qu'il coûte en Angleterre.

Il y a de grandes étendues de territoires qui ont besoin d'agriculteurs, connaissant la chimie des engrais, et sachant appliquer l'irrigation à la culture intensive.

Nous avons le plus grand grenier du monde.

Nous devons, pour profiter de ces avantages, avoir en ce pays, des usines dans lesquelles le personnel peut se trouver entraîné, où, de nouvelles idées peuvent donner un vigoureux élan, et où, des améliorations peuvent donner de nombreux avantages. D'autres pays, avec moins d'enjeu, l'ont réalisé.

Pourquoi donc l'Angleterre ne le ferait-elle pas ?

Pour terminer, je crois que je ne puis faire mieux, que de citer ce qui suit, extrait d'un mémoire, lu récemment par M. W. Wilson M. Sc.

« La science électrique, a été pour la plus grande part, due surtout aux travaux magnifiques des électriciens anglais, tels que Faraday, Maxwell, Kelwin, Hopkinson et Thomson. Cependant, beaucoup d'applications de ces recherches et leur essor ont été réalisés sur le continent et en Amérique, quoique une proportion considérable d'appareils se trouvent actuellement fabriqués en Amérique, depuis déjà quelques années, afin de remplacer les fournitures faites par l'Etranger.

« Nous nous étions habitués à abandonner nos entreprises juste lorsqu'elles devenaient rémunératrices.

« En autorisant les nations étrangères à agir, de cette manière avant nous, nous leur avons abandonné toute initiative, ce qui est une erreur tactique, au point de vue commercial, toute aussi sérieuse que pourrait l'être, une erreur de tactique en temps de guerre. Dans les colonies, l'effet de cet abandon de toute initiative s'est affirmé assez sensible, car le prestige est surtout en ce cas, un facteur important pour déterminer le succès.

V. E.

VARIA

Désétamage par voie électrolytique
Par H. S.
(Chemiker Zeitung, 5/II 1925)

La guerre a fait de l'utilisation complète des déchets une nécessité économique. Les années de l'après-guerre ont encore aggravé la situation. C'est pourquoi la récupération de l'étude des déchets de fer blanc, connue encore longtemps avant la guerre, a pris une grande extension seulement pendant la guerre et les années qui la suivirent.

Procédés de désétamage. — L'extraction de l'étain des déchets de fer blanc peut se faire par trois procédés :

1º Par électrolyse ;
2º Par le chlore ;
3º Au four Martin.

Le choix de l'un ou de l'autre de ces procédés dépend des conditions économiques locales. Mais, quel que soit le procédé employé, il faut comme condition préalable que la matière première se trouve en abondance sur place. En effet, le seul produit qui puisse servir de matière première sont les boîtes de conserves alimentaires ; or ces boîtes occupent un grand volume, et ne peuvent pas être transportées de loin, vu le coût du transport. La récupération de l'étain des déchets de fer blanc ne peut donc devenir industrielle que là où il y a grande consommation de conserves, c'est-à-dire dans les grandes villes ou dans les grands centres industriels avec une population nombreuse.

Les procédés au chlore et au four Martin ne peuvent être exploités qu'associés à la grande industrie. Le procédé au chlore demande que le chlore lui-même présente un produit de déchets, comme cela a lieu dans l'électrolyse industrielle des chlorures alcalins. On ne pourrait pas employer à cet effet le chlore comprimé, le prix de revient étant alors trop grand. De même, le procédé au four Martin est aussi lié à la grande industrie, car il ne peut être pratiqué qu'à proximité d'une aciérie, où le fer blanc désétamé serait immédiatement transformé en acier.

Il en est tout autrement du procédé électrolytique. Il ne demande que du courant électrique bon marché, ce qu'on peut obtenir aussi bien à proximité que loin des grands établissements industriels.

Le procédé économiquement le plus avantageux est certainement le procédé au four Martin. Mais il ne le sera que dans un avenir plus ou moins prochain lorsqu'il aura acquis sa forme définitive. Pour le moment, il est à ses débuts, et il n'est pas encore sorti de la période de tâtonnements. Il tire son avantage de ce qu'il aboutit immédiatement à la formation de l'oxyde de l'étain et de l'acier, alors que dans les deux autres procédés, ces produits sont obtenus en deux temps : on obtient dans une première phase du fer et de l'étain à l'état de chlorure ou à l'état métallique et dans une seconde phase le fer est transformé en acier. Quant à la valeur comparative du procédé au chlore, et du procédé électrolytique Meineke (Métallurgie de l'étain) se prononce pour le procédé à chlore, mais il est plutôt à admettre que les deux procédés se valent et que le choix de l'un ou de l'autre tient exclusivement aux conditions locales.

Nous allons maintenant décrire brièvement l'installation et le mode opératoire du procédé électrolytique.

Matière première. — Les boîtes de conserves sont très différentes par leur composition et par leur grosseur. Les boîtes anglaises et les boîtes américaines contiennent généralement une moyenne de 2,2 à 2,5 0/0 d'étain. Les boîtes de fer-blanc allemand en contiennent moins. Les boîtes les plus pauvres en étain sont celles qui sont rouillées. Qu'une égratignure se produise à la surface d'une boîte, une tâche de rouille y apparaît bientôt, elle se propage de plus en plus sous la pellicule de l'étain qu'elle sépare du fer et en projette des particules dehors en appauvrissant de cette façon le fer-blanc en étain. On fera donc bien de contrôler attentivement la matière première et d'en éliminer toutes les boîtes rouillées. D'ailleurs la graisse qui adhère aux parois des boîtes au moment où elles sont vidées, les protège contre la rouille. Une action protectrice est également exercée par le papier qui enveloppe les boîtes et par le verni qui les couvre.

Il faut considérer comme beaucoup plus avantageux, les déchets de fer-blanc qu'on trouve dans les ferblanteries et les serrureries. Ces déchets ne sont pas généralement rouillés, ils ne demandent pas à être nettoyés pour être débarrassés des restes alimentaires, de la graisse, etc. Mais ils se trouvent relativement en faible quantité et leur valeur pour l'industrie est de ce fait très atténuée. Quant aux autres métaux étamés, ils ne peuvent aucunement entrer en ligne de compte.

On emploie un bain électrolytique alcalin ; on se sert à cet effet de la soude caustique ordinaire 128/130, dont la teneur ne doit pas dépasser 8-10 0/0.

Pour que l'entreprise soit rémunératrice, sa capacité annuelle ne doit pas être inférieure à 3.000-3.500 t. de déchets (10 t. par jour ouvrable), ce qui donne une production annuelle de 60-70 t. d'étain, étant donné que le fer-blanc contient généralement 2 0/0 d'étain. La quantité de fer-blanc désétamé est presque égale à la quantité de matière employée. Il faut pourtant compter avec des pertes provenant des impuretés qui souillent les boîtes de conserves (graisses, étiquettes, etc.). Suivant que ces impuretés sont plus ou moins grandes, suivant le pourcent de l'étain, le poids du fer obtenu varie de 94 à 96 0/0 du poids initial du fer-blanc employé.

Installation. — Une installation industrielle complète du procédé électrolytique de récupération de l'étain, comprend les parties suivantes :
1º Une installation pour le nettoyage des boîtes de conserves ;
2º Une installation électrique et une pour l'électrolyse ;
3º Une installation pour la compression des déchets ;
4º Pour la régénération du bain ;
5º Pour la production des vapeurs ;
6º Des magasins, etc.

Le nettoyage des déchets demande beaucoup d'attention, il doit être poussé à fond ; autrement on risque de souiller les bains électrolytiques, ce qui crée des difficultés de toutes sortes à la fabrication. Les impuretés consistent essentiellement en graisse, restants d'aliments, étiquettes, vernis et couleurs, sable, poussière, etc. ; dans certaines boîtes, on trouve des joints de caoutchouc, de la colle de pâte, etc.; dans d'autres, notamment dans celles dont les jointures sont soudées, on trouve du plomb provenant de la soudure. On fera bien de ne pas mélanger les deux sortes de boîtes. On débarrasse les boîtes de la graisse en les lavant dans la soude bouillante, la graisse est saponifiée. Cette opération peut être faite de différentes façons ; le mieux est de se servir d'une cuve dans laquelle on immerge un tamis qui est retiré à la fin de l'opération. On rince les boîtes dégraissées et l'on recueille les eaux de lavage afin de ne laisser rien se perdre de la soude employée.

Pour diminuer les volumes des déchets on les fait passer au laminoire entre deux cylindres distants de 40 m/m l'un de l'autre. Il faut se garder de trop comprimer les boîtes, cela empêchera la solution du bain électrolytique de baigner leurs faces internes. Il y a des usines où l'on coupe les déchets de fer-blanc à la machine en petits fragments dans d'autres usines, on les fait passer entre des cylindres portant des épines qui perforent les boîtes en même temps qu'ils le compressent. Les cylindres à épines ont l'inconvénient qu'ils enferrent les boîtes malgré le dispositif pour les décoller. Le passage à travers des cylindres cannelés fait éclater les boîtes. Toujours est-il que les boîtes sont bien désétamées, alors même qu'elles présentent des creux sur leurs faces intérieures.

On se sert pour l'électrolyse de 12 cuves rectangulaires mesurant 6 m. de longueur sur 1,2 m. de largeur et 1,1 m. de hauteur. Elles sont disposées en trois groupes de 4 cuves associées en série, les trois groupes étant réunis en parallèle. Au-dessus de chaque série de cuve, se déplace un charriot mobile muni d'un dispositif qui permet de plonger et de soulever les anodes et les cathodes. Dans chaque cuve plongent 6 lames de fer qui servent de cathode et 5 corbeilles en fils de fer qui servent d'anode. Les corbeilles portent à leur ouverture supérieure des couvercles en fil de fer qu'on peut à volonté enlever. Le fond des corbeilles est formé d'une plaque de fer afin d'empêcher les déchets de fer-blanc de tomber à travers les mailles et de produire de la sorte des courts-circuits. La charge de chaque corbeille s'élève jusqu'à 40 kg. de boîtes de conserves bien tassées, et de grosseur moyenne. Le courant est amené par des rails de fer ou mieux encore par des rails en cuivre. Dans le cas de rails de fer, on fera bien de souder des lames de cuivre aux endroits où sont les contacts.

Le courant est fourni par des dynamos à courant continu d'une tension de 10 volts et d'une intensité de 4.000 ampères. L'installation électrique (dynamos, moteurs, appareils de mesures et autres), doit se trouver à proximité de l'installation électrolytique, mais dans un autre bâtiment. Ceci est très important, car si les deux installations se trouvent dans le même bâtiment, les vapeurs émanant des bains électrolytiques attaqueront les machines électriques et entraîneront leur détérioration. Un point des plus importants

dont dépend la bonne marche de l'électrolyse, est la bonne circulation de l'électrolyse.
Il faut que le contenu du bain soit renouvelé toutes les heures. On l'obtient par le dispositif suivant : L'électrolyse est amené par des tuyaux dont chaque cuve est garnie et
qui sont disposés de telle sorte que le liquide pénètre dans les cuves par l'en bas des
ouvertures pratiquées dans le fond de la cuve. Il en sort par le haut, il est recueilli par
des canaux en béton et après chauffage, il est envoyé soit directement dans les cuves
d'électrolyses ou bien dans des collecteurs spéciaux en béton. Il y a généralement
dans chaque usine, deux collecteurs dont chacun peut contenir une partie notable de
l'électrolyte circulant. Ils sont disposés à un étage inférieur afin que le liquide s'y déverse d'une façon naturelle.

En dehors des cuves électrolytiques se trouvent dans la même salle des réservoirs
destinées à recueillir le schlamm d'étain et les boîtes désétamées. L'étain se dépose sur
les lames cathodiques à l'état spongieux. on l'en détache et on le rassemble dans un
réservoir qui est placé à un des bouts de la série des cuves électrolytiques. A l'autre
bout se trouvent des cuves à laver le fer-blanc désétamé. La première cuve est formée
tout simplement d'une boîte en fer, remplie d'eau : on y fait passer rapidement les corbeilles avec les boîtes désétamées en les y immergeant et les retirant aussitôt, afin de
les débarrasser de la soude caustique qui y adhère. On fera bien de placer plusieurs
cuves à laver l'une à la suite de l'autre, afin de pousser le lavage plus à fond, étant
donné que la première cuve s'enrichit bientôt en alcali et n'est plus propre à laver
les corbeilles.

Les déchets désétamés sont comprimés en paquets mesurant $40 \times 40 \times 40$ c/m.

Un autre point très important pour la bonne marche de l'exploitation est la régénération de l'électrolyte. Une partie de la soude est transformée par l'acide carbonique
de l'air en carbonate. Ceci a pour effet de diminuer l'action de l'électrolyte et de ralentir
la précipitation de l'étain. Pour y remédier, on se sert d'un dispositif qui consiste en un
carburateur, dans lequel la lessive est saturée avec de l'acide carbonique, d'une grosse
cuve chauffée à vapeur avec agitation, destinée à regénérer l'alcali d'une filtre-presse
avec une pompe. La grosseur de ce dispositif varie avec la quantité de lessive mise en
action.

La lessive doit être maintenue pendant toute la durée de l'opération à une température
voisine de 80° C. Le mode de chauffage joue un grand rôle. On doit renoncer à un
chauffage direct par la vapeur, car celle-ci se condensant, abaisserait la concentration de
l'électrolyte. On choisit généralement entre les deux modes suivants, ou bien on fait
passer l'électrolyte circulant par un tuyau chauffé à la vapeur, ou bien on envoie de la vapeur chaude dans un serpentin qui traverse les cuves. Le premier mode a l'avantage
de permettre un contrôle facile et simple, le second permet de maintenir dans toutes les
cuves la même température, alors que dans le premier la température des cuves varie en raison de leur éloignement du tuyau chauffé.

Une installation complète doit encore comprendre des magasins pour conserver la matière première et les produits finis. On fera bien de réunir les magasins par des voies
ferrées.

Marche de l'opération. — Après traitement dans les salles de nettoyage et découpage,
les déchets sont mis dans des corbeilles anodiques et placés dans des cuves. On travaille avec une densité de courant de 100 ampères par mètre carré et une tension de 1,5
volts. Pour éviter les pertes de tension, on nettoie soigneusement et à maintes reprises les
surfaces de contact entre les anodes ou cathodes et les rails qui amènent le courant.
Il est très important que la température et la composition du bain restent uniformes.
La température doit être maintenue à 80° C. L'électrolyte s'enrichit pendant l'opération en carbonates ; il se souille encore de sels de plomb, provenant de la soudure. de
sels de fer, de vernis. de graisse et d'autres impuretés dont on n'arrive pas à débarrasser les boîtes malgré le nettoyage préalable. Ceci a pour effet de diminuer la conductivité
de l'électrolyte, d'augmenter la consommation du courant et la durée du désétamage.

Le processus chimique est le suivant : l'étain s'oxyde à l'anode en oxyde hydrate et,
sans l'action de la soude, passe à l'état de stannate soluble. Le stannate se décompose
dans la région cathodique de l'étain spongieux se dépose à la cathode et le sodium
passe de nouveau à l'état de soude caustique. Normalement, le désétamage d'une corbeille
prend 4 heures. On reconnaît à la coloration brune des déchets que l'opération
est finie. Les déchets retiennent ordinairement jusqu'à 0,1 0/0 d'étain.

Pour le récupérer, on devrait prolonger outre mesure l'électrolyse, ce qui pourrait
entraîner une grande dépense d'électricité et ne présenterait aucun avantage économique.
Cet étain résiduel se trouve sous forme d'alliage avec le fer qui prend naissance pendant le désétamage du fer-blanc. Plus l'électrolyte est pur, mieux l'étain se dépose à

la cathode sous forme métallique. Pratiquement il se dépose presque toujours à l'état spongieux. Lorsque la soude est très souillée, il n'y a aucune production de dépôt sur la cathode, tout l'étain tombe à l'état de schlamm oxydé sur le fond de la cuve. Ceci est absolument à éviter, car le schlamm entraîne avec lui différentes impuretés : du sable, du fer, des substances organiques, qui diminuent le pourcent de l'étain et abaissent la valeur du produit obtenu. Est-il possible d'arrêter complètement la production du schlamm ? Non, mais on peut la diminuer et d'autant plus que les boîtes sont plus soigneusement nettoyées et que la soude a subi au préalable un traitement approprié.

Pendant combien de temps peut être utilisée la même soude ? Cela dépend des conditions sus-indiquées. En moyenne, la soude doit être régénérée tous les 14 jours. On prélève à cet effet une quantité déterminée de soude, on la soumet à un traitement approprié, après quoi, on la fait rentrer de nouveau dans le travail. Cette circulation de la soude est effectuée à l'aide des collecteurs en béton dont il a été question ci-dessus. Des collecteurs la soude est pompée dans un carburateur, c'est-à-dire dans un récipient en fer cylindrique où on la sature avec de l'acide carbonique. L'acide carbonique nécessaire est fourni soit par la cheminée ou bien par des bouteilles à acide carbonique. On détermine quelle est la quantité de soude caustique restée libre dans la lessive prélevée et l'on fait passer la quantité d'acide carbonique nécessaire pour la transformer en bi-carbonate, en maintenant le liquide pendant toute la durée de l'opération par un chauffage direct à la température voulue. En même temps qu'il se forme du bi-carbonate, le stannate de soude se décompose et donne naissance à l'oxyde d'étain hydraté et à du carbonate de soude. On sépare l'oxhydrate d'étain, qui est un sous-produit précieux par filtration, et on le lave soigneusement. La solution bicarbonatée est traitée à chaud par une quantité correspondante d'un lait de chaux. Une analyse chimique indique la fin de l'opération. La réaction est presque quantitative. L'addition de la chaux a également pour effet de précipiter les graisses contenues dans la lessive, sous forme de sels de chaux. La soude caustique fraîchement obtenue est séparée par filtration, on l'évapore, le cas échéant, jusqu'à la concentration voulue, on la rassemble dans un second collecteur, d'où on l'envoie dans les cuves à électrolyse.

Produits finals. — On détache de la cathode, à l'aide de racloirs en fer, l'étain spongieux, on le débarrasse par un lavage de l'électrolyte et on le dirige sur une fonderie d'étain. La quantité d'étain récupéré par la méthode électrolytique n'est jamais assez grande pour que son raffinage sur place soit rémunérateur, à moins que l'électrolyse ne soit associée comme industrie secondaire à une fonderie d'étain. L'éponge métallique électrolytique n'est pas pure, elle contient toujours une certaine quantité de plomb, de fer, etc. Elle convient bien à la fabrication d'alliages tels que la soudure, etc.

Les déchets désétamés comprimés ou en paquets, sont employés pour la fabrication de l'acier. Toutefois, ils ne jouissent pas d'une bonne réputation dans les aciéries et y ne sont pas recherchés du tout. C'est que leur teneur en étain aussi légère qu'elle soit 0,1 0/0), influe sur la qualité de l'acier obtenu.

L'oxyde d'étain hydraté obtenu au cours de la régénération de la lessive est purifié à l'acide chlorhydrique étendu, après quoi il est utilisé tel quel par l'industrie céramique. l'oxyde moins pur, de même que le schlamm du fond riche en étain, est envoyé dans les fonderies.

ACADÉMIE DES SCIENCES

Séance du 4 mai. — Le Président fait part du décès de M. Albin Haller, membre de la section de chimie emporté par des complications grippales survenues à la suite d'un accident de laboratoire. Alsacien de naissance, il possédait toutes les qualités profondes des fils de l'Alsace et fut brave comme les plus vaillants d'entre eux ; blessé au début de la bataille scientifique où il perdit un œil il se donna tout entier dans cette lutte et, victorieux, méritait d'y succomber sans avoir jamais faibli.

Son existence fut une lutte heureuse qui, des origines des plus modestes, le conduisit aux plus hauts sommets. Quelle ascension fut la sienne ! Le simple élève de l'école primaire qui apprenait le métier d'ébéniste dans la maison paternelle disparaît au comble des honneurs scientifiques.

Après avoir fait la guerre de 1870 et opté pour la France, Albin Haller devient aide préparateur à l'Ecole supérieure de pharmacie de Nancy; il est agrégé à cette école en 1879, professeur de Chimie à la Faculté des Sciences dans la même ville en 1885 et passe au même titre à la Sorbonne, en 1899. Il est nommé membre de l'Académie des Sciences l'année suivante. Haller joua un grand rôle dans les conseils; il suffit de rappeler qu'il fut président du Comité des Poudres pendant la guerre. [Il avait succédé à Henri Poincaré dont il était le parent par sa femme et qui, l'ayant apprécié à sa juste valeur, lui valut les voix des mathématiciens, soit à la Sorbonne contre Béhal soit à l'Institut contre H. Le Chatelier qu'il précéda dans la Section de chimie. (N.D.L.R.)]

Dans la recherche pure il s'attaqua au difficile problème du camphre et sut en faire surgir un monde de composés nouveaux. Dans le domaine de l'organisation il rêva d'associer la science à l'industrie. Ce fut là son idée de chevet. Il voulut réaliser cette idée et la faire entrer dans la pratique en donnant à l'industrie des chimistes habiles et judicieusement instruits. On sait l'impulsion qu'il a donné tout d'abord à l'Institut de Nancy et ensuite à l'Ecole de Physique et Chimie industrielles de la Ville de Paris dont il fut nommé directeur après Lauth.

— Sur le sesquioxyde de fer magnétique. Note de Henri ABRAHAM et René PLANIOL. — Le sesquioxyde de fer rouge, réduit vers 500° par l'hydrogène ou l'oxyde de carbone, donne la magnétite. Cette variété d'oxyde magnétique est très oxydable. Il suffit d'en allumer un point dans l'air pour en obtenir la transformation complète en oxyde ferrique rouge non magnétique. En chauffant, au contraire la magnétite dans un courant d'air entre 200 et 250° on a une poudre brunâtre violemment ferromagnétique. Le retour à la variété non magnétique ne s'effectue que par l'action d'une température de 700°.

— Etude des acides gras et des diacides au moyen des rayons X. Note de Jean-Jacques TRILLAT. — La méthode de l'auteur permet de réaliser certaines analyses. Les chaînes de CH^2 ne peuvent être considérées comme formées de CH^2 régulièrement associées. La distance comprise entre deux groupes de même parité est toujours constante: elle est plus du double de celle comprise entre deux de ces groupes consécutifs.

— Etude quantitative de la protection réalisée dans une solution colloïdale par l'introduction d'un électrolyte en quantité trop faible pour entraîner la floculation. Note de A. BOUTARIC et Mlle G. PERREAU. — La variation de l'effet de protection en fonction du temps qui s'est écoulé à partir du moment où a été introduit l'électrolyte protecteur a toujours sensiblement la même allure; l'effet de protection va d'abord en s'accentuant passe par un optimum au bout d'un certain temps et décroît ensuite.

— Sur les traitements thermiques de certains laitons. Note de L. GUILLET. — Les alliages examinés contenaient:

Cuivre	33,16	40,70	25,55
Nickel	25,97	23,83	31,31
Zinc	39,82	35,05	42,44
Plomb	0,11.	traces	traces

Les observations résultant de la détermination de la dureté à la bille, des points de transformation et des différents traitements amènent à conclure que ces alliages simplement coulés sont hypertrempés et que recuits ils présentent la structure d'un eutectoïde. La trempe à l'eau donne de l'hypertrempe pour les deux premiers et de la martensite dans le troisième. La trempe à l'air est nettement plus durcissante que la trempe à l'eau pour les deux premiers alors que le microscope ne décèle pas toujours de la martensite. Le revenu apporte une augmentation de dureté notable surtout dans les produits hypertrempés. Les courbes de chauffage et de refroidissement, enfin, montrent sur ces alliages trempés à l'eau un phénomène qui n'a jamais été indiqué et dont on continue l'étude: une absorption de chaleur à 100°, transformation toujours accusée par la courbe thermique et parfois par la courbe dilatométrique.

— Sur l'absorption ultraviolette en fonction du P_H de quelques acides organiques envisagés à la manière d'indicateurs ultraviolets. Note de Fred VLÈS et Mlle Madeleine GEX.

— Sur la préparation des α-dicétones acycliques. Note de E. E. BLAISE et Mlle M. MONTAGNE. — La condensation du bromure d'éthylmagnésium avec la tétréthyldiamide glutarique donne le dipropionylpropane. Après avoir séparé la dicétone il reste une huile constituée par un mélange de deux corps cétoniques. On les sépare sous forme de semicarbazones en diéthylamide de l'acide γ-propionylbutyrique et $C^{17}H^{31}NO$.

— Sur l'hexabromure de diacétylène. Note de M. LESPIEAU et Ch. PROVOST. Il aurait comme formule:

$$CHBr^2 — CBr ; CBr — CHBr^2$$

— Sur la préparation synthétique des homologues du chlorure de benzyle. Note de Marcel SOMMELET. — En faisant réagir l'oxyde de méthyle monochloré sur les hydrocarbures benzéniques sous l'action condensante du chlorure stannique on obtient du chlorure de benzyle accompagné de dérivés monochlorométhylés et de xylènes. On a constaté dans le cas de condensation avec le toluène la formation de chlorométhyltoluène, dichlorométhyltoluène, p-p-ditolylméthane et un dérivé chlorométhylé de ce dernier.

— Sur les arylamino-1-naphtoquinones 2. Note de R. LANTZ et A. WAHL. Les auteurs décrivent l'oxydation du phénylamino-1-oxy-2-naphtalène qu'ils dissolvent dans la soude caustique additionnée d'alcool. On verse dans un excès d'eau glacée puis on fait arriver une solution d'hypochlorite de soude. On maintient vers 5° la température. Il se dépose des cristaux verts de phénylimino-1-naphto-quinone-2.

Il se forme des composés analogues avec les autres composés arylaminés mais ces dérivés quinoniques sont très altérables ce qui n'a pas permis jusqu'ici d'opérer leur purification et leur analyse.

Séance du 11 mai. — Traitement du malacon. Séparation du celtium d'avec le zirconium. Note de Mlle Madeleine MARQUIS et Pierre et G. URBAIN. — On attaque le minéral par l'acide sulfurique et on reprend par l'eau le résidu. On a ainsi des solutions concentrées de sulfates qu'on traite par du sulfate de potassium solide. Il se forme des sulfates doubles qui se précipitent sous une forme facile à filtrer. Le sulfate double se dissout bien à la faveur de certains réactifs comme les carbonates. C'est sur ces solutions de carbonates qu'on opère les fractionnements. Après 27 fractionnements on observe dans les têtes un spectre du celtium où les raies du zirconium sont relativement faibles.

— Sur la présence du nickel et du cobalt chez les animaux. Note de Gabriel BERTRAND et M. MACHEBOEUF. — Chez l'homme et chez les animaux supérieurs le foie s'est présenté comme un organe relativement riche en nickel. Les tissus kératiniques renferment beaucoup de métal.

En ce qui concerne le cobalt c'est seulement par la réaction colorée qu'il donne avec la diméthylglyoxime et que montre l'eau mère séparée du nickel que les auteurs ont pu constater sa présence.

— L'oxydation chromique comparée et la structure moléculaire: dérivés tartriques et stéaroliques. Note de Louis Jacques SIMON. — La méthode d'oxydation chromique s'applique aux corps examinés et le déficit d'oxydation chromique est compris dans ces limites acceptables. On ne peut tirer, au moins pour ce groupe de substances riches en carbone et difficiles à obtenir très pures. de conclusions décisives en ce qui concerne les rapports de la structure et de l'oxydation chromique comparée.

— Sur les méthylalcoylglycérines. Note de Raymond DELABY et Georges MOREL. — Le mode de préparation des méthylalcoylglycérines par l'intermédiaire de la dibromhydrine est le procédé de choix malgré le nombre de transformations qu'il comporte. Cette voie ne peut plus être suivie si l'on veut obtenir les éthylalcoylglycérines, par exemple. car on ne connaît qu'un mode de formation de la matière première: la β-éthylacroléine.

— Sur la datiscine (datiscoside) glucoside du Datisca Cannabina L et sur ses produits de dédoublements. Note de C. CHARAUX. — La datiscine a pour formule $C^{27}H^{30}O^{15}$.

Elle cristallise avec 4 molécules d'eau. F. 192-193°. Par dédoublement au moyen des acides elle fournit une molécule de datiscétine, une molécule de glucose et une molécule de rhamnose.

— Le primevérose, les primevérosides, et la primevérosidase. Note de Marc BRIDEL. — Le nom de primevérase a été mal choisi; il doit être réservé au ferment qui dédouble le primevérose en xylose et glucose, ferment encore inconnu. Le nom le meilleur pour désigner le ferment des primevérosides est celui de primevérosidase. Cette dernière est donc le ferment des primevérosides lévogyres dérivés du primevérose.

La primevérase est le ferment du primevérose qui donne sous son action du xylose et du glucose. Ce ferment n'a pas encore été signalé dans le règne végétal.

— Sur la présence des nitrates dans les sols forestiers. Note de A. NEMEC et K. KVAPIL. — L'humus d'épicea contient une quantité d'azote nitrique qui semble décroître quand augmente l'âge du peuplement. L'humus et la couverture morte des peuplements feuillus sont relativement riches en azote nitrique, surtout la couverture du jeune taillis de frêne a montré une teneur en nitrates très élevée. L'ensemble des couches de peuplement mixte epiceahetre est beaucoup plus riche en azote nitrique que celui du peuplement pur d'epicea dans la même région.

— Sur quelques propriétés de l'urée vis-à-vis des sols. Note de F. COUTURIER. et S. PERRAUD. — L'urée peut être utilisée sans tenir compte de la température et de la saison d'après les mêmes règles que le sulfate d'ammoniaque puisque le carbonate d'ammoniaque formé échappera très rapidement à l'entraînement par les eaux de pluie au même titre que les engrais ammoniacaux ordinaires.

— Persistance de l'azote dicyandiamidique dans une cyanamide calcique moulée après plusieurs mois de séjour dans le sol. Note de Adrien AUGUET et Albert BRUNO. — Toute technique ayant pour but de mettre la cyanamide calcique brute sous forme d'agglomérés doit être sévèrement contrôlée. On a remarqué, en effet, qu'il pouvait se produire une transformation accidentelle en dimère, dont la toxicité a été signalée.

— Action de l'insuline sur le métabolisme azoté. Note de H. LABBÉ et B. THEODORESCO. — Le métabolisme azoté reçoit une accélération du fait de la mise en circulation d'un supplément d'insuline dans l'organisme. L'animal brûle ses tissus davantage que dans les périodes normales; il consomme ses réserves azotées.

Séance du 18 mai. — Sur la coagulation de la caséine en présence des sels de chaux en solution acide. Note de L. LINDET. — Le caillage spontané du lait n'est pas dû au seul fait que les ferments lactiques l'ont acidifié; il tient à ce que l'acide lactique formé a dissous la chaux qui minéralisait la caséine, qu'elle soit à l'état de caséinate ou de phosphate, ou que ce phosphate ait été formé aux dépens des phosphates alcalins par l'addition de chlorure de calcium.

Le lait qui est par lui-même très légèrement acide est semble-t-il sur la limite de la coagulation. Cette acidité n'a pas encore dissous assez la chaux pour faciliter la coagulation, mais que l'acidité augmente spontanément ou artificiellement que l'on échauffe le lait et dès lors le caséino-phosphate de chaux en présence de l'acide provoque la coagulation de la caséine; mais l'acide seul est impuissant, puisque, au contraire, il le dissout.

— Résultats obtenus par l'étude dilatométrique des fontes. Note de Pierre CHEVENARD et Albert PORTEVIN. — On peut suivre par l'étude dilatométrique des fontes, les transformations complexes qui s'effectuent au cours du chauffage et du refroidissement. La méthode dilatométrique apparaît comme un procédé d'analyse supérieur à la méthode thermique pour les phénomènes s'accomplissant en milieu solide.

— Influence des traitements thermiques et mécaniques sur la vitesse de dissolution de l'aluminium dans l'acide chlorhydrique. Note de Xavier WACHÉ et G. CHAUDRON. — Les impuretés de l'aluminium ne jouent pas un rôle quantitatif mais agissent suivant leur mode de répartition; elles forment, en effet, avec l'aluminium des solutions solides d'autant plus homogènes que le métal est refroidi plus rapidement. On voit que dans ces conditions la vitesse d'attaque augmente. Le recuit et l'écrouissage qui produisent une répartition uniforme des impuretés diminuent cette vitesse.

— Sur le déplacement des acides par diffusion. Note de E. DEMOUSSY. — La considération des mobilités relatives des ions d'un mélange sel acide, jointe à la connaissance du degré d'ionisation de l'acide suffit pour prévoir le sens du partage dans les produits de la diffusion.

— Sur la formation directe des oxybromures de mercure. Note de H. PELABON. — Les oxybromures de mercure se forment directement en suivant la même marche que pour la préparation des oxychlorures.

On maintient en tubes scellés en présence d'eau n molécules d'oxydes rouge et m molécules de bromure mercurique. Il se forme un composé marron qui contient $4HgO.HgBr^2$ et un composé jaune qui est formé équimoléculairement.

— Action des p-bromanisyl et p-bromotolylmagnésiums sur le camphre. Note de Mlle S. LEDUC. — En faisant réagir les dérivés magnésiens sur le camphre, on réussit à obtenir des alcools tertiaires plus ou moins mélangés avec les produits de leur déshydratation: les arylcamphènes. Avec le parabromure d'anisylmagnésium et le camphre on a isolé l'anisylcamphène F. 85°.

— Sur une méthode générale de synthèse de dérivés ω-chlorallylés cycliques et par eux de carbures acétyléniques, d'alcools et d'aldéhydes cycliques. Note de L. BERT. — En traitant, au sein du toluène chauffé vers 100°, une combinaison organomagnésienne mixte par une quantité équimoléculaire de dichloro-1,3-propène, il se produit une double décomposition et l'on obtient une combinaison du type $R.CH = CHCL$ dont par saponification on tire l'aldéhyde $R.CH^2$. $CH^2.CHO$ par suite d'un phénomène d isomérisation. L'auteur a opéré avec le bromure de phénylmagnésium et obtenu de l'α-chlorallybenzène. La potasse le transforme en oxyde mixte d'éthyle et cinnamyle.

En partant du dichloro-1-3-propène on peut réaliser une méthode de synthèse de dérivés chlorallylés cycliques.

— Action du chlore sur le pinène. Note de Georges BRUS. — En faisant absorber du chlore à froid à du pinène refroidi au-dessous de 0° on obtient du chlorure de bornyle, des dérivés dichlorés liquide, un dérivé cristallisé monoclinique et de faibles quantités de produits polychlorés.

— Sur les arylaminonaphtoquinones. Action des amines aromatiques. Note de R. LANTZ et A. WAHL. — Les diverses arylimino-1-naphtoquinones, peuvent réagir sur les amines. Avec l'aniline on obtient un produit isomère de l'anilinonaphtoquinone anilide. Une courte ébullition au sein de l'acide acétique glacial, transforme le nouveau produit en son isomère. Le rendement de la préparation du nouveau produit (action de la phénylimino-1-naphtoquinone sur l'aniline diluée de son poids d'acétone), est limité à 50 0/0 par un dégagement d'hydrogène; ce gaz se fixe sur la naphtoquinone qu'il transforme en produit de réduction: le phénylamino-1-oxy-2-naphtalène. En présence d'un grand excès d'air et d'un catalyseur il y a réoxydation et le rendement est amélioré. On peut alors éviter la préparation de la phényliminonaphtoquinone et utiliser directement le phénylamino-oxynaphtalène mais le produit reste combiné au catalyseur (de l'oxyde de cuivre dans le cas présent).

(A suivre.).

BREVETS PRIS A PARIS

TEXTILES, CELLULOSE, PAPIER

Nouveau procédé de rouissage du lin. du chanvre et des matières textiles en général, par E. KAYSER (France). — (Br. 556887, demandé le 6 janvier 1922, délivré le 23 avril 1923.)
Objet du brevet. — Procédé consistant à opérer le rouissage par action de bactéries découvertes et isolées par l'auteur et cela dans des conditions déterminées de température, aération, etc.

Procédé pour la charge de la soie, par E. ELOD (Allemagne). — (Br. 557815, demandé le 25 octobre 1922, délivré le 12 mai 1923.)
Objet du brevet. — Utilisation de sels organiques d'étain formés directement sur la fibre.

Procédé de fabrication de papier carbone, par A. GALLAND (France). — (Br. 522663, demandé le 19 août 1920, délivré le 4 avril 1921.)
Objet du brevet. — Emploi des anilides d'acides acétique, myristique, stéarique, etc., dans le but d'empêcher la cristallisation de l'enduit colorant et d'assurer sa stabilité.

Procédé nouveau de traitement des soies artificielles et autres textiles à l'état de fils permettant après tissage l'obtention de dentelles et étoffes de couleurs multiples sur tous métiers et particulièrement sur métier Leavers et Go. Trough, par A. F. RIECHERS et J. A. RIECHERS (France). — (Br. 554931, demandé le 7 juillet 1922, délivré le 12 mars 1923.)
Objet du brevet. — Procédé caractérisé par imbibition des écheveaux par portions dans une solution de tanin éther versée dans l'eau bouillante et fixation au sel d'antimoine à 30° ce qui permet l'obtention de tons dégradés.

Bain de précipitation pour la préparation des fils de viscose, par SOCIÉTÉ dite : SOCIÉTÉ ALLEGRE MONDON ET Cⁱᵉ (France). — (Br. 557087, demandé le 27 janvier 1922, délivré le 27 avril 1923.)
Objet du brevet. — Ce bain a l'avantage d'être d'un prix de revient inférieur à celui des bains généralement employés et d'empêcher la cristallisation.
Il est composé de : acide sulfurique 5 parties, acide chlorhydrique 2 parties, sulfate de soude 28 parties, eau 65 parties.

Nouveau procédé pour fabriquer de la viscose en vue de la fabrication de soie artificielle et produits similaires ne perdant pas sensiblement leur résistance au contact de l'eau, par H. DELAHAYE (Belgique). — (Br. 557178, demandé le 7 octobre 1922, délivré le 28 avril 1923.)
Objet du brevet. — Procédé permettant d'éviter la maturation en préparant l'alcali cellulose à basse température et donnant un produit à base de cellulose peu hydratée susceptible de se polymériser et résistant ensuite au contact de l'eau.

Méthode de purification de solutions de viscose et autres solutions analogues, par NAAMLOOZE VENNOOTSCHAP NEDERLANDSCHE KUNSTZIJDEFABRICK (Pays-Bas). — (Br. 558436, demandé le 9 novembre 1922, délivré le 25 mai 1923.)
Objet du brevet. — Procédé permettant d'éviter l'emploi de filtres pressés en émulsionnant la viscose avec 10 0/0 de paraffine liquide et soumettant l'émulsion à l'action de la turbine ce qui permet d'éliminer les résines entraînées par la paraffine.

Procédé pour ignifuger et imperméabiliser les tissus et papiers en tous genres, par I.A.C. HIRSCHLER (France). — (Br. 556577, demandé le 27 septembre 1922, délivré le 17 avril 1923.
Objet du brevet. — Le tissus ou papier est d'abord passé dans un bain à 50-60° contenant pour 100 litres d'eau 7 kgr. 500 d'acétate de plomb et 4 kilogr. d'alun pulvérisé. On le passe ensuite dans un second bain maintenu à 70-80° et contenant pour 100 litres d'eau, 18 kilogr. de phosphate ou sulfate d'ammoniaque, 5 kilogr. de borax, 3 kilogr. d'acide borique et 2 kilogr. d'alun pulvérisé.

Procédé de traitement des filasses d'écorce, telles que filaments de chanvre, lin, jute, manille et autres ainsi que des fibres de feuilles tels que filaments de raphia, manioc et autres pour obtenir de la soie, du coton et des fibres textiles analogues, par LE B. D'ORDODY (Hongrie). — (Br. 558872, demandé le 20 novembre 1922, délivré le 4 juin 1923.)
Objet du brevet. — Les fibres sont, après ramollissement, traitées par une lessive caustique, puis par un bain acide. Elles sont ensuite blanchies, soumises à l'action de vapeurs de soufre ou d'ozone, rincées, séchées. Enfin on les mouille avec une émulsion de savon d'huile légère, d'huile lourde, de borax et d'alun. La matière acquiert ainsi de la douceur, de la souplesse et un brillant soyeux.

Nouveau procédé de blanchiment à froid des matières textiles, fils, toiles, linge de table et tissus contenant couleurs, par FERTEIN PÈRE ET FILS (France). — (Br. 560075, demandé le 20 décembre 1922, délivré le 28 juin 1923.)

Objet du brevet. — Traitement des matières par un bain contenant 3 0/0 de soude caustique, 2 0/0 de chlorozone et 0,5 0/0 de résine, suivi d'un passage en bain acide, lavage, chlorage, lavage et neutralisation.

Procédé de fabrication d'un produit imperméable, par M. SEREBRIANY (Finlande). — (Br. 560762, demandé le 6 janvier 1923, délivré le 18 juillet 1923.)

Objet du brevet. — On dessèche des troncs d'arbres encore garnis d'écorce jusqu'à ce que la teneur en eau tombe à 7,5 0/0. Ils sont alors broyés, tamisés et mélangés à une solution de résine dans l'huile, l'éther ou l'alcool. On obtient ainsi une pâte isolante pouvant être moulée ou pouvant reservir à faire des feuilles.

Procédé pour l'obtention de nouvelles fibres textiles au moyen de poils et soies d'origine animale, par SOCIÉTÉ dite : LANIL, SOCIÉTÉ ANONYME (Suisse). — (Br. 562053, demandé le 12 février 1923, délivré le 24 août 1923.)

Objet du brevet. — Procédé basé sur l'emploi de solutions alcalines très faibles (à 0,10-0,15 0/0).

Blanc de satinage et son procédé de fabrication, par J. H. RYAN (Etats-Unis). — (Br. 566743, demandé le 26 mai 1923, délivré le 26 novembre 1923.)

Objet du brevet. — On mélange un lait de chaux à une solution d'alun, de façon à obtenir une masse crémeuse que l'on broie au moulin à galets avec addition d'eau, on laisse ensuite décanter, ajoute un peu de soude caustique, la matière encollante et broie à nouveau.

Procédé pour l'obtention d'effets nouveaux sur les fibres animales, par LANIL (Suisse). — (Br. 563333, demandé le 6 mars 1923, délivré le 24 septembre 1923).

Objet du brevet. — Du fil de laine à tricoter est chloré, puis teint et enfin passé après séchage, dans un bain de paraffine fondue. On exprime ensuite pour enlever l'excès de parafine.

Procédé pour le traitement des tissus de coton, par TEXTILWERK HORN A. G. (Suisse). — (Br. 563734, demandé le 14 mars 1923, délivré le 3 octobre 1923.)

Objet du brevet. — Si du coton traité par l'acide sulfurique, transparent mais rêche au toucher, est traité par des sels ammoniacaux en solution puis lavé, le toucher devient soyeux comme le velours.

RÉSINES, CAOUTCHOUC, ESSENCES ET VERNIS, COULEURS

Minium noir, par A. GODI DI GODIO (Italie). — (Br. 566090, demandé le 12 mai 1923, délivré le 17 novembre 1923.)

Objet du brevet. — Produit de belle coloration noire, pouvant être substitué au minium de plomb et obtenu en chauffant au rouge en four clos un mélange de sesquioxyde de fer, bioxyde de manganèse et carbure d'hydrogène.

Procédé de fabrication de caoutchouc et produit en résultant, par SOCIÉTÉ dite : THE NEW JERSEY ZINC COMPANY (Etats-Unis). — (Br. 566484, demandé le 19 mai 1923, délivré le 23 novembre 1923.)

Objet du brevet. — On vulcanise un mélange de caoutchouc et d'oxyde de zinc obtenu par un procédé spécial permettant d'obtenir des grains de diamètre 2 ou 3 fois plus petit que ceux trouvés dans le commerce. L'oxyde de zinc à cet état de division donne une plus grande ténacité au caoutchouc.

Procédé d'extraction du caoutchouc du latex, par J. OLTMANS (Pays-Bas). — (Br. 566700, demandé le 25 mai 1923, délivré le 26 novembre 1923.)

Objet du brevet. — On ajoute, en agitant, 10 0/0 d'un mélange benzine térébenthine, au latex à traiter. Le mélange ainsi obtenu est traité par un acide dilué dans une cuve à agitateur. Il se forme un produit solide que l'on transforme en feuilles et qui contient sensiblement tout le caoutchouc du latex.

Accélérateur liquide de vulcanisation, par SOCIÉTÉ dite : SOCIÉTÉ RICARD, ALLENET ET Cⁱᵉ (France). — (Br. 567987, demandé le 15 septembre 1922, délivré le 14 décembre 1923.)

Objet du brevet. — Emploi du butylaldéhydate obtenu par action de l'aldéhyde butyrique en solution éthérée sur le gaz ammoniac.

Perfectionnements apportés en peinture à l'hydrolyse des huiles siccatives, par L. C. E. GAUTRELET (France). — (Br. 563367, demandé le 7 mars 1923, délivré le 24 septembre 1923.)

Objet du brevet. — Produit permettant l'emploi de succédanés non ozonisants de l'essence de térébenthine par obtention d'un métal colloïdal capable d'activer l'hydrolyse de l'huile.

Procédé pour la fabrication d'apprêts pour textiles, papiers, cuirs, et la préparation des colles, peintures, laques, encres, enduits oléofuges et usages divers et application des produits obtenus par ce procédé, par G. Vienne (France). — (Br. 563726, demandé le 13 mars 1923, délivré 3 octobre 1923.)
Objet du brevet. — Produit obtenu en traitant les algues par l'alcool ordinaire.

Procédé pour la préparation d'une couleur minérale durable et lavable pour peinture, impression, etc., par A. Knapp (Suisse). — (Br. 566889, demandé le 31 mai 1923, délivré le 28 novembre 1923.)
Objet du brevet. — La peinture en question se prépare par empâtage à l'eau d'un pigment colorant et auquel on ajoute de la colle et une émulsion d'huile deshydratée et saponifiée.

Méthode de traitement de matières titanifères, par Société dite : Titanium Pigment Cy Inc. (Etats-Unis). — (Br. 566890, demandé le 31 mai 1923, délivré le 28 novembre 1923.)
Objet du brevet. — On obtient un pigment blanc par calcination de l'hydrate de titane obtenu en précipitant l'hydrate de titane par la potasse dans une solution de fluotitanate de potasse.

Procédé de préparation de résinates métalliques neutres, par Société dite : Sociét d'Etudes et d'applications pour le progrès de l'Industrie résinière en France. — (Br. 566525, demandé le 16 mai 1923, délivré le 23 novembre 1923.)
Objet du brevet. — Procédé consistant à ajouter un solvant des résinates métalliques dans leur fabrication, addition permettant la séparation des solutions salines accompagnant les résinates. Les solutions de résinates ainsi obtenus peuvent être employées à la fabrication des vernis ou être distillées pour isoler les résinates.

Encre indélébile et son mode d'emploi, par Société dite : Dello Ink Corporation (Etats-Unis). — (Br. 588003, demandé le 27 juin 1923, délivré le 15 décembre 1923.)
Objet du brevet. — Encre formée d'une solution alcoolique, d'un colorant, additionnée de sel d'alumine, d'un acide organique et de gomme.

CÉRAMIQUE, VERRERIE, MATÉRIAUX DE CONSTRUCTION

Revêtement protecteur pour navires de commerce ou de guerre, par S. Hattori, T. Tsuboi et I. Horiuchi (Japon). — (Br. 549040, demandé le 17 mars 1922, délivré le 8 novembre 1922.)
Objet du brevet. — La coque du navire est recouverte de plaques émaillées et les joints sont obturés par un émail fusible.

Produit nouveau pour le revêtement des fours et applications analogues, par G. Lorserie et R. Male (France). — (Br. 549993, demandé le 10 avril 1922, délivré le 2 décembre 1922.)
Objet du brevet. — Pâte plastique obtenue par un mélange de ponce, de liant et de charge, par exemple de ponce, d'oxyde de zinc, de chlorure de zinc et de ciment.

Procédé pour corroder et dépolir le verre, par Société dite : Société anonyme : Progil (France). — (Br. 550096, demandé le 13 avril 1922, délivré le 6 décembre 1922.)
Objet du brevet. — Mélange de fluorure d'ammonium, de sulfate de baryum, d'un peu de sulfate de soude dans l'eau bouillante ou dans une solution d'acide lactique ou de glycérine.

Perfectionnements à la fabrication des isolateurs, par Mme Droin, née Malet (France). — (Br. 551620, demandé le 5 septembre 1921, délivré le 11 janvier 1923.)
Objet du brevet. — Des isolateurs sont obtenus avec un mélange de 40 parties d'ardoise, 10 parties de silice, 10 parties d'argile et 40 parties de scories de chrome provenant de la fabrication d'acier au chrome.

Perfectionnements apportés à la fabrication de la porcelaine, par Société dite : Compagnie française pour l'Exploitation des procédés Thomson-Houston (France). — (Br. 552612, demandé le 7 juin 1922, délivré le 25 janvier 1923.)
Objet du brevet. — Introduction de béryl dans la composition de la porcelaine, cette matière donnant à la porcelaine obtenue des propriétés mécaniques et diélectriques supérieures.

Procédé d'émaillage des objets en ciment ou en fibrociment, par O. Udbye (France). — (Br. 566396, demandé le 13 mai 1923, délivré le 21 novembre 1923.)
Objet du brevet. — Les objets en ciment sont polis et enduits d'une couche de silicate de soude que l'on sèche progressivement et que l'on cuit à la température de ramollissement du silicate. On applique enfin un enduit de colle minérale à base de silicate et sèche.

Produits réfractaires tels que briques, creusets, etc., par M. de Roïboul (France). — (Br. 567492, demandé le 16 juin 1923, délivré le 7 décembre 1923.)

Objet du brevet. — Ces produits réfractaires sont obtenus à l'aide de mélanges d'oxydes d'erbium, de samarium et de zirconium moule à forte pression après cuisson des produits pulvérisés. Ces produits résistent à une température de 3.000°.

Matériaux de construction et leur procédé de fabrication, par S. MINACHE (France). — (Br. 568963, demandé le 23 juillet 1923, délivré le 2 janvier 1924).

Objet du brevet. — Matériaux constitués par une couche médiane (formée de débris organiques secs et pulvérisés, additionnés de carbonate de magnésie et d'une solution de chlorure de magnésium) et de deux couches externes formées d'un mélange coloré ou non de silicate soluble et de chlorure et carbonate de magnésium.

Procédé de préparation d'une substance ignifuge, légère et poreuse, par E. KRIEGER (Autriche). — (Br. 569159, demandé le 30 juillet 1923, délivré le 4 janvier 1924.)

Objet du brevet. — Des produits fibreux tels que le coton, la tourbe, etc., sont enduits de ciment de Sorel, en humectant la substance avec de l'eau ou avec la solution de chlorure de magnésium et en la soupoudrant avec une poudre contenant une matière inerte, amiante, magnésie, farine fossile, chlorure de magnésium pulvérisé ou en la plongeant dans un bain contenant ces produits.

COMBUSTIBLES

Procédé d'agglomération des matières en poudre finement concassées, plus spécialement de combustibles au moyen de brai et produits en résultant, par H. DU BOISTESSELIN, O. DUBOIS, F. W. TABB, L. VARNIER et L. HERTENBEIN (France). — (Br. 563152, demandé le 12 mai 1922, délivré le 20 septembre 1923.)

Objet du brevet. — On malaxe le combustible pulvérisé avec une pseudo-solution aqueuse de brai additionnée d'une petite quantité de matière gommeuse ou mucilagineuse. La pâte obtenue est moulée et les agglomérés obtenus sont séchés à l'étuve où il se produit un entraînement des produits volatils du brai par la vapeur d'eau, et les combustibles obtenus brûlent sans odeur ni fumée.

Combustibles liquides pour moteurs à explosion ou à combustion, par C. CHAUDOIR (France). — (Br. 563243, demandé le 24 mai 1922, délivré le 21 septembre 1923.)

Objet du brevet. — Combustible formé par une solution d'azotate d'ammoniaque dans un mélange d'alcool et d'eau.

Nouveau procédé de fabrication d'agglomérés combustibles à base de matières végétales et d'hydrocarbures, par J. BAUD (Cochinchine). — (Br. 566724, demandé le 21 décembre 1922, délivré le 26 novembre 1923).

Objet du brevet. — Les matières végétales moulues sont agglomérées à chaud avec des matières hydrocarburées telles que huiles, résines, gommes, brais de pétroles, etc., puis briquetées par les procédés connus.

Combustible carboné perfectionné, par SOCIÉTÉ dite : TRENT PROCESS CORPORATION (Etats-Unis). — (Br. 567271, demandé le 11 juin 1923, délivré le 4 décembre 1923).

Objet du brevet. — Mélange de particules carbonées très fines avec un hydrocarbure et de l'eau.

Procédé de fabrication de combustible aggloméré sans fumée, par P. A. R. GAUTHIER (France). — (Br. 567924, demandé le 30 août 1922, délivré le 14 décembre 1923.)

Objet du brevet. — Procédé caractérisé par l'emploi comme agglomérant de farine ou autre matière amylacée et de chaux ou carbonate de chaux. Les matières après mélange sont chauffées environ 10 minutes à 125-150° dans un courant de vapeur.

Combustible perfectionné pour moteur à combustion interne, par B. H. MORGAN (Angleterre). — (Br. 565341, demandé le 1er avril 1923, délivré le 6 novembre 1923).

Objet du brevet. — Mélange d'alcool et d'éther additionné de 2 à 5 0/0 d'huile de ricin.

Carburant liquide et son procédé de fabrication, par B. TRACHTENBERG (France). — (Br. 567652, demandé le 20 juin 1923, délivré le 10 décembre 1923).

Objet du brevet. — Mélange d'huile de houille ou de pétrole, distillant entre 180 et 300° avec de l'alcool et du benzol.

Procédé de traitement des hydrocarbures, par M. J. TRUMBLE (Etats-Unis). — (Br. 568819, demandé le 19 juillet 1923, délivré le 26 décembre 1923).

Objet du brevet. — Les houilles lignites ou bois sont déshydratés par action d'huiles lourdes très chaudes, puis après décantation de ces huiles à un traitement à la vapeur d'eau, sous pression à 800°. Il se forme un coke non cohérent qui est rendu cohérent par l'action d'un mélange de vapeur d'eau, d'huile lourde et de combustible pulvérisé suivi d'un nouveau traitement à la vapeur d'eau.

MINES ET MÉTALLURGIE

Perfectionnements au traitement des minerais sulfureux et autres substances contenant des métaux en vue d'en tirer des produits utiles, par E. A. ASHCROFT (Angleterre). — (Br. 565469, demandé le 24 avril 1923, délivré le 7 novembre 1923).

Objet du brevet. — Le minerai est soumis à l'action du chlorure de soufre à 150°C, ce qui permet une séparation du plomb et du zinc dont le sulfure n'est pas attaqué dans ces conditions. Par épuisement à l'eau chaude de la portion attaquée on sépare le plomb et l'argent.

Procédé de réduction directe des minerais de fer, par T. LEVOZ (Belgique). — (Br. 566961, demandé le 2 juin 1923, délivré le 29 novembre 1923).

Objet du brevet. — On provoque la fusion des gangues riches en silice et alumine par addition de fondants à point de fusion inférieur à 1.000°, et on réduit par du charbon pulvérisé ou de l'huile. On obtient dans ces conditions un alliage faiblement carburé de fer aluminium, manganèse et silicium. On en sépare le fer par oxydation et volatilisation des autres métaux.

Perfectionnements aux alliages d'aluminium, par SOCIÉTÉ dite : COMPAGNIE FRANÇAISE POUR L'EXPLOITATION DES PROCÉDÉS THOMSON-HOUSTON (France). — (Br. 540627, demandé le 3 septembre 1921, délivré le 20 avril 1922).

Objet du brevet. — Alliage de faible densité contenant 25 0/0 de silicium et moins de 25 0/0 de cuivre, se travaillant et se polissant mieux que la fonte.

Perfectionnements aux alliages, par SOCIÉTÉ dite : COMPAGNIE FRANÇAISE POUR L'EXPLOITATION DES PROCÉDÉS THOMSON-HOUSTON (France). — (Br. 540814, demandé le 27 août 1921, délivré le 3 octobre 1922).

Objet du brevet. — Alliage résistant bien aux échauffements et refroidissements successifs composé de fer, molybdène, aluminium et titane.

Procédé et produit permettant la soudure de l'aluminium ou d'alliages d'aluminium en employant le chalumeau à gaz, par A. PASSALACQUA (France). — (Br. 541695, demandé le 28 février 1921, délivré le 5 mai 1922).

Objet du brevet. — A 60 parties d'une pâte constituée de paraffine et d'acide stéarique en parties égales, on ajoute une partie d'une dissolution de chlorure, chlorate ou borate de soude, de sulfate de soude et de chlorure de magnésium et on enduit de ce mélange des baguettes d'aluminium.

Procédé et appareil de réduction d'oxydes, par A. E. BOURCOUD (Etats-Unis). — (Br. 541709, demandé le 18 août 1921, délivré le 6 mai 1922).

Objet du brevet. — Les objets métalliques sont réduits par un courant de gaz réducteur dans un four approprié. Les oxydes étant sous forme de petites particules s'opposant au courant gazeux.

Procédé pour la fabrication de corps ductiles en tungstène ou en tout autre métal difficilement fusible, par SOCIÉTÉ dite : N. V. PHILIP'S GLŒILAMPENFABRICKEN (Pays-Bas). — (Br. 561169, demandé le 18 janvier 1923, délivré le 30 juillet 1923).

Objet du brevet. — On chauffe un seul cristal métallique dans une atmosphère d'un composé volatil d'un métal difficilement fusible et susceptible de se dissocier à une température comprise entre celle à laquelle le dit composé se dissocie et celle à laquelle le métal dissocié cesse de s'associer au cristal du métal en question, de telle sorte que celui-ci s'accroît tout en restant homogène.

Traitement des mispickels avec récupération complète des métaux de constitution, par J. C. JOUVENET et C. MOHR (France). — (Br. 566216, demandé le 15 mai 1923, délivré le 19 novembre 1923).

Objet du brevet. — On chauffe le minerai en présence de bioxyde de manganèse et de carbonate de soude, et dans un courant d'air. Il se forme ainsi de l'arséniate de soude et du protoxyde de fer. L'arséniate est séparé par lavage et le résidu additionné de silice traité en autoclave par la vapeur en présence de chlorure de calcium. Les metaux passent à l'état de chlorures et l'on peut en extraire ceux d'or et d'argent.

Procédé pour convertir de la poussière de zinc en zinc liquide, par F. THARALDSEN (Norvège). — (Br. 566926, demandé le 1er juin 1923, délivré le 28 novembre 1923).

Objet du brevet. — La poussière est chargée dans un four rotatif et à secousses en grande quantité de façon que sa charge agglomère le zinc fondu.

ÉLECTROCHIMIE, ÉLECTROMÉTALLURGIE

Electrode à base de graphite naturel et procédé pour sa fabrication, par E. RIDONI et SOCIÉTÉ dite : SOCIÉTA TALCO ET GRAFITI VAL CHISONE (Italie). — (Br. 564167, demandé le 21 mars 1923, délivré le 15 octobre 1923).

Objet du brevet. — On emploie des graphites à structure feuilletée ou aiguillée et on soumet la pâte de graphite à un tréfilage opéré de façon à orienter les lamelles ou aiguilles dans la direction axiale de l'électrode ce qui donne une conductibilité très élevée de l'électrode dans cette direction.

Procédé et four électrique pour la fabrication de l'oxyde stannique pur, par G. M. P. BARBE (France). — (Br. 566885, demandé le 22 mai 1923, délivré le 24 novembre 1923).

Objet du brevet. — L'oxyde d'étain brut et impur est insufflé entre les électrodes d'un four électrique. Il se volatilise seul, ce qui permet de l'obtenir pur.

GRAISSES, SAVONS, PARFUMS

Perfectionnements au traitements des huiles et des corps gras pour la neutralisation et l'élimination des acides gras qui y sont contenus, par J. W. SPENSLEY (Angleterre). — (Br. 564425, demandé le 28 mars 1923, délivré le 18 octobre 1923.)

Objet du brevet. — L'huile est traitée par une quantité d'alcali reconnue nécessaire par un ou plusieurs passages à travers un broyeur centrifuge.

Nouveau savon, par J. M. P. V. THIROUIN (France). — (Br. 566238, demandé le 3 mars 1923, délivré le 20 novembre 1923).

Objet du brevet. — Savon caractérisé par la présence dans la pâte d'huile minérale soluble. Ce savon fait avec du suif de la lessive de soude de l'huile minérale soluble un peu de térébenthine et de l'eau permet de se laver et raser à sec.

Procédé de désodorisation des huiles de poissons, par SOCIÉTÉ dite ; ETABLISSEMENTS A. HUSSON et Cie (France). — (Br. 566286, demandé le 18 mai 1923, délivré le 21 novembre 1923.)

Objet du brevet. — Les huiles sont traités par le mélange sulfonitrique vers 90-120° en présence d'anhydride phosphorique. Après lavage à l'eau chaude et décantation on obtient une huile désodorisée.

Perfectionnements aux procédés de fabrication du savon d'empâtage, par A. S. LELEU (France). — (Br. 567198, demandé le 11 août 1922, délivré le 3 décembre 1923.)

Objet du brevet. — Procédé caractérisé par l'incorporation du savon, juste avant de couler en mise, de produits d'hydrogénation des phénols.

TANNERIE, CUIRS, COLLES

Perfectionnements aux traitements des peaux, par C. DUCKWORTH (Australie). — (Br. 555755, demandé le 7 septembre 1922, délivré le 30 mars 1923.)

Objet du brevet. — Les peaux sont traitées successivement par une solution à 3 0/0 de sulfite de soude et par une solution d'ammoniaque tiède. Le poil peut ensuite être enlevé et les peaux sont soumises au tannage.

Procédé de préparation d'un confit pour tannerie à base de pancréas et de sels anhydres, par SOCIÉTÉ dite : SOCIÉTÉ ANONYME LEDOGA (Italie). — (Br. 555854, demandé le 11 septembre 1922, délivré le 3 avril 1923.)

Objet du brevet. — On moud le mélange sec obtenu en broyant des glandes de pancréas, avec du sel ordinaire, du plâtre ou desselscapables d'absorber l'eau. L'activité des enzymes est ainsi mieux conservée que dans la méthode ordinaire de broyage des glandes en présence de sciure.

Peaux, cuirs et fourrures radio-actifs et procédé pour leur préparation, par G. C. PRECERUTTI TAPPARELLI (Italie). — (Br. 555891, demandé le 9 août 1922, délivré le 3 avril 1923.)

Objet du brevet. — On rend ces subtances radio actives soit en ajoutant des produits radioactifs au bain de tannage soit en les incorporant à un vernis dont on enduit la surface des cuirs.

Procédé pour la conservation des peaux, cuirs, fourrures, pelleteries et produit qui en résulte, par A. G. CARTIER (France). — (Br. 556386, demandé le 31 décembre 1921, délivré le 11 avril 1923.)

Objet du brevet. — On vaporise une solution de formol sur la partie chair des peaux et on empile les peaux en les séparant par une très légère couche de sulfate de soude anhydre. Quand il ne s'en écoule plus de liquide on les suspend à l'air libre.

Traitement des peaux par le chlore, par A. LABIB el BATANOUNI (France). — (Br. 556600, demandé le 24 juillet 1924, délivré le 17 avril 1923.)

Objet du brevet. — Addition au bain de trempage d'un produit chloré tel que l'hypochlorite,

Cette addition empêche l'altération des peaux, les assouplit et dans les cas des peaux de moutons ou d'agneau blanchit la laine.

Perfectionnements au traitement du cuir et des matières analogues, par J. T. UNDERWOOD LTD (Angleterre). — (Br. 561170, demandé le 18 janvier 1923, délivré le 30 juillet 1923.)

Objet du brevet. — Le procédé consiste à recouvrir le cuir de caoutchouc en couche légère et de vulcaniser le tout.

Procédé de fabrication des matières tannantes artificielles, par MELAMID (Allemagne). — (Br. 564009, demandé le 17 mars 1923, délivré le 10 octobre 1923.)

Objet du brevet. — Produit obtenu par éthérification de la lessive de cellulose sulfitique au moyen de sulfochlorures aromatiques comme par exemple le sulfochlorure de toluène.

MATIÈRES COLORANTES, TEINTURE, IMPRESSION

Apprêt spécial pour soie artificielle, par F. PEREYRON (France). — (Br. 556301, demandé le 21 décembre 1921, délivré 11 avril 1923.)

Objet du brevet. — Vaporisation sur les fils d'huile de vaseline pure ou diluée dans un solvant.

Colorants verts teignant sur bains réducteurs et leur procédé de fabrication, par SOCIÉTÉ dite : SOCIÉTÉ CHIMIQUE DE LA GRANDE PAROISSE (France). — (Br. 563750, demandé le 22 juin 1922, délivré le 4 octobre 1923.)

Objet du brevet. — Le p-nitro-o-diaminophénol diazoté et traité par des polysulfures alcalins donne un colorant vert fixable sur fibres en solution dans le sulfure ou l'hyposulfite de sodium.

Colorant du dérivé du dioxypérylène et procédé pour sa fabrication, par H. PEREIRA (Autriche) et SOCIÉTÉ dite : COMPAGNIE NATIONALE DE MATIÈRES COLORANTES ET DE PRODUITS CHIMIQUES (France). — (Br. 564794, demandé le 6 janvier 1923, délivré le 30 octobre 1923.)

Objet du brevet. On chauffe une demie heure à 200-300° du 1.12.dioxypérylène avec du sulfure de sodium et du soufre. On obtient ainsi un colorant noir insoluble dans l'eau et l'alcool et teignant le coton en cuve en nuances allant du brun ou noir brun. Ce colorant résiste à l'acide, aux alcalis à l'hypochlorite de soude et à la lumière.

Production de nouvelles matières colorantes azoïques, par SOCIÉTÉ dite : FARBEN FABRIKEN F. BAYER UND Cie (Allemagne). — (Br. 565100, demandé le 14 avril 1923, délivré le 3 novembre 1923.)

Objet du brevet. — Copulation de diazo d'amines aromatiques alcoyl-acidyl-aminés avec une arylméthylpyrazolone halogénée et sulfonée dans le groupement aryle. Ces colorants teignent la laine en jaune en bain acide.

Production de couleurs diazoïques, par SOCIÉTÉ dite : FARBEN FABRIKEN VORM F. BAYER UND Cie (Allemagne). — (Br. 565975, demandé le 9 mai 1923, délivré le 14 novembre 1923.)

Objet du brevet. — En diazotant des dérivés o-alcoylés-2-acidylamino-5-amino-phénol avec les acides α-napthylamine 6 ou sulfonique 7, ou avec l'acide 1-amino-2-alcoxy-naphtalène-6-sulfonique on obtient des colorants bleu capables de se développer sur fibres dans certaines conditions en donnant des teintures solides se laissant ronger en blanc pur.

Procédé de traitement de la soie artificielle à l'acétate de cellulose en vue de faciliter la pénétration à la teinture, par ETABLISSEMENT MERCIER et FESSY (France). — (Br. 563785, demandé le 22 juin 1922, délivré le 4 octobre 1923.)

Objet du brevet. — Les propriétés absorbantes de la soie artificielle par les produits tinctoriaux sont augmentés par un traitemement aux sels d'étain suivi de l'action de sels alcalins et d'un lavage final.

Perfectionnements aux traitements des fibres animales et végétales à teindre, par J. MORTON et K. R. WOOD (Angleterre). — (Br. 565741, demandé le 2 mai 1923, délivré le 10 novembre 1923.)

Objet du brevet. — La soie et la laine peuvent être teintes en bains contenant de la soude ou de l'hydrosulfite de soude si on a soin d'y ajouter de l'acide lactique. Dans ces conditions la détérioration de la fibre n'est plus à craindre.

Le Propriétaire-Gérant : Dr G. QUESNEVILLE.

ANGERS. — IMPRIMERIE CENTRALE

LE PYREX

est à la fois

résistant aux Chocs et à la Chaleur

VERRERIE DE LABORATOIRE Moulée et Soufflée - VERRERIE INDUSTRIELLE

Tubes de niveaux - Plaques - Regards

Nouvelles applications : VERRERIE CULINAIRE - BOCAUX A CONSERVES - SERINGUES

LE PYREX, 8, rue Fabre d'Eglantine (Métro Nation) PARIS (XIIe)

SOCIÉTÉ ANONYME AU CAPITAL DE CINQ MILLIONS DE FRANCS

TÉL. : Diderot 30-71 — R. C Seine : 199200

SOCIÉTÉ D'ÉLECTRO-CHIMIE, D'ÉLECTRO-METALLURGIQUE

ET DES ACIÉRIES ELECTRIQUES D'UGINE

Fondée en 1889. — CAPITAL : 60.000.000 de Francs

SIÈGE SOCIAL : 2, Rue Blanche — PARIS (IXe)

PRODUITS CHIMIQUES & ELECTRO-MÉTALLURGIQUES	ACIERS & FERRO-ALLIAGES
BUREAUX : 2, Rue Blanche — PARIS	**BUREAUX : 3, Rue La Boétie — PARIS**
TÉLÉPHONE { Trudaine 02-93 / — 02-94 / — 02-95 / Inter-Trudaine 28 }	TÉLÉPHONE { Elysées 10-54 / — 08-25 }
TÉLÉGRAMME : Trochim-Paris.	TÉLÉGRAMME : Uginacie-Paris.

R. C. Seine : 88479

CRÈME DE BISMUTH-QUESNEVILLE

(Hydrate d'oxyde de Bismuth)

ASTRINGENT — ABSORBANT — ANTIFERMENTATIF

(Introduit en 1859 dans la thérapeutique par le Docteur QUESNEVILLE)

La crème de bismuth est dépourvue de toute acidité ; aussi est-elle le remède préféré par les médecins pour les enfants et les nourrissons (diarrhée verte, choléra infantile). « En administrant méthodiquement la crème de bismuth on supprime la mortalité par diarrhée infantile » (Dr Quinquaud).

La crème de bismuth a remplacé le sous-nitrate de bismuth (Magister bismuthi), poudre non miscible à l'eau, qui a de plus l'inconvénient de renfermer 20 0/0 d'acide nitrique, *mis en liberté* dans l'estomac et l'intestin.

La crème de bismuth grâce à son état d'hydratation est un absorbant des gaz gastro-intestinaux bien supérieur à la magnésie calcinée et aux poudres de charbon (dyspepsies nerveuses avec fermentations anormales, météorisme).

La crème de bismuth neutralise les acides de l'estomac. Elle se prescrit dans le cas d'hyperchlorhydrie (pyrosis, gastralgie) et ne débilite pas comme les alcalins. Dissipe les crises gastriques.

La crème de bismuth forme une couche protectrice à la surface de la muqueuse ulcérée ou enflammée (ulcérations intestinales de toute nature et ulcère de l'estomac).

La crème de bismuth absorbe instantanément les gaz sulfurés, véritable poison de l'économie, et supprime les coliques.

La crème de bismuth astringente, antifermentative, est le remède par excellence des diarrhées saisonnières, des diarrhées séreuses des pays chauds. Prise régulièrement, elle supprime les sécrétions anormales de l'intestin qui épuisent les phtisiques. Elle sera donnée dans les cas de diarrhée simple et gastroentérites, entérocolite ulcéro-membraneuse, entérite chronique et ulcéro-tuberculeuse, et dans les formes infectieuses, fièvre typhoïde, dysenterie, cholérine.

Prix du 1/2 flacon : 7 francs

P.-S. — Se méfier des contrefaçons de la Crème de Bismuth à l'Etranger où l'on vend sous ce nom des mélanges de sous-nitrate de bismuth, craie préparée et phosphate de chaux. Exiger la signature du Dr QUESNEVILLE.

LE MONITEUR SCIENTIFIQUE QUESNEVILLE

JOURNAL DES SCIENCES PURES ET APPLIQUÉES

TRAVAUX PUBLIÉS A L'ÉTRANGER

COMPTES RENDUS DES ACADÉMIES ET SOCIÉTÉS SAVANTES

SOIXANTE-NEUVIÈME ANNÉE

CINQUIÈME SÉRIE. — TOME XV

Livraison 999	OCTOBRE	Année 1925

LA MÉTHODE CLERGET (COEFFICIENTS D'INVERSION)

par M. Emile Saillard

Directeur du Laboratoire de recherches du Comité central des Fabricants de sucre de France

Les essais que nous avons faits ont montré que la formule de Clerget est exacte quand il s'agit de la solution normale française de saccharose pur; c'est-à-dire de la solution qui donne 21°66 au polarimètre, soit 100° au saccharimètre; mais qu'elle n'est pas exacte quand il s'agit de solutions de saccharose pur ayant une autre teneur en sucre.

De nombreux travaux ont d'ailleurs établi que le pouvoir rotatoire du sucre inverti diminue avec la teneur en sucre des solutions pures.

Nous avons donc déterminé le coefficient d'inversion pour les solutions de saccharose pur, contenant, pour 100 c/c. métriques, 4 gr., 6 gr., 8 gr., 10 gr.. 12 gr., 14 gr., 16 gr., et le poids normal français.

Le saccharose a été purifié suivant la méthode Payen. La chambre du saccharimètre était maintenue à 20°; la contenance des ballons d'essais et les longueurs des tubes ont été contrôlées. Les essais ont été faits en double pour chaque concentration, et les lectures, pour chaque essai, ont été faites en triple. On a pris la moyenne des résultats.

L'inversion a été faite, soit à la température ordinaire, soit en chauffant suivant le mode opératoire Clerget.

Inversion à la température ordinaire. — A 100 c/c. de chacune des solutions on a ajouté 10 c/c. d'acide chlorhydrique pur à 22° Bé.

Les deux liquides ayant été mélangés intimement, on a abandonné les ballons à la température ordinaire. L'inversion a été considérée comme terminée quand les lectures à gauche ne subissaient plus de variation, c'est-à-dire au bout de 25 ou 28 heures.

Inversion à chaud. — Les ballons contenant la solution de saccharose à invertir ont été placés dans un bain d'eau.

La source de chaleur a été choisie de telle façon qu'on puisse porter le bain de 20° à 70° en 11 minutes, le chauffage étant régulièrement progressif. Une fois les 11 minutes écoulées, on refroidit les ballons en les plongeant dans un courant d'eau à 20°.

Voici les coefficients obtenus. Ils sont les mêmes avec l'inversion à la température ordinaire qu'avec l'inversion à chaud et ils ont été rapportés à 0°, les les lectures étant faites à 20°;

Saccharose 0/0 c/c de solution	Coefficients d'inversion
4 0/0	142.86
6	143.04
8	143.22
10	143.41
12	143.60
14	143.79
16	143.98
poids normal	144.

S'il s'agit d'une mélasse, il faut abandonner les ballons d'inversion au refroidissement spontané à l'air jusqu'à 40°, puis les plonger dans un courant d'eau à 20°, car l'acide chlorhydrique déplace des acides moins fixes qui ont un pouvoir d'inversion plus faible.

Je rappelle que la formule relative au mélange de saccharose et de raffinose est la suivante: $S = \dfrac{C - 0.4844\,A}{0.8556}$ (Voir C. R. 1924, tome 178, page 2.189).

Ce travail a été fait avec la collaboration de MM. Wehrung et Ruby.

*
**

Ainsi se termine la première série d'essais que nous avons faits sur l'inversion Clerget. Je vais en rappeler les grandes lignes.

Dès avant 1903, nous avons établi que le coefficient d'inversion Clerget 144 est exact avec un saccharimètre français bien gradué, si on opère sur la solution normale française et si on fait l'inversion suivant le mode opératoire Clerget.

En 1903, j'ai été chargé avec M. Durin, par le Syndicat des Fabricants de sucre et l'Union des distillateurs de mélasse d'établir le mode opératoire à suivre pour pratiquer le dosage du sucre dans la mélasse suivant la méthode Clerget.

M. Durin demandait qu'on adoptât le coefficient 142,4 qui avait été obtenu en Allemagne peu d'années auparavant.

Me basant sur nos essais, j'ai insisté en faveur du coefficient 144. Il a été adopté.

Il reste entendu que la méthode Clerget, telle qu'elle est appliquée pour l'analyse commerciale des mélasses, est une méthode conventionnelle.

28 avril 1907. — Dans une conférence à la Société industrielle de Saint-Quentin et de l'Aisne, j'ai rassemblé les résultats que nous avions obtenus jusqu'à ce moment au cours de nos essais sur la méthode Clerget et j'ai montré la différence qui existe entre l'inversion française et l'inversion allemande.

Le coefficient d'inversion 142,66 s'applique à la solution demi-normale allemande invertie suivant le mode opératoire Herzfeld. Il n'est pas exact pour la solution normale française invertie suivant le mode opératoire Clerget. Il ne faut donc pas opposer l'un à l'autre les coefficients 144 et 142,66.

Les résultats de ces mêmes essais sont présentés également dans le « Supplément rose » de la *Circulaire hebdomadaire du Comité central des Fabricants de sucre*, numéro du 2 février 1908.

22 mai 1912. — J'ai publié, dans le *Journal des Fabricants de sucre*, la méthode d'inversion par double polarisation neutre que nous avons établie et qui élimine l'influence des sels et l'influence des matières azotées actives dans la détermination du sucre Clerget.

J'ai présenté cette méthode au Congrès international de Chimie appliquée de New-York en 1912 et j'en ai fait l'objet d'une communication à l'Académie des Sciences. (Voir Comptes-rendus, année 1915, tome 160, page 31).

Année 1924. — Dans le cas d'un mélange de saccharose et raffinose on appliquait souvent en France l'une ou l'autre des formules allemandes relatives au mélange de saccharose et de raffinose, tout en pratiquant l'inversion suivant le mode opératoire Clerget ou un mode opératoire s'en rapprochant.

Comme le raffinose n'était pas connu au moment où Clerget a élaboré sa méthode (1848), il n'y avait pas de formule se rapportant au mode opératoire Clerget, appliqué avec un saccharimètre français et au mélange de saccharose et de raffinose.

J'ai comblé cette lacune dans une communication de l'Académie des Sciences qui a été présentée par M. Lindet. (Voir Comptes-rendus, année 1924, tome 178 page 2189).

La formule se rapportant, dans ce cas, à la méthode et au mode opératoire Clerget est la suivante: $S = \dfrac{C - 0.4844\,A}{0.8556}$

et celle du raffinose hydraté est: $R = \dfrac{A - S}{1.57}$

Année 1925. — Il n'y avait pas encore de travail établissant le coefficient d'inversion avec le mode opératoire Clerget suivant la teneur en sucre des solutions sucrées pures. La communication reproduite ci-dessus (20 juillet 1925), comble cette lacune.

*
* *

Il suffit de lire les articles de H. Pellet dans le *Bulletin de l'Association des Chimistes de sucrerie et de distillerie* (année 1890-91, page 440 et année 1897-98, page 352), ainsi que l'ouvrage de M. Fribourg (1907), page 112), pour voir les erreurs qui régnaient en France au sujet de l'inversion Clerget.

H. Pellet allait même jusqu'à écrire que pour un saccharimètre de précision bien gradué, le coefficient d'inversion est de 142,66 et qu'il n'y a, pour un saccharimètre bien gradué, qu'un coefficient d'inversion, comme il n'y a qu'un poids normal. (Voir *Bulletin Ass. des Chim.*, 1897-98, page 552 et cela quelle que soit la teneur en sucre de la solution sucrée.

Voici d'ailleurs la méthode indiquée par H. Pellet et Fribourg pour déterminer le coefficient d'inversion. (Voir ouvrage Fribourg, pages 111 et 112).

Polarisation directe. — Préparer les solutions sucrées pures qui, polarisées dans un tube de 0^m40 donnent 100 ou moins de 100 au saccharimètre. Ce sont donc des solutions ayant une teneur en sucre, pour 100 c/c., égale ou inférieure à la solution demi-normale (il y en a 15 de prévues).

Polarisation après inversion. — Partir des mêmes solutions; les invertir et faire la lecture dans un tube de 0^m22 (à cause de la dilution 50/55 c/c) et multiplier les lectures par 2.

Pour des solutions polarisant dans un tube de 0^m40 de 99,92 à 29,95 les auteurs trouvent des coefficients d'inversion qui, dans l'ensemble, varient de 143,90 à 143,80 en passant par 143 et 144, c'est-à-dire qui paraissent aussi élevées pour les solutions qui contiennent le moins de sucre que pour celles qui contiennent le plus de sucre. Et pour avoir le soi-disant coefficient d'inversion propre au saccharimètre, les auteurs prennent la moyenne des 15 coefficients trouvés et ils arrivent ainsi au chiffre moyen de 143,50. .

Il y a deux erreurs fondamentales dans la méthode employée par H. Pellet et Fribourg.

1º Même si on se sert d'un saccharimètre français bien gradué; même si on fait l'inversion suivant le mode opératoire Clerget, il n'y a pas un coefficient d'inversion unique, comme il y a un poids normal unique.

Dans ce cas, le coefficient d'inversion varie au contraire suivant la teneur en sucre de la solution sucrée pure.

2º En multipliant par 2 la déviation à gauche lue au saccharimètre après inversion, pour une solution de 8 0/0 de sucre inverti, par exemple (8 0/0 c/c). on n'obtient pas, ainsi que l'admettent les auteurs le même résultat qu'en passant au saccharimètre une solution à 16 0/0 de sucre inverti et cela parce que le pouvoir rotatoire du sucre inverti est plus faible dans une solution à 8 0/0 que dans une solution à 16 0/0 de sucre inverti.

Les déviations à gauche, employées par les auteurs pour établir les coefficients d'inversion ne correspondent donc pas exactement aux déviations à droite, et tous les coefficients d'inversion obtenus par les auteurs sont inexacts.

Quand, en 1888, on a, en Allemagne, modifié quelque peu le mode opératoire Clerget et appliqué la méthode Clerget au saccharimètre allemand, on a présenté le coefficient 142,66 comme un coefficient rectifié. C'était et c'est exact pour les conditions allemandes; mais on a eu tort, en France de considérer le coefficient 142,66 comme s'opposant au coefficient 144.

De là sont venues toutes les erreurs qui ont été commises en France depuis 1888 et que j'ai commencé à rectifier en 1903, et surtout à partir de 1907.

ESSENCES

(Bulletin of the Imperial Institute, 1925, p. 266)

I. Sur les huiles essentielles provenant des différentes contrées

Pour compléter les divers rapports concernant les huiles essentielles, publiés en leur temps dans ce Bulletin, nous donnons dans cet article un complément des résultats concernant les analyses faites à l'Institut Impérial sur un certain nombre d'essences ou de produits analogues reçus des différentes contrées de l'Empire durant ces dernières années.

Racine de vétiver sur la Côte de l'Or. — Les racines de vétiver ou Khus-khus, qui sont l'objet de ce rapport furent présentées au public à l'Exposition Internationale du caoutchouc et des produits similaires, qui s'est ouverte à Londres en 1921, et qui furent ensuite transportées à l'Institut Impérial, dans la galerie publique, dans le stand de la Côte de l'Or. Ces recherches furent exécutées sur une demande formulée par le directeur de l'Agriculture au sujet de l'utilisation que pouvaient présenter ces racines, leur valeur, vu l'établissement possible de la culture de ces végétaux dans la Côte de l'Or.

Elles se présentent sous l'aspect de bottes de racines desséchées, analogues comme apparence et comme parfum aux racines ordinaires du commerce.

Par distillation à la vapeur d'eau, elles donnent, en essence, un rendement de 2,2 0/0, sous forme d'une huile visqueuse, jaune-brun, ayant un arome puissant, caractéristique de l'essence de vétiver. Cette essence accusa les constantes suivantes qui se trouvent rapportées aux constantes des essences distillées en Europe avec des racines desséchées, et l'essence distillée de racines fraîches, provenant de Réunion.

	Essence de la Côte de l'or	Essence de Vétivier distillerie en Europe	Essence de Vétivier de la Réunion
°Densité à 15° c. . . .	1,021	1,014 — 1,042	0,982 — 1,020
Indice polarimétrique αD	+ 3901	+ 250° à + 40°	+ 20° à + 30°
Indice de réfraction ND 20°	1,324	1,620 — 1,523	1,515 à 1,528
Acidité	23,4	25 — 65	4 — 20
Coefficient d'éthérification avant acétylisation.	7,9	10 — 25	5 — 20

Ces racines de vétiver, provenant de la Côte de l'Or, donnent une assez forte proportion d'essence, les rendements que l'on s'accorde obtenir de racines de diverses origines, atteignant sensiblement 1 0/0. Cette essence semble être de bonne qualité et correspond aux caractères que présente l'essence commerciale de vétiver, distillée en Europe.

Avant la guerre, la distillation des racines de vétiver, ne se faisait pour ainsi dire qu'en Angleterre, mais actuellement, la plus forte proportion, pour ne pas dire la totalité de l'essence consommée en ce pays, se trouve être devenu produit d'exportation de la Réunion ou de Java, les prix de vente variant à Londres de vingt jusqu'à cinquante shillings. Consultés par l'Institut Impérial, les distillateurs d'essence déclarèrent que les racines n'étaient pas d'un débouché assez commercial au point de vue des bénéfices produits, car cette matière est assez volumineuse, vu le rendement, et les prix de transport relativement excessifs, vu la faible quantité d'essence recueillie. Ils considérèrent que la meilleure méthode à employer pour assurer d'une façon avantageuse le marché de ces racines, était d'en faire venir deux tonnes à titre d'essai.

Conclusions générales. — Ces racines de vétiver provenant de la Côte de l'Or, sont de bonne qualité, donnent un bon rendement en essence, mais l'on ne sait quand il sera possible d'établir en Angleterre un marché ferme, en ce qui les concerne. Actuellement, l'essence de vétiver est fabriquée sur une grande échelle à la Réunion et à Java, et il y en a peu, même s'il y en a, qui soit distillée dans nos contrées. Il serait fâcheux que la fabrication de cette essence se trouvât arrêtée actuellement sur la Côte de l'Or, car c'est une fabrication difficile à mettre au point. La seule alternative serait d'encourager l'exportation des racines, mais la demande est douteuse, et un inconvénient sérieux est le haut prix du frêt. Dans ces conditions, il semble donc qu'il ne serait pas nécessaire de développer la culture de la racine du vétiver sur la Côte de l'Or, mais on

---

(1) Ce rapport est un résumé des travaux exécutés à l'Institut Impérial d'Angleterre et de ses Colonies.

fit remarquer aux autorités de la Côte, que même s'il était possible d'avoir quelques indications sur la quantité de racines qu'elle pouvait fournir, l'Institut Impérial était persuadé cependant, qu'aucune usine de distillation d'essences n'en prendrait livraison.

Racines de vétiver provenant de la Fédération des Etats Malais. — Un échantillon de racine de vétiver et deux échantillons de l'essence produite furent soumis à l'analyse de l'Institut Impérial, par l'agent principal des Etats Malais, en 1923. On constata qu'un des échantillons d'essence avait été desséché par des moyens empruntés à la chimie, alors que le second était une essence naturelle, séparée de l'eau, autant que cela est possible, avec l'aide de moyens purement mécaniques.

Racines. — L'échantillon était composé de racines de vétiver desséchées, d'apparence et d'odeur normales. Par distillation à la vapeur, elles fournirent 3.3 0/0 d'une huile visqueuse, jaune-brun, ayant l'arome persistant caractéristique de l'essence de vétiver.

ESSENCES. 1º *Essence desséchée par des procédés chimiques.* — Elle consiste en une huile visqueuse, ayant un bon arome, d'un gris brun foncé. Elle donna les résultats comparatifs obtenus avec de l'essence provenant de racines sèches importées et d'essence distillée à la Réunion même.

Ces nombres indiquent que cet échantillon d'essence présente tous les caractères d'une essence normale.

	Echantillon désséché	Essence distillée en Europe	Essence distillée en Roumanie
Densité à 15º c. . . .	1,032	1,014 à 1,042	0,982 à 1,020
Déviation polarimétrique αD	(trop foncé)	$+25º$ à $+40º$	$+20º$ à $+38º$
Indice de réfraction à 20º	1,524	1,520 à 1,523	1,515 à 1,528
Acidité	35,5	25 à 65	4 à 20
Ethers avant acétylisation	18,8	10 à 25	5 à 20
Ethers après acétylisation	162	130 à 160	120 à 150

2º *Essence à séparation de l'eau, par des moyens mécaniques.* — Sous l'influence de l'eau, cette essence était trouble, quoique une partie se fut rassemblée à la surface. Cependant, au point de vue de l'arome, elle se trouvait identique à l'échantillon séché chimiquement que l'on a décrit précédemment. Cette essence peut être rendue marchande par simple filtration sur du papier.

Les essences séchées chimiquement sont considérées par les experts comme ayant un bon arome, se rapprochant plutôt de celui de la Réunion, que du vétiver Indien. Ils considèrent que l'essence peut valoir 30 shillings la Livre, rendue Londres (Janvier 1924), mais ils pensèrent que le prix de l'essence de vétiver pouvait un jour prochain se trouver abaissé cependant.

REMARQUES GENERALES. Racines. — La quantité d'essence contenue, environ 3.3 0/0 est de beaucoup plus élevée que les quantités données en Europe, au moyen de la distillation, qui n'accuse qu'un rendement de 0.4 à 2 0/0 au maximum. Ainsi qu'on l'a reconnu pour les échantillons de racines provenant de la Côte de l'Or, on ne distille que très peu, si même on distille de cette essence dans le Royaume-Uni, et il est douteux que l'on puisse en ce pays faire des achats de ces racines.

Essence. — Les essences reçues de Malaisie aussi bien que celles obtenues par distillation des racines à l'Institut Impérial sont toutes deux de bonne qualité commerciale. Cependant, la demande d'essence de vétiver est très faible et les demandes des Etats confédérés de la Malaisie, devraient être prises en considération, par rapport aux importations provenant de la Réunion, de Java ou des Indes.

Il semble inutile de sécher l'essence au moyen de corps chimiques, car après séparation mécanique de l'eau, le restant peut se trouver éliminé par filtration, à travers du papier.

Essence d'Inchi des Indes. — Un échantillon d'essence d'Inchi, expédié par le directeur des Industries dans le Travancore, fut examiné dans le but de s'assurer de la valeur marchande de ce produit dans le Royaume-Uni et déterminer si possible sa valeur commerciale.

Des spécimens botaniques de cette herbe furent soumis à l'examen du jardin botanique Royal à Kew, où cette plante fut identifiée comme un échantillon fortement développé du Cymbopogon Cœsius de Stapf, soit l'Andropogon Schœnanthus, de Linné, du genre cœsius.

On désigna cet échantillon sous le nom d'essence d'Inchi ; elle fut distillée à la vapeur, le 15 septembre 1920, et séchée à 105º C. Elle a l'aspect d'une huile jaune brun clair, d'odeur rappelant le géranium, se rapprochant légèrement du laurier rose.

Cette essence fut examinée à l'Institut Impérial, et donna les résultats suivants, que l'on constatera être différents de ceux obtenus à l'Indian Institute of science, de Bangalore, et de ceux correspondant à l'essence de laurier-rose, ainsi que de l'essence de gingembre.

	Essence d'Inchi		Essence de laurier rose	Essence de Gingembre
	Echantillon actuel	Ech. examiné à Bangalou		
Densité à 15° c.	0,921	0,920	0,886 — 0,899	0.900 — 0,955
Déviation polarimétrique αD	— 39° 85	— 40°	— 3° à + 5°	— 30° à + 50°
Indice de réfraction ND. .	1,486	1,4849	1,472 à 1,478	1,477 à 1,45
Acidité	1,	0,03	0 à 3	2 à 6
Ethers avant acétylisation .	9,4	5,9 *	12 à 50	8 à 40 (rarement 55)
Ethers après acétylisation .	91,0 +	98,4 * ±	225 à 270	120 à 200
Aldéhydes (par la méthode au bisulphite) 0/0 . . .	3	4	—	—
Solubilité dans l'alcool à 70 0/0	Insoluble	Insoluble dans 3-6-8 parties à 20° c.	Soluble dans 3 vol.	Soluble généralement dans 3 vol. devenant trouble par l'addition d'un excès d'alcool.

  * Chiffre de saponification.
  + Correspondant à 26,8 0/0 de géraniol.
  ± correspondant à 29,8 0/0 de géraniol.

Les constantes déterminées à l'Institut Impérial aussi bien qu'à Bangalore, pour l'essence d'Inchi sont concordantes. Elles sont différentes des constantes attribuées à l'essence de laurier-rose, qui lui ressemble quelque peu comme odeur, mais est plus rapprochée de celles correspondant à l'essence de gingembre.

Cette essence diffère, d'après ses constantes, de la plupart des essences analogues du commerce. Elle peut être employée comme succédanée de l'essence de laurier-rose, mais elle est d'un prix bien supérieur à celle-ci qui est à Londres 15 shillings 6 deniers à 17 shillings (Février 1922).

Le « Tsauri » de la Nigeria. — Pendant les recherches que l'on fit sur le Tsauri de la Nigeria, à l'Institut Impérial, on remarqua, alors qu'il n'était considéré que comme matière à fabriquer le papier (voir ce Bulletin, 1921-19-275), et on constata que les sommités florales avaient une odeur aromatique caractéristique. Par distillation, elles abandonnèrent une essence volatile, et ainsi que pour différentes espèces de cymbopogon donnant des essences d'une certaines valeur commerciale, on suggéra au Conservateur des Forêts, d'en essayer une quantité plus importante, afin de pouvoir déterminer l'étude de cette essence. On reçut de la Nigeria une certaine quantité de tiges séchées ayant environ 2 pieds à 2 pieds 6 pouces. L'herbe paraissait identique comme aspect extérieur à celle primitivement reçue à l'Institut Impérial et supportait une plus forte proportion de sommités, celles-ci formant 32 0/0 du poids total de la masse.

Les sommités florales traitées par distillation à la vapeur d'eau donnèrent 1,15 0/0 d'une essence volatile, tandis que les tiges que l'on avait reçues, ne fournirent que 0,45 0/0 d'essence. Cette essence a une odeur aromatique agréable, ressemblant à celle produite par l'essence de gingembre.

Cette essence examinée donna les résultats suivants, que l'on indique par rapport avec les éléments rencontrés dans l'essence de gingembre.

	Echantillon	Essence de gingenbre
Densité à 15° c	0,950	0,900 — 0, 955
Déviation polarimétrique à 20° c	— 42° 65	— 30° à + 50°
Indice de réfraction ND à 20°	1,493	1,478 à 1,495
Acidité	5,8	2,6
Ethers avant acétylisation	9.7	8 à 40
Ethers après acétylisation	195 *	120 à 200
Aldéhydes 0/0 + ...	10	—
Solubilités dans l'alcool à 70 0/0.	Soluble dans 2 parties au plus	Généralement soluble dans 3 parties devenant trouble par l'addition de plus grandes quantités

  * Correspondant à 62,4 0/0 d'alcools totaux calculés en $C^{10}H^{18}O$.
  + Déterminé par la méthode au sulfite neutre de soude.

Ces résultats montrent que les constantes correspondant à cette essence sont pareilles pour ainsi dire, et elle trouvera probablement un débouché à un prix sensiblement le même que cette dernière, comme emploi dans les parfums à bon marché, utilisés dans la fabrication des savons. L'essence de gingembre s'obtint à raison de 8 s. 6 deniers la livre, au moment où cette essence fut mise à l'étude (Janvier 1923), mais vu son prix élevé, les demandes furent peu nombreuses, et l'on s'accorda à penser que pour qu'elle puisse trouver un écoulement assez considérable, son prix de revient ne devait pas dépasser 4 shillings à 5 shillings la livre.

Les résultats obtenus d'après ces recherches montrent que les sommités du « Tsauri » contiennent environ 1 0/0 d'une essence volatile, ressemblant quelque peu à l'essence de gingembre, mais cependant de qualité inférieure. Il est peu probable que cette essence trouve dans l'Empire un débouché à un prix rémunérateur, par rapport à l'essence de gingembre, et dans aucun cas, les sommités ne peuvent être écoulées en ce pays pour servir à la distillation de l'essence. Par suite, il est indispensable de préparer cette essence dans la Nigeria, et vu sa faible valeur, le transport n'est pas à en être encouragé.

Essence de patchouli des Seychelles. — Pendant ces dernières années, on a examiné quatre échantillons d'essences provenant des Seychelles.

N° 1. — L'essence était quelque peu louche vu la présence d'une certaine quantité d'humidité. Filtrée et claire, elle était vert-brun, et un peu plus transparente ainsi que d'une odeur plus faible que certains échantillons d'essence de patchouli précédemment examinés à l'Institut Impérial. Les constantes correspondant à cette essence sont indiquées ci-dessous en parallèle avec celles obtenues sur les essences importées de Singapoore et de l'essence distillée en Europe, avec les feuilles importées de ce pays.

L'essence a un bon arome, quoique d'une intensité pas beaucoup élevée, et était comme coloration toute satisfaisante. Ses constantes correspondaient à celles obtenues avec les essences importées de Singapoore, mais sa solubilité et sa densité étaient de très peu, moins élevées. La valeur approximative de cette essence à Londres était de 32 s. 6 deniers la livre en juillet 1922.

Résultats de l'essai exécuté sur les essences de Patchouli.

	Essences des Seychelles				Essences de Singapoore	
	N. 1	N. 2	N. 3	N. 4	Essence importée	Essence distillée
Densités à 15° c . .	0,9560	0,9484	0,969	0,940	0,955 à 0,980	0,965 à 0,995
Déviation au polarimètre αD à 20° c. .	— 47° 56	— 51° 8	*	*	— 44° à — 62°	50° à — 68°
Indice de réfraction 11D à 20° c. . . .	1,5075	1,5075	1,509	1,502	1,506 à 1,513	1,506 à 1,513
Acidité	2,0	1,3	+	3,2	0 à 1	1 à 5
Ether 0/0	3	0	+	5,3	1,5 à 8	2 à 12
Solubilité dans l'alcool à 90 0/0 à 15° c . .	Non entièrement soluble dans 11 vol.	Non entièrement soluble dans 12 vol.	Soluble dans 0,5 volume	Soluble dans 9,5 volumes	Soluble dans 3 volumes	En grande partie soluble dans 1 à 2 volumes

N° 2. — Elle consiste en une essence de patchouli d'un jaune vert-clair, ayant l'odeur caractéristique de ce produit.

Les résultats obtenus avec cette essence sont indiqués dans la table qui précède.

L'essence était supérieure comme arome et comme coloration à l'échantillon précédent, mais elle se rapprochait de cette dernière, sauf en ce qui concerne sa densité qui est légèrement inférieure. A ce point de vue, elle se rapprochait davantage de l'essence de patchouli, que l'on recueille à Java.

Cette essence serait facilement commerciale dans l'Empire, et certains fabricants consultés par l'Institut Impérial l'estimèrent à 28 shillings la livre (juillet 1923).

N° 3. — Cette essence était désignée sous le nom de « Patchouli Penang Barbarona state ». Elle consistait en une essence de patchouli, contenant de faibles quantités d'impuretés et d'eau, la rendant légèrement trouble. Filtrée à clair, elle était d'un brun verdâtre. L'essence possédait une odeur particulière en dehors de la forte odeur caractéristique du patchouli.

---

* Mesure impossible vu la coloration foncée de l'essence.
+ Non déterminé.

Les résultats obtenus par l'examen de cette essence à l'Institut Impérial ont été consignés dans le tableau qui précède.

Cette essence était moins soluble dans l'alcool à 90 0/0 que l'essence de patchouli ordinaire/ et son parfum était tout à fait différent de ceux des échantillons déjà décrits, provenant des Seychelles et examinés à l'Institut Impérial.

Les importateurs et les fabricants qui furent consultés, considérèrent cet échantillon comme très inférieur à une bonne qualité commerciale d'essence de patchouli. L'avis général était que, vu son odeur spéciale et sa forte coloration, cette essence éprouverait quelques difficultés dans la vente, en ce pays, et que de toutes façons, elle devrait être livrée à un prix de beaucoup inférieur à l'essence de patchouli de Singapoore ou à l'essence de patchouli du Penang qui, en septembre 1923, étaient cotés à Londres au prix de 27 à 30 shillings la livre.

No 4. — Cette essence a été obtenue par la distillation de feuilles sèches, et il serait désirable, pour pouvoir affirmer sa qualité, de la comparer avec une essence obtenue par distillation des mêmes feuilles, mais fraîches.

L'échantillon était désigné sous le nom d'essence de Patchouli Penang, feuilles sèches, et consistait en un liquide vert-clair, ayant l'odeur caractéristique du patchouli, mais d'une limpidité plus grande que l'essence de patchouli ordinaire du commerce.

Les constantes de cette essence déterminées à l'Institut Impérial sont indiquées dans le tableau qui précède.

Cette essence, préparée avec des feuilles sèches, était moins soluble dans l'alcool que l'essence préparée avec les feuilles fraîches, mais elle était beaucoup plus claire, et d'une odeur plus agréable. Elle possède dans une certaine mesure l'odeur particulière présentée par l'échantillon no 3 et ceci lui donna une valeur commerciale légèrement inférieure aux essences de Penang et de Singapoor, les qualités ordinaires réalisant en novembre 1923, dans le Royaume-Uni, une valeur atteignant 24 s. 6 d. la livre.

Essence de Cannelle des Seychel'es. — L'essence de cannelle est un article courant de l'exportation aux Seychelles, les quantités expédiées, atteignant ces dernières années, évaluées en litres, les valeurs suivantes : en 1918, 12.700 litres ; en 1919, 24.400 litres ; en 1920, 39.500 litres ; en 1921, 21.000 litres et en 1922, 43.366 litres.

Un échantillon de cette essence fut apporté à l'Institut Impérial en 1922, afin d'en déterminer sa qualité, et sa valeur commerciale.

L'essence était légèrement trouble, dû à la présence d'une petite quantité d'eau. Filtrée à clair, elle était brun rouge et d'un parfum agréable. On lui trouva les constantes suivantes, mises en présence de celles obtenues au moyen de feuilles de cannelles, précédemment étudiées à l'Institut Impérial, ainsi qu'avec de l'essence de feuilles de cannelle commerciale.

	Echantillon étudié	Echantillons antérieurs	Essence commerciale feuille de cannelle
Densité à 15º c	1,0488	1,046 à 1,060	1,043 à 1,060
Déviation polarimétrique. .	— 2º 06	— 1º 02 à — 1º 45	— 0º 16 à + 2º 63
Indice de réfraction . . .	1,533	1,533 à 1,539	1,530 à 1,540
Eugénol 0/0	86	86 à 92,5	70 à 95
Aldéhydes 0/0 par la méthode au bisulfite	3	0,5 à 2,6	0 à 3
Solubilité dans l'alcool à 70 0/0 à 15º c	Soluble dans 1,5 vol. Pas de trouble par addition successive d'alcool	Soluble dans 1,1 à 1,3 vol. Pas de trouble par addition successive d'alcool	Soluble dans 2 à 3 vol. donnant un trouble par addition successive d'alcool

Ces résultats indiquent que cet échantillon contient nettement une forte proportion d'eugénol, et correspond d'une manière générale à la qualité des essences de cannelle des Seychelles, que l'on avait analysées précédemment déjà à l'Institut Impérial. On la considérait sur le marché comme valant environ 5 s. 4 d. la livre, à Londres, en juillet 1922.

Essence de thym de Chypre. — L'échantillon d'essence de thym de Chypre, qui fait l'objet de cette étude, fut apportée à l'Institut Technique Impérial par le directeur de l'Agriculture en 1922. Cette essence provenait de la distillation du thym de Kornos, district de Larnaca, et l'on demandait d'en déterminer les propriétés et sa valeur commerciale.

L'échantillon consistait en une essence claire, brun rouge, analogue à l'essence rouge de thym ordinaire. On lui détermina les constantes suivantes, par rapport aux constantes données pour des essences commerciales de thym, provenant soit de France, soit d'Espagne.

	Échantillon	Essence de thym de France	Essence de thym d'Espagne
Densité à 15° c.	0,933	0,905 à 0,935	0,928 à 0,958
Déviation polarimétrique αD .	— 0° 65	— 0° 5 à — 0° 4	+ 2° à — 4°
Indice de réfraction ND à 20° c.	1'502	1,480 à 1,495	1,502 à 1,511
Phénols 0/0.	49,5	20 à 40	50 à 75

L'on peut extraire des phénols, s'ils sont suffisamment refroidis, 75 0/0 de thymol cris-cristallisé correspondant à une teneur de 36,5 0/0 du du thymol contenu, au total dans l'essence. Ce thymol se trouvant en quantité prépondérante, ces phénols paraissent analogues à ceux contenus dans l'essence de thym française, différente cependant de l'essence de thym espagnole, dans laquelle prédomine généralement le carvacrol.

Ces essences sont considérées comme ayant une valeur atteignant 4 s. à 5 s. 6 d. par livre, rendues Londres, alors que l'on évaluait approximativement le prix du thymol, à 10 s. la livre (avril 1923). Il faut remarquer cependant que le thymol s'obtient maintenant par synthèse, et dans l'avenir, ce fait affectera les prix de l'essence de thym.

Les recherches ont indiqué que l'essence contient relativement une proportion élevée de phénols, formés principalement de thymol.

Cette essence serait favorablement acceptée dans le Royaume-Uni, et l'on informa les autorités de Chypre, que si un effort pouvait être tenté, afin d'alimenter le marché de Londres, l'Institut Impérial serait heureux de contribuer à cette vente.

Feuilles de l'Ocimum gratissimum des Seychelles. — En 1913, Roure-Bertrand fils (Bulletin, Octobre 1913, p. 17), indiqua l'analyse d'un échantillon d'essence retirée de l'Ocimum gratissimum. Cette essence fabriquée à Dakala, Afrique de l'Ouest, ressemble à l'essence retirée des semences de l'Ajowan, comme odeur, et contient 44 0/0 de phénols, presque totalement constitués de thymol.

On reçut à l'Institut Impérial, un petit échantillon de cette essence expédiée par le Curateur de la Station Botanique des Seychelles, en 1917, ainsi que des spécimens botaniques de la plante, d'où elle avait été extraite. Il fut établi que cette plante croit comme l'herbe ordinaire sur les bords des routes, à Mahé, et que les feuilles vertes donnaient 0,1 0/0 d'une essence volatile. Cette plante fut reconnue à Kew, comme étant l'Ocimum gratissimum de Linné. Les feuilles et l'essence possèdent une nette odeur de clous de girofle, indiquant ainsi nettement, que cette essence diffère de l'essence obtenue dans l'Ouest Africain, et que l'on vient de décrire.

L'essence telle qu'on la reçut, était d'un brun pâle, et avait les constantes suivantes : Elle contenait 62 0/0 de phénols.

Densité à 15°C.	0.995
Déviation polarimétrique	— 14°
Indice de réfraction ND 21°.	1.526

On reçut en 1919, un échantillon plus considérable de cette essence, qui présentait les caractères suivants :

Densité à 15° C.	0.996
Déviation polarimétrique αD.	— 12°7
Indice de réfraction ND 20°.	1.526

L'essence contenait 55 0/0 de phénols.

Ce dernier échantillon fut soumis à l'Institut Impérial, à un examen minutieux et les résultats en ont été publiés dans une note présentée par O. D. Roberts F. I. C., du département scientifique et Technique, dans le *Journ. Soc. Chem. Ind.* (1921-40-164T). Les résultats indiquèrent que cette essence correspond sensiblement à la composition indiquée par le tableau suivant :

Terpènes constitués principalement ou totalement d'O. Cymène	16	0/0
Phénols, eugénol	55	0/0
Ethers phénoliques, calculés en méthylchavicol	5,6	0/0
Alcools, probablement du Linalol.	13.0	0/0
Ethers calculés en $C^{10} H^{17} OH$	0.6	0/0
Pertes et résidus, par différence	9.8	0/0

Il est indispensable également de mentionner une essence volatile, provenant des feuilles d'une espèce à grandes feuilles de l'Ocimum Basilicum de Linné, que l'on dit être connue à Java, sous le nom de « Selasih Mekah ». Cette essence fut étudiée par P. van Romburgh (Proc. K. Akad, Wetensch. 1900,p. 446), et paraît être de composition analogue à cette dernière essence. Différents échantillons des feuilles appartenant à cette plante, ont donné de 0,18 à 0,32 0/0 d'une essence volatile ayant comme densité à 26° C, 0,890 à 0,940. Les caractéristiques de cette essence sont :

Densité à 26° C . . . .   0.890 à 0.940
Déviation polarimétrique α_D . . . .   — 11°25 à — 18°

Cette essence contient de 30 à 46 0/0 d'eugénol, ainsi qu'une faible quantité du terpène O. cymène.

Schimmel et Cie (Report 1908, avril 123), ont également indiqué les résultats acquis par l'examen d'une essence volatile extraite d'une espèce non déterminée d'Ocimum, que l'on trouve dans l'île de Mayotte et ayant les caractères suivants :

Densité à 15° C 0.9607
Déviation polarimétrique α_D . . . .   — 14°54

Cette essence contient également 38 0/0 d'eugénol et a de plus l'odeur de méthylchavicol.

Fruits de l'Ocimum Americanum de l'Afrique du Sud. — On reçut en mai 1921, un échantillon de fruits décrits comme provenant de graines de l Ocimum Americanum, récoltés à la ferme Roodekop, 509. dans la forteresse de la rivière de l'Eland, district de Prétoria. L'on disait que cette plante poussait en abondance dans cette ferme à l'état sauvage, et l'on désirait savoir si elle pouvait être de quelque valeur, pour l'extraction du thymol, ou d'autres constituants.

L'échantillon était composé de petites semences capsulaires, contenant quelques rares graines noires. Elles avaient une odeur aromatique intense, mais non désagréable.

Ces graines, par distillation à la vapeur, donnèrent une huile volatile, incolore, atteignant un rendement de 1 0/0, ayant une odeur caractéristique se rapprochant de l'anis.

Cette essence présente la constitution suivante :

Densité à 15° C 0.953
Déviation polarimétrique à 24° C . . . .   + 2.75
Indice de réfraction n_D à 24° C 1.511

La quantité de phénols contenus dans l'essence est, pour ainsi dire, négligable et par suite, l'on ne constatait pas de thymol en quantité appréciable.

La quantité d'essence obtenue avec un si faible échantillon, était insuffisante. pour poursuivre les recherches, cependant elle ne paraissait pas contenir de thymol, et ainsi différait de l'essence obtenue avec l'Ocimum viride, qui. examinée à l'Institut Impérial, avait accusé de 32 à 36 0/0 de ce corps.

Cette essence ne possède pas un parfum agréable et sa vente commerciale est assez aléatoire. Cependant, de façon à l'examiner entièrement et à fixer sa composition, on dirigea vers l'Institut Impérial une certaine quantité de ces graines séchées.

Essence de Pin Huon de Tasmanie. — Le directeur de l'Agriculture de Tasmanie, en février 1919, adressa à l'Institut Impérial, un échantillon d'essence provenant de ce pin désigné sous le nom de Dacrydium Franklini Hook), et que l'on va décrire. Elle était intitulée : Extrait de pin Huon, distillé par la Lottah Eucalyptus Oil Co Dover, Tasmanie, et consistait en une essence de couleur jaune paille ayant l'odeur du méthyleugénol.

Cette essence fut soumise à l'examen de l'Institut Impérial, et les résultats obtenus sont accusés dans le tableau suivant, en rapport avec les chiffres précédemment reconnus pour cette essence.

	Echantillon actuel	Valeurs précédemment admises	
Densité à 15° c	1,040	1,035	1,044
Déviation polarimétrique . .	— 3,75	+ 1,4	+ 0,1
Indice de réfraction. . . .	1,533	1,5373	1,5328
Acidité	0,8 }	3,1	} 0,9
Ethers avant acétylisation . .	0,9 }		} 1,5
Ethers après acétylisation . .	11,2	—	—
Solubilité dans l'alcool à 70 0/0	Soluble dans 1 volume 1/2	—	—

Par distillation environ 90 0/0 de l'essence passe entre 250° C et 253° C, à la pression de 755 m/m et consiste essentiellement en méthyl-eugénol.

L'Institut Impérial fit une enquête au sujet de la valeur commerciale que pouvait avoir cette essence, et deux maisons de distillation, ayant examiné ces échantillons, émirent à leur égard une opinion favorable. Il est cependant difficile d'estimer actuellement la valeur commerciale de cette essence et comme meilleure méthode à employer, on proposa d'en importer une certaine quantité, de façon à l'introduire sur le marché. Si cet essai devenait avantageux, il n'y aurait probablement aucune difficulté, pour en avoir des quantités plus considérables.

Les résultats accusés par ces recherches indiquent que la composition de cet échantillon d'essence de Pin Huon, correspond aux données correspondant à ces essences, affirmées par les observateurs précédents. Le méthyleugénol est employé en parfumerie dans une certaine mesure, mais, jusqu'ici, aucune demande ferme n'est parvenue, concernant l'essence de Pin Huon, quoique les résultats de l'enquête faite par l'Institut Impérial indiquent qu'il était possible de l'obtenir par quantités commerciales s'il y avait des demandes.

Essence du « Tagetes minuta » de l'Afrique du Sud. — Un échantillon d'essence du Tagetes minuta fut adressé à l'Institut Impérial, par le chef du département Botanique, en juin 1923. Il établit que cette plante, qui est une herbe embarrassante, contenait 0,5 0/0 d'une essence et il serait à désirer que l'on fut fixé sur sa valeur commerciale.

L'essence est de couleur presque brun foncé, a une odeur spécifique, mais pas très agréable. Elle se trouvait altérée par la présence de matières étrangères, une partie de celles-ci se déposant dans la masse inférieure du produit.

L'essence filtrée à clair accusait les constantes suivantes :

Densité	0,9369
Déviation polarimétrique α_D	107
Indice de réfraction n_D	1,496
Acidité	1,5
Ethers avant acétylisation	44,5
Ethers après acétylisation	116,5 (1)
Solubilité dans l'alcool à 90 0/0	Soluble dans 1 p. 5 à 50°C et même moins, devenant trouble par nouvelle addition d'alcool.

Malgré sa coloration foncée, et du fait que l'on constata que dans le commerce elle se prenait en masse, cette essence fut redistillée à la vapeur, et donna 55 0/0 d'une essence jaune pâle, laissant un résidu résineux, solide, quoique légèrement mou, et un peu cassant, telle une résine. Conservée dans un flacon scellé, cette essence de couleur jaune paille augmentait d'intensité et une partie de cette masse distillée un mois plus tard, donna une nouvelle quantité de résines, s'élevant jusqu'à 20 0/0 de la masse redistillée. L'essence de l'Afrique contient par suite une quantité considérable de composés pouvant facilement se polymériser, ou bien certains d'entre eux sont facilement décomposables.

Les résultats obtenus à l'Institut Impérial par un examen plus approfondi de l'essence redistillée montrent que son parfum est surtout dû à la présence de Carvone, de linalol, et d'un terpène oléfinique, le myrcène ou l'o-cymène. Il est probable aussi que l'on pourra constater la présence de l'acétate de linalyle, ainsi que de faibles quantités de phénols à odeur piquante. Le linalol et le carvone, les seuls constituants ayant quelque intérêt commercial, ne se trouvaient pas en quantité suffisante dans le produit d'extraction.

L'essence de Tagetes minuta ne peut trouver emploi que dans la fabrication des savons pour la parfumerie, mais, à ce point de vue, elle est encore de peu de valeur, car elle se résinifie facilement, sa coloration foncée, augmentant graduellement et son odeur n'engageant guère à son emploi. Vu ces propriétés et le faible rendement en essence, il n'est pas avantageux de récolter ou de distiller cette plante dans un but commercial.

V. F.

---

(1) Ce qui équivaut à 85 0/0 d'alcool total exprimé en $C^{10}H^{18}O$.

CORPS GRAS

(Journal of the Society of Chemical Industry, vol. 43, n° 23)

Fabrication et emplois de la glycérine

La glycérine fut découverte par Scheele en 1779, et ce n'est que quelques quarante années après, que Chevreul montra que c'était un constituant constant des graisses et des huiles et s'obtenait dans la saponification de ces corps, mais ce n'est qu'au milieu du dix-neuvième siècle que l'on produisit ce corps industriellement. A cette époque, la Prices Candle Cᵒ livrait une bonne glycérine commerciale, mais ce n'est que vers 1870, lorsque commença à être connu l'usage de la nitroglycérine, découverte par Nobel en 1863, que l'on demanda réellement de grandes quantités de glycérine. Depuis cette époque, l'usage de la glycérine a constamment augmenté dans un grand nombre d'industries.

La glycérine est l'un des rares produits obtenu industriellement pur, au même degré que le sucre ou l'ammoniaque. La marque « C. P. » contient exclusivement de la glycérine et 1 0/0 d'eau pure. Si l'on se rappelle qu'on l'extrait surtout des résidus de savonneries, qui contiennent d'autre part du sel, du sulfate de soude, du carbonate de soude, et de la soude caustique, des acétates, butyrates, caproates, des sels de fer, de calcium, d'arsenic, et divers composés sulfurés, et qu'il se forme des acides volatils lorsque ces sels se trouvent traités par un acide, on peut s'imaginer les difficultés qu'éprouve le raffineur. De même, à la distillation, le produit distillé ne doit pas se trouver contaminé par les acides gras volatils, l'ammoniaque, les amines et le glycol triméthylénique et l'on ne tolère pas davantage la présence de matières albuminoïdes ou résineuses pouvant se trouver entraînées par la distillation. Provenant de telles matières, la fabrication du produit pur montre la confiance la plus grande qu'il est permis d'avoir pour les installations industrielles anglaises, leurs directeurs, savants ou chimistes.

Origine et fabrication de la glycérine brute. — La principale matière dont on extrait la glycérine brute sont les eaux provenant de la fabrication du savon et des bougies. Les graisses ou huiles naturelles ou hydrogénées sont surtout formées de mélanges de glycérides, qui, saponifiées par l'emploi d'alcalis caustiques, donnent un savon, et la glycérine reste dans la masse séparée du gâteau de savon produit par l'addition de sel ordinaire dans la chaudière à savon une fois l'ébullition terminée. Les eaux contiennent également les impuretés indiquées précédemment. Un traitement avec des sels de chaux, de fer ou d'alumine, donne un précipité des savons métalliques correspondants, et les acides gras les plus élevés entraînent la plus grande partie des matières résineuses ou albuminoïdes restant dans les eaux. Après filtrage et neutralisation, les eaux étant traitées, sont amenées à concentration. Cette opération se fait généralement dans des appareils à évaporation, par le vide et la concentration est amenée au-delà du point de cristallisation des sels, sans interrompre la suite des opérations, le vide étant maintenu élevé, et une installation spéciale empêchant le dépôt des sels sur les parois de l'appareil d'évaporation. Ces sels sont lavés et retournent aux cuves de saponification. La concentration est continuée jusqu'à ce que les eaux-mères du savon contiennent environ 80 0/0 de glycérine, 10 0/0 de sels, et 10 0/0 d'eau. C'est un liquide visqueux, jaunâtre insipide, mais contenant encore des impuretés organiques. Les méthodes d'analyse concernant l'alcalinité, les sels acides gras, les cendres totales et les résidus organiques, ont été établies après convention (Méthodes officielles internationales) (I. S. M. 1911), et toutes les glycérines brutes sont vendues et payées, à quiconque en ce pays, sur contrat, supportant amendes et pénalités, le tout d'après les résultats des analyses effectuées par ces méthodes officielles. Ces méthodes ont été récemment revisées et améliorées.

Saponification. — Il est probable que le meilleur type de glycérine brute est celui obtenu au moyen du procédé de saponification en autoclave, procédé séparant les acides gras, employés ainsi que chacun le sait dans l'industrie des bougies, un mélange de graisses et d'eau se trouvant transformé sous l'influence de la pression, plus généralement en présence des catalyseurs, tels que la chaux, le zinc ou son oxyde, ou la magnésie en acides gras et glycérine. Les eaux douces ou petites eaux sont très pures, et si on le désire, après acidification on les traite par des sels d'alumine ou de fer, comme cela a lieu pour les eaux de relargage du savon, puis elles sont concentrées jusqu'à ce que le produit brut contienne de 85 à 90 0/0 de glycérine. On trouve généralement dans cette glycérine peu de matières minérales et la matière organique est moins considérable dans ces eaux que dans les eaux provenant des savons.

Les solutions glycérinées provenant de la décomposition des graisses, huiles et autres produits analogues sont travaillées généralement de la même manière qu'au moyen du procédé de Twitchell, l'acide en présence se trouvant tout d'abord neutralisé et une purification (par précipitation) se trouvant ensuite employée, si elle est nécessaire. Cette glycérine brute est souvent de qualité inférieure à elle obtenue par le procédé employant l'autoclave, non pas absolument parce que ce procédé, en lui-même, se trouve défectueux, mais parce que les graisses ou autres matières grasses se trouvent souvent altérées par ce procédé. Les cendres et déchets organiques qu'elle contient, sont relativement élevés et la glycérine brute a un goût désagréable.

Deux sources de glycérine relativement moins importantes se rencontrent dans la distillation et la fermentation des résidus d'eaux brutes. Les graisses et huiles peuvent être décomposées au moyen d'une enzyme existant dans les graines du ricin, mais les liqueurs glycérinées contiennent souvent de grandes quantités de matières albuminoïdes, difficiles à séparer des acides gras obtenus et difficiles à raffiner. Quoique la fermentation de ce procédé se soit trouvée considérablement perfectionnée, il ne se trouve que fort peu employé. La séparation entière des acides gras et des matières organiques en émulsion doit être opérée avant que la concentration de la glycérine brute puisse se faire.

La distillation de la glycérine brute est ici nécessaire, car les acides gras provenant de l'hydrolyse des graisses par l'intermédiaire de l'acide sulfurique, doivent être distillés avant tout usage dans l'industrie des bougies. De plus, des quantités très considérables relativement d'acide sulfurique, sont contenues dans les petites eaux, la glycérine brute obtenue par évaporation contient énormément de cendres, sous la forme de sulfate de chaux, lorsque la chaux a été employée pour neutraliser l'acide, par suite le résidu organique se trouve également assez élevé. On rencontre souvent des inconvénients dans l'évaporation des petites eaux neutralisées, vu la précipitation du sulfate de chaux formée et se déposant sur les surfaces de chauffe.

Si le travail est surveillé, dans la fabrication de quelque genre que ce soit, de ces glycérines, surtout dans le premier de ces procédés, on peut obtenir un produit brut excellent, contenant plus de 80 0/0 de glycérine, et il est souvent possible d'employer directement au point de vue industriel, ce procédé tel que, ou après un traitement de blanchiment. L'usage de beaucoup le plus répandu cependant est de distiller dans le vide, le produit brut, au moyen de la vapeur surchauffée, afin de faciliter l'entraînement de la glycérine. Si la distillation est soigneusement conduite, terminée dans certains cas par une deuxième distillation, on peut obtenir une glycérine de la plus grande pureté pourvu qu'une réelle purification ait été effectuée après la fabrication de la glycérine brute. Les sels minéraux, les impuretés d'ordre albuminoïde ou résineux, les acides gras volatils et les amines restent dans la masse distillée en quantité plus ou moins considérable mais les sels et les éléments à point d'ébullition élevé se trouvent retenus, ainsi que les polyglycérides existant déjà ou se produisant dans la distillation, tandis que les bases volatiles et les acides entraînés par la vapeur d'eau, et les vapeurs de glycérine, sont séparées les unes des autres par une distillation fractionnée ou une condensation fractionnée.

Distillation. — Depuis l'antique appareil à feu nu, on en a décrit un grand nombre, et les perfectionnements apportés ont permis non seulement de produire facilement une glycérine d'excellente qualité et de façon continue, mais encore d'en réduire le prix de revient. D'une manière générale, le procédé consiste à chauffer la glycérine brute au moyen de serpentins à vapeur, dans des appareils continus, remplis de chicanes, de façon à permettre d'éviter l'entraînement même de la plus faible quantité du produit à distiller, ce qui, dans les condenseurs, contaminerait, par suite, la glycérine condensée. La vapeur surchauffée obtenue de préférence au moyen de l'eau distillée, est introduite dans la charge se trouvant contenue dans l'appareil, sur laquelle, dans les conditions produites sous l'influence du vide, la glycérine se vaporise et est entraînée par le courant de vapeur dans une série de condenseurs. Le premier condenseur est disposé de telle manière, qu'il condense la glycérine à une température telle que la vapeur d'eau peut s'éliminer sans s'être condensée, de telle façon que le produit récupéré dans le premier condenseur n'est exclusivement que de la glycérine. Les condensations qui suivent, donnent des glycérines de plus en plus faibles, jusqu'au dernier dont le produit condensé est désigné sous le nom de « petites eaux », et contenant cependant une certaine proportion de glycérine, pouvant être récupérée. Les produits de condensation sont marchands, tels qu'on les obtient, suivant les glycérines demandées ou concentrés dans le vide et redistillés si l'on veut augmenter la proportion de glycérine. Pour des concentrations plus élevées, une décoloration est nécessaire pour la glycérine chimiquement pure et s'obtient au moyen d'un noir ayant un fort pouvoir décolorant et d'autre part, des procédés spéciaux permettent d'éliminer tout l'arsenic pouvant s'y trouver.

Nous donnerons une description rapide d'un système de distillation plus complexe, permettant une fabrication continue avec économie du combustible indispensable, tout en donnant des produits concentrés, ce qui sera une indication de la perfection de la pratique que l'on obtient actuellement dans les raffineries de glycérine anglaises.

Pour distiller la glycérine contenue dans un certain nombre d'appareils, on emploie un unique courant de vapeur, la glycérine se trouvant injectée dans la vapeur de telle façon que les glycérines, de densités diverses, se trouvent séparées dans une série de divers appareils. La vapeur est produite par une chaudière multitubulaire, alimentée par les eaux produites en queue de fabrication, qui se trouvent mélangées avec la glycérine injectée dans les tubes de vapeur surchauffée. La glycérine se vaporise sous un vide de 28 pouces, et passe avec la vapeur dans des condenseurs, entourés d'eau bouillante à 175º F sous pression réduite et se trouve condensée abandonnant sa chaleur à l'eau bouillante et ainsi fournissant de la vapeur utilisable dans la fabrication. La vapeur non condensée passe dans un deuxième appareil, où ces conditions se trouvent répétées, et ainsi de suite, la vapeur se trouvant en dernier lieu amenée à condensation et retenant une certaine proportion de glycérine, sous la forme d'une eau récupérable et désignée sous le nom de « petites eaux ». Le mélange de sels, polyglycérides, etc., restant dans l'appareil distillatoire du type que l'on vient de décrire, peut être traité en vue de récupérer la glycérine qu'elle pourrait contenir, ou être employé à tout usage industriel.

Type des glycérines produites. — Le distillateur produit généralement deux types différents de glycérine et en particulier la glycérine pour dynamite et la glycérine « C. P ». Il y a peu de différences entre ces deux types au point de vue de leur emploi pour celui qui désire une glycérine pure, mais le produit ne doit pas contenir plus de 1,5 0/0 d'eau. Dans d'autres cas, la glycérine industrielle, dite blanche, peut servir, alors que la glycérine à dynamite légèrement colorée ne conviendrait nullement, mais ici la pureté complète et absolue du produit « C. P. » n'est pas indispensable.

Nobel exigeait pour une glycérine distillée à la fabrication de la dynamite, un produit neutre au tournesol, transparent et ne dégageant aucune odeur désagréable lorsqu'elle se trouvait portée à 100º C. Cette glycérine doit contenir un minimum de 98,5 0/0 de glycérine pure déterminée par la méthode à l'acétine (I. S. M. indique la méthode) et avoir une densité de 1,262 à 15º5 C. La quantité de chlorures évalués en chlorure de sodium ne doit pas dépasser 0,01 0/0 et les cendres totales atteindre un minimum de 0,05 0/0. Si 10 c/m³ d'une solution de glycérine à 10 0/0 du produit à essayer sont mélangés à 10 c/m³ d'ammoniaque et 10 c/m³ d'une solution de nitrate d'argent, le tout étant amené à 60º, puis maintenu dans l'obscurité durant 10 minutes, il ne doit pas se produire de réduction sensible du sel d'argent, s'affirmant par une coloration de la masse. Cet essai indique l'absence d'acide formique, d'acroléine, etc., qui peuvent produire une élévation de température néfaste dans les opérations de nitration auxquelles sont soumises les glycérines et cette épreuve est d'une grande importance. L'équivalent de saponification de la glycérine ne doit pas dépasser 0,1 0/0 calculé en Na²O.

La glycérine chimiquement pure ou C. P. remplit toutes les conditions exigées par la Pharmacopée Britannique qui demande un liquide incolore, limpide, inodore, ne réagissant pas avec l'ammoniaque, les chlorures et les sulfates. Elle ne doit pas contenir de plomb de fer, de cuivre, et la proportion d'arsenic est limitée à 0,0004 0/0. L'analyse doit indiquer l'absence complète d'acides gras libres, et l'absence d'acide formique et d'acroléine avec l'essai au nitrate d'argent.

Propriétés et usages de la glycérine. — Les propriétés caractéristiques de la glycérine, tant physiques que chimiques, autorisent de nombreuses applications. Ainsi l'on peut produire divers éthers de fonctions diverses par action sur les divers groupes hydroxyles. Elle possède d'autre part des propriétés antiseptiques et conservatrices, et est un excellent émollient pour la peau. Elle se mélange à l'eau et à l'alcool en toutes proportions et dissout un grand nombre de produits ou médicaments dans des proportions de beaucoup plus considérables que celles que l'on peut faire avec l'eau. Elle est inodore, mais peut facilement et agréablement se parfumer si on le désire, et même, vu son goût agréable être employée pour son action dissolvante également dans les préparations pharmaceutiques. C'est un bon excipient pour un grand nombre de produits. Elle est très hygroscopique et ses solutions aqueuses ont un point de congélation très bas. Ses caractères de viscosité en font un excellent lubrifiant.

Nitroglycérine. — L'une des plus grande application industrielle de la glycérine est la fabrication de son éther, la nitroglycérine, qui est un des constituants essentiel de la dynamite, de la gélatine nitrée et de la Cordite. La glycérine, par suite, est un élément important, aussi bien en temps de paix qu'en temps de guerre. Une glycérine parfaitement pure, incolore, n'est pas indispensable dans la fabrication de la nitroglycérine, mais il ne doit pas s'y rencontrer, certaines impuretés facilement oxydables. Les exigences d'une glycérine à dynamite sont supérieures à celles indiquées par les fabrications anglaises.

La nitration s'effectue au moyen d'un mélange d'acide nitrique et d'acide sulfurique, le produit étant lavé jusqu'à ce qu'il n'y ait plus d'acide. Les soins extrêmes indispensables dans une fabrication, pour un produit rigoureux, ne peuvent être indiqués dans cet article et il nous suffira d'affirmer que l'industrie y répond parfaitement.

En médecine, on emploie de faibles quantités de nitroglycérine.

Acétates de glycérine. Acétines. — La glycérine se transforme facilement en ses éthers acétiques, par chauffage en présence d'anhydride acétique et de bisulfite de potasse.

L'acétine commerciale ordinaire consiste en un mélange de bi et de triacétine, dans lesquelles deux ou trois groupes hydroxyles se trouvent être remplacés par le groupe acétyl. La mono-acétine obtenue à l'aide de l'acide acétique est fort peu usitée. Les acétines sont principalement employées comme adjuvant dans l'impression sur calicot.

Glycérine arséniée ou arsénite de glycérine. — L'acide arsénieux agit comme un acide ordinaire, lorsqu'il est chauffé vers 250° C environ, en présence de glycérine, et l'on obtient ainsi de l'arsénite de glycérine. Ce produit est également employé pour impression sur calicot.

Chlorhydrines. — Les chlorhydrines sont des éthers de la glycérine combinée avec l'acide chlorhydrique, tandis que l'épichlorhydrine se produit par éthérification de l'un des groupes hydroxyle et déplacement d'une molécule d'eau, des deux autres groupes hydroxyle de la molécule glycérine. Les chlorhydrines et l'épichlorhydrine possèdent une certaine importance comme dissolvants, plus spécialement en ce qui concerne les résines dures, telles que le copal, et qui souvent les dissolvent même à froid.

Acide glycérophosphorique. — L'éther monophosphorique de la glycérine est préparé en chauffant un mélange convenable de l'alcool triatomique et de l'acide à la température de 105° C, au-delà de laquelle il se forme un di-éther. C'est un liquide incolore, inodore, contenant généralement de l'eau et décomposable par la chaleur. Ses sels ont une importance considérable, et du moment, sont très employés en médecine, comme tonique du système nerveux.

Le glycérophosphate de chaux et le glycérophosphate de fer, se trouvent souvent alliés à d'autres médicaments, tels que la noix vomique (strychnine) aussi bien qu'émulsionnés avec l'huile de fois de morue, pétrole, etc.

L'acide glycérophosphorique, dans l'organisme humain se rencontre dans la licithine du cerveau et dans les tissus nerveux. Dans la préparation des glycérophosphates, on doit naturellement employer de la glycérine pure, les autres éthers employés dans l'industrie étant préparés avec de la glycérine à dynamite ou des glycérines industrielles.

Préparations médicinales. — Si l'on jette un regard sur le Codex pharmaceutique Britannique, il énumère l'ensemble des préparations médicinales dans lesquelles se trouve incorporée la glycérine. La raison de cet emploi se comprend facilement. Dans certains cas, elle se trouve employée comme un simple excipient. Dans d'autres, elle devient un solvant indispensable permettant une pénétration plus entière dans les cellules, que pourrait le faire l'eau, par exemple. De plus, sa saveur agréable atténue souvent le goût d'amertume ou désagréable de certains médicaments ou drogues pharmaceutiques.

La glycérine, considérée comme produit interne, est émolliente, antiseptique et de quelque peu nutritive. Dans une certaine mesure, plus particulièrement, elle fut employée, avant l'introduction de la saccharine, pour sucrer l'alimentation des personnes diabétiques. En plus de cette propriété agréable, elle a son emploi dans un grand nombre de médicaments, étant mélangée de gélatine, contre la toux ou même dans la préparation de certaines pastilles.

La glycérine boriquée ou simple solution d'acide borique dans une glycérine aqueuse, est un antiseptique utilisé dans les affections de la gorge.

L'action antiseptique de la glycérine trouve son emploi dans la préparation de compositions à base de ferments digestifs. Ainsi la glycérine pepsinée est obtenue en faisant agir de la pepsine sur de la glycérine aqueuse en présence d'acide chlorhydrique, laissant la masse en repos environ une semaine puis filtrant. La préparation étant faite dans des conditions rigoureusement déterminées, donc ayant un pouvoir digestif bien déterminé est un agent puissant.

Il existe un grand nombre de préparations analogues à celles que nous avons décrites, choisies d'une façon quelconque et qui démontrent l'emploi que la glycérine peut réclamer concernant ses propriétés toutes particulière.s

Pour terminer, une action intéressante de la glycérine est son pouvoir antiseptique et de conservation. La lymphe de veau glycérinée est considérée comme le meilleur milieu pour toutes vaccinations. Dans cette préparation, la glycérine annihile tous les organismes étrangers aux spores en questions.

Préparations pour les soins de la toilette. Dans le domaine des préparations pour la toilette ou la parfumerie, la glycérine trouve des centaines d'applications, son emploi découlant de son action adoucissante et antiseptique. Dans les préparations utilisées pour l'épiderme, elle se trouve associée à l'eau, aux matières grasses ou aux huiles, à la gélatine, l'agar-agar, au lichen (mousse d'Islande), à l'amidon, sous forme d'eaux pour la peau, de pommades, onguents, gelées, crèmes, et ainsi de suite.

La glycérine est un des composants des pâtes dentifrices, et en général, de tous dentifrices, des eaux pour le lavage des cheveux, ou pour leur teinture, le polissage des ongles, pour les huiles employées pour cheveux, et toutes préparations pour schampooing, pour la pommade hongroise. etc., et toutes autres préparations.

La glycérine a également une action bienfaisante sur les peaux gercées, les mains crevassées, et ainsi de suite et se trouve employée, diluée avec de l'eau, ou de l'huile pour solutions parfumées.

Savon de toilette transparent. — La glycérine peut également se trouver dans les savons dits obtenus par procédé à froid, mais on l'ajoute également maintenant à certains savons de toilette afin de les obtenir transparents.

Bières et vins. — On fait également usage de l'action conservatrice de la glycérine, en brasserie en l'ajoutant à de la bière, dont elle ne change le goût. On assure même que les vins acquièrent du corps et du bouquet sous l'influence d'une addition de glycérine, quoique à ce point de vue, il ne semble pas qu'il se produise une consommation intensive de glycérine.

On doit remarquer, il faut le dire, que beaucoup des emplois cités, pour la glycérine ne sont que des indications ou des usages qui depuis longtemps sont abolis. Cette information a cependant été soigneusement rapportée, et les soixante utilisations présentées dans ces dernières années par une brochure, se reproduisent avec une régularité absolue.

La glycérine considérée comme lubrifiant. — La glycérine est bien plus fluide que les lubrifiants ordinaires, mais cependant dans bien des cas, il est préférable de l'employer. Dans des organes délicats, lubrifiés par la glycérine, aucun produit visqueux ou se résinifiant sous l'influence de l'oxydation ou se congelant, ne produit un arrêt dans le travail régulier. Les appareils pouvant se trouver en contact avec les aliments pourraient facilement être lubréfiés avec de la glycérine et cela pour un grand nombre de raisons. L'emploi de la glycérine, soit à l'état de glycérine concentrée, soit à l'état de solution aqueuse a été indiquée également dans l'usage des appareils réfrigérents ou pour la fabrication de l'air liquide. Dans le second cas, son usage ne serait que rarement à recommander.

Compositions anti-congelables. — La glycérine et ses solutions aqueuses ont un point de congélation très bas. On emploie des solutions ordinaires ou des préparations spéciales, dans une certaine mesure, pour les compteurs à gaz, ainsi que dans les radiateurs des autos, dans les canons à tir rapide et dans les travaux hydrauliques. Les compositions pour éclairages microscopiques exigent également de la glycérine.

Le tabac est aussi quelquefois traité au moyen de la glycérine, afin d'utiliser les propriétés hygroscopiques de la glycérine pour maintenir son humidité. On peut de cette manière augmenter considérablement son emploi, quoiqu'elle puisse être utilisée à un meilleur usage. La glycérine possède surtout un avantage qui est celui d'éviter toute fermentation, elle agit comme préventif de toute fermentation, mais développe le bouquet.

Des aliments, tels que confitures, fruits, etc., se conservent mieux en présence de glycérine, et dans cet ordre d'idée, l'usage de ce produit se développe de plus en plus, car la glycérine n'a pas d'action nuisible sur l'organisme humain.

Les encres et compositions à copier, contiennent également de la glycérine. A ce point de vue, la fabrication des encres à copier, des encres lithographiques, des diverses compositions pour imprimer l'écriture, des papiers spéciaux pour recevoir toutes impressions, des compositions pour rouleaux à impression, accusent des quantités de formules et invariablement, la glycérine est un de leurs constituants. On sait que les fabricants renommés ont leurs formules propres, auxquelles ils ne sont arrivés qu'après une longue expérience et de nombreux essais, représentant la dernière perfection, en ce pays. Ces fabricants utilisent la glycérine dans leurs fabrications.

Il n'est donc par suite, nullement indispensable de surcharger cet exposé de formules quelconques, comme celles ne donnant pas les résultats les meilleurs, ou bien celles conservées si secrètement.

Généralités. — La glycérine est employée dans l'industrie textile, à un moment déterminé des opérations de finissage, améliorant l'apparence et le toucher du produit traité. Dans l'assouplissement de la peau chamoisée ou d'autres peaux, et comme agent de polissage, elle se trouve employée en tanneries, car c'est également un excellent préservatif pour les peaux, ne se trouvant pas soumises aux procédés ordinaires de conservation.

Pour conserver certaines pièces anatomiques, elle présente certains avantages par rapport à l'alcool. La facilité avec laquelle elle absorbe l'eau, et maintient l'humidité, autorise son emploi dans la conservation de l'argile à modeler, ainsi que des plâtres dans certaines conditions d'humidité. Elle est employée pour enlever le café ou autres taches des textiles, beaucoup de matières colorantes étant solubles dans la glycérine. Une vulgaire friction avec une étoffe imprégnée de glycérine, avec ensuite un traitement à l'alcool ou une solution savonneuse, est très efficace dans beaucoup de cas. Elle a été considérée comme le produit le meilleur pour conserver l'hydrogène, car les gaz étrangers comme l'azote ne se diffusent dans l'hydrogène pur qu'avec une extrême lenteur. Elle est considérée comme un produit très résistant pour produits anti-rouille ; elle se trouve employée pour purifier le gaz d'éclairage domestique de ses impuretés sulfureuses. Cette dernière propriété ayant donné les meilleurs résultats dans le laboratoire n'a pas reçu de développement pratique suffisant.

Elle se trouve employée dans la préparation des émulsions photographiques, quoique la façon exacte dont on l'emploie reste encore un secret bien gardé.

V. E.

ACADÉMIE DES SCIENCES

Séance du 18 mai (*suite*). — L'action des acides minéraux et organiques combinés à celle du sodium métallique sur le rougissement de quelques flavones. Note de St. Jonesco. — L'hydrogène naissant ne réduit pas les flavones en pigment rouge. Le sodium métalliques seul est l'agent de la modification des chromogènes flavoniques. Le rougissement est dû à l'action des acides minéraux sur le flavone modifié par le sodium. Le produit rouge n'est pas une anthocyane.

— Analyse électro-capillaire des colloïdes colorants. Note de W. Kopaczewski. — Il suffit de poser une goutte d'eau d'une matière colorante colloïdale sur une feuille de papier filtré et, selon l'image observée on peut fixer si l'on se trouve en présence de colloïde négatif, positif ou amphotère. La seule cause d'erreur, rare du reste, semble être une tension superficielle faible du colloïde colorant.

— Les divers complexes caséinate de chaux plus phosphate de chaux et leur façon de se comporter vis-à-vis de la présure. Note de Ch. Porcher. — Si un complexe ne renferme que très peu de phosphate de chaux il ne coagulera pas par la présure; il faut au contraire, une quantité minima de micelles de phosphate calcique pour entraîner la masse pondéralement beaucoup plus lourde du caséinate. D'autre part si la charge du complexe en phosphate alcalino-terreux est considérable il n'est plus besoin de l'intervention de la présure. Le seul chauffage à 40° suffit pour provoquer la formation d'un coagulum; on est alors arrivé à la saturation colloïdale du caséinate par le phosphate.

Sur le rôle de la présure et de son mode d'action dans la fabrication des fromages à pâte cuite (Gruyère et Emmenthal). Note de G. Guittonneau. — Le chlorure de calcium favorise l'action de la présure. En combinant l'acidification du lait avec son enrichissement en chlorure de calcium on peut arriver à conduire le travail à sa guise.

— Sur l'origine de l'acide β-oxybutyrique obtenu par processus microbien. Note de LEMOIGNE. — Les bacilles M non acétolysés renferment un produit amorphe qui peut être isolé par le chloroforme, et qui, par saponification, donne de l'acide α-crotonique. Ce produit peut être considéré comme la substance mère de l'acide β-oxybutyrique qui se forme au cours de l'autolyse.

Séance du 25 mai. — Phosphates inorganiques et hypoglycéminé. Note de A. DESGREZ, H. BIERRY et F. RATHERY. — L'injection à un animal d'une dose convenable de solution de phosphates présentant un P_H voisin de celui du sang intensifie et prolonge d'une façon remarquable l'hypoglycémie insulinienne.

L'Académie procède à l'élection d'un membre de la section de l'Économie rurale en remplacement de L. Maquenne. Au premier tour de scrutin M. Gustave André obtient 32 suffrages contre 16 à M. Pierre Mazé, 9 à M. Ringelmann et 1 à M. Schribaux; le nombre des votants étant 58, M. André est élu au premier tour.

— Sur l'absorption de la vapeur d'eau et de quelques autres vapeurs par la surface du verre. Note de d'HUART. — En mettant à profit la réaction de la vapeur d'eau sur l'hydrure de calcium pour le dosage de l'eau (au moyen de l'hydrogène dégagé) on a constaté une faiblesse dans les résultats. Cette faiblesse est imputable à l'absorption de la vapeur d'eau par le sulfate du verre. L'auteur a construit un appareil pour étudier cette absorption. On a trouvé que dans le vide le plus poussé, après plusieurs heures en présence d'anhydride phosphorique, il peut rester 0 mg 009 d'eau par décimètre carré. Avec l'alcool, le toluène et le benzène l'absorption n'a pu être mesurée.

— Recherches magnéto-chimiques sur la formation des chaînes fermées et des groupements nucléaires dans les composés organiques. Note de Paul PASCAL. — L'accroissement du nombre des fonctions éthyléniques et la formation de chaînes fermées donnent lieu, comme la polymérisation à une diminution marquée du diamagnétisme. Ces particularités de structure augmentent donc le moment magnétique résultant de la molécule et correspondent par suite à une dissymétrie croissante de l'édifice électronique. Les noyaux diaziniques, triaziniques et benzéniques provoquent une exaltation diamagnétique qu'il faut imputer au groupement symétrique de trois liaisons éthyléniques ou à la présence, plutôt, unique de carbones ou d'azotes tertiaires.

L'identité presque absolue du rôle magnétique des noyaux C^6-$^PN^P$ hexavalents entraîne l'analogie de structure des diazines, des triazines et des dérivés du benzène.

— Purification des cyanures de potassium et de sodium. Leur point de fusion. Note de GRANDADAM. — Ces corps ont été dissous et cristallisés dans l'ammoniac liquide. On peut ainsi obtenir des cristaux de ces sels titrant 99.9. Les points de fusion respectifs sont $634°5$ et $563°7$.

— Étude cinétique de la réduction du bromure mercurique par le formiate de sodium. Note de F. BOURION et J. PICARD. — Le coefficient a une valeur un peu supérieure à la moitié du coefficient de vitesse qui appartient à la réduction du chlorure mercurique. Ainsi à $40°$ le bromure mercurique est réduit environ deux fois moins vite que le chlorure mercurique par le formiate de sodium.

— Sur un nouveau type de borates alcalins les pentaborates. Note de V. AUGER. — La cristallisation fractionnée de la solution de tétraborate en présence d'un excès d'acide borique faite par évaporation à 115-$120°$ détermine la formation de croûtes cristallines qui sont formées d'un sel correspondant à $B^5O^9M^2H, 2H^2O$. L'auteur a préparé les sels de potassium et de sodium.

— Sur l'antiseptie induite ou, autrement dit, sur l'action microbicide exercée à distance, sans contact matériel, sur une dilution bactérienne par une solution très étendue d'hypochlorite de sodium. Note de Philippe BUNAU-VARILLA et Émile TECHOUEYRES. — La molécule d'hypochlorite en attaquant la matière organique doit émettre des rayonnements dont l'action est analogue à celle des rayons ultra-violets sur la vie microbienne, créant autour du foyer d'action chimique une zône étendue de destruction de cette vie microbienne.

Séance du 2 juin. — Action de l'iodure de méthylmagnésium sur les éthers de l'α-bromononitrile de l'acide camphorique. Note de A. HALLER et F. SALMON-LEGAGNEUR. — Dans une note précédente ils avaient étudié l'action du bromure de phénylmagnésium. En employant l'iodure de méthylmagnésium, en solution dans l'éther et les éthers sels ils arrivent à l'alcool tertiaire. En solution dans le toluène la fonction nitrile entre en jeu et on aboutit à une cétone alcool.

— Sur la présence de l'argon dans les gaz de la fermentation alcoolique du glucose. Note de Amé PICTET, WERNER, SCHERRER et Louis HELFER. — On a reconnu la présence constante de l'argon dans la fermentation alcoolique. On peut se demander si ce gaz existe dans la levûre ou bien s'il prend naissance au cours de la fermentation, aux dépens de l'une des substances en présence.

— Sur une nouvelle méthode d'analyse quantitative par les rayons X. Note de Eugène DELAUNEY.

— Détermination précise de la masse atomique du lithium. Note de J. L. COSTA. — En utilisant la spectrographie de masse et la méthode d'encadrement on arrive en comparaison avec $He = 4$ à 6.010 et 6,009.

— A propos du tétrahydroxyfluorène 2-7-9-9'. Note de Ch. COURTOT et R. GEOFFROY. — Les auteurs allemands considèrent le produit de la fusion alcaline du 2-7-disulfofluorène comme un tétrahydroxyfluorène 2-7-9-9'. D'un examen approfondi il résulte que ce corps serait identique à l'acide 4.4'-dihydrodiphényle-2-carbonique.

— Sur les arylaminonaphtoquinones. Acides arylamino oxynaphtalène sulfoniques. Note de R. LANTZ et A. WAHL. — La phénylimino-1-naphtoquinone-2 est traitée par le bisulfite de sodium. La coloration verte disparaît. On ajoute alors du carbonate de sodium et on filtre. En acidifiant, l'acide phénylamino-1-oxy-2-naphtalène-sulfonique se précipite.

Il peut exister deux séries d'acides monosulfoniques dérivés des arylamino-1-oxy-2-naphtalènes. Les uns s'obtiennent par l'action du bisulfite de sodium sur les aryliminonaphtoquinones et les autres par la sulfonation directe des arylaminoxynaphtalènes.

Séance du 8 juin. — Sur la miscibilité des mélanges d'eau, d'alcool éthylique, alcool isobutylique. Note de Pierre BRUN. — La courbe de miscibilité obtenue par la méthode du louche a un point critique à 123° pour une teneur de 37,5 0/0 d'alcool en alcool isobutylique. Les mélanges contenant moins de 8 0/0 ou plus de 83 0/0 d'alcool deviennent stables à toute température. Les mélanges qui renferment de 12 à 83 0/0 d'alcool deviennent homogènes par élévation de température. Enfin les mélanges qui renferment de 12 à 83 0 0 d'alcool homogènes à la température ordinaire se troublent par élévation de température puis, à température plus élevée, redeviennent homogènes.

— Nouveau mode de diagnose et de dosage immédiat du cobalt par spectroscopie et chromoscopie. Note de Georges DENIGÈS. — On tire partie de la coloration bleue donnée par une solution chlorhydrique de cobalt, on en fait l'examen spectroscopique.

— Dosage de l'oxyde de carbone par la méthode au sang et remarques sur l'absorption de ce gaz par l'hémoglobine en l'absence d'oxygène. Note de Maurice NICLOUX. — Le mode opératoire de l'auteur permet le dosage d'oxyde de carbone dilué dans l'air à la dose de 1.100.000 sans difficulté.

— Sur l'hydrogénation de la triple liaison. Formation des composés cis-éthyléniques. Note de M. BOURGUEL. — L'hydrogénation lente en présence de palladium colloïdal conduit aux composés cis. L'hydrogénation en trans, qui se produit dans d'autres conditions provient de l'état instable de la molécule.

— Sur les aminoxydes des alcaloïdes du groupe du tropane. Note de Max et Michel POLONOVSKI. — En faisant réagir l'eau oxygénée sur les alcaloïdes des solanées on arrive à des aminoxydes que l'acide sulfureux réduit en sulfates des bases primitives en même temps qu'il se produit des éthers N-sulfonés facilement hydrolysables.

— Sur de nouvelles bases triazotées: les urées des pyrazolines. Note de R. Loc-

QUIN et R. HAILMANN. — Elles résultent de l'action du cyanate de potassium sur les pyrazolines en solution acétique. On alcalinise et traite par l'éther. Les urées ainsi extraites ont la même composition centésimale que les semicarbones normales des cétones ou des aldéhydes α-β non saturées auxquelles correspondent les pyrazolines en question.

— Sur les α-dicétones acycliques. Transformation en dérivés acy-pyridiques. Note de E. E. BLAISE et Mlle M. MONTAGNE. — Ces dicétones alcoylées traitées par le chlorhydrate d'hydroxylamine dans un appareil à reflux donnent en présence d'une oxime une base dialcoylpyridique avec de bons rendements.

— La présence du loroglossoside (loroglossine) dans le Listera R. Br. et l'Epipactis palustris Crantz et sur quelques nouvelles réactions de ce glucoside. Note de C. CHARAUX et P. DELAUNEY. — Ce glucoside a été extrait des racines des deux plantes. Le réactif sulfochromique donne une coloration rouge passant au jaunâtre au bout d'un certain temps et accompagnée d'une odeur rappelant celle de l'acide valérianique. Le réactif de Fröhde donne d'abord une coloration violet bleu, passant au violet puis au rouge. L'acide azotique dissout à froid les cristaux; en chauffant on voit se produire des vapeurs nitreuses. En ajoutant un excès de potasse au produit de la réaction il se développe une coloration jaune d'or intense.

— Echange de l'ion aluminium des sols de divers types contre l'ion potassium d'un sel neutre. Note de Ladislas SOMLIK. — Dans les sols calciféres où n'existe pas d'aluminium échangeable le P_H reste égal à 7 alors que dans le cas de sols lavés la quantité d'aluminium devient notable et le P_H oscille entre 4 et 6.

— Sur la concentration en ions hydrogène dans le tissus des graines. Note de Antonin NEMEC. — Cette concentration semble indiquer, du moins approximativement, la valeur de la réaction du milieu favorable au développement des plantes à provenir de ces graines.

— Signification des produits de dédoublement formés par le Bacille Coli aux dépens du glucose. Note de E. AUBEL et J. SALABARTAN. — L'acide lactique formé aux dépens du glucose est un produit de déchet; le dédoublement qui lui donne naissance n'intéresse pas les synthèses. L'acide pyruvique se transforme en alcool par une suite de réactions endothermiques.

— Action de l'acide carbonique sur les caséinates calciques. Introduction à l'étude du carbonate de calcium colloïdal. Note de Ch. PORCHER. — En faisant passer du gaz carbonique dans les caséinates alcalins à la phtaléine et contenant plus de 2.5 de chaux pour 100 il se forme un complexe constitué par le caséinate et du carbonate de calcium colloïdal. On observe des phénomènes analogues à ceux présentés par le complexe: caséinate de calcium plus phosphate de calcium. Dans le coagulum c'est le carbonate de calcium qui fait la masse mais c'est le sel colloïdal qui détermine la coagulation.

— Mécanisme régulateur du métabolisme des purines et diabète insipide. Note de Ch. KAYSER et Mlle Eliane LE BRETON. — Aucun des faits actuellement établis ne permet de croire à l'existence dans la région du *tuber cinereum* d'un centre régulateur du métabolisme des nucléoprotéides associé au centre régulateur des échanges d'eau dont l'existence est indiscutable.

Séance du 15 juin. — Sur les pouvoirs rotatoires de certains dérivés du camphre. Note de A. HALLER et René LUCAS. — Les déterminations effectuées par les auteurs montrent que le pouvoir rotatoire peut varier beaucoup suivant le dissolvant.

— A propos de l'invention du cinématographe. Note de Louis LUMIÈRE. — Réclamation de priorité, justifiée du reste de l'invention du cinématographe.

— Influence de très faibles quantités de substances étrangères sur la stabilité des solutions colloïdales. Note de A. BOUTARIC et Mme Y. MANIÈRE. — Dans l'étude d'un colloïde c'est l'influence de tous les corps sur la floculation par tous les agents floculants qu'il faudrait successivement étudier.

— Sur un silicate de magnésium artificiel. Note de A. DAMIENS. — En faisant agir une solution de silicate de sodium sur une solution de sulfate de magnésium on obtient un silicate $3SiO^2$ $(MgNa^2)O$. Avec le bisilicate il se forme un silicate analogue.

— Sur les complexes de l'iodure stannique. Note de V. AUGER et T. KARANTASSIS. — En présence de l'acide iodhydrique l'iodure stannique forme avec les iodures de rubidium et de cœsium, quelques iodures de bases organiques des stanniiodures stables. On obtient aussi des cristaux mixtes de complexes iodo et bromostanniques.

— Sur le dosage de l'anhydride carbonique et de l'oxyde de carbone. Note de P. LEBEAU et P. MARMASSE. — L'anhydride carbonique solidifié dans l'air liquide n'a pas de tension appréciable. On peut tirer parti de ce fait pour doser l'oxyde de carbone qu'on transforme en anhydride carbonique par passage sur l'anhydride iodique après condensation des divers carbures.

— Sur de nouveaux complexes du fer dérivés des triazines. Note de Paul PASCAL. — Le noyau triazinique est un groupement générateur de complexes. On peut obtenir en effet des sels de fer, cobalt, analogues aux métallocyanures en partant du sel de potassium de l'acide triazine-tricarboxylique. Le complexe triazinique est très fragile. Il y a dissociation du radical acide, d'abord avec mise en liberté des ions métalliques en solution puis le noyau triazinique passe à l'état d'acide cyanoformique. Il y a dans cet ordre de réactions une circonstance intéressante pour l'analyste. Un traitement à la potasse chaude libère le métal à l'état d'hydrate, l'azote passe à l'état d'ammoniac et le carbone reste à l'état d'oxalate. En milieu acide et chaud on peut titrer le carbone au permanganate sans traitement alcalin préalable.

— Sur le méthylphénylbutadiène. Note de Ch. PRÉVOST. — L'action de l'aldéhyde cinnamique sur le bromure d'éthylmagnésium fournit un alcool C^6H^5 $CH:CH.CHOH.C^2H^5$ qui se déshydrate facilement. Le carbure érythrénique formé peut fixer quatre atomes de brome. Le carbure fond à 22°3, et le tétrabromure $C^6H^5.CBr:CBr.CBr:CBr.CH^3$ à 97°7.

— Sur la préparation et les propriétés du monotropitoside. Note de M. BRIDEL et P. PICARD. — Ce glucoside, extrait d'écorce fraîche de *Betula lenta* L est formé de l'union d'une molécule de salicylate de méthyle, d'une molécule de glucose et d'une molécule de xylose avec élimination de 2 molécules d'eau. Il répond à $C^{19}H^{26}O^{12}$.

Séance du 22 juin. — Hydrogénation catalytique des nitriles sous pression réduite. Méthode de synthèse des aldimines. Note de V. GRIGNARD et R. ESCOURROU. — En opérant sous pression réduite on diminue l'activité de la réaction et on s'arrête à l'aldimine. L'hydrogénation du cyanure de benzyle a été réalisée sur de l'oxyde de platine, porté par de la ponce granulée, on a obtenu de la phényléthanaldimine Eb. 750 m/m, 212-214°. Avec le benzonitrile, en opérant sur du nickel, on obtient de la benzaldimine, très peu stable.

L'Académie procède à l'élection d'un membre de la division des applications de la science à l'industrie en remplacement de Charles Rabut.

M. Léon Guillet est nommé par 38 suffrages contre 17 à M. Boucherot, 6 à M. Louis Bréguet et 1 à M. Fourneau.

— Calcul de l'affinité chimique. Note de Th. DE DONDRE.

— Sur les points d'ébullition des mélanges d'eau, de benzène et d'alcool éthylique sous la pression de 760 m/m de mercure. Note de Jean BARBAUDY. — Jusqu'à 69°25 chaque isotherme se compose d'une courbe et d'une portion rectiligne qui relie les deux solutions conjuguées bouillant à cette température sous 760 m/m. Au delà les isothermes sont curvilignes et tout entières situées dans la région homogène. On notera que les isothermes 68°1 et 78°15 sont tangentes aux côtés du triangle (représentatif du système) aux points figuratifs des azéotropes correspondants alcool-benzène et alcool-eau.

— Anomalie dilatométrique des solutions solides α de cuivre et d'aluminium. Note de P. CHEVENARD. — L'anomalie observée à 265° ne correspond pas à un changement de phase; elle est comparable à celle des surfaces ferromagnétiques, mais alors que le point de Curie subit des variations suivant la composition, la température à laquelle se produit l'anomalie semble indépendante de la composition.

— Révision du poids du litre normal de gaz chlorure de méthyle. Note de T. BATUECAS. — $L_0 = 2,3084$.

— Etude spectrographique de la formation de complexes mercuriques. Note de P. JOB. — Il est impossible d'étudier par une méthode spectrographique simple la formation des complexes mercuriques chlorés. Au contraire on peut démontrer que le complexe tétrabromomercurique se forme directement par double décomposition à partir du bromure de potassium et du chlorure mercurique. Le bromure de potassium, agissant sur le nitrate ou le sulfate mercurique, donne d'abord naissance à du bromure mercurique qui se combine ensuite au bromure en excès pour former le complexe tétra bromé.

— Sur l'association des polyphénols. Note de E. ROUYER. — Tous les polyphénols présentent les mêmes caractères d'association: aux basses concentrations (jusqu'à 1,25 M environ) l'équilibre se présente entre molécules simples et molécules doubles et aux concentrations plus élevées (étudiées jusqu'à 2 M) cet équilibre paraît s'établir entre molécules simples et molécules triples.

— Sur la séparation du celtium et sur le spectre d'arc de cet élément. Note de J. BARDET et C. TOUSSAINT. — La solution des sulfates de zirconium et de celtium est traitée par une quantité d'une solution d'acide phosphorique tout juste suffisante pour ne précipiter que le cinquième à l'état de phosphates; la différence de solubilité permet une précipitation fractionnée. Après sept séries de précipitations, si on est parti d'un produit de 2 à 3 0/0 de celtium, on arrive à une teneur à 90 0/0. Le spectre d'arc met en évidence de nouvelles raies.

— Etude de la corrosion dans l'acide sulfurique à divers degrés de concentration des aciers étirés à froid. Note de DELBART. — Il y a un minimum d'attaque par l'acide étendu lorsque l'acier a été recuit à 700°. L'attaque est trois fois plus grande pour l'acier écroué. En opérant avec de l'oleum on constate le phénomène inverse.

— Sur l'amide phényl-α-oxycrotonique. Un exemple d'éther-oxyde d'hydrate de cétone. Note de J. BOUGAULT. — Cette amide traitée par la soude ne donne pas l'amide benzylpyruvique mais un acide amidé qui contient une fonction éther-oxyde d'hydrate de cétone.

— Sur le phénylbenzylglyoxal. Note de Charles DUFRAISSE et Henri MOUREU. Ce produit est dimorphe. La forme stable F. 90° donne naissance à des dérivés nombreux. Le chlorure d'antimoine en présence d'alcool donne un précipité jaune d'or. L'hydroxylamine fournit un isomère de la monoxime. Cet isomère sous l'action de la chaleur se transforme en un liquide qui donne les mêmes dérivés métalliques. L'action d'un acide régénère le premier corps. Le phénylbenzylglyoxal $C^6H^5 - CO - CO - CH^2 - C^6H^5$ peut prendre la forme énolique $C^6H^5 - CO - COH = CH.C^6H^5$.

— Contribution à la défécation du moût de pommes de terre. Note de E. KAYSER et H. DELAVAL. — L'emploi des extraits de diastases de l'extrait d'orge crue ou germée peut rendre des services dans la défécation du moût de pommes. Il provoque la coagulation, apporte de l'azote aux levures, enrichit les lies et les écumes en azote et augmente leur valeur sans changer le goût.

— Sur la teneur en oxygène de la méthémoglobine. Note de Maurice NICLOUX et Jean ROCHE. — Les réactifs les plus divers transforment l'oxyhémoglobine en méthémoglobine et l'on admet généralement que ce dernier pigment renferme autant d'oxygène que l'oxyhémoglobine, en étant combiné autrement. La méthémoglobine renferme la moitié de l'oxygène de l'oxyhémoglobine.

Séance du 29 juin. — Constitution de la diméthylcyclopentanone et de la diméthylcyclohexanone d'alcoylation obtenue par la méthode à l'amidure de sodium. Note de A. HALLER et CORNUBERT. — On condense avec l'aldéhyde benzoïque, une molécule pour deux molécules, ces deux cétones. On peut ainsi confirmer la présence des cétones symétriques et dissymétriques.

— Sur les proportions de cobalt contenues dans les organes des animaux. Note de Gabriel BERTRAND et M. MACHEBOEUF. — D'une manière générale le mode de répartition du cobalt à travers les organes est approximativement parallèle à celui du nickel. Il y a lieu toutefois de citer le cas du thymus qui, chez le veau, s'est montré particulièrement riche en cobalt.

— Cémentation des alliages ferreux par le chrome. Note de J. LAISSUS. — La cémentation des alliages ferreux par le ferrochrome est intéressante au point de vue protection contre les oxydations à haute température et surtout contre l'action de l'acide nitrique. Il faut pour cela dépasser dans le traitement initial la température de 1.100° marquant l'apparition de la couche externe probablement constituée par du carbure de chrome.

— Sur le recuit du fer électrolytique dans le vide. Note de R. HUGUES. — Le gaz extrait du métal contient H: 50; CO: 34; CO^2: 6; hydrocarbures: 4 à 2; divers: 7. Les variations des propriétés magnétiques présentent une avance sur les variations après recuit dans l'atmosphère.

— Contribution à l'équilibre du carbonate de magnésie en solutions ammoniacales. Note de Gérard H. LAFONTAINE. — A du bicarbonate de magnésium on ajoute des solutions d'ammoniac, et de bicarbonate d'ammonium. L'auteur a déterminé les zones de formation des trois carbonates connus et celle d'un carbonate basique non signalé. Il n'a pas reconnu l'existence du bicarbonate double $CO^3Mg.CO^3H.NH^4.4H^2O$.

— Sur la dissolution du nickel dans l'acide sulfurique sous l'influence du courant alternatif. Note de A. P. ROLLET. — Le dégagement d'hydrogène correspond exactement au poids de métal dissous. La densité de courant et l'alternance ont une grande influence sur le rendement.

— Étude quantitative des spectres d'absorption ultraviolets, des bichloroéthylènes. Note de J. ERRERA et Victor HENRY. — Le dérivé trans absorbe plus que le dérivé cis. La différence avec les longueurs d'onde courtes.

— Migration des substances azotées des feuilles vers les tiges au cours du jaunissement automnal. Note de Raoul COMBES. — Lorsque les feuilles jaunissent normalement sur les arbres, en automne, les précipitations atmosphériques n'entraînent pas de quantités appréciables de substances azotées. L'azote qui disparaît des feuilles pendant cette période émigre en totalité vers les organes vivaces.

— Les produits de la fixation de l'azote atmosphérique par l'azotobacter agile. Note de S. KOSTYTSCHEW et A. RYSKALTCHOUK. — L'azotobacter construit de l'ammoniac par une réduction directe de l'azote moléculaire. Il utilise ensuite cet ammoniac pour la construction des acides aminés. La réaction des nitrates par les moississures donne les mêmes produits.

— Sur les réactions colorées du tryptophane avec les aldéhydes. Note de A. BLANCHETIÈRE. — L'auteur n'a pas pu obtenir la coloration rouge rubis décrite par Romieu en faisant agir l'acide phosphorique sirupeux. La réaction de Steensma à la vanilline, en présence du même acide s'obtient au contraire très facilement.

Séance du 6 juillet. — L'hydrate de xénon. Note de M. DE FORCRAND. — Cet hydrate contiendrait 6 à 7 molécules d'eau.

— Sur un phénomène d'adsorption intense présenté par le phosphate tricalcique. Note de Pierre JOLIBOIS et Jacques MAZE-SENCIER. — En laissant le précipité obtenu en saturant de l'eau par de l'acide phosphorique (de manière à avoir un phosphate tribasique), en contact avec de l'eau de chaux en excès on constate une adsorption de chaux fort nette qui peut aller jusqu'à 11 molécules pour une de phosphate.

Le phosphate tricalcique fraîchement précipité traité par l'eau de chaux donne une solution colloïdale stable.

— Sur la solubilité du saccharose. Note de P. MONDAIN-MONVAL. — L'auteur s'est proposé de déterminer dans quelle mesure ce composé organique, en présence de solution saturée, obéissait à la loi de dissolution.

La chaleur L de dissolution limite est — 1,84 cal. par détermination expérimentale et — 1,76 cal. par méthode indirecte.

Le tracé de la courbe de solubilité et celui des courbes de saccharose et glace ont permis de déterminer les coordonnées du point eutectique des solutions aqueuses de saccharose: — 13°9 et 166 grammes.

— Révision de la compressibilité du chlorure de méthyle et poids moléculaire de ce gaz. Note de T. Batuecas. — Le coefficient de compressibilité par millimètre du dit gaz est de $31,7 \times 10^{-6}$; son poids moléculaire a pour valeur 50,493.

— Etude du déplacement de quelques acides organiques de leur sel de sodium par voie de conductibilité électrique. Note de J. Bureau. — On peut connaître la quantité d'acide combiné dans un sel pour les monoacides ayant une constante d'affinité $\leqslant 10^{-5}$ avec une erreur relative de 1/100 tant que la dilution ne dépasse pas une molécule dans 400 litres. L'erreur relative est diminuée si l'on ajoute la solution du sel progressivement dans l'acide fort servant au déplacement; cette manière d'opérer conduit seule à une détermination exacte pour des acides de force moyenne $(K = 10^{-4})$.

Pour les biacides à fonctions inégales le déplacement d'une seule acidité est indiqué avec une erreur relative par défaut de 2 à 4 0/0; la solution du sel sodique étant ajoutée à l'acide chlorhydrique la courbe indique très exactement la formation du sel acide.

Pour les biacides dont les deux fonctions, sont faibles mais voisines, la courbe indique le déplacement total de l'acide avec une erreur relative par défaut de 5 à 6 0/0 quand on opère sur une solution de sel N/100. En ajoutant le sel dans l'acide la formation du sel neutre est indiquée avec une erreur de 5/100 par excès.

— L'influence des dissolvants sur les pouvoirs rotatoires. Note de René Lucas. — Le corps mis en solution étant capable de prendre deux formes moléculaires distinctes, chacune possédant un pouvoir rotatoire et une dispersion déterminés, sous l'action des divers solvants la proportion de ces deux formes est variable et pour chacun on a un équilibre déterminé.

BIBLIOGRAPHIE

Colles, mastics, luts et ciments, par F. Margival **(Nouvelle collection des Recueils de Recettes Rationelles).** 2e édition entièrement remaniée. — In-16 br. 282 pages. Prix. . . **15 fr.** Franco par la Poste. . . **15 75**

Desforges, Girardot & Cie, Editeurs, 27, Quai des Grands-Augustins, Paris-6e

La seconde édition de cet ouvrage comporte outre les centaines de recettes figurant dans la première édition, de nombreuses formules pour la plupart d'origine américaine. La technique du collage progressa beaucoup en effet pendant la guerre où les besoins de l'aviation obligèrent à créer des colles très tenaces et insensibles à l'humidité pour la fabrication de bois contreplaqués d'hélice et de fuselage.

BREVETS PRIS A WASHINGTON
Analysés par M. **Ed. Jandrier**
(D'après *Chemical abstracts*)

TANNERIE

Composition tannante, par R. B. CROAD. — (Br. am. 1443697. — 30 janvier 1923.)

On condense au moins 2 molécules de crésols mélangés et 1 molécule de formaldéhyde en présence d'un agent de condensation alcalin tel que l'ammoniaque. On sulfone ensuite avec au moins 1 molécule d'acide sulfurique et le produit sulfoné est condensé avec au moins 1/2 molécule d'aldéhyde et en partie neutralisé par la chaux ou l'oxyde de zinc.

Composition tannante, par W. MŒLLER. — (Br. am. 1448278. — 13 mars 1923.)

Les résidus acides provenant du raffinage des huiles minérales sont additionnés d'une quantité de naphtaline ou d'anthracène correspondant à l'acide libre présent, puis on chauffe en présence de formaldéhyde pour compléter la solubilité dans l'eau, puis on traite par un excès d'alcali.

Composition tannante, par S. KOHN. — (Br. am 1460422. — 3 juillet 1923.)

On dissout de la dextrose dans l'acide sulfurique et la solution est traitée par une quantité de phénol inférieure à celle qui pourrait se combiner à l'acide sulfurique et avec l'hexose en solution pour former un phénolsulfonylhexose. On maintient des conditions telles que la sulfonation puisse s'effectuer et on emploie pour le tannage la penta-p-phénolsulfonylhexose formée.

Tannage au moyen d'acide naphtalène-sulfonique, par F. HASSLER. — (Br. am. 1501336. — 15 juillet 1924.)

On emploie un produit obtenu en traitant la naphtaline par H_2SO_4 concentré à 130° pendant 8 heures portant la température à 170-180° et continuant à chauffer jusqu'à ce que le produit soit entièrement soluble dans l'eau.

CELLULOSE

Viscose, par C. A. HUTTINGER. — (Br. am. 1502101. — 22 juillet 1924.)

On sature avec de la soude caustique (D = 1,17) de la pâte de bois. On traite ensuite par le sulfure de carbone, puis on ajoute de l'eau et on filtre.

Esters de la cellulose, par G. YOUNG. — (Br. am. 1504178. — 5 août 1924.)

On fait un mélange intime de cellulose et de soude caustique à 40 0/0 on élimine l'excès de liquide par pression de façon à avoir une masse formée de cellulose 2 parties, NaOH 2-3 parties et eau 1-1,15 parties. On traite ensuite cette masse en autoclave avec pour chaque molécule de cellulose 20 molécules d'un agent éthylant tel que MeCl, EtCl, BuCl, etc.

On chauffe 6-8 heures à 100-150°. Le produit est insoluble dans l'alcool.

Ether éthylique, par L. LILIENFELD. — (Br. am. 1505043. — 12 août 1924.)

On traite un dérivé éthylique de la cellulose soluble dans l'eau à 16° par un agent éthylant tel que EtCl ou Et_2SO_4 en présence d'un alcali caustique.

Combinaison pour pellicules et soie artificielle, par L. LILIENFELD. — (Br. am. 1505044. — 12 août 1924.)

En faisant réagir le tanin sur la méthyl ou l'éthylcellulose en solution aqueuse on obtient un produit peu soluble dans l'eau pouvant servir de soie articielle.

Composition plastique, par H. DREYFUS. — (Br. am. 1508928. — 16 septembre 1924.)

On emploie une dialkyltoluènesulfonamide, par exemple un mélange d'ortho et de para-$MeC_6H_4SO_2NEt_2$ qui est un solvant de l'acétate de cellulose à toutes températures au dessous de son point d'ébullition.

Pyroxyline, par W. G. LINDSAY. — (Br. am. 1508457. — 16 septembre 1924.)

On nitre 1 partie de cellulose avec 71 parties d'un mélange formé d'acide sulfurique 61 0/0, eau 22 0/0 et acide nitrique 17 0/0 à une température d'environ 38-40° pour obtenir un produit qu'on peut finalement travailler avec le phosphate tricrésylique ou autre succédané du camphre.

Impression sur papier couché, par W. J. MURRAY. — (Br. 1509872. — 30 septembre 1924.)

Le papier est imprégné de nitrite de soude et on emploie une encre contenant de l'acide oléïque, de la dianisidine et du β-naphtol.

MATIÈRES COLORANTES

Dihydro-1,2,2′,1′-anthraquinonazine dichlorée, par G. Kaliocher et H. Salkowski. — (Br. am. 1509808. — 23 septemptre 1924.)

Ce produit est obtenu en traitant la dihydro-1,2,2′,1′-anthraquinonazine par le chlore dans un bain de soufre fondu à une température de 200° environ. Le produit sec est une poudre bleue difficilement soluble dans les solvants organiques usuels, soluble dans l'acide sulfurique concentré avec une coloration brun olive et dans les hyposulfites alcalins en donnant une cuve bleue. Il donne sur coton des teintes brillantes bleu-verdâtre résistant bien au chlore.

Dérivés de l'anthraquinone, par Sachs et Badasinian. — (Br. am. 1509846. — 30 septembre 1924.)

On fond la β-aminoanthraquinone avec de la potasse caustique et du nitrate de potasse. Le leucodérivé obtenu est oxydé en présence d'acide sulfurique à 5-10 0/0 pour obtenir un produit intermédiaire.

Matière colorante dérivée de la pyrazolone, par L. W. Geller. — (Br. am. 1511074. — 7 octobre 1924.)

On obtient cette matière colorante en combinant le diazodérivé de l'aniline à la 1-(2′-chloro, 5′-sulfophényl)-3-méthyl-5-pyrazolone. Le sel de sodium est une poudre jaune soluble dans l'eau. Elle donne sur laine des teintes jaunes solides.

Matières colorantes pour cuves, par Thiess et Müller. — (Br. am. 1500013. — 1er juillet 1924.)

Ces matières colorantes obtenues en condensant les 5,6-benzo-3-ketodihydro-1-thionaphtène nature ou halogéné avec des dérivés et de la naphtisatine par exemple le monobromo-β-naphti-satine-α-chlorure. Ces matières colorantes donnent des teintes solides variant du bleu au bleu-noir.

Matières colorantes de la série du dibenzanthrone, par P. Nawiasky. — (Br. am. 1505912. — 19 août 1924.)

Ces matières colorantes vertes sont obtenues en méthylant puis halogénant un produit d'oxydation de la dibenzanthrone. Par exemple la dibenzanthrone oxydée peut être mise à bouillir avec du trichlorobenzène, du carbonate de soude et du méthyl-p-toluène sulfonate et la matière colorante méthylée ainsi obtenue est bromée en solution sulfurique.

MATIÈRES COLORANTES AZOÏQUES

Matières colorantes azoïques, par G. de Montmollin et Bonhote. — (Br. am. 1504437. — 12 août 1924.)

· On combine par exemple, l'aniline de l'acide 2-hydroxynaphtalène-3-carboxylique avec un diazodérivé d'un éther arylique ou aralkylique du 2-amino-4-chlorophénol. Avec des éthers benzyliques on obtient (au besoin directement sur la fibre) des teintes bleues ; avec les éthers aryliques halogénés de l'o-aminophénol des teintes jaunes et avec l'éther phénylique du 2-amino-4-chlorophénol des teintes rouges. On peut former des laques et des pigments avec ces matières colorantes.

Matières colorantes insolubles dans l'eau, par A. Zitscher. — (Br. am. 1506514. — 26 août 1924.)

En combinant l'acétoacéthyldéhydrothiotoluide avec le diazodérivé de la 2,5-dichloraniline on obtient un produit jaune qui peut être obtenu directement sur la fibre ou former des laques. Des produits similaires peuvent être obtenus au moyen de l'o-chloraniline, la 5-chloro-1,2-toluidine, la 5-nitro-1,2-toluidine, l'o-aminoazotoluène l'α-aminoanthraqui-none, etc.

Matières colorantes azoïques insolubles dans l'eau, par Laska et Zitscher. — (Br. am. 1505568. — 19 août 1924.)

· Ces matières colorantes qui peuvent être obtenues directement sur les fibres végétales ou donner des pigments sont obtenues en combinant un diazodérivé ne renfermant ni groupe, sulfo ni groupe carboxylique avec un dérivé de la benzidine de la formule générale Y. CO. CH². CO. NH. X. NH. CO. CH². CO. Y dans laquelle X représente un résidu diarylique et Y le radical d'un hydrocarbure quelconque. A l'état sec ces matières colorantes sont des poudres de couleur jaune, brune ou rouge insolubles dans l'eau et formant des laques et des pigments résistant à l'huile. De nombreux exemples sont donnés.

Matières colorantes tétrakysazoïques, par Lange et Neumann. — (Br. am. 1504125. — 5 août 1924.)

Ces matières colorantes sont obtenues au moyen d'acide 2-aminonaphtol-4,8-disulfonique de 3-amino-1-méthylbenzène, de dérivé 1,3-diamino-5-nitro de la série du benzène et d'un autre dérivé du benzène tel que l'acide 1-aminobenzène-4-sulfonique. Les sels de soude de ces matières colorantes sont des poudres brunes solubles dans l'eau donnant sur coton en bain alcalin des teintes brun-rouge.

Matières colorantes azoïques, par FRITZACHE et REBER. — (Br. am. 1504469. — 12 août 1924.)

Ces matières colorantes sont obtenues en combinant par exemple l'acide 1-(3'-sulfamino)-phényl-5-pyrazolone-3-carboxylique, ou encore la 1-(3'-sulfomino-6'-méthyl)-3-méthyl-5-pyrazolone avec des diazodérivés des acides 2-amino-1-benzène-sulfonique ou 2-aminonaphtalène-1-sulfonique ou 2-amino-1-hydroxybenzène-4-sulfonique, etc. Elles donnent sur laine en bain acide des teintes jaunes ou brunes. Avec un o-hydroxy diazodérivé on obtient par chromage subséquant des teintes orangé-rouge solides.

Matières colorantes azoïques, par LASKAR et ZITZCHER. — (Br. am. 1505569. — 19 août 1924.)

On combine un dérivé diazoïque ne renfermant ni groupe sulfo ni groupe carboxylique avec un composé de la formule générale Y. CO. CH_2. CO. NH. R.-X-.R'. NH. CO. CH_2. CO. Y, dans laquelle R et R' représentent soit les mêmes soit différents résidus aryliques, Y représente un radical quelconque des séries des hydrocarbures et X une liaison telle que O, S, — CH_2 —, — CO —, NH —, NH. — CO —, ou N : N —. Par exemple on diazote la 5-chloro-1,2-toluidine et on combine à la diacétoacétyl-4,4'-diaminobenzophénone. On donne de nombreux exemples. Les matières colorantes peuvent être formées sur fibre et peuvent donner des laques et despigments. Elles sont généralement jaunes ou oranges.

Matières colorantes azoïques, par J. HALLER. — (Br. am. 1503044. — 29 juillet 1924.)

Les o-aminodialkylanilines renfermant des groupes négatifs par exemple le 4-chloro-2-amino-1-diméthylaminobenzène, le 4-nitro-2-amino-1-diméthylaminobenzène ou le 4-nitro-2-amino-N-méthyldiphénylamine. sont diazotées et combinées à la p-xylidine, le 3-amino-4-méthoxy-1-méthylbenzène, la m-amino-acétanilide, etc, et le composé en résultant est diazoté pour obtenir des matières colorantes variant du violet au noir solide à la lumière, pouvant être obtenues directement sur la fibre.

Matières colorantes de la série du Thioindigo, par HERZ et MÜLLER. — (Br. am. 1498913. — 24 juin 1924.)

Ces matières colorantes sont obtenues par la condensation avec des agents de condensation acides des acides o-aminoarylthioglycoliques de la formule générale X — Ar — SCH_2COOH (°) dans laquelle Ar représente un groupe arylique pouvant être substitué et X représente un groupe NH_2, acylamino ou le groupe — N : NR. Ces matières colorantes sont insolubles dans l'eau et les solvants organiques usuels et forment avec les hyposulfites alcalins des cuves jaunâtres donnant sur les fibres animales ou végétales des teintes variant du bleu au noir.

Produit intermédiaire, par J. THOMAS. — (Br. am. 1504164. — 5 août 1924.)

On traite par le chlore la méthylanthraquinone dans l'acide sulfurique puis on oxyde directement le produit en solution par le bioxyde de manganèse. Par addition d'eau on isole l'acide anthraquinone-1-chloro-2-carboxylique.

Teinture de l'acétylcellulose, par BADDILEY, HILL et ANDERSON. — (Br. am. 1498315. — 17 juillet 1924.)

On peut employer des matières colorantes comme celles qui résultent de la combinaison de l'acide m-aminobenzoïque et de l'ortho anisidine ou de l'acide anthranilique qui donnent des teintes variées de rouge lorsqu'on développe au β-naphtol ou à l'acide β-hydroxynaphtoïque.

Matières colorantes azoïques, par J. P. PENNY. — (Br. am. 1509442. — 23 septembre 1924.)

On combine par exemple 2 molécules d'acide 4-aminoazobenzène-3,4'-disulfonique avec 1 molécule d'acide 5 5'dihydroxy-2,2'-dinaphtylurée-7,7'-disulfonique pour former des matières colorantes dont les sels de sodium sont des poudres variant du brun au rouge se dissolvant dans l'eau avec une coloration rouge et dans l'acide sulfurique concentré avec une coloration vert bleuâtre. Ces matières colorantes donnent sur coton en bain neutre des teintes rouge bleuâtre et n'apprêtent que très peu la laine et la soie.

L'hyposulfite produit une décoloration complète.

Matières colorantes, par RAEDER et MIEG. — (Br. am. 1508409. — 16 septembre 1924.)

Les acides sulfoniques des aminodianthraquinonylamines sont des poudres foncées solubles dans l'eau et presque insolubles dans les acides dilués. Ils donnent sur laine en bain acide des teintes bleues ou violettes solides à la lumière.

Matières colorantes dérivées de la pyrazolone, par E. A. MARKUSCH. — (Br. am. 1506316. — 24 août 1924.)

Les diazodérivés non-sulfonés de l'aniline, ses homologues ou leurs dérivés de substitution halogénés sont combinés, par exemple à la dichloro-sulfophénylméthylpyrazolone ou la dichlorosulfophénylcarboxylpyrazolone pour produire des matières colorantes qui en bain acide donnent sur laine et sur soie des teintes résistant à la lumière.

Dans la préparation de ces matières colorantes le dérivé diazoïque doit être ajouté lentement à la pyrazolone de façon à ce que cette dernière soit toujours en excès.

Matières colorantes de la série du triphénylméthane, par M. WEILER. — (Br. am. 1503177. — 29 juillet 1924.)

On condense le tétraméthyldiaminobenzohydrol avec l'acide 1-naphtol-2-carboxylique-7-sulfonique (ou 4,7-disulfonique) puis on oxyde pour obtenir une matière colorante sur laine en bain acide des teintes bleues et pouvant servir à l'impression avec des sels de chrome.

Matières colorantes du triphénylméthane, par L. P. Kyrides. — (Br. am. 1504060. — 5 août 1924.)

Ces matières colorantes sont formées par la condensation de dérivés du p-p'-diamidodiphénylméthane avec des dérivés β-hydroxyéthyliques d'amines aromatiques en présence d'agents oxydants. Par exemple on traite l'acide diéthyldibenzyl-diaminodiphénylméthane-disulfonique dissout dans l'eau avec de la soude par $Na^2Cr^2O^7$, puis par la β-hydroxyéthyl-o-toluidine dans l'acide sulfurique dilué. Elles donnent sur la laine et la soie des teintes violet rouge résistant bien aux lavages et peuvent aussi former des laques.

Matières colorantes dérivées du diphénylnaphtylmétane, par L. P. Kyrides. — (Br. am. 1504061. — 5 août 1924.)

Ces matières colorantes sont formées en condensant au moyen d'oxychlorure de phosphore une tétralkyldiaminobenzophénone avec le N-hydroxyéthyl-α-naphtylamine. Elles donnent des teintes bleues sur la soie, la laine et le coton mordancé et peuvent donner des laques.

Matière colorante verte, par P. Nawiasky. — (Br. am. 1513851. — 4 novembre 1924.)

En précipitant partiellement par dilution de sa solution sulfurique une dibenzanthrone nitrée on obtient un produit qui se dissout dans l'acide sulfurique avec une coloration violet bleuâtre et donne sur coton des teintes vertes. Chauffé 6 heures à 180° avec son poids de chlorure d'aluminium et 20 fois son poids de nitrobenzène il donne des teintes vertes qui passent au noir sous l'action des hypochlorures dilués.

Matière colorante dérivée de l'anthraquinone, par Dandridge et Thomas. — (Br. am. 1518051. — 2 décembre 1924.)

On obtient la N-dihydro-1,2,2',1'-anthraquinonazine en chauffant de la potasse caustique à 180° ajoutant du sulfure de potassium en agitant, portant la température à 230° ajoutant de la 2-aminoanthraquinone maintenant 30 minutes une température 200° environ versant dans l'eau la masse fondue et séparant la matière colorante formée.

Teinture de l'acétylcellulose, par P. Rabe. — (Br. am. 1517581, — 2 décembre 1924.)

On facilite la teinture de l'acétylcellulose en bain basique en ajoutant de la pyridine ou de la méthyl ou aminopyridine.

Matières colorantes dérivées de l'anthraquinone, par Mayer, Moser et Würgler. — (Br. am. 1518665. — 9 décembre 1924.)

On condense d'abord des dérivés de la β-naphtoquinone contenant un « substituant mobile » avec l'o-diaminoanthraquinone puis on fait réagir le produit sur la mono ou la di-α-aminoanthraquinone pour obtenir des matières colorantes semblables ou identiques à celles du brevet 1436770. On peut employer comme produit initial la 6-bromo-1,2-naphtoquinone la 3-bromo-1,2-naphtoquinone, la 2,3-diamino-anthraquinone, la 1,5-diaminoanthraquinone etc.

Matières colorantes de la série de la safranine, par Herzberg et Scharfenberg. — (Br. am. 1518847. — 9 décembre 1925.)

On part des iso-rosindulines sulfonées. De nombreux exemples sont donnés.

Matières colorantes indigoïdes, par R. Tobler. — (Br. am. 1518710. — 9 décembre 1924.)

On condense le 2,1-naphtindoxyle avec des dérivés halogénés de l'isatine tel que la 7-chloroisatine ou 5,7-dibromoisatine. En cuves d'hyposulfite et de soude ces matières colorantes donnent sur coton des teintes solides variant du brun à l'olive.

Matières colorantes dérivées de la dibenzanthrone, par Lüttringhans et Nawiasky. — (Br. am. 1522251. — 6 janvier 1925.)

Ces matières colorantes sont obtenues par l'action de $PhCCl^3$ sur la dibenzanthrone oxydée. Elles sont solubles dans les solvants organiques chauds et donnent sur coton en bain d'hyposulfite et après exposition à l'air des teintes bleu-verdâtre.

EXPLOSIFS

Poudre propulsive, par J. B. Fidlar. — (Br. am. 1494535. — 20 mai 1924.)

Cette poudre est formée de nitrocellulose 70-90 parties, amidon 5-15, dinitrotoluène 5-15 et diphénylamine 0-1 partie.

Mélange pour détonateurs, par J. M. Olin. — (Br. am. 1495350. — 27 mai 1924.)

Addition de ferrosilicium aux détonateurs à base de fulminate de mercure.

Procédé pour diviser les poudres sans fumée à base de nitrocellulose, par Mains et Stieg. — (Br. am. 1498053. — 17 juin 1924.)

On traite ces poudres par un mélange de furfural, d'eau et d'un liquide organique tel que l'alcool miscible à l'eau et au furfural et ne dissolvant pas la nitrocellulose.

Composition pour détonateurs, par E. von Herz. — (Br. am. 1498001. — 17 juin 1924.)

On fait réagir des solutions d'azide de sodium et d'acétate de plomb ou autre métal lourd en présence de trinitrorésorcinate de plomb. Il se forme un précipité formé de trinitro-résorcinate de plomb et d'azide métallique.

Explosif, par H. W. Klinger. — (Br. am. — 1503956. — 5 août 1924.)

On chauffe un mélange de glycérol 70-90 parties et amidon 30-10 parties avec un peu d'acide chlorhydrique ou sulfurique pour transformer l'amidon en un dérivé soluble dans le glycérol puis on nitre la solution avec le mélange nitro-sulfurique et on lave le produit nitré à l'eau alcalinisée.

Traitement de l'amidon nitré, par W. O. Snelling. — (Br. am. 1504986. — 12 août 1924.)

On stabilise certains produits nitrés en les traitant à une température de 100° environ par une solution faible (2 0/0) de $Na^2S^2O^3$ et H^2SO^4.

Explosif, par F. Olsen. — (Br. am. 1510555. — 7 octobre 1924.)

Cet explosif est formé de perchlorate d'ammonium 0-40, trinitrotoluol 0-50, poudre sans fumée ou autre 15-50, farine de bois 3-10, paraffine 0-30, nitrate de potassium 0-30 et bioxyde de manganèse 0-30 parties.

Explosif, par J. Marshall. — (Br. am. 1509362. — 23 septembre 1924.)

Poudre sans fumée gélatinisée avec 1-10 0/0 de dinitrotoluène ou autre dérivé nitré aromatique, additionné de nitrate de soude etc.

PRODUITS PHARMACEUTIQUES

Préparation stable d'arsénobenzène, par K. Streitwolf. — (Br. am. 1506460. — 26 août 1924.)

On obtient des préparations stables en solution en combinant le sel double d'argent et de sodium du 4,4'-dihydroxy-3,3'-diaminoarsénobenzène avec par exemple le monoformaldéhydebisulfite du dihydroxydiaminoarsénobenzène.

Pectine, par Jameson, Taylor et Wilson — (Br. am. 1497884. — 17 juin 1924.)

Les peaux de citron par exemple sont chauffées pour détruire les enzymes puis traitées par une solution aqueuse de SO^2 à 0,25 0/0. De l'extrait ainsi obtenu on précipite la pectine au moyen d'alumine colloïdale et d'une petite quantité d'un sel d'aluminium. La pectine précipitée est desséchée puis traitée par HCl dissous dans l'alcool pour dissoudre l'alumine; on la lave ensuite à l'alcool pour éliminer les traces de HCl et de $AlCl^3$.

Méthylphénacétine, par E. Theimer. — (Br. am. 1497251. — 10 juin 1924.)

On fait un mélange de xylène, sodium phénacétine et méthylphénacétine, on chauffe et introduit MeBr gazeux qui est absorbé au fur et à mesure de son introduction et avec lequel on régularise plus facilement la réaction qu'avec MeI.

Méthylphénacétine, par E. Theimer. — (Br. am. 1497253. — 10 juin 1924.)

On ajoute de la phénacétine à du xylène de façon à produire une solution sur laquelle le sodium métallique flotte. On ajoute du sodium et on fait arriver dans la solution du MeBr gazeux il se forme de la méthylphénacétine et on rajoute du sodium et de la phénacétine sans arrêter le courant de MeBr.

Alcaloïde extrait de *Lobelia inflata,* par H. Wieland. — (Br. am. 1505181. — 19 août 1924.)

Cet alcaloïde qui a les propriétés de la plante a pour formule $C^{22}H^{25}NO^2$, il forme des cristaux incolores fusibles à 120°, difficilement solubles dans l'eau. Son chlorhydrate est soluble dans l'eau et le chloroforme.

Teinture pour les cheveux, par R. L. Evans. — (Br. am. 1497262. — 10 juin 1924.)

On combine la p-phénylénediamine à l'acétone bisulfite de sodium.

Soporifique, par Kropp et Taub. — (Br. am. 1508401. — 16 septembre 1924.)

Ce produit est obtenu en fondant ensemble ou en mélangeant des solutions d'acide phényléthylbarbiturique et de 4-diméthylamino-1-phényl-2,3-diméthyl-5-pyrazolone. Il est soluble dans l'alcool, fond à 132° et possède des propriétés analgésiques et soporifiques.

Composés arséniés, par K. Streitwolf. — (Br. am. 1507694. — 9 septembre 1924.)

On obtient des composés spirillicides relativement non toxiques en introduisant un groupe sulfoxylique dans un groupe amino au moment de la préparation d'arsénoaminopyrazolone en une opération en faisant réagir un aldéhydesulfoxylate sur des acides 4-nitroso ou 4-nitro-1-aryl-2,3-dialkyl-5-pyrazolone-arsiniques. Les produits sont des poudres jaunes insolubles dans l'eau et dans l'alcool mais facilement solubles dans les alcalis ou les acides inorganiques dilués. Les sels alcalins sont stables et peuvent servir en thérapeutique.

Composés organiques de mercure, par L. P. Klrides. — (Br. am. 1513115. — 28 octobre 1924.)

En chauffant à 140-160° un mélange d'acétate de mercure et d'acide salicyloxyacétique jusqu'à ce qu'une tâte soit soluble dans les alcalis dilués, puis ajoutant de la soude caustique on obtient le sel de sodium de l'acide hydroxymercurisalicyloxyacétique. On produit de même les dérivés de l'acide hydroquinonediacétique et résorcine-hydroquinone-diacétique.

Sels de bismuth de composés organiques de mercure, par KOLLE, BANER et MASCHMANN. — (Br. am. 1508603. — 16 septembre 1924.)

On fait réagir les sels alcalins d'acide organiques hydroxymercuriques sur le chlorure ou le nitrate de bismuth en solution acide. Ces sels relativement peu toxiques sont employés dans le traitement de la syphilis.

Dérivés de l'acide arsanilique, par ADAMS et JOHNSON. — (Br. am. 1501894. — 22 juillet 1924.)

En faisant bouillir en solution alcoolique des proportions équimoléculaires d'acide arsanilique, de benzaldéhyde et d'acide pyruvique on obtient un produit qui cristallise de l'alcool et fond à 186-187°. On peut obtenir des produits similaires en remplaçant la benzaldéhyde par l'anisaldéhyde, le pipéronal, la p-chlorobenzaldéhyde, etc., etc.

Acide crotylallylbarbiturique, par TAUB, SCHÜTZ et MEISENBURG. — (Br. am. 1511919. — 14 octobre 1924.)

On obtient cet acide en faisant réagir à l'ébullition l'urée sur l'ester crotylallylmalonique dans l'alcool absolu. Il cristallise de l'eau en aiguilles blanches fusibles à 125-126°.

Sels de mercure d'acides complexes, par KOLLE, BAUER et MASCHMANN. — (Br. am. 1515495. — 11 novembre 1924).

Ces sels sont obtenus au moyen d'un sel de mercure soluble et d'un tartrate double de bismuth et de sodium par exemple. Ces sels sont moins toxiques que les sels similaires renfermant autant de mercure mais sans bismuth.

Sels de l'acide thiodiglycolique, par HAHL et WEYLAND. — (Br. am. 1517002. — 25 novembre 1924.)

On ajoute des carbonates de soude et d'argent à une solution aqueuse d'acide thiodiglycolique puis on ajoute de l'alcool. Il se précipite une poudre blanche soluble dans l'eau avec une réaction neutre que l'on peut employer contre la gonorrhée.

Sel complexe de l'acide triglycolamique, par HAHL et KROPP. — (Br. am. 1517003. — 25 novembre 1924.)

On dissout Na^2CO^3 et V^2O^3 dans une solution aqueuse d'acide triglycolamique et on évapore à siccité. On obtient une substance amorphe brunâtre soluble dans l'eau avec une coloration jaune qui passe rapidement au vert et tourne au bleu par addition d'un acide minéral. C'est un antisyphilitique.

Adrénaline, par STERN et BATTELLI. — (Br. am. 1515976. — 18 novembre 1924.)

Les glandes suprarénales d'un taureau, d'un chien ou autre animal, sont découpées en tranches que l'on met en suspension dans le sang de l'animal à une température de 40° environ et on traite par l'oxygène, tant que les glandes continuent à vivre. Ce traitement permet d'augmenter la quantité de substance active.

Dérivés laxatifs de la choline, par J. CALLSEN. — (Br. am. 1518689. — 9 décembre 1924).

On traite le diméthylaminoéthylglycol par une solution de bromure de méthyle dans le benzène ; par refroidissement il se dépose des cristaux de bromure de β-(β-hydroxyéthoxy) éthyltriméthylammonium. Ces cristaux sont facilement solubles dans l'eau et dans l'alcool, insolubles dans le benzène et l'éther, ils fondent à 83-86°. L'iodure fond à 116-117°. L'iodure de diéthyl-(hydroxyéthoxyéthyl) méthylammonium fond à 117-120°. En injection sous-cutanée ces sels et leurs bases sont laxatifs à la dose moyenne de 0,05 gr.

MÉTALLURGIE

Traitement des sulfures complexes, par E. A. ASHCROFT. — (Br. am. 1491653. — 22 avril 1924).

On traite les sulfures renfermant Zn, Pb, Ag, etc., par du chlorure de soufre de façon à transformer en chlorure les sulfures de plomb et d'argent.

Alliages, par I. IYTAKA. — (Br. am. 1496269. — 3 juin 1924.)

Ces alliages sont formés de cuivre 74-97 0/0, aluminium 2-11 0/0 et nickel 1-15 0/0. Ils résistent bien à l'eau de mer et à l'oxydation à température élevée. Ils peuvent servir à faire des tubes de chaudières.

Désétamage, par A. KISSOCK. — (Br. am. 1501413. — 15 juillet 1924.)

On traite les résidus de fer-blanc par une solution de polysulfure de sodium pour former un thiostannate de soude. On électrolyse la solution pour récupérer l'étain et reformer un polysulfure.

Alliage de plomb, par W. et H. MATHESIUS. — (Br. am. 1500954. — 8 juillet 1924).

On obtient cet alliage en ajoutant du plomb à un alliage préalablement formé de cuivre et de calcium par exemple.

Alliage, dar MULLER et SANDER. — (Br. am. 1502321. — 22 juillet 1924.)

Plomb 80 0/0, antimoine 10-15 0/0, étain 5-10 0/0, et phosphore 0,5 0/0. Le phosphore augmente la dureté.

Alliage pour durcir les métaux tels que le plomb, par R. H. EVANS. — (Br. am. 1502425. — 22 juillet 1924.)

Antimoine 70 0/0, étain 25 0/0, cuivre 3 0/0 et bismuth 2 0/0.

Alliage pour crayons, par F. CARROLL. — (Br. am. 1501745. — 15 juillet 1924.)

Plomb 70-80 parties allié à zinc 12-22 et mercure 8-18 parties.

Traitement des minerais d'arsénic, par J. G. LAMB. — (Br. am. 1504627. — 12 août 1924).

Les minerais pulvérisés sont traités par une solution de soude caustique à 50 0/0. L'arséniate de soude formé est transformé en arséniate de calcium.

Alliage résistant bien aux produits chimiques, par P. GERIN. — (Br. am. 1504338. — 12 août 1924.)

Cet alliage est formé de fer, avec 60-70 0/0 de nickel, 10-15 0/0 de chrome, 2-5 0,0 de tungstène, 1-2 0/0 de manganèse, et 0,3-0,6 0/0 de carbone.

Molybdène, par ARSDALE, R. T. SILL et H. A. SILL. — (Br. am. 1508629. — 16 septembre 1924).

On grille les minerais et on les traite par l'acide sulfurique pour éliminer certaines impuretés. Puis on traite le résidu par une solution alcaline et on électrolyse la solution chaude de molybdate alcalin pour précipiter à la cathode des composés molybdiques que l'on enlève, sèche et déshydrate.

PRODUITS MINÉRAUX

Acide sulfurique, par HECHENBLEIKNER et GILCHRIST. — (Br. am. 1513903.)

Acide sulfurique, par SCHMIEDEL et KLENCKE. — (Br. am. 1512863. — 21 octobre 1924).

On opère sans chambres de plomb ou tours à réaction. On fait arriver en contact intime une solution d'acide nitrosylsulfurique dans l'acide sulfurique avec des gaz sulfureux. La solution est employée en quantité telle que nulle part elle ne perde par dénitration son pouvoir d'oxyder l'acide sulfureux.

Acide arsénique, par V. T. STEWARD. — (Br. am. 1515079. — 11 novembre 1924),

As^2O^3 dans l'eau est traité à l'ébullition par le chlore, on opère à reflux de façon à retenir les composés volatils, tels que le chlorure d'arsenic.

Composés arséniés, par N. UNDERWOOD. — (Br. am. 1512432. — 21 octobre 1924.)

On traite le carbonate de plomb par l'acide acétique et le sulfate de cuivre. On filtre, la solution d'acétate de cuivre est traitée par As^2O^3 et l'hydroxyde de cuivre pour former un sel double qu'on peut employer comme insecticide. Le sulfate de plomb obtenu dans la première opération est agitée avec de la magnésie et de l'eau pour produire du sulfate de magnésie et de l'hydroxyde de plomb que l'on peut séparer par filtration et transformer en arséniate.

Arséniate de calcium, par S. S. SADTLER. — (Br. am. 1513934. — 4 novembre 1924.)

On effectue la combinaison de l'acide arsénique et de la chaux en présence de sucre ou de glucose.

Sel double, par H. HOWARD. — (Br. am. 1511560. — 14 octobre 1924.)

Il se forme un sel double de fluorure de sodium et de sulfate de sodium en faisant réagir en solution aqueuse des quantités équimoléculaires de sulfate de soude, d'ammoniac et d'acide fluorhydrique.

Sulfate titanylique, par J. BLUMENFELD. — (Br. am. 1504670. — 12 août 1924.)

On chauffe de l'oxyde de titane ou du minerai en renfermant avec de l'acide sulfurique d'abord à 100°C. puis graduellement à 220° de façon à produire une pâte d'où on peut par l'eau extraire un sulfate que l'on peut faire cristaliser.

Les brevets 1504669, 1504671 et 1504672 ont trait à la production d'oxyde de titanium.

Peroxyde de plomb, par M. GRUNBANM. — (Br. am. 1.506633. — 26 août 1924).

On chauffe du sulfate de plomb dans une solution de soude caustique et on traite la solution par un courant de chlore.

Chlorure d'aluminium, par S. PEACOCK. — (Br. am. 1507709. — 9 septembre 1924.)

On porte à 1.200° environ un mélange de kaolin et de sel, on fait passer un courant d'azote pour entraîner le chlorure d'aluminium, et on récupère le silicate de soude formé.

Le Propriétaire-Gérant : Dr G. QUESNEVILLE.

ANGERS — IMPRIMERIE CENTRALE

LE MONITEUR SCIENTIFIQUE QUESNEVILLE

JOURNAL DES SCIENCES PURES ET APPLIQUÉES

TRAVAUX PUBLIÉS A L'ÉTRANGER

COMPTES RENDUS DES ACADÉMIES ET SOCIÉTÉS SAVANTES

SOIXANTE-NEUVIÈME ANNÉE

CINQUIÈME SÉRIE. — TOME XV

| Livraison 1000 | **NOVEMBRE** | Année 1925 |

Deux Centenaires de la Grande Industrie Chimique en France

La fin de l'année 1925 a vu se produire la célébration de deux centenaires qui montrent les bienfaits que la Science associée à l'Industrie a pu répandre sur un pays.

Le premier centenaire fut celui de l'Industrie des bougies stéariques qui mettaient entre les mains de tous une source de lumière aussi belle que celle des bougies de cire. La bougie stéarique remplaçait la chandelle de suif, molle et coulante, répandant une odeur nauséabonde, nécessitant des soins constants pendant qu'elle brûlait, ne donnant qu'une flamme sombre et fuligineuse.

Cette industrie comme celle des savons, résultait des recherches mémorables de Chevreul sur la constitution des corps gras d'origine animale, la nature intime de la saponification, la composition des savons. Elles montraient que les corps gras sont essentiellement des mélanges de deux combinaisons chimiques qui dans la saponification se subdivisent par l'addition des éléments de l'eau en glycérine et en acide gras.

On trouvera dans l'adresse de l'Académie royale des Sciences de Prusse, envoyée à Chevreul à l'occasion du centenaire de sa naissance, la juste appréciation des travaux et du caractère de ce grand savant, que Berthelot comme secrétaire perpétuel, chercha à ridiculiser dans sa monographie.

Le second centenaire est celui des établissements Kuhlmann, c'est-à-dire l'apothéose de Charles Frédéric Kuhlmann dont les recherches théoriques de 1823 à 1874, furent appliquées aux questions industrielles les plus importantes et les plus variées. Un grand nombre de ses usines passèrent rapidement à l'état d'application dans la pratique de tous les pays.

Né à Colmar, le 22 mai 1803, il fonda en 1823 à Lille une chaire de chimie appliquée aux arts et à l'industrie qu'il occupa jusqu'en 1854, menant de front son enseignement et ses recherches industrielles, qui lui valurent d'être Correspondant de l'Institut.

Ses établissements étaient situés à Loos, La Madeleine et Saint-André, Corbehem, près Douai, Saint-Roch-lès-Amiens. Ils livraient au commerce les produits les plus variées telles que les acides minéraux, la soude, la potasse, le chlorure de chaux, le noir animal, etc. C'était le bien être et la richesse pour le pays du Nord et du Pas-de-Calais.

Liebig à la suite de l'exposition de 1855 ayant visité les grands établissements Kuhlmann fut tellement frappé de leur étendue et de l'importance de la fabrication, en particulier, du verre soluble, due aux travaux théoriques de F. Kuhlmann, qu'il appela l'attention des industriels allemands sur l'emploi des silicates alcalins solubles et qu'il en résulta un élan général de la fabrication et de leurs applications.

La dernière exposition où Fr. Kuhlmann en personne vint présider sa section fut celle de Vienne en 1873, cinquante ans après son premier travail sur la garance (1823). Nous donnons à cette occasion l'appréciation du rapporteur Beilstein comme suite à l'adresse de Chevreul montrant comme à l'étranger on sait apprécier les *vrais savants* français.

Adresse de l'Académie royale des Sciences de Prusse (1)

A M. Michel-Eugène CHEVREUL

Membre de l'Institut de France, Membre de l'Académie royale des Sciences de Prusse.

Monsieur et très honoré Collègue,

Si le centième anniversaire de naissance est déjà en lui-même une fête extraordinaire dont la célébration n'est permise qu'à quelques élus, la célébration du centième anniversaire de la naissance d'un homme qui a exercé une influence puissante sur le développement de la science, qui a accompli de grandes choses au service de l'humanité, est compté parmi les événements que l'histoire enregistre dans ses livres.

C'est dans ces conditions que vous célébrez aujourd'hui, très honoré Monsieur, le centenaire de votre naissance. Rien d'étonnant à ce qu'il soit fêté solennellement, et avec joie, bien au delà du cercle de vos parents et de vos amis, par la totalité de vos confrères, par les hommes de la science, dans tous les pays, par tout le monde civilisé.

Parmi les nombreuses corporations qui s'approchent de vous avec des souhaits de prospérité, pour vous saluer à la limite de votre premier siècle, l'Académie royale des Sciences de Prusse ne doit pas rester en arrière, elle qui depuis cinquante-deux ans est fière de vous compter parmi ses membres.

Aujourd'hui, l'Académie jette un regard reconnaissant sur votre activité initiatrice et s'arrête préalablement à cette partie du travail de votre vie, dont ont profité les sciences chimiques et notamment la chimie organique.

Maîtres des riches acquisitions que le travail assidu de deux générations de savants a accumulées pendant un demi-siècle, confus par la multiplicité et éblouis par la splendeur de vos découvertes, nous ne nous reportons que difficilement à cette époque, où, précurseur isolé, sans autres alliés que votre courage et vos connaissances, cherchant et trouvant le chemin, vous avez pénétré dans le domaine incommensurable encore entièrement inconnu de la chimie organique. De la légion des corps organiques dont nous sommes les maîtres aujourd'hui, un petit nombre seulement était connu, et, dans ce petit nombre, bien peu avaient été étudiés avec soin, on avait à peine le pressentiment de la formation et des décompositions de ces corps; seule la méthode de la détermination quantitative de leurs éléments, l'analyse élémentaire, avait déjà été le sujet de travaux fondamentaux de Gay-Lussac et de Thénard, qui, comme vous le reconnaissiez avec gratitude, n'ont pas peu contribué à vous aplanir la voie. Votre premier soin fut consacré au perfectionnement ultérieur de l'analyse élémentaire. C'est avec cet auxiliaire puissant, encore développé par vous-même, que vous avez commencé vos recherches éternellement mémorables sur les corps gras d'origine animale, dont vous avez déposé les résultats au fur et à mesure que le travail progressait, dans une série de brillantes dissertations, pour plus tard, dix ans après, les réunir en une œuvre monumentale: *Recherches chimiques sur les corps gras d'origine animale.*

C'est avec un vif intérêt qu'encore aujourd'hui nous lisons ce livre classique, incertains si nous devons plutôt admirer la persévérance qui, pendant de longues années, établit les uns après les autres cette série infinie de faits, ou la sagacité qui, groupant sous un point de vue commun la somme de faits positifs, sut en former un tout scientifique. Pour la première fois, un rayon de lumière vint éclairer les ténèbres qui enveloppaient encore les corps gras et leur réaction fondamentale, la saponification. Les rapports mutuels de corps gras d'origines diverses étaient encore totalement inconnus. La découverte de la

---

(1) *Moniteur Scientifique*, — 550ᵉ Livraison. — Octobre 1887, p. 1.239.

glycérine que Scheele avait isolée des corps gras un quart de siècle avant que vous n'ayez commencé vos recherches, quoique faisant époque, était restée, chose assez singulière, sans influence sur les opinions des chimistes, quant à la saponification; l'observation bien plus ancienne de Geoffroy, faite depuis le milieu du siècle dernier, cette observation si importante, que la substance grasse isolée d'un savon au moyen des acides possède des propriétés toutes autres que le corps gras qui a produit le savon, était tombée dans un oubli complet. Tout le monde considérait les savons simplement comme des combinaisons des corps gras avec les alcalis. Le voile ne fut soulevé que par vos travaux. Vos recherches montrèrent que les corps gras sont essentiellement des mélanges de deux combinaisons chimiques qui, dans la saponification, se subdivisent par l'addition des éléments de l'eau en glycérine et en acides gras. Des noms comme stéarine et acide stéarique, oléine et acide oléique, qui aujourd'hui ont depuis longtemps droit de cité dans la langue scientifique et industrielle, retentirent pour la première fois aux oreilles des chimistes. La constitution des corps gras, la nature intime de la saponification, la composition des savons, se trouvèrent soudain clairement exposées à leurs yeux. C'est avec étonnement que nous trouvons tous ces résultats de vos recherches, la quintessence de notre savoir actuel dans ce domaine, condensés sur une seule page de votre œuvre.

La génération actuelle des chimistes, qui s'est assimilé depuis longtemps les vérités reconnues par vous, peut à peine se faire une idée de l'impression que ces découvertes produisirent dans l'esprit de vos contemporains d'alors, quand tout à coup devint intelligible la quantité d'observations variées et souvent, en apparence, contradictoires entre elles, que l'expérience de longues années avait accumulées sur les corps gras et sur les savons.

Il est dans la nature des grandes découvertes d'attirer toujours après elles une suite d'autres découvertes, et c'est à la lumière que vous avez répandue sur le champ de vos propres travaux que s'est enflammé le flambeau qui, dans un domaine voisin, devait éclairer la voie à d'autres savants. Les recherches initiatrices de Dumas et de Boullay sur les éthers composés, la brillante découverte du glycol dont Wurtz a gratifié la science, tous ces travaux, quoique chacun doive en reconnaître le caractère autonome et particulier, n'en apparaissent pas moins comme autant de fruits de l'arbre que vous avez planté. Et l'on n'attribuera pas au hasard ce fait que ç'a été précisément le sol de la France qui a mûri ces fruits magnifiques. Les savants français n'avaient-ils pas sous leurs yeux, et plus rapproché que pour ceux d'autres nations, votre grand exemple ; et les impressions puissantes qu'ils trouvaient dans leurs relations personnelles avec vous ne pouvaient rester sans influence sur le choix du domaine de leurs travaux et sur la direction des voies qu'ils suivirent pour l'exploiter. Mais l'influence de vos recherches s'est fait valoir dans une bien plus grande mesure et loin au delà des frontières de la France. La méthode inaugurée par vous, qui consiste à découvrir la nature des corps organiques en les exposant à l'action de puissants agents chimiques, a rapidement acquis droit de cité partout où l'étude de la chimie organique est en faveur. Dans notre patrie surtout, l'emploi heureux de cette méthode, qui nous apparaît d'une manière évidente dans les grandes recherches de Liebig et de Woehler, a fait faire à la science des progrès d'où commence une ère nouvelle.

D'un autre côté, vos travaux ont encore donné un grand exemple. Jamais l'activité, consacrée dans le silence et la retraite à l'observation de la nature n'a célébré de triomphe plus éclatant sur la scène bruyante de la vie. Jamais on n'a rendu de témoignage plus convaincant à cette vérité: que la culture désintéressée de la science mûrit tôt ou tard une moisson de reconnaissance qui, en accordant satisfaction aux besoins matériels, vient à profit à toute l'humanité.

Certes, vous cheminez sur les sommets lumineux de la recherche scientifique, lorsque, exclusivement au service de la vérité, vous poursuiviez votre but; mais le domaine dont nous vous devons la conquête n'est, d'un autre côté, éloigné que d'un pas du chemin battu de la vie journalière; et il eût été bizarre que l'industrie ne se fût pas aussitôt efforcée d'appliquer les résultats de vos études aux exigences de la pratique. En effet, peu de temps après, nous constatons les efforts puissants d'une industrie nouvelle qui, fondée sur vos observations, devait bientôt se développer loin au delà de votre attente la plus téméraire et ne cesser de grandir. L'industrie des bougies stéariques, que nous vous verrons désormais faire progresser en commun avec votre ami Gay-Lussac, ouvre une ère nouvelle dans l'histoire de l'éclairage. Dans la génération actuelle il n'y a que les plus anciens qui se rappellent encore la chandelle de suif, molle et coulante de couleur désagréable. répandant une odeur nauséabonde, nécessitant des soins constants pendant qu'elle brûlait et ne donnant qu'une flamme sombre et fuligineuse. Tout à coup, la chandelle de suif fut remplacée par la bougie stéarique d'une blancheur éclatante, inodore, dure et sonore, se consumant sans le moindre secours et avec une flamme claire. Ce sont vos mains qui avaient ouvert au monde reconnaissant une source de lumière en rien inférieure à celle des bougies de cire, capable de lutter avec la lumière du gez, dont l'usage était déjà largement répandu, et qui ne semble pas menacée par l'éclairage de l'avenir; par la lumière électrique.

Certes, très honoré Monsieur, quand aujourd'hui vous passez en revue les nombreux travaux de votre vie, votre regard doit s'arrêter de préférence à ces succès incomparables; mais, dans votre esprit, s'élève en même temps le souvenir de recherches variées qui ont sollicité tout autant votre intérêt.

Vous songez aux relations étroites de ces études avec l'industrie des tissus et de la teinture, relations qui vous ont mis de bonne heure à la tête d'un établissement consacré à la partie la plus intéressante de l'art industriel. La perfection que la technique des tapisseries de haute lisse a atteinte, surtout au point de vue de la répartition des couleurs. grâce à vos travaux des Gobelins, est universellement reconnue, mais la somme d'expériences scientifiques sur les couleurs et sur la teinture, que vous avez eu occasion de recueillir dans cette manufacture, est tout aussi universellement connue. Personne ne saurait nier l'influence que l'action réciproque, exercée par la science et l'industrie l'une sur l'autre. a eue sur la formation des conditions de l'existence dans notre siècle. Personne ne méconnaîtra non plus que cette alliance étroite de deux manifestations de l'esprit humain, en apparence si opposées l'une à l'autre, n'ait été fortifiée et resserrée grâce à la part importante que vous avez prise dans la technologie des corps gras, n'ait été scellée à nouveau, grâce à votre activité féconde dans le domaine de l'industrie textile.

Très honoré Monsieur, notre Académie a profondément ressenti le besoin, à l'occasion de ce jour solennel, de jeter un regard sur la carrière que vous avez si glorieusement parcourue, mais elle n'a pu le fixer que sur quelques points particulièrement lumineux et sans pouvoir s'y arrêter. Celui qui voudrait se faire une image entière de votre vie féconde devrait poursuivre le cours entier des flots de votre activité créatrice, répandant leur onde rafraîchissante et fécondante sur toutes les parties de la chimie et des sciences voisines ; il lui faudrait suivre les innombrables recherches de détail dans lesquelles vous avez déterminé la nature des divers minéraux, de beaucoup de sels, ainsi que la composition de nombreuses matières organiques; il lui faudrait pénétrer dans vos travaux de chimie physiologique. grâce auxquels notre connaissance des sécrétions les plus importantes de l'organisme animal a fait des progrès aussi durables; vous poursuivre dans votre labeur consacré aux questions les plus variées de l'hygiène publique; vous accompagner dans vos excursions dans le domaine séparant la chimie de la physique, et qui nous font comprendre les lois des contrastes des couleurs et nous enseignent la détermination systématique. ainsi que la dénomination des couleurs; il lui faudrait étudier vos leçons sur les fondements chimiques de la teinture; il lui faudrait se reporter à l'époque où les brouillards d'idées délirantes et fantasques, soulevés par la mode, menaçaient d'envelopper les esprits, et qui furent dissipés dès que, le livre de l'histoire en main, vous avez fait reconnaître à vos contemporains, dans le miroir du

passé, les errements du présent. S'étant fait ainsi une image des vastes travaux
de votre vie, il inscrivait votre nom à une place remarquable dans la liste de
ces grands hommes qui ont porté la gloire scientifique de la France jusqu'aux
bornes les plus reculées de la terre.

Puisse, et c'est là, très honoré Monsieur, le souhait dans lequel l'Académie
résume les compliments qu'elle vous adresse aujourd'hui, puisse la vigueur
vitale merveilleuse, qui, pendant un siècle, vous a permis d'accomplir de si
grands faits, vous être conservée intacte encore longtemps au delà du seuil de
votre deuxième siècle.

Berlin, le 30 août 1886.

L'Académie royale des Sciences de Prusse,

E. CURTIUS.   E. du BOIS REYMOND.
Th. MOMMSEN.   A. AUWERS.

Appréciation des travaux de Ch. Fr. Kuhlmann
à l'Exposition de Vienne de 1873

Il y a juste cinquante ans dit M. Beilstein (1) dans son rapport à l'Exposition de Vienne sur la grande industrie chimique que Charles-Frédéric Kuhlmann formé à l'Ecole d'Alexandre Brongniart et de Vauquelin, livrait au public
les résultats de son premier travail. Il montrait (2) que la racine de garance
contient deux matières colorantes différentes et constatait dans la racine de
garance d'Alsace la présence de 16 0/0 de sucre fermentescible. Peu après,
il fit voir comment on peut restituer à l'industrie les grandes quantités de
potasse perdues dans les eaux de lavage (3). Ce que M. Kuhlmann, le premier,
a essayé d'atteindre a été couronné d'un plein succès; les résultats de ses
premières observations ont reçu une consécration brillante à l'Exposition de
Vienne (alizarine artificielle). Depuis, M. Kuhlmann a été incessamment actif
dans les branches les plus diverses; mentionnons seulement ses essais sur la
formation des ciments (4), des engrais (5) et du salpêtre. Quelques-unes de ses
expériences, telles que la formation de l'acide nitrique (6) par le passage d'un
mélange d'ammoniaque et d'air sur de l'éponge de platine chauffée, comptent au
nombre des acquisitions les plus classiques de notre science.

Non moins célèbres sont ses expériences sur les combinaisons de l'acide
nitreux (7). L'industrie des sucres lui doit l'introduction de la saturation (8) et
l'emploi du phosphate d'ammoniaque pour la neutralisation des alcalis. Il a
créé l'industrie de la baryte (9).

Comme des tours à coke même très élevés ne suffisent pas pour faire
absorber par l'eau coulant de haut en bas des gaz aussi solubles que l'acide
chlorhydrique ou l'anhydride sulfurique, M. Kuhlmann a employé, à cet effet,
la withérite (carbonate de baryte naturel). L'absorption était maintenant
complète et il se précipitait en même temps un sulfate de baryte d'une pureté
si grande que bientôt il est devenu un produit très employé sous le nom de *blanc
fixe*. Par une application ingénieuse du procédé de fabrication de la soude de
Leblanc, Kuhlmann réussit à livrer les sels de baryte à bon marché au commerce. En effet, si l'on grille le sulfate de baryte naturel avec le chlorure
de manganèse des résidus de chlore (qu'autrefois on laissait écouler) avec
addition de charbon, il se forme du chlorure de baryum. La masse frittée ou
fondue est exposée pendant quelques jours à l'air, puis *extraite* par l'eau.
Il reste du sulfure de manganèse insoluble, tandis que le chlorure de baryum
se dissout. Les expériences de M. Kuhlmann sur la cristallisation (10) des com-

posés insolubles, et surtout les applications industrielles des cristallisations. sont encore dans le souvenir de tout le monde.

On est étonné, avec raison, de voir qu'un homme qui a consacré presque toute son activité principalement à l'industrie a encore pu trouver le temps de faire avancer la science comme professeur et comme savant, et de participer, en outre, à la solution d'un grand nombre de questions d'économie sociale et politique (11). Un demi-siècle s'est écoulé depuis le commencement des travaux de M. Kuhlmann, mais ses facultés et son intelligence ont conservé toute·leur vigueur et leur jeunesse.

Preuve en sont les observations nouvelles si importantes dont Kuhlmann fit part au jury dans une des séances de la première section du groupe III. Nous les reproduisons autant que possible avec les propres paroles de l'auteur:

« Les recherches suivantes avaient pour but:

1º D'établir la nature de l'action de l'acide sulfurique;

2º D'utiliser le bioxyde d'azote pour la régénération du manganèse des résidus de la fabrication du chlore.

I. — Rien n'est moins connu que la cause qui fait que les diverses usines consomment des quantités si différentes d'acide nitrique ou de nitrate de soude. Jamais on n'a été au delà des hypothèses. On a bien admis qu'une partie du bioxyde d'azote passe à l'état de protoxyde, mais les conditions dans lesquelles cela a lieu sont restées tout à fait inconnues. Pour arriver à des résultats plus précis, j'ai préféré, au lieu d'analyser les gaz sortant des chambres, étudier directement l'action de l'acide sulfureux sur le bioxyde d'azote. Je me servis, à cet effet, de la mousse de platine, dont j'ai démontré il y a déjà longtemps l'influence caractéristique sur les gaz capables de réagir les uns sur les autres. Ces essais ont mis hors de doute que l'acide sulfureux, peut, même à la température ordinaire réduire le bioxyde jusqu'à l'état d'azote libre. Cette réduction est favorisée considérablement par la chaleur.

La réduction du bioxyde d'azote ne s'arrête, en général, que difficilement au protoxyde. On obtient les mêmes résultats, quoique moins facilement, aussi sans l'emploi de la mousse de platine. Pour la fabrication de l'acide sulfurique, il en résulte la conséquence importante qu'il faut faire réagir les acides sulfureux et nitreux à la température la plus basse qui permette encore la formation de l'acide sulfurique.

La décomposition du nitrate de soude par la chaleur du four à pyrite ou à soufre est donc condamnable sous tous points, et, si l'on se sert des tours de Glover, il ne faut y employer qu'un acide de *chambre* très peu chargé de vapeurs nitreuses.

II. — Dans les essais ayant pour objet de faire servir le bioxyde d'azote à l'oxydation de l'oxyde manganeux précipité des résidus de chlore par la chaux, j'avais d'abord à établir si, dans certaines circonstances, l'oxyde manganeux peut aussi réduire le bioxyde à l'état d'azote libre. Des expériences nombreuses ont mis hors de doute que, dans cette réaction, il ne se forme ni protoxyde ni azote libre. L'industrie a donc ainsi un moyen de transférer indéfiniment l'oxygène de l'air sur l'oxyde manganeux.

Si l'on chauffe le nitrate manganeux à 200 degrés, il reste pour résidu du peroxyde de manganèse pur.

Fait-on agir les gaz qui se dégagent pendant cette opération, après les avoir mélangés avec une quantité suffisante d'air, sur de l'oxyde manganeux précipité, il se forme une nouvelle quantité de nitrate manganeux qui, chauffé à 200 degrés, passe à l'état de bioxyde de manganèse, en abandonnant toutes les vapeurs nitreuses qui peuvent ainsi servir de nouveau.

Théoriquement le transport de l'oxygène de l'air sur l'oxyde manganeux est donc établi de cette façon et je suis occupé en ce moment à surmonter les difficultés que peut présenter l'application industrielle de ce nouveau procédé. J'ai pleine confiance dans la réussite complète de mes essais.

L'ensemble de ces travaux montre combien était justifiée l'apothéose que l'on fit à Charles-Frédéric Kuhlmann lors de la commémoration du centenaire de la Société Kuhlmann Frères, fondée le 10 octobre 1825. C'est le 17 mai suivant que dans l'usine de Loos-lés-Lille, on soutirait pour la première fois de l'acide sulfurique. Événement considérable dans l'histoire chimique française, que le génie d'un grand savant associé à des collaborateurs capables, a pu prévoir que son œuvre ne disparaît pas avec lui.

(1) *Moniteur Scientifique*. — 389e Livraison. — Mai, 1874, p. 414.
(2) *Ann. Chim. et Phys.*, (1823) XXIV, 225. — Soc., des Sc. de Lille (1827) V. 127.
(3) *Soc. des Sc. de Lille*, (1824) III, 54.
(4) C. R. *Ac. des Sc.*, (1841) XII, 850. — (1855) XL, 1335 et XLI, 162-289.
(5) C. R. *Ac. des Sc.*, (1843) XVII, 1118. — *Ann. Chim. et Phys.* (1844) XVIII, 138. — (1845-1846), XX, 265.
(6) *Soc. des Sc. de Lille* (1838), XV, 88.
(7) *Ann. Chim. et Phys.*, (1841), II, 116.
(8) *Ann. Chim. et Phys.*, (1833) LIV, 323. — Soc. des Sc. de Lille (1841) XX, 290. — C. R. *Ac. des Sc.* (1850), XL. 1335.
(9) C. R. *Ac. des Sc.*, (1858), XVII, 403. — (1861), LIII, 000.
(10) C. R. *Ac. des Sc.*, (1864), LVIII, 577. 641, 1067.
(11) *Soc. des Sc. de Lille* (1829), VII, 39. — (1833) X, 107. — (1835), XII, 286. — (1838) XII, 199 — 1858, p. 211.

GRANDE INDUSTRIE CHIMIQUE

LE COBALT
Sa fabrication et quelques-uns de ses emplois

Par **T. H. GANT**, A.R.C.S., A.I.C.

(*Journal of the Society of Chemical Industry*, 1925, p. 191)

Un des défauts du bleu de Cobalt est d'être « pustulé », et cela peut provenir soit d'une chauffe irrégulière, soit d'une calcination incomplète. On peut supposer que c'est un mélange d'oxydes plus élevés et d'oxydes inférieurs du cobalt, tels que Co^2O^3, Co^3O^4, ou bien CoO. Si le produit Co^2O^3 se présente, immédiatement avant que la nitrification ne soit terminée, alors il peut se produire, avec dégagement d'oxygène, la formation d'un oxyde de cobalt CoO, qui se combine avec la silice. Si le cobalt peut être combiné soit avec l'alumine, soit avec la silice, avant d'être introduit dans le four, on peut ainsi diminuer la formation du composé Co^2O^3. L'emploi du phosphate de cobalt $Co^3(PO^4)^2$, à la place d'oxyde de cobalt est considéré comme limitant dans une certaine mesure la possibilité des irrégularités qui se produisent, mais la teinte du bleu ainsi obtenue n'est pas la même que celle que donne l'oxyde de cobalt.

Peintures et siccatifs. — Certains sels de cobalt, tels que l'hydroxyde, l'acétate, le borate, le résinate, l'oléate, la linoléate, les oléorésinates, le benzoate, le tungstate, sont d'un usage de plus en plus répandu comme siccatifs dans la fabrication des peintures et des vernis. Parmi tous les métaux qui ont été décrits, comme agissant d'une manière toute siccative, le cobalt sous la forme d'un sel organique que l'on décrira plus loin, a été considéré comme l'agent le plus facile à employer et de toute efficacité. Les siccatifs au cobalt ont cet avantage sur les autres siccatifs en usage actuellement, en ce qu'ils n'altèrent nullement les teintes, facteur important dans les peintures claires employées dans les travaux d'intérieurs, lorsque la siccativité à la lumière ne peut être réellement obtenue. à une autre propriété importante des siccatifs au cobalt consiste en ce qu'ils modifient avantageusement les huiles semi-siccatives à prix inférieur, telles que les huiles de Soja, de poisson, de coton, qui peuvent remplacer les huiles de lin, de coût très élevé, pour la préparation des peintures, même avec une augmentation de leur résistance aux intempéries. On emploie également des siccatifs sous forme liquide ou sous forme solide dans les usines fabriquant les waterproofs, le linoléum, les vêtements huilés, les cuirs ordinaires, les cuirs artificiels et toutes autres industries semblables.

L'acétate, préparation à laquelle constamment on se reporte, est actuellement employé d'une façon considérable et l'on a constaté qu'il suffisait de 0,2 à 0, 4 0/0 de ce produit pour rendre siccative une huile de lin. L'huile est chauffée à la température de 300 à 400° C, aussitôt après l'addition de l'acétate, soigneusement mélangé à la masse et cela jusqu'à dissolution complète. L'huile de Soja et l'huile de Bois de Chine peuvent être traitées de la même manière.

Le borate est préparé en ajoutant une solution de sulfate de cobalt à une solution froide de borax. Le précipité est filtré, lavé à l'eau froide et séché à l'air libre.

Le benzoate est préparé en ajoutant du carbonate de cobalt à une solution d'acide benzoïque, jusqu'à neutralisation. Le produit desséché est ensuite pulvérisé.

Dans la préparation du résinate, on emploie de préférence la résine blanche américaine faite à l'eau. Il doit être entièrement soluble dans l'essence de térébenthine, et dans l'éther, avoir un point de fusion de 75 à 85° C., et un indice de saponification de 167 à 180. Il peut être préparé par la méthode, soit de précipitation, soit par fusion directe. Pour obtenir un résinate par précipitation, la résine mise en suspension dans l'eau est chauffée à la température de 100° C et on ajoute progressivement une solution à 20 0/0 de soude caustique. A la solution brun clair, on ajoute ensuite une solution de chlorure de sodium, de façon à précipiter le résinate de soude. Le précipité redissous dans l'eau chaude, est additionné d'une solution à 10 0/0 de chlorure de cobalt, qui donne un précipité de résinate de cobalt, légèrement verdâtre, que l'on lave et que l'on sèche. Ce résinate se dissout dans la proportion de 97 0/0 de son poids, dans l'essence de térébenthine et la quantité de cobalt combiné qu'il contient est de 7,5 0/0. Un résinate préparé identiquement, mais en négligeant le salage à la précipitation, donne un produit ayant une solubilité légèrement inférieure.

Le résinate obtenu en fusion est préparé en chauffant la résine à une température de 140° C, et lui ajoutant de l'hydrate de cobalt avec agitation continue. La température est graduellement élevée jusqu'à 170-180° C, puis le résinate est coulé dans des récipients et abandonné au refroidissement. Un résinate ainsi préparé, a une solubilité de 99,5 0/0 de sa masse dans l'essence de térébenthine et contient de 4 0/0 à 4,25 0/0 de cobalt combiné.

Les oléates ou les linoléates sont généralement préparés avec des huiles de lin quoique l'on utilise souvent d'autres huiles, telles que les huiles de Soja ou de noyers. L'huile de lin est entièrement saponifiée, par addition ménagée de soude caustique à 12 0/0 à l'huile chauffée à 100° C. La solution brun-clair est étendue d'eau chaude, puis on l'additionne d'une solution de sel ordinaire pour préparer le savon. Le savon ainsi obtenu, sous forme granulée, est alors séparé, redissout dans l'eau et reprécipité par une solution de sel. Le savon purifié est enfin redissous dans de l'eau, et on lui ajoute une solution à 10 0/0 de chlorure de cobalt. Le précipité de linoléate de cobalt est alors filtré, lavé et séché à 80° C. On obtient ainsi un produit soluble dans la proportion de 97,5 à 100 0/0 de sa masse, dans l'essence de térébenthine, et il contient 8,4 0/0 de cobalt combiné.

Si 1,5 0/0 d'un bon siccatif se trouve entièrement dissous dans l'huile de lin, à une température de 120° C, il peut produire un enduit depuis la couche mince sèche, jusqu'à une peau, pouvant se séparer sous forme d'une pellicule en l'espace de 7 à 8 heures.

Un essai fait par temps sombre, sans soleil, en employant des siccatifs faits comme il vient d'être dit, donne les résultats suivants :

Huile de lin chauffée à 130° C :	mou après 72 hs.
Huile de lin à 1 1/2 0/0 résinate de cobalt :	sec en 7 hs. 1/2
Huile de lin à 1 1/2 0/0 linoléate de cobalt :	sec en 8 hs. 1/2
Huile de lin à 1 1/2 0/0 résinate de cobalt, par fusion :	se raffermit après 8 hs. 1/2 complètement sec en 14 hs.

La plus faible action du résinate par fusion provient sans doute de la faible proportion de cobalt qu'il contient.

Ces chiffres indiquant les variations de dessication obtenues, peuvent varier quelque peu, selon que la couche d'huile se trouve exposée à l'extérieur ou dans un lieu habité, comme également, selon l'intensité lumineuse ou même toutes autres conditions.

Emaillage. — Sous le nom de « smalt », le cobalt est employé dans les émaux, cette coloration étant due à la formation d'un silicate de cobalt. On emploie également, mais en petite quantité, l'oxyde de cobalt dans la fabrication des émaux blancs, qui, précédemment, avaient une légère coloration jaunâtre, due à la production d'un oxyde de fer, qui, neutralisé par la couleur complémentaire bleue du cobalt, donne ainsi un blanc pur. Par son addition à certaines matières premières, ou à des émaux altérés, on peut obtenir un noir magnifique, et s'il se trouve ajouté à un émail déjà noir, la couleur se trouve de beaucoup intensifiée ; les composés de cobalt tels que le silicate, l'aluminate et le phosphate sont très employés, car ils donnent une coloration plus belle et plus uniforme.

Les oxydes de cobalt sont également employés dans la préparation des contre émaux servant à l'émaillage du fer. Ces oxydes paraissent augmenter l'adhérence de l'émail. Il faudrait supposer que la propriété communiquée ainsi à l'émail toute spéciale, est que son coefficient de dilatation se rapproche étroitement de la lame métallique. Il est également possible que l'oxyde de cobalt empêche l'oxydation du carbone contenu dans le carbone contenu dans le métal, car certains émaux sans cobalt, montrent bientôt une surface métallique, décapée comme de l'argent, et s'il se produit des écailles, on voit une surface de fer, blanche comme de l'argent, ou comme celle que l'on obtient avec un fer inoxydé, exempt de carbone. La quantité d'oxyde de cobalt employée pour les enduits à émailler, ne dépasse pas 0,5 0/0.

Cobalt métallique. — Comme aspect, le cobalt ressemble au nickel ; il est plus blanc que l'acier, mais plus foncé que l'argent. Il est magnétique à toutes températures supérieures à 1100° C. Ses caractéristiques les plus importantes sont résumées dans le tableau ci-dessous, soit :

Propriétés physiques

Propriétés	brut	purifié
Densité (contenance 99,7 0/0)	8,77	8,92
Dureté (au Brinell).	—	121
Point de fusion	1.478°C	—
Résistance à la traction	'15,35 tonnes par pouce carré	—
Résistance à la compression	54,5 tonnes	—
Chaleur spécifique entre 15°C et 100°C.	—	—
Résistance électrique.	0,1053	8,96 microhm par cm.

Le métal par lui-même, peut être préparé sous une forme malléable, par compression ou par étirage, mais actuellement l'usage le plus étendu auquel il soit soumis est la fabrication d'alliages sur lesquels nous reviendrons plus loin. La compression augmente sa résistance, qui peut atteindre à la flexion 44 tonnes 6 par pouce carré pour une section forte ; s'il contient un peu plus de 0,3 0/0 de carbone, sa résistance peut être doublée. Il peut facilement être travaillé soit sous forme de barres, soit en fils de toutes dimensions.

Jusqu'ici, le métal comprimé n'a pas trouvé un usage assez étendu, quoiqu'il ait été employé à faire des carcasses de couteaux, car il conserve intact son brillant, et est rayé difficilement. Il serait intéressant dans ces cas particuliers, d'employer la méthode par compression. On le lamine d'abord, à chaud, ce qui nécessite en premier 4 compressions, un lingot d'une épaisseur de 1 pouce 1/4 se trouvant ainsi réduit à 3/4 de pouce. Puis on le réduit de 5/8 de pouce à 7/16, et enfin au troisième tour à 0,250, soit 1/16. Il se trouve dès lors purifié et comprimé à froid. Dès le premier tour, en cinq pressions successives, il est amené de 0,250 à 0,168. Après une nouvelle purification en trois pressions, il est réduit à 0,118. Purifié, en trois pressions, il atteint 0,070 et purifié encore, il passe à 0,048 et enfin au cinquième tour, il est réduit à la dimension de 0,034 de pouce, pour être en dernier lieu purifié et séparé de toutes ses impuretés par les méthodes généralement utilisées à cet effet.

Sous forme de fil, il a été préconisé par Kowalke, comme élément servant à l'établissement des appareils thermo-électriques. A cet usage, il a montré de nombreuses propriétés analogues à celles reconnues pour le nickel, telles que son point de fusion élevé, sa résistance considérable à l'oxydation et sa forte résistance au courant électrique. Contrairement au nickel, il ne devient pas aussi cassant que celui-ci, se trouvant exposé à l'action de gaz chauds ou des produits dégagés dans la combustion.

Cobalt et fer. — Il serait intéressant maintenant de considérer l'action produite par des alliages de cobalt et de fer. Ces alliages ont été étudiés par Ruer et Kaneko, bien avant les alliages actuels. Ces métaux forment toute une série d'alliages avec des propriétés non proportionnelles à leur teneur relative, même à températures variables et il semble

---

Ces chiffres sont de beaucoup supérieurs à ceux obtenus d'ordinaire avec des métaux à l'état pur.

qu'il se présente en leur masse des transformations successives, selon l'état de cristallisation particulière, ou d'homogénité que supporte le mélange à des températures déterminées. Ainsi les alliages de fer et de cobalt, qui sont fortement magnétiques à la température ordinaire, perdent complètement cette propriété sous l'influence de la température et la récupèrent par le refroidissement.

Alliages de cobalt et de chrôme. — Ces deux métaux sont facilement solubles l'un dans l'autre, soit à l'état de fusion, soit à l'état solide. A 1340° C, il se produit un minimum de l'état d'équilibre entre les deux métaux pour une proportion d'environ 50 0/0 de cobalt à 1225° C, il se fait une réaction de l'état solide de l'alliage contenant de 45 jusqu'à 85 0/0 de chrome ; au-delà de ces températures, la solution se divise en deux parties. Les alliages contenant de 0 à 45 0/0 de chrome, accusent une structure polygonale contenant une forte proportion de cobalt, celle-ci augmentant du centre à la périphérie. Pour les alliages à plus de 55 0/0 de chrome, la proportion de chrome décroît du centre à la périphérie.

La température à laquelle l'alliage non magnétique cobalt-chrome devient magnétique, diminue rapidement en fonction de la quantité de chrome qu'il contient. L'addition de 10 0/0 de chrome abaisse ce point de transformation à 685° C ; 15 0/0 le ramènent à 300° C, et l'addition de 25 0/0 de chrome permet cette transformation à la température ordinaire.

Aciers au cobalt. — Dans l'étude pratique et théorique d'une magnéto, la première observation que l'on peut constater est la différence qui existe entre la magnéto proprement dite et l'armature. A nettement parler, les premiers doivent présenter une certaine homogénité, pour recueillir les variations d'intensité des lignes de forces magnétiques, et par suite, les balais et l'armature doivent avoir une perméabilité magnétique assez considérable.

La première condition dans le choix d'un métal devant servir à la construction d'un aimant permanent, est que la désaimantation ou force coercive (désignée par H), atteigne la plus grande valeur possible. En 1912, le professeur Weiss, présenta à la Société de Faraday, une note concernant les recherches qu'il avait faites sur les propriétés magnétiques des alliages de fer et de cobalt, et elles furent suivies de la découverte faite au Japon, par Honda et Takagi, d'un alliage de fer remarquable, possédant une grande puissance coercive, donc un fort magnétisme remanent. La découverte de ce fait conduisit au développement commercial des aciers magnétiques au cobalt faits par des maisons anglaises, pendant les années 1919 à 1923. Les deux principaux développements qui suivirent furent :

a) La production d'aciers contenant environ 35 0/0 de cobalt, ayant par rapport à leur faible prix de revient, la valeur magnétique la plus grande possibilité ;

b) Production d'aciers à propriétés magnétiques supérieures à celles des aciers au tungstène ou au chrome et cependant d'un prix de revient raisonnable.

Effets produits par l'addition du cobalt aux aciers servant aux magnétos. — L'addition du cobalt, en quantité croissante, à un alliage cobalt-fer, exempt de carbone, produit une augmentation de l'intensité du magnétisme, qui peut atteindre un maximum de 35 0/0 de cobalt, et qui diminue au-delà. Ce fait fut observé pour la première fois par Weiss, puis fut plus tard confirmé par Honda, qui trouva que l'intensité du magnétisme croît dans la proportion correspondante à 1.700 pour le fer pur atteignant 1.900 pour un alliage à 35 0/0 de cobalt, et tombant à 1.200 pour le cobalt pur. Il expliqua ce maximum correspondant à 35 0/0 de cobalt, en disant que le chiffre de 1.700 généralement accepté pour le fer pur, n'est pas la valeur véritable de l'intensité qui correspond approximativement au chiffre de 2.200, mais que par suite de certaines causes inconnues, la véritable valeur de saturation du magnétisme du fer, n'a jamais pu être déterminée. Selon cet auteur, la véritable loi relative de ces valeurs devrait être une ligne droite allant de 1.200 pour le cobalt pur à 2.200 pour le fer pur. Malgré la réalité absolue de ce qui vient d'être indiqué, les autres propriétés de ce fer au cobalt, n'accusent pas des variations aussi sensibles. Dans un récent travail, présenté par M. Watson, sur les propriétés particulières de ces aciers magnétiques, il montra que le véritable critérium d'un aimant permanent consiste en la valeur maxima de BH, qu'il peut affirmer sur les points de la courbe de démagnétisation (B étant la densité du flux dans l'aimant et H la force démagnétisante). Ce produit représente l'énergie avec laquelle l'aimant peut agir sur un circuit placé extérieurement. Dans une magnéto, l'aimantation passe continuellement par des variation revenant à la même origine origine continue, et l'énergie se trouve concentrée en sa masse. BH représente alors la quantité maxima de travail fourni en une phase.

On a employé les aciers au tungstène et au chrome lorsque l'importance de la valeur maxima de BH n'était pas encore déterminée et les aimants de fabrication étaient construits uniquement pour obtenir un flux de force minimum avec l'acier, en même temps qu'il fallait donner une longueur suffisante à celui-ci pour maintenir l'aimantation suffisamment à l'état permanent. Mais avec les aciers au cobalt, on a reconnu l'importance de cette valeur de BH. L'effet de l'addition du cobalt à un acier agit d'une façon plus affirmative sur la force coercitive que sur la densité de la saturation. Pour une contenance de 33 0/0 de cobalt, la densité de la saturation est augmentée d'environ 1/10e alors que la force coercitive se trouve triplée. M. J. F. Kayser a suggéré la formule suivante, exprimant la relation existant entre la force coercitive et la contenance en cobalt.

$Hc = Ho (1 + KC)$, dans laquelle Ho est la force coercitive initiale d'un acier sans cobalt, et C le pourcentage du cobalt en présence, K étant une constante.

M. Watson pensa que cette formule pourrait être plus correctement libellée sous la forme suivante :

$Hc = Ho (1 + K_1C_1)$, où K_1 est une constante et C_1 le pourcentage de l'alliage Fe^2Co en présence.

Les séries cobalt-chrome, étudiées par M. Kayser, avaient, d'une manière moyenne la composition suivante :

Carbone	1 0/0
Chrome	9 0/0
Molybdène	1,5 0/0
Cobalt	0,2 0/0

Pour ces alliages, les constantes de l'équation ci-dessus étaient de $Ho = 110$, et $K = 0,056$. Avec 9 0/0 de cobalt, cela donnait pour Hc une valeur de 166, et avec 15 0/0, on atteignait pour Hc la valeur de 205.

Si la quantité de cobalt contenu s'élève à 20 0/0, on ne peut dépasser ce chiffre. car il se présente alors des difficultés dans la trempe pour les aciers de ce genre.

On a fabriqué un grand nombre d'aciers au cobalt, mais il ne semble pas que l'on ait fait des recherches méthodiques sur la relation existant entre la proportion de cobalt, introduite et les propriétés mécaniques de l'alliage.

De plus, la différence n'existe pas seulement en la quantité relative de cobalt contenu, mais aussi pour les valeurs relatives de carbone, de tungstène, de chrome, qui s'y trouvent et qui souvent pour chacun d'eux, donnent des résultats, les meilleurs, d'après certains savants, pour certains cas particuliers de recherches.

Ils peuvent être classés d'une manière générale, en :

1o *Aciers normaux au carbone*, comme par exemple les aciers faits avec le fer, le cobalt et le carbone, comme principaux constituants. Ce sont des aciers durcis à l'eau soit salée, soit eau glacée. Les difficultés de trempe sont considérables, et vu cet inconvénient, ces aciers ne sont pas employés actuellement :

2o *Aciers à alliages réduits*. — Ces aciers contiennent du chrome, du tungstène, du molybdène ou équivalents dans la même proportion sensiblement que les aciers au tungstène ordinaires. La quantité de carbone contenue s'élève à 0,4 et 0,6 0/0. On a indiqué d'après les indications de Sir Robert Hadfield, deux aciers types de ce genre.

Propriétés magnétiques

	a	b
Rémanence.	9 900	10 150
Force coercitive.	97	130
BH maximum.	375 000	550 000

Leur analyse donna les résultats suivants :

	a	b
Carbone	0,52	0,52
Silice	0,29	0,25
Phosphore	0,046	0,024
Soufre	0,058	0,043
Manganèse	0,42	0,57
Chrome	2,2	1,85
Nickel	0,51	0,62
Tungstène	8	7,82
Cobalt	8,89	17,77

L'acier *b* est sans doute identique à la « Permanite » de MM. Hadfields. Ces aciers, en général, se trempent à l'eau, mais vu la proportion d'alliage qu'ils contiennent, ne nécessitent pas un refroidissement aussi rapide que les aciers *a* ;

3° *Aciers à alliage moyen.* — Ces aciers ont généralement une proportion plus considérable d'alliage que les précédents, malgré cependant la proportion de carbone plus élevée. Ils sont généralement trempés à l'huile. Gumlich donna la composition suivante pour les aciers de ce genre :

Carbone	1,11 0/0
Manganèse	3,5 0/0
Chrome	4,8 0/0
Cobalt	3,6 0/8

Propriétés magnétiques

Rémanence	9310
Force coercitive	227,1

BH maximum environ   825.000 à 850.000

Un acier de propriétés analogues fabriqué en Angleterre, donnait les valeurs suivantes :

Carbone	0,8 à 10 0/0
Tungstène	4
Chrome	5 à 6
Manganèse	0,1
Cobalt	36

Les propriétés magnétiques étaient d'environ :

Rémanence	9.500 à	10.000
Force coercitive	240 à	260
BH maximum	850.000 à	1.000.000

meilleures que les indications données par Gumlich ;

4° *Aciers au carbone à alliage élevé.* — Ils appartiennent exclusivement à la classe avec 9 0/0 et même plus de chrome, additionnés de tungstène et de molybdène, et d'un peu plus de 0,8 0/0 de carbone.

Un échantillon de cet acier avait la composition suivante :

Carbone	1 0/0
Chrôme	9 0/0
Molybdène	1,5 0/0
Cobalt	15 0/0

Par un traitement à chaud, approprié les propriétés magnétiques étaient les suivantes :

Rémanence	8.500
Force coercitive	210
BH maximum	650.000

On constate ainsi l'influence de l'augmentation du cobalt sur la force coercitive BH maximum pour ces différents genres d'aciers. Ces chiffres ne sont pas suffisants pour indiquer une loi quelconque, indiquant moins bien que par un diagramme la relativité de leur action.

Il est à remarquer que la force coercitive dépend en grande partie du carbone et de l'alliage contenu aussi bien que de la proportion en cobalt qui s'y trouve contenue.

15 0/0 de cobalt donnent, pour Hc une valeur de 120 pour un acier à faible mélange mais cette valeur s'élève à 210 pour un acier à alliage plus élevé. Si dans le premier cas on peut exprimer ces valeurs par l'expression

$$Hc = Ho\,(1 + K_1\,C_1)$$

ou cette équation qui s'y rapporte

$$P = Po\,(1 + K^1C)$$

dans laquelle P est la valeur de BH maxima, on obtient la table suivante :

N°	Aciers	H_0	K	P_0	K'
1	Acier au carbone seul	Dépend du cobalt contenu		190 000	7,9
2	Peu de carbone faible alliage . . .	62	0,0615	240 000	7,1
3	Mélange moyen	68	0,08	260 000	7,35
	Le même, triple traitement	85	0,074	270 000	7,9
	Fort alliage, triple traitement . . .	110	0,056	285 000	8,4

Il est rare qu'un aimant permanent puisse produire un effort mécanique considérable, et c'est ainsi qu'au point de vue mécanique, sa puissance n'a généralement pas une grande importance. Il en est généralement de même pour des aciers à forts mélanges, contenant une proportion sensiblement égale de carbone, par exemple, une force de rupture d'environ 80 à 100 tonnes par pouce carré, sans variation de la surface de section ou des dimensions et ayant un indice de Brinell allant de 600 à 700.

Pour obtenir les meilleurs rendements magnétiques avec des aciers à fort mélange et à forte proportion de carbone, on doit utiliser la méthode par triple traitement indiquée par M. J. F. Kayber. La masse doit, d'abord être chauffée à 115° C, puis maintenue à cette température pendant environ 5 minutes, et enfin refroidie à l'air libre.

A la suite de ce traitement, l'acier étant entièrement démagnétisé, la remanescence ne doit pas dépasser 1.500 à 2.000. Aussitôt refroidi à la température atmosphérique, l'acier est réchauffé à 700° C. Il se produit un retrait sensible, et l'acier produit un dégagement de chaleur assez considérable, la température s'élevant spontanément vers 800° C. L'acier est devenu magnétique, la remanence après refroidissement étant alors d'environ 8.000. Après nouveau refroidissement à la température atmosphérique, l'acier est réchauffé jusqu'au point de trempe.

Ce triple traitement a été considéré également comme avantageux pour le cas d'acier à moyen titre.

Quant à la question de la substitution des aciers au cobalt aux aciers ordinaires faits au tungstène et au chrôme, il faudrait également prendre en considération divers facteurs économiques.

M. Watson a employé comme base le rapport BH maximum/prix par livre comme critérium de la valeur d'un acier. Il trouva que ce rapport augmente ou diminue sous l'influence d'une addition de cobalt, selon que K^1 est plus grand ou plus petit que Pc/Po, d'après l'équation indiquée précédemment, où Pc est le prix de revient du cobalt, et Po le prix des métaux ajoutés. Mais, d'après les indications données, K^1 varie très peu dans les divers genres d'aciers, de telle manière que la seule fraction à considérer est Pc/Po. Nous préférons prendre la valeur la plus faible correspondant à ce rapport, donnée par ces aciers, les plus souples, l'addition indispensable de cobalt se trouvant ainsi justifiée. Les aciers au cobalt sont plus employés que ne paraît le justifier leur prix de revient, parce que l'économie provient de leur aimantation plus facile pour de plus courts aimants, et de construction plus facile.

Les aciers au cobalt-chrome sont actuellement de plus en plus employés pour l'établissement des moteurs à combustion interne, par exemple pour les appareils à grande vitesse pour automobiles ou aéroplanes, où ils ne peuvent être refroidis par l'eau, le refroidissement étant difficile avec les gaz à cette température.

Beaucoup de genres d'appareils rotatifs ont couru pendant un temps considérable à plein chargement. Dans ces conditions, actuellement, les soupapes d'échappement deviennent rouges et comme le cycle comprend et l'entrée des gaz et celle de l'air, à travers les valves d'introduction, les alternatives de chaud et de froid auxquelles se trouvent soumises ces valves sont considérables, et produisent une très grande différence de température entre la partie supérieure de la tige et sa partie inférieure.

Ces différences, avec les aciers jusqu'à ce jour employés dans la fabrication de ces valves, ont produit l'altération et même quelquefois la rupture de la tige. Il se produit alors un jeu considérable, annulant toute assise de la valve et laissant place à une fuite, donc mauvaise compression. De plus, on dit que les métaux servant à faire les valves ordinaires, étant généralement peu résistants, lorsqu'elles se trouvent élevées à une certaine température, permettent aux particules de charbon d'obturer leurs assises, et ainsi augmentent les difficultés que nous avons indiquées.

La grande résistance et la dureté des alliages au cobalt-chrome, même chauffés à ces hautes températures, leur permet de résister à toutes ces difficultés. L'alliage cobalt-chrome, aux températures normales des moteurs pour cycles ou pour aéroplanes, ne se dilate pas, ne travaille pas et même ne se brise pas et la surface du métal est suffisamment résistante pour faire opposition à toute matière étrangère, pouvant se trouver introduite dans la partie libre. Un autre facteur de toute importance est que même à 1.000° C, l'alliage cobalt-chrome ne s'écaille pas.

Des valves faites avec ce produit, que l'on a déjà essayées, pour des moteurs à pression élevée, n'ont montré aucun indice d'écaillage et ont parfaitement résisté à toute corrosion ; dans un cas, uniquement où ces valves furent employées à des véhicules servant au service public et ayant roulé 40.000 milles environ, en l'espace de onze mois, elles apparurent à l'examen susceptibles pouvoir fournir une période égale pour un travail équivalent, sans nécessiter pour cela quelque réparation.

LE COBALT

Les valves au cobalt-chrome sont actuellement exigées dans l'emploi des divers appareils pour aéroplanes. Une analyse approchée de l'alliage employé dans ce but, est la suivante :

Carbone	1,1 à 1.6
Chrôme	11 à 14
Cobalt	3 à 5
Molybdène	0,5 à 1

Cet alliage se forge bien, même à une température de 900 à 1.000° C. Ses propriétés mécaniques sont difficiles à spécifier exactement, mais il peut se tourner plus facilement que l'acier au tungstène et pour ainsi dire avec autant de facilités que l'acier à 14 0/0 de chrome.

Corrosions. — Kalmus et Brake recherchèrent les propriétés anticorrosives comparatives du cobalt, du nickel et du cuivre, additionnés d'une petite quantité de fer. Leur but était de déterminer quels étaient les alliages à recommander pour recouvrir certains métaux devant résister aux conditions atmosphériques, d'une manière plus efficace que les matériaux généralement composés de fer, employés à cet effet.

On employa le fer américain auquel on ajouta de ces alliages dans la proportion de 0,25 à 3 0/0.

En général, la corrosion de l'alliage contenant 3 0/0 de cobalt serait environ de 75 0/0 de celle obtenue par l'addition de 0,5 0/0, et de 50 à 75 0/0 de celle se produisant sur le fer américain d'origine. La valeur maxima de la corrosion est sensiblement la même que pour le nickel, sauf dans le cas où ces alliages peuvent former une couche protectrice oxydable, de caractère plus grand ou plus tanace que dans le cas des autres alliages. La corrosion fut également déterminée comme étant fonction de la quantité de carbone contenue dans l'alliage.

Alliages non ferrugineux. — On fit un nombre considérable de recherches, ces dernières années, en ce qui concerne les alliages de cobalt, avec d'autres métaux à l'exception du fer. Les principaux mélanges employés furent le cobalt-chrome, et des mélanges ternaires comprenant du tungstène, du molybdène et même les deux. La composition et l'usage que l'on fit de ces principaux alliages sont :

Quantités				Propriétés et emplois
Co	Cr	Wo	Mo	
—	—	—	—	—
75	25	—	—	
70	25	5	—	Se forge au rouge vif et prend un bon fil.
60	15	25	—	Fers ou aciers pour outils à tours.
55	15	25	5	Aciers à fort tranchant, considérés comme augmentant le rendement de 50 à 100 0/0 en comparaison des meilleurs tranchants.
45	15	—	40	Très durs, coupent le verre et entament la quartz.

Le plus connu de ces alliages est désigné sous le nom de « Stellite », appellation provenant du latin : Stella, étoile et choisi vu le brillant qu'il donne aux alliages, et qu'il leur conserve même dans les conditions habituelles de variations atmosphériques.

Les alliages binaires fondent à une température de 2.800° à 2.900° F. Ils peuvent être coulés en barres ou toutes autres formes, et sont toujours très résistants à la lime. Ils sont légèrement malléables à froid et nettement au rouge. L'alliage devient plus résistant par chauffage au rouge, puis trempage à l'eau. La limite d'élasticité de ces alliages est d'environ 37 tonnes 9, et leur force de rupture de 49 tonnes 1. quoique ces valeurs puissent de quelque peu varier, selon la composition de la masse et le traitement qu'elle a subi.

En amenant la proportion de chrome à 30 0/0 et lui ajoutant 5 0/0 de tungstène, on obtient un métal tout particulièrement résistant et facilement forgeable. L'addition de 10 0/0 de tungstène, on obtient un métal toujours facilement forgeable, quoiqu'ayant un excellent tranchant. On devrait porter toute son attention sur ce produit dans les usines travaillant avec des outils à froid, tels que burins, et tous outils destinés aux bois. On a obtenu un grand nombre d'alliages plus résistants en augmentant la proportion de tungstène, jusque 20 0/0, mais dépassé cette limite, ils ne peuvent être forgés que dans certaines conditions spéciales. Le molybdène produit presque le même effet que le tungstène, mais il est suffisant d'en prendre une quantité très faible. L'addition de 10 0/0 de molybdène donne un métal excellent pour le tour.

En augmentant la proportion de tungstène jusqu'à ce qu'elle atteigne 20 0/0, on obtient un métal très dur, ne pouvant se forger, mais pouvant se couler en barres ou lames, qui par suite, toutes solides, se trouvent utilisées pour couper les tôles d'acier et de fonte. Le point prédominant de supériorité de ces alliages au cobalt, dénommés d'ailleurs « tôles d'acier à grande résistance », est surtout leur excellent pouvoir tranchant, quoique les tours tournent à grande vitesse, ainsi que c'est généralement le cas.

Dans de telles conditions, les outils d'acier deviennent rapidement trop chauds, pour continuer entamer l'acier, et dès lors nécessitent un repassage à la meule, et un refaçonnage, alors que les outils à alliage de cobalt, poursuivent le travail, même presque au rouge et durent 100 à 150 fois plus longtemps que les autres, sans aucun repassage à la meule. Ils coupent aussi longtemps au moins que la « Stellite », à faible vitesse.

En plus de son emploi dans les outils tranchants pour tours, moulins, scies, outils d'alésage, forêts, burins, etc., la « Stellite » a été utilisée dans la fabrication des couteaux de table ou de poche, pour les instruments de chirurgie, ou dentaires, pour lesquels on a constaté qu'elle conservait son pouvoir tranchant, sa coloration, son brillant, sa résistance à la corrosion même, lorsqu'elle se trouvait en contact avec les acides organiques.

Sa résistance lui permet de conserver sa forme sous de fortes pressions, et sa résistance également à l'usure donne aux valves une durée beaucoup plus considérable.

Des bagues et des bijoux, faits en employant la stellite, conservent leur brillant, durant des années sans aucune altération, et il se pourrait que malgré son prix très minime, elle puisse remplacer le platine, pour certains usages, parmi lesquels on peut considérer l'avantage particulier de ne pas être si pesant, et plus résistant à l'érosion.

Dépôt électrolytique du cobalt. — On avait déjà publié en 1915, un grand nombre de mémoires, concernant le dépôt électrolytique du cobalt, certains déclarant que ces dépôts étaient plus particulièrement résistants que ceux du nickel, d'autres affirmant qu'ils étaient moins résistants ; quelques-uns disant que la couche n'était pas suffisamment dense, d'autres que cela était possible. Afin de liquider la question, on fit un certain nombre d'expériences à l'Ecole des Mines de Kingston, et les résultats de ces déterminations furent publiés par Kalmus Harper et Savell, dans une communication qu'ils ont présentée à la Société Américaine d'Electro-Chimie. Les conclusions qu'ils déterminèrent peuvent se résumer de la manière suivante :

Les deux solutions qu'ils ont considérées comme donnant des résultats suffisamment remarquables donnant toute garantie au point de vue d'un type commercial furent :

Solution I B. — Une solution presque à saturation de sulfate de cobalt ammoniacal $CoSO^4 (AzH^4)^2 SO^4$ contenant 200 grammes du sel cristallisé avec deux molécules d'eau, par litre. La densité est 1053 à 15 C.

Solution 13 B. — Sulfate de cobalt anhydre: 312 gr. 5 ; chlorure de sodium: 19 gr. 6 ; Acide borique presque à saturation pour 1.000 d'eau.

Volume total du bain: de 1 à 5 litres.

La solution est abondamment saturée de sulfate de cobalt en présence des autres composants.

La densité était de 1,24 à 15° C.

La première solution I B fut employée pour l'électrolyse dans les conditions industrielles ordinaires sur cuivre, laiton, fer, acier, étain, nickel blanc, plomb et métal Britannia.

On détermina que :

a) Les dépôts de cobalt sont plus résistants que les dépôts de nickel dans les mêmes conditions ;

b) Ils nécessitent moins de travail ;

c) Ils sont très adhérents ;

d) Que le pouvoir de « pénétration » des solutions de cobalt servant à l'électrolyse était plus considérable pour le cobalt que pour le nickel.

La solution 13 B fut traitée d'une façon identique et donna des résultats aussi satisfaisants.

Ces deux solutions durent quatre fois plus comme dépôt, et l'on dit même six fois plus que le nickelage ordinaire ; d'autre part, il suffit d'une bien plus petite quantité de cobalt, pour produire une action protectrice par rapport à la quantité beaucoup plus élevée, indispensable, du précédent métal employé.

V. E.

MERCERISAGE

Procédé de purification de la soude caustique provenant du mercerisage, tendant spécialement à l'élimination complète des matières organiques

Par **M. Jacques PANIZZON** (1)

Le procédé de purification que j'ai étudié repose sur le principe de la pression osmotique. Pour les essais, je me suis servi d'une caisse rectangulaire en fer mesurant 30×40 cm en surface et 8 cm en profondeur et divisée exactement en deux compartiments égaux au moyen d'une paroi en papier parchemin, servant de paroi osmotique.

Dans l'un de ces compartiments, j'introduis la soude caustique à purifier. dans l'autre de l'eau pure. On laisse s'établir le courant dû à la pression osmotique et l'on constate au bout d'un certain temps que les substances mucilagineuses qui constituent l'impureté principale de la soude caustique du mercerisage ne passent pas à travers la paroi du parchemin, tandis que la soude caustique NaOH seule ainsi que le carbonate Na^2CO^3 (ce dernier en petite quantité d'ailleurs) traversent le parchemin grâce à la pression osmotique et se répandent dans l'eau de la deuxième cellule.

Essai I. — Résultats obtenus avec une lessive de soude caustique provenant de la machine à merceriser et concentrée ensuite à l'appareil Kestner.

TABLEAU I

Soude à purifier gr. NaOH par litre	Durée de l'osmose	Liquide d'exosmose — ou soude pure — gr. NaOH par litre	
265,2	3	39,1 gr. par litre	à 25° C
—	6	65,6 » »	»
—	9	83,3 » »	»
—	12	93,2 » »	»
—	24	107,1 » »	»

Essai II. — Détermination du maximum d'une osmose et durée totale d'une osmose complète.

La soude à purifier contenait par litre 240 gr NaOH ; au bout de 69 heures, changeant par trois fois le liquide d'exosmose et substituant de l'eau pure, l'osmose pouvait être considérée comme complète puisque la teneur de la soude caustique à purifier de 240 gr NaOH avait passé à 22.2 gr NaOH par litre.

TABLEAU II

Phases	Soude à purifier gr. NaOH p. litre	Durée de l'osmose	Liquide d'exosmose ou soude pure NaOH p. litre	
1.	gr. 240.— NaOH	3	46.6 gr. p. litre	
		6	80.— »	
		9	93.2 »	
		24	106.6 »	1er changement d'eau
2.	gr. 126.8 NaOH	3	27.4 gr. p. litre	
		6	44.8 »	
		9	48,8 »	
		24	54.— »	2e changement d'eau
3.	gr. 80.— NaOH	3	18.— gr. p. litre	
		6	25.2 »	
		9	30.8 »	3e changement d'eau
4.	gr. 48.— NaOH	12	15.8 gr. p. litre	48.— — 15.8 = 22.2 gr.

Essai III. — Essai d'osmose, la soude et l'eau allant en sens contraire.

Ne disposant pas d'une batterie de cellules qui m'eût permis de faire arriver en

(1) *Bulletin de la Société Industrielle de Mulhouse*, t. XCI, n° 3. *Pli cacheté n° 2203, déposé le 6 septembre 1912.*

courant continu la soude caustique à purifier en un sens et l'eau pure dans l'autre et d'en faire écouler, d'une part, une soude caustique purifiée à un maximum de concentration et, de l'autre, un liquide ne contenant que les impuretés organiques de la soude caustique primitive à purifier, j'ai travaillé avec mes deux cellules dans les conditions suivantes :

Renouvelant cinq fois la soude à purifier afin d'avoir a un côté du parchemin une soude caustique constante, j'ai laissé intact le contenu de l'autre cellule, c'est-à-dire l'eau destinée à recevoir NaOH et Na^2CO^3. En 50 heures, je suis arrivé à avoir d'un côté du parchemin dialyseur une soude caustique constante à 213 gr NaOH par litre et de l'autre côté une solution pure contenant 207 gr NaOH par litre, ce qui démontre qu'il est possible d'avoir entre le liquide d'endosmose et le liquide d'exosmose une différence de concentration minime ($223 - 207 = 16$ gr).

TABLEAU III

Phases	Soude à purifier gr. NaOH p. litre	Durée de l'osmose	Liquide d'exosmose ou soude pure gr. NaOH p. litre	
1.	223.21 gr. p. litre	10 heures	92.8 gr. p. litre	à 25° C
2.	»	20 »	150.— »	»
3.	»	30 »	163.— »	»
4.	»	40 »	194.— »	»
5.	»	50 »	207.— »	»

Pour l'application industrielle, il faudrait une série d'essais pour déterminer le dispositif le plus avantageux possible de l'appareil dialyseur, en vue surtout d'un travail plus rapide, d'une production plus rationnelle.

En tout cas, sans travailler en contre-courant, il est possible, avec une batterie de cellules qu'on pourrait faire en fibre vulcanisée, par exemple, de transformer une soude caustique de 31-35° Bé, inutilisable à raison de l'excès des matières organiques, en un liquide d'exosmose contenant NaOH et les inévitables traces de Na^2CO^3 à un degré de pureté maximum. Quoique ce liquide ait à la sortie du dialyseur un volume trois à quatre fois plus grand que celui de la soude caustique à purifier, le haut degré de pureté contrebalance amplement les frais d'une deuxième concentration dans l'appareil Kestner ou dans un appareil semblable.

Remarque de M. Henri Sunder sur cette communication

Rien n'oblige plus actuellement, pour peu qu'on sache s'y prendre, de merceriser la marchandise en écru et une installation de débouillissage, voire même de simple lavage à chaud avant le mercerisage, beaucoup moins dispendieuse et certainement moins délicate à l'usage, peut être montée partout et est suffisante, l'expérience le prouve, pour débarrasser la marchandise des parements organiques.

Le mercerisage de la marchandise peut se faire sans aucune difficulté sur mouillé, à la sortie du débouillissage ou lavage, après un exprimage adéquat, et la soude y reste propre et est directement employable, soit au blanchiment, soit au mercerisage après reconcentration.

Mais si quelques privilégiés possèdent ces outillages, beaucoup de chimistes n'en disposent pas, et l'intérêt pour un procédé simple, sûr et efficace de purification est encore de nos jours de premier plan.

Aussi, les tentatives pour débarrasser la soude récupérée des matières organiques avant le remploi au blanchiment où le tissu s'en ressent plus ou moins, au mercerisage où la reconcentration ne peut se faire sans de multiples inconvénients, parmi lesquels le noircissage de la soude, l'incrustation des appareils tubulaires, le souillage de la marchandise sont les plus connus, ont été nombreuses.

Les procédés élaborés à cet effet, pour la plupart brevetés, ne remplissent, comme on sait, que tout à fait imparfaitement leur rôle.

M. Panizzon a cherché à obtenir la purification de la soude reconcentrée par dialyse à travers une paroi semi-perméable, telle que le parchemin. En soi, cette application n'a sans doute rien de nouveau et il ne s'agit que d'un cas d'espèce, mais le mérite de l'auteur du présent pli réside surtout dans le dispositif des essais et dans l'habileté avec laquelle il a conduit ses recherches.

A la répétition des essais indiqués par l'auteur, nous avons obtenu sensiblement les mêmes résultats, mais nous avons reconnu que le choix du papier parcheminé n'est pas sans influence sur la marche de la dialyse. Un bon papier à filtrer sulfurisé paraît particulièrement approprié à cet usage, bien plus toujours que les parchemins que l'on rencontre dans le commerce.

Les essais montrent que, sans changement de l'eau d'exosmose, l'échange de soude est d'abord rapide, puis ralentit. et devient nul à la fin. Ce moment est atteint quand la concentration en NaOH est sensiblement identique des deux côtés de la membrane, c'est-à-dire à l'époque où la pression osmotique a disparu.

L'extraction y est sensiblement de 50 0/0.

En changeant suffisamment souvent l'eau pendant la dialyse, on arrive à extraire presque complètement la soude du produit à dialyser. Il est facile d'arriver à regagner 95 0/0 de la soude initialement mise en œuvre. Le volume du dialysat est quadruplé.

En changeant la soude à dialyser de manière à présenter à la membrane une concentration en molécules de NaOH toujours plus forte du côté d'où part la migration, on arrive à une concentration presque identique entre le dialysat et le produit à dialyser. Le rendement y est cependant mauvais, car il ne dépasse guère après 50 heures de dialyse, une vingtaine de pourcents de la soude mise en œuvre.

Ce fait n'a pas complètement échappé à l'auteur. Le point capital n'est pourtant pas de savoir qu'il existe une différence minime entre la concentration en NaOH des deux côtés de la paroi dialysante, mais de connaître le rapport entre le poids de soude amené au processus et celui qui lui en est retiré.

Il serait certainement avantageux de pouvoir travailler avec des soudes chaudes et de les dialyser avec de l'eau froide pour en récupérer la chaleur sensible, mais nous ne savons pas comment s'y comporteraient les membranes. Nous n'avons pu non plus faire des essais pour reconnaître l'influence de la température sur la vitesse de la migration des molécules NaOH, faute de temps et à cause de la difficulté d'obtenir, en petit. sans appareillage particulier, la constance d'une température élevée dans le compartiment de la soude souillée.

A la marche en contre-courant, cette difficulté serait bien moindre et le liquide s'écoulant d'un appareil à air libre comme l'appareil Prache et Bouillon pourrait entrer après un léger refroidissage au moyen d'un serpentin placé dans la soude à concentrer, pour réchauffer celle-ci, directement dans le dialyseur.

Si l'on se figure une installation industrielle composée de cellules en contre-courant qui serait évidemment pratiquement réalisable, mais dont les difficultés d'utilisation (on ne doit pas se le dissimuler) seraient nombreuses à cause de la fragilité des membranes d'une certaine étendue et la chute rapide de leur pouvoir dialysant qui conduirait à leur remplacement fréquent, il est certain que le rendement en soude s'y tiendra dans le cas le plus favorable au-dessous de 45 0/0 et ceci avec une vitesse de circulation identique de la soude et de l'eau. Il est nécessaire que cette circulation soit très réduite et que l'appareil soit d'une taille telle que la durée du cheminement se rapproche de 24 heures.

Dans le cas le plus favorable qu'indique l'auteur, le rendement en soude est meilleur en approchant de 90 0/0, mais le volume de lessive à reconcentrer est bien plus fort, étant sensiblement quatre fois celui de la soude à dialyser, dont nous sommes partis.

C'est un calcul à faire de savoir ce qui est meilleur marché de perdre la soude avec le liquide enrichi en matières organiques colloïdales et de concentrer moins de liquide, ou de concentrer une forte quantité de liquide pour avoir un rendement en soude pure.

Qu'il nous soit permis d'esquisser ce calcul pour un cas déterminé.

Pour une production de 200 pièces de 20 kg par jour, et une récupération de 60 0/0. la quantité de soude à traiter par jour atteint environ 3.000 kg de NaOH à 30° Bé, la quantité totale de soude nécessaire pour l'alimentation des machines à merceriser étant environ 5.000 kg à 30° Bé.

Dans le premier cas, la perte de soude de récupération serait de 55 0/0, soit

$$3000 \times \frac{55}{100} = 1650 \text{ kg à } 30° \text{ Bé}.$$

La quantité de liquide à concentrer aurait un volume identique au volume de la soude à 30° Bé récupéré dont on est parti, soit 2.375 l à environ 17° Bé.

Dans le deuxième cas, la perte de soude ne serait que de 10 0/0, soit 300 kg à 30° Bé. mais le volume à concentrer serait de 9.500 l à environ 9,7° Bé.

Le bilan comparatif des frais se présente alors grosso modo comme suit :

Premier cas

Soude pure perdue à 30 Bé :

1650 kg à 30° Bé $= 1650 \times \dfrac{23.67}{41.4} = 942.8$ kg à 45° Bé , soit : 942.8 kg à fr. 50 les 100 kg.   fr. 471,3

Eau à évaporer :

2275 l de 17 à 30° Bé , soit : $2375 - 2375 \times \dfrac{11.84}{23.67} \times \dfrac{1.263}{1.134} = 2375 - 1067 = 1308$ l, soit :

1308 kg de vapeur à 0.017, soit... ....   » 22,25

Total des frais.................... fr. 493,55

Deuxième cas

Soude pure perdue à 30° Bé :

300 kg à 30° Bé $= 300 \times \dfrac{23.67}{41.4} = 166$ kg à 45° Bé, soit 166 kg à fr. 50 les 100 kg.........   fr.   83,—

Eau à évaporer :

9500 l de 9.7 à 30° Bé, soit $9500 - 9500 \times \dfrac{6.346}{23.67} \times \dfrac{1.073}{1.134} = 9500 - 2410 = 6090$ l, soit :

6090 kg de vapeur à 0.017 soit............. ....   » 103,50

Total des frais.................. .fr. 186,50

Comme il est visible, la concentration d'une quantité importante de liquide dilué avec une perte relativement faible de produit chimique, en dehors des avantages que procurerait une soude pure qui résulte du traitement, est meilleur marché que la reconcentration d'une soude dialysée relativement forte mais dont la faible quantité provoque une perte importante en soude. Le prix de ce produit l'emporte largement sur la dépense en vapeur de concentration et c'est là la raison du développement que nous avons vu prendre au cours des vingt dernières années aux appareils évaporatoires dans les ateliers de teinture où il n'existe pas d'autre écoulement pour la soude récupérée que son emploi au mercerisage.

Reste à examiner l'importance que devrait avoir l'installation de dialysage pour une production de 200 pièces de 20 kg dont nous avons parlé plus haut en supposant que par la marche en contre-courant, on arrive à une dialyse intégrale en 24 heures.

Pour dialyser 3.000 kg de soude à 30° Bé, soit 2.375 l, de telle manière que le liquide mette 24 h. à parcourir l'appareil, il faut que ce dernier ait, manifestement, un volume pour la série de doubles compartiments, de $24 \times 2 \times 2375$ l $= 2 \times 57.000$ l $= 114$ m³.

Si on donne aux compartiments une hauteur de 1 m, une largeur de 1 m et une profondeur de 0,08, soit un volume de 0,08 m³, il faudrait 1425 doubles compartiments, soit 1425 pour la soude et 1425 pour l'eau.

L'apppareil aurait une longueur théorique minimale de 57 m, sur 1 m de largeur, ou 20 m de longueur, si les compartiments sont groupés sur trois rangs, soit sur 3 m de largeur. La surface occupée serait, dans ce dernier cas, de $3 \times 20 = 60$ m².

On se rend compte que l'installation serait très encombrante. A cela s'ajoute la difficulté de rendre jointifs les compartiments aux séparations semi-perméables, qui doivent être facilement échangeables, n'étant pas d'une durée et d'une efficacité illimitées.

Une pareille installation n'est pas sans être coûteuse et les frais d'amortissement et de l'intérêt de la dépense de premier établissement semblent devoir grever lourdement l'économie du système.

Il nous semble que de nos jours, où l'ultrafiltration a fait de notables progrès et où l'application des ultrafiltres, plus robustes, moins encombrants, et parfaitement nettoyables, ne paraît plus devoir trop tarder dans cette branche de l'industrie, la dialyse, doit lui céder le pas.

Nous aurions désiré que l'auteur s'étendît d'une façon plus explicite sur la préparation subie par la soude récupérée avant la reconcentration, sur la proportion d'alcali carbonaté en pourcent du titre total et sur la quantité d'alcali non recaustifiable contenu dans ses soudes avant et après la dialyse. L'absence de l'indication des densités en face des teneurs en alcali exprimées en NaOH par litre se fait sentir comme une véritable lacune.

Le dosage de la teneur en matières organiques eût été d'une utilité incontestable en nous permettant de juger, en comparaison avec les densités, l'état de vieillissement de la soude à 30° Bé que l'auteur a soumise à la dialyse.

Le pli de M. Panizzon étant antérieur au BF no 552476 du 2 juin 1922 de M. Pinel et en raison de la valeur didactique des chiffres analytiques fournis, qui appellent, comme nous avons vu dans ce qui précède, de nouvelles recherches afin de compléter cette étude nous nous croyons autorisés de vous demander la publication de son travail au Bulletin, accompagné par les présentes lignes.

ACADÉMIE DES SCIENCES

Séance du 15 juillet. — Sur le travail dans la marche. Note de Henri POTTE-VIN et Robert FAILLÉE.

Séance du 20 juillet. — Constitution de la diméthylcyclopentanone et de la diméthylcyclohexanone d'alcoylation otenues par la méthode de l'amidure de sodium. Note de A. HALLER et R. CORNUBERT. — La diméthylcyclopentanone préparée par la méthode à l'amidure de sodium contient une petite quantité d'$\alpha\alpha$ diméthylcyclopentanone à côté de quantités importantes d'isomère dissymétrique. La réaction avec l'aldéhyde benzoïque sous l'influence de l'acide chlorhydrique permet de caractériser simultanément ces deux isomères.

L'α-méthylcyclohexanone se combine à l'aldéhyde benzoïque en donnant soit une combinaison benzylidénique sous l'influence de l'éthylate de sodium, soit en particulier un dérivé tétrahydropyronique sous l'influence de l'acide chlorhydrique. L'α-diméthylcyclohexanone symétrique se combine également à cette aldéhyde sous l'influence de l'acide chlorhydrique en donnant encore une substance du type tétrahydropyronique.

La réaction de condensation entre les méthylcyclopentanone et diméthylcyclopentanone symétriques et l'aldéhyde benzoïque s'observe aussi avec d'autres α-d'alcoylcyclanones symétriques et avec d'autres aldéhydes aromatiques.

— Etude sur la viscosité et la tension superficielle pendant l'éthérification. Note de Mlle Germaine CAUQUIL. — Après un certain temps de chauffage exactement déterminé les mélanges étaient refroidis brusquement et les mesures de viscosité et de densité étaient effectuées sur le liquide à 30°.

En comparant les résultats obtenus il semble possible de pouvoir suivre viscosimétriquement la marche de l'éthérification du cyclohexanol et de ses homologues par l'acide acétique.

La tension superficielle à la surface de contact de deux phases étant une fonction déterminée des grandeurs spécifiques qui déterminent l'état du système dont ces deux phases font partie, il s'ensuit que si l'on détermine la tension superficielle connaissant la température et la pression on doit pouvoir déterminer les concentrations du système et par suite le 0/0 d'acide éthérifié.

— Sur l'entraînement de la magnésie par l'aluminium en milieu ammoniacal. Note de M. PARISELLE et LAUDE. — Pour être certain de maintenir en solution les composés du magnésium, lors de la précipitation de l'alumine par l'ammoniaque, on doit employer des doses massives de chlorure d'ammonium.

— Sur une nouvelle menthone racémique et sur les deux menthols stéréoisomères correspondants. Note de Pierre BEDOS. — L'action du bromure d'isopropylmagnésium sur l'oxyde du Δ_3-méthylcyclohexène et sur les chloro-2-méthyl-3-cyclohexanols, issus du Δ_3-méthylcyclohexène par action de la chlorurée, conduit à deux nouveaux menthols stéréoisomères qui, oxydés par l'acide chromique, fournissent une même menthone non décrite jusqu'ici. L'existence des quatre menthols racémiques stéréoisomères correspondant aux deux menthones racémiques cis et trans, prévus par la théorie, semble ainsi démontrée.

— Sur la décomposition des pyrazolines par oxydation spontanée. Note de R. LOCQUIN et R. HEILMANN. — Sous l'action de l'oxygène les pyrazolines donnent lieu à une fixation très énergique. L'oxydation est également très vive avec l'air. Il se forme des produits cétoniques mais le mode de scission varie avec les pyrazolines.

En partant de la 3.5.5. trimathylpyrazoline, dérivant de l'oxyde de mésityle, on régénère seulement une quantité abondante de cette dernière cétone, non saturée. Au contraire quand on part d'une pyrazoline de poids moléculaire plus élevé on obtient un peu de la cétone α-β non saturée dont dérive cette pyrazoline, mais on recueille surtout la cétone saturée correspondante.

Il se forme de l'azote.

Cette décomposition n'est pas intégrale; il se forme aussi des produits basiques.

— Transformation des dialcoylcyclohexénones en dialcoylbenzènes. Note de E. E. Blaise et Mlle M. Montagne. — En faisant agir en tube scellé l'acide bromhydrique sur la méthyléthylcxclohexénone il y a déshydratation et formation d'o-méthyléthylbenzène.

— La méthode de Clerget; coefficients d'inversion. Note de Emile Saillard (1).

— Emploi de l'électrode à quinydrone pour la détermination du Pн des sols. Note de Ch. Brioux et J. Pien. — Les nombres obtenus avec l'électrode à quinhydrone sont un peu plus élevés que ceux déterminés à l'aide de l'électrode hydrogène ce qui tient à ce que l'emploi pour la liaison d'un siphon contenant une solution de chlorure de potassium gélosé ainsi que la rapidité des mesures diminuent notablement la diffusion du chlorure de potassium dans la suspension de sol et par suite son action sur l'acidité.

— Sur la superposition des phénomènes de dissociation et d'adsorption élective dans les diastases protéolytiques. Note de L. Hugounencq et J. Loiseleur. — Quand on soumet la pepsine extractive à des traitements chimiques intéressant la fonction amine l'activité de la diastase n'est pas diminuée. Au contraire si l'on soumet aux mêmes traitements l'albumine à digérer la vitesse de la digestion se ralentit au point qu'au bout de 30 heures on peut constater un arrêt parfois complet de la digestion. La pepsine se comporte donc comme un complexe protéique dont les groupements NH² n'interviendraient pas dans le procès digestif.

La trypsine soumise à l'action des réactifs susceptibles d'attaquer ce groupe se montre dépourvue de toute action digestive. Inversement les matières albuminoïdes ne cessent pas d'être attaquées par la trypsine bien que leur groupement amidogène ait subi les modifications consécutives à la méthylénisation par l'aldéhyde formique, l'acétylisation et la diazotation. Les choses se passent comme si les groupes n'intervenaient pas sur le support protéique.

La digestion des matières protéiques comporte l'attaque de la molécule par deux ions de signe opposé: fixation élective de la micelle adsorbante d'un des ions alors que l'ion complémentaire prédomine dans le liquide intermicellaire du dispersoïde.

— Radioactivité, fixateurs d'azote et levures alcooliques. Note de E. Kayser et H. Delaval. — L'influence stimulante d'un minerai radioactif se manifeste chez les différents microorganismes d'une façon très nette.

— Action tréponémicide de l'or et du platine. Note de C. Levaditi, A. Girard et S. Nicolau. — L'or et, à un degré moindre, le platine possèdent des propriétés spirillicides et tréponémécides invivo. Ces propriétés sont beaucoup moins accusées que celles du bismuth.

Séance du 27 juillet. — Conditions théoriques et pratiques de la réversibilité des réactions dans le procédé des chambres de plomb. Note de André Graire. — Il existe dans le processus de formation de l'acide sulfurique un accord remarquable entre les conditions théoriques de l'équilibre et les résultats pratiques obtenus dans la conduite des chambres de plomb. Certaines données empiriques relatives aux apports de nitre et aux optima de température peuvent trouver leur justification dans la simple application des lois physico-chimiques des équilibres.

— Sur les quinonediazides de la série des anthraquinones. Note de Munc Nari Tanaka. — On obtient la 2-diazo-3-nitroanthraquinone par introduction d'acide azoteux dans une solution de 3-nitro-2-aminoanthraquinone dans l'acide sulfurique. Le diazoïque obtenu explose à 133°. Dissous dans l'anhydride acétique il donne la quinonediazide.

En ajoutant de l'hyposulfite de sodium en excès dans une solution de soude diluée tenant en suspension de la quinonediazide on obtient l'oxyanthraquinonyl-1-3-hydrazine que l'acide acétique transforme en anthraquinone diazine.

---

(1) Nous avons publié in-extenso cette note en tête du numéro d'octobre 1925.

Les auteurs en suivant un processus analogue ont préparé l'anthraquinone-1-2-quinonediazide.

— Sur la préparation de l'isobornéol actif. Note de G. VAVON et P. PEIGNIER. — On traite le magnésien du chlorhydrate de pinène par un agent oxydant ce qui donne du bornéol et de l'isobornéol. On fait une saponification partielle ce qui agit surtout sur le phtalate de bornyle. Le phtalate d'isobornyle est purifié par cristallisations dans l'alcool aqueux. On saponifie.

L'hydrogénation du camphre en présence d'un platine très actif et en milieu acétique donne surtout de l'isobornéol, du bornéol et un carbure en $C^{10}H^{18}$.

— Influence de la réaction du sol sur l'adsorption du phosphore et du potassium en présence de divers engrais phosphatés. Note de Antonin NEMEC et Mirovil GRACANIN. — La réaction du sol exerce une action notable sur l'absorption des éléments nutritifs, phosphore et potassium, du sol et des engrais. Cet effet est prononcé non seulement dans l'assimilation de l'acide phosphorique soluble du superphosphate mais aussi dans celle des phosphates minéraux artificiels qui se décomposent plus difficilement.

Séance du 3 août. — Sur l'état d'hydratation de l'oxalate de calcium. Note de M. AUMERAS. — En étudiant la déshydratation à température croissante régulièrement on arrive à déterminer le palier qui correspond à l'hydrate réel $CaC^2O^4H^2O$.

— Action des solutions acides de faible concentration sur les métaux ferreux. Note de René GIRARD. — Pour chaque acide on peut diviser le domaine des concentrations en trois régions: 1o au voisinage de l'eau pure la corrosion a comme facteur essentiel la teneur en oxygène dissous; 2o à partir d'une concentration qui dépend de l'acide l'attaque est accélérée; elle se produit à un P_H plus élevé pour les acides faibles que pour les acides forts; 3o à partir d'une concentration critique l'accroissement de la corrosion est très rapide. A concentration égale la corrosion est plus grande avec les acides forts que pour les acides faibles.

— Sur un nouveau type d'organo-magnésiens. Note de V. THOMAS. — En traitant le p-diiodobenzène par le magnésium, en solution éthérée on arrive à dissoudre plus de métal que n'exige la formation de C^6H^4I. MgI. Il se forme un dérivé qui se compose à la façon d'un composé renfermant 2 groupes MgI.

— Contribution à l'étude des graisses de palmier d'Amérique. Sur le beurre de Murumuru. Note de Em. ANDRÉ et Franck GUICHARD. — Le beurre à un point de fusion supérieur à celui des beurres de coco et palmiste; il ne contient pas d'acide caproïque mais renferme un acide fondant au-dessus de 69o.

Séance du 10 août. — La turgoélectricité. Note de W. KOPACZEWSKI. — Le gonflement des sels serait une source nouvelle d'électricité; comme produisant une modification dans la répartition des charges électriques.

— Un exemple d'éther-oxyde d'hydrate de cétone. Acides benzyléthylphénylsucciniques. Note de J. BOUGAULT. — En partant de l'acide amidé contenant la fonction éther-oxyde on arrive par une série de réactions à l'acide benzylphényléthylsuccinique F. 170o, qui peut se transformer en un isomère F. 125o.

— Sur la présence de l'argon dans les cellules vivantes. Note de Amé PICTET, Werner SCHERRER et Louis HELFER. — La levure sèche renferme par gramme 0,28 à 0,31 cm³ d'argon. Le caillot sanguin et la cervelle contiennent de l'argon également: 0,86 cm³ dont 1 gramme de cervelle sèche.

— Sur la liquéfaction de l'empois d'amidon. Note de P. PETIT. — En réglant convenablement l'acidité du milieu on peut obtenir la liquéfaction de l'empois avec des doses extrêmement faibles de sels minéraux.

Dans le verre ordinaire il semble qu'il y ait perte de silice et clarification facile alors que dans le Pyrex la liquéfaction est facilement irrégulière.

Séance du 17 août. — Identification de l'acide glyoxylique par l'action de l'hydrazine et du xanthydrol à l'état d'acide dixanthyl- hydrazone - glyoxylique. Note de R. FOSSE et A. HIEULLE. — On introduit 1 gramme de xanthydrol dans

200 c/c d'acide acétique puis dans 0,2 grammes d'acide glyoxylique et 200 c/c d'eau; on verse 5 gouttes d'hydrate d'hydrazine à 50 0/0. On ajoute ensuite de l'eau jusqu'à cessation de précipité. On essore, lave et sèche. On délaye dans l'alcool à 96° et ajoute de la soude alcoolique N/1 jusqu'à alcalinité. L'addition d'acide acétique détermine un précipité qu'on purifie par le chloroforme et l'éther de pétrole. On a l'acide cherché avec une molécule d'eau.

Séance du 24 août. — L'élimination de l'acide benzoïque et des benzoates dans l'économie. Note de BORDAS, FRANÇOIS- - DINVILLE et ROUSSEL. — L'injection continue de benzoate de sodium (si on généralisait son emploi pour la conservation des denrées périssables) conduirait à des désordres du fait de son accumulation dans l'économie.

Séance du 31 août. — Dosage biochimique de l'insuline. Note de Fernand WYSS. — L'insuline prévient la formation des corps acétoniques; elle empêche l'oxydation du glucose en acide lactique et celle des phénols. La protection exercée sur les phénols dépend de la quantité d'insuline présente; la protection est d'autant plus grande que la protection est plus énergique.

SOCIÉTÉ INDUSTRIELLE DE MULHOUSE

Puce et bistre de dinitronaphtaline

Pli cacheté n° 1842, déposé le 5 juin 1908
Par **M. Jules BRANT**
Séance du 28 janvier 1925

Le présent pli a pour but de m'assurer la priorité pour les réactions suivantes :
Productions de couleurs foncées puce ou bistre directement sur le tissu en imprimant les dinitronaphtalines, additionnées de soude caustique et de trithioformaldéhyde, décrite dans le pli cacheté sous le n° 1811, sur'tissu préparé en glucose.
J'essayai les dinitronaphtalines 1 — 5 et 1 — 8. Ce n'est que la dernière qui donne de bons résultats.
On imprime sur tissu préparé en glucose 8° Bé la couleur suivante :
20 dinitronaphtaline 1 — 8, 20 trithioformaldéhyde pâte, 60 épaississant alcalin.

Epaississant alcalin

11 épaississant au br. gumm, 5 eau, 44 soude caustique 40°.
On vaporise environ 10 minutes en vapeur sèche, lave et savonne.
Les couleurs supportent bien le savon bouillant.
On peut nuancer avec les couleurs des séries de l'indanthrène, des couleurs algols, etc.
Sans addition de trithioformaldéhyde on n'obtient que des couleurs ternes et râpées.

Nouveau procédé de fabrication du sulfoxylate-formaldéhyde

Pli cacheté n° 1903, déposé le 25 mai 1909
Par **MM. Ch. SUNDER et Ch. TROSSARELLI**
Séance du 28 janvier 1925

Quand on ajoute la formaldéhyde à l'hydrosulfite $Na_2S_2O_4$, deux molécules d'aldéhyde son nécessaires pour saturer une molécule d'hydrosulfite : il se forme une molécule de sulfoxylate formaldéhyde et une molécule de bisulfite formaldéhyde.
Les chimistes de la Badische ont trouvé (v. Berichte, 38, 1063) que l'on peut obtenir le sulfoxylate-formaldéhyde en prenant une seule molécule de formaldéhyde en présence d'une molécule de soude caustique :

$$Na_2S_2O_4 + CH_2O + NaOH = NaHSO_2 \cdot CH_2O + Na_2SO_3$$

Etant donnée la préférence marquée de la formaldéhyde pour le sulfoxylate, il était intéressant de voir si l'hydrosulfite réagirait sur le bisulfite-formaldéhyde d'après l'équation.

$$Na_2S_2O_4 + NaHSO_3 . CH_2O + 2NaOH = NaHSO_2 . CH_2O + 2Na_2SO_3 + H_2O$$

Nous avons étudié la réaction et nous avons constaté que les choses se passent effectivement comme cela : en ajoutant une molécule de bisulfite-formaldéhyde à une molécule d'hydrosulfite, il n'y a pas de réaction ; mais il suffit d'ajouter deux molécules de soude caustique pour la provoquer. Dans le liquide qui en résulte, il n'y a plus d'hydrosulfite libre, ce qui se reconnaît facilement à l'aide d'une solution de sulfate d'indigo.

En opérant en solution concentrée, le sulfite formé produit une cristallisation abondante ; le liquide séparé a une concentration suffisante pour être employé tel que pour l'enlevage sur rouge para.

———

Emploi de la nitrosamine

Pli cacheté n° 2055, déposé le 10 décembre 1910

Par **MM. Paul Wilhelm** et **Nicolas Wosnessensky**

Séance du 25 février 1925

Le sel sodique de l'acide o-nitrotoluènesulfonique (Reservesalz W de Kalle) est employé depuis longtemps comme réserve sur le bleu d'indigo (surimprimé). Nous avons trouvé que ce sel peut être employé aussi comme réserve dans la teinture à cuve.

Son emploi est intéressant par le fait qu'il permet l'impression des nitrosamines au lieu des diazos pour enluminer les teintures à cuve.

Un échantillon a été imprimé à l'aide des couleurs suivantes :

Blanc W : 400 sel de réserve W, 600 gomme = 1000.

Rouge W : 150 nitrosamine, 150 gomme (neutralisée), 500 blanc W, 100 ZnO 1/1 (à la glycérine), 10 β-naptol, 40 NaOH 20°, 50 H²O = 1000.

En employant la nitrosamine de dichloraniline au lieu de celle de nitroanisidine on obtient du jaune. Les couleurs ci-dessus sont imprimées sur la marchandise non préparée, ou préparée en acétate d'ammoniaque, la marchandises est séchée et teinte au foulard avec les couleurs d'algol ou pareilles.

Après le séchage, la marchandise est rincée et savonnée.

———

Nouveau procédé d'impression des couleurs « noirs naphtol Cassella » sur laine et soie

Pli cacheté n° 2121, déposé le 28 septembre 1911

Par la **Manufacture Brunet-Lecomte** et **M. A. Stiegler**

Séance du 25 février 1925

Le présent pli a pour but de prendre date d'une fabrication exécutée au mois de septembre 1911 à la manufacture H. Brunet-Lecomte, à Jallieu (Isère).

Pour obtenir un noir sur laine et soie suffisamment résistant au lavage, la maison Cassella a proposé d'oxyder les noirs naphtol au moyen de chlorate de soude en présence d'alun et d'acide sulfurique libre. Les noirs ainsi obtenus lâchent encore beaucoup à l'eau froide et les tissus souffrent en les vaporisant beaucoup par la présence d'acide sulfurique libre.

Nous avons fait l'intéressante observation, qu'en ajoutant aux noirs naphtol, destinés à être oxydés par le chlorate en présence de vanadate, un peu de paramine extra et de nitrophénamine G (B. A. S. F.), ces noirs résistent bien mieux à un savonnage et lavage à chaud.

Nous nous servons de la couleur suivante :

I. — Noir naphtol B. G. 700 gr. Eau chaude 3000 gr.

II. — Nitrophénamine G. (B. A. S. F.) 50 gr. Paramine extra 50 gr. Eau chaude 1000 gr. Solution de gomme 1 + 1... 4200 grammes.

III. — Chlorate de soude 200 gr. Eau chaude 200 gr. Chlorure d'ammonium 200 gr.

IV. — Solution de nitrate de plomb 1/1000, 200 gr. Solution de vanadate d'ammonium 1/1000, 200 grammes.

Dissolvez le chlorure d'ammonium dans le mélange I et II, ajoutez dans la solution III (chlorate de soude) et, à la fin, le mélange IV (précipité + liquide).

La vanadate de plomb, ne se décomposant que par la vapeur permet à la couleur de se conserver à la température ordinaire.

Les pièces sont vaporisées ensuite durant 20 minutes à 100° C; un lavage de 5 minutes suffit, pour avoir un beau blanc à côté des autres couleurs.

BREVETS PRIS A PARIS

TEXTILE, CELLULOSE, PAPIER

Procédé pour l'obtention d'objets de formes variées en pâtes cellulosiques, fibreuses, avec revêtement de placage, par Société dite : Cellulose et papiers (France). — (Br. 562861, demandé le 22 avril 1922, délivré le 17 septembre 1923.)

Objet du brevet. — Procédé consistant à fixer des pièces de placage en bois au moyen de colles pénétrant la masse cellulosique servant de support.

Procédé pour la fabrication de soie artificielle au moyen de fibres végétales, par Société dite : Lanil Société anonyme (Suisse). — (Br. 563791, demandé le 14 mars 1923, délivré le 4 octobre 1923.)

Objet du brevet. — On traite des fibres de chanvre ou de ramie par un bain bouillant de lessive de soude à 20 0/0, puis par un bain d'acide hypochloreux et enfin par un bain de savon.

Procédé d'obtention des éthers sels cellulosiques solubles des acides supérieurs, en particulier des acides gras, par Société dite : Société de stéarinerie et savonnerie de Lyon (France). — (Br. 566124, demandé le 28 juillet 1922, délivré le 17 novembre 1923.)

Objet du brevet. — On fait agir une hydrocellulose et un chlorure d'acide en présence de pyridine ou de chlorure de zinc sur le corps gras en dissolution dans du chloroforme, du benzène, du tétrachlorure de carbone ou autre solvant analogue.

Procédé pour désencoller la soie de l'acétate de cellulose, pour décreuser et désencoller les tissus mixtes de soie naturelle grège et de soie artificielle à l'acétate de cellulose, par Société dite : Société chimiques des Usines du Rhône (France). — (Br. 569488, demandé le 26 octobre 1923, délivré le 7 janvier 1924.)

Objet du brevet. — On plonge les fils pendant 1/2 heure à 1 heure dans un bain contenant 0,5 à 2 0/0 de savon neutre de Marseille et 5 0/0 de chlorure de potassium et maintenu entre 95 et 100°.

Procédé de fabrication des plaques de phonographes ou gramophones en partant de dérivés de la cellulose, par Société dite : Compagnie française de charbons pour l'électricité (France). — (Br. 569580, demandé le 7 août 1923, délivré le 8 janvier 1924.)

Objet du brevet. — Les plaques sont obtenues à l'aide de poudre de matière plastique à base d'acétate de cellulose en employant pour le moulage une pression et une température supérieures à celles employées dans le cas de la gomme laque.

On peut ajouter à la matière plastique de 3 à 5 fois son poids de charges minérales.

Fabrication de la pâte à papier avec le pin maritime et autres essences d'arbres à résine par P. F. M. Chevalier Girard (France). — (Br. 568630, demandé le 11 juillet 1922, délivré le 24 décembre 1923.)

Objet du brevet. — Les copeaux de résines par traitement à la soude à 90-100° C, sont traités soit par la soude sous pression, soit par les bisulfites soit électrolytiquement soit par des oxydants tels que l'acide nitrique ou les hypochlorites.

COMBUSTIBLES

Procédé pour faire des briquettes de tourbe, par A. L. Stillman (Etats-Unis). — (Br. 573319, demandé le 19 novembre 1923, délivré le 8 mars 1924.)

Objet du brevet. — La tourbe est séchée jusqu'à ce que la teneur en eau tombe à 30-40 0/0. On la façonne alors en briquettes tout en lui faisant subir une pression de torsion pour ouvrir les cellules.

Les briquettes humides reçoivent un premier séchage puis séchées à l'air libre. Elles deviennent ainsi très dures en même temps qu'elles se contractent fortement.

Procédé pour obtenir des carbures d'hydrogène saturés des séries grasses et cycliques et des composés oxygénés du soufre par distillation de la houille ou de tout autre combustible, par J. L. Fohlen (France). — (Br. 566254, demandé le 28 avril 1923, délivré le 20 novembre 1923.)

Objet du brevet. — Le mélange des produits de la distillation d'un combustible quelconque et contenant de l'hydrogène est débarassé des sulfures et arseniures par passage sur certains métaux et dirigé ensuite sur des catalyseurs à métaux réduits suivant la méthode Sabatier.

On obtient ainsi des composés appartenant aux séries grasses ou cycliques se rapprochant des produits dérivés du pétrole.

Procédé pour l'épuration des gaz, par W. G. Moores et F. F. Altazin (France). — (Br. 569360, demandé le 10 octobre 1922, délivré le 6 janvier 1924.)

Objet du brevet. — Le gaz combustible traverse des canaux ménagés dans des briquettes faites de pâte de bois ou autre matière spongieuse imprégnées d'une solution renfermant du chlorure d'ammonium, du chlorure de chaux de l'acide chlorhydrique et du permanganate.

Perfectionnement à l'épuration du gaz, par Humphreys et Glasgow (Angleterre). — (Br. 570007, demandé le 22 août 1923, délivré le 12 janvier 1924.)

Objet du brevet. — Le gaz est lavé méthodiquement par une solution alcaline qui est ensuite soumise à un vide assez poussé et à l'action de la chaleur ce qui a pour effet de séparer les impuretés gazeuses et de permettre l'emploi à nouveau de la solution.

Procédé pour la transformation synthétique des hydrocarbures, par H. R. Berry (Etats-Unis). — (Br. 569659, demandé le 10 août 1923, délivré le 9 janvier 1924.)

Objet du brevet. — Ce procédé qui remplace le cracking consiste à faire agir sur de l'huile circulant en couche mince de haut en bas un gaz chaud riche en hydrogène circulant de bas en haut.

Briquette de sciure et son procédé de fabrication, par G. F. X. Schwindenhammer (France). — (Br. 574072, demandé le 3 décembre 1923, délivré le 22 mars 1924.)

Objet du brevet. — On ajoute à de la sciure de bois une matière agglutinante et incombustible susceptible de donner une ossature spongieuse et solide lorsque la matière est en ignition. On peut employer ainsi l'argile ou mieux le plâtre.

Perfectionnements apportés dans la fabrication des agglomérés combustibles, par Thoumyre fils (France). — (Br. 574749, demandé le 19 décembre 1923, délivré le 4 avril 1924.)

Objet du brevet. — Perfectionnement consistant à amener l'hydrocarbure que l'on ajoute au mélange habituel au sein de la vapeur surchauffée servant au chauffage du mélange.

Perfectionnements aux procédés de décoloration des distillats de pétrole, par Société dite : Union oil Company of California (Etats-Unis). — (Br. 574696, demandé le 17 décembre 1923, délivré le 2 avril 1924.)

Objet du brevet. — Au lieu des agitations à l'acide sulfurique, lavage à l'eau, aux alcalis et à l'eau, on fait une simple agitation avec de l'acide sulfurique concentré additionné d'argile.

DIVERS

Enduit applicable au revêtement des cuves en verre ou en ciment, par A. Desprès et L. Testard (France). — (Br. 563935, demandé le 3 juillet 1922, délivré le 6 octobre 1923.)
Objet du brevet. — Mélange fait essentiellement de brai et paraffine.

Encre fusible pour l'impression sur des matières dures et son mode d'application, par Société dite : Indelebile Coloration Corporation (Etats-Unis). — (Br. 564039, demandé le 17 mars 1923, délivré le 11 octobre 1923.)

Objet du brevet. — L'encre est faite d'un mélange de bitume, huile de lin, soufre, copahu, huile d'ambre, résine et pigment approprié. On l'applique comme une encre d'imprimerie, puis chauffe vers 230° le support imprimé. On obtient ainsi une impression indélébile.

Peinture résistant à la chaleur et spéciale pour carters de moteurs, par L. Doinage (France). — (Br. 566964, demandé le 4 juin 1923, délivré le 29 novembre 1923.)

Objet du brevet. — Le pigment est un mélange d'oxyde de fer et de litharge et le véhicule est un vernis auquel on ajoute glycérine et essence de térébenthine.

Préparations détersives et parasiticides, par R. Vidal (France). — (Br. 566406, demandé le 8 août 1922, délivré le 22 novembre 1923.)

Objet du brevet. — Emploi de phénols alcoylés liquides obtenus par action du chlorure de zinc fondu sur un mélange de phénol et d'alcool en milieu acide et anhydre.

Produit pour la destruction des plantes parasitaires dans les récoltes et des herbes dans les terrains nus, par Société dite : Etablissements Loyer et Société chimique de Massy-Palaiseau (France). — (Br. 566459, demandé le 2 août 1922, délivré le 22 novembre 1923.)

Objet du brevet. — Produit sec et pulvérisé obtenu en imprégnant une poudre inerte (plâtre, sable, etc), avec une matière active quelconque (sulfate de cuivre, phénol, permanganate, etc).

Procédé de fabrication par voie chimique de réseaux optiques et, en particulier de réseaux à apparence nacrée, par Société Clément et Rivière (France). — (Br. 563158, demandé le 15 mai 1922, délivré le 20 septembre 1923.)

Objet du brevet. — Apparence nacrée obtenue par précipitation de carbonate de chaux au sein d'une masse colloïdale.

Masse plastique synthétique résultant de la condensation des phénols et des aldéhydes, par Société dite : Société des Verreries de Folembray (France). — (Br. 563777, demandé le 27 juin 1922, délivré le 4 octobre 1923.)

Objet du brevet. — Matière se polymérisant à froid et obtenue en employant le chlorure de calcium comme agent de condensation.

Fabrication d'une pâte d'essence d'Orient miscible à tous véhicules employés dans la confection des perles artificielles et des vernis, par P. L. M. Fabre (France). — (Br. 563922, demandé le 1er juillet 1922, délivré le 6 octobre 1923.)

Objet du brevet. — Les écailles décantées de la solution ammoniacale par laquelle on les traite habituellement sont mélangées à une solution concentrée d'un sulforicinate alcalin et donnent une pâte se mélangeant bien aux collodions.

Masse plastique de condensation formophénolique, par E. Ropp (France). — (Br. 564575, demandé le 12 juillet 1922, délivré le 22 octobre 1923.)

Objet du brevet. — Obtention de produits incolores et fortement diélectriques par emploi comme agent de condensation d'un composé halogéné on oxyhalogéné du phosphore en très petite quantité.

Perfectionnements à la fabrication de produits phénoliques de condensation, par Société dite : S. Karpen and Bros (Etats-Unis). — (Br. 566854, demandé le 30 mai 1923, délivré le 28 novembre 1923.)

Objet du brevet. — On condense les chlorures de méthylène d'éthylidène, et de propylidène avec les phénols en employant comme agent de condensation de l'ammoniaque, du carbonate d'ammoniaque ou de la méthylamine. On obtient ainsi une résine qui traitée à chaud par le formol ou l'hexaméthylène tétramine devient infusible et insoluble.

PRODUITS MINÉRAUX

Procédé de fabrication d'une alumine pure à l'aide des aluminates du second groupe du système périodique, par J. Koritschoner et F. Hansgirg (Autriche). — (Br. 567046, demandé le 5 juin 1923, délivré le 30 novembre 1923.)

Objet du brevet. — Les matières alumineuses sont fondues avec de la chaux en proportion telle que le mélange corresponde aux eutectiques entre $3CaOAl^2O^3$ et $5CaO\ 3Al^2O^3$ ou $5CaO3Al^2O^3$ et $CaO\ Al^2O^3$. La masse refondue et pulvérisée est traitée par une solution diluée de soude ou de carbonate de soude. L'alumine reste à l'état d'aluminate de soude dans la solution.

Ce procédé peut être appliqué au traitement des laitiers de hauts fourneaux.

Procédé de production d'alumine pure, par L. G. Patrouilleau (France). — (Br. 567456, demandé le 13 juin 1923, délivré le 7 décembre 1923.)

Objet du brevet. — Modification du procédé Chancel applicable au traitement de la bauxite. La solution acide d'alumine additionnée d'un peu de grenaille de fer de zinc ou d'aluminium est traitée par un sulfite alcalin. L'alumine est précipitée, lavée, séchée et calcinée.

Procédé de fabrication d'extraits de chrome et de sels de chrome au moyen des résidus de chrome provenant comme produits de déchet de la fabrication de colorants organiques, par Stickelberger et Cie (Suisse). — (Br. 569504, demandé le 6 août 1923, délivré le 27 janvier 1924.)

Objet du brevet. — Les matières organiques sont détruites par action du bichromate en présence d'acide sulfurique en quantité calculée pour obtenir à volonté les solutions chromiques acides neutres ou basiques desquelles on peut retirer, le cas échéant, des sels neutres ou des extraits basiques en solution ou en poudre.

Perfectionnement apporté à la fabrication du sulfate d'ammoniaque, par A. Pianchon (Espagne). — (Br. 563921, demandé le 1er juillet 1923, délivré le 6 octobre 1923.)

Objet du brevet. — Action de l'ammoniaque et de l'acide carbonique sur le sulfate de chaux utilisé à l'état de grains ou blocs, maintenus en mouvement et à une température ne dépassant pas 40°.

Procédé de production de gel de silice activé et produit qui en résulte, par Société dite : Farbenfabriken vorm F. Bayer et Cie (Allemagne). — (Br. 572959, demandé le 26 septembre 1923, délivré le 1er mars 1920.)

Objet du brevet. — Procédé consistant à soumettre le gel fraîchement précipité à de très

fortes pressions de façon à extraire presque toute l'eau mère et à faciliter considérablement
le lavage du gel.

Procédé d'épuration du chlore et d'autres gaz corrosifs, par Société dite : Carbide and
Carbon chemical's corporation (Etats-Unis). — (Br. 569061, demandé le 26 juillet 1923,
délivré le 4 janvier 1924.)

Objet du brevet. — Procédé consistant à liquéfier le chlore suffisamment refroidi pour
obtenir une liquéfaction à une pression ne dépassant pas deux atmosphères afin d'éviter la
dissolution des gaz impurs à la faveur d'une forte pression dans le chlore liquide.

Fabrication de sulfure de zinc, par Société dite : Compagnie générale de produits
chimiques de Louvres (France). — (Br. 572760, demandé le 11 janvier 1923, délivré le
28 février 1924.)

Objet du brevet. — Obtention de sulfure de zinc amorphe ou cristallisé par action d'hydrogène sulfuré sur du sulfate de zinc suivant qu'on opère au rouge ordinaire ou au rouge
cerise.

Procédé de préparation de l'oxyde de titane, par G. Carteret et M. Devaux (France). —
(Br. 572890, demandé le 20 janvier 1923, délivré le 29 février 1924.)

Objet du brevet. — On fait réagir l'oxygène sur le chlorure de titane dans un four en présence de matières réfractaires maintenues au rouge. Il se forme en même temps du chlore
qui peut être récupéré et l'oxyde est purifié par calcination.

**Concentration en anhydride sulfureux des gaz résiduels de la fabrication de
l'acide sulfurique,** par E. Urbain et P. Verola (France). — (Br. 572898, demandé le
23 février 1923, délivré le 29 février 1924.)

Objet du brevet. — Les gaz résiduels passent dans une batterie d'atmolyseurs permettant
d'utiliser des catalyseurs de faible rendement mais peu coûteux.

Procédé pour le blanchiment du sulfate de baryte naturel, par A. L. A. Teillard
(France). — (Br. 572937, demandé le 8 novembre 1923, délivré le 1er mars 1924.)

Objet du brevet. — Le minerai est traité par décrépitation, la poudre obtenue est traitée
par une solution étendue d'acide chlorhydrique naissant et lavée dans de l'eau constamment
renouvelée pendant 3 heures.

Séparation de soufre de l'hydrogène sulfuré, par Société dite : Farbenfabriken vorm
F. Bayer und Cie (Allemagne). — (Br. 573184, demandé le 16 novembre 1923, délivré le
6 mars 1924.)

Objet du brevet. — On fait réagir l'hydrogène sulfuré sur de l'air, de l'oxygène ou du gaz
sulfureux en présence de silice poreuse ou activée. La réaction s'opère parfaitement même
si la concentration en composés sulfurés est faible.

Procédé perfectionné pour récupération raffinage et sublimation du soufre, par C. E.
Hope (France). — (Br. 573674, demandé le 23 février 1923, délivré le 14 mars 1924.)

Objet du brevet. — Le minerai de soufre circule à travers des séparations disposées en
chicane et rencontre des gaz chauds qui provoquent la distillation du soufre.

Procédé pour la fabrication d'alumine pure, par A. Pedemonte (France). — (B. F.
n° 573690, demandé le 26 février 1923, délivré le 15 mars 1924.)

Objet du brevet. — Les minerais impurs tels que la bauxite sont traités par un acide pour
les débarrasser de la silice puis traités par un réducteur pour réduire les sels de fer titane.
etc., additionnés de carbonate ou bicarbonate en quantité telle qu'on n'ait pas de précipitation à froid et finalement on précipite l'alumine par ébullition.

Procédé d'extraction de soufre des matières qui en contiennent et de raffinage continu
par entraînement et condensation des vapeurs à l'aide de courant de gaz inertes sur le
soufre, par G. P. Capot et R. L. Capot (France). — (Br. 574473, demandé le 14 décembre 1923,
délivre le 2 avril 1924.)

Objet du brevet. — La matière est finement pulvérisée et introduite dans une chambre où
le soufre est immédiatement volatilisé. Les vapeurs tenant en suspension les matières non
vaporisables abandonnent celles-ci dans une chambre où la vitesse des gaz est très réduite.
Les vapeurs purifiées sont alors aspirées et brassées avec un gaz inerte qui les refroidit et
donne de la fleur de soufre qui est recueillie.

Engrais phosphaté potassique, par Société dite : Mineraria Italiana (Italie). — (Br.
574777, demandé le 20 décembre 1923, délivré le 5 avril 1924.)

Objet du brevet. — Cet engrais est constitué par un mélange de phosphorites naturelles
broyées de chlorure de potassium de carbonate de chaux, de divers silicates naturels et de
bioxyde de manganèse.

Perfectionnement dans la fabrication de l'ammoniaque à partir des éléments et de son sulfate, par G. Harnist (France). — (Br. 559846, demandé le 1er mars 1921, délivré le 25 juin 1923.)

Objet du brevet. — On fait réagir un mélange de vapeur d'eau et de gaz chauds provenant d'un four à pyrites ou à grillage de sulfure sur une solution alcaline en présence de catalyseur oxydant on obtient ainsi un mélange d'azote et d'hydrogène. On règle la proportion de vapeur d'eau pour obtenir le mélange de ces gaz dans la proportion convenant à la synthèse de l'ammoniaque. Celui-ci est mis en contact avec du gaz sulfureux et le bisulfite formé est transformé en un mélange de sulfate et soufre par action de la pression en autoclave.

Perfectionnement au traitement des phosphates pour la préparation d'engrais, par P. L. F. Nicolardot (France). — (Br. 580640, demandé le 23 juillet 1923, délivré le 5 septembre 1924.)

Objet du brevet. — Les phosphates sont réduits au four électrique en donnant du phosphure et du carbure de calcium, la masse obtenue est concassée, oxydée à l'air et traitée par un excès d'acide dilué.

Procédé de traitement de minerais et de produits concentrés pour les transformer en sulfates, par J. B. Read et M. F. Coolbaugh (Etats-Unis). — (Br. 548639, demandé le 9 mars 1922, délivré le 28 octobre 1922.)

Objet du brevet. — Principalement applicable aux sulfures complexes de plomb et de zinc le procédé consiste à griller et oxyder le minerai en faisant cheminer parallèlement l'air et le produit et en réglant la température en même temps qu'on transforme le gaz sulfureux en anhydride carbonique au moyen de catalyseurs entre 550 et 750° C.

Engrais azoté potassique et son procédé de fabrication, par Société dite : Société chimique de la Grande Paroisse, azote et produits chimiques (France). — (Br. 572911, demandé le 24 janvier 1923, délivré le 24 février 1924.)

Objet du brevet. — Engrais constitué essentiellement de chlorure de potassium et de chlorure d'ammonium.

PRODUITS ORGANIQUES

Procédé d'obtention d'un succédané du camphre par hydrogénation de la naphtaline, par E. Levienne (France). — (Br. 559926, demandé le 21 mars 1922, délivré le 26 juin 1922.)

Objet du brevet. — On obtient ce produit qui est un dérivé trichloré du naphtalène par action du chlore sur le naphtalène, sous pression à 150°.

Procédé de fabrication du camphène et des dérivés, par L. Peufiallit et G. Austerweil (France). — (Br. 563208, demandé le 20 mai 1922, délivré le 21 septembre 1923.)

Objet du brevet. — Dans ce procédé on fait agir de l'acide abiétique sur le pinène dilué ou non dans des solvants neutres, et à une température variant de 135 à 180°. On sépare le camphène obtenu par distillation, congélation ou transformation en acétate de bornyle.

Procédé de préparation d'un mélange de camphène et d'éther d'isobornyle au moyen du chlorhydrate de pinène, par Société dite : La Industrial Resinera (Espagne). — (Br. 567227, demandé le 9 juin 1923, délivré le 3 décembre 1923.)

Objet du brevet. — On obtient ce mélange en chauffant sous pression le chlorhydrate de pinène avec un acide gras et un sel gras de zinc.

Procédé pour la production d'alcool butylique normal par fermentation bactérienne, par Ricard, Allenet et Cie (France). — (Br. 568796, demandé le 7 juillet 1922, délivré le 26 décembre 1923).

Objet du brevet. — A une fermentation butyrique d'hydrates de carbone on ajoute soit un moût lactique soit du lactate de sodium et de calcium.

Mode de préparation d'alcools homologues de la théobromine, par Etablissements Poulenc Frères et A. Behal (France). — (Br. 569463, demandé le 20 octobre 1922, délivré le 7 janvier 1924.)

Objet du brevet. — On condense la théobromine avec les alcools halogénés en présence de lessive de soude en milieu aqueux au bain marie.

Préparation d'acides arséniques aliphatiques substitués, par Etablissements Poulenc Frères et C. Œchslin (France). — (Br. 569541, demandé le 28 octobre 1922, délivré le 8 janvier 1924.)

Objet du brevet. — Application de la réaction de Meyer à la préparation d'acides arséniques aliphatiques substitués préparés par action de l'arsénite de soude sur des produits contenant 2 ou plusieurs groupes $RCHXR^1$ dans lesquelles R est un groupe fonctionnel quelconque, X un atome d'halogène et R^1 un atome d'hydrogène ou un groupe substituant quelconque.

Procédé pour la fabrication d'urée à partir de la cyanamide, par SOIÉTÉ D'ÉTUDES CHIMIQUES POUR L'INDUSTRIE (Suisse). — (Br. 561554, demandé le 29 janvier 1923, délivré le 10 août 1923.)

Objet du brevet. — Utilisation comme catalyseur d'acide sulfurique dilué dans des conditions de concentration pression et température rigoureusement déterminées.

Procédé de transformation des carbures éthyléniques gazeux en carbures liquides, par RICARD, ALLENET et Cie (France). — (Br. 569609, demandé le 8 août 1923, délivré le 8 janvier 1924.)

Objet du brevet. — La condensation s'effectue par passage des carbures éthyléniques dans de l'éther de pétrole contenant du chlorure d'aluminium.

MINES ET MÉTALLURGIE

Perfectionnements aux modes de production des métaux contre la corrosion, par SOCIÉTÉ dite COMPAGNIE FRANÇAISE POUR L'EXPLOITATION DES PROCÉDÉS THOMSON HOUSTON. — (Br. 567546, demandé le 18 juin 1923, délivré le 8 décembre 1923.)

Objet du brevet. — Procédé consistant à recouvrir les articles d'une couche de cadmium déposé par électrolyse.

Procédé de désulfuration des métaux fondus, par M. VAREILLES (France). — (Br. 568302, demandé le 3 juillet 1923, délivré le 19 décembre 1923.)

Objet du brevet. — On impreigne du coke d'un désulfurant par un moyen quelconque et on utilise ensuite le coke ainsi traité comme combustible.

Procédé de galvanisation et plombage des fers, aciers et analogues, par G. DE DUDZCELE (France). — (Br. 567938, demandé le 1er septembre 1922, délivré le 14 décembre 1923.)

Objet du brevet. — Les fers et aciers peuvent être protégés en neutralisant les effets électrolytiques contraires qui se produisent entre fer et plomb et fer et zinc. Il suffit de recouvrir le métal de 2 couches l'une de zinc l'autre de plomb. Mais l'adhérence de ces deux couches est difficile à obtenir. On l'obtient en faisant un passage intermédiaire dans un bain de sel mercurique qui amalgame la première couche.

Pâte pour la trempe des aciers, par R. F. CHENU (France). — (Br. 568306, demandé le 3 juillet 1923, délivré le 19 décembre 1923.)

Objet du brevet. — Pâte composée avec : Ferrocyanure 40 grs, noir de fumée 230 grs, plombagine 20 grs, eau 70 grs, borate de soude 100 grs, bicarbonate de soude 30 grs, ammoniaque 10 grs. On enduit la pièce de cette pâte on la porte à 1200° et trempe à l'huile.

Perfectionnements au traitement des minerais, mattes etc., contenant des sulfures de plomb et de zinc, par E. A. ASHCROFT (Angleterre). — (Br. 568368, demandé le 4 juillet 1923, délivré le 20 décembre 1923).

Objet du brevet. — Ces minerais sont attaqués à 6 ou 700° C, par du chlore ou du chlorure de soufre. On sépare par dissolution les chlorures formés solubles et on électrolyse le chlorure restant amené à la fusion. On récupère le chlore dégagé.

Procédé pour obtenir les métaux de leurs minerais par une calcination chlorurante, par S. J. VERMAES et L. L. V. LYNDEN (Pays-Bas). — (Br. 568499, demandé le 9 juillet 1923, délivré le 22 décembre 1923.)

Objet du brevet. — On forme des vapeurs de chlorures métalliques concentrés et récupère les métaux de ces vapeurs de chlorures par passage à travers un mélange d'alcali, de terre alcaline et de charbon à une température telle que le métal et le chlorure alcalin ou alcalino terreux soient fondus.

Nouveau métal, par SOCIÉTÉ dite : SOCIÉTÉ VOURET FRÈRES ET FILS AINÉ (France). — (Br. 569344, demandé le 17 octobre 1922, délivré le 6 janvier 1924.)

Objet du brevet. — Alliage résistant élastique et sonore formé de cuivre et nickel avec des petites quantités de cobalt et d'aluminium.

Procédé pour l'amélioration des métaux et alliages, par SOCIÉTÉ dite : COMPAGNIE DE PRODUITS CHIMIQUES ET ÉLECTROMÉTALLURGIQUES D'ALAIS, FROGES ET CAMARGUE (France). — (Br. 569461, demandé le 20 octobre 1922, délivré le 7 janvier 1924.)

Objet du brevet. — Procédé consistant à ajouter du fluorure alcalin dans la masse en fusion de métaux tels que le cuivre, le nickel, l'argent, le fer ou d'alliages contenant des éléments absorbant de l'oxygène.

Procédé d'affinage des métaux et alliages, par SOCIÉTÉ dite : COMPAGNIE DE PRODUITS CHIMIQUES ET ÉLECTROMÉTALLURGIQUES D'ALAIS, FROGES ET CAMARGUE (France). — (Br. 569462, demandé le 20 octobre 1922, délivré le 7 janvier 1923.)

Objet du brevet. — Ce procédé spécialement applicable à l'acier et à ses alliages consiste à faire agir sur le métal fondu un agent désoxydant tel que l'aluminium additionné d'un agent capable de fournir avec l'alumine une scorie à point de fusion plus bas que celui du métal à affiner. On peut utiliser dans ce but un fluorure double de sodium et d'un autre élément.

Perfectionnements apportés à la préparation des alliages ferreux, par B. D. SAKLAT-WALLA (Etats-Unis). — (Br. 569645, demandé le 9 août 1923, délivré le 8 janvier 1924.)

Objet du brevet. — Incorporation de petites quantités de cuivre dans les alliages de fer chromé ayant pour but d'augmenter la malléabilité la ductilité et la résistance à la corrosion.

Procédé de traitement des minerais au haut fourneau par injection de combustible pulvérisé concurremment avec un chargement de coke, par SOCIÉTÉ dite : SOCIÉTÉ ANONYME COMMENTRY, FOURCHAMBAULT et DECAZEVILLE (France). — (Br. 568329, demandé le 3 juillet 1923, délivré le 20 décembre 1923.)

Objet du brevet. — On arrive à remplacer 50 0/0 du coke par du charbon pulvérisé que l'on introduit par les tuyères et qui produit une température très élevée.

Procédé et appareil pour la production directe du fer et des dérivés ferreux, par J. A. LEPINEY (France). — (Br. 569365, demandé le 19 octobre 1921, délivré le 6 janvier 1924.)

Objet du brevet. — Le minerai est traité dans un four tournant par du charbon pulvérisé La réduction s'effectue progressivement et le métal réduit est fondu dans un four faisant suite au premier par la flamme provenant de la combustion du charbon.

Perfectionnements aux alliages d'aluminium, par SOCIÉTÉ dite : THE BRISTISH ALUMINIUM COMPAGNY LTD (Angleterre). — (Br. 572371, demandé le 26 octobre 1923, délivré le 20 février 1924.)

Objet du brevet. — Procédé d'affinage d'alliages alumineux au moyen d'un flux d'oxyde ou d'hydrate alcalin ou alcalino terreux.

Nouveau procédé de grillage des minerais, par SOCIÉTÉ dite : COMPAGNIE DES MÉTAUX OVERPELT LOMMEL (Belgique). — (Br. 572375, demandé le 26 octobre 1923, délivré le 20 février 1924.)

Objet du brevet. — Les minerais maintenus en suspension dans de l'air chaud ou froid sont introduits dans une chambre de grillage disposée de telle sorte qu'ils suivent une direction ascendante puis descendante, et le dépôt est réalisé au moyen d'un appareil basé sur l'emploi de la force centrifuge.

Procédé d'épuration et récupération des déchets de bronze, par E. SCHNEIDER et G. GUIVALOT (France). — (Br. 573048, demandé le 10 novembre 1923, délivré le 3 mars 1924.)

Objet du brevet. — Procédé permettant d'éliminer le fer et autres impuretés du bronze par fusion avec de petites quantités de chlorure d'ammonium et de salpêtre, brassage et écumage.

Procédé pour récupérer les métaux constitutifs du fer blanc et de pièces étamés, par Q. MARINO (Belgique). — (Br. 574395, demandé le 12 décembre 1923, délivré le 28 mars 1924.)

Objet du brevet. — Les pièces sont soumises à l'action d'un bain producteur de chlore naissant par exemple d'un bain de bichromate et d'acide chlorhydrique chauffé vers 80°. L'étain est isolé par précipitation au zinc ou par électrolyse.

Le Propriétaire-Gérant : Dʳ G. QUESNEVILLE.

ANGERS. — IMPRIMERIE CENTRALE

LE MONITEUR SCIENTIFIQUE QUESNEVILLE

JOURNAL DES SCIENCES PURES ET APPLIQUÉES
TRAVAUX PUBLIÉS A L'ÉTRANGER

COMPTES RENDUS DES ACADÉMIES ET SOCIÉTÉS SAVANTES
SOIXANTE-NEUVIÈME ANNÉE
CINQUIÈME SÉRIE. — TOME XV

| Livraison 1001 | DÉCEMBRE | Année 1925 |

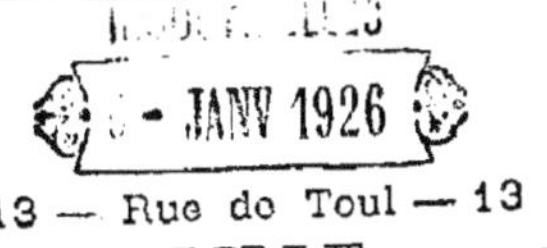

La philosophie chimique à l'Académie de Belgique

par M. Maurice DELACRE, professeur émérite à l'Université de Gand

« Peut-être me reprochera-t-on d'avoir exposé, au cours de cette lecture, quelques faits
« qui corroborent une théorie. Certains chimistes ont voulu démontrer qu'en se laissant
« guider par la théorie on peut aboutir à un échec complet dans l'établissement de la
« structure des corps organiques. M. Delacre écrit, dans la postface de son *Essai de*
« *Philosophie chimique :* « La chimie est une science positive ; son positivisme est expérimental
« et elle seule, parmi toutes les sciences, le possède à ce degré. Elle peut se permettre de
« rejeter toutes les hypothèses. »

« Et plus loin : « L'idéal de l'expérimentateur est dans les faits, non dans les théories.
« Il doit tendre, non pas à greffer les unes sur les autres des conceptions, mais à se
« débarasser peu à peu et dans toute la mesure du possible de toutes les conceptions
« imaginaires, pour aboutir à une théorie matérielle qui serait un ensemble cohérent de
« faits, tous expérimentaux et tous indiscutables, sans lien imaginaire. »

« Beaucoup d'expérimentateurs avoueront, je pense, que cette idéal ne les tente pas ; quel
« sera donc leur guide au laboratoire ?

« Qu'on me permette de terminer par ces quelques lignes du beau livre de M. Urbain :
« Les Disciplines d'une Science », auquel j'ai fait déjà plusieurs emprunts : « L'hypothèse a
« cessé d'être, pour la génération actuelle, l'épouvantail qu'elle fut pour la génération
« précédente. Condamné à être borné dans sa connaissance, comme dans ses moyens de
« l'acquérir, l'esprit a recours à l'hypothèse, et il la manie plus ou moins bien, comme un
« ouvrier fait d'un outil délicat suivant l'expérience acquise et les dispositions innées.
« Supprimer l'hypothèse, c'est paralyser l'intelligence ; c'est condamner l'esprit à ne donner
« aucun corps aux sensations ; c'est dessécher l'imagination, sans laquelle on ne peut
« prévoir. C'est tuer la science non seulement dans sa partie théorique, mais encore dans sa
« partie expérimentale. »

Ainsi se terminait un discours sur « Le Symbolisme (!) en Chimie organique »,
prononcé en séance publique du 16 décembre 1924, à la classe des Sciences
de l'Académie de Belgique.

L'orateur a nom Pierre Bruylants. Il est professeur de Chimie à l'Université
de Louvain.

**

Le parallélisme que le jeune académicien établit entre la science hypothétique et la science positive est trop déconcertant par lui-même pour qu'il
faille insister. Et l'on se rend compte de suite que pour arriver à ce bizarre
assemblage, il a forcément laissé des lacunes dans ses citations. Relevons les
suivantes:

1o Certains chimistes ont voulu démontrer... ». La simple probité scientifique
aurait dû engager l'orateur à faire autre chose que ce rappel anonyme. Mon
petit livre ne contient que les conséquences de recherches qui ont occupé toute
ma carrière scientifique ; elles méritent d'être attaquées de front et loyalement.

2º Au premier passage (LA CHIMIE EST UNE SCIENCE.... HYPOTHÈSES)', qu'il extrait de mon livre (p. 157), il aurait bien fait d'ajouter les quelques lignes qui suivent:

« Loin de moi la pensée de répudier d'une manière absolue le rôle de l'imagination. « L'hypothèse partielle qu'elle engendre nous est indispensable dans nos déductions « expérimentales. Lorsque Sainte-Claire Deville a étudié l'expérience de Grove, ne pense- « t-on pas que son imagination s'est livrée à plusieurs suppositions, à une série d'hypothèses « que ses essais ont poussées successivement dans leurs derniers retranchements, et que ce « n'est qu'après ce jeu compliqué de son esprit qu'il a réussi à mettre expérimentalement « au jour cette vérité, « éternelle » s'il en fut, la dissociation ? »

3º La manière dont le jeune professeur a tronqué le second texte est plus grave encore; je ne puis mieux faire que de le citer complètement:

« La contradiction commence au volume moléculaire : passons-nous du volume moléculaire. « Nous n'aurons pas beaucoup à nous en plaindre. Personne ne croira d'ailleurs que toute la « question de la molécule chimique peut se solutionner sans expériences et par un trait de « plume, comme l'avaient fait les professeurs de 1860.

« Au contraire de ces maîtres, nous croyons que ce n'est pas la théorie, ni même une « théorie, qui peut perfectionner la théorie. L'idéal de l'expérimentateur est dans les faits, « non dans les théories. Il doit tendre, non pas à greffer les unes sur les autres des « conceptions, mais à se débarrasser peu à peu, et dans toute la mesure possible de toutes « les conceptions imaginaires, pour aboutir à une théorie matérielle qui serait un ensemble « cohérent de faits, tous expérimentaux et tous indiscutables, sans lien imaginaire.

« Pour atteindre cet idéal, Claude Bernard nous a conseillé de ne nous abandonner à « aucun système philosophique, Pasteur nous a donné le magnifique exemple d'un esprit « dégagé de toute prévention théorique, et H. Sainte-Claire Deville nous a bien recommandé « de nous servir peut-être de théories, mais toujours « sans y croire ».

« Les principes de ces trois grands expérimentateurs sont en opposition radicale et absolue « avec tout ce que l'on nous a enseigné dans notre jeunesse dans l'école de Wurtz. »

*
**

Je ne crois pas devoir refaire ici une argumentation qu'il m'est arrivé de produire sous des formes différentes. Il est bien facile de montrer que Wurtz s'est trompé et nous a trompés. M. Urbain parle la même langue que Wurtz, et M. Bruylants ne comprend que celle-là.

Mais en quoi des conférences de ce genre peuvent-elles servir les intérêts de la science? Quel rôle les académies prétendent-elles jouer? Quels services peuvent-elles rendre? Telles sont les questions qui viennent à l'esprit à la lecture de cet écrit.

La péroraison du discours cite mes opinions. Pourquoi? Qu'ai-je prétendu? Que les formules développées de la chimie organique doivent être maniées avec prudence. Cela est-il nouveau? Quel est le chimiste assez obtus pour croire que ces formules sont une réalité? J'en ai cherché pendant toute ma carrière les raisons philosophiques. J'ai voulu, en 40 ans de recherches et de réflexion, voir un peu plus clair que mes aînés. Je n'ai pas voulu suivre en aveugle la voie tracée par eux. Le scepticisme n'est-il pas la première règle d'un expérimentateur? La certitude, cette chose éminemment précieuse, ne doit-elle pas être son seul souci?

Mais pourquoi, je me le demande, après avoir parlé dans un long discours de toutes sortes de choses, le jeune académicien éprouve-t-il le besoin de citer (d'ailleurs en les tronquant) mes opinions générales? Quel rapport y a-t-il entre la prudence dont j'entends m'entourer et l'aveugle confiance qu'il a dans les idées préconçues de l'esprit?

Sans avoir pris la peine de donner aucun de mes arguments (1), et on ne

---

(1) Le jeune académicien parle en différents endroits de son discours de l'œuvre scientifique de Louis Henry. Douze ans avant lui, j'ai écrit la biographie de mon vénéré maître. Mon respect pour sa mémoire ne devait pas m'empêcher d'examiner sous un jour critique plusieurs principes (*Annuaire Académie* de Belgique, 1914). L'orateur reproduit la plupart de mes opinions en les délayant et sans citer de source. « On nous fusille, mais on fouille nos poches ».

sait pourquoi, il cite de moi des textes (d'ailleurs tronqués); il demande ensuite à M. Urbain d'y répondre.

Le jeune homme veut-il nous départager? Suis-je le seul à rechercher dans les sciences uniquement des certitudes? M. Urbain, est-il le seul à vanter les blandices de l'hypothèse?

D'autre part, dans le programme du jeune conférencier, « Le Symbolisme (!) en Chimie organique », quelle compétence particulière M. Urbain a-t-il donc? Où ce savant s'est-il acquis le droit de parler des formules organiques? Où sont ses travaux expérimentaux dans cette direction?

M. Urbain parle de l'épouvantail de la génération précédente. S'il prétend, lui, représenter la science d'aujourd'hui, il retarde. Sa science n'est pas d'aujourd'hui; elle est d'hier. Il ne connaît de chimie organique que la science d'hier, celle qu'il a apprise à l'Université. Son argumentation tout entière est celle de Wurtz. Elle est contredite par les faits.

La génération qu'il cherche à déprécier est celle des grands expérimentateurs, de ceux qui ont eu cette saine crainte de l'à-peu-près, de ceux qui ont compris que l'on construit des certitudes avec des faits et non pas avec des hypothèses.

On a inscrit la « Science expérimentale » de Cl. Bernard au programme de la classe de philosophie. On a voulu que toute la jeunesse intellectuelle française connaisse cette œuvre admirable, qui sera la leçon éternelle de l'esprit scientifique. M. Urbain, comme Wurtz d'ailleurs, n'en veut rien savoir. C'est affaire à lui. Il expose ses idées dans un livre, et il est seul responsable.

Mais M. P. Bruylants parle à une académie au nom de la classe des Sciences, en séance publique. La classe fait une lecture préparatoire, la veille de la séance publique. Elle a mis son estampille sur la lecture du jeune académicien.

Et si une académie peut aussi tromper l'opinion publique sur un point aussi indiscutable; si elle peut, par une série de considérations, dont je la défie bien de tirer une conclusion logique et claire, prétendre que la science des hypothèses vaut mieux que la science des faits, il est permis de se demander à quoi elle sert et pourquoi elle est payée.

La Chimie est une science honnête, une science qui travaille, elle n'a besoin ni des académies, ni des congrès. L'essor prodigieux de la locomotion depuis 40 ans s'est produit sans le concours des Académies. De même la science organique doit surtout son développement à l'industrialisme. Chacun sait que la plupart des professeurs de Chimie organique allemands ont été, depuis 50 ans, surtout des industriels. Ceux qui se sont poussés aux théories générales, comme Baeyer, n'y ont guère réussi à mon sens. Par contre, il me paraît juste d'avoir une admiration réelle pour tant de travaux difficiles et délicats, mais dont l'application industrielle a été certainement le premier mobile. Je ne dis pas d'ailleurs que la philosophie de la science n'a pas souffert un peu de cette pléthore de travaux. Mais, en tous cas, ce ne sont ni les académies, ni les congrès, qui ont pu en modifier la direction, ni en élever le but.

Une erreur reste personnelle dans un livre; elle devient générale dans une académie.

La plupart des hommes de notre génération n'ont-ils pas été fascinés par la discussion entre Wurtz et Sainte-Claire Deville? Et les conséquences funestes de ce débat n'eussent-elles pas été moins graves, si l'Académie des Sciences n'y avait pas apporté le poids de son autorité?

Berthelot, auteur de la synthèse chimique? Il y a-t-il dans l'histoire scientifique contemporaine une erreur moins défendable? (1) Et qui est responsable de l'avoir créée et entretenue, sinon tout cet attirail qui, s'il n'est pas l'Académie elle-même, s'y recrute cependant et s'y développe.

Où tous les arrivistes évoluent-ils, sinon dans les académies et les congrès? Une académie est essentiellement traditionnaliste parce que l'arrivisme y est

---

(1) Voir notre « Histoire de la Chimie, » p. 566, Paris, Gauthier-Villars, 1920,

forcément le principal facteur. M. Bruylants ne parle à l'académie que pou flatter l'académie et les académiciens.

Eh! pourquoi invoque-t-il M. Urbain dans une question où celui-ci n'a aucune espèce de compétence? M. Urbain a publié: « Les disciplines d'une science ». Mais en même temps un autre savant français publiait de son côté « la Molécule chimique » (1), petit livre autrement intéressant, autrement instructif, écrit avec compétence et autorité. Pourquoi le jeune académicien belge ne s'est-il pas abrité derrière M. Lespieau? Est-ce parce que M. Lespieau n'est pas encore membre de l'Institut?

M. Lespieau, lui, aurait pu nous parler de la science d'aujourd'hui, car il n'est pas éloigné, à mon sens, de désavouer complètement Wurtz pour en revenir à Cl. Bernard. Il est déjà bien engagé dans la voie du positivisme chimique. Lui et moi nous avons simplement été sollicités par les mêmes difficultés pédagogiques.

Mais j'ai prononcé le mot de « positivisme », et des gens, ignorants de tout ce qu'est l'histoire de la Science qui nous est chère, croient que c'est moi qui ai inventé le positivisme en chimie. Ne trouvant pas la logique dans l'enseignement de mes principaux maîtres organiques, j'ai cherché, pendant 40 ans, à mettre mes études et mes travaux en harmonie avec le scepticisme de Stas dont j'ai eu le bonheur de partager les leçons.

Le jour où j'ai pu renouer cette chaîne d'après des liens de logique, d'expérience et d'histoire, a vu la seule et grande joie de ma vie scientifique.

Je ne demande à personne de la partager. Mais, on me permettra bien de le dire ici, il est parfaitement grotesque que dans l'Académie de mon pays, en séance publique, l'on me pose comme ayant dit quelque chose de nouveau sur le positivisme scientifique, et que l'on me désigne comme cible des faciles amateurs d'hypothèses, de théories et de systèmes, sans même voir que j'ai derrière moi les grands positivistes modernes, dont je n'ai fait que suivre modestement et de très loin les enseignements salutaires.

Le plomb tétréthyle : ses usages, ses dangers

Par A. HUTIN

Pour éviter les inconvénients du « knocking » (2) dans les moteurs à explosion, bien des solutions ont été proposées. La plus récente en date, est celle qui a été étudiée avec le plus de soins, par la puissante « Standard » aux États-Unis, avec l'amplitude de moyens pécuniaires et la ténacité gigantesque que lui permet son immense richesse ; elle a été l'adjonction de traces d'un corps nouveau, le plomb tétréthyle $Pb \equiv (C^2H^5)^4$, un des corps les plus instables que la Chimie moderne des composés endothermiques possède.

Un terrible accident arrivé récemment à l'usine d'essais de Bayway (N. Jersey) de la Standard, accident qui a coûté la vie à 5 ouvriers, a de nouveau attiré l'attention sur ce corps curieux et surtout dangereux.

Rappelons ici quelques-unes de ses propriétés, et sa préparation actuelle.

On l'obtient par l'action du chlore en excès sur le chlorure de plomb : on obtient ainsi une perchlorure de plomb, $PbCl^4$ que l'on fait réagir sur le chlorure d'éthyle, en présence de sodium :

$$PbCl^4 + 4C^2H^5Cl + Na^8 = 8NaCl + Pb (C^2H^5)^4$$

La réaction est, dit-on, des plus dangereuse (3). On peut aussi se servir de bromure d'éthyle. La réaction est la même. Elle est aussi très délicate.

(1 Paris, Alcan, 1920.

(2) Knocking « littéralement » « frappement », pratiquement, cognement, nom donné au choc qui se produit dans les moteurs à explosion, pour des causes que nous tentons d'expliquer à la note 3.

(3) Cahours préparait le plomb tétréthyle (C. Bernstein, p. 121) Trad. française: Traité élémentaire de Chimie organique; Edition 1900 : Trad. Choffel par la méthode suivante:

Action du perchlorure de plomb sur le zinc éthyle:

$$PbCl^4 + 2 [Zn (C^2H^5)^2] = Pb (C^2H^5)^4 + ZnCl^2$$

Le plomb télréthyle serait, dit-on, dilué dans les gazolines dans la proportion de 1 à 1.000 et encore moins.

On ne le vend pas au public isolément. On ajoute aussi parfois 1/1.000 de nitro-benzène comme antiknocking.

On ne dit pas si l'accident qui est arrivé a eu lieu pendant la fabrication, ou pendant l'utilisation d'un mélange de gazoline et de plomb tétréthyle dans une matière.

On dit que les expériences ont porté d'abord sur l'action des gaz d'échappement, de moteurs d'explosion, sur des animaux durant 8 mois. à raison de 3 à 6 heures par jour, et ce sans résultats mauvais pour ces animaux. Il n'y avait nulle trace de saturnisme chez les animaux. On semble dire qu'il en a été de même, pour les hommes, mais pas bien nettement.

L'usine d'essai de la Standard, pouvait fournir 100 gallons de plomb tétréthyle par jour : elle occupait 45 ouvriers.

On a dit que l'on était arrivé à combattre le saturnisme dans ce cas spécial par des injections intraveineuses d'hyposulfite de soude, ou par des absorptions de bromure de sodium à fortes doses qui agirait comme sédatif.

En somme on ne sait pas si ce terrible accident est imputable, au chlorure d'éthyle. anesthésique absorbé par les ouvriers en quantités formidables durant la préparation du plomb tétréthyle, ou au saturnisme lui-même.

En tout cas, rappelons brièvement ici ce qui peut intéresser nos lecteurs sur le plomb tétréthyle.

Sa préparation indiquée ci-dessus, serait analogue en somme à celle effectuée dans les usines de guerre, de la triméthylarsine.

$$AsCl^3 + 3C^2H^5Cl + Na^6 = 6NaCl + As(C^2H^5)^3$$

chlo. d'arsenic   chlo. d'éthyle   triméthylarsinie

La réaction ci-dessus était des plus aisées, mais non des plus saines.

De plus, l'établissement des diagrammes des forces d'inertie de l'attelage alternatif (bielle et piston), et sa superposition à celui des pressions dans le cylindre permet à l'ingénieur de situer avec exactitude les points de la course du piston où se produisent les changements de partage des articulations, de façon à ce que ceux-ci s'opèrent à faible vitesse (voisinage des points morts) et sous des efforts réduits (2).

Voici un ensemble de faits rapportés par le *Chem. and. Min. Eng.* vol. 32. 10/4. 25, p. 465, au sujet de la fabrication économique et sur un pied formidable, du bromure de

---

(1) En ce qui concerne l'emploi des corps dits « anti knocking » pour atténuer ou supprimer le « knocking » dans les moteurs à explosion son efficacité surprend les spécialistes; à ce sujet nous avons interviévé M. Polard, ingénieur AM., et qui est un des plus anciens spécialistes, à notre connaissance, des moteurs à explosion (il s'y est spécialisé depuis plus de 30 ans).

Il lui semble douteux que l'introduction d'un explosif même à dose très faible, dans un mélange détonnant puisse suffire à faire disparaître cet inconvénient. Il rappelle à ce sujet une expérience malencontreuse dont il fut le témoin il y a 30 ans, tentée par un industriel de l'Etat, qui, possédant un moteur à gaz pauvre (Delamarre-Deboutteville) de 50 HP, alimenté par un gazogène Lencauchez jeta dans la laveur à coke humide de ce gazogène, quelques petits morceaux de carbure de calcium. Le résultat fut positif: la culasse du moteur fut littéralement pulvérisée et le piston avec sa bielle arrachés furent lancés à une distance considérable.

La suppression du « knocking » ressortirait plutôt de l'art du mécanicien. Il est d'ailleurs très atténué dans les moteurs où le jeu des articulations motrices (axes de piston) soi de manivelle, paliers de l'arbre coudé) est réduit au strict minimum (quelques centièmes de millimètres).

(2) Si l'on en croit le *Chemical Trade* du 31 oct. 1924, p. 513 et l'American *Drug and Chemical Market*, la hausse du simple au double qu'a subi le bromure de sodium, en moins de 6 mois, hausse que rien n'expliquerait commercialement, (puisque ce produit est un sous-produit des eaux mères de marais salants, ou un sous-produit absorbant des sels de Lorraine et de Stassfurt) aurait sa raison dans l'emploi intensif aux Etats-Unis de plomb tétréthyle la préparation de ce corps exigeait du bromure d'éthyle qui exige lui-même pour sa préparation du bromure de sodium, ainsi qu'on l'a vu plus haut. Mais ce dernier revenant toujours dans la complétion du cycle, on ne voit pas bien, puisqu'on peut le récupérer presque totalement, ce que veut dire notre confrère américain; surtout quand il dit que le brome se retrouve à l'état de bromure de plomb récupérable. Or nous ne voyons à aucun moment apparaître dans ces réactions un bromure de plomb. Quelques éclaircissements sur ce sujet seraient décisives.

sodium destiné par la Du Pont de Nemours Cie à la préparation en grand du plomb tétréthyle.

Cette puissante société a construit un vaisseau du nom de *Ethyle*, mu par des moteurs à huile lourde, et pourvu de 55 hommes d'équipage, et de 12 chimistes pourvus de laboratoires de contrôle de fabrication.

But : Extraction du brome de l'eau de mer. Tout s'y trouve : Pompes, mélangeurs, filtre-presses, etc.

On y traiterait 32.000 litres d'eau de mer par minute. L'eau de mer contenait 0,0064 0/0 = 64/1.000.000 de brome, on traiterait ainsi 2 kg. 04 de brome par minute (soit 4 à 5 livres environ).

La Du Pont de Nemours Cie serait donc ainsi indépendante de qui que ce soit pour le brome.

En France, certains produits se sont faits jour, d'aucuns contiennent des traces de dérivés nitrés, en particulier, de nitrobenzène. Comme on le voit, la technique des anti knocking est encore trouble, puisque des produits aussi divers comme origine aient ou prétendent avoir telles ou telles propriétés.

VARIA

Peintures anticorrosives pour le fer
Par G. DANIELS
(« *The Industrial Chemist* », juillet 1925, p. 271/272)

Le problème de la protection contre les actions corrosives de toute espèce est de toute première importance. Nous allons étudier ici quelques aspects peu connus de la question, surtout au point de vue du fabricant de peintures.

Bien des gens sont habitués à considérer le problème de la corrosion des ouvrages en fer tels que les carènes de bateaux, les ponts, etc., et le grand nombre de produits manufacturés pour cela, montre le haut intérêt de la question. Chacun sait qu'en règle générale, elles sont à base de bonne huile de lin, crue ou bouillie ou épaissie à l'aide de siccatifs, et qu'elles ont pour pigment de base un oxyde de fer de belle et bonne qualité. En général, il y a absence de ZnO. En effet, les travaux de Gardner et autres, aux U. S. A., ont montré que l'addition de ZnO, et de lithopone ou des deux ensemble, avait la propriété désastreuse, d'aider à la formation de la rouille sur les tôles : l'auteur de ces lignes, a fait lui-même l'expérience de peintures, à base de lithopone, broyé dans un vernis de très bon pouvoir protecteur par lui seul, et qui, appliqué sur tôle et exposé aux intempéries, s'était abîmé en trois mois, avec formation de grosses pustules de rouille et formation d'un creux dans la tôle. D'autres tôles identiques comme qualité, couvertes d'une bonne peinture à l'oxyde de rouge de fer, broyé dans le même vernis de base que précédemment, ont été en excellent état après trois années d'exposition aux intempéries.

Si l'on emploie un oxyde rouge de fer en peinture, il faut employer une couleur de terre naturelle, car les oxydes de fer provenant de la calcination de SO^4Fe ou de $(SO^4)^3Fe^2$ sont exposés à contenir de petites quantités de sels solubles ou même d'acide libre.

Il faut aussi noter que, quand la surface à peindre vient en contact avec une eau riche en chlorures, il faut absolument éviter l'emploi du minium de plomb. Lewes rapporte dans son « Service Chemistry », le cas d'un vaisseau qui sombra dans le port, sans cause immédiatement apparente. La coque ayant été examinée présenta des traces de corrosion que l'on ne put attribuer qu'à l'action des chlorures divers de l'eau de mer sur Pb^3O^4, avec libération de $PbCl^2$ humide qui est un des agents de corrosion les plus actifs. L'auteur de cet article apporte ici un fait de son expérience propre.

Une usine fut récemment achetée, et dans cette usine se trouvait un puits artésien dont on voulait faire usage. Au moment de s'en servir, on trouva que le tuyau coulait fortement et devait être remplacé. On s'aperçut que ce tuyau présentait de fortes inclusions de rouille qui l'avaient creusé sur 1/2 pouce de longueur. Ce tuyau avait été peint au minium et l'eau du puits avait été contaminé avec de l'eau de surface très riche en chlorures alcalins.

Les eaux du Nil présentent en certaines saisons une très légère alcalinité ammoniacale et les peintures pour les ponts qui doivent supporter cette action légère, doivent être élaborées en conséquence.

Types de peintures protectrices

La protection des toits par exemple, dans une usine est heureusement métallique, chose relativement aisée. Ces toits sont soumis à des vapeurs acides. En réalité, toute bonne qualité de peinture ou vernis aux huiles cuites, a une bonne résistance aux vapeurs acides et la plupart des firmes qui manufacturent ces vernis, donnent des produits satisfaisants. Ces peintures sont fabriquées suivant des formules spéciales, formules tenues secrètes et d'analyse peu aisée. Disons-en néanmoins quelque chose. Un type de peinture aux emplois satisfaisants est celui des peintures à base de bitume. Elles résistent aux vapeurs acides, ainsi qu'aux alcalis. Elles tendent à se craqueler et alors elles ne valent plus rien. On y remédie par l'adition d'huiles non siccatives, habituellement d'huiles minérales. Mais alors la couche est molle, ce qui réduit à néant son pouvoir protecteur. Les peintures au bitume ont le désavantage que les peintures ordinaires ne peuvent pas être appliquées sur elles car les huiles de ces peintures pénètrent dans le bitume. La peinture à l'huile se décolore et, de plus, le séchage se trouve retardé.

On a mis sur le marché une bonne peinture, faite, dit-on, de caoutchouc chloruré. Elle est très hydrofuge et très élastique. Cette peinture est chère.

Toutes ces peintures ont pour base un vernis préparé soigneusement. Les pigments employés sont des terres rouges, brunes ou noires. Ces pigments doivent être inattaquables aux acides, par eux-mêmes. Il va de soi que les pigments qui formeraient des sels avec les acides sont à éliminer, car s'ils ne font pas de mal tant que la peinture est intacte, la détérioration commence dès qu'il y a présence de sels solubles et elle est alors très rapide.

Essais des peintures anticorrosives

Des tiges de cuivre de 6 pouces de long et de 1/4 de pouce de diamètre, arrondies à un bout et munies d'un écrou à l'autre bout, sont brunies, et on en élimine toute matière grasse en les lavant au benzol, et les séchant. Ces tiges sont alors peintes jusqu'à un pouce de leur extrémité, avec les peintures ou vernis sous essai ; on applique d'abord une seule couche, plutôt par trempage. On la laisse environ une semaine à sécher, et alors le bout arrondi est trempé dans un bain de paraffine fondue. Les tiges sont alors immergées dans un récipient contenant de l'acide sulfurique au 1/5 en volume et cela jusqu'à un pouce du sommet de la couche de peinture.

On place alors un bâton de zinc amalgamé dans le récipient d'acide, en évitant le contact avec les tiges sous expériences.

Pour continuer l'amalgamation, ces tiges se tiennent dans un petit creuset de mercure. Il est évident que nous constituons ainsi les éléments nécessaires à la formation d'une cellule primaire, sauf que les tiges de cuivre sont entourées d'une matière telle qu'elle puisse ou non empêcher l'acide d'attendre l'élément cuivré.

Par suite, si nous trouvons qu'en réunissant la tige de zinc et les tiges de cuivre une à la fois, avec les bornes d'un milli-voltmètre, nous n'avons aucune force électromotrice, nous pouvons assurer que la protection due à la peinture est convenable. Inversement, si les tiges doublées d'une peinture essayée montrent une certaine force électromotrice, c'est que la peinture ne résiste pas à l'action des acides.

Au cas où l'on jugerait que l'essai précédent est trop sévère, nous devons mentionner que des peintures et vernis peuvent être faits qui, dans les conditions précitées, ne montrent aucune force électromotrice, après 28 jours d'immersion. C'est pourquoi nous inclinons à penser que cet essai est d'une grande valeur pour éclairer le choix des peintures protectrices dans les usines de produits chimiques.

La protection des organes en acier, tels que enveloppes extérieures d'alambic, autoclaves, centrifuges, etc., tuyaux des usines de produits chimiques, est un problème semblable au précédent, sauf que les risques de corrosion provenant des éclaboussures continuelles possibles, sont encore plus grand, et que, encore, l'attaque par les alcalis est encore plus fréquenté.

Il est sur le marché une peinture qui a des propriétés remarquables au moins à l'égard des alcalis et des acides.

Le professeur Hinchley, du Collège Impérial de Sciences et de Technologie, en partant de cette peinture insiste sur le fait que sa résistance à CO_3Na_2 et à l'ammoniaque et à la soude caustique était 250 fois plus grand que celle d'une peinture ordinaire, dans les mêmes conditions.

Essais de résistance aux alcalis

L'appareil décrit ci-dessus peut être employé pour mesurer la résistance aux alcalis en remplaçant simplement le bain d'acide au 1/5 par un bain alcalin de la force désirée. L'auteur de cet article remplaçait le millivoltmètre par un simple essai visuel ; une capsule de Soxhlet en papier est enduite extérieurement de deux couches de la peinture sous essai et laissée à sécher complètement. La capsule ainsi constituée est remplie de l'acide ou de l'alcali à la force voulue et immergée dans de l'eau contenant un indicateur colorimétrique convenable. Le temps mis pour le développement de la couleur peut servir d'indice. Cet essai n'est pas aussi sensible que le procédé électrique décrit ci-dessus, mais il est facile à faire.

On constate que des acides organiques relativement faibles (tartrique, oaxlique, etc.), et des produits tels que BaS ont des pouvoirs corrosifs bien au-delà de ceux des acides minéraux modérément concentrés.

Un aspect du problème de la corrosion qui est de toute première importance, est celui

Corrosion des récipients pour matières alimentaires

de la corrosion des récipients destinés à contenir des aliments et celui de leur contamination possible.

Le récipient le plus courant est celui en fer étamé à joints soudés.

En étudiant l'action des aliments sur le fer-blanc, on trouva que la rhubarbe fraîchement bouillie sans sucre ni agent conservateur antiseptique, quand elle était employée comme électrolyte dans une pile à électrodes de zinc et de fer-blanc, développait une force électromotrice de 0,4 volts. Après 1/2 heure, la rhubarbe devenait d'un pourpre brillant, au voisinage du fer-blanc, indiquant ainsi la rapidité de l'attaque. C'est là que le fabricant de vernis pour fers-blancs a eu un des problèmes les plus difficiles à résoudre. Tout vernis de ce genre doit nécessairement ne pas être nocif, ne doit pas teinter l'aliment, et il doit en même temps protéger le fer-blanc durant la cuisson. Actuellement, plusieurs fabricants de vernis de ce genre, fabriquent un vernis sans plomb, et qui protège avec efficacité, les fers-blancs contre l'attaque à chaud des jus de fruits. L'efficacité d'un tel produit, peut être essayée par une modification de la pile décrété plus haut.

L'auteur de cet article emploie habituellement une électrode en étain, doublée du vernis sous essai, une tige de zinc et pour électrolyte un fruit fraîchement cuit.

L'essai pour plomb consiste en la détermination des cendres du vernis et sa nature.

On note ensuite que si les cendres ne contenaient même que de faibles traces dites de plomb, on aurait dans un creuset de porcelaine, la formation de traces d'un silicate de plomb, fusible à haute température.

Vernis isolants pour l'électricité

Etant donné l'emploi de plus en plus étendu de l'énergie électrique dans les usines de produits chimiques, il est devenu nécessaire de fabriquer des vernis isolants qui, outre leur première raison d'être, qui est d'être vraiment isolants, doivent protéger les moteurs contre la corrosion de l'atmosphère. On fabrique actuellement de tels vernis et les détails des essais auxquels ont doit les soumettre ont été publiés par la « British Electric an allied Industries Research Ass. (spécification des achats de vernis isolants). En général, ces vernis sont noirs ou de couleur jaune d'or.

Corrosion des peintures

Le vieillissement normal d'une peinture ou d'un vernis ne saurait, à vrai dire, être appelé corrosion, parce que ce n'est pas une attaque définie, mais plutôt une réaction lente et continue par l'oxygène de l'air. La question de la vraie attaque des films de peinture est trop étendue pour pouvoir être traitée dans un volume entier ; nous allons noter dans ce qui va suivre, deux ou trois exemples typiques.

Les barattes à lait sont fréquemment peintes avec les marques d'identification de leurs propriétaires. Ces marques s'effacent quand les barattes sont lavées à la soude caustique et doivent être fréquemment renouvelées. Ce travail peut être évité par l'emploi d'une peinture résistant aux alcalis.

On désire fréquemment peindre des surfaces récemment préparées, de ciment ou de plâtre. La nature alcaline de ces surfaces fait que, si l'on y applique une peinture ordinaire, dans les 12 mois ou au-dessous, cette peinture se dégradera en peu de semaines.

De grands manufacturiers font maintenant une préparation qui résiste aux alcalis et les rend capable de recevoir une couche 15 jours après que la couche a été faite.

Le gaz de ville produit un grain de SO^4H^2 par m^3 brûlé. Cela paraît peu de chose, mais l'auteur de cet article se rappelle vivement un mur qui avait reçu un très beau fini, avec une teinte plate, tout près d'un fourneau à gaz. Après peu de mois, la surface entière était remplie de craquelures à forme étoilée, et couverte de petits cristaux aiguillés. On constata que ces cristaux formaient le noyau de chacune des craquelures, qu'ils étaient du SO^4Zn provenant de l'action du pigment de la dite peinture ZnO, sur l'SO^4H des gaz de combustion du gaz de ville. On fit alors une peinture résistant aux acides, qui se maintint bien. Les problèmes que rencontre le fabricant de peintures sont donc des plus divers. A chaque problème, chaque exigence spéciale.

A. H.

La fabrication des produits pharmaceutiques
aux usines Burgoyne et Burtidges
Le chloral et ses dérivés — Les extraits galéniques
(*The Industrial Chemist*, juillet 1925, p. 277/282)

La préparation des produits chimiques pharmaceutiques et des produits galéniques, n'a rien de nouveau. Mais il y a des nouveautés dans le détail des opérations *alcoolat de chloral* qu'on obtient par la chloruration de l'alcool éthylique. On a 12 obus de chlore liquide. On fait passer le chlore de chaque obus dans l'alcool contenu dans des grosses touries de grès, à raison de 7 livres de chlore pour chaque tourie et par heure.

Les touries doivent être de la première qualité de grès et supporter non seulement l'action du chlore mais encore des changements brusques de température.

Ces touries sont contenues dans des récipients en tôle galvanisée susceptibles d'être chauffées par barbottage de vapeur.

L'alcool réagit d'abord sur le chlore :

$$CH^3CH(OH) + HCl = 2HCl + CH^2Cl\,CHCl\,OH.$$

puis
$$CH^2Cl\,CHCl\,OH + C^2H^5(OH)\,H^2O + CH^2Cl\,CH\,Cl - OC^2H.$$

puis
$$CH^2Cl\,CHCl\,OC^2H^5 + Cl^2 = CCl^3CH\genfrac{}{}{0pt}{}{OH}{OC^2H^5} + ClH$$

Alcoolat de chloral

La réaction est terminée en 5 ou 6 jours et la densité du produit obtenu est la preuve que la réaction est terminée. Le chlore à son arrivée est à 20/25°. On élève la température du bain-marie à vapeur jusqu'à 90° et cela jusqu'à ce que le densimètre marque 49B³O. Les principaux sous-produits sont HCl et H^2O plus un peu de C^2H^5Cl.

Ce dernier est condensé dans un réfrigérant de plomb. HCl est condensé avec H^2O, dans des « scrublers ad hoc ». L'acide obtenu est faible et souillé de produits chlorés : il n'a que peu de valeur.

Production du chloral proprement dit

Le liquide des touries précédentes est introduit dans un alambic chauffé à la vapeur. On y ajoute la quantité de SO^4H^2 de densité 1,84, à froid. Puis on distille lentement. On fractionne en 3 parties :

1° Mélange de $C^2H^3Cl + HCl$;
2° Entre 70° et 90°, C^2H^5OH seul ;
3° Chloral (au-dessus de 90°).

Sous l'action de SO^2H^2, il se produit :

$$CGl^3CH\genfrac{}{}{0pt}{}{\diagup OH}{\diagdown OC^2H^5} = CCl^3COH + C^2H(OH)$$

Le chloral brut ainsi obtenu contient HCl, que l'on neutralise par CO^3Ca ; ensuite on le redistille. A partir de l'addition de SO^4H^2, jusqu'à l'obtention du chloral pur. il s'écoule du liquide. On ajoute alors au chloral pur, 12.2 0/0 d'eau pour former $(CCl^2CH\ OH)^2$ qui est l'hydrate de chloral pharmaceutique pur officinal.

Le laboratoire de Pharmacie

Concentration des extraits. — C'est ici la partie la plus importante de la préparation des produits pharmaceutiques et galéniques. Quoiqu'en principe cette extraction soit simple, il existe des facteurs à considérer qui ont une telle importance sur le produit final, que, pratiquement, il existe un mode d'extraction particulier à chaque drogue.

Les teintures sont généralement faites par percolation à froid. Il y a des cas où la percolation à froid ne suffit pas et où l'on doit concentrer l'extrait. Tel est le cas pour les extraits alcooliques d'ergot et de coca. On les concentre sous le vide (26 à 28 pouces (67,6 cm. à 72,8 cm.).

Extraction au Soxhlet

Il est des cas où un épuisement complet et méthodique est nécessaire ; on emploie un Soxhlet de grandes dimensions.

Après épuisement complet, on peut vendre l'extrait tel que, ou bien le concentrer, ou bien encore le sécher en une matière qu'on pulvérise.

Tel est le cas de la chrysarobine ou poudre de Goa, de la gingérine du gingembre, ou Zingiber officinale. (Pour ce dernier extrait le rendement en extrait ou en poudre est de 3 0/0 calculé sur le poids des rhizomes seuls). C'est un puissant carminatif.

L'extraction doit être faite avec de l'alcool à 83º, et ne s'abaissait jamais au-dessous de 48º.

La chrysarobine est le résidu cristallisé retiré de la poudre de Goa ou d'Araroba. C'est un parasiticide énergique pour pommades. Elle est extraite au chloroforme ou au benzène. Le rendement en acide chrysophanique (dihydroxyméthylanthraquinone) est de 50 0/0 à partir de la poudre d'aroroba, de qualité supérieure.

Cette maison fait aussi en grand la distillation de la menthe poivrée (menthe pépérisée), source des essences américaines et anglaises, ainsi que celle de la menthe japonaise (mentha arvensis). On y fractionne menthol, acétate de menthol, valerate de menthol (validol), qui agit plus que le valérianate d'ammoniaque et n'en a pas l'inconvénient de goût exécrable.

On y distille aussi le « Peucedanum graveolens. On obtient 3 à 4 0/0 d'une essence ayant l'odeur de l'essence de carvi, mais qui ne contient pas d'anéthol, comme cette dernière.

Cette essence est tout à fait soluble dans l'alcool, car s'il y avait production d'un trouble dû à l'apiol d'aneth, ce ne serait plus du « Peucedanum graveolens, mais du « Peucedanum Sawa ».

On y distille encore l'essence de Séné.

A. H.

ACADÉMIE DES SCIENCES

Séance du 7 septembre. — Application au chrôme d'une méthode générale de synthèses de fluorures et de silicates. Note de A. DUBOIN. — On obtient la cryolithe chromo potassique par action d'oxyde ou de fluorure de chrome sur du fluorhydrate de fluorure de potassium fondu. En ajoutant de la silice on a de la tridymite.

Séance du 14 septembre. — Sur l'anomalie de dilatation des verres. Cas de l'anhydride borique. Note de M. SAMSOEN. — L'acide borique laisse voir l'anomalie signalée pour les verres à 245°. Le coefficient de dilatation linéaire est au-dessous de 240° plus petit que 15×10^{-6} et au-dessus de 250° supérieur à 200×10^{-6}.

Séance du 21 septembre. — Sur l'activité de diverses radiations dans la photosynthèse. Note de René WURMSER. — L'assimilation chlorophyllienne est constituée par une suite de réactions dont la première est d'ordre photochimique. Le rendement, étudié avec les diverses radiations, est plus élevée dans la région verte du spectre que dans la région rouge.

Séance du 28 septembre. — La polarisation de la lumière zodiacale. Note de Jean DUFAY. — Les observations confirment le fait généralement admis que la lumière zodiacale n'est que de la lumière solaire diffusée.

Séance du 5 octobre. — Sur l'oxyde de manganèse colloïdal. Note de Mlle Anastasie ARGYROS. — Il n'oxyde pas à froid l'hydrogène, mais il a une légère action oxydante sur l'alcool. Il accélère notablement la décomposition de l'eau oxygénée.

— Sur la buttgenbachite, nouveau minéral. Note de Alfred SCHOEP. — Ce minéral se rencontre en aiguilles enchevêtrées, bleu d'azur, recouvrant de la cuprite à Likasi (Congo Belge). Il correspond à 18 CuO. $3Cl$. N^2O^5. $19H^2O$.

— Synthèse de la cristobalite par voie humide. Note de R. WEIL. — En chauffant de la silice précipitée anhydre avec de l'eau, en présence de silicate de sodium étendu comme minéralisateur, vers 650° il se forme du quartz et de la cristobalite, cette dernière en proportion d'autant plus grande que la concentration est plus faible.

Séance du 12 octobre. — Photolyse des acides bibasiques éthyléniques. Note de M. VOLMAR. — En prolongeant l'exposition aux radiations ultraviolettes la différence entre les isomères cis et trans s'atténue peu à peu par suite d'un phénomène d'isomérisation. Dans les solutions d'acide fumarique on voit apparaître des traces d'acide maléique et réciproquement dans les solutions d'acide praléique des traces d'acide fumarique.

— Sur le changement de conductibilité électrique du pourpre visuel au cours de l'éclairage. Note de P. LASAREFF. — L'accroissement de la conductibilité provoquée par l'éclairage se produit d'après une réaction monomoléculaire. Dans l'obscurité on observe une diminution de la conductibilité.

— Sur les propriétés chimico-colloïdales des composants de l'amidon. Note de M. SAMEC. — Les amyloses et les érythroamyloses se comportent souvent de manière contraire; on ne peut dire que les différences que présente l'état colloïdal d'une même substance soient la cause de ce fait que lorsqu'on rend l'amidon soluble ou qu'on le transforme en dextrine la faculté protectrice colloïdale pour l'or augmente alors que la quantité d'iode absorbé diminue. Une différence dans la structure organique intervient probablement.

BIBLIOGRAPHIE

Il Notizario Chimico-Industriale, *Rivista mensile di chimica industriale*, via Ospedale, N. 20, Torino, Telephono N. 41-947.

Prix de l'abonnement pour l'Italie 80 lires, pour l'Etranger 140 lires.
N° séparé　　　　　　　》　》　8　》　》　》　15　》

Ce nouvel organe qui paraitra en janvier 1926, avec un comité de professeurs, représentant toutes les branches de la Chimie Industrielle, parait appelé à avoir un grand succès.

La relativité restreinte avec un appendice sur la relativité généralisée. Les idées de Lorentz et d'Einstein exposées à l'aide de calculs élémentaires, par G. Fontené, Inspecteur général honoraire de l'Instruction publique. Volume 22/14^{cm} de 116 pages, avec figures. Prix : **6** francs.

Librairie Vuibert, Boulevard Saint-Germain, 63, Paris (5e)

Dans cet ouvrage l'auteur édifie la théorie de la Relativité (espaces et temps relatifs) à partir des idées ordinaires d'espace et de temps absolus : le lecteur est ainsi moins désorienté que si l'on prétend l'initier aux idées nouvelles en ne lui laissant aucune de ses habitudes d'esprit.

La première partie est consacrée à l'Optique : Vitesse de la lumière, expérience de Michelson et phénomène de Doppler-Fizeau. La seconde partie traite de la Cinématique, de la Dynamique du point matériel, et, d'une façon sommaire, de l'Electromagnétisme. La troisième partie est relative aux substitutions et à l'idée d'invariance.

Dans un appendice sur la *Relativité généralisée*, on envisage un champ isolé de gravition provenant d'un centre matériel unique, et on indique l'application de la formule de Schwarschild au mouvement du périhélie de la planète Mercure, à la déviation d'un rayon lumineux au voisinage du Soleil, au déplacement vers le rouge des raies du spectre solaire, c'est-à-dire aux trois phénomènes qui peuvent donner des vérifications expérimentales de la doctrine.

Nettoyage, détachage, dégraissage, blanchissage, blanchiment, par Herçay, ingénieur-chimiste (Nouvelle collection des recueils de recettes rationnelles), 2e édition refondue. In-16 broché de 308 pages et 1 pl. hors-texte. Prix : **18** francs. Franco par la Poste : **18** fr. **75**.

Desforges, Girardot et Cie, éditeurs, 27, Quai des Grands-Augustins, Paris (6e)

Toutes les recettes sont précédées d'indications générales pour l'application rationnelle, la façon de remédier aux insuccès, et leur ensemble est suivi d'un commode index alphabétique où nous avons relevé à peu près quatre cents mentions.

Cette réédition, sans être plus volumineuse que l'ouvrage primitif, comporte l'addition de très nombreuses recettes.

Le radium et les radio-éléments, par Maurice Curie, docteur ès-sciences, ingénieur-conseil avec une préface de Mme Pierre Curie. — 1 vol. de 352 pages, avec figures dans le texte. — Prix : **40** francs.

Librairie J.-B. Baillière et Fils, 19, rue Hautefeuille, Paris.

Ce volume fait partie des grandes encyclopédies industrielles J.-B Ballière, publiées sous le patronage de la Société des Ingénieurs civils de France et de la Société d'encouragement pour l'Industrie nationale.

Dans six chapitres le lecteur est mis au courant de la question. Le 1er chapitre est consacré à la radioactivité et aux radio-éléments ; le 2e chapitre aux mesures de la radioactivité ; le 3e chapitre aux minerais radioactifs, gisements, extraction, concentration. Analyses

Le chapitre IV aux traitements industriels et de laboratoire des minerais radioactifs. Les autres chapitres passent en revue leurs emplois en thérapeutique et en agriculture. Des tables donnent les constantes numériques et une bibliographie très étendue.

Table générale des Matières par Ordre alphabétique

CONTENUES

DANS L'ANNÉE 1925 DU MONITEUR SCIENTIFIQUE [1]

Académie royale des Sciences de Prusse. — Rappel à propos du Centenaire de la Bougie stéarique, de son Adresse à M. E. Chevreul en 1886, XI, p. 226.

A

Accumulateur. — Accumulateur au plomb insulfatable ; par M. Fery, p. 22.

Acénaphtène. — Hydrogénation et deshydrogénation directe ; par M. Goswaml, p. 67.

Acétylène. — Sur un procédé de récurrence pour la préparation des carbures acétyléniques vrais ; par M. Bourguel, p. 18. — Obtention de composés acétyléniques vrais à partir des dérivés magnésiens mixtes de l'acétylène ; par M. Lespieau, p. 69. — Sur le diacétylène ; par MM. Lespieau et Prévost, p. 118. — Sur l'hexabromure de diacétylène ; par les mêmes, p. 198.

Acide. — Relation entre la structure des monoacides non saturés et leur oxydation sulfochromique comparée ; par M. Simon, p. 141. — Neutralisation déscosimétrique des monacides par les alcalis ; par le même, p. 172. — Sur la photolyse des acides bibasiques ; par M. Volmar, p. 172-173. — Sur le déplacement des acides par diffusion ; par M. Demoussy, p. 200.

Acide acétique. — Acétates alcalins. V. Electrolyse.

Acide borique. — Sur un nouveau type de borates alcalins, les pentaborates ; par M. Auger, p. 218. — V. Verre.

Acide camphorique. — Dicétones et cétones mixtes dérivées de l'α-mononitrile camphorique et du cyanocampholate de méthyle ; par MM. Haller et Salmon-Legagneur, p. 142. — Action de l'iodure de méthylmagnésium sur les éthers de l'α-bromonitrite de l'acide camphorique ; par les mêmes, p. 219.

Acide chlorhydrique. — Courbes d'ébullition des mélanges d'acide et d'eau, à 760 m/m ; par MM. Carrier et Arnaud, p. 67.

---

(1) Les chiffres en caractères romains indiquent les livraisons de l'année 1925. — I. Janvier, livr. 991. — II. Février, livr. 992. — III. Mars, livr. 993. — IV. Avril, livr. 994. — V. Mai, livr. 995. — VI. Juin, livr. 996. VII-VIII. Juillet-Août, livr. 997. — IX. Septembre, livr. 998. — X. Octobre, livr. 999. — XI. Novembre, livr. 1000. — XII. Décembre, livr. 1001.

catalase du foie ; par MM. Maubert, Jaloustre et Lemay, p. 173.

Rayon. — Sur les rayons β secondaires produits dans un gaz par des rayons X ; par M. Auger, p. 92. — Absorption des rayons ultraviolets par les dérivés méthylés du naphtalène ; par M. de Laszlo, p. 93. — Etude des acides gras et des diacides au moyen des rayons X ; par M. Trillat, p. 197.

Réserve. — Réserves colorées sous teinture en colorants au soufre ; par MM. Frossard et Mouette, III, p. 72. — Réserves et conversions colorées sous noir d'aniline ; par MM. C. Robert et L. Lantz, IV, p. 95. — Nouveau genre réserve ; par MM. Frères Koechlin, V, p. 120.

Rhamnicogénol. — V. Hydrolyse.

Rhamnicoside. — Glucoside nouveau générateur du vert de Chine, retiré de l'écorce de la tige du nerprun purgatif ; par MM. Bridel et Charaux, p. 143. — V. Hydrolyse.

Ruthénium. — Sur les chlororuthénites de potassium ; par M. Charonnat, p. 173.

<h1 style="text-align:center">S</h1>

Saccharose. — La catalyse et l'Inversion du saccharose par l'acide acétique et la Théorie des Ions ; par M. Emile Saillard, I, p. 10. — Sur la solubilité du saccharose ; par M. Mondain-Monval, p. 223.

Sang. — Sur la teneur en chlorure de sodium du sang de quelques invertébrés marins ; par M. Marcel Duval, p .18. — Présence de l'iode dans le sang veineux ; par MM. Gley et Cheymol, p. 20. — Nouvelles démonstrations de la présence normale de l'oxyde de carbone dans le sang ; par M. Nicloux, p. 69. — Sur la nature et les variations de l'aldéhyde dans le sang ; par M. Fabre, p. 93. — Fluctuation du fer sanguin au cours du scorbut expérimental ; par MM. Mouriquand, Leulier et Michel, p. 93. — Globules sanguins et réserve alcaline ; par MM. Desgrez, Bierry et Lescœur, p. 140. — Dosage de l'oxyde de carbone par la méthode au sang et remarques sur l'absorpption de ce gaz par l'hémoglobine en l'absence d'oxygène ; par M. Nicloux, p. 219.

Société Industrielle de Mulhousse

<table>
<tr><td>Séance du 26 Mars.......</td><td>1924 I</td><td>page 24</td></tr>
<tr><td>»   26 Mars.......</td><td>» II</td><td>» 48</td></tr>
<tr><td>»   26 Mars,......</td><td>» III</td><td>» 70</td></tr>
<tr><td>»   26 Mars.......</td><td>» III</td><td>» 71</td></tr>
<tr><td>»   26 Mars.......</td><td>'» III</td><td>» 72</td></tr>
<tr><td>»   24 Septembre.</td><td>» IV</td><td>» 95</td></tr>
<tr><td>»   24 Septembre.</td><td>» V</td><td>» 119</td></tr>
<tr><td>»   26 Novembre.</td><td>» VI</td><td>» 143</td></tr>
<tr><td>»   26 Novembre.</td><td>» VII-VIII</td><td>174</td></tr>
<tr><td>»   28 Janvier....</td><td>1925 XI</td><td>» 247</td></tr>
<tr><td>»   28 Février....</td><td>» XI</td><td>» 248</td></tr>
</table>

Soie. — La teinture de la soie artificielle à base d'acétate de cellulose ; par M. P. Castan, VII-VIII, p. 145.

Sols. — Sols forestiers. — V. Air. — Action des carbonates alcalin set alcalinoterreux sur l'acidité des sols ; par M. Vincent, p. 117. — V. Hyposulfite. — Sur la présence des nitrates dans les sols forestiers ; par MM. Nemec et Kvapil, p. 199. — Sur quelques propriétés de l'urée vis-à-vis des sols ; par MM. Couturier et Perraud, p. 199. — Echange de l'ion aluminium des sols de divers types contre l'ion potassium d'un sol neutre ; par M. Somlick, p. 220. — Influence de la réaction du sol sur l'absorption du phosphore et du potassium en présence d'engrais phosphatés ; par MM. Nemec et Gracanin, p. 246.

Soufre. — Spectre d'absorption de la vapeur de soufre en rapport avec la constitution des molécules ; par MM. Victor Henri et Teves, p. 22. — V. Colorants.

Sources. — V. Radioactivité.

Spectophotographie. — Etude spectophotographique de la formation des complexes en solution et de leur stabilité ; par M. Job, p. 142. — De la formation de complexes mercuriques ; par le même, p. 222.

Spectre. — Absorption des rayons ultraviolets par les dérivés méthylés du naphtalène ; par M. de Lazlo, p. 93. — Sur la séparation du celtium et sur le spectre d'arc de cet élément ; par MM. Bardet et Toussaint, p. 222. — Etude quantitative des spectres d'absorption ultravio'ets des bichloroéthylènes ; par MM. Errera et Victor Henry, p. 223

Sucre. — Sur la constante d'hydrolyse du sucre ; par M. Colin et Mlle Chaudun, p. 69. — La méthode Clerget (Coefficients d'inversion) ; par M. Emile Saillard, X, p. 204.

Sulfure. — Détermination des sulfures métalliques par chauffage dans l'hydrogène sulfuré ; par MM. L. Moser et E. Neusser, III, p. 63.

<h1 style="text-align:center">T</h1>

Tagetes. — Essence de « Tagetes minuta » de l'Afrique du Sud, X, p. 211.

Tanin. — Contribution à l'étude du rôle physiologique des tanins, leur importance dans l'aoutement des sarments de la vigne ; par M. Picard, p. 19.

Tantale. — V. Cupferron. — V. Radium.

Teinture. — La teinture de la soie artificielle à base d'acétate de cellulose ; par M. P. Castan, VII-VIII, p. 145.

Tellure. — Sur le sous-oxyde de tellure ; par M. Damiens, p. 19.

Terpinéol. — V. Pinène.

Terre. — Sur l'étude de l'anaérobiose dans dans la terre arable ; par M. Winogradsky, p. 20. — Présence du nickel et du cobalt

Table des Noms d'Auteurs par Ordre alphabétique [1]

————

A

B

C

----

(1) Les auteurs de communications à l'Académie des Sciences analysés dans le *Moniteur Scientifique* sont mentionnés simplement par la page où elles se trouvent.

Jonesco (St.). — V. Flavone.

Justin-Muller (Ed.). — Hydratation du coton blanchi par rapport au même coton débouilli ; I, p. 24.

K

Kayser (Ch.) et Mlle E. Le Breton. — V. Diabète.

Kayser (E.) et H. Delaval. — V. Pomme de terre. — V. Radioactivité.

Kilburn (E.) Scott. — L'acide nitrique et l'ammoniaque extraits de l'azote atmosphérique ; III, p. 49 ; VI, p. 124 ; IX, p. 177.

Kling (A.), A. Lassieur et Mme Lessieur. — V. Zinc.

Kœchlin (Frères). — Nouveau genre réserve ; V, p. 120.

Kopaczewski. — V. Colloïdes.

Kostytschew (S.) et A. Ryskaltckonck. — V. Azotobacter.

Kuhlmann (Ch. Fr.). — Centenaire des étabissements Kuhlmann frères ; XI, p. 225.

Kvapil (K.) et A. Nemec. — V. Air.

L

Labbé (H.) et F. Lavagna. — V. Cristallin.

Labbé (H.) et B. Théodoresco. — V. Insuline.

La Condamine (de). — V. Carbone.

Lafontaine (Gérard H.). — V. Magnésie.

Lagatu (H.) et L. Maume. — V. Vigne.

Laissus (J.). — V. Alliage et Fer.

Langevin (P.). — Prix Lacase ; p. 69.

Lantz (L.). — V. Rebert.

Lantz (R.) et A. Wahl. — V. Naphtoquinone.

Lasaref (P.). — V. Conductibilité électrique.

Lassieur (A.). — V. Electrolyse.

Laszlo (H. de). — V. Rayon et Spectre.

Lebeau (P.) et P. Marasse. — V. Charbons. — V. Carbone.

Lebeau (P.) et M. Picon. — V. Diamant.

Lebeau (P.). — V. Grisou.

Lebel (A.). — Médaille Lavoisier ; p. 69.

Le Chatelier (H.). — V. Verre.

Leduc (Mlle S.). — V. Camphre et Magnésium.

Lelièvre (Mlle J.) et Ménager. — V. Laminaires.

Lemarchand. — V. Magnésium.

Lemoigne. — V. Acide β-oxybutirique.

Lespiau (M.). — V. Acétylène. — V. Glycol.

Lespiau et Prévost. — V. Acétylène.

Levaditi (C.), A. Girard et S. Nicolau. — V. Tréponème.

Levy (Mlle) et R. Lagrave. — V. Migration.

Lindet (L.). — V. Caséine.

Locquin (R.) et R. Heilmann. — V. Pyrazoline et Urée.

Luce (E.). — V. Migration.

Lucas (R.). — V. Pouvoir rotatoire.

Lumière (A.). — V. Bibliographie.

Lumière (L.). — V. Cinématographe.

Lush (E. J.). — Cinétique de l'hydrogénation des huiles ; II, p. 43.

M

Maige (A.). — V. Amylose.

Mailhe (A.). — V. Catalyse.

Maquenne (L.). — V. Nécrologie.

Margival (F.). — V. Bibliographie.

Marquis (Mlle M.) et P. et G. Urbain. — V. Malacon.

Marshall (A.). — Histoire de l'acide picrique ; V, p. 114.

Martin (Ernest). — Le ciment. — Ferrites calciques ; V, p. 97.

Matignon (C.). — Prix Lacaze ; p. 69.

Maubert (A.), L. Jaloustre, P. Lemay et G. Andreoly. — V. Bismuth. — V. Radium.

Metzer (Mlle H.). — Prix Binoux ; p. 69. — V. Bibliographie.

Molinari (Dott. E.). — V. Bibliographie.

Molliex (P.). — V. Bibliographie.

Mondain-Monval (P.). — V. Saccharose.

Moser (L.) et E. Neusser. — Détermination des sulfures métalliques par chauffage dans l'hydrogène sulfuré ; III, p. 63.

Monette. — V. Frossard.

Moureu (Ch.), Dufraisse et Badoche. — V. Autoxydation.

Mouriquand (G.) A. Leulier et P. Michel. — V. Sang.

Muller (J. A.), et Mlle Peytral. — V. Acide formique.

Munc Nari Tanaka. — V. Quinonediazide.

N

Nemec (A.) et K. Kvapil. — V. Sols.

Nemec (A.). — V. Graine.

Nemec (A.) et M. Gracanin. — V. Sol.

Neusser (E.). — V. Moser.

Nicloux (M.). — V. Sang.

Nicloux (M.) et J. Roche. — V. Hémoglobine.

Notizario (Il) Chimico-Industriale. — V. Bibliographie.

O

Obekhoff (Al) et Max Roger. — V. Aminoalcool.

P

Panizzon (J.). — Procédé de purification de la soude caustique provenant du mercerisage ; XI, p. 240.

Pariselle (M.) et Laude. — V. Aluminium.

Pascal (P.). — V. Phosphate. — V. Magnétisme. — V. Fer.

Patart (G.). — V. Alcools.

Paterson (J. M.). — Ciment à l'oxychlorure de magnésium ; I, p. 13.

Pélabon (H.). — V. Mercure.

Perrakis (N.). — V. Quotient.

Perrin (J.). — Les atomes de Monsieur Perrin, par M. Maurice Delacre ; I, p. 3. — Adsoption et cataphorèse ; p. 68.

Perrin (F.). — V. Fluorescence.

Piaux (L.). — V. Catalyse. — V. Acide urique.

Picard (L.). — V. Tanin.

Pictet (Amé), Werner, Sherrer et L. Helfer. — V. Argon et Fermentation.

Pied (H.). — V. Cupferron.

Piettre (M.). — V. Graisse.

Polonoswski (Max et Michel). — V. Esérine. — V. Tropane.

Porcher (Ch.). — V. Caséine et Présure.

Pottevin (H.) et R. Faillie. — V. Marche.

Prévost (Ch.). — V. Phénylbutadiène.

BREVETS PRIS A WASHINGTON
Analysés par M. **Ed. Jandrier**
(D'après *Chemical abstracts*)

PRODUITS MINÉRAUX

Arséniate de calcium, par W. H. SIMPSON. — (Br. am. 1507690. — 9 septembre 1924.)

On broie de la chaux avec un oxyde hydraté d'arsenic que l'on ajoute peu à peu, de façon à ce que l'eau libre soit à peu près absorbée par la chaux. On obtient ainsi de l'arséniate de chaux en poudre et sec.

Chlore liquide, par W. M. JEWELL. (Br. am. 1507289. — 2 septembre 1924.)

On comprime du chlore gazeux ayant entraîné de l'acide sulfurique dont la présence permet la liquéfaction du chlore à une température relativement élevée.

Précipitation fractionnée de divers sels, par C. E. DOLBEAR. — (Br. am. 1510046. — 30 septembre 1924.)

Par addition d'ammoniac à une solution renfermant du sel, du sulfate et du carbonate de soude on précipite d'abord le sulfate puis le carbonate.

Azoture de phosphore, par F. G. LILJENROTH. — (Br. am. 1510179. — 30 septembre 1924.)

Ce composé est obtenu par action directe de l'azote sur le phosphore à une température pouvant s'élever à 850° et sous pression pouvant s'élever à 1.000 atmosphères.

PRODUITS ORGANIQUES

Nitroso-m-crésol, par J. EHRLICH. — (Br. am. 1502849. — 29 juillet 1924.)

On traite par le nitrite de soude un mélange de méta et de p-crésol en présence d'acide sulfurique et de toluène en maintenant la température à 0°. Il se forme un nitroso-m-crésol insoluble qu'on peut séparer par filtration et purifier par des lavages.

Alcools et aldéhydes, par C. A. KLOPPENBURG. — (Br. am. 1500080. — 1er juillet 1924.)

On se sert de charbon de noix de coco comme catalyseur dans l'oxydation du méthane par l'oxygène gazeux pour la production d'alcool méthylique et d'aldéhyde formique. On peut accélér l'opération au moyen de décharges électriques.

Alcool absolu, par A. A. BACKHAUS. — (Br. am. 1508435. — 16 septembre 1924.)

L'alcool est additionné d'un corps tel que le benzène pouvant donner avec l'alcool et l'eau un mélange azéotropique. On distille dans une colonne ordinaire qui donne comme résidu l'alcool déshydraté avec les impuretés lourdes qu'il pouvait contenir initialement.

Acide isobutyléthyl-barbiturique, par H. A. SHONLE. — (Br. am. 1514572. — 4 novembre 1024.)

Cet acide est obtenu en faisant réagir 4-6 hs à 105° un mélange d'urée, d'ester isobutyl-éthylmalonique et d'alcoolate de sodium. Il est soluble dans l'eau chaude, l'alcool et l'éther et forme des cristaux blancs fusibles à 174-176°.

Acide isoamyléthyl-barbiturique, par H. A. SHONLE. — (Br. am. 1514573. — 4 novembre 1924).

S'obtient au moyen d'urée, d'ester isoamyléthylmalonique et d'alcoolate de sodium. Il fond à 163-155° et possède comme le précédent des propriétés soporifiques et hypnotiques.

Acides pérylènetétracarboxyliques, par SCHMIDT et NEUGEBAUER. — (Br. am. 1506545. — 26 août 1924.)

En traitant par l'acide sulfurique concentré les matières colorantes obtenues en fondant avec un alcali et des oxydants les dimies de l'acide 1,8-naphtalènedicarboxylique on obtient à 180-190° les imides des acides pérylène tétracarboxyliques et à 210-240° ces acides eux-mêmes.

Thionaphtisatines, par R. TOBLER. — (Br. am. 1513074. — 28 octobre 1924.)

Ces corps s'obtiennent en substituant des halogènes aux atomes d'hydrogène du groupe CH^2 des naphtothioindoxyles, puis saponifiant les produits intermédiaires. Les thionaphtisatines formant des cristaux rouges solubles dans les solvants organiques. Elles peuvent comme du reste les produits intermédiaires servir à l'obtention de matières colorantes indigoïdes.

Quinizarine, par J. THOMAS. — (Br. am. 1504165. — 5 août 1924.)

On emploi le chlore en solution dans l'acide sulfurique concentré pour chlorer une hydroxyanthraquinone renfermant un groupe hydroxylique en position α et obtenir une solution pouvant s'hydrolyser directement. De cette façon la 1-hydroxyanthraquinone peut être transformée en 1,4-dihydioxyanthraquinone (quinizarine) sans isoler le produit intermédiaire. On peut hydrolyser avec l'acide borique à 180°. Si on veut la leuco-quinizarine on traite par l'aluminium le produit encore en présence d'acide sulfurique et quand la réduction est achevée on verse dans l'eau et filter.

Chlorure d'éthyle, par A. A. BACKHAUS. — (Br. am. 1509463. — 23 septembre 1924.)

On fait réagir HCl sur des vapeurs alcooliques en présence de chlorure de zinc fondu, maintenu à une température suffisante pour vaporiser l'eau formée puis on fractionne.

Phosgène, par V. M. WEAVER. — (Br. am. 1511646. — 14 octobre 1924.)

On fait réagir l'acide carbonique sur le chlorure d'aluminium.

Glycérine de fermentation, par CONNSTEIN et LÜDECKE. — (Br. am. 1511754. — 14 octobre 1924.)

On revendique dans ce brevet la production de glycérine par fermentation de sucre en milieu alcalin, d'après un brevet allemand du 12 avril 1915. On obtiendrait en glycérine jusqu'à 20 0/0 du poids de sucre employé.

Préparation pour protéger le corps contre l'action des rayons lumineux à longueurs d'ondes courtes par J. M. EDER. — (Br. am. 1511874. — 14 octobre 1924.)

Cette préparation est à base du sel de sodium d'un acide naphtoldisulfonique ayant une fluorescence bleue, additionné de bases et de substances alcalines.

Vaccine provenant de bacilles tuberculeux, par E. TOENNIESSEN. — (Br. am. 1514681. — 11 novembre 1924.)

Acide phtalique, par H. M. WEBER. — (Br. am. 1516756. — 25 novembre 1924.)

Les produits provenant du « cracking » des huiles de pétrole à une température de 540-690° sont soumis à une oxydation sur de la ponce à l'oxyde de vanadium à une température de 400-425°, les carbures aliphatiques ne sont pas affectés et les carbures aromatiques sont transformés en acide ou anhydride phtalique.

Oxydation des produits dérivés du pétrole, par C. ELLIS. — (Br. am. 1516720. — 25 novembre 1924.)

On obtient un mélange d'hydrocarbures aliphatiques et aromatiques dans le « cracking » des huiles de pétrole à une température de 800-900° sous une pression de 10-20 atmosphères. Les produits légers sont additionnés d'air humide et passés sur un catalyseur oxydant chauffé à 300-400° pour obtenir des acides gras et autres produits d'oxydation.

Acide isopropylique, par M. D. MANN JR. — (Br. am. 1518339. — 9 décembre 1924.)

On purifie l'alcool isopropylique de synthèse en le traitant par le permanganate qui a une tendance à oxyder de préférence les impuretées odorantes.

RÉSINES ARTIFICIELLES

Produits résineux, par C. ELLIS. — (Br. am. 1500303. — 8 juillet 1924.)

On ajoute de la paraldéhyde à un phénol en présence d'un catalyseur tel que HCl. On régularise la température en ajoutant très graduellement l'aldéhyde.

Résine synthétique, par C. ELLIS. — (Br. am. 1502945. — 29 juillet 1924.)

On fait réagir l'acétone sur la formaldéhyde en présence de Na_2HPO_4 ou d'une autre substance légèrement alcaline pour former des produits de condensation qui peuvent varier depuis des produits solubles dans l'eau jusqu'à des résines insolubles et infusibles.

Résine artificielle, par F. D. CRANE. — (Br. am. 1513802. — 4 novembre 1924.)

On fait réagir sur le chlorure de benzyle le produit de la réaction de la potasse caustique sur la colophane.

Azo-résines artificielles, par H. PLANSON. — (Br. am. 1500844. — 8 juillet 1924.)

Dans la préparation des produits de condensation de phénol et de formaldéhyde ou de $(CH_2)_6N_4$ on ajoute avant la fin de l'opération un dérivé diazoïque. On obtient ainsi des « azo-résines » pouvant être employées comme matières colorantes, comme vernis solubles dans l'huile ou les corps gras etc. etc.

Résine artificielle, bar A. E. ROBERTS. — (Br. am. 1515315. — 11 novembre 1924.)

Les naphtes renfermant des produits polymérisables sont traités par l'acide sulfurique de façon à ce qu'il y ait toujours de 10 à 100 fois plus d'acide que de produits polymérisables.

Produit de condensation d'acétone et de formaldéhyde, par C. ELLIS. — (Br. am. 1514508. — 4 novembre 1924.)

Le produit amorphe obtenu en condensant l'acétone et la formaldéhyde en présence de carbonate de soude est lavé à l'eau bouillante et à la vapeur, séché et dissous dans l'alcool méthylique, puis traité par la potasse alcoolique pour le transformer en un corps dur, infusible.

Table Générale des Matières par Ordre de Publication

CONTENUES DANS L'ANNÉE 1925

---

(1) Abréviations: A. G. A. E.: Aktiengesellschaft für Anilin Fabrication à Berlin.

B. A. S. F.: Badische Anilin und Soda Fabrik, à Ludwigshafen.

F. F. B. : Farbenfabriken vormals F. Bayer et Cⁱᵉ, à Elberfeld.

F. M. L. : Farbwerke vormals Meister, Lucius et Brüning, à Hœchst.

Mines et métallurgie, p. 9. — Soudures pour l'aluminium et autres métaux et alliages, par Hugues and Cy Ltd. — Manganèse exempt de carbone, par d'Utruy. — Soudure de l'aluminium au fer, par Pycke. — Conversion de la fonte blanche en fonte grise, par Meehan.

Matériaux de construction, céramique verrerie, p. 9. — Marbre artificiel et produit qui en résulte, par Bazin. — Calcination des calcaires permettant de récupérer l'acide carbonique dégagé, par Blanc. — Pierre artificielle, par Borguis. — Procédé permettant d'améliorer les qualités des chaux hydrauliques et des ciments, par Perrineau et Robert. — Fabrication de chaux et ciments par combustion des calcaires bitumineux, par Veyrier. — Revêtement applicable aux éléments de combustion en vue de les isoler de la chaleur, par Jansen, p. 10. — Produit fabriqué avec du minerai de fer, de l'argile réfractaire, etc., par Bayle. — Plaques, panneaux de revêtement en ciment et amiante, par Lanhoffer. — Ciment mixte, par Gollicz de Wippens. — Traitements des roches volcaniques pour produits industriels, par Bachiolelli et Meifred Devals. — Ciment spécial pour pavements monolithes, par Demesmaeker. — Matériaux de construction dans lesquels prennent les clous, vis, etc., par Sandalgaard. — Compositions réfractaires, par Buffalo Refractory Corporation.

Matières colorantes, teinture, impression, p. 10. — Matières colorantes, par Lasselle. — Teinture et impression sur tissus mélangés de soie naturelle et artificielle, par Nombret, Gaillard et Cie. — Teintures à froid à la paraphénylène diamine et autres produits similaires, par V. Plante, p. 11. — Teinture en pièces du velours, par Champin. — Nouvelles matières colorantes et produits intermédiaires, par British Dyestuffs Corporation Ltd, Drenn, Saunders, Adams. — Nouveaux colorants gris teignant à la cuve, par B. A. S. F. — Nouvelles matières colorantes azoïques se prêtant spécialement à l'impression sur coton, par Société pour l'Industrie Chimique à Bâle.

Graisses, savons, parfums, p. 11. — Epuration des huiles en vue de leur utilisation en savonnerie, par Tournel. — Traitement des résidus contenant des corps gras en vue de la fabrication du savon, par Delemar et Cie. — Composition et fabrication de savon, par Vallard et Bouvet. — Epuration et blanchiment des huiles minérales et autres matières grasses, par Michot Dupont. — Sulfonation ou sulfuration des corps gras d'origine animale, par Guilleminot. — Procédé pour éliminer les acides des graisses et des huiles, par Goslings, p. 12. — Procédé pour séparer de l'huile et des corps gras les solvants ayant servi à leur extraction, par Société générale d'évaporation, procédés Prache et Bouillon.

Textiles, cellulose, papier, p. 12. — Composés de cellulose, par Allègre Mondon et Cie. — Dérivés de la cellulose, par Lilienfeld. — Fils artificiels, bandes films et analogues par traitement de la viscose, par N. V. Hollandsche Kunotzigde industrie. — Dessuintage des laines, par d'Estibaire et Loubet. — Fabrication des pâtes à papier, par Hennique. — Produit pour la macération des végétaux et son procédé de préparation, par Instituto Sieroterapico Milanese et Carbone. — Papier ne prenant pas l'eau et à action antiseptique, par Fucs. — Récupération des réactifs de la fabrication des pâtes à papier, par Maunoury et Cie. — Brevets pris à Washington.

Produits minéraux, p. 13. — Cryolite artificielle, par Howard. — Hyposulfites, par Kühne et Bencker. — Fixation de l'azote des gaz de combustion, par Metzger. — Antimoine, par Germot. — Concentration de la carnotite, par Bleecker. — Purification de gaz pour la synthèse de l'ammoniac, par Cederberg. — Purification de l'argon ou autres gaz monatomiques, par Jones. — Cyanure de sodium, par Jacobs. — Cyanure de sodium, par Jacobs. — Hypochlorites, par Taylor et autres. — Mélange stable d'hypochlorite, par Gegenheimer. — Chlorure de magnésium anhydre, par Collings et Gann. — Engrais non hygroscopique, par Mittash et Kircher. — Catalyseur pour l'hydrogénation des huiles, par Ellis. — Lithopone, par Drefahl et Taylor, p. 14. — Purification de l'acide phosphorique, par Carothers et Gerber.

Caoutchouc, p. 14. — Accélérateur, par Murill. — Vulcanisation à froid, par Cadweil. — Vulcanisation, par Russell. — Accélérateurs, par Fischer. — Accélérateurs, par Bedford et Sibley. — Accélérateurs, par Peachey. — Vulcanisation, par Peachey.

Cellulose, p. 14. — Acétate de cellulose, par Nebel. — Préservation des fibres végétales, par Snelling. — Fils mixtes de cellulose et d'alkylcellulose, par Berl. — Ethers cellulosiques fortement éthérifiés, par Lilienfeld. — Solvant pour nitrocellulose, par Clougn et Johns. — Ethers de la cellulose, par Lilienfeld. — Mélange pour pellicules, etc., par Scase, p. 15. — Composition pour pellicules, par Donohue. — Vernis, par Scaton. — Composition pour pellicules, par Carroll. — Liqueur pour production de pâte de bois, par Plumstead. — Ethers cellulosiques, par Donohue. — Composition pour vernis, etc., par Matheson. — Traitement des eaux résiduaires, par Zart et Monkemeyer.

Produits pharmaceutiques, p. 15. — Procédé de concentration des sérums, par Zeissler. — Adrenaline, par Funck et Freedmam.

MARS 1925. — 993e Livraison

L'Acide nitrique et l'ammoniaque extraits de l'azote atmosphérique, par E. Kilburn Scott, p. 49. — Grande Industrie chimique, p. 63. — Détermination des sulfures métalliques par chauffage dans l'hydrogène sulfuré, par L. Moser et E. Neusser, p. 63. — Académie des Sciences, p. 67. — Société Industrielle de Mulhouse, p. 70. — Bibliographie, p. 72. — Brevets pris à Paris, p. 17.

Combustibles, p. 17. — Transformation du poussier anthraciteux en anthracite sous forme de morceaux, par Compagnie des mines de Vicoigne, Nœux et Drocourt. — Hydrocarbures liquides combustibles à partir de l'éthylène, par Damiens, de Loisy et Piette. — Conversion de composés aromatiques en essence pour moteurs, par Chemical Research Syndicate Ltd. — Combustible liquide pour moteurs à explosion substitué à l'essence, par Scaravelli. — Production de coke, par The Barrett Cy. — Épuration des huiles minérales, par Mme Rialland. née Percevault. — Fabrication de charbon de bois, par Cellulose et papiers (Société de recherches et d'application). — Procédé pour augmenter la teneur en hydrocarbures d'un gaz de houille, par Rothenbach. — Carburant pour moteurs et produit analogue à l'essence de térébenthine, par Etablissements Maréchal et fils. — Combustible liquide, par Butter. — Purification des huiles minérales, par Dunstan. — Préparation de mélanges carburants, par Société Prodor, p. 18.

Produits minéraux, p. 18. — Plaques radiographiques et produits nouveaux en résultant, par Grieshaber frères et Cie. — Fabrication d'alumine, par Norsk Hydro-Elektrisk Kvoelstofaktieselskab. — Traitement de la leucite par la chaux pour obtenir potasse caustique et résidu pour fabrication du ciment, par Société pour l'utilisation des leucites. — Fabrication de phosphates solubles, par Williams. — Acide chlorhydrique pur, par Carteret et Devaux. — Fabrication du peroxyde de chlore, par Köln-Rotwell A. G. — Acide titanique à partir des minerais de titane, par Chemische Werke vorm. Auergesel M. b. H. — Production de sulfate d'aluminium, par Societa Italiana Potassa. — Préparation de l'oxyde de baryum, par Société Heetfeld et Cie. — Carbonate de magnésie en partant des carbonates et silicates de magnésie calcaires, par Hambloch. — Traitement de chaux magnésiennes ou de magnésite par des sulfates ou chlorures divers, par Mathyssen, p. 19. — Fabrication sans évaporation de liqueur de chlorure de baryum cristallisé pur, par Minot. — Préparation d'ammoniaque à partir des oxydes d'azote, par l'Azote Français.

Produits organiques, p. 19. — Fabrication de la formaldéhyde, par F. M. L. — Nouveaux dérivés des naphtoquinones, par Société anonyme des matières colorantes et produits chimiques de Saint-Denis, par Wahl et Lantz. — Préparation d'une solution aqueuse stable d'un composé benzénique. par Etablissements Poulenc frères et Pomaret. — Production d'aldéhyde aromatique, par The Barrett Cy. — Nouveau procédé de préparation de l'aniline, par Poma et Pellegrini. — Procédé pour dénaturer l'alcool et les produits alcoolisés, par Johansson. — Sulfate neutre d'éthylène à partir de l'éthylène, par Damiens, de Loisy et Piette. — Fabrication d'un mélange d'alcool et d'éther, par Kestner. — Oxydation cata-lytique des hydrocarbures aromatiques, par The Barrett Cy, p. 20. — Produits de condensation de l'urée ou de ses dérivés et de la formaldéhyde, par Pollak.

Matériaux de construction, céramique, verrerie, p. 20. — Carreaux de revêtement décorés, émaillés à froid, par Strittmatter. — Matériaux de construction, par Dombret. — Réglage de la température du verre fondu dans la fabrication du verre en feuille, par Brevets Fourcault. — Application des couleurs phosphorescentes dans la peinture sur verre, par Etablissements Sigel frères.

Matières colorantes, teinture, impression, p. 20. — Produit chimique destiné à remplacer les hydrosulfites dans la teinture à la cuve, par Malzevin, Grandchamp et Rivalland. — Colorant et produit pour la préparation de colorants par Pereira et Compagnie nationale de matières colorantes et de produits chimiques. — Colorant à cuve dérivé du pérylène, par Pereira et Compagnie nationale des matières colorantes et de produits chimiques. — Colorants directs solides au foulon, par E. Fondère. — Perfectionnements aux encres à poudres métalliques, par Alchemic Gold Cy Inc., 2 brevets, p. 21. — Application nouvelle des quinones comme mordant pour la teinture des fibres animales, par Progil.

Graisses, savons, parfums, p. 21. — Décoloration et clarification des graisses, huiles, sucres, et matières analogues, par Société Klarit Ltd A. G. — Épuration des graisses et huiles grasses, par Patenta Ak. f. Verwertung von Erfingungen und Verfahren. — Fabrication de savons difficilement solubles, par Legradi. — Fabrication de savon, par Petroff. — Fabrication de savons pauvres en eau, par Legradi. — Traitement des graines oléagineuses et corps huileux permettant l'extraction totale de l'huile, par Perin. — Traitement des tourteaux d'arachides en vue de l'extraction des principes utiles, par Grognot et Beck. — Fabrication d'un parfum d'ambre, par Fabrique de produits chimiques Flora.

Couleurs et vernis, essences et résines, caoutchouc, p. 22. — Couleur noire, sa fabrication et produits dans lesquels elle entre, par The American Cotton Oil Cy. — Vulcanisation du caoutchouc (accélérateurs), par The Naugatuck Chemical Cy. — Fabrication des objets en caoutchouc vulcanisé (application des accélérateurs), par The Miller Rubber Cy. — Vulcanisation à froid du caoutchouc et produits dérivés, par Société française du caoutchouc-mousse. — Matière nouvelle pour la fabrication d'un vernis pour tous cuirs, par Gauvin. — Nouvel enduit et ses diverses applications, par Chasles. — Encaustique pour parquets et sa fabrication, par Perrot. — Fabrication du lithopone, par The New Jersey Zinc Cy. — Pigments blancs à base d'oxyde de titane, par Carteret et Devaux. — Production de résines artificielles par le phénol et la formaldéhyde, par Pollak et Mohring. — Matière artificielle à base de caoutchouc, par

Elektrizitätswerk Lonza. — Procédé de mélange de substances, au latex du caoutchouc. par Hopkinson, p. 23. — Caoutchouc vulcanisé, solubilise. en partant d'objets en caoutchouc usagé, par Idoux. — Enduit isolant et imperméable à l'eau, par Giovagnoli. — Peinture, par Brandenberger. — Composition détersive pour l'enlèvement et le rajeunissement des peintures, par Freegard. — Vernissage des bois et substances poreuses, par Gelet. — Vernis à émail sous marin, par Assante. — Produit colorant. par Tsapalos. — Vernis antirouille translucide, par Mme veuve Sabrou, née Bonnardel et Sabrou. — Composition ignifuge, par Van Geenhoven et Kryn. — Enduit pour tissus pour ailes ou plans d'aéroplanes, par Kawashima. — Composition contre l'humidité des murs, par Prillo.

AVRIL 1925. — 994ᵉ Livraison

Sur quelques propriétés physiques des dérivés nitrés, par Louis Desvergnes, p. 73. — Sur quelques propriétés physiques du 4-nitro-1-chlorobenzène, du 2-4-dinitro-1-chlorobenzène, du 2-4-6-trinitro-1-chlorobenzène.

Pétroles, p. 79. — La bauxite considérée comme un agent de raffinage des pétroles bruts et de leurs dérivés, par A. E. Dunstan, E. B. Thole, et F. G. P. Remfry. — Essences, p. 87. — Sur l'essence de Manuca, par Roy Gardner, p. 87. — Varia, p. 89. — Détermination des Pentosanes dans la cellulose de bois, par Walter James Powell et Henry Whittaker. — Académie des Sciences, p. 91. — Nécrologie. Léon Maquenne, p. 93. — Société Industrielle de Mulhouse, p. 95. — Bibliographie, p. 96. — Brevets pris à Washington.

Produits pharmaceutiques, p. 25. — Anesthésiques synthétiques, par Volwiller et Adams. — Esters dérivant d'alcools aminopropyliques substitués, par Schuleman. Shütz et Meisenburg. — Méthyl phénacétine, par Theimer. — Préparation du vitamine, par Harris. — Antitoxine du choléra des porcs, par Henley. — Produits thérapeutiques dérivés des huiles essentielles, baumes, résines, etc., par Boedecker. — Composés hypnotiques et analgésiques, par Volwiller. — Sels alcalins de l'acide salicylsalicylique, par Engels. — o-benzyloxybenzoate de calcium, par Wildman. — 8-Hydroxyquinolate de bismuth, par W. H. Engels, p. 26. — Dihydrooxycodéinone, par Freund.

Produits organiques, p. 26. — Hydrolyse des nitriles, par Seil. — Purification des hydrocarbures, par Gould. — Hydrazine. par Joyner. — Préservation de la formaldéhyde. par Meyer. — Thiourées, par O'Brien. — Éther isopropylique, par Mann Jr. — Acide aminobenzène arsoniques, par Guérin. — Sulfates alkyliques neutres, par Bader. — Catalyseur pour l'oxydation des hydrocarbures, par Meigs. — Oxydation des hydrocarbures et autres substances organiques, par Mittasch. — Phtalimide, par Green. — Acides organiques par fermentation de pentoses. par Fred et Peterson. — Détermination des poids spécifiques, par Exton, p. 27 — Acétaldéhyde, par Baum et Mugdan. — Acétate d'amyle, par Burghart. — Acide succinique, par Craver. — Anhydride phtalique, par Craver. — Triaminotoluène, par Bielouss. — Méthylamine, par Bader et Nightingale. — Glycérol, par Essex et Ward. — Chlorure d'éthyle, par Wilkie. — Résine synthétique, par Ellis. — Purification du camphre synthétique, par Kessler. — α,α-diéthyl-γ-penténamide et produits similaires, par Bockmühl et Schwartz.

Métallurgie, p. 28. — Gaz sulfureux, par Carson. — Traitement des minerais de cuivre, par Greenawalt. — Traitement des minerais de titanium, par Weizmann et Blumennfeld. — Précipitation des métaux précieux, par Becket et Feild. — Acier chromé, par de Long et Palmer. — Alliage, par Girin. — Alliage, par Kirch et Dumler. — Précipitation des métaux précieux, par Hirschkine. — Solution renfermant de l'acide sulfurique et du sulfate ferrique, par Leaver. — Traitement des minerais ou concentrés de tungstène, etc., par Dyson et Aitchison. — Traitement des minerais sulfurés ou oxydés, par Hamilton. — Traitement des minerais de cuivre, par Greenawalt. — Traitement des minerais de vanadium, par Stokes, p. 29.

Photographie, p. 29. — Papier sensible à la lumière, par Kögel et Neuenhaus. — Écran multicolore, par Kitsee. — Images colorées, par Douglass. — Récupération de l'argent des bains photographiques, par Weisberg. — Écran fluorescent, par Davey.

Explosifs, p. 29. — Diazodinitrophénol, par Dehn. — Composition pour la production de fumée, par French et Benner. — Explosifs, par Sturgis. — Poudre propulsive, par O'Neil et Evans. — Explosif. par Morton. — Explosifs, par Snelling. — Explosifs, par Snelling. — Explosifs, par Sturgis. — Détonateur, par Rathsburg, p. 30. — Acide oxalique, par Barnes. — Détonateur, par Marshall. — Explosif, par Symmes. — Poudre sans fumée, par Davis. — Explosif, par Hill. — Explosif pouvant remplacer la nitroglycérine, par Woodbury.

Produits minéraux, p. 30. — Pigment de titanium, par Bachman. — Pigments à l'oxyde de fer, par Fireman. — Acide cyanhydrique, par Beindl. — Acide arsénique, par Behac. — Hydroxyde de baryum, par Deguide. — Hydroxyde d'aluminium, par Buchner. — Chlorures métalliques, par Stafford, Gardner et Phillipps. — Chlorure de magnésium, par Goldschmidt, p. 31. — Traitement de la bauxite, par Pedemonte. — Chlorure de zinc, par Rosenstein. — Traitement des feldspaths potassiques, par Scofield et La Rue. — Borax, par Knight, Cramer et Connell. — Sodium métallique au moyen de borax, par Peacok. — Soufre précipité, par Sutherst.

Électricité, p. 31. — Production électrolytique d'acétaldéhyde ou d'acide acétique au moyen d'acétylène, par A. Planson. — Nitrite au moyen des vapeurs nitreuses des fourneaux à arc, par Siebert. — Procédé pour obtenir du tungstène fondu, dense, par C. A. Laise. — Alliage pour accumulateur, par Meyer et James. — Anodes pour l'obtention des persels, par G. Baum.

MAI 1925. — 995ᵉ Livraison

Le Ciment, par Ernest Martin, p. 97. — Ferrites calciques, p. 97. — Produits hydrauliques nouveaux. — Varia, p. 114. — Histoire de l'acide picrique, par A. Marshall. — Académie des Sciences, p. 115. — Société Industrielle de Mulhouse, p. 119. — Bibliographie, p. 120. — Brevets pris à Paris, p. 33.

Mines et métallurgie, p. 33. — Désulfuration du fer et de l'acier, par Chemical Treatment Cy. — Acier inoxydable et ne tachant pas, par Aciéries de Champagnole. — Traitement de la poussière de zinc, pour l'obtention du zinc liquide, par Thebaldsen. — Traitement des déchets de laiton en vue de la récupération du cuivre et d'oxyde de zinc, par Minne. — Procédé destiné à produire sur des métaux des couches résis'antes contre l'écaillement, par Gronqvist. — Alliages d'aluminium, par Aluminium Company of America. — Cémentation de l'acier et du fer, par Gronqvist. — Procédé pour recouvrir divers métaux d'une couche adhérente d'aluminium, par Meker. — Trempe de surface et poudre à cémenter, par Mastny. — Alliages d'aluminium, par Archer et Jeffries. — Traitement de minerais siliceux, par Chief Consolidated Mining Cy. — Procédé métallurgique, par Kjolberg, p. 34. — Procédé pour recouvrir les métaux d'une couche d'aluminium ou d'alliage d'aluminium, par Meker. — Réduction des oxydes métalliques, par Berlin. — Fabrication de l'acier et fixation de l'azote, par The Nitrogen Corporation. — Nickelage direct de l'aluminium et de ses alliages, par Renard et Cⁱᵉ.

Produits organiques, p. 34. — Acides arséniques aliphatiques hydroxylés, par Etablissements Poulenc Frères et Œchslin. — Synthèse d'hydrocarbures ou de leurs produits de substitution halogènes, par F. M. L. — Récupération d'oxalate de calcium, par The Bhopal Produce Trust, Ltd. — Fabrication de la diphénylguanidine, par The Naugatuck Chemical Cy. — Préparation industrielle du paraminophénol, par Poma. — Acides homologues de la théobromine, par Etablissements Poulenc Frères et Behal, p. 35. — Dérivés arsénicaux aliphatiques en partant de l'anhydride acétoarsénieux, par Etablissements Poulenc Frères et Œchslin. — Dérivés solubles de la dioxyarsénoaniline, par Etablissements Poulenc Frères et Œchslin. — Alcool absolu, par U. S. Industrial Alcohol Cy. — Nouveaux composés arsénicaux organiques, par Margulies. — Fabrication d'acétone au moyen d'acétylène, par Elektrizitaetswerk Lonza.

Produits minéraux, p. 35. — Hydrate de baryum en partant de sulfure de baryum de toute provenance, par Michael et Cⁱᵉ. —

Fabrication des sulfures métalliques, par The Grasselli Chemical Cy. — Fabrication d'hydrogène, par de Graev. — Fabrication de l'hydrogène et de l'oxygène, par Blanchet. — Réduction de corps chimiques tels que les sulfates alcalinoterreux, par A. E. P. Bourdet, p. 36. — Production d'oxyde de zinc blanc et oxydes d'autres métaux et d'hydrogène, par Tharaldsen. — Phosphates assimilables, par Société des Phosphates Tunisiens. — Epuration des sels aluminiques, par Pedemonde.

Combustibles, p. 36. — Composition à base de tannée pour agglomérés, par Porchet et Morineau. — Briquettes minérales, combustibles ou autres, par Andrews and Company Ltd. — Brai nécessaire à la fabrication des combustibles agglomérés, par Debiez. — Briquettes de charbon, par Defline, Saint-Claire Deville et Ganière. — Mélanges stables d'huile et de charbon, par Berl. — Aggloméré combustible, par Guyot. — Combustible aggloméré, par Dupuy, p. 37. — Produit prolongeant la combustion du charbon, par Vivian. — Combustibles fournis par des hydrocarbures aliphatiques éthyléniques, par Ricard, Allenet et Cⁱᵉ. — Traitement par chaleur et pression des huiles minérales lourdes, par Internationale Bergin-Companie voor Olie en Kolen Chemie. — Carburants dérivés halogénés de la naphtaline pour moteurs à combustion interne, par Levienne. — Traitement des hydrocarbures, en particulier de l'huile de pétrole brute, par Dederich.

Textiles, cellulose, papier, p. 37. — Traitement des fibres et tissus cellulosiques, par Total Broadhurst Lee Company Ltd. — Dérivés de la cellulose, par Lilienfeld. — Cellulose acétylée et produits dérivés, par Zdanowich. — Substance organique pouvant se filer et produits nouveaux correspondants, par Hennion. — Bain de coagulation pour la fabrication de la soie, par Fabrique de soie artificielle de Tubize.

Divers, p. 38. — Produits de condensation de l'urée et de la formaldéhyde, par Pollak. — Masse plastique, par Dubrisay. — Matière artificielle pour linoléums, recouvrements de planchers, parois, etc., par Elektrizitaetswerk Lonza.

Produits alimentaires, p. 38. — Extraction du sucre des mélasses par la baryte en partant du sulfate de baryte, par Manoury et Dugotter. — Produit alimentaire à base de noix de coco, par Mᵐᵉ veuve Hiltenbrand. — Produits alimentaires à base de lait, par Harilos. — Lait de soja désodorisé et son procédé de fabrication, par Bertrand.

Résines, caoutchouc, essences, vernis couleurs, p 38. — Mastic pour empêcher l'adhérence des substances mucilagineuses aux parois des appareils, par Kobseff. — Encres lumineuses pour imprimerie, par Sauvage. — Fabrication de gélatine présentant des dessins variés en toutes couleurs, par Renecon. — Produit liquide pour rendre imperméables les chaussures en cuir, par E. Holweg, p. 39. — Procédé de traitement de gommes ou résines, par Arnaud et Roulf. — Accélérateurs pour la vulcanisation du caoutchouc et matières analogues, par The Naugatuck Chemical Cy.

Graisses, savons, parfums, p. 39. — Sels alcalins d'acides gras supérieurs sous la forme de poudre de savon, par Kooperative Forbunder Förening U. P. A. — Savon anti-cambouis, par P. Villeminot et Cie. — Crème pour les soins de la peau, par Georget. — Graisse alimentaire nutritive et d'un goût agréable, par Hausamann. — Savon mou industriel d'huiles sulfonées de provenance animale, par Carroll. — Produit détersif et procédé pour le fabriquer, par Holzwarth.

JUIN 1925. — 996ᵉ Livraison

Revue de photographie, p. 121. — L'acide nitrique et l'ammoniaque extraits de l'azote atmosphérique, par E. Kilburn Scott (suite), p. 124. — Varia, p. 138. — Fabrication de l'extrait de garance Pernod, par Augustin Garet. — Académie des Sciences, p. 140. — Société Industrielle de Mulhouse, p. 143. — Bibliographie, p. 144. — Brevets pris à Washington, p. 41.

Électrochimie, p. 41. — Étain électrolytique, par Linville. — Raffinage électrolytique de l'étain, par Stack, 2 brevets. — Raffinage électrolytique de l'étain, par Alexander. — Thorium par électrolyse, par Marden, Conley et Thomas. — Oxydations électrolytiques, par Planson. — Production de chromate et bichromate par électrolyse, par Jouve et Helbronner.

Pétrole, etc., p. 41. — Paraffine et huile de graissage, par Erdmann. — Production de gazoline au moyen d'huiles brutes, par Hyatt. — Hydrogénation des carbures non saturés, par Rostin. — Alcools secondaires, par Ellis et Cohen. — Chlorhydrines, par Brooks.

Produits pharmaceutiques, p. 42. — Soporifique, par Straub. — Dérivés solubles de la dihydrooxyarsénaniline, par Œchslin. — Préparation de vitamine au moyen de levure de bière, par Hawls. — Hypnotique, par Altwegg et Pivot. — Ethyl 6,8-diméthyl-2-phénylquinoléine-4 carboxalate, par Crossley. — Acide 6,8-diméthyl-2-phénylquinoléine-4-carboxylique. — Caféine, par Wimmer. — Novocaïne, par van Winkle.

Produits organiques, p. 42. — Acide nitrobenzoïque, par Beall et Bradner. — Alcool isopropylique, par Mann et Lebo. — Citrate de sodium, par Glaeser. — Formate de β-chloréthyle, par von Bichowsky. — Acide anthranilique, par Beall. — Séparation des acides naphtol sulfoniques, par Berlin et Adler. — Formate d'aluminium, par Wolfenstein, p. 43. — Alcool absolu, par Steffens. — Ethylcarbazol, par Atack. — Naphtothioindoxyles, par Tobler, Stocher, Müller et Bucher. — Influence de la force centrifuge sur certaines réactions, par Wait. — Chlorhydrines, par Irvine et Haworth. — Mélange pour systèmes réfrigé-

rants par Thompson. — Hexaméthylènetétramine, par Carter et Coxe. — p-Aminophénol et dérivés, par Thatcher. — m-Aminobenzaldéhyde, par Bissell. — Acide 2-3-hydroxynaphtoïque, par Cone. — Acide nitrotartrique, par Lachman. — Acide o-nitro-o-amidophénol-p-sulfonique, par Hillyer, p. 44. — Alcool isopropylique, par Buc. — Acétones au moyen d'alcools secondaires, par Wells. — p-méthylaminophénol sulfate, par E. Theimer. — Esters de p-chloro-m-crésol, par N. Sulzberger.

Matières colorantes, p. 44. — Matière colorante renfermant du chrome, par Straub et Schneider. — Matières colorantes azoïques, par Wagner. — Matière colorante sulfurée, par Zinke et Klinger. — Teinture de la soie en pièces, par Seyer. — Matière colorante dérivée du décacyclène, par Dziewonski. — Matière colorante dérivée du dinaphtylènethiophène, par Dziewonski. — Matière colorante, par Schmidt et Hagemböcker. — Matières colorantes, par Herz et Steiger. — Matières colorantes et désinfectantes, par Bally, p. 45. — Matière colorante disazoïque, par Joyce. — Matière colorante azoïque, par Arnot. — Matières colorantes, par Lombard. — Matière colorante verte, par Haas. — 1-Hydroxynaphtalène-8-sulfonamide, par Straub et Schneider. — Matières colorantes azoïques, par Zitschar et Laska. — Matière colorante disazoïque, par Neelmeyer et Heusner. — Matières colorantes trisazoïques bleues, par Bauer et Woodward. — Matières colorantes tétrakisazoïques, par Lange et Neumann.

Produits minéraux, p. 45. — Oxyde de zirconium, par Kinzie. — Pigment blanc permanent, par Dworzak. — Purification des solutions de sulfate de zinc, par Laist et Elton, p. 46. — Soufre, par C. Marx. — Acide cyanhydrique, par Liebknecht. — Sulfure d'antimoine, par Mullen. — Catalyseur pour l'hydrogénation des huiles, par Van Arsdel. — Précipitation de sulfures, par Wilson. — Peroxyde de manganèse, par Westling. — Acide phosphorique, par Hechenbleikner. — Séparations des chlorures alcalins, par Dolbear. — Production de cyanure, par von Pichowski et Harthan. — Magnésie, par Judd. — Arséniate de sodium, par Linville. — Arséniate de calcium, par Lamb. — Ammoniac synthétique, par Tingley. — Soude caustique, par Jones. — Carbure de bore, par Podszus, p. 47. — Oxyde titanique, par Doremus. — Purification des solutions cuivriques, par Clarke. — Production d'ammoniac, par Starmann et Lindenberger. — Azote pour ammoniac synthétique, par Halvorsen.

Cellulose, p. 47. — Récupération de l'ammoniaque des bains de dénitration, par Bindschedler. — Composition à la pyroxyline ou à l'acétylcelluose, par Lindsay. — Composition pour pellicules photographiques, par Farrow. — Acétate de cellulose, par Steel. — Traitement de la cellulose, par Moeller. — Parchemin végétal, par Hough. — Composition, par Dreyfus. — Ether de la cellulose, par Dreyfus.

ciété Lefranc et Cie. — Fabrication des esters, par Karpen et Bros. — Préparation d'amines chlorées, par Durand et Huguenin S. A. — Fabrication d'acide acétique concentrée, par The Grasselli Chemical Co. — Produits de polymérisation de l'acétylène, par Elektrizitatswerk Lonza.

Tannerie, cuirs, colle, p. 54. — Procédé d'épilage des peaux, par Balland. — Produits à base d'algues marines, par Société maritime de Produits chimiques, p. 55. — Tannage des peaux à l'aide de sels d'étain, par Morin. — Epilage des cuirs et peaux en poils bruts ou tannés par l'air liquide, par Thuau et Marun. — Procédé de mise en confît des peaux, par Krall et Société Legrand. Krall et Cie.

Divers, p. 55. — Poudre à mine, par Pessina. — Obtention d'amidon soluble à froid, par Singer. — Conservation des jaunes d'œufs liquides pour l'alimentation, par Guibert. — Poudres, pâtes et enduits destinés à l'entretien des poêles, fourneaux et objets similaires, par Souviron. — Produit pour l'enlèvement instantané et à sec des taches de rouille, par Chatelain. — Produit cuprique anticryptogamique, par Ponis. — Procédé pour augmenter le pouvoir mouillant des solutions destinées au traitement des maladies des végétaux et à d'autres usages, par Société chimique des Usines du Rhône. — Insecticide, par Lisabelle.

SEPTEMBRE 1925. — 998ᵉ Livraison

L'acide nitrique et l'ammoniaque extraits de l'azote atmosphérique, par E. Kilburn Scott (suite et fin), p. 177. — Varia. — Désétamage par voie électrolytique, par H. S.., p. 193. — Académie des Sciences, p. 196. — Nécrologie Haller (Albin), p. 196. — Brevets pris à Paris, p. 57.

Textiles, cellulose, papier, p. 57. — Rouissage du lin, du chanvre et des matières textiles en général, par Kayser. — Charge de la soie, par Elod. — Papier carbone, par Galland. — Traitement des soies artificielles et autres textiles à l'état de fils par Riechers. — Bain de précipitation pour la préparation des fils de viscose, par Allegre Mondon et Cie. — Procédé pour fabriquer de la viscose en vue de soie artificielle et produits similaires, par Delahaye. — Purification de solutions de viscose et autres solutions analogues, par Naamlooze Vennootschap Nederlandsche Kunstzijdefabrick. — Procédé pour ignifuger et imperméabiliser les tissus et papiers, par Hirschler. — Traitement des filasses d'écorce, de chanvre, lin, jute, manille et des fibres de feuilles de raphia, manioc et autres pour obtenir de la soie, du coton et des fibres textiles analogues, par Le B. d'Ordody. — Blanchiment à froid des matières textiles, fils, toiles, etc., par Fertein père et fils, p. 58. — Produit imperméable, par Serebriany. — Obtention de nouvelles fibres textiles au moyen de poils et soies d'origine animale, par Lanil S. A. — Blanc de satinage, par Ryan. — Obtention d'effets nouveaux

sur les fibres animales, par Lanil S. A. — Traitement des tissus de coton, par Textilwerk Horn A. G.

Résines, caoutchouc, essences et vernis, couleurs, p. 58. — Minium noir, par Godi di Godio. — Fabrication de caoutchouc et produit en résultant, par The New Jersey Zinc Cy. — Extraction du caoutchouc du latex, par Oltmans. — Accélérateur liquide de vulcanisation, par Ricard, Allenet et Cie. — Perfectionnements à l'hydrolyse des huiles siccatives, par Gautrelet. — Apprêts pour textiles, papiers, cuirs, et préparation des colles, peintures, laques, encres, enduits oléofuges, par Vienne, p. 59. — Couleur minérale durable et lavable pour peinture, impression. etc., par Knapp. — Traitement de matières titanifères, par Titanium Pigment Cy Inc. — Résinates métalliques neutres, par Société d'Etudes et d'applications pour le progrès de l'Industrie résinière en France. — Encre indélébile et son mode d'emploi, par Dello Ink Corporation.

Céramique, verrerie, matériaux de construction, p. 59. — Revêtement protecteur pour navires, par Hattori, T. Tsuboi et I. Horiuchi. — Produit pour le revêtement des fours, par Lorserie et Male. — Procédé pour corroder et dépolir le verre, par S. A. Progil. — Isolateurs, par Mᵐᵉ Droin, née Malet. — Fabrication de la porcelaine, par Compagnie française pour l'Exploitation des procédés Thomson-Houston. — Emaillage des objets en ciment ou en fibrociments, par Udbye. — Produits réfractaires tels que briques, creusets, etc., par de Roïboul. — Matériaux de construction, par Minache, p. 60. — Substance ignifuge, légère et poreuse, par Krieger.

Combustibles, p. 60. — Procédé d'agglomération des matières en poudre finement concassées, au moyen de brai, par du Boistesselin, Dubois, Tabb, Varnier et Hertenbein. — Combustibles liquides pour moteurs à explosion ou à combustion, par Chaudoir. — Agglomérés combustibles à base de matières végétales et d'hydrocarbures, par Baud. — Combustible carboné perfectionné, par Trent Process Corporation. — Combustible aggloméré sans fumée, par Gauthier. — Combustible perfectionné pour moteur à combustion interne, par Morgan. — Carburant liquide et son procédé de fabrication, par Trachtenberg. — Traitement des hydrocarbures, par Trumble.

Mines et métallurgie, p. 61. — Traitement des minerais sulfureux et autres substances contenant des métaux, par Aschcroft. — Réduction directe des minerais de fer, par Levoz. — Alliages d'aluminium, par Compagnie française pour l'exploitation des procédés Thomson-Houston. — Soudure de l'aluminium ou d'alliages d'aluminium, par Passalacqua. — Réduction d'oxydes, par Bourcoud. — Corps ductiles en tungstène ou en tout autre métal difficilement fusible, par N. V. Philip's Gloeilampenfabrieken. — Traitement des mispickels avec récupération complète des métaux de constitution, par Jouvenet et Mohr. — Procédé pour convertir de la poussière de zinc en zinc liquide, par Tharaldsen.

Électrochimie, électrométallurgie, p. 61. — Électrode à base de graphite naturel, par Ridoni et Societa Talco et Grafiti Val Chisone. — Procédé et four électrique pour la fabrication de l'oxyde stannique pur, par Barbe, p. 62.

Graisses, savons, parfums, p. 62. — Traitement des huiles et des corps gras pour la neutralisation et l'élimination des acides gras, ppar Spensley. — Nouveau savon, par Thirouin. — Désodorisation des huiles de poissons, par Etablissements Husson et Cie. — Fabrication du savon d'empâtage, par Leleu.

Tannerie, cuirs, colles, p. 62. — Traitement des peaux, par Duckworth. — Confit pour tannerie à base de pancréas et de sels anhydres, par S. A. Ledoga. — Peaux, cuirs et fourrures radio-actifs et procédé pour leur préparation, par Precerutti Tapparelli. — Conservation des peaux, cuirs, fourrures, pelleteries, par Cartier. — Traitement des peaux, par le chlore, par Labib el Batanouni. — Traitement du cuir et des matières analogues, par Underwood Ltd, p. 63. — Matières tannantes artificielles, par Melamid.

Matières colorantes, teinture, impression, p. 63. — Apprêt spécial pour soie artificielle, par F. Pereyron. — Colorants verts teignant sur bains réducteurs, par Société chimique de la Grande Paroisse. — Colorant du dérivé du dioxypérylène, par Pereira et Compagnie nationale de matières colorantes et de produits chimiques. — Nouvelles matières colorantes azoïques, par F. F. B. — Couleurs diazoïques, par F. F. B. — Traitement de la soie artificielle à l'acétate de cellulose en vue de faciliter la pénétration à la teinture, par Etablissement Mercier et Fessy. — Traitements des fibres animales et végétales à teindre, par Morton et Wood.

OCTOBRE 1925 — 999ᵉ Livraison

La méthode Clerget (Coefficients d'inversion), par M. Emile Saillard, p. 201. — Essences, p. 204. — Sur les huiles essentielles provenant de différentes contrées. — Racine de vétiver sur la Côte de l'Or ; de la Malaisie. — Essence d'Inchi des Indes. — Essence de patchouli des Seychelles. — Essence de cannelle des Seychelles. — Essence de thym de Chypre. — Essence de l'Ocimum gratissimum des Seychelles. — Essence de Pin-Huon de Tasmanie. — Essence du « Tagetes Minuta », de l'Afrique du Sud. Corps gras, p. 212. — Fabrication et emploi de la glycérine. — Académie des Sciences, p. 217. — Bibliographie, p. 224. — Brevets pris à Washington, p. 65.

Tannerie, p. 65. — Composition tannante, par Croad. — Composition tannante, par Mœller. — Composition tannante, par Kohn.

— Tannage au moyen d'acide naphtalènesulfonique, par Hassler.

Cellulose, p. 65. — Viscose, par Huttinger. — Esters de la cellulose, par Young. — Ether éthylique, par Lilienfeld. — Combinaison pour pellicules et soie artificielle, par Lilienfeld. — Composition plastique, par Dreyfus. — Pyroxyline, par Lindsay. — Impression sur papier couché, par Murray.

Matières colorantes, p. 66. — Dihydro-1,2,2',1'-anthraquinonazine dichlorée, par Kaliocher et Salkowski. — Dérivés de l'anthraquinone, ppar Sachs et Babasinian. — Matière colorante dérivée de la pyrazolone, par Geller. — Matières colorantes pour cuves, par Thiess et Müllet. — Matières colorantes de la série du dibenzanthrone, par Nawiasky.

Matières colorantes azoïques, p. 66. — Matières colorantes azoïques, par de Montmollin et Bonhote. — Matières colorantes insolubles dans l'eau, par Zitscher. — Matières colorantes azoïques insolubles dans l'eau, par Laska et Zitscher. — Matières colorantes tétrakysazoïques, par Lange et Neumann. — Matières colorantes azoïques, par Fritzsche et Reber, p. 67. — Matières colorantes azoïques, par Laska et Zitzcher. — Matières colorantes azoïques, par Haller. — Matières colorantes de la série du Thioindigo, par Herz et Müller. — Produit intermédiaire, par Thomas. — Teinture de l'acétylcellulose, par Baddiley, Hill et Anderson. — Matières colorantes azoïques, par Penny. — Matières colorantes, par Raeder et Mieg. — Matières colorantes dérivées de la pyrazolone, par Markusch. — Matières colorantes de la série du triphénylméthane, par Weiler. — Matières colorantes du triphénylméthane, par Kyrides, p. 68. — Matières colorantes dérivées du diphénylnaphtylméthane, par Kyrides. — Matière colorante verte, par Nawiasky. — Matière colorante dérivée de l'anthraquinone, par Dandridge et Thomas. — Teinture de l'acétylcellulose, par Rabe. — Matières colorantes dérivées de l'anthraquinone, par Mayer, Moser et Würgler. — Matières colorantes de la série de la safranine, par Herzberg et Scharfenberg. — Matières colorantes indigoïdes, par Tobler. — Matières colorantes dérivées de la dibenzanthrone, par Lüttringhaus et Nawiasky.

Explosifs, p. 68. — Poudre propulsive, par Fidlar. — Mélange pour détonateurs, par Olin. — Procédé pour diviser les poudres sans fumée à base de nitrocellulose, par Mains et Stieg. — Composition pour détonateurs, par von Herz, p. 69. — Explosif, par Klinger. — Traitement de l'amidon nitré, par Snelling. — Explosif, par Olsen. — Explosif, par Marshall.

Produits pharmaceutiques, p. 69. — Préparation stable d'arsénobenzène, par Streitwolf. — Pecline, par Jameson, Taylor et Wilson. — Méthylphénacétine, par Theimer. — Alcaloïde extrait de *Lobellia inflata*, par H. Wieland. — Teinture pour les cheveux, par Evans. — Soporifique, par

Kropp et Taub. — Composés arséniés, par Streitwolf. — Composés organiques de mercure, par Khrides. — Sels de bismuth de composés organiques de mercure, par Kolle, Bauer et Maschmann, p. 70. — Dérivés de l'acide arsanilique, par Adams et Johnson. — Acide crotylallybarbiturique, par Taub, Schürtz et Meisenburg — Sels de mercure d'acides complexes, par Kolle, Bauer et Masmann. — Sels de l'acide thiodiglycolique, par Hahl et Weyland. — Sel complexe de l'acide triglycolamique, par Hahl et Kropp. — Adrenaline, par Stern et Battelli. — Dérivés laxatifs de la choline, par Callsen.

Métallurgie, p. 70. — Traitement des sulfures complexes, par Ashcroft. — Alliages, par Iytaka. — Désétamage, par Kissock. — Alliage de plomb, par Mathesius — Alliage, par Muller et Sander, p. 71. — Alliage pour durcir les métaux tels que le plomb, par Evans. — Alliage pour crayons, par Carroll. — Traitement des minerais d'arsenic, par Lamb. — Alliage résistant bien aux produits chimiques, par Gerin. — Molybdène, par Arsdale, Sill et Sill.

Produits minéraux, p. 71. — Acide sulfurique, par Hechenbleikner et Gilchrist. — Acide sulfurique, par Schmiedel et Klencke. — Acide arsénique, par Steward. — Composés arséniés, par Underwood. — Arséniate de calcium, par Sadtler. — Sel double, par Howard. — Sulfate titanique, par Blumenfeld. — Peroxyde de plomb, par Grunbaum. — Chlorure d'aluminium, par Peacock.

NOVEMBRE 1925. — 1000e Livraison

Deux Centenaires de la Grande Industrie Chimique en France. p. 225. — Rappel de l'adresse de l'Académie royale des Sciences de Prusse à M. E. Chevreul en 1886 et de l'appréciation des travaux de Ch. Fr. Kuhlmann à l'Exposition de Vienne de 1873. — Grande Industrie Chimique, p. 231. — Le Cobalt, sa fabrication et quelques-uns de ses emplois, par T. H. Gant. — Mercerisage, p. 240. — Procédé de purification de la soude caustique provenant du mercerisage, tendant spécialement à l'élimination complète des matières organiques, par M. J. Panizzon. — Remarque de M. Ch. Sunder sur cette communication. — Académie des Sciences, p. 244. — Société Industrielle de Mulhouse, p. 247. — Brevets pris à Paris.

Textile, cellulose, papier, p. 73. — Objets de formes variées en pâtes cellulosiques, fibreuses, avec revêtement de placage, par Société Cellulose et papiers. — Soie artificielle au moyen de fibres végétales, par S. A. Lanil. — Ethers sels cellulosiques solubles des acides supérieurs, (acides gras), par Société de stéarinerie et savonnerie de Lyon. — Procédé pour désencoller la soie de l'acétate de cellulose, pour décreuser et désencoller les tissus mixtes de soie naturelle grège et de soie artificielle à l'acétate de cellulose, par Société chimique des Usines du Rhône. — Plaques de phonographes ou gramophones en partant de dé-

rivés de la cellulose, par Compagnie française de charbons pour l'électricité. — Fabrication de la pâte à papier avec le pin maritime et autres arbres à résine, par Chevalier Girard.

Combustibles, p. 73. — Briquettes de tourbe, par Stillman. — Carbures d'hydrogène saturés des séries grasses et cycliques par distillation de la houille, par Fohlen. — Epuration des gaz, par Moores et Altazin. p. 74. — Epuration du gaz, par Humphreys et Glasgow. — Transformation synthétique des hydrocarbures, par Berry. — Briquette de sciure, par Schwindenmer. — Agglomérés combustibles, par Thoumyro fils. — Décoloration des distillats de pétrole, par Union oil Company of California.

Divers, p. 74. — Enduit des cuves en verre ou en ciment, par Desprès et Testard. — Encre fusible pour l'impression sur des matières dures, par Indelebile Coloration Corporation. — Peinture résistant à la chaleur pour carters de moteurs, par Doinage. — Préparations détersives et parasiticides, par Vidal. — Produit pour la destruction des plantes parasitaires, par Etablissements Loyer et Société chimique de Massy-Palaiseau. — Fabrication de réseaux optiques. par Clément et Rivière. — Condensation des phénols et des aldéhydes, par Société des Verreries de Folembray, p. 75. — Pâte d'essence d'Orient pour perles artificielles et vernis. par Fabre. — Condensation formophénolique, par Ropp. — Produits phénoliques de condensation, par Karpen et Bros.

Produits minéraux, p. 75. — Alumine pure à l'aide des aluminates du second groupe du système périodique, par Koritschoner et Hansgirg. — Alumine pure, par Patrouilleau. — Extraits de chrome et sels de chrome des colorants organiques. par Stückelberger et Cie. — Sulfate d'ammoniaque. par Planchon. — Gel de silice activé et produit qui en résulte, par F. F. B. — Epuration du chlore et autres gaz corrosifs, par Carbide and Carbon chemical's corporation, p. 76. — Sulfure de zinc, par Compagnie générale de produits chimiques de Louvres. — Oxyde de titane, par Carteret et Devaux. — Concentration en anhydride sulfureux des gaz résiduels de la fabrication de l'acide sulfurique, par Urbain et Verola. — Blanchiment du sulfate de baryte naturel, par Teillard. — Séparation de soufre de l'hydrogène sulfuré, par F. F. B. — Récupération, raffinage et sublimation du soufre, par Hope. — Alumine pure, par Podemonte. — Extraction de soufre des matières qui en contiennent et raffinage par entrainement et condensation des vapeurs, par Capot. — Engrais phosphaté potassique, par Mineraria Italiana. — Ammoniaque à partir des éléments et de son sulfate, par Harnist. p. 77. — Phosphates pour engrais. par Nicolardot. — Minerais et produits concentrés trasformés en sulfates, par Read et Coolbaugh. — Engrais azoté potassique, par Société chimique de la Grande Paroisse. azote et produits chimiques,

Produits organiques, p. 77. — Succédané du camphre par hydrogénation de la naphtaline, par Levienne. — Camphène et dérivés, par Peufiallit et Austerweil. — Camphène et éther d'isobornyle au moyen du chlorhydrate de pinène, par La Industriel Resinera. — Alcool butylique normal par fermentation bactérienne, par Ricard, Allenet et Cie. — Alcools homologues de la théobromine, par Etablissements Poulenc frères et Behal. — Acides arséniques aliphatiques substitués, par Etablissements Poulenc frères et Œchslin. — Urée à partir de la cyanamide, par Société d'études chimiques pour l'industrie, p. 77. — Transformation des carbures éthyléniques gazeux en carbures liquides, par Ricard, Allenet et Cie.

Mines et métallurgie, p. 78. — Modes de production des métaux contre la corrosion, par Compagnie française pour l'exploitation des procédés Thomson Houston. — Désulfuration des métaux fondus, par Vareilles. — Galvanisation et plombage des fers, aciers et analogues, par de Dudzcele. — Pâte pour la trempe des aciers, par Chenu. — Traitement des minerais, mattes, etc., contenant des sulfures de plomb et de zinc, par Ashcroft. — Métaux des minérais par calcination chlorurante, par Vermaes et Lynden. — Nouveau métal, par Vouret frères et fils aîné. — Améloration des métaux et alliages, par Compagnie de produits chimiques et électrométallurgiques d'Alais, Froges et Camargue. — Affinage des métaux et alliages, par Compagnie de produits chimiques et électrométallurgiques d'Alais, Froges et Camargue. — Alliages ferreux, par Saklatwalla, p. 78. — Traitement des minerais au haut fourneau par injection de combustible pulvérisé concurremment avec un chargement de coke, par Société anonyme Commentry, Fourchambault et Decazeville. — Production directe du fer et dérivés, par Lepiney. — Alliages d'aluminium, par The Bristish Aluminium compagny Ltd. — Grillage des minerais, par Compagnie des métaux Overpelt Lommel. — Epuration et récupération des déchets de bronze, par Schneider et Guivalot. — Procédé pour récupérer les métaux du fer blanc et des pièces étamés, par Marino.

DÉCEMBRE 1925. — 1001e Livraison

La philosophie chimique à l'Académie de Belgique, par M. Maurice Delacre, p. 250. — Le plomb tétrétyle : ses usages, ses dangers, par A. Hutin, p. 252. — Varia, p. 254. — Teintures anticorrosives pour le fer, par G. Daniels. — La fabrication des produits pharmaceutiques aux usines Burgoyne et Burtidges. — Le Chloral et ses dérivés. — Les extraits galéniques. — Académie des Sciences, p. 259. — Bibliographie, p. 260. — Brevets pris à Washington.

Produits minéraux, p. 81. — Arséniate de calcium, par Simpson. — Chlore liquide, par Jewell. — Précipitation fractionnée de divers sels, par Dolbear. — Azoture de phosphore, par Liljenroth.

Produits organiques, p. 81. — Nitroso-m-crésol, par Ehrlich. — Alcools et aldéhydes, par Kloppenbure. — Alcool absolu, par Backhaus. — Acide isobutyléthyl-barbiturique, par Shonle. — Acide isoamyléthyl-barbiturique, par Shonle. — Acides nérylénctétracarboxvliques, par Schmidt et Neugebauer. — Thionaphtisatines, par Tobler. — Quinizarine, par Thomas. — Chlorures d'éthyle, par Backhaus. — Phosgène, par Weaver. — Glycérine de fermentation, par Connstein et Lüdecke. — Préparation contre l'action des rayons à longueurs d'ondes courtes, par Eder. — Vaccine provenant de bacilles tuberculeux, par Toenniessen. — Acide phtalique, par Weber. — Oxydation des produits dérivés du pétrole, par Ellis. — Acide isopropylique, par Mann Jr.

Résines artificielles, p. 82. — Produits résineux, par Ellis. — Résines synthétiques, par Ellis. — Résine artificielle, par Crane. — Azo-résines artificielles, par Plauson. — Résine artificielle, par A. E. Roberts. — Produit de condensation d'acétone et de formaldéhyde, par Ellis.

Table générale par Ordre alphabétique

DES NOMS D'AUTEURS DE BREVETS

AVEC LES MATIÈRES CORRESPONDANTES

ANALYSÉS DANS LE *MONITEUR SCIENTIFIQUE*

Pendant l'Année 1925

Carroll (S. J.). — Composition pour pellicules ; II, p. 15.

Carroll (F.). — Alliage pour crayons ; X, p. 71.

Carson (G. C.). — Gaz sulfureux ; IV, p. 27.

Carter et Cox. — Hexaméthylènetétramine ; VI, p. 43.

Carteret (G.) et M. Devaux. — Acide chlorhydrique pur ; III, p. 18. — Pigments blancs à base d'oxyde de titane ; III, p. 22. — Oxyde de titane ; XI, p. 75.

Cartier (A. G.). — Conservation des peaux, cuirs, fourrures, pelleteries ; IX, p. 62.

Casale (L.). — Masse catalytique pour la synthèse d'ammoniaque ; I, p. 4.

Cederberg (I. W.). — Purification du gaz pour la synthèse de l'ammoniac ; II, p. 13.

Cellulose et Papiers (Sté de Recherches et applications). — Fabrication de charbon de bois ; III, p. 17. — Objets de formes variées en pâtes cellulosiques ; XI, p. 74.

Champin (J. M.). — Procédé pour la teinture en pièces de velours ; II, p. 10.

Charpy (G.). — Fabrication du coke ; I, p. 3.

Chasles (H. C.). — Nouvel enduit ; III, 22.

Chatelain (E.). — Produit pour l'enlèvement instantané et à sec des taches de rouille ; VII-VIII, p. 55.

Chaudoir (G.). — Combustibles liquides pour moteurs à explosion ou à combustion ; IX, p. 60.

Chemical Research Syndicate Ltd. — Conversion de composés aromatiques en essence pour moteurs ; III, p. 17.

Chemical Treatment Company. — Désulfuration du fer et de l'acier ; V, p. 33.

Chemische Werke vorm. Auer G. m. b. H. Kommandit G. — Fabrication de l'acide titanique à partir des minerais de titane ; III, p. 18.

Chenu (R. F.). — Pâte pour la trempe des aciers ; XI, p. 78.

Chevalier Girard (P. F. M.). — Fabrication de la pâte à papier avec le pin maritime ; XI, p. 73.

Chief Consolidated Mining Company. — Traitement de minerais siliceux ; V, p. 33.

Clarke (L. F). — Purification des solutions cuivriques ; VI, p. 47.

Clougn et Johns. — Solvant pour nitrocellulose ; II, p. 14.

Cohen (M. J.). — V. Ellis.

Collings et Gann. — Chlorure de magnésium anhydre ; II, p. 3.

Commercial Steel Company. — Acier et son procédé de fabrication ; VII-VIII, p. 52.

Compagnie des Mines de Vicoigne, Nœux et Drocourt. — Transformation du poussier anthraciteux en anthracite ; III, p. 17.

Compagnie de Béthune. — Fabrication industrielle de l'acide sulfonique de l'éthylène ; I, p. 4.

Compagnie Nationale des matières colorantes et de produits chimiques. — V. Pereira.

Compagnie de Produits chimiques et électrométallurgiques Alais, Froges et Camargue. — Perfectionnements aux alliages d'aluminium silicium ; I, pp. 6, 7. — Amélioration des métaux et alliages ; XI, p. 78. — Affinage des métaux et alliages ; XI, p. 78.

Compagnie françaises des charbons pour l'électricité. — Plaques de phonographes ou gramophones en partant de dérivés de la cellulose ; XI, p. 73.

Compagnie française pour l'exploitation des Procédés Thomson-Houston. — Perfectionnements à la fabrication de la porcelaine ; IX, p. 59. — Perfectionnement aux alliages d'aluminium ; IX, p. 61. — Perfectionnement aux alliages ; IX, p. 61 ; aux modes de production des métaux contre la corosion ; XI, p. 78.

Compagnie Générale de produits chimiques de Louvres. — Sulfure de zinc ; XI, p. 76.

Compagnie des métaux Overpelt Lommel. — Grillage des minerais ; XI, p. 79.

Cone (L. H.). — Acide 2-3-hydroxynaphtoïque ; VI, p. 43.

Conley. — V. Marden.

Connell. — V. Knight.

Connstein et Loïdeke. — Glycérine de fermentation ; XII, p. 82.

Constant (G.) et A. Bruzac. — Fabrication du fer et de l'acier en traitant directement le minerai ; I, p. 5.

Coolbaugh (M. F.). — V. J. B. Read.

Cox. — V. Carter.

Cramer. — V. Knight.

Crane (F. D.). — Résine artificielle ; XII, p. 82.

Craver (A. E.). — Acide succinique ; IV, p. 27. — Anhydride phtalique ; IV, p. 27.

Croad (H. B.). — Composition tannante ; X, p. 65.

Crossley (M. L.). — Ethyl 6,8-diméthyl-2-phénylquinoléine-4-carboxalate ; VI, p. 42. — Acide 6-8-diméthyl-2-phénylquinoléine-4-carboxylique ; VI, p. 42.

Croulard (G.) et H. Braidy. — Récupération du chrome des eaux résiduaires ; I, p. 3.

D

Damiens (A. A. L. J.), M. C. J. E. de Loisy et O. J. G. Piette. — Fabrication d'hydrocarbures liquides, combustibles à partir de l'éthylène ; III, p. 17. — De sulfate neutre d'éthylène à partir de l'éthylène ; III, p. 19.

Dandlige et Thomas. — Matière colorante dérivée de l'anthraquinone ; X, p. 68.

Davey (W. P.). — Ecran fluorescent ; IV, p. 29.

Davis (T. L.). — Poudre sans fumée ; IV, p. 30.

Debiez (H. A.). — Brai nécessaire à la fabrication des agglomérés ; V, p. 36.

Dederich (W.). — Traitement des hydrocarbures, en particulier de l'huile de pétrole brute ; V, p. 37.

Delline (A. L. J. C.), P. St-Claire Deville et D. T. Ganière. — Fabrication de briquettes de charbon ; V, p. 36.

Deguide (G.). — Hydroxyde de baryum ; VI, p. 30.

Dehn (W. M.). — Diazodinitrophénol ; IV, p. 29.

Delahaye (H.). — Nouveau procédé pour fabriquer de la viscose en vue de soie artificielle ; IX, p. 57.

Delemar (A. et E.) et Cⁱᵉ. — Traitement des résidus contenant des corps gras pour fabrication du savon ; II, p. 11.

Johnson. — V. Adams.

Jones (R. O.). — Soude caustique ; VI, p. 41.

Jones (R. G.). — Purification de l'argon ou autres gaz monoatomiques ; II, p. 13.

Jouve et Helbronner. — Production de chromate et bichromate, par électrolyse ; VI, p. 41.

Jouve (A.), A. Helbronner et Société hydroélectrique et métallurgique du Palais. — Fabrication des bichromates ; VII-VIII, p. 51.

Jouvenet (J. C.) et C. Mohr. — Traitement des mispickels ; IX, p. 61.

Joyce (A. W.). — Matière colorante diazoïque ; VI, p. 45.

Joyner (R. A.). — Hydrazine ; IV, p. 26.

Judd (E. K.). — Magnésie ; VI, p. 46.

K

Kaliocher (G.) et H. Salkowski. — Dihydro-1,2,2′,1′-anthraquinonazine ; X, p. 66.

Kapp (R.). — Fondant pour le brassage ou la soudure ; I, p. 6.

Karpen (S.) et Bros. — Fabrication des esters ; VII-VIII, p. 54. — Produit phénolique de condensation ; XI, p. 75.

Kayser (E.). — Rouissage du lin, du chanvre, et des matières textiles ; IX, p. 57.

Kawashima (K.). — Enduit pour tissus pour ailes ou plans d'aéroplanes ; III, p. 23.

Kessler (J. M.). — Purification du camphre synthétique ; IV, p. 27.

Kestner (P.). — Mélange d'alcool et d'éther ; III, p. 19.

Kinzie (C. J.). — Oxyde de zirconium ; VI, p. 45.

Kirch et Dumler. — Alliage ; IV, p. 28.

Kirscher. — V. Mittasch.

Kissock (A.). — Désétamage ; X, p. 70.

Kitsee (I.). — Ecran multicolore ; IV, p. 29.

Kjolberg (J.). — Procédé métallurgique ; V, p. 34.

Klarit Ltd. — Décoloration et clarification des graisses, huiles, sucres, etc. ; III, p. 21.

Klencke. — V. Schmiedel.

Klinger. — V. Zinke.

Klinger (H. W.). — Explosif ; X, p. 69.

Kloppenburg (C. A.) — Alcools et aldéhydes ; XII ; p. 81.

Knight, Cramer et Connell. — Borax ; IV, p. 31.

Knapp (A.). — Couleur minérale durable et lavable ; IX, p. 59.

Kobseff (J.). — Mastic pour empêcher l'adhérence des substances mucilagéneuses ; V, p. 38.

Kœberlin (G. A.). — Décapage du fer et de l'acier avec des acides ; I, p. 7.

Kögel et Neuenhaus. — Papier sensible à la lumière ; IV, p. 29.

Köhn (S.). — Composition tannante ; X, p. 65.

Kolle, Bauer et Maschmann. — Sels de bismuth de composés organiques de mercures ; X, p. 70. — Sels de mercure d'acides complexes ; X, p. 70.

Koln-Rotwell Actien G. — Fabrication du peroxyde de chlore ; III, p. 18.

Kontzler (H.). — Procédé de fabrication pour ciment artificiel ; VII-VIII, p. 49.

Kooperative Forbundet Forening U. P. A. — Production des sels alcalins d'acides gras supérieurs ; V, p. 39.

Koritschoner (J.) et F. Hansgirg. — Alumine pure ; XI, p. 75.

Krall (L.) et Société Legrand, Krall et Cⁱᵉ. — Procédé de mise en confit des peaux ; VII-VIII, p. 55.

Krieger (E.). — Substance ignifuge, légère et poreuse ; IX, p. 60.

Kropp. — V. Hahl.

Kropp et Taub. — Soporofique ; X, p. 69.

Krupps (F.) Actien Gesellschaft. — Procédé pour isoler par voie électrolytique du chrome pur en couches épaisses ; VII-VIII, p. 51.

Kryn (A.). — V. Geenhoven.

Kubo (M.). — Fonte malléable ; I, p. 7.

Kühne et Bencker. — Hyposulfites ; II, p. 13.

Kyrides (L. P.). — Matières colorantes du triphénylméthane ; X, p. 68. — Matières colorantes dérivées du diphénylnaphtylméthane ; X, p. 68.— Composés organiques de mercure ; X, p. 69.

L

Labid (A.) ed Batanouni. — Traitement des peaux par le chlore ; IX, p. 62.

Lachmann (A.). — Acide nitrotartrique ; VI, p. 43.

Laise (C. A.). — Procédé pour obtenir du tungstène fondu ; IV, p. 31.

Laist et Elton. — Purification des solutions de sulfate de zinc ; VI, p. 46.

Lamb (J. G.). — Arséniate de calcium ; VI, p. 48. — Traitement des minerais d'arsénic ; X, p. 71.

Lange et Neumann. — Matières colorantes tétrakisazoïques ; VI, p. 45 ; X, p. 66.

Lanhoffer (I. E. et O. E.). — Plaques, panneaux en ciment et amiante ; II, p. 10.

Lanil (S. A.). — Nouvelles fibres textiles au moyen de poils et soies d'origine animale ; IX, p. 58. Effets nouveaux sur les fibres animales ; IX, p. 58. — Soie artificielle ; XI, p 73.

Lantz (R.). — V. Wahl.

La Rue. — V. Scofield.

Laska. — V. Zitscher.

Lasselle (J.). — Matières colorantes ; II, p. 10.

Laska et Zitscher. — Matières colorantes azoïques insolubles dans l'eau ; X, p. 66. — Matières azoïques ; X, p. 67.

Leaver (E. S.). — Solution renfermant de l'acide sulfurique et du sulfate ferrique ; IV, 28.

Lebo. — V. Mann.

Lefebvre (P.). — V. Garçon.

Legradt (T.). — Fabrication de savons difficilement solubles ; III, p. 21.

Leleu (A. S.). — Savon d'empâtage ; IX, p. 62.

Lepiney (J. A.). — Production directe du fer et dérivés ; XI, p. 79.

Levienne (E.). — Succédané du camphre par hydrogénation de la naphtaline : XI, p. 77.

Levoz (T.). — Réduction des minerais de fer ; IX, p. 61.

Liebknecht (O.). — Acide cyaphydrique ; VI, p. 46.

Lilienfeld (L.). — Dérivés de la cellulose ; II, p. 12. — Ethers de cellulose ; II, p. 14. — Fabrication de dérivés de la cellulose ; V, p. 37. — Ether éthylique ; X, p. 65. — Combinaison pour pellicules et soie artificielle ; X, p. 65.

Liljenroth (F. G.). Azoture de phosphore ; XII, p. 81.

Lindenberger. — V. Starmann.

Lindsay (W. G.). — Composition à la pyroxyline ou à l'acétylcellulose ; VI, p. 47. — Pyroxylène ; X, p, 65.

Linville (C. P.). — Etain électrolytique ; VI, p. 41. — Arséniate de sodium ; VI, p. 46.

Lisabelle (O.). — Insecticide ; VII-VIII, p. 55.

Loescher (H.). — Fabrication de ciment fondu au moyen de laitiers liquides des hauts fourneaux ; VII-VIII, p. 49.

Loisy (de) (C. J. E.). — V. Damiens.

Lombard (L.) Gérin. — Cuivre colloïdal ; I, p. 6.

Lombard (T.). — Matières colorantes ; VI, p. 45.

Long (de) et Palmer. — Acier chromé ; IV, p. 28.

Loriette (P.). — Mélanges de combustibles liquides à base d'alcool ; I, p. 3.

Lorserie (G.) et R. Male. — Revêtement des fours ; IX, p. 59.

Loubet (P.). — V. d'Estibaire.

Lüdeke. — V. Connstein.

Lüttringhaus et Nawiasky. — Matières colorantes dérivés de la dibenzanthrone ; X, p. 68.

M

Mains et Stieg. — Procédé pour diviser les poudres sans fumée à base de nitrocellulose ; X, p. 68.

Male (R.). — V. Lorserie.

Malvezin (P.), L. Grandchamp et C. Rivalland. — Produit pour remplacer les hydrosulfites dans la teinture à la cuve ; III, p. 26.

Mann Jr. (M. D.). — Ether isopropylique ; IV, p. 26. — Acide isopropylique ; XII, p. 82.

Mann et Lebo. — Alcool isopropylique, VI, p. 42.

Manoury (E.) et G. Dugotter. — Extraction du sucre des mélasses par la baryte ; V, p. 38.

Marden, Conley et Thomas. — Thorium par électrolyse ; VI, p. 41.

Maréchal (E.) et Fils. — Carburants pour moteurs et produit analogue à l'essence de térébenthine ; III, p. 17.

Margulies (O.). — Composés aromatiques carbonyles à arsenic trivalent ; I, p. 4. — Nouveaux composés arsénicaux organiques ; V, p. 35.

Marino (Q.). — Procédé pour récupérer les métaux du fer blanc et des pièces étamées ; XII, p. 79.

Markush (E. A.). — Matières colorantes dérivés de la pyrazolone ; X, p. 67.

Marshall (J.). — Détonateur ; IV, p. 30. — Explosif ; X, p. 69.

Martin (E.). — Fabrication de briques silico-calcaires ; VII-VIII, p. 49.

Marun (M.). V. Thuau.

Marx (C.). — Soufre ; VI, p. 46.

Maschmann. — V. Kolle.

Mastny (J.). — Procédé pour la trempe de surface et poudre à cémenter ; V, p. 33.

Matheson (H. W.). — Composition pour vernis ; II, p. 15.

Mathesius (W. et H.). — Métal à base de plomb pour coussinets ; I, p. 6. — Fabrication d'un alliage de plomb avec les métaux calcium, strontium et baryum ; VII-VIII, p. 51. — Alliage de plomb ; X, p. 70.

Mathyssen (O.). — Traitement de chaux magnésiennes ou de magnésites par des sulfates ou chlorures divers ; III, p. 19.

Maunoury et Cie. — Récupération des réactifs de la fabrication des pâtes à papier ; II, p. 12.

Mayer, Moser et Würgler. — Matières colorantes dérivées de l'anthraquinone ; X, p. 68.

Melamid. — Matières tannantes artificielles ; IX, p. 63.

Meehan (A. F.). — Conversion de la fonte blanche en fonte grise ; II, p. 9.

Meigs (J. V.). — Catalyseur pour l'oxydation des hydrocarbures ; IV, p. 26.

Meisenburg. — V. Schulemann. — V. Taube.

Meker (G. A.). — Procédé pour recouvrir divers métaux d'une couche adhérente d'aluminium ; V, p. 33. — ou d'alliage d'aluminium ; V, p. 34. — d'une couche continue d'aluminium ; VII-VIII, p. 51.

Metzger (F. J.). — Fixation de l'azote des gaz de combution ; II, p. 13.

Meyer (L. A.). — Préservation de la formaldéhyde ; IV, p. 26.

Meyer et James. — Alliage pour accumulateur ; IV, p. 31.

Michael (J.) et Cie. — Production d'hydrate de baryum en partant de sulfure de baryum ; V, p. 35.

Michel (J. L. C.). — Préparation de l'anhydride arsénique, de l'acide arsénique et des arséniates en oxydant par l'ozone les composés de l'arsénic ; VII-VIII, p. 54.

Michot (G.) Dupont. — Epuration et blanchiment des huiles minérales ; II, p. 11.

Mieg. — V. Raeder.

Miller (The) Rubber Company. — Objets en caoutchouc vulcanisé ; III. p. 22.

Minache (S.). — Matériaux de construction ; IX, p. 60.

Mineralia Italiana. — Engrais phosphaté potassique ; XI, p. 76.

Minne (A.). — Traitement des déchets de laiton ; V, p. 33.

Minot (A.). — Fabrication sans évaporation de liqueur de chlorure de baryum ; III, p. 19.

Mittasch (A.). — Oxydation des hydrocarbures et autres substances organiques ; IV, p. 26.

Mittasch et Kircher. — Engrais non hygroscopique ; II, p. 13.

Moeller (W.). — Composition tannante ; X, p. 65.

Moeller (F.). — Traitement de la cellulose ; VI, p. 47.

Mohr (C.). — V. Jouvenet.

Moire (P.). — V. Naudin.

Mondon. — V. Allègre.

Monkemeyer. — V. Zart.

Montmollin (G. de) et Bonhote. — Matières colorantes azoïques ; X, p. 66.

Moores (W. G.) et F. F. Altazin. — Epuration des gaz ; XI, p. 74.

Morgan (B. H.). — Combustibles pour moteur à combustion interne ; IX, p. 60.

Morin (H.). — Tannage des peaux à l'aide de sels d'étain ; VII-VIII, p. 55.

Morineau (E. H. P.). — V. Porchet.

Morton (S. G.). — Explosif.

Morion (J.) et K. R. Wood. — Traitement des fibres animales et végétales à teindre ; IX, p. 63.

Moser. — V. Mayer.

Mueller (E. Justin.) — Procédé de teinture avec les préparations dites carmins réduits ; VII-VIII, p. 50.

Mugdan. — V. Baum.

Müllen (C. W.). — Sulfure d'antimoine ; VI, p. 46.

Müller. — V. Tobler. — V. Thies. — V. Herz.

Müller et Sander. — Alliages ; X, p. 71.

Murray (W. J.). — Impression sur papier couché ; p. 65.

N

Naambooze Vennootschap Nederl Kunstzij de fabriek. — Purification de solution de viscose ; IX, p. 57.

Naudin (L.) et P. Moire. — Procédé de régénération de l'acide chlorhydrique en partant du chlorure de calcium cristallisé ; VII-VIII, p. 53.

Naugatuck (The) Chemical Company. — Vulcanisation du caoutchouc (accélérateurs); III, p. 22. — Fabrication de la diphénylguanidine; V, p. 34. — Accélérateurs pour vulcanisation du caoutchouc ; V, p. 39.

Nawiasky (P.). — Matières colorantes de la série du dibenzanthrone ; X, p. 66. — Matière colorante verte ; X, p. 68.

Nawiasky. — V. Lüttringhans.

Nebel (W.). — Acétate de cellulose ; II, p. 14.

Neelmeyer Heusner. — Matière colorante disazoïque ; VI, p. 45.

Neuenhaus. — V. Kögel.

Neugebauer. — V. Schmidt.

Neumann. — V. Lange.

New (The) Jersey Zinc Company. — Fabrication du lithopone ; III, p. 22. — Procédé et appareil pour la fabrication d'oxyde de zinc ; VII-VIII, p. 53. — Fabrication de caoutchouc et produit en résultant ; IX, p. 58.

Nicolardot (P. L. F.). — Phosphates pour engrais ; XI, p. 77.

Nidegger (O.). — Fabrication du sulfate de chrome ; VII-VIII p. 53.

Nightingale. — V. Bader.

Nitrogen (The) Corporation. — Perfectionnements à la fabrication de l'acier et à la fixation de l'azote ; V, p. 34.

Nœux. — V. Compagnie des mines.

Nombret, Gaillard et Cⁱᵉ. — Teinture et impression sur tissus mélangés de soie naturelle et artificielle ; II, p. 10.

Norsk Hydro Elektrisk Kvaelstofaktisels Kab. — Solutions nitratées contenant de l'alumine et des alcalis ; I, p. 4. — Fabrication d'alumine ; II, p. 18.

O

O'Brien (W. G.). — Thiourées ; IV, p. 26.

Oechslin (C.). — V. Etablissements Poulenc Frères.

Olin (J. M.). — Mélange pour détonateurs.

Olsen (F.). — Explosif ; X, p. 69.

Oltmans (J.). — Extraction du caoutchouc du latex ; IX, p. 58.

O'Neil (A. S.) et R. R. Evans. — Poudre propulsive ; IV, p. 29.

Ortiz (A.) Rodriguez — Obtention par des moyens mécaniques d'alliages avec des métaux de dureté différente ; I, p. 5.

P

Passalacqua (A.). — Produit permettant la soudure d'aluminium ; IX, p. 61.

Patenta A. G. für Verwertung von Erfingungen u. Verfahren. — Epuration des graisses et des huiles ; III, p. 21.

Patrouilleau (L. C.). — Alumine pure ; XI, p. 75.

Peachey (S. J.). — Accélérateurs ; II, p. 14. — Vulcanisation ; II, p. 14.

Peacok (S.). — Sodium métallique au moyen du borax ; IV, p. 31. — Chlorure d'aluminium ; X, p. 71.

Pedemonte (A.). — Traitement de la bauxite ; IV, p. 31. — Epuration des sels aluminiques ; V, p. 36. — Alumine pure ; XI, p. 75.

Pellegrini (G.). — V. Poma.

Penny (J. P.). — Matières colorantes azoïques ; X, p. 67.

Pereira (H.) et Cⁱᵉ nationale des Matières colorantes et Produits chimiques. — Colorant et produit pour la préparation de colorants ; III, p. 20. — Colorant à cuve, dérivé du pérylène ; III, p. 20. — Colorants et leur préparation ; VII-VIII, p. 50. — Colorants à cuve dérivés du pérylène ; VII-VIII, p. 50. — Colorant du dérivé du dioxypérylène ; IX, p. 63.

Pereyron (F.). — Appareil pour soie artificielle ; IX, p. 63.

Perrineau (M.) et G. Robert. — Amélioration des chaux hydroliques et des ciments ; II, p. 9.

Perrot (R. N.). — Encaustique pour parquets ; III, p. 22.

Périn (L.). — Traitement des graisses oléagineuses et de tous corps huileux permettant l'extraction totale de l'huile ; III, p. 21.

Pessina (E.). — Poudre à mine ; VII-VIII, p. 55.

Peterson. — V. Fred.

Petroff (G.). — Produits de condensation des phénols et aldéhydes ; I, p. 5. — Fabrication de savon ; III, p. 21.

Peuflallit (L.) et G. Austerweil. — Camphène et dérivés ; XI, p. 77.

Pillipps. — V. Stafford.

Philip's (N. V.) Gloeilampenfabrieken. — Corps ductiles en tungstène ; IX, p. 61.

Piette. — V. Damiens.

Pivot. — V. Altiwegg.

Planchon (A.). — Sulfate d'ammoniaque ; XI, p. 75.

Planson (G.). — Oxydations électrolytiques ; VI, p. 41.

Le Propriétaire-Gérant : Dr G. QUESNEVILLE.

ANGERS. — IMPRIMERIE CENTRALE